14. März 2001     TWE

D1731799

# Handbuch des kathodischen Korrosionsschutzes

Herausgegeben von
W. v. Baeckmann und W. Schwenk

# Handbuch des kathodischen Korrosionsschutzes

Theorie und Praxis der elektrochemischen Schutzverfahren

Vierte, völlig neubearbeitete Auflage

Herausgegeben von
W. v. Baeckmann und W. Schwenk

WILEY-VCH

Weinheim · New York · Chichester
Brisbane · Singapore · Toronto

Dipl.-Phys. W. v. Baeckmann
Ulmenstraße 12
45133 Essen

Prof. Dr. W. Schwenk
Scheffelstraße 26
47057 Duisburg

1. Auflage 1971, Nachdruck der 1. Auflage 1974
2., völlig neubearbeitete Auflage 1980
3., völlig neubearbeitete Auflage 1989
4., völlig neubearbeitete Auflage 1999

Die Deutsche Bibliothek – CIP-Einheitsaufnahme
**Handbuch des kathodischen Korrosionsschutzes** :
Theorie und Praxis der elektrochemischen Schutzverfahren /
hrsg. von W. v. Baeckmann ... – 4., veränd. Aufl. –
Weinheim ; New York ; Chichester ; Brisbane ; Singapore ;
Toronto : Wiley-VCH, 1999
ISBN 3-527-29586-0

© WILEY-VCH Verlag GmbH, D-69469 Weinheim (Federal Republic of Germany), 1999

Gedruckt auf säurefreiem und chlorfrei gebleichtem Papier

Satz und Druck: Konrad Triltsch, Druck- und Verlagsanstalt GmbH, D-97070 Würzburg
Bindung: Großbuchbinderei J. Schäffer, D-67269 Grünstadt
Printed in the Federal Republic of Germany

# Vorwort zur vierten Auflage

Wie bei den vorhergehenden Auflagen liegt wiederum nach etwa 10 Jahren eine teilweise völlig überarbeitete Neuauflage vor. Im wesentlichen wurde aber das Gerüst der 3. Auflage mit den 24 Kapiteln unverändert beibehalten. Einige anwendungsbezogene Abschnitte wurden stark gekürzt, um Platz für neue Erkenntnisse zu schaffen.

Die einleitenden Grundlagenkapitel und die Kapitel über Rohrleitungen und Streustrombeeinflussung wurden völlig überarbeitet oder ergänzt. Bei allen Kapiteln wurde der Bezug auf Normen und Regelwerke, insbesondere auch die internationale Normung, auf den letzten Stand gebracht. Durchgehend wurden bei allen Kapiteln Überarbeitungen und Textbegradigungen vorgenommen.

Bei den Grundlagen der elektrochemischen Korrosion und der Erdbodenkorrosion wurden – entsprechend den neueren Erkenntnissen – die Abschnitte über Korrosion unter Rißbildung und über Wechselstrom-Korrosion ergänzt. Die Grundlagen der Meßtechnik wurden erheblich ausgeweitet, wobei neben der IR-freien Potentialmessung vor allem die verschiedenen Arten der Vergleichsmessungen beschrieben werden. Wird bei der Intensivmeßtechnik letztlich nur der Fehler der Potentialmessung minimiert, so liegt bei den Vergleichsmessungen ein völlig neuartiges Konzept vor, das mit Hilfe von Systemparametern die Schützbarkeit eines lokalen Schutzobjekt-Bereiches prüft. Entsprechend wurden auch die Folgerungen der neuen Meßtechnik für die Anwendung bei Rohrleitungen ausführlich beschrieben und mit Fallbeispielen erläutert. Neben den Ausführungen über den Nachweis der ausreichenden kathodischen Schutzwirkung werden auch Schutzmaßnahmen gegen Wechselstrombeeinflussung eingehend behandelt.

Beim elektrochemischen Innenschutz – im wesentlichen als Schutz-Maßnahme bei Apparaten und Behältern bekannt – wurden neuere Anwendungen nunmehr auch bei Anlagen mit Rohrleitungen beschrieben.

Die Herausgeber danken allen Mitarbeitern, die teils schon bei den Vorauflagen beteiligt waren und teils dem Nachwuchs angehören, für ihre Mühe und dem Verlag für das bewährte fördernde Entgegenkommen bei der Gestaltung und Herausgabe dieses Handbuches.

Duisburg,  
im Sommer 1999

W. v. BAECKMANN  
W. SCHWENK

# Vorwort zur ersten Auflage

Entdeckung und Gebrauch metallischer Werkstoffe am Ende der Steinzeit zählen zu den wichtigsten Voraussetzungen für die Entwicklung der heutigen Technik. Leider sind die meisten Gebrauchsmetalle nicht immer und überall genügend beständig. In einer ungünstigen Umgebung können sie mehr oder weniger schnell durch Korrosion zerstört werden. Die Untersuchung derartiger Korrosionsreaktionen sowie der Verfahren, mit denen sich Metalle vor Korrosionsangriffen schützen lassen, ist eine Aufgabe von erheblicher wirtschaftlicher Bedeutung.

Wissenschaftlich können die Vorgänge beim kathodischen Korrosionsschutz exakter erfaßt werden als bei anderen Schutzverfahren. Bei der Metallkorrosion in wäßrigen Lösungen oder Böden handelt es sich im Prinzip um einen elektrolytischen Vorgang, der durch eine elektrische Spannung – das Potential des Metalls in der Elektrolytlösung – gesteuert wird. Bei einer Verringerung des Potentials muß nach den Gesetzen der Elektrochemie die Reaktionsaffinität und damit auch die Reaktionsgeschwindigkeit abnehmen. Obwohl diese Zusammenhänge seit mehr als hundert Jahren bekannt sind und der kathodische Schutz vereinzelt auch schon sehr früh praktiziert wurde, hat die Verbreitung seiner technischen Anwendung sehr lange auf sich warten lassen. Man ist geneigt anzunehmen, daß das kathodische Schutzverfahren in manchen Bereichen als zu fremd empfunden wurde und daß die erforderlichen elektrotechnischen Überlegungen von seiner praktischen Anwendung abhielten. Im Vergleich zu den theoretischen Grundlagen ist die Praxis des kathodischen Schutzes in der Tat wesentlich komplizierter.

Über viele Einzelprobleme und Anwendungsbeispiele gibt es inzwischen eine umfangreiche fremdsprachige Fachliteratur. Da ein zusammenfassendes Werk in deutscher Sprache über den derzeitigen Stand der Kenntnisse bisher nicht vorlag, war es für den Praktiker recht mühsam, sich in dieses Fachgebiet einzuarbeiten. Der DVGW-Fachausschuß für Korrosionsfragen hat deshalb die Herausgabe dieses Handbuches über den kathodischen Schutz angeregt und eine Reihe seiner Mitglieder haben sich dankenswerterweise als Autoren einzelner Kapitel zur Verfügung gestellt.

In diesem Handbuch wird vorwiegend die Praxis des kathodischen Schutzes behandelt, aber auch die Grundlagen und Nachbargebiete werden besprochen, soweit sie für ein möglichst umfassendes Verständnis des kathodischen Schutzes notwendig sind. Einleitend hielten wir eine historische Übersicht für nützlich, um den technischen Werdegang des Schutzverfahrens darzulegen. Im anschließenden Kapitel werden die erforderlichen theoretischen Grundlagen der Metallkorrosion und des Korrosionsschutzes behandelt. Mit Absicht werden verschiedene Werkstoff/Medium-Paarungen dargestellt, um die vielfältigen Einsatzmöglichkeiten elektrochemischer Schutzverfahren zu verdeutlichen.

Zur Zeit wird der kathodische Korrosionsschutz nur im Bereich natürlicher Wässer und Böden allgemein angewandt. Für die Zukunft sind aber auch bei industriellen Anlagen und Behältern Anwendungsmöglichkeiten zu sehen. Daher wurde ein Kapitel über den anodischen Schutz aufgenommen, der erst in den letzten zehn Jahren vereinzelt praktiziert wird. Kathodischer und anodischer Schutz sind im Prinzip sehr ähnliche Verfahren und rechtfertigen den Begriff *elektrochemischer Schutz* im Untertitel des Buches.

In den meisten Anwendungsfällen wird der kathodische Schutz mit einem passiven Schutzsystem, einer Beschichtung, kombiniert. Wegen der hierbei möglichen mannigfaltigen Wechselwirkungen erschien auch die Behandlung passiver Schutzverfahren notwendig. Ferner wurde ein Kapitel über allgemeine Meßtechnik eingefügt, da sich gerade in der Praxis des kathodischen Schutzes immer wieder zeigt, wie wichtig ein sorgfältiges Durchdenken der Meßprobleme ist. Es erfordert Erfahrung, mögliche Fehlerquellen einzukalkulieren, und es ist notwendig, überraschende Meßergebnisse stets durch eine unabhängige Kontrollmessung zu überprüfen. Meßprobleme spielen auch eine besondere Rolle bei Fremdstromanlagen, bei denen man sich vergegenwärtigen muß, daß eine falsch gepolte Anlage stets intensive Korrosion erzeugt. Sie ist sogar gefährlicher als ein unterlassener oder ausgefallener Korrosionsschutz.

In den weiteren Kapiteln werden ausführlich Eigenschaften und Anwendung galvanischer Anoden, kathodischer Schutzgleichrichter einschließlich der besonderen Geräte für den Streustromschutz und von Fremdstromanoden erörtert. Als Anwendungsgebiete werden behandelt: erdverlegte Rohrleitungen, Lagerbehälter, Tankläger, Fernmelde-, Starkstrom- und Druckgaskabel, Schiffe, Hafenanlagen und der Innenschutz von Brauchwasser- und Industrieanlagen. Ein besonderes Kapitel befaßt sich mit dem Problem hochspannungsbeeinflußter Rohrleitungen und Kabel. Eine Betrachtung über Kosten und wirtschaftliche Gesichtspunkte bildet den Abschluß. In einem Anhang haben wir Übersichts-Tabellen und mathematische Ableitungen zusammengestellt, soweit sie uns für die praktische Anwendung und Vervollständigung des Buches wichtig erschienen.

Die Herausgeber danken allen Mitarbeitern für ihre Mühe, der Ruhrgas AG und der Mannesmann-Forschungsinstitut GmbH für freundliche Unterstützung sowie dem Verlag Chemie für großzügiges Entgegenkommen bei der Herausgabe und Gestaltung des Handbuches.

Essen und Duisburg,                                        W. v. BAECKMANN
im Frühjahr 1971                                           W. SCHWENK

# Inhalt

**Anzeigenteil**

# Verzeichnis der Autoren

Dipl.-Phys. W. v. BAECKMANN
Ulmenstraße 12
45133 Essen

Dipl.-Ing. U. BETTE
c/o Technische Akademie Wuppertal
Postfach 10 04 09
42004 Wuppertal

Dr.-Ing. C. DÖRNEMANN
c/o RWE  Energie AG
Kruppstraße 5
45128 Essen

Dipl.-Ing. D. ENGEL
c/o Germanischer Lloyd AG
Postfach 11 16 06
20416 Hamburg

G. FRANKE
c/o NORSK HYDRO
Magnesiumgesellschaft mbH
Industriestraße 61
46240 Bottrop

D. FUNK
c/o Ruhrgas AG
45177 Essen

Dr.-Ing. J. GEISER
c/o Ruhrgas AG
45177 Essen

Ing. C. GEY
Holzmarkenweg 4
28757 Bremen

Prof. Dr. Dr. H. GRÄFEN
Ursulastraße 9
50129 Bergheim

Dipl. TH. HEIM
Korrosionstechnik
Rubensweg 1
40724 Hilden

Dipl.-Chem. U. HEINZELMANN
c/o Guldager Elektrolyse GmbH
Daimler-Straße 13
45891 Gelsenkirchen

Dipl.-Ing. T. HOFFMANN
c/o Deutsche Telekom AG
Zentrale/TN 217
64307 Darmstadt

Dipl.-Ing. K. HORRAS
Billrothstraße 6
42283 Wuppertal

Prof. Dr. B. ISECKE
c/o Bundesanstalt für Materialforschung
und Materialprüfung
Unter den Eichen 87
12203 Berlin

Dipl.-Ing. B. LEUTNER
Im Wiesengrund 7
30880 Laatzen

Dr. H.-U. PAUL
c/o RWE Energie AG
Kruppstraße 5
45128 Essen

Ing. F. PAULEKAT
Hendrik-Witte-Straße 14
45128 Essen

Dr. B. RICHTER
c/o Germanischer Lloyd AG
Postfach 11 16 06
20416 Hamburg

Dipl.-Ing. G. RIEGER
Werheide 7
51427 Bergisch Gladbach

Dr. H.-G. SCHÖNEICH
c/o Ruhrgas AG
45177 Essen

Dipl.-Ing. F. SCHWARZBAUER
c/o Stadtwerke München
Dachauer Straße 110
80287 München

Prof. Dr. W. SCHWENK
Scheffelstraße 26
47057 Duisburg

Dipl.-Ing. W. VESPER
c/o Quante AG Telekommunikation
Uellendahler Straße 353
42109 Wuppertal

# Verzeichnis häufig benutzter Formelzeichen, Konstanten und Symbole

| Zeichen | Bedeutung | Gebräuchliche Maßeinheit |
|---|---|---|
| $a$ | Abstand, Länge | cm, m |
| $a$ | Annuitätsfaktor | |
| $b$ | Abstand, Länge | cm, m |
| $b_{+/-}$ | Tafelneigung (dekad.-log.) | mV |
| $B$ | Beweglichkeit | $cm^2\ mol\ J^{-1}\ s^{-1}$ |
| $B_{0,1,E}$ | Bewertungszahlsumme (Erdbogenaggressivität) | |
| $c(X_i)$ | Konzentration der Stoffart $X_i$ | $mol\ cm^{-3}$, $mol\ L^{-1}$ |
| $C$ | Kapazität | $F = \Omega^{-1}\ s$ |
| $C$ | Konstante, allgemein | |
| $C_D$ | Doppelschichtkapazität einer Elektrode | $\mu F\ cm^{-2}$ |
| $d$ | Abstand, Durchmesser | mm, m |
| $D_i$ | Diffusionskonstante der Stoffart $X_i$ | $cm^2\ s^{-1}$ |
| $E$ | elektrische Feldstärke | $V\ cm^{-1}$ |
| $f$ | Frequenz | $Hz = s^{-1}$ |
| $f_a$ | Umrechnungsfaktor | $mm\ a^{-1}/(mA\ cm^{-2})$ |
| $f_b$ | Umrechnungsfaktor | $g\ m^{-2}\ h^{-1}/(mA\ cm^{-2})$ |
| $f_c$ | Umrechnungsfaktor | $mm\ a^{-1}/(g\ m^{-2}\ h^{-1})$ |
| $f_v$ | Umrechnungsfaktor | $L\ m^{-2}\ h^{-1}/(mA\ cm^{-2})$ |
| $F$ | Kraft | N |
| $F$ | Beeinflussungsfaktor, Faktor | |
| $F$ | relativierter Ausbreitungswiderstand | $cm^{-1}$, $m^{-1}$ |
| $\mathscr{F}$ | Faraday-Konstante = 96 485 A s mol$^{-1}$ = 26,8 A h mol$^{-1}$ | |
| $g$ | Grenzstromdichte | $A\ m^{-2}$ |
| $G$ | Grenzstrom | A |
| $G$ | elektrischer Leitwert, Ableitung | $S = \Omega^{-1}$ |
| $G'$ | Ableitungsbelag | $S\ m^{-1}$, $S\ km^{-1}$ |
| $\Delta G$ | Freie Bildungsenthalpie | $J\ mol^{-1}$ |
| $h$ | Höhe, Erddeckung | cm, m |
| $i$ | Laufzahl | |
| $I$ | Stromstärke | A |

| Zeichen | Bedeutung | Gebräuchliche Maßeinheit |
|---|---|---|
| $I_s$ | Schutzstrombedarf, Schutzstrom | A |
| $I'$ | Strombelag | $A\,km^{-1}$ |
| $j_H$ | H-Permeationsstromdichte | $L\,cm^{-2}\,min^{-1}$ |
| $j_i$ | Transportrate der Stoffart $X_i$ | $mol\,cm^{-2}\,s^{-1}$ |
| $J$ | Stromdichte | $A\,m^{-2}$, $mA\,cm^{-2}$ |
| $J_{akt}$ | Aktivierungsstromdichte | $A\,m^{-2}$, $mA\,cm^{-2}$ |
| $J_{max}$ | maximale Stromdichte einer galvanischen Anode | $A\,m^{-2}$, $mA\,cm^{-2}$ |
| $J_{pas}$, $J_p$ | Passivierungsstromdichte | $A\,m^{-2}$, $mA\,cm^{-2}$ |
| $J_s$ | Schutzstromdichte, Mindestschutzstromdichte | $A\,m^{-2}$, $mA\,cm^{-2}$ |
| $J_o$ | Austauschstromdichte | $A\,m^{-2}$, $mA\,cm^{-2}$ |
| $k$ | Polarisationsparameter | cm, m |
| $k$ | spezifische Kosten | DM/Einheit |
| $K$ | Spannungsintensität | $N\,mm^{-3/2}$ |
| $K$ | Gleichgewichtskonstante | $(mol\,L^{-1})^{(\Sigma n_i)}$ |
| $K$ | Kosten | DM |
| $K_{Sx}$ | Säurekapazität bis pH $x$ | $mol\,L^{-1}$ |
| $K_{Bx}$ | Basekapazität bis pH $x$ | $mol\,L^{-1}$ |
| $K_W$ | Ionenprodukt des Wassers bei 25 °C $= 10^{-14}\,mol^2\,L^{-2}$ | |
| $K_w$ | Reaktionskonstante bei Sauerstoffkorrosion | mm |
| $l$ | Länge, Abstand | cm, m, km |
| $l_i$ | Ionenäquivalentleitfähigkeit der Stoffart $X_i$ (nicht verwechseln mit $\Lambda_i$ oder $u_i$) | $S\,cm^2\,mol^{-1}$ |
| $l_k$ | charakteristische Länge, Kennlänge eines Erders oder Rohrleitungsabschnittes, siehe auch $L_c$ | m, km |
| $L$ | Länge eines betrachteten Leitungs- oder Streckenabschnittes | km |
| $L$ | charakteristische Länge einer Fehlstelle, Meßprobe (Erder) – (nicht verwechseln mit $L_c$) | cm, m |
| $L$ | Schutzbereichlänge einer Rohrleitung | km |
| $L$ | Induktivität | $H = \Omega\,s$ |
| $L_c$ | charakteristische Länge, Kennlänge eines Streckenabschnittes (synonym mit $l_k$) | m, km |
| $L_{Gr}$ | Grenzlänge | m, km |
| $m$ | Masse | g, kg |
| $m'$ | längenbezogene Rohrmasse | $kg\,m^{-1}$ |
| $\mathfrak{M}$ | Atom-, Molmasse | $g\,mol^{-1}$ |
| $M'$ | Gegeninduktivitätsbelag | $H\,km^{-1}$ |
| $n$ | Anzahl, Laufzahl | |

| Zeichen | Bedeutung | Gebräuchliche Maßeinheit |
|---|---|---|
| $n'$ | längenbezogene Anzahl | $m^{-1}$, $km^{-1}$ |
| $n_i$ | stöchiometrischer Koeffizient, Ladungszahl der Stoffart $X_i$ | |
| $N$ | Fehlstellendichte | $m^{-2}$ |
| $N$ | reziproke Neigung von $\ln|J| - U$-Kurven | mV |
| $p$ | Druck, Gasdruck | bar |
| $p(X_i)$ | Partialdruck der Stoffart $X_i$ | bar |
| $P$ | Permeationskoeffizient | $cm^2\ s^{-1}\ bar^{-1}$, $g\ cm^{-1}\ h^{-1}\ bar^{-1}$ |
| $Q$ | elektrische Ladung | A s, A h |
| $Q'$ | Strominhalt galvanischer Anoden, massenbezogener | $A\ h\ kg^{-1}$ |
| $Q''$ | Strominhalt galvanischer Anoden, volumenbezogener | $A\ h\ dm^{-3}$ |
| $r$ | Radius, Abstand | cm, m |
| $r$ | Reduktionsfaktor | |
| $r_P$ | spezifischer Polarisationswiderstand | $\Omega\ m^2$ |
| $r_u$ | spezifischer Umhüllungswiderstand | $\Omega\ m^2$ |
| $R$ | elektrischer Widerstand, Ausbreitungswiderstand | $\Omega$ |
| $R$ | Gaskonstante = 8,31 $J\ mol^{-1}\ K^{-1}$ | |
| $R'$ | Widerstandsbelag | $\Omega\ m^{-1}$, $\Omega\ km^{-1}$ |
| $R_m$ | Zugfestigkeit | $N\ mm^{-2}$ |
| $R_P$ | Polarisationswiderstand | $\Omega$ |
| $R_{p_{0,2}}$ | Zugspannung für 0,2% Dehnung | $N\ mm^{-2}$ |
| $R_u$ | Umhüllungswiderstand | $\Omega$ |
| $R_\Omega$ | Ohmscher Widerstand bei Polarisation | $\Omega$ |
| $s$ | Abstand, Dicke, Dickenabnahme | mm, cm |
| $S$ | Fläche, Querschnitt | $m^2$ |
| $t$ | Zeit | s, h, a |
| $t$ | Tiefe | cm, m |
| $T$ | Temperatur | °C, K |
| $u_i$ | elektrochemische Beweglichkeit der Stoffart $X_i$ | $V^{-1}\ cm^2\ s^{-1}$ |
| $U$ | Spannung, Potential | V |
| $U_{aus}$ | Ausschaltpotential | V |
| $U_B$ | Berührungsspannung | V |
| $U_B''$ | Potentialdifferenz zwischen Bezugselektroden parallel über die Rohrleitung | mV, V |
| $U_B^\perp$, $\Delta U_x$ | Potentialdifferenz zwischen Bezugselektroden senkrecht zur Rohrleitung (Abstand $x$) | mV, V |
| $U_{Cu/CuSO_4}$ | Potential, bezogen auf $Cu/CuSO_4$-Elektrode | mV, V |

| Zeichen | Bedeutung | Gebräuchliche Maßeinheit |
|---|---|---|
| $U_{ein}$ | Einschaltpotential | V |
| $U_H$ | Potential, bezogen auf Standard-Wasserstoffelektrode | mV, V |
| $U_{IR}$ | Ohmscher Spannungsabfall | V |
| $U_{IR\text{-frei}}$ | $IR$-freies Potential | V |
| $U_R$ | Ruhepotential | V |
| $U_s$ | Schutzpotential | V |
| $U_T$ | Treibspannung | V |
| $U_{um}$ | Umschaltpotential | V |
| $U_o$ | Leerlaufspannung (EMK) | V |
| $v, v_{int}$ | flächenbezogene Massenverluste bzw. integraler Wert | $\mathrm{g\ m^{-2}\ h^{-1}}$ |
| $V$ | Volumen | $\mathrm{cm^3, dm^3, L}$ |
| $\mathfrak{V}$ | Atom-, Molvolumen | $\mathrm{m^3\ mol^{-1}, L\ mol^{-1}}$ |
| $W$ | Wagner-Zahl | – |
| $w, w_{int}$ | Abtragungsgeschwindigkeit bzw. integraler Wert | $\mathrm{\mu m\ a^{-1}, mm\ a^{-1}}$ |
| $w$ | Wirkungsgrad | (%) |
| $w$ | Windungszahl | |
| $w, w_{int}$ | Abtragungsrate bzw. integraler Wert | $\mathrm{mm\ a^{-1}}$ |
| $w_i$ | Geschwindigkeit der Stoffart $X_i$ | $\mathrm{cm\ s^{-1}}$ |
| $x$ | Ortskoordinate | m, km |
| $Y'$ | Admittanzbelag | $\mathrm{S\ km^{-1}}$ |
| $z_i$ | Ladungszahl der Stoffart $X_i$ | |
| $Z$ | Impedanz | $\Omega$ |
| $Z$ | Wellenwiderstand | $\Omega$ |
| $Z_i$ | Bewertungszahl (Bodenaggressivität) | |
| $\alpha$ | Symmetriefaktor, Durchtrittsfaktor | |
| $\alpha$ | Wegkonstante (Gleichstrom) | $\mathrm{km^{-1}}$ |
| $\alpha$ | Stromausbeutefaktor bei galvanischen Anoden und bei Wechselstromkorrosion | in % |
| $\alpha$ | Geometriefaktor einer Fehlstelle, Meßprobe (Erder) | – |
| $\beta$ | Achsenverhältnis einer Fehlstelle, Meßprobe (Erder) | – |
| $\beta_{+/-}$ | Tafel-Neigung (nat.-log.) | mV |
| $\gamma$ | Übertragungsmaß | $\mathrm{km^{-1}}$ |
| $\delta$ | Diffusionsschichtdicke | cm |
| $\varepsilon, \varepsilon_r$ | Dielektrizitätskonstante, relative | |
| $\varepsilon_o$ | elektrische Feldkonstante $= 8{,}85 \cdot 10^{-14}\ \mathrm{F\ cm^{-1}}$ | |

| Zeichen | Bedeutung | Gebräuchliche Maßeinheit |
|---|---|---|
| $\eta$ | Überspannung, Polarisation | mV, V |
| $\eta_\Omega$ | Ohmscher Spannungsabfall, Widerstands- polarisation | mV, V |
| $\kappa$ | spezifische elektrische Leitfähigkeit | S cm$^{-1}$ |
| $\Lambda_i$ | molare Leitfähigkeit der Stoffart $X_i$ (nicht verwechseln mit $l_i$) | S cm$^2$ mol$^{-1}$ |
| $\tilde{\mu}_i$ | elektrochemisches Potential der Stoffart $X_i$ | J mol$^{-1}$ |
| $\mu_i$ | partielle molare Freie Enthalpie der Stoffart $X_i$ | J mol$^{-1}$ |
| $\mu_o$ | magnetische Feldkonstante $= 1{,}26 \cdot 10^{-8}$ H cm$^{-1}$ | |
| $\mu_r$ | Permeabilitätszahl, relative | |
| $\nu$ | Laufzahl | |
| $\rho$ | spezifischer elektrischer Widerstand | $\Omega$ cm |
| $\rho_{st}$ | spezifischer elektrischer Widerstand von Stahl (etwa $1{,}7 \cdot 10^{-6}$ $\Omega$ m) | |
| $\rho_s$ | Dichte, spezifische Masse | g cm$^{-3}$ |
| $\sigma$ | Zugspannung | N mm$^{-2}$ |
| $\tau$ | Zeitkonstante | s |
| $\varphi$ | elektrisches Potential | V |
| $\varphi$ | Phasenwinkel | |
| $\omega$ | Kreisfrequenz $= 2\pi f$ | s$^{-1}$ |

## Häufig benutzte Indizes

a) chemische und thermodynamische Größen $Y$

| $Y^0$ | Standardbedingung |
|---|---|
| $Y*$ | Bedingung für thermodynamisches Gleichgewicht |
| $Y_i$ | Größe der Stoffart $X_i$ |

b) elektrochemische Größen $Y$

| $Y_{a,k}$ | Größe für anodischen (a) bzw. kathodischen (k) Bereich sowie für zugehörigen Summenströme |
|---|---|
| $Y_{A,K}$ | Größe für die anodische (A) bzw. kathodische (K) Teilreaktion |
| $Y_e$ | Größe bei Elementbildung |

c) elektrische Größen $Y$

| $Y'$ | auf die Länge bezogene Größe ($Y$-Belag) |
|---|---|
| $Y_x$ | $Y$ an der Stelle mit den Ortskoordinaten $x$ (z.B. $r$, $l$, $0$, $\infty$) |

$Y_X$        $Y$ für eine bestimmte Elektrode oder Objekt X
             (B Bezugselektrode, Me Metall; E Erder, M Mast, R Rohr, S Schiene,
             T Tunnel)

## Allgemeine Symbole

| | |
|---|---|
| $e^-$ | Elektron |
| DN | nominaler Druck |
| EDV | elektronische Datenverarbeitung |
| EP | Epoxidharz |
| FI | Fehlerstrom |
| FU | Fehlerspannung |
| HGÜ | Hochspannung-Gleichstrom-Übertragung |
| HOZ | Hochofenzement |
| *IR* | Ohmscher Spannungsabfall |
| IT | Schutzsystem mit isoliertem Sternpunkt* |
| LCD | Flüssigkristall-Anzeige |
| Me | Metall |
| Ox | Oxidationsmittel |
| PE | Polyethylen (HD-PE Hochdruck-PE, ND-PE Niederdruck-PE) |
| PEN | Schutzleiter mit Neutralleiter-Funktion |
| PN | nominaler Druck |
| PUR | Polyurethan |
| PVC | Polyvinylchlorid |
| PZ | Portlandzement |
| Red | Reduktionsmittel |
| TN | Schutzsystem mit PEN-Leiter* |
| TT | Schutzerdungssystem* |
| $X_i$ | Symbol für Stoffart $i$ |

## Bezeichnungen für Kabel

Die in diesem Handbuch verwendeten Bezeichnungen für Kabel entsprechen den Angaben in „E. Retzlaff: Lexikon der Kurzzeichen für Kabel und isolierte Leitungen nach VDE, CENELEC und IEC, 4. Auflage, VDE-Verlag, Berlin-Offenbach 1993".

---

* DIN VDE 0100 Teil 300, Beuth-Verlag, Berlin 1985

# 1 Historische Entwicklung des elektrochemischen Korrosionsschutzes

W. v. Baeckmann

## 1.1 Geschichte des kathodischen Schutzes

Die Anziehungskraft von geriebenem Bernstein und einige andere Auswirkungen der Elektrizität waren bereits im Altertum bekannt. Den Nägeln aus einem alten Schiffswrack verdanken wir die Erkenntnis, daß die Römer auch um die mit einem elektrischen Stromfluß verbundene Kontaktkorrosion wußten. Zum Schutz gegen Bohrwürmer waren die Holzplanken der antiken Ruderschiffe mit einer Bleihaut überzogen, die mit Kupfernägeln befestigt wurde. Zwischen dem Blei und den Kupfernägeln bildete sich ein galvanisches Element aus, so daß im Laufe der Zeit in dem salzigen Meerwasser die unedleren Bleiplatten um die Kupfernägel stark korrodierten und abfielen. Die antiken Schiffsbaumeister fanden eine einfache Lösung, indem sie die Köpfe der Kupfernägel ebenfalls mit Blei überzogen. So war keine galvanische Spannung und kein Stromfluß mehr zwischen den beiden Metallteilen vorhanden, und damit war auch die Korrosion verhindert.

Ob *Sir Humphrey Davy* diese Überlegung kannte, ist ungewiß. Jedenfalls nahm er einen Auftrag der britischen Admiralität an, die 1761 eingeführte Kupferverkleidung von Holzschiffen im Seewasser zu schützen. Bei seinen zahlreichen Laborversuchen hatte er auch den kathodischen Schutz von Kupfer mit Zink oder Eisen entdeckt [1]. *Davy* hatte bereits 1812 die Hypothese aufgestellt, daß chemische und elektrische Veränderungen identisch sind oder zumindest von der gleichen Eigenschaft des Stoffes abhängen. Er meinte, daß die chemischen Reaktionskräfte durch Veränderung des elektrischen Zustandes von Stoffen verringert oder vergrößert werden können. Stoffe können sich nur verbinden, wenn sie verschiedene elektrische Ladungen besitzen. Wenn ein ursprünglich positiver Stoff künstlich negativ geladen wird, so werden seine Bindungskräfte gestört, und er kann keine korrosiven Verbindungen mehr eingehen.

Man erinnere sich an die Anfänge der galvanischen Elektrizität und der Untersuchungen von Elektrolyten. Bereits 1789 hatte *Galvani* seinen Froschschenkelversuch durchgeführt. 1797 erfand der italienische Physiker *Alessandro Volta* in Pavia die nach ihm benannte Voltasche Säule. Zum ersten Male wurde durch ein galvanisches Element Strom erzeugt. Den umgekehrten Vorgang, die Elektrolyse, hatte *Alexander von Humboldt* 1795 an einer elektrolytischen Zelle aus Zink und einer Silberelektrode in einer wässerigen Elektrolytlösung entdeckt, und 1798 bemerkte *Ritter*, daß die Spannungsreihe der Metalle identisch war mit der Reihe, in der die Metalle nach ihrer Oxidationsfähigkeit angeordnet wurden.

Da man natürlich diese Entdeckungen seinerzeit noch nicht elektrochemisch deuten konnte, sind die Erklärungen von *Davy* bewundernswert. *Davy* hatte festgestellt, daß Kupfer ein Metall ist, welches in der galvanischen Spannungsreihe schwach positiv wirkt. Er folgerte daraus, daß der Korrosionseinfluß des Meerwassers auf das Kupfer dann verhindert werden kann, wenn es schwach negativ geladen wird. Würde die Kupferoberfläche negativ (also zur Kathode), so würde jede chemische Veränderung, also auch die Korrosion, verhindert. Um den Ablauf des Vorgangs erklären zu können, führte *Davy* Experimente mit leicht angesäuertem Meerwasser durch, in das polierte Kupferbleche eingetaucht wurden. Auf eines der Kupferbleche war ein Stück Zinn aufgelötet worden. Bereits nach drei Tagen zeigte sich an den Kupferblechen ohne Zinn eine beträchtliche Korrosion, während das Kupferblech mit dem aufgelöteten Zinn keine Korrosionserscheinungen aufwies. Daraus zog *Davy* den Schluß, daß auch andere unedlere Metalle, wie Zink oder Eisen, eine Schutzwirkung hervorrufen könnten. *Davy* führte weitere Versuche mit Unterstützung seines Schülers *Faraday* durch. Dabei ergab sich, daß es für den Korrosionsschutz des Kupfers gleichgültig ist, an welcher Stelle das Zink aufgelötet wird. Bei einem Kupferblech, an dem zusätzlich ein Stück Eisenblech angelötet war, wurde durch Verbindung mit einem Zinkstück nicht nur das Kupfer, sondern auch das Eisenblech gegen Korrosion geschützt.

Nachdem *Davy* diese Ergebnisse seiner Untersuchungen der *Royal Society* und der Britischen Admiralität mitgeteilt hatte, erhielt er 1824 die Erlaubnis, praktische Versuche an den Kupferverkleidungen von Kriegsschiffen zu beginnen. Diese Versuche wurden in dem Marinestützpunkt Portsmouth durchgeführt. *Davy* ließ an der Kupferverkleidung von Kriegsschiffen Zink- und Gußeisenplatten gegen Korrosion anbringen. Dabei stellte er fest, daß Gußeisen am wirtschaftlichsten war. Gußeisenplatten von 5 cm Dicke und 60 cm Länge ergaben bei 9 Schiffen sehr zufriedenstellende Ergebnisse. Bei Schiffsrümpfen, bei denen Nieten und Nägel bereits verrostet waren, erstreckte sich der Korrosionsschutz meist nur auf die unmittelbare Nähe der Anoden. Um diesen Befund näher zu klären, unternahm *Davy* 1824 weitere Versuche an dem Kriegsschiff Sammarang (Abb. 1-1). Das Schiff war 1821 in Indien mit neuen Kupferblechen beschlagen worden. Gußeiserne Metallplatten, die 1,2% der gesamten Kupferoberfläche des Schiffskörpers ausmachten, wurden am Heck und am Bug des Schiffes angebracht. Das Schiff machte dann eine Reise nach Nova Scotia (Kanada) und kehrte im Januar 1825 zurück. Abgesehen von einigen Abzehrungen am Heck, die durch Wasserwirbel hervorgerufen sein konnten, zeigten sich am Schiffskörper keinerlei Korrosionsschäden. Ebenfalls gute Erfolge wurden bei der Yacht Elizabeth des *Earl of Darnley* und dem 650 t großen Handelsschiff Carnebra Castle erzielt. Die Schiffe erhielten je zwei Zinkplatten an Heck und Bug von 1% der Kupferoberfläche. Nach Rückkehr aus Kalkutta sah die Kupferverkleidung noch wie neu aus.

*Davy's* später so berühmt gewordener Schüler *Michael Faraday* hatte an vielen Versuchen mitgewirkt. Jahre später – *Davy* war 1825 nach Italien gereist und 4 Jahre darauf in Genf gestorben – untersuchte *Faraday* die Korrosion von Gußeisen in Meerwasser. Er stellte fest, daß Gußeisen in der Nähe der Wasseroberfläche stärker korrodiert als im tiefen Wasser. *Faraday* hatte 1834 den quantitativen Zusammenhang zwischen Korrosionsabtrag und elektrischem Strom entdeckt. Er fand damit die wissenschaftliche Grundlage der Elektrolyse und im Prinzip auch des kathodischen Schutzes.

Offenbar ohne Kenntnis der Versuche von *Davy* berichtete der Telegraphen-Inspektor *C. Frischen* am 4. 12. 1856 in einer Sitzung des Architekten- und Ingenieur-Vereins zu Hannover über Resultate einer größeren Versuchsreihe, *welche er besonders mit Rück-*

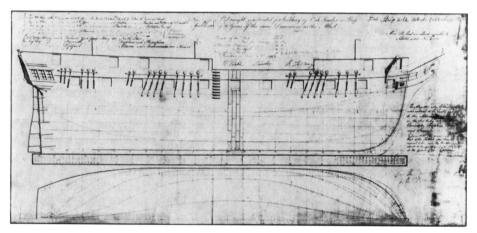

**Abb. 1-1.** Bauzeichnung des Schiffes Sammarang, das als erstes Schiff von März 1824 bis Januar 1825 mit kathodischem Schutz einer Kupferbekleidung eine Seereise nach Nova Scotia (Kanada) unternahm.

*sicht auf den Schutz des meist gebrauchten, jetzt so vielfach angewendeten, ja sogar häufig den bedeutendsten Teil großer und wichtiger Werke wie Brücken, Schleusen, Thore etc. bildenden Schmiedeeisens seit längerer Zeit gemacht hat.* Frischen hatte zum Schutz von Eisen im Meerwasser Zinkstücke an dieses angelötet oder angeschraubt. Er kam zu dem Schluß, *daß ein wirksamer Schutz des Eisens durch Einwirkung galvanischer Elektrizität kaum mehr zweifelhaft sei.* Es bedürfe aber noch vieler langer und im Großen fortgesetzter Versuche, um ein in der Praxis mit Erfolg anzuwendendes Schutzverfahren herauszubilden [2, 3].

Wenig bekannt ist, daß *Thomas Alva Edison* um 1890 bereits versuchte, den kathodischen Schutz von Schiffen mit Fremdstrom zu erreichen. Aber die verfügbaren Stromquellen und Anodenmaterialien waren noch unzulänglich. 1902 gelang es *K. Cohen,* das kathodische Schutzverfahren mit äußerem Gleichstrom praktisch durchzuführen. Die erste kathodische Schutzanlage für Rohrleitungen wurde 1906 von dem Betriebsdirektor der Stadtwerke Karlsruhe, *Herbert Geppert,* eingerichtet [4]. Im Einflußbereich einer Straßenbahnlinie wurden 300 m Gas- und Wasserleitungen mit Hilfe eines Gleichstromgenerators 10 V/12 A und Fremdstromanoden geschützt. Abb. 1-2 zeigt das Prinzip, auf das *H. Geppert* 1908 ein deutsches Patent erhielt [5]. Auf einem Kongreß des Institute of Metals in Genf im Herbst 1913 wird der Schutz durch galvanische Anoden bereits *elektrochemischer* Schutz genannt.

In den USA benutzte *E. Cumberland* 1905 den kathodischen Fremdstromschutz, um Dampfkessel und ihr Rohrleitungssystem vor Korrosion zu schützen. Abb. 1-3 ist der entsprechenden deutschen Patentschrift entnommen [6]. Zur Verhütung der Dampfkesselkorrosion wurden 1924 mehrere Lokomotiven der Chicagoer Eisenbahngesellschaft mit kathodischem Schutz ausgerüstet. Während vorher nach 9 Monaten die Heizrohre der Dampfkessel erneuert werden mußten, sind *seit Einführung des Elektrolyseverfahrens die Unterhaltungskosten auf ein Minimum gesunken.* Der Däne *A. Guldager* verwendete seit 1924 Aluminiumanoden mit elektrischem Gleichstrom zum Innenschutz

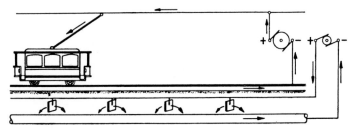

**Abb. 1-2.** Darstellung des kathodischen Schutzes nach der Patentschrift von *H. Geppert* vom 27.3.1908 (DRP-Nr. 211612).

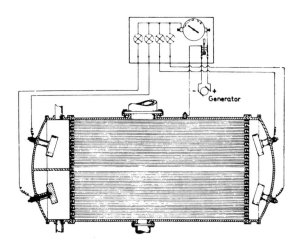

**Abb. 1-3.** Kathodischer Innen-schutz nach der Patentschrift von *E. G. Cumberland* vom 28.9.1911 (DRP-Nr. 247544).

von Warmwasseranlagen. Dadurch wird im Inneren des Warmwasserbehälters ein kathodischer Schutz, in den angeschlossenen Rohrleitungen ein Schutz durch sekundäre Deckschichtbildung erreicht.

Im vorigen Jahrhundert dagegen war der Erfolg des *kathodischen* Schutzes oft von Zufällen abhängig. *F. Haber* und *L. Goldschmidt* befaßten sich erstmals 1906 auf Anregung des DVGW mit den wissenschaftlichen Grundlagen. Sie erkannten den kathodischen Schutz und insbesondere die Streustromelektrolyse als elektrochemische Vorgänge. Der berühmte *Haber'sche* Rahmen zur Messung der Stromdichte, die Messung von Bodenwiderständen und von Rohr/Boden-Potentialen sind in der Zeitschrift für Elektrochemie beschrieben [7]. Zur Potentialmessung benutzte *Haber* unpolarisierbare Zinksulfatelektroden (siehe Abb. 1-4). Zwei Jahre später verwendete *Mc. Collum* die erste Kupfersulfat-Elektrode, die sich seitdem in der Korrosionsschutztechnik für die Potentialmessung von erdverlegten Anlagen überall durchgesetzt hat. In der Zeit von 1910–1918 ermittelten *O. Bauer* und *O. Vogel* in der Materialprüfanstalt in Berlin die zum kathodischen Schutz erforderlichen Stromdichten [8]. Als 1920 am Rheinlandkabel in der Gegend von Hannover Korrosionsschäden durch Elementbildung in unterschiedlichen Böden auftraten, wurden erstmals in Deutschland Zinkplatten zum kathodischen Schutz des Kabelmantels in den Sumpf der Kabelschächte eingebaut. Der Schutz

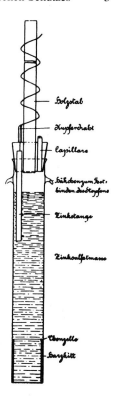

**Abb. 1-4.** Von Prof. Haber 1908 entwickelte unpolarisierbare
Zn/ZnSO$_4$-Elektrode.

des Eisens durch elektrischen Strom war schließlich im Jahre 1927 Gegenstand einer Dissertation [9].

Nachdem 1920 die Schweißtechnik einen Stand erreicht hatte, der sichere Schweißverbindungen und damit die Verlegung durchgehend verschweißter Fernleitungen erlaubte, hätte eigentlich einer verbreiteten Anwendung des kathodischen Schutzes nichts mehr im Wege gestanden. *Peterson* [10] berichtet über ein elektrisches Verfahren zum Schutz von Rohrleitungen gegen Rosten, das sich auch gegen Erdströme im galizischen Erdölgebiet ausgezeichnet bewährt hat. Daß es dennoch nicht zur Anwendung des kathodischen Schutzes kam, lag vielleicht daran, daß den maschinenbaulich ausgebildeten Rohrnetzingenieuren das elektrochemische Schutzverfahren wohl etwas geheimnisvoll vorkam. Aber auch von Elektroingenieuren wurden die Kosten des Verfahrens und die Gefährdung fremder Rohrleitungen durch die kathodischen Schutzströme überschätzt. So versuchte man zunächst, die Rohrumhüllungen gegen aggressive Böden weiter zu verbessern und die Streustromgefahr durch den Einbau von Isolierstücken zu verringern.

Der kathodische Schutz von Rohrleitungen setzte sich daher nicht in Deutschland, sondern ab 1928 in den USA durch. *Robert J. Kuhn*, der in den USA *Vater des kathodischen Schutzes* genannt wird, hat 1928 den ersten kathodischen Schutzgleichrichter an einer Ferngasleitung in New Orleans installiert und damit die praktische Anwendung des kathodischen Schutzes für Rohrleitungen eröffnet. Schon um 1923 hatte *E. R. Schepard* in New Orleans starke Straßenbahnstreuströme durch Streustromdrainagen abgeleitet. Da der Schutzbereich von unbeschichteten Gußrohren mit schlecht leitenden Muffen nicht bis zum Ende der Rohrleitungen reichte, baute *Kuhn* zusätzlich kathodische Schutzgleichrichter ein. Durch Versuche fand er heraus, daß ein Potential von $-0,85$ V gegen eine gesättigte Kupfer/Kupfersulfat-Elektrode gegen jede Art von Korrosion ausreichend schützt. Über diesen wichtigen Wert, nach dem sich heute die kathodische Korrosionsschutztechnik allgemein richtet, berichtete *Kuhn* 1928 auf der Korrosionsschutzkonferenz des National Bureau of Standards in Washington [11]. Über die Ursache der Korrosion unterirdischer Rohrleitungen herrschte in der damaligen Zeit unter den amerikanischen Wissenschaftlern noch viel Unsicherheit. *Kuhn's* Referat beschäftigte sich als einzige Arbeit mit der Korrosion durch galvanische Elementbildung. Es enthielt die Beschreibung eines Verfahrens, das durch einen gleichrichtererzeugten Schutzstrom die Korrosion verhindert, also durch kathodischen Korrosionsschutz. Dazu schrieb *Kuhn: Diese Methode wurde nicht speziell angewendet, um ausschließlich die Bodenkorrosion zu verhindern, sondern auch, um durch elektrische Drainage die durch Straßenbahnstreuströme verursachte elektrolytische Korrosion der Rohrleitung auszuschließen.* Bei ihrer Anwendung hat es sich gezeigt, daß die Rohre nicht nur vor Korrosion durch Streustromelektrolyse, sondern auch gegen galvanische Elementströme und damit gegen Bodenkorrosion geschützt waren. Die Versuche ergaben, daß durchschnittlich 10 bis 20 mA m$^{-2}$ Schutzstromdichte ausreichten, um das Potential der Rohrleitung soweit abzusenken, daß kein Lochfraß mehr auftrat [12].

Nicht alle Fachleute standen den Untersuchungen ohne Skepsis gegenüber. Noch 1935 erklärte das American Petroleum Institut in Los Angeles, daß galvanische Schutzströme von Zinkanoden in größerer Entfernung die Rohrleitung nicht mehr schützen und ein Schutz gegen chemische Angriffe, wie z.B. Säuren, überhaupt unmöglich sei. Da in den Vereinigten Staaten bis nach der Jahrhundertwende vielfach Rohrleitungen ohne Umhüllung verlegt wurden, war der kathodische Schutz dafür verhältnismäßig aufwendig und erforderte erhebliche Schutzströme. So ist es nicht verwunderlich, daß in den USA Anfang der 30er Jahre zwar rund 300 km Rohrleitungen durch Zinkanoden, aber erst 120 km durch Fremdstrom kathodisch geschützt waren. Dazu gehörten Rohrleitungen in Houston/Texas und Memphis/Tennessee, die von 1931 bis 1934 von *Kuhn* kathodisch geschützt worden waren. Im Frühjahr 1954 erhielt *I. Denison* von der *Association of Corrosion Engineers* den *Whitney*-Preis verliehen. Dadurch wurde *Kuhns* Entdeckung erneut bekannt, dann *Denison* erklärte: *Auf der ersten Korrosionsschutzkonferenz 1929 beschrieb Kuhn, wie er mit Hilfe eines Gleichrichters das Potential einer Rohrleitung auf $-0,85$ V gegenüber einer gesättigten Kupfer/Kupfersulfatelektrode absenkte. Ich brauche nicht zu erwähnen, daß dieser Wert das entscheidende Potentialkriterium für den kathodischen Schutz darstellt, das heute überall in der Welt benutzt wird.*

Die erste Anodenanlage für den kathodischen Schutz von Gasleitungen in New Orleans bestand aus einem 5 m langen, horizontal eingebauten Gußeisenrohr. Später wurden auch alte Straßenbahnschienen benutzt. Da es im Stadtgebiet von New Orleans an geeigneten Einbauorten für Fremdstromanoden fehlte und um ungünstige Beeinflussungen anderer Rohrleitungen zu vermeiden, empfahl *Kuhn* Tiefenanoden, von denen die erste 1952 bis zu 90 m Tiefe eingebaut wurde. Die erste Tiefenanode in der Bundesrepublik wurde 1962 von *F. Wolf* in Hamburg installiert [13].

Ende der 20er Jahre waren Veröffentlichungen über den kathodischen Schutz von Rohrleitungen in Europa bekannt geworden. In Belgien hatte man zunächst die Ableitung von Straßenbahnstreuströmen in größerem Umfang praktiziert. Ab 1932 schützte *L. de Brouwer* in Brüssel Versorgungsleitungen der Distrigaz und 1939 Bodenbleche eines Gasbehälters mit Fremdstrom [14]. In Deutschland war 1939 über das kathodische Korrosionsschutzverfahren wie folgt berichtet worden [15]: *Als Schutzmaßnahmen bei Streuströmen kommen zuerst Vorkehrungen in Betracht, die ein Austreten des Stromes aus den Schienen in das Erdreich verhindern. Rohrseitig ist es zweckmäßig, etwa 200 m beiderseits der Kreuzung von Rohrleitungen mit Schienen die Rohre mit doppelter Umhüllung zu verlegen und elektrisch isolierende Verbindungen zur Erhöhung des Isolationswiderstandes zu wählen. Eine leitende Verbindung des Rohres mit der Schiene darf nur mit größter Vorsicht vorgenommen werden, damit nicht die umgekehrte Wirkung eintritt.* Als weitere Maßnahmen wurden vorgeschlagen: *Überlagern eines Stromes, der das Rohr stets zur Kathode macht – also das kathodische Schutzverfahren.* Aus russischen Veröffentlichungen über kathodischen Schutz geht hervor, daß es um 1939 auch in der UdSSR bereits über 500 kathodische Schutzanlagen gab [16, 17], wobei es sich vermutlich der Zahl nach um galvanische Anoden handelte. Auch in Großbritannien kam nach 1940 der kathodische Schutz von Rohrleitungen mit galvanischen Anoden auf [18]. In Deutschland wurden von *W. Ufermann* 1949 Wasserleitungen der Braunschweigischen Braunkohlen-Bergwerke mit Zinkplatten kathodisch geschützt [19]. Die erste kathodische Schutzanlage in der Pfalz bei Bogenheim wurde 1952 gleichzeitig mit anderen Streustromschutzmaßnahmen von der Saar-Ferngas eingerichtet. Nachdem 1953 in Duisburg-Hamborn [20] und 1954 in Hamburg [21] einzelne kathodische Fremdstromschutzanlagen zum Schutz begrenzter Korrosionsgebiete von alten Ferngasleitungen eingerichtet worden waren, wurde der kathodische Schutz ab 1955 auf ganze Rohrleitungen und insbesondere auf neuverlegte Ferngasleitungen ausgedehnt. Trotz offensichtlicher Vorteile des kathodischen Schutzes auch für einwandige erdverlegte Lagerbehälter wurde erst 1972 eine entsprechende Richtlinie erarbeitet [22].

Mit dem Lokalen kathodischen Schutz entwickelte sich in den letzten Jahren eine Technik des kathodischen Korrosionsschutzes für die erdverlegten Installationen ganzer Kraftwerks- und Industrieanlagen (siehe Kap. 12). Seit 1974 ist in Deutschland der kathodische Schutz für Ferngasleitungen mit Drücken über 4 bzw. 16 bar (DVGW Arbeitsblatt G 462 und 463) und für Mineralölleitungen nach den Richtlinien für Fernleitungen zum Befördern gefährdender Flüssigkeiten (TRbF 301) vorgeschrieben.

Mit der DIN 30676 wurde erstmals eine Grundnorm über den kathodischen Schutz geschaffen, auf welche alle Anwendungsbereiche unterschiedlicher Branchen zurückgreifen können. Kernstück des kathodischen Schutzes ist hier die Meßtechnik zur Bestimmung des richtigen Objekt/Boden-Potentials [23]. Die heute in Europa allgemein übliche *Ausschaltpotentialmeßtechnik* für erdverlegte Anlagen hatte sich ab der 70er Jahre durchgesetzt [24].

## 1.2 Entwicklung des Streustromschutzes

Kurz vor der Jahrhundertwende drangen die ersten alarmierenden Nachrichten über den zerstörenden Einfluß *vagabundierender Ströme* aus den USA über den Atlantik. Auch in Deutschland war durch die zunehmende Gleichstrom-Hausversorgung und den Betrieb von Gleichstrombahnen die Streustromelektrolyse als neue Korrosionsgefahr für erdverlegte Rohrleitungen aufgetreten. 1879 hatte *Werner von Siemens* auf der Berliner Gewerbeausstellung die erste elektrische Gleichstrombahn der Welt vorgeführt. Zwei Jahre später fuhr auf einer positiven und einer negativen Fahrschiene die erste elektrische Straßenbahn nach Berlin-Lichterfelde mit 140 V Betriebsspannung. Auf der Strecke von Westend zum Spandauer Bock richtete *von Siemens* 1882 einen Straßenbahnversuchsbetrieb mit Oberleitung ein. Die Strecke war zunächst mit 2 Oberleitungen ausgerüstet, so daß keine Streuströme in den Erdboden entweichen konnten [25]. Leider konnte dieses Verfahren nicht beibehalten werden.

Die ersten starken elektrolytischen Korrosionsschäden im Bereich von Straßenbahngleisen traten 1887 in Brooklyn an schmiedeeisernen Rohren und im Sommer 1891 in Boston an Bleimänteln von Fernsprechkabeln auf [26]. Zur Erforschung dieser Erscheinungen wurde in den USA eine erste Streustromkommission gegründet.* Diese stellte fest, daß erhebliche Spannungsdifferenzen zwischen Rohren und Gleisen der elektrischen Bahnen bestanden und daß die Rohre an den Stellen gefährdet waren, *wo die Ladung positiv ist und der Strom in die elektrolysierbare Umgebung abfließt.* *Flemming* ermittelte experimentell, daß im feuchten Sand eingebettete Eisenflächen bei einer Spannung von 0,5 V und einer Stromstärke von 0,04 A schon nach wenigen Tagen deutlich korrodiert waren. 1895 wurde von *E. Thomson* die erste direkte Streustromableitung zu den Straßenbahnschienen in Brooklyn hergestellt. Durch dieses *bonding* versuchte man, die Streuströme direkt ohne schädliche Wirkung zu den Schienen zurückzuführen [27]. Dabei stieg allerdings der Streustrom stellenweise so stark an, daß die Bleidichtungen in den Stemmuffen wegschmolzen.

Auch in Deutschland war bereits 1895 bei der Elektrifizierung der Aachener Straßenbahn bewußt eine Streustromdrainage zu einem Gleichrichterunterwerk hergestellt worden. Der erzielte Schutz erstreckte sich jedoch nur auf ein relativ kleines Gebiet, da die verhältnismäßig großen Widerstände der Rohrverbindungen eine größere Ausdehnung nicht zuließen. Ob Drainage-Verbindungen an anderen Gleichrichterstationen, wie z. B. der Wuppertaler Schwebebahn, schon mit Absicht hergestellt wurden, ließ sich später nicht mehr ermitteln.

*M. Kallmann,* der Stadtelektriker von Berlin, berichtete 1899 über ein System zur Kontrolle der vagabundierenden Ströme elektrischer Bahnen [28]: Der *Board of Trade* in London habe bereits 1894 Sicherheitsvorschriften für die englischen elektrischen Bahnen erlassen, wonach die Spannungsdifferenz zwischen positiven Rohrleitungen und Schienen nicht mehr als 1,5 V, bei positiven Schienen jedoch 4,5 V betragen dürfe. Umfangreiche Untersuchungen seien über die Verminderung der Erdstromgefahr durch künstliche metallische Verbindungen der Röhren mit den Schienen ausgeführt worden. *Eine derartige Prozedur sei aber im Prinzip auf das entschiedenste perhorresciert worden und trage den Keim des Todes bereits in sich* [28]. Im Journal für Gasbeleuchtung ist erwähnt, daß es 1892 in Berlin durch Gleichstromkabel und einige Jahre später in 14 deutschen Städten durch Straßenbahnströme zu elektrolytischen Korrosionsschäden kam.

---

* Um 1890 gab es zwar in Deutschland schon 100, in den USA aber über 500 Gleichstrombahnen.

*G. Rasch* [29] hatte dort bereits 1894 die elektrolytischen Vorgänge bei der Streustromkorrosion ausführlich dargestellt. So konnte *W. Lindley,* der spätere Vorsitzende des 1859 gegründeten Vereins von Gasfachmännern Deutschlands*, 1895 eine Erdstromkommission mit dem Ziele einberufen, einen möglichst vollkommenen Schutz für die Gas- und Wasserleitungsröhren sicherzustellen. Da es der DVGW-Kommission zunächst nicht gelang, den Verband Deutscher Elektrotechniker zur Zusammenarbeit zu gewinnen, bat sie den späteren Nobelpreisträger *F. Haber* vom Elektrochemischen Institut der TH Karlsruhe um Unterstützung. Gemeinsam mit dem ausführenden Elektroingenieur der Erdstromkommission *F. Besig* und den Stadtwerken Karlsruhe führte er geradezu modern anmutende Streustromuntersuchungen durch, die in Ausschußsitzungen diskutiert wurden [30].

Im Dezember 1906 bahnte sich eine Wende in der Arbeit der Erdstromkommission an, als sich der Verband Deutscher Elektrotechniker und der Verein Deutscher Straßenbahn- und Kleinbahnverwaltungen zu einem gemeinsamen Vorgehen bereit erklärten. Durch Verhandlungen mit *M. Ulbricht* und *F. Kohlrausch* entstand im März 1907 eine der ersten VDE-Kommissionen, die 1910 die „Vorschriften zum Schutz der Gas- und Wasserröhren gegen schädliche Einwirkungen der Ströme elektrischer Gleichstrombahnen, die die Schienen als Leiter benutzten" herausgab. Darin war die direkte Streustromrückleitung zu den Straßenbahnschienen jedoch verboten. Deshalb versuchte man, die Streuströme durch den Einbau von Isolierstücken und durch Verbesserung der Rohrumhüllungen zu verringern. Um Isolierflansche einzusparen, beschränkte man sich häufig auf Kreuzungen mit Straßenbahnen. Dadurch ergaben sich vor den Isolierflanschen oft neue Streustromaustrittsgebiete. Um die verbotene, direkte Verbindung mit Straßenbahnschienen zu umgehen, wurden in Streustromaustrittsgebieten Verbindungen mit unbeschichteten Schutzrohren oder parallel zu den Schienen in den Erdboden vergrabenen Eisenträgern hergestellt. Obwohl man bald erkannt hatte, daß das Problem so nicht zu lösen war, schuf erst eine Neufassung der VDE 0150 im Jahre 1954 die rechtliche Grundlage, um die nach 1950 auch in der Bundesrepublik eingerichteten Streistromableitungen und -absaugungen zu sanktionieren. Zum Schutz gegen eine zunehmende Hochspannungsbeeinflussung der mit immer besseren Umhüllungen versehenen Rohrleitungen wurden 1966 von der Arbeitsgemeinschaft für Korrosionsfragen (AfK) zusammen mit der Schiedsstelle für Beeinflussungsfragen entsprechende Schutzmaßnahmen beschlossen [31].

Grundsätzlich läßt sich die heute übliche Streustromabsaugung mit Gleichrichter auf den von *H. Geppert* beschriebenen kathodischen Fremdstromschutz zurückführen. *Geppert* hat in seiner Patentschrift bereits darauf hingewiesen, daß dadurch aus der Rohrleitung austretende Streuströme kompensiert werden und auch die Möglichkeit einer direkten Verbindung der Schutzstromquelle mit den Schienen erwähnt. Ohne zusätzlichen Fremdstrom reicht eine direkte Verbindung zwischen Rohrleitung und Schiene nur bei ständig negativen Schienen, z. B. in der Nähe von Gleichrichterwerken, aus. Um 1930 gab es in Mailand und Turin schon 25 direkte Streustromdrainagen für Postkabel.

---

* 1870 auch auf das Wasserfach erweitert, hieß er seit 1882 Deutscher Verein von Gas- und Wasserfachmännern (DVGW). Seit 1976 heißt er DVGW – Deutscher Verein des Gas- und Wasserfaches, technisch wissenschaftlicher Verein.

Werden die Schienen aber zeitweise auch positiv, so muß in die Verbindung eine Rück-stromsperre eingebaut werden. Eines der ersten polarisierten Relais ließ 1934 der da-malige Chefingenieur der Distrigaz, *L. de Brouwer,* in Fontaine-l'Eveane bei Brüssel installieren [32, 33]. In Berlin wurde 1942 eine Stromumkehr durch Einbau von Gleich-richterplatten in einer provisorischen Drainageverbindung verhindert. Das erste in West-deutschland hergestellte Drainagerelais wurde 1953 zum Schutz einer Ferngasleitung bei Immigrath eingebaut.

Der 1928 von *Kuhn* installierte Schutzgleichrichter zwischen Rohrleitung und Schiene war der Vorläufer einer modernen Soutirage. Besonders in Frankreich wurde diese Art der erzwungenen Streustromabsaugung weiter entwickelt und zum Teil mit einem Streustromrelais kombiniert. Die erste derartige Soutirage wurde 1952 in Bad Dürkheim installiert. Heute werden zur Streustromabsaugung meist potentialregelnde Gleichrichter benutzt, deren erster von 1961–1970 in Wuppertal-Cronenberg Spitzen-ströme bis 200 A ableitete. Die Entwicklung des kathodischen Rohrleitungsschutzes ist seit 1977 in der Abteilung Erdöl und Erdgas des Deutschen Museums in München und seit 1985 im *gaseum* der Ruhrgas in Essen dargestellt.

## 1.3 Entwicklung der Passivität und des anodischen Schutzes

Zu Beginn des 20. Jahrhunderts wurde die Passivität der Metalle großtechnisch mit der Entwicklung der nichtrostenden Stähle für den Korrosionsschutz genutzt. Hierzu wurde in einer Vorschau zur *Achema* 1958 festgestellt, daß es letztlich der Metallpassivität zu verdanken sei, daß eine Entwicklung von der *Steinzeit zur Metall-Technologie* möglich war [34]. Die Untersuchung der Passivitätsphänomene führte in den 30er Jahren und insbesondere nach dem 2. Weltkrieg zur Einführung *elektrochemischer* Untersuchungs-verfahren und zur Erkenntnis, daß das Potential eine wichtige Variable bei Korrosi-onsreaktionen darstellt. Mit der Entwicklung elektronischer Potentiostaten in der Mitte der 50er Jahre wurden hierzu die meßtechnischen Voraussetzungen geschaffen. Überall in der Welt begann eine systematische Untersuchung der Potentialabhängigkeit von Korrosionsgrößen. Hiermit wurden auch die wissenschaftlichen Grundlagen für einen allgemeinen elektrochemischen Schutz gelegt, wobei *kritische Grenzpotentiale* für das Auftreten bestimmter Korrosionserscheinungen, insbesondere für örtliche Korrosion, wie Lochfraß und Spannungsrißkorrosion, die Bedeutung von *Schutzpotentialen* haben [35].

Die passivierbaren nichtrostenden Stähle gaben dann auch Veranlassung für die Ent-wicklung des *anodischen* Schutzes. In stark sauren Medien sind hochlegierte Stähle in gleicher Weise wie unlegierte Stähle praktisch nicht kathodisch schützbar, weil die Was-serstoffentwicklung die erforderliche Potentialabsenkung verhindert. Mit Hilfe des an-odischen Schutzes können aber hochlegierte Stähle passiviert und passiv gehalten wer-den. Als erster hatte *C. Edeleanu* an einem Pumpensystem aus Chrom-Nickel-Stahl 1950 demonstriert, daß anodische Polarisation das Pumpengehäuse und angeschlossene Rohrleitungen gegen den Angriff durch konzentrierte Schwefelsäure schützt [36]. Die unerwartet hohe Reichweite des anodischen Schutzes ist auf den hohen Polarisations-widerstand des passivierten Stahls zurückzuführen. *Locke* und *Sudbury* [37] untersuchten verschiedene Systeme Metall/Medium, die für die Anwendung anodischer Schutzverfahren in Frage kommen. Um 1960 wurden in den USA bereits mehrere *anodische Schutzanlagen* betrieben, z. B. für Lagerbehälter, Reaktionsgefäße für Sulfonierungs- und Neutralisationsanlagen. Dabei konnte nicht nur eine erhöhte Lebensdauer der Anlagen, sondern auch ein besserer Reinheitsgrad der Produkte erreicht werden. 1961 wurde erstmalig großtechnisch anodischer Schutz zur Vermeidung interkristalliner Spannungsrißkorrosion in einer Alkalilauge-Elektrolyse in Assuan angewandt [38, 39]. Seit Ende der 60er Jahre wird der anodische Schutz für Laugenbehälter vielfach großtechnisch genutzt, und die elektrochemischen Korrosionsschutzverfahren für Industrieanlagen allgemein gewinnen ständig an Bedeutung (vgl. Kap. 21).

## 1.4 Korrosionsschutz durch Beschichtungen und Umhüllungen

Als Mittel zum Konservieren von Eisen nennt Plinius Teer, Pech, Bitumen, Bleiweiß, Mennige, Gips und Kalkmilch [40]. In englischen Patenten wird 1681 die Verwendung von Steinkohlenteer zum Konservieren von Holz im Schiffsbau erwähnt. Patentgesetze wurden erstmals in England 1663 erlassen [41]. Die erste Nachricht im Journal für Gasbeleuchtung über den Anstrich von gußeisernen Gasleitungen mit Teer wird 1847 aus der Stadt Hannover gemeldet [42]. In einem Bericht über den Bau einer Holzgasfabrik in St. Gallen 1858 wird erwähnt, daß die großen Gasleitungsröhren aus Gußeisen, die kleineren aus Schmiedeeisen seien, alle mit Teer bestrichen, um sie vor dem Rosten zu schützen. Die bekannteste englische Rohrschutzmasse war eine von Angus Smith erfundene Mischung aus Steinkohlenteerpech und Leinöl. 1854 wurde in England eine Gesellschaft zur Produktion von Teerasphalt und Mastixharzen gegründet, dem mineralische Füllstoffe beigegeben wurden. Diese Beschichtungsstoffe wurden in der Schifffahrt zum Korrosionsschutz der Innenseite von Schiffen, einem Schwimmdock und Wasserleitungen in New York verwendet. Auch Tore, Schleusen und Wehre des Panamakanals wurden mit Teerfarben überspritzt.

Als nach 1900 für schmiedeeiserne Rohre Umhüllungen mit größerer Schichtdicke gewünscht wurden, umwickelte man die Rohre mit durch geschmolzenes Steinkohlenteerpech gezogene Jute. Eine weitere Verbesserung brachte nach 1920 das mit Luft geblasene (oxidierte) Erdölbitumen, dem Schiefermehl, Kalkmehl oder gemahlener Granit zugesetzt wurde. Statt Jute wurden später Wollfilzpappe und nach 1950 Kunststoffmatten zur Verstärkung und zum besseren mechanischen Schutz eingesetzt [43].

Die ersten Kunstharzlacke waren 1907 von L. Baekeland hergestellte Phenolharze. Etwa gleichzeitig mit den Polyurethanharzen wurden 1938 auch die Epoxidharze bekannt, die sich besonders für die Beschichtung von Eisen eignen. 1936 war zum ersten Mal die direkte Polymerisation von Ethylen zu Polyethylen bei Hochdruck (über 1000 bar) gelungen. Heute wird für Rohrumhüllungen hauptsächlich Niederdruck-PE verwendet. Um 1960 war in den USA das Wirbelsintern von EP-Pulver und das Extrusionsverfahren von PE-Schläuchen entwickelt worden. Auf dem 7. Internationalen Wasserkongreß in Barcelona wurde 1966 von H. Klas über das Aufschmelzen von Polyethylen auf Stahlrohre nach dem Verfahren der Pulverbeschichtung berichtet [44]. Während für Fernleitungen in den USA und dem außereuropäischen Ausland verschweißte Rohrstränge meist auf der Baustelle mit Korrosionsschutzbinden umhüllt werden, werden in Europa Stahlrohre fast ausschließlich mit im Röhrenwerk hergestellter

Polyethylen-Umhüllung entsprechend DIN 30670 [45] verwendet. Die Nachumhüllung von Schweißverbindungen auf der Baustelle erfolgt meist mit Kunststoffbinden nach DIN 30672 [46].

## 1.5 Korrosionsschutz durch Information

Im Laufe der industriellen Evolution wurden mit zunehmendem Einsatz metallischer Werkstoffe die Fragen um Korrosion und Korrosionsschutz immer bedeutsamer. Das Unbehagen über die große Anzahl vermeidbarer Schäden zwang zum Ergründen der Ursachen, für die im wesentlichen organisatorische Gründe angegeben werden [47]. Es zeigte sich auch, daß das Wissen um den Korrosionsschutz nahezu unübersehbar in den verschiedenen technischen Bereichen verstreut vorliegt. Für einen besseren Erfahrungs- austausch wurde die 1931 gegründete *Arbeitsgemeinschaft Korrosion* (AGK), die nur einen losen Zusammenschluß mehrerer Technischer Verbände darstellte, 1981 als ein- getragener Verein neu konstituiert, wobei satzungsgemäß eine Intensivierung des Wis- sensaustausches und eine Koordinierung der Technischen Regeln genannt waren. Diese Schwerpunkte wurden nach der 1996 erfolgten Umwandlung der AGK in die *Gesell- schaft für Korrosion und Korrosionsschutz* (GfKORR) verstärkt. Die in diesem Hand- buch wiedergegebenen Informationen sind größtenteils in Normen zusammengefaßt, die von den Normenausschüssen NAGas 5.2 und NMP 171 erarbeitet und aufeinander abgestimmt sowie im DIN-Taschenbuch 219 veröffentlicht wurden [48]. Für die An- wendung sollen Kommentare in [49] weiterhelfen.

Noch im Auftrage der alten AGK wurde eine Sichtung der beim *deutschen Infor- mationszentrum für Technik* gespeicherten Regeln vorgenommen und in einer fachbe- zogenen Auslese in [48] veröffentlicht. Ein Vergleich der beiden Auflagen von [48] be- legt die kaum übersehbare Vielfalt der Technischen Regeln auf dem Gebiet *Korrosion – Korrosionsprüfung und Korrosionsschutz*. Diese Regelsammlung wird fortgeschrie- ben. Ein „up-date 1997" wurde in [50] veröffentlicht. Seit 1995 setzte verstärkt die eu- ropäische Normung ein, die sich in einigen Bereichen als außerordentlich schwierig er- wies – in ähnlicher Weise wohl wie in der Politik. Die hier geleistete Arbeit wird durch die vielen Entwurfsfassungen in [50] deutlich. In der Zwischenzeit konnte aber eine Großzahl von EN-Normen im Weißdruck verabschiedet werden. Dabei ist vor allem hervorzuheben, daß die grundlegenden Begriffe der Korrosion und des elektrochemi- schen Schutzes, die Unterscheidung *Korrosionsreaktion, Korrosionserscheinung und Korrosionsschaden* sowie die Grundlagen der Potential-Meßtechnik einheitlich ver- standen werden.

## 1.6 Literatur

[1]  H. Davy, Phil. Transact. *114*, 151 (1824).
[2]  C. Frischen, Zeitschrift des Architecten- und Ingenieur-Vereins für das Königreich von Han- nover, *3*, 14 (1857).
[3]  H. Steinrath, in Korrosion 11, Verlag Chemie, Weinheim 1959.
[4]  H. Geppert u. K. Liese, Journal für Gasbel. *53*, 953 (1910).
[5]  H. Geppert, Patentschrift Nr. 211 612 v. 27. 3. 1908.

[6] E. G. Cumberland, Patentschrift Nr. 247544, 17 d, Gruppe 5 v. 28. 9. 1911.
[7] F. Haber u. F. Goldschmidt, Zeitschrift für Elektrochemie *12*, 49 (1908).
[8] O. Vogel u. O. Bauer, gwf *63*, 172 (1920); *68*, 683 (1925).
[9] W. van Wüllen-Scholten, gwf *73*, 403 (1930).
[10] Peterson, gwf *71*, 848 (1928).
[11] R. J. Kuhn, Nat. Bur. of Standards 73–75 (1928).
[12] R. J. Kuhn, Corr. Prev. Control *5*, 46 (1958).
[13] F. Wolf, gwf *97*, 104 (1956).
[14] L. de Brauwer, gwf *84,* 190 (1941).
[15] H. Steinrath, Röhren u. Armaturen Ztg. *4,* 180 (1939).
[16] V. H. Pritula, Kathodischer Schutz für Rohrleitungen, IWF, London 1953.
[17] B. G. Volkov, N. I. Tesov, V. V. Suvanov, Korrosionsschutzhandbuch, Verlag Nedra, Leningrad 1975.
[18] J. H. Morgan, Cathodic Protection, Leonard Hill Books, London 1959.
[19] W. Ufermann, gwf *95*, 45 (1954).
[20] G. Reuter u. G. Schümann, gwf *97*, 637 (1956).
[21] F. Wolf, gwf *97*, 100 (1956).
[22] TRbF 408, Carl Heymanns Verlag, Köln, 1972.
[23] DIN 30676, Beuth Verlag, Berlin 1984.
[24] W. Schwenk, 3R intern. *25*, 664 (1986).
[25] H. Dominik, Geballte Kraft (W. v. Siemens), W. Limpert, Berlin 1941.
[26] C. Michalke, Journal für Gasbel. *49*, 58 (1906).
[27] J. J. Meany, Mat. Protection *10*, 22 (1974).
[28] M. Kallmann, ETZ *20*, 163 (1899).
[29] G. Rasch, Journal für Gasbel. *37*, 520 (1894); *38*, 313 (1895); *41*, 414 (1898).
[30] W. H. Lindley, Journal für Gasbel. *49*, 620 (1906); *50*, 217 (1907).
[31] R. Buckel, Elektr. Wirtschaft *72*, 309 (1973).
[32] F. Besig, Korrosion u. Metallschutz *5*, 99 (1929); Journal für Gasbel. *77*, 37 (1934).
[33] A. Weiler, Werkstoffe und Korrosion *13*, 133 (1962).
[34] H. Gerischer, Angew. Chemie *70*, 285 (1958).
[35] W. Schwenk, Werkstoffe u. Korrosion *19*, 741 (1968).
[36] W. v. Baeckmann, Chemiker Ztg. *87*, 395 (1963).
[37] J. P. Sudbury, W. P. Banks u. C. E. Locke, Mat. Protection *4*, 81 (1965).
[38] H. Gräfen, E. Kahl, A. Rahmel, Korrosionum 1, Verlag Chemie, Weinheim (1974).
[39] H. Gräfen, D. Kuron, F. Paulekat, Werkstoffe u. Korrosion *42*, 643 (1991).
[40] Gaius Plinius Secundus, Naturgeschichte, 33. Buch, Leipzig 1881.
[41] W. Hübner in C. Kannegießer, Korrosionsschutz, Verlag der Wirtschaft, Berlin 1989, S. 41.
[42] F. Fischer, Journal für Gasbel. *19*, 304 (1876).
[43] W. v. Baeckmann, gwf *108*, 702 (1967).
[44] H. Klas, gwf *108*, 207 (1967).
[45] DIN 30670, Beuth Verlag, Berlin 1980.
[46] DIN 30672-1, Beuth Verlag, Berlin 1991
[47] W. Schwenk, Werkstoffe u. Korrosion *37*, 297 (1986).
[48] DIN Taschenbuch Nr. 219, „Korrosionsverhalten – Korrosionsprüfung– Korrosionsschutz", Beuth Verlag, (1. Auflage) Berlin 1987; (2. Auflage) Berlin 1995.
[49] W. Fischer, Korrosionsschutz durch Information und Normung, Verlag I. Kuron, Bonn 1988.
[50] Werkstoffe u. Korrosion 48, 759 (1997).

# 2 Grundlagen und Begriffe der Korrosion und des elektrochemischen Korrosionsschutzes

W. SCHWENK

## 2.1 Was sind Korrosionsvorgänge, Korrosionsschäden und Schutzmaßnahmen?

Unter Korrosion versteht man die Reaktion eines Werkstoffs mit seiner Umgebung, die eine meßbare Veränderung am Werkstoff bewirkt und zu einem *Korrosionsschaden* führen kann. Die Reaktionen sind bei metallischen Werkstoffen und wäßrigen Medien im allgemeinen *elektrochemischer Art*. Es können aber auch rein chemische Reaktionen oder ausschließlich metallphysikalische Vorgänge vorliegen. Nicht jede Reaktion führt zwangsläufig auch zu einem Schaden. Dieser kann nur zusammen mit dem zu erwartenden Reaktionsumsatz – gegeben durch ein *Korrosionsbelastungsprofil* – und der Funktion des betrachteten Systems – gegeben durch ein *Anforderungsprofil* – erörtert werden. Der Korrosionsschutz kann nicht die Korrosion verhindern, er hat vielmehr die Aufgabe, das Anforderungsprofil zu erfüllen [1–6], vergl. auch Kap. 22.

In der schematischen Darstellung der Abb. 2-1 sind die verschiedenen Reaktionsteilschritte, die bei der Korrosion nacheinander und parallel ablaufen können, angeführt. Im Medium können Stofftransport und chemische Reaktionen wichtige Reaktionspartner liefern oder abführen. Neben Adsorption bzw. Desorption findet eine Phasengrenzreaktion statt, bei der es sich meist um elektrochemische Reaktionen handelt, die auch durch äußere Ströme beeinflußt werden. Als chemische Phasengrenzreaktion kommt z.B. bei Blei eine Hydridbildung infrage, wobei der Reaktionspartner H kathodisch entsteht. Wasserstoff kann auch in das Metallgefüge eindringen und dort metallphysikalisch oder chemisch wirksam werden, wobei die mechanischen Eigenschaften des Werkstoffs beeinträchtigt werden. Bei mechanischer Beanspruchung können Schäden durch Rißbildung und Bruch auftreten, ohne daß notwendigerweise bei dieser Korrosionsart auch Metall abgetragen wird.

Die Schadensarten lassen sich in *gleichförmigen* und *örtlichen Metallabtrag*, *Korrosionsrisse* oder *Beeinträchtigung der Umgebung* durch Korrosionsprodukte unterteilen. Der örtliche Abtrag kann *muldenförmig*, als *Lochfraß*, als *selektiver Abtrag* kleiner Gefügebereiche des Werkstoffs oder rißartig erfolgen. Die Beeinträchtigung der Umgebung als Korrosionsschaden ist sicher nicht für erdverlegte Rohrleitungen, dagegen wohl für Medien in Apparaten und Behältern zu beachten. Es ist üblich, verschiedene Reaktionsfolgen, die zu bestimmten Korrosionsformen führen, in Begriffen der Korrosionsarten zusammenzufassen. Die wichtigsten sind: *Flächenkorrosion, Muldenkorrosion, Lochkorrosion, Spaltkorrosion, interkristalline Korrosion* und bei zusätzlicher Einwirkung mechanischer Spannungen *Spannungs- und Schwingungsrißkorrosion* sowie *dehnungsinduzierte Korrosion* [7]. Die drei letzten werden am meisten gefürch-

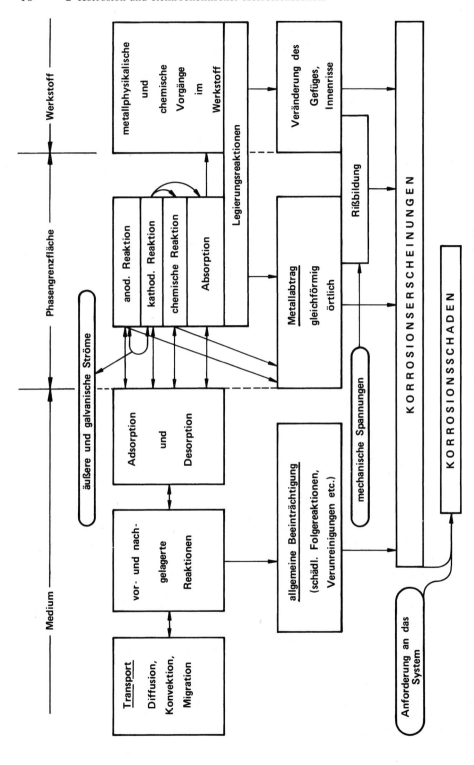

**Abb. 2-1.** Reaktionsteilschritte bei Korrosionsvorgängen und Art der Schadensbildung (schematisch).

tet. Durch Lochkorrosion entstehen die meisten Schäden. Flächenkorrosion findet praktisch immer statt, führt aber nur selten zu Schäden.


## 2.2 Elektrochemische Korrosion

In diesem Handbuch werden ausschließlich Systeme mit metallischen Werkstoffen und Elektrolytlösungen behandelt. Beide Reaktionspartner sind elektrische Leiter. Bei den Korrosionsreaktionen liegt zumindest ein elektrochemischer Teilschritt vor, der durch elektrische Variable beeinflußt wird. Zu diesen zählen der elektrische Strom $I$, der durch die Phasengrenzfläche Metall/Elektrolytlösung fließt, und die an dieser Grenzfläche auftretende elektrische Potentialdifferenz $\Delta\varphi = \varphi_{Me} - \varphi_{El}$. Dabei bedeuten $\varphi_{Me}$ und $\varphi_{El}$ die elektrischen Potentiale im Innern der Reaktionspartner unmittelbar an der Grenzfläche. Die Potentialdifferenz $\Delta\varphi$ ist nicht direkt meßbar. Deshalb wird statt ihrer die Spannung $U$ der Zelle Me′/Metall/Elektrolytlösung/Bezugselektrode/Me′ als konventionelles *Elektrodenpotential* des Metalls gemessen. Die Zuführung zum Voltmeter besteht aus gleichem Leitermetall Me′. Die Potentialdifferenz $\varphi_{Me′} - \varphi_{Me}$ ist vernachlässigbar klein; dann folgt mit $\Delta\varphi_B = \varphi_B - \varphi_{El}$:

$$U = \Delta\varphi - \Delta\varphi_B . \tag{2-1}$$

$\varphi_B$ ist das elektrische Potential der Bezugselektrode, ohne deren Angabe das Potential $U$ undefiniert ist. Zweckmäßig werden Potentiale auf einheitliche Bezugswerte umgerechnet. Nähere Einzelheiten über Bezugselektroden und Umrechnungssummanden enthält Abschn. 3.2; Ausführungen über die praktische Potentialmessung, auch bei Stromfluß, enthält Abschn. 3.3.

Unter *elektrochemischer Korrosion* versteht man alle Korrosionsvorgänge, die elektrisch beeinflußt werden können. Dies ist bei *allen* in diesem Handbuch beschriebenen Korrosionsarten der Fall und besagt, daß Daten der Korrosionsgeschwindigkeit (z.B. Abtragungsgeschwindigkeit, Eindringgeschwindigkeit bei Lochkorrosion oder Lochbildungsrate, Standzeit von Spannproben bei Spannungsrißkorrosion etc.) vom Potential $U$ abhängig sind [8]. Das Potential kann durch chemische Wirkungen (Einwirken eines Redoxsystems) oder durch elektrische Wirkungen (Einwirken elektrischer Ströme) verändert werden, wobei das Ausmaß der Korrosion vermindert oder gefördert werden kann. *Somit ist die genaue Kenntnis der Potentialabhängigkeit der Korrosion die grundlegende Voraussetzung für die Konzeption elektrochemischer Korrosionsschutzverfahren.*

Bei Vorliegen verschiedener Korrosionsarten ist immer damit zu rechnen, daß die Potentialabhängigkeiten der verschiedenen Korrosionsarten nicht gleichartig sind. So können sie sich überlappen oder auch gegenläufig sein. Dies ist besonders bei der Konzeption elektrochemischer Schutzmaßnahmen für unbekannte Systeme zu prüfen. Die elektrolytische Korrosion ist ein Unterbegriff der elektrochemischen Korrosion und behandelt den sehr häufigen Fall, daß eine anodische Phasengrenzreaktion Metall abträgt, vgl. Abb. 2-1. Sehr häufig wird diese Korrosion durch positive Ströme gefördert. Es gibt aber auch Systeme mit gegenteiligem Befund. Allgemein können durch negative Ströme H-induzierte Korrosionsarten begünstigt werden.

Der elektrochemische Korrosionsschutz hat die Aufgabe, eine Korrosionsgefährdung zu vermindern oder möglichst ganz aufzuheben. Dazu kommen insgesamt drei verschiedene Verfahren in Betracht [9]:

a) Aufheben einer Gefährdung durch Gleichströme aus Elementen mittels *elektrischer Trennung* (Schutzmaßnahme gegen Elementbildung).
b) Aufheben einer Gefährdung durch fremde Gleichströme mittels Ableitung (*Streustromschutz*).
c) Schutzmaßnahme durch gezieltes Einwirken von Gleichströmen (*Schutzströme*), um das Schutzobjekt in einen Potentialbereich (Schutzpotentialbereich) zu bringen, in dem ein Korrosionsschaden nicht auftreten kann. Schutzströme können durch Gleichrichter-Anlagen oder durch Elementbildung bei Kontakt mit fremden Metallen (z. B. galvanische Anoden beim kathodischen Schutz) aufgebracht werden, vgl. Kap. 6 bis 8.

Die Maßnahmen zu a) werden vor allem in Kapitel 10, aber auch in anderen anwendungsbezogenen Kapiteln beschrieben. Die Maßname zu b) behandelt das Kapitel 15. Angaben zu den Maßnahmen c) und zu den Schutzpotentialbereichen befinden sich in den Kapiteln 10 bis 21 bzw. in den Abschn. 2.3 und 2.4.

### 2.2.1 Die metallischen Werkstoffe

Metallische Werkstoffe bestehen je nach ihrer chemischen Zusammensetzung aus einer oder mehreren metallischen Phasen und einem sehr kleinen Anteil nichtmetallischer Einschlüsse. Der metallische Zustand ist dadurch gekennzeichnet, daß die Atome einen Teil ihrer äußeren Elektronen an das Elektronengas abgegeben haben, das sich über das gesamte Metallvolumen ausbreitet und für die gute elektrische Leitfähigkeit um $10^5 \ \text{S cm}^{-1}$ verantwortlich ist. Entsprechend reagieren auch reine Elemente elektrochemisch nicht wie eine Komponente. Näherungsweise kann ein mesomerer Zustand angenommen werden

$$\text{Fe} \leftrightarrow \text{Fe}^{2+} + 2\,e^-, \tag{2-2}$$

in dem Eisen-Ionen und Elektronen im Metall auftreten. Beide Komponenten können mit Elektrolytlösungen reagieren, wobei für den Übergang vom Metall in die Elektrolytlösung der Durchtritt von $\text{Fe}^{2+}$ einen *positiven Strom* $I_A$ und einen Metallabtrag $\Delta m$ bewirkt, während der Elektronendurchtritt einem negativen Strom $I_K$ *ohne* Metallabtrag entspricht. Im ersten Fall findet eine *anodische*, im zweiten eine *kathodische* elektrochemische Reaktion statt. Bei einem Übergang von der Lösung in das Metall kehren sich die Verhältnisse um: anodisch treten Elektronen in das Metall ein, kathodisch wird Eisen abgeschieden. Diese kathodische Metallabscheidung wird in der Galvanotechnik genutzt und ist eine Umkehrung der elektrolytischen Korrosion. Für beide gilt das *Faradaysche Gesetz*

$$\Delta m = \frac{\mathfrak{M}\,Q}{z\,\mathfrak{F}}\ . \tag{2-3}$$

Hierbei bedeuten: $\Delta m$ = Masse des aufgelösten Metalls, $\mathfrak{M}$ = Atommasse, $Q$ = elektrische Ladung, $z$ = Wertigkeit der beteiligten Metallionen und $\mathfrak{F}$ = *Faradaysche* Konstante.

Mit Hilfe der spezifischen Masse $\rho_s$, lassen sich folgende Beziehungen herleiten:

$$J_A = \frac{Q}{S\,t} = \frac{\Delta m}{S\,t}\,\frac{z\,\widetilde{\mathfrak{F}}}{\mathfrak{M}} = \frac{\Delta s}{t}\,\frac{z\,\widetilde{\mathfrak{F}}\,\rho_s}{\mathfrak{M}}. \qquad (2\text{-}4)$$

Hierbei bedeuten: $J_A$ = Stromdichte der anodischen Teilreaktion für den Metallionen-Durchtritt; $S$ = Elektrodenoberfläche; $t$ = Reaktionsdauer; $\Delta s$ = Dickenabnahme. Gl. (2-4) läßt sich wie folgt aufteilen:

$$w = f_a\,J_A = \frac{\Delta s}{t}\,; \quad f_a = \frac{\mathfrak{M}}{z\,\widetilde{\mathfrak{F}}\,\rho_s} = \frac{3,2684}{z}\left(\frac{\mathfrak{M}}{\text{g mol}^{-1}}\right)\left(\frac{\text{g cm}^{-3}}{\rho_s}\right)\frac{\text{mm a}^{-1}}{\text{mA cm}^{-2}}\,; \qquad (2\text{-}5)$$

$$v = f_b\,J_A = \frac{\Delta m}{S\,t}\,; \quad f_b = \frac{\mathfrak{M}}{z\,\widetilde{\mathfrak{F}}} = \frac{0,37311}{z}\left(\frac{\mathfrak{M}}{\text{g mol}^{-1}}\right)\frac{\text{g m}^{-2}\,\text{h}^{-1}}{\text{mA cm}^{-2}}. \qquad (2\text{-}6)$$

Hierbei bedeuten: $w$ = *Abtragunggeschwindigkeit* und $v$ = *flächenbezogene Massenverlustrate*. Die Umrechnungsfaktoren $f_a$ und $f_b$ sind für einige wichtige Metalle in Tabelle 2-1 angegeben. Ferner gilt die Beziehung:

$$w = f_c\,v\,; \quad f_c = \frac{f_a}{f_b} = \frac{1}{\rho_s} = 8,76\left(\frac{\text{g cm}^{-3}}{\rho_s}\right)\frac{\text{mm a}^{-1}}{\text{g m}^{-2}\,\text{h}^{-1}}. \qquad (2\text{-}7)$$

Für zeitlich und örtlich unterschiedliche Reaktionsgeschwindigkeiten sind diese Korrosionsgrößen entsprechend zu modifizieren [10]. Örtlich unterschiedliche Abtragungsgeschwindigkeiten sind im allgemeinen auf Unterschiede in der Zusammensetzung oder auf ungleichmäßige Deckschichten zurückzuführen, wobei sowohl thermodynamische als auch kinetische Einflüsse wirken. Hinsichtlich ihrer Neigung zu örtlicher Korrosion lassen sich die metallischen Werkstoffe wie folgt unterteilen:

a) *Gleichmäßiger Flächenabtrag* tritt bevorzugt bei *aktiven*, nahezu einphasigen Metallen auf.
b) *Muldenbildung* und *Lochfraß* sind im allgemeinen nur bei Vorliegen *schützender Deckschichten* bzw. bei *passiven* Metallen möglich.
c) *Selektive* Korrosion ist nur bei *mehrphasigen* Legierungen möglich.

Bei aktiven Metallen liegen keine oder keine schützenden Deckschichten vor, z. B. bei unlegierten Stählen in sauren oder salzreichen Wässern. Passive Metalle werden durch dichte schwerlösliche Deckschichten geschützt (vgl. Abschn. 2.3.1.2). Hierzu zählen z. B. hochlegierte Cr-Stähle und NiCr-Legierungen sowie Al und Ti in neutralen Wässern. Selektive Korrosion von Legierungen ist meist eine Folge örtlich großer Konzentrationsunterschiede von Legierungselementen, die für die Korrosionsbeständigkeit wichtig sind, z. B. Cr [4].

Der Durchtritt der Elektronen vom Metall in die Elektrolytlösung ist zwar nicht direkt mit einem Metallabtrag verbunden, er entspricht diesem aber indirekt wegen des *Elektroneutralität-Gebotes*:

$$I_A = I_K. \qquad (2\text{-}8)$$

**Tabelle 2-1.** Umrechnungsfaktoren und Standardpotentiale für elektrochemische Metall-Metall-ionen-Reaktionen.

| Reaktion nach Gl. (2-21) | $f_a$ Gl. (2-5) $\dfrac{\text{mm a}^{-1}}{\text{mA cm}^{-2}}$ | $f_b$ Gl. (2-6) $\dfrac{\text{g m}^{-2}\,\text{h}^{-1}}{\text{mA cm}^{-2}}$ ° | $f_c$ Gl. (2-7) $\dfrac{\text{mm a}^{-1}}{\text{g m}^{-2}\,\text{h}^{-1}}$ | $U_{\mathrm{H}}^{\circ}$ (25 °C) Gl. (2-29) V |
|---|---|---|---|---|
| $Ag = Ag^+ + e^-$ | 33,6 | 40,2 | 0,83 | +0,80 |
| $2\,Hg = Hg_2^{2+} + 2\,e^-$ | – | – | – | +0,80 |
| $Cu = Cu^{2+} + 2\,e^-$ | 11,6 | 11,9 | 0,98 | +0,34 |
| $Pb = Pb^{2+} + 2\,e^-$ | 29,8 | 38,6 | 0,77 | −0,13 |
| $Mo = Mo^{3+} + 3\,e^-$ | 10,2 | 11,9 | 0,86 | −0,20 |
| $Ni = Ni^{2+} + 2\,e^-$ | 10,8 | 11,0 | 0,98 | −0,24 |
| $Tl = Tl^+ + e^-$ | 56,4 | 76,2 | 0,74 | −0,34 |
| $Cd = Cd^{2+} + 2\,e^-$ | 21,2 | 21,0 | 1,01 | −0,40 |
| $Fe = Fe^{2+} + 2\,e^-$ | 11,6 | 10,4 | 1,12 | −0,44 |
| $Cr = Cr^{3+} + 3\,e^-$ | 8,2 | 6,5 | 1,27 | −0,74 |
| $Zn = Zn^{2+} + 2\,e^-$ | 15,0 | 12,2 | 1,23 | −0,76 |
| $Cr = Cr^{2+} + 2\,e^-$ | 12,3 | 9,7 | 1,27 | −0,91 |
| $Mn = Mn^{2+} + 2\,e^-$ | 12,5 | 10,2 | 1,22 | −1,18 |
| $Al = Al^{3+} + 3\,e^-$ | 10,9 | 3,35 | 3,24 | −1,66 |
| $Mg = Mg^{2+} + 2\,e^-$ | 22,8 | 4,54 | 5,03 | −2,38 |

Elektronen können zwar nicht in wäßrigen Elektrolytlösungen gelöst werden, sie reagieren aber mit Oxidationsmitteln nach

$$\text{Ox}^{n+} + z\,\text{e}^- = \text{Red}^{(n-z)+}. \tag{2-9}$$

Hierbei sind Ox und Red allgemeine Symbole für Oxidations- und Reduktionsmittel sowie $n$ bzw. $(n-z)$ ihre Ladungszahlen (vgl. Abschn. 2.2.2). Ohne Ablauf der *elektrochemischen Redoxreaktionen* Gl. (2-9) ist wegen Gl. (2-8) auch die Korrosionsgeschwindigkeit nach Gl. (2-4) null. Dies ist näherungsweise bei passiven Metallen der Fall, deren Deckschichten elektrische Isolatoren darstellen, z.B. Al und Ti. Gl. (2-8) beachtet nicht die Möglichkeit, daß Elektronen über einen Leiter abgeführt werden. Für diesen Fall gilt anstelle Gl. (2-8) die Bilanz:

$$I = I_\mathrm{A} - I_\mathrm{K}. \tag{2-10}$$

Der Strom $I$ heißt *Summenstrom*. Er ist bei *freier* Korrosion, d.h. ohne Einwirken äußerer Ströme (vgl. Abb. 2-1), immer *null*; hier gilt Gl. (2-8). $I_\mathrm{A}$ und $I_\mathrm{K}$ heißen auch anodischer und kathodischer Teilstrom. Nach Gl. (2-10) sind somit allgemein für elektrolytische Korrosion positive, d.h. anodische Summenströme und/oder kathodische Redoxreaktionen verantwortlich.

Alle metallischen Werkstoffe können elektrolytische Korrosion erleiden. Durch kathodisch entwickelten Wasserstoff induzierte Brüche treten aber nur dann auf, wenn die Aktivität des absorbierten Wasserstoffs und die Höhe der Zugspannung, die aus äußeren und inneren Komponenten bestehen kann, kritische Werte überschreiten. Im allgemeinen erfolgt eine kritische Wasserstoffabsorption nur in Gegenwart von Promotoren. Aber auch bei extremen Bedingungen hinsichtlich sehr niedriger pH-Werte oder sehr negativer Potentiale kann eine kritische Wasserstoffabsorption erfolgen. Eine stahlspezifische Anfälligkeit liegt vor bei Zugfestigkeiten $R_m > 1100$ N mm$^{-2}$ sowie Aufhärtungen über 350 HV.

Werkstoffe der Elemente der 4. und 5. Nebengruppe des Periodensystems erleiden durch Wasserstoffaufnahme eine innere Hydridbildung, die zu einer starken Versprödung und Bruchempfindlichkeit führt. Wichtige Beispiele sind Titan und Zirkon. Werkstoffe der Elemente der 4. bis 6. Hauptgruppe des Periodensystems erleiden eine abtragende Korrosion durch Bildung flüchtiger Hydride [11]. Ein wichtiges Beispiel ist das Blei. Die durch kathodisch entwickelten Wasserstoff möglichen Korrosionsarten können den kathodischen Korrosionsschutz einschränken, sie sind in den Übersichten [12, 13] zusammengestellt.

## 2.2.2 Die wäßrigen Elektrolytlösungen

Im Lösungsmittel Wasser befinden sich Anionen und Kationen. Sie wandern im elektrischen Feld und bewirken so den Stromtransport. Hierfür gilt das *Ohmsche Gesetz:*

$$\vec{J} = \kappa \vec{E} = -\kappa \operatorname{grad} \varphi \ . \tag{2-11}$$

$\kappa$ ist die *spezifische elektrische Leitfähigkeit* und $E$ ist die *elektrische Feldstärke.* Die Leitfähigkeit einer Elektrolytlösung mit den Ionenkonzentrationen $c_i$ und deren Ladungszahlen $z_i$ setzt sich aus den Ionenäquivalentleitfähigkeiten $l_i$ wie folgt zusammen:

$$\frac{\kappa}{S\,cm^{-1}} = \sum_i |z_i| \left( \frac{l_i}{S\,cm^{-2}\,mol^{-1}} \right) \left( \frac{c_i}{mol\,cm^{-3}} \right) . \tag{2-12a}$$

Für den Sonderfall einer Salzlösung $A_n B_m$ mit der molaren Konzentration $c$ folgt aus Gl. (2-12a) die molare Leitfähigkeit $\Lambda$ zu:

$$\frac{\kappa}{c} = \Lambda = n\,\Lambda_A + m\,\Lambda_B , \tag{2-12b}$$

hierbei sind die $\Lambda_{A,B}$ die molaren Leitfähigkeiten der Ionen des gelösten Salzes. Die molare Leitfähigkeit ist der Ionenäquivalentleitfähigkeit proportional gemäß $\Lambda_i = |z_i| l_i$. In Tabellenwerken werden im allgemeinen $l_\infty$- und $\Lambda_\infty$-Werte für unendliche Verdünnung angegeben. Mit ansteigender Konzentration treten Wechselwirkungen auf, die die Leitfähigkeit vermindern. Tabelle 2-2 enthält einige Daten. Eine Beziehung für die Konzentrationsabhängigkeit der $l$-Werte zur Berechnung von $\kappa$ nach Gl. (2-12) liegt leider in allgemeiner Form nicht vor, wohl aber für die molare Leitfähigkeit verdünnter Salzlösungen. So gilt für eine 1-1-wertige Salzlösung ($n = m = 1$) bei 25 °C

$$\frac{\Lambda}{\Lambda_\infty} = 1 - \left( a + \frac{b}{\Lambda_\infty / S\,cm^2\,mol^{-1}} \right) \sqrt{\frac{c}{mol\,L^{-1}}} \tag{2-13}$$

mit $a = 0{,}23$ und $b = 61$ [14]. Zwischen 10 und 25 °C nimmt die Leitfähigkeit um 2 bis 3 % je °C zu.

**Tabelle 2-2.** Ionenäquivalentleitfähigkeiten für unendliche Verdünnung ($l_\infty$) und für $c = 0{,}1$ mol/L ($l_{0,1}$) in S cm$^2$ mol$^{-1}$.

| Kation | $+z$ | 18 °C | | 100 °C | Anion | $-z$ | 18 °C | | 100 °C |
|--------|------|-------|------|--------|-------|------|-------|------|--------|
| | | $l_\infty$ | $l_{0,1}$ | $l_\infty$ | | | $l_\infty$ | $l_{0,1}$ | $l_\infty$ |
| $H_3O^+$ | 1 | 315 | 294 | 637 | $OH^-$ | 1 | 174 | 157 | 446 |
| $Na^+$ | 1 | 44 | 36 | 150 | $Cl^-$ | 1 | 66 | 56 | 207 |
| $K^+$ | 1 | 65 | 55 | 200 | $NO_3^-$ | 1 | 62 | 51 | 189 |
| $Mg^{2+}$ | 2 | 45 | 28 | 170 | $HCO_3^-$ | 1 | 37 | – | – |
| $Ca^{2+}$ | 2 | 51 | 32 | 187 | $CO_3^{2-}$ | 2 | 61 | 38 | – |
| $Cu^{2+}$ | 2 | 46 | – | – | $SO_4^{2-}$ | 2 | 68 | 40 | 256 |

Beim Stromtransport im Wasser haben die Ionen die Geschwindigkeit $w_i$. Es besteht die Proportionalität:

$$\frac{l_i}{\mathfrak{F}} = \left| \frac{\vec{w_i}}{E} \right| = u_i. \qquad (2\text{-}14)$$

Der Quotient $u_i$ heißt Ionenbeweglichkeit und kann leicht mit den $l_i$ verwechselt werden.

Die elektrische Leitfähigkeit ist für Korrosionsvorgänge bei der Bildung von *Elementen* (vgl. Abschn. 2.2.4.2), bei Streuströmen und bei *elektrochemischen Schutzmaßnahmen* von Interesse. Die Leitfähigkeit wird durch gelöste Salze erhöht, die im allgemeinen beim Korrosionsumsatz selbst nicht beteiligt sind. In gleicher Weise wird auch die Korrosionsgeschwindigkeit von unlegierten Stählen in Salzwässern wohl vom Sauerstoffgehalt, der den Umsatz der Gl. (2-9) bestimmt, *nicht* aber vom Salzgehalt beeinflußt [4]. Dennoch haben gelöste Salze bei vielen örtlichen Korrosionsvorgängen eine starke *indirekte* Wirkung. So können Chlorid-Ionen bei Anreicherungen an Lokalanoden die Eisenauflösung stimulieren und Deckschichtbildung verhindern, während die meist als völlig harmlos angesehenen Alkali-Ionen als Gegenionen zu OH$^-$-Ionen an kathodischen Bereichen sehr hohe pH-Werte ermöglichen und damit eine Deckschichtbildung unterstützen (vgl. Abschn. 2.2.4.2 u. Kap. 4).

Für die Ausbildung von Deckschichten ist der pH-Wert bzw. die Konzentration an OH$^-$-Ionen wichtig, weil diese mit Metall-Ionen meist schwerlösliche Verbindungen eingehen (vgl. Abschn. 2.2.3.1). Der pH-Wert ist eine wichtige Kenngröße des Mediums. Es ist aber zu bedenken, daß an der Metalloberfläche durch Folgereaktionen häufig erhebliche Änderungen des pH-Wertes auftreten können. Allgemein besteht das Gleichgewicht:

$$c(H^+) \cdot c(OH^-) = K_w; \quad K_w(25\,°C) = 10^{-14}\ \text{mol}^2\,\text{L}^{-2}; \qquad (2\text{-}15)$$

$$pH = -\lg\left(\frac{c(H^+)}{\text{mol L}^{-1}}\right) = -\lg\left(\frac{K_w}{\text{mol L}^{-2}}\right) + \lg\left(\frac{c(OH^-)}{\text{mol L}^{-1}}\right). \qquad (2\text{-}16)$$

(Hier und im folgenden werden Abweichungen vom idealen Verhalten, die durch Aktivitätskoeffizienten berücksichtigt werden müßten, vernachlässigt).

Für den Ablauf der Reaktion nach Gl. (2-9) ist der Gehalt an Oxidationsmitteln wesentlich. Je nach der Art des Oxidationsmittels unterscheidet man [4]:

a) *Sauerstoffkorrosion* (in allen Medien)

$$O_2 + 2\,H_2O + 4\,e^- = 4\,OH^- \quad \text{oder} \quad O_2 + 4\,H^+ + 4\,e^- = 2\,H_2O \tag{2-17}$$

b) *Säurekorrosion* (vornehmlich in starken Säuren)

$$2\,H^+ + 2\,e^- = 2\,H \rightarrow H_2. \tag{2-18}$$

Bei nur wenig dissoziierten schwachen Säuren, z.B. $H_2CO_3$ und $H_2S$, kann auch eine Wasserstoffentwicklung aus dem Säuremolekül erfolgen. Dann ist im wesentlichen die Säurekonzentration und weniger der pH-Wert ein Maß für die Korrosionsaggressivität. In gleicher Weise kann auch aus $H_2O$ Wasserstoff abgeschieden werden.

$$2\,H_2O + 2\,e^- = 2\,OH^- + 2\,H \rightarrow 2\,OH^- + H_2. \tag{2-19}$$

Diese Reaktion läuft bei kathodischen Summenströmen, d.h. bie kathodischer Polarisation, ab. Sie ist an Stahl in neutralen Wässern bei freier Korrosion praktisch zu vernachlässigen. Weitere Oxidationsmittel haben nur für Sonderfälle Interesse.

In einigen Fällen kann die z.B. nach Gl. (2-17) bis (2-19) entwickelte oder verbrauchte *Gasmenge* gefragt sein. Hierzu ist Gl. (2-6) anwendbar. Für das Volumen gilt entsprechend:

$$j_v = \frac{V}{S\,t} = f_v\,J; \quad f_v = \frac{\mathfrak{V}}{z\,\mathfrak{F}} = \frac{0{,}373}{z}\left(\frac{\mathfrak{V}}{L\,mol^{-1}}\right)\frac{L\,m^{-2}\,h^{-1}}{mA\,cm^{-2}}. \tag{2-20}$$

Hierbei bedeuten: $j_v$ = Gasentwicklungs- bzw. Verbrauchsrate: $V$ = Gasvolumen und $\mathfrak{V}$ Molvolumen unter Standardbedingung. Für $\mathfrak{V} = 22{,}4\,L$ folgt:

$$f_v = \frac{8{,}36}{z}\frac{L\,m^{-2}\,h^{-1}}{mA\,cm^{-2}}. \tag{2-20'}$$

In Tabelle 2-3 sind einige Daten zusammengestellt.

**Tabelle 2-3.** Umrechnungsfaktoren und Standardpotentiale für elektrochemische Redoxreaktionen.

| Reaktion nach Gl. (2-9) | $U_H^\circ$ (25 °C) Gl. (2-30) V | $f_b$ Gl. (2-6) $\dfrac{g\,m^{-2}\,h^{-1}}{mA\,cm^{-2}}$ | $f_v$ Gl. (2-20) $\dfrac{L\,m^{-2}\,h^{-1}}{mA\,cm^{-2}}$ |
|---|---|---|---|
| $2\,H^+ + 2\,e^- = H_2$ | 0,00 | 0,37 | 4,18 |
| $O_2 + 2\,H_2O + 4\,e^- = 4\,OH^-$ | +0,40 | 2,98 | 2,09 |
| $Cl_2 + 2\,e^- = 2\,Cl^-$ | +1,36 | 13,24 | 4,18 |
| $Cr^{3+} + e^- = Cr^{2+}$ | −0,41 | | |
| $Cu^{2+} + e^- = Cu^+$ | +0,16 | | |
| $Fe^{3+} + e^- = Fe^{2+}$ | +0,77 | | |

## 2.2.3 Elektrochemische Phasengrenzreaktionen

Bei der elektrolytischen Korrosion laufen eine anodische Teilreaktion mit dem Umsatz der Gl. (2-3)

$$Me = Me^{z+} + z\,e^-$$ (2–21)

und eine kathodische Redoxreaktion nach Gl. (2-9) ab (vgl. Abb. 2-1). Die Reaktionsgeschwindigkeiten können allgemein mit Hilfe der Gl. (2-6) durch äquivalente Ströme $I_A$ und $I_K$ ausgedrückt werden. Sie sind eine Funktion der Eigenschaften der Reaktionspartner und des Potentials $U$. Für jede Teilreaktion gibt es ein *Gleichgewichtspotential* $U^*$, bei dem der Reaktionsumsatz null ist. Die folgenden Abschnitte behandeln die *thermodynamischen* und *kinetischen* Grundlagen dieser Reaktionen.

### 2.2.3.1 Thermodynamische Grundlagen

Die treibende Kraft für den Transport von Teilchen jeder Art sind Änderungen des *elektrochemischen Potentials* $\tilde{\mu}_i$, das sich aus der *partiellen molaren Freien Enthalpie* $\mu_i$ und dem *elektrischen Potential* $\varphi$ wie folgt zusammensetzt:

$$\tilde{\mu}_i = \mu_i + z_i \mathfrak{F}\,\varphi\,.$$ (2-22)

Für einen homogenen Leiter folgt für die Wanderungsrichtung (vgl. Gl. (3-1)):

$$\vec{w}_i = -B\ \mathrm{grad}\ \tilde{\mu}_i = B\,(-\mathrm{grad}\ \mu_i + z_i\,\mathfrak{F}\,\vec{E})\,.$$ (2-23)

Der Faktor $B = \dfrac{D}{RT}$ ist die Beweglichkeit und enthält die Diffusionskonstante $D$, die Gaskonstante $R$ und die absolute Temperatur $T$. Die Gleichung enthält einen Diffusions- und einen Migrationsterm. Entsprechend folgen aus Gl. (2-23) für $z_i = 0$ das erste Diffusionsgesetz und für $\mathrm{grad}\ \mu_i = 0$ das Ohmsche Gesetz. Für einen Phasengrenzübergang kann man entsprechend in Nähe des Gleichgewichtes Proportionalität zwischen $w_i$ und der Änderung von $\Delta\tilde{\mu}_i$ annehmen:

$$w_i = B\,(\Delta\tilde{\mu}_i + z_i\,\mathfrak{F}\,\Delta\varphi)$$ (2-24)

Hierbei hat nur $B$ eine andere Bedeutung als in Gl. (2-23). Für das Gleichgewicht folgt mit $w_i = 0$:

$$0 = \Delta\tilde{\mu}_i^* = \Delta\mu_i^* + z_i\,\mathfrak{F}\,\varphi^*.$$ (2-25)

Anwenden der Gl. (2-25) auf die betrachtete Reaktion, z.B. Gl. (2-21) und auf die potentialbestimmende Reaktion der Bezugselektrode, z.B. Gl. (2-18), führt mit Gl. (2-1) zur *Nernstschen Potentialgleichung:*

$$-U^* = \Delta\varphi^* - \Delta\varphi_B = -\frac{\Delta\mu_i^* - \mu_B}{z_i\,\mathfrak{F}} = -\frac{\Delta G}{z_i\,\mathfrak{F}}\,.$$ (2-26)

$\Delta G$ ist im genannten Beispiel die Freie Reaktionsenthalpie der chemischen Reaktion

$$Me + z\,H^+ \rightarrow Me^{z+} + \frac{z}{2}\,H_2,$$ (2-27)

die einer Addition der elektrochemischen Reaktionen nach Gl. (2-18) und (2-21) entspricht. Das negative Vorzeichen von $U^*$ berücksichtigt den Umstand, daß alle $\Delta\varphi^*$ Potentialdifferenzen im Ablaufsinn der Gl. (2-27) von $H_2$/Elektrolytlösung/Metall enthalten und daß entsprechend $\Delta G$ definiert ist [15]. Damit folgt aus der Konzentrationsabhängigkeit von $\mu_i$

$$\mu_i = \mu_i^0 + R\,T \ln \frac{c_i}{\text{mol L}^{-1}} \tag{2-28}$$

und für den Standardzustand der Wasserstoffelektrode mit variabler Metall-Ionen-Konzentration $c(\text{Me}^{z+})$ das auf die Standardwasserstoffelektrode bezogene Gleichgewichtspotential:

$$U_H^* = \frac{\Delta G}{z\,\widetilde{\mathfrak{F}}} = \frac{\Delta G^\circ}{z\,\widetilde{\mathfrak{F}}} + \frac{R\,T}{z\,\widetilde{\mathfrak{F}}} \ln\left(\frac{c(\text{Me}^{z+})}{\text{mol L}^{-1}}\right) = U_H^\circ + \frac{R\,T}{z\,\widetilde{\mathfrak{F}}} \ln\left(\frac{c(\text{Me}^{z+})}{\text{mol L}^{-1}}\right). \tag{2-29}$$

$U_H^\circ$ ist das Standardpotential, das aus der Freien Standardbildungsenthalpie $\Delta G^\circ$ errechnet werden kann. Tabelle 2-1 enthält einige wichtige Werte. Der Faktor $\dfrac{R\,T}{\widetilde{\mathfrak{F}}}$ beträgt bei 25 °C 26 mV. In gleicher Weise kann auch für eine einfache Redoxreaktion Gl. (2-9) eine Potential-Gleichung abgeleitet werden:

$$U_H^* = U_H^\circ + \frac{R\,T}{z\,\widetilde{\mathfrak{F}}} \ln \frac{c_{\text{Ox}}}{c_{\text{Red}}}. \tag{2-30}$$

Viele Redoxreaktionen sind komplizierter aufgebaut als Gl. (2-9). Für eine allgemeine Redoxreaktion mit den Komponenten $X_i$ und ihren Koeffizienten $n_i$ in der Schreibweise

$$\sum_i n_i\, X_i = e^- \tag{2-31}$$

läßt sich herleiten [4, 15]:

$$U_H^* = U^\circ - \frac{R\,T}{\widetilde{\mathfrak{F}}} \sum_i n_i \ln\left(\frac{c(X_i)}{\text{mol L}^{-1}}\right). \tag{2-32}$$

Eine umfangreiche Tabellensammlung für Standardpotentiale befindet sich in [11]. Tabelle 2-3 enthält einige Werte für Redoxreaktionen. Da die meisten Metall-Ionen mit $OH^-$-Ionen zu festen Korrosionsprodukten reagieren, die u. U. schützende Deckschichten bilden, ist eine übersichtliche Darstellung des Korrosionsverhaltens der Metalle in wäßrigen Lösungen in Abhängigkeit von pH und $U_H$ sinnvoll. Abb. 2-2 zeigt ein derartiges *Pourbaix-Diagramm* für das System Fe–$H_2O$. Die angegebenen Grenzlinien entsprechen den Gleichgewichten:

Grenzlinie (1): Fe/$Fe^{2+}$ entsprechend Gl. (2-21)
Grenzlinie (2): Fe/Fe$(OH)_2$ nach $Fe + 2 H_2O = Fe(OH)_2 + 2 H^+ + 2 e^-$
Grenzlinie (3): $Fe^{2+}$/FeOOH nach $Fe^{2+} + 2 H_2O = FeOOH + 3 H^+ + e^-$

Grenzlinie (4): $Fe^{3+}$/FeOOH nach $Fe^{3+} + 2\,H_2O = FeOOH + 3\,H^+$
Grenzlinie (a): $OH^-/O_2$ entsprechend Gl. (2-17)
Grenzlinie (b): $H_2/H^+$ entsprechend Gl. (2-18)

In den Feldern I und IV sind alle Korrosionsprodukte gelöst, so daß elektrolytische Korrosion wenig gehemmt sein sollte. Dennoch liegt hier der dunkel schraffierte Bereich der *chemischen Passivität* in Gegenwart passivierender Säuren ($HNO_3$, $H_2SO_4$, $H_3PO_4$) und bei Abwesenheit depassivierender Komponenten (HCl) vor. Zu dem für den Korrosionsschutz als wichtig vermuteten Feld II kann „nur" gefolgert werden, daß neben (wenig) gelösten Korrosionsprodukten auch feste vorliegen, vergl. hierzu die Gleichgewichte der Grenzlinien (3) und (4). Ob feste Korrosionsprodukte nun den Korrosionsschutz im Sinne der *physikalischen Passivität* übernehmen können, folgt grundsätzlich nicht aus thermodynamischen Betrachtungen. Für die technische Bedeutung ist nur festzuhalten, daß beide Bereiche der Passivität völlig gleichwertig sind. Vor allem besteht für beide Bereiche die latente Gefahr der örtlichen Korrosion [4].

Derartige $pH-U_H$-Diagramme gibt es für alle Metalle [11]. Sie geben eine Übersicht zum Korrosionsverhalten und über Möglichkeiten elektrochemischer Schutzverfahren mit Hilfe einer Potentialverschiebung durch aufgebrachte Gleichströme. Bei der Potentialverminderung in Richtung Feld III werden *kathodische* Ströme und bei einer Potentialerhöhung in Richtung Feld II oder schraffierter Bereich in Feld I werden *anodische* Ströme benötigt. *Dies ist die Grundlage für den kathodischen und für den anodischen Schutz.* Für eine erste Beurteilung der praktischen Möglichkeit muß auch das Beständigkeitsfeld für $H_2O$ zwischen den Geraden (a) und (b) herangezogen werden. Jenseits dieser Geraden ist die Möglichkeit der Potentialänderung wegen der *elektrolytischen Wasserzersetzung* eingeschränkt. Damit folgt bereits aus Abb. 2-2 die Aussage, daß ein kathodischer Schutz in sauren Lösungen bei niedrigen pH-Werten praktisch nicht möglich ist, wohl dagegen ein anodischer Schutz.

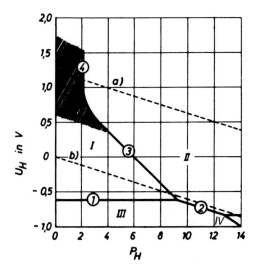

**Abb. 2-2.** Vereinfachtes Potential-pH-Diagramm für das System Eisen/wäßrige Lösungen bei 25 °C; $(Fe^{2+}) + c(Fe^{3+}) = 10^{-6}$ mol $L^{-1}$ (Erklärungen im Text).

In Abb. 2-2 und bei entsprechenden Diagrammen in [11] werden Felder für lösliche Hydroxo-Komplexe der Art $Fe(OH)^+$ vernachlässigt, vgl. hierzu die geänderten Diagramme in der Literatur [16, 17]. Durch Komplexbildungen können allgemein die Felder in den Potential-pH-Diagrammen nicht unwesentlich verschoben werden. Dies ist bei Vorliegen unbekannter chemischer Lösungen zu beachten. Weiterhin ist beim Gebrauch der pH-Potential-Diagramme in [11] zu beachten, daß wohl Bereiche für abtragende Hydridbildung, nicht jedoch Bereiche für innere Hydridbildung der Metalle der 4. und 5. Nebengruppe angegeben sind.

### 2.2.3.2 Elektrochemische Kinetik

Die Potentialabhängigkeit der Geschwindigkeit einer elektrochemischen Phasengrenzreaktion wird durch eine *Strom-Potential-Kurve* $I(U)$ beschrieben. Es ist zweckmäßig, derartige Kurven auf die geometrische Elektrodenoberfläche $S$ zu beziehen, d.h. als Stromdichte-Potential-Kurven $J(U)$ anzugeben. Die Messung derartiger Kurven ist in Abb. 2-3 schematisch dargestellt. Mit Hilfe einer Außenschaltung (Spannungsquelle $U_0$, Ampèremeter, Widerstände $R'$ und $R''$) wird ein Strom durch die Gegenelektrode $E_3$ in die Elektrolytlösung hinein und über die zu messende Elektrode $E_1$ wieder zur Außenschaltung geführt. Im Bild ist der gezeichnete Strom ($\oplus \rightarrow$) positiv. Das Potential von $E_1$ wird mit einem hochohmigen Voltmeter als Spannungsdifferenz der Elektroden $E_1$ und $E_2$ gemessen. Hierbei muß die Bezugselektrode $E_2$ mit einer *Haber-Luggin-Kapillare* ausgestattet sein, deren Sondenöffnung möglichst dicht an die Oberfläche von $E_1$ heranführt, ohne aber den Stromfluß abzuschirmen [18]. Das Potentialschema zeigt, daß der Strom in der Elektrolytlösung einen Ohmschen Spannungsabfall $\eta_\Omega$ erzeugt, der grundsätzlich immer als Fehler bei der Potentialmessung auftritt:

$$U = (\Delta\varphi - \Delta\varphi_B) - \eta_\Omega. \tag{2-33}$$

Nach Vergleich mit Gl. (2-1) ist der Meßwert in Abb. 2-3 nach Gl. (2-33) um den Betrag $\eta_\Omega$ zu negativ, entsprechend bei anodischem Strom zu positiv. Für homogene Stromlinien läßt sich aus dem Ohmschen Gesetz der Fehler errechnen:

$$\eta_\Omega = J \frac{s}{\kappa}. \tag{2-34}$$

Hierbei ist $s$ der Abstand der Sondenöffnung von der Elektrodenoberfläche. Im Laboratorium können Potentialmeßsonden angewandt und somit $\eta_\Omega$ nach Gl. (2-34) klein gehalten werden. Dies ist aber für technische Objekte im allgemeinen nicht möglich, insbesondere nicht bei erdverlegten Objekten. Möglichkeiten zur Eliminierung von $\eta_\Omega$, d.h. zur *IR-freien Potentialmessung*, werden im Abschn. 3.3.1 beschrieben.

Im folgenden wird vereinfachend angenommen, daß an $E_1$ nur *eine* elektrochemische Reaktion abläuft. Dann liegt bei $I = 0$ das Gleichgewichtspotential $U^*$ vor. Positive bzw. negative Ströme können nur bei positiven bzw. negativen Abweichungen von $U^*$ fließen. Die Abweichung $(U - U^*) = \eta$ heißt *Überspannung*. Die Funktion $J(\eta)$ informiert über die Kinetik der Reaktion. Ist der Durchtritt durch die Phasengrenzfläche selbst geschwindigkeitsbestimmend, so ist $J(\eta)$ eine Exponentialfunktion (*Durchtrittsüberspannung*). Aus diesem Grunde werden $J(U)$-Kurven auch meist einfach-

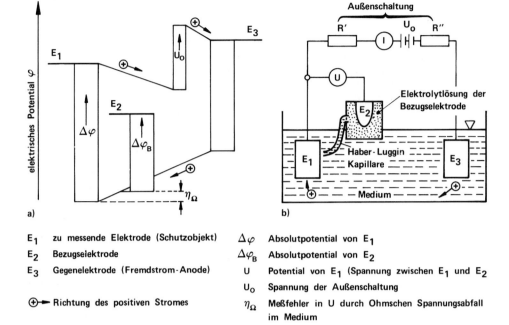

E$_1$    zu messende Elektrode (Schutzobjekt)

E$_2$    Bezugselektrode

E$_3$    Gegenelektrode (Fremdstrom-Anode)

⊕→ Richtung des positiven Stromes

$\Delta\varphi$    Absolutpotential von E$_1$

$\Delta\varphi_B$    Absolutpotential von E$_2$

U    Potential von E$_1$ (Spannung zwischen E$_1$ und E$_2$

U$_0$    Spannung der Außenschaltung

$\eta_\Omega$    Meßfehler in U durch Ohmschen Spannungsabfall im Medium

**Abb. 2-3.** Potentialschema (a) und Prinzipschaltung (b) für die Messung einer Strom-Potential-Kurve bei kathodischer Polarisation (Erklärungen im Text).

logarithmisch aufgetragen. Ist dagegen eine chemische Reaktion oder Diffusion im Medium geschwindigkeitsbestimmend, so ist $J$ potentialunabhängig, d.h. die Kurve $J(\eta)$ mündet in eine Parallele zur Potentialachse (*Konzentrationsüberspannug*). Ein ähnlicher Verlauf kann auch vorliegen, wenn schwerlösliche Deckschichten entstehen, die im stationären Zustand eine dem $J$ äquivalente Lösungsgeschwindigkeit haben. Dies ist bei passivierten Metallen der Fall (vgl. Abschn. 2.3.1.2). Bei schlecht leitenden Deckschichten oder in hochohmigen Medien kann schließlich der Ohmsche Widerstand den Strom kontrollieren, so daß $J(\eta)$ dem Ohmschen Gesetz folgt. In diesem Falle ist $\eta$ aber keine echte Überspannung, sondern entspricht $\eta_\Omega$ nach Gl. (2-34) und ist somit im Prinzip ein *Meßfehler*, falls das Potential für die Grenzfläche Metall/Deckschicht definiert ist.

Über die elektrochemische Kinetik gibt es eine umfangreiche Spezialliteratur [19]. In Abb. 2-4 wird für das grundlegende Verständnis eine $J(\eta)$-Kurve mit Durchtritts- und Diffusionsüberspannung einer Redoxreaktion nach Gl. (2-9) wiedergegeben. Aus der Theorie [4, 15] folgt für dieses Beispiel:

$$J = \frac{\exp\left(\dfrac{\eta}{\beta_+}\right) - \exp\left(\dfrac{-\eta}{\beta_-}\right)}{\dfrac{1}{J_0} + \dfrac{1}{G_A}\exp\left(\dfrac{\eta}{\beta_+}\right) + \dfrac{1}{G_K}\exp\left(\dfrac{-\eta}{\beta_-}\right)} . \tag{2-35}$$

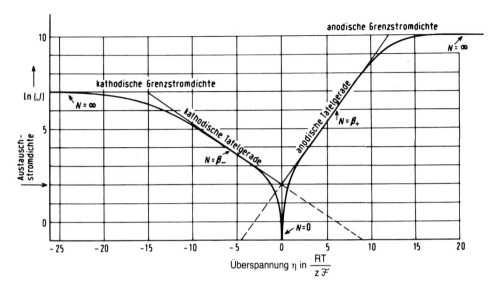

**Abb. 2-4.** Stromdichte-Potential-Kurve nach Gl. (2-35) für eine Teilreaktion. Mit den Datenbei-

spielen $J_0 = e^2$, $G_A = e^{10}$, $G_K = e^7$, und $\alpha = 2/3$ folgt mit $x = \dfrac{z \widetilde{\mathfrak{F}}}{RT} \eta$: $J = \dfrac{e^7 (e^x - 1)}{1 + e^{(5+x/3)} + e^{(x-3)}}$.

Hierbei bedeuten: $J_0 = Austauschstromdichte$, sie entspricht dem Betrag der gleich großen Hin- und Rückreaktion im Gleichgewicht; $G_A$ und $G_K$ sind *Diffusionsgrenzstromdich-ten*, sie sind der Konzentration des betreffenden Reaktionspartners proportional und nehmen entsprechend dem ersten Diffusionsgesetz mit der Strömungsgeschwindigkeit zu; $\beta_+$ und $\beta_-$ sind die anodische bzw. kathodische *Tafel-Neigung*, für diese gelten die Beziehungen:

$$\beta_+ = \frac{RT}{\alpha z \widetilde{\mathfrak{F}}}; \quad \beta_- = \frac{RT}{(1-\alpha) z \widetilde{\mathfrak{F}}}; \quad \frac{1}{\beta_+} + \frac{1}{\beta_-} = \frac{z \widetilde{\mathfrak{F}}}{RT}. \qquad (2\text{-}36\,\text{a})$$

Die Größe $\alpha$ ist ein Symmetriefaktor für die Energieschwelle beim Durchtritt, er heißt auch Durchtrittsfaktor und beträgt etwa 0,5. Im Bild wurde zur besseren Unterschei-dung $\alpha = 2/3$ gewählt. Wegen der besseren Übersicht wurden für $J_0$, $G_A$ und $G_K$ ganz-zahlige Exponenten für e gewählt und $\eta$ dimensionslos aufgetragen. Die Neigungen der Kurven in der natürlich-logarithmischen Darstellung

$$N = \frac{\Delta \eta}{\Delta \ln |J|} \qquad (2\text{-}36\,\text{b})$$

betragen im Bereich der Tafel-Geraden $\beta_-$ und $\beta_+$. Durch Multiplikation mit $\ln 10 = 2{,}303$ ergeben sich die Tafel-Neigungen für das dekadisch-logarithmische System: $b_-$ und $b_+$. Beim Gleichgewicht wird $N \to 0$ und im Bereich der Grenzströme wird $N \to \infty$.

Für die elektrolytische Korrosion nach Gl. (2-21) gibt es ähnliche Kurven wie in Abb. 2-4. Ein anodischer Grenzstrom ist aber nur bei Deckschichtbildung möglich.

Im allgemeinen folgen die $J(U)$-Kurven für die anodische Teilreaktion einer Tafelgeraden. In neutralen Medium ist meist die Sauerstoffreduktion die kathodische Teilreaktion, deren $J(U)$-Kurve in eine kathodische Grenzstromdichte einläuft und durch den Transport des Sauerstoffs bestimmt wird. Wenn bei großen Überspannungen kathodisch Wasserstoff nach Gl. (2-19) entwickelt wird, biegt die $J(U)$-Kurve wieder in eine Tafelgerade ab.

Bei der Messung von $J(U)$-Kurven ist die Zeitabhängigkeit der Meßwertänderungen wichtig. Im Bereich der Tafel-Geraden werden verhältnismäßig schnell stationäre Zustände erreicht. Näherungsweise errechnet sich eine Zeitkonstante aus dem Produkt von Doppelschichtkapazität $C_D \approx 10$ bis $100\,\mu\mathrm{F}\,\mathrm{cm}^{-1}$ und *Polarisationswiderstand* $r_P = \Delta U/\Delta J \approx 1$ bis $1000\,\Omega\,\mathrm{cm}^2$ zu $10^{-5}$ bis $10^{-1}$ s. Demgegenüber sind Diffusion und Deckschichtbildung sehr zeitabhängig. Im Bereich von Grenzströmen stellen sich stationäre Zustände nur sehr *langsam* ein. Dies ist sehr häufig bei technischen Objekten der Fall, wenn Deckschichten vorliegen.

## 2.2.4 Mischelektroden

Nach Gl. (2-10) laufen bei der elektrolytischen Korrosion im allgemeinen zwei elektrochemische Reaktionen ab. Dann wird in der Meßanordnung nach Abb. 2-3 nicht die $I(U)$-Kurve *einer* Reaktion, sondern eine *Summenstrom-Potential-Kurve* der Mischelektrode $E_1$ gemessen. Dabei handelt es sich nach Gl. (2-10) um die Überlagerung beider Teilstrom-Potential-Kurven:

$$I(U) = I_A(U) - I_K(U). \tag{2-10}$$

### 2.2.4.1 Homogene Mischelektroden

Vereinfachend wird für die Teilreaktionen angenommen, daß ihre Stromdichten unabhängig vom Ort der Elektrodenoberfläche sind. Gl. (2-10′) kann dann sinngemäß auch für die Stromdichten formuliert werden:

$$J(U) = J_A(U) - J_K(U). \tag{2-37}$$

Für jeden Oberflächenbereich ist Gl. (2-37) gültig. Für diesen Fall ist nur gleichförmige Flächenkorrosion und nicht örtliche Korrosion möglich. Abb. 2-5 zeigt schematisch Summen- und Teilstromdichten einer Mischelektrode. Bei freier Korrosion ist $J = 0$. Das *Freie Korrosionspotential* $U_R$ liegt zwischen den Gleichgewichtspotentialen der Teilreaktionen $U_A^*$ und $U_K^*$, entspricht in diesem Falle dem *Ruhepotential*. *Abweichungen vom Ruhepotential heißen Polarisationsspannung oder Polarisation.* Am Ruhepotential entspricht $J_A = |J_K|$ der Korrosionsgeschwindigkeit bei freier Korrosion. Bei anodischer Polarisation durch positive Summenstromdichten $J_a$ werden das Potential positiver und die Korrosionsgeschwindigkeit größer, was eine *anodische Korrosionsgefährdung* verdeutlicht. Für eine quantitative Betrachtung wird leicht übersehen, daß

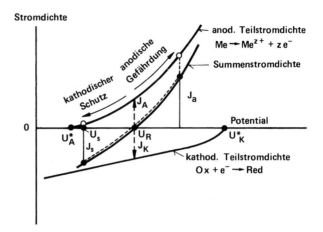

**Abb. 2-5.** Teil- und Summenstromdichten bei der elektrolytischen Korrosion einer homogenen Mischelektrode.

hierbei weder die Korrosionsgeschwindigkeit noch ihre Zunahme der anodischen Summenstromdichte entsprechen, falls nicht der kathodische Teilstrom vernachlässigbar
klein ist. Quantitative Aussagen sind nur möglich, wenn die $J_A(U)$-Kurve bekannt ist.

Bei kathodischer Polarisation durch negative Summenstromdichten $J_k$ werden das
Potential negativer und die Korrosionsgeschwindigkeit kleiner. Sie ist schließlich beim
Gleichgewichtspotential $U_A^*$ null. In neutralen Wässern und bei Vorliegen fester Korrosionsprodukte sind aber Gleichgewichtspotentiale undefiniert oder praktisch nicht einstellbar. Die in Gl. (2-29) benötigte Konzentration $c(Me^{z+})$ folgt aus dem Löslichkeitsprodukt $L$ und ist mit Gl. (2-16) pH-abhängig

$$c(Me^{z+})\, c^z(OH^-) = L. \tag{2-38}$$

Das Gleichgewichtspotential folgt nach Einsetzen in Gl. (2-29) zu:

$$U_H^* = U_H^0 + \frac{RT}{z\,\mathfrak{F}} (\ln L - z \ln c(OH^-)). \tag{2-39}$$

Da der kathodische Strom nach Gl. (2-19) OH⁻-Ionen produziert, wird das Gleichgewichtspotential mit ansteigendem Schutzstrom negativer. Damit wird verständlich, daß
in neutralen Medien – im Gegensatz zu sauren Lösungen oder zu Medien mit Komplex-
bildnern – keine elektrolytische Metallabscheidung und keine Korrosionsgeschwindigkeit $w = 0$ möglich sind. Bei Metallen, die lösliche Hydroxo-Komplexe bilden, nimmt
die Korrosionsgeschwindigkeit mit ansteigendem kathodischen Strom sogar zu. Hierzu
zählt auch das Feld IV in Abb. 2-2. Bei ausreichend hohen pH-Werten können mehr
oder weniger alle Metalle Hydroxokomplexe bilden.

So wird verständlich, daß die Grundlagen für den elektrochemischen Korrosionsschutz nicht aus thermodynamischen Betrachtungen an Hand von Pourbaix-Diagram-
men wie Abb. 2-2, sondern nur aus experimentellen Befunden über die Potentialabhängigkeit der Korrosion folgen. Dabei wird das Schutzpotential $U_s$ als das Potential
definiert, bei dessen Unterschreiten das Anforderungsprofil erfüllt ist. Dieses ist beim
Korrosionsschutz in Erdböden und Wässern definitionsgemäß bei $w = 10\ \mu m\ a^{-1}$ der

Fall. Daraus folgt für den kathodischen Korrosionsschutz *das Schutzpotential-Kriterium*:

$$U \lessgtr U_s. \tag{2-40}$$

Aus Abb. 2-5 könnte man ein Schutzstrom-Kriterium $|J_k| \gtreqless |J_s| = |J_k(U_s)|$ ableiten, das aber die Kenntnis von $w(U)$ bzw. $U_s$ voraussetzt. Ein zuweilen angeführtes Kriterium der Art $J_s = J_K$ macht nur dann einen Sinn, wenn $J_K$ bekannt ist.

Der *Schutzstrom* bzw. die *Schutzstromdichte* beziehen sich auf *beliebige* kathodische Summenströme, die das Kriterium der Gl. (2-40) erfüllen. Für die praktische Auslegung interessiert der *Schutzstrombedarf.* Hierbei handelt es sich um den *Mindest*wert des *Schutzstromes*, der Gl. (2-40) erfüllt. Da bei einem ausgedehnten Objekt mit der Oberfläche $S$ im allgemeinen die Polarisation örtlich unterschiedlich ist, hat die Stromdichte nur für Bereiche mit dem positivsten Potential $U_s$ den Wert $J_s$. In anderen Bereichen ist $|J_k| > |J_s|$. Aus diesem Grunde folgt für den Schutzstrombedarf $I_s$:

$$|I_s| > |J_s| \, S. \tag{2-41}$$

$J_s$ ist eine Konstante des Systems Werkstoff/Medium, $I_s$ dagegen ist nur für ein gegebenes Objekt definiert.

### 2.2.4.2 Heterogene Mischelektroden und Elementbildung

Hier liegt der allgemeine Fall vor, daß die Stromdichten der Teilreaktionen auf der Elektrodenoberfläche veränderlich sind. Es ist wohl Gl. (2-10′), nicht aber Gl. (2-37) gültig. Vereinfachend wird eine heterogene Mischelektrode betrachtet, die aus zwei homogenen Bereichen besteht. Abb. 2-6 gibt hierfür die Summenstrom-Potential-Kurven $I_a(U)$ und $I_k(U)$ (durchgezogene Kurven) und die zugehörigen anodischen Teilstrom-

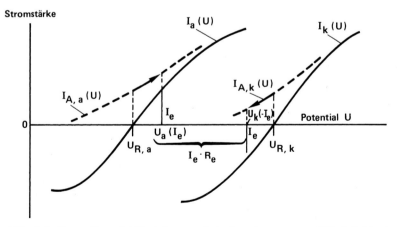

**Abb. 2-6.** Strom-Potential-Beziehungen bei einer heterogenen Mischelektrode oder bei Elementbildung (Erklärungen im Text).

Potential-Kurven $I_{A,a}(U)$ und $I_{A,k}(U)$ (gestrichelte Kurven) wieder. Die homogenen Bereiche haben die Ruhepotentiale $U_{R,a}$ und $U_{R,k}$. Der Index k bezieht sich auf den homogenen Bereich mit dem positiveren Ruhepotential, weil er die *Lokalkathode* darstellt. Der Index a bezeichnet Größen der *Lokalanode*. Bei metallenem Kurzschluß der beiden homogenen Bereiche zur heterogenen Mischelektrode fließt aufgrund der Potentialdifferenz $(U_{R,k} - U_{R,a})$ der Elementstrom $I_e$. Bei freier Korrosion wird durch interne Polarisation durch den Elementstrom das Potential der Lokalkathode auf $U_k(-I_e)$ und das der Lokalanode auf $U_a(I_e)$ verändert. Das Freie Korrosionspotential der heterogenen Mischelektrode ist ortsabhängig. *Es gibt kein Ruhepotential*, weil die örtlichen Stromdichten von null verschieden sind. In der Elektrolytlösung liegt die Potentialdifferenz $(U_k - U_a)$ als Ohmscher Spannungsabfall $I_e \cdot R_e$ vor. Bei genügend hoher Leitfähigkeit kann diese Differenz sehr klein werden, so daß die heterogene Mischelektrode wie eine homogene erscheint. Das dann meßbare praktisch ortsunabhängige Ruhepotential ist nur ein scheinbares.

Für heterogene Mischelektroden gibt es keine Stromdichte-Potential-Kurven, sondern *Stromdichte-Potential-Bänder* [20], die man sich in einem dreidimensionalen $J - U - x$-Diagramm mit $x$ = Ortskoordinate vorstellen kann. Hierzu zeigt Abb. 2-7 als Beispiel ein $U - x$-Diagramm für eine zylinderförmige Mischelektrode aus Kupfer mit

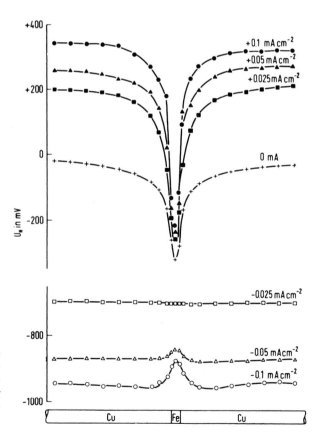

**Abb. 2-7.** Potential-Weg-Kurve einer zylinderförmigen Mischelektrode aus Cu-Fe-Cu bei Polarisation in Leitungswasser ($\kappa \approx 10^{-3}$ S cm$^{-1}$). Elektrodenabstand 1 mm.

einem Eisenring in Leitungswasser. Parameter ist der auf die Gesamtfläche bezogene Strom. Bei freier Korrosion besteht ein *Potentialtrichter* über der Fe-Anode. Mit zunehmender anodischer Polarisation wird dieser Trichter größer, weil die Summenstrom-Potential-Kurven der homogenen Bereiche Cu und Fe zu positiven Strömen auseinanderklaffen. Umgekehrt verschwindet der Trichter bei kathodischer Polarisation. Bei hohen kathodischen Strömen kann er sich sogar umkehren, so daß nunmehr Cu negativer als Fe ist. Ursache dafür ist, daß die Summenstrom-Potential-Kurven der homogenen Bereiche Cu und Fe sich bei negativen Strömen schneiden. Dieser zunächst als ungewöhnlich empfundene Effekt heißt *Potentialumkehrung*. Eine Potentialumkehrung ist auch bei anodischer Polarisation möglich, wenn sich z.B. als Folge unterschiedlicher Deckschichtbildung die Summenstrom-Potential-Kurven bei positiven Strömen schneiden. Dies ist z.B. für Fe und Zn in erwärmten Leitungswässern oder in Meerwasser möglich [4]. Eine anodische Potentialumkehr muß beim kathodischen Schutz von Mischinstallationen, z.B. unlegierter und nichtrostender Stahl, mit *galvanischen Anoden* beachtet werden, um den unedleren Partner des zu schützenden Objektes nicht zu gefährden.

Eine örtliche Korrosion ist im allgemeinen Folge der Ausbildung heterogener Mischelektroden, wobei die Veränderung der örtlichen Teilstromdichte-Potential-Kurven werkstoffseitige und mediumseitige Ursachen haben kann. Bei Vorliegen verschiedener Metalle (vgl. Abb. 2-7) spricht man von *Kontaktelementen* [21, 22]. Örtliche Unterschiede im Medium führen zu *Konzentrationselementen*. Hierzu zählt auch das Belüftungselement, bei dem letztlich durch chemische Folgereaktionen stabilisiert Unterschiede im pH-Wert das Element charakterisieren; Chlorid-Ionen und Alkali-Ionen sind dabei von Bedeutung [4]. Derartige Korrosionselemente können sehr unterschiedlich ausgedehnt sein. Bei großflächigen Objekten, wie z.B. Rohrleitungen, können die Bereiche mehrere Kilometer umfassen. Hierbei ist es gleichgültig, ob die kathodischen Bereiche der Rohrleitung noch angehören oder ob es sich hierbei um fremde Anlagenkomponenten handelt, die mit der Rohrleitung metallenleitend verbunden sind. Im letzten Fall spricht man von *Fremdkathoden*. Zu diesen zählen z.B. Erderanlagen und Bewehrungsstahl in Beton, vgl. Abschn. 4.3.

Die Korrosionsgefährdung durch Elementbildung ist wesentlich vom Flächenverhältnis von kathodischen zu anodischen Bereichen abhängig. Aus Abb. 2-6 folgt nach Einführen der integralen Polarisationswiderstände

$$R_a = \frac{U_a(I_e) - U_{R,a}}{I_e} \quad \text{und} \quad R_k = \frac{U_k(I_e) - U_{R,k}}{-I_e} \tag{2-42}$$

eine Beziehung für den Elementstrom:

$$I_e = \frac{U_{R,k} - U_{R,a}}{R_e + R_a + R_k}. \tag{2-43}$$

Die Differenz der Ruhepotentiale bestimmt im wesentlichen die Stromrichtung und nur wenig den Betrag; für diesen haben die Widerstände eine erhöhte Bedeutung. Insbesondere bei der Außenkorrosion ausgedehnter Objekte darf $R_e$ vernachlässigt werden. Ferner ist der Verlauf der $I_a(U)$-Kurve meist steiler als der der $I_k(U)$-Kurve, d.h.

$R_a \ll R_k$. Dann folgt aus Gl. (2-43) nach Einführen der Flächen $S_a$ und $S_k$ für Anode und Kathode:

$$J_a = \frac{I_e}{S_a} \approx \frac{U_{R,k} - U_{R,a}}{r_k} \frac{S_k}{S_a}. \tag{2-44}$$

Hierbei ist $r_k = R_k \cdot S_k$ der spezifische kathodische Polarisationswiderstand. Für große Elementströme kann der kathodische Teilstrom an der Anode vernachlässigt werden, so daß nach Abb. 2-5 $J_{A,a} \approx J_a$ gesetzt werden kann. Gl. (2-44) besagt, daß neben dem Flächenverhältnis und der Potentialdifferenz auch die *Wirksamkeit der Kathode* gegeben durch $r_k$ eingeht.

Es bereitet zuweilen begriffliche Schwierigkeiten, daß die *Kathode* des Elementes ein *positiveres* Potential hat als die Anode (vgl. Abb. 2-6). Das ist darauf zurückzuführen, daß die Definition von Anode und Kathode aufgrund elektrolytseitiger Vorgänge, die Potentialmessung aber metallseitig erfolgen. Diese Tatsache veranschaulicht Abb. 2-8. Befinden sich die beiden Elektroden Fe und Pt in derselben Elektrolytlösung mit dem Potential $\varphi_{El}$, so ist metallseitig Pt positiver als Fe. $U$ ist die Leerlaufspannung des Elementes. Nach Schließen des Schalters S fließen Elektronen von Fe $(-)$ nach Pt $(+)$. Sind die beiden Elektroden von Beginn an verbunden und tauchen in getrennte Elektrolytlösungen, so befinden sich beide auf dem Potential $\varphi_{Met}$. Die Elektrolytlösung am Fe ist nun positiver als am Pt. Die Spannung $U$ kann zwischen zwei Bezugselektroden in den Elektrolytlösungen gemessen werden. Nach dem Öffnen des Hahnes H fließt in der Elektrolytlösung ein positiver Strom von Fe $(+)$ zu Pt $(-)$. Der letzte Vorgang ist Basis für die Definition von Anode und Kathode. Bei fließendem Strom ist die Anode (Fe) metallseitig negativer, elektrolytseitig aber positiver als die Kathode (Pt).

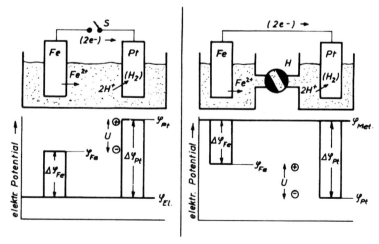

**Abb. 2-8.** Prinzip und Potentialschema eines galvanischen Elementes (Erklärungen im Text).

## 2.2.5 Bemerkungen zur Stromverteilung

Für Korrosionsvorgänge an heterogenen Mischelektroden, insbesondere bei *Innenkorrosion* von Behältern und komplizierten Formen sowie für die Anwendung des elektrochemischen Schutzes allgemein, ist die *Stromverteilung* von Interesse. Aus den Gesetzen der Elektrostatik folgt eine *primäre* Stromverteilung durch Integration der *Laplace-Gleichung* (div grad $\varphi = 0$) [15, 23]. Bei dieser werden Polarisationswiderstände an den Elektroden vernachlässigt. Die Stromverteilung ergibt sich ausschließlich aus der Geometrie. Bei Berücksichtigung von Polarisationswiderständen unterscheidet man eine *sekundäre* und einer *tertiäre* Stromverteilung, wobei Durchtrittsüberspannungen allein oder zusammen mit Konzentrationsüberspannungen wirken. *Durch Polarisationswiderstände wird die Stromverteilung gleichmäßiger als bei primärer Stromverteilung* [4, 15, 23, 24]. Für Ähnlichkeitsbetrachtung wird ein *Polarisationsparameter*

$$k = r_p \cdot \kappa \tag{2-45}$$

eingeführt, der das Verhältnis von Polarisationswiderstand zu Elektrolytwiderstand berücksichtigt. Er entspricht eine Schichtdicke der Elektrolytlösung, deren Ohmscher Widerstand im Betrag dem Polarisationswiderstand gleich ist. Wenn bei primärer Stromverteilung in der Geometrie diese Dicke zusätzlich berücksichtigt wird, ist eine bessere Stromverteilung verständlich.

Beim elektrochemischen Schutz wird die erforderliche Reichweite des Schutzstromes durch zweckmäßige Anordnung der Elektroden erreicht. Dabei sind Maßnahmen zur *Erhöhung* des Polarisationswiderstandes *günstig*. Beschichtete Objekte haben einen Beschichtungswiderstand (vgl. Abschn. 5.2), der sich wie der Polarisationswiderstand in Gl. (2-45) verwerten läßt. Somit kann bei ausgedehnten Objekten auch bei geringer Leitfähigkeit die Reichweite im Medium durch Beschichten nahezu beliebig ausgedehnt werden. Die Reichweite wird dann aber durch die Stromzuführung im Schutzobjekt begrenzt (vgl. Abschn. 24.4).

In vielen praktischen Fällen stellt sich die Frage, ob bei geometrischen Hindernissen genügend Schutzstrom zur Metalloberfläche gelangen kann, z.B. bei Stromschatten durch Steine, bei Vorliegen von Spalten, insbesondere unter nicht fest anliegenden Korrosionsschutzbinden oder abgelösten Beschichtungen (vgl. Abschn. 4.5). Der geometrisch bedingte Widerstand für den Schutzstrom besteht in gleichem Maße auch für einen Strom aus Korrosionselementen, für Streustrom und für den Zutritt von Oxidationsmitteln der kathodischen Redoxreaktion nach Gl. (2-9). Die Stromdichten für elektrische Leitung und für Diffusion werden durch die analogen Gleichungen (2-11) und

$$-J_K = -z \, \mathfrak{F} \, D \, \text{grad} \, c_{Ox} \tag{2-46}$$

beschrieben. Durch Division folgt eine von der Geometrie unabhängige Beziehung:

$$\frac{-J_K}{J} = \frac{z \, \mathfrak{F} \, D \Delta c_{Ox}}{\kappa \, \Delta \varphi} . \tag{2-47}$$

Für Sauerstoffkorrosion mit $z = 4$, $D = 1 \text{ cm}^2 \text{ d}^{-1}$ und $\Delta c(O_2) = 10 \text{ mg L}^{-1}$ ergibt sich:

$$\frac{-J_K}{J} = \frac{1,4 \cdot 10^{-6}}{(\kappa /(S \text{ cm}^{-1})) \, (\Delta \varphi / V)} . \tag{2-47'}$$

Selbst für hochohmige Medien mit $\kappa = 10^{-4}$ S cm$^{-1}$ folgt für nur $\Delta\varphi = 0{,}1$ V ausreichender Schutz: $J_s \approx -J_K = 0{,}14 \cdot J$, d.h. der zutretende Strom $J$ ist siebenmal größer als der Bedarf $J_s$. Gl. (2-47) gilt ausschließlich für Diffusion des Oxidationsmittels im ruhenden Medium und nicht für mögliche andere Transportarten, z.B. Strömung oder Belüftung aus der Gasphase. Somit sind enge mit ruhendem Wasser gefüllte Spalten weniger bedenklich als Stromschatten unter Steinen, vgl. Abschn. 24.4.5.

## 2.3 Die Potentialabhängigkeit von Korrosionsgrößen

Anhand der Abb. 2-2 und 2-5 wurde bereits das Prinzip der elektrochemischen Schutzverfahren erläutert. Notwendige Voraussetzung für dieses Schutzverfahren ist das Vorhandensein eines Potentialbereiches, in dem die Korrosionsreaktionen nicht oder nur mit technisch zu vernachlässigenden kleinen Geschwindigkeiten ablaufen. Es darf leider nicht angenommen werden, daß bei elektrochemischer Korrosion ein derartiger Bereich auch immer existiert, da die Potentialbereiche für verschiedene Korrosionsarten sich überlappen und weil ferner die theoretischen Schutzbereiche auch wegen störender Nebenreaktionen gar nicht eingestellt werden können.

Zur Auffindung der für den elektrochemischen Schutz verwertbaren Potentialbereiche kann im Laboratorium die Potentialabhängigkeit der interessierenden Korrosionsgrößen ermittelt werden. Hierzu zählen nicht nur die Abtragungsgeschwindigkeit, sondern auch Anzahl und Tiefe von Lochfraßstellen, Eindringgeschwindigkeit bei selektiver Korrosion, Lebensdauer sowie Rißwachstumsgeschwindigkeit mechanisch beanspruchter Proben und dergleichen. Abschn. 2.4 enthält zusammenfassend eine Übersicht der Potentialbereiche für verschiedene Systeme und Korrosionsarten. Dabei lassen sich vier Gruppen unterscheiden:

I.  Der Schutzbereich liegt bei *negativeren Potentialen* als das Schutzpotential und ist *nicht begrenzt*:

$$U \leqq U_s. \tag{2-40}$$

II. Der Schutzbereich liegt bei *negativeren Potentialen* als das Schutzpotential $U_s$ und wird durch ein kritisches Potential $U_s'$ begrenzt:

$$U_s' \leqq U \leqq U_s. \tag{2-48}$$

III. Der Schutzbereich liegt bei *positiveren Potentialen* als das Schutzpotential und ist *nicht begrenzt*:

$$U \geqq U_s. \tag{2-49}$$

IV. Der Schutzbereich liegt bei *positiveren Potentialen* als das Schutzpotential $U_s$ und wird durch $U_s'$ *begrenzt*:

$$U_s \leqq U \leqq U_s'. \tag{2-50}$$

In den Fällen I und II wird durch *kathodische,* in den Fällen III und IV durch *anodische* Polarisation geschützt. Dabei kann der Schutzstrom für die Fälle I und III ungeregelt zugeführt werden, während bei den Fällen II und IV eine *Potentialregelung* erfolgen muß. Mit der Entwicklung betriebssicherer und leistungsstarker potentialgeregelter Schutzgleichrichter sind für viele Anwendungsbereiche die Voraussetzungen für den elektrochemischen Schutz geschaffen worden (vgl. Kap. 21).

Im folgenden wird die Potentialabhängigkeit von Korrosionsgrößen für einige kennzeichnende Systeme und Korrosionsarten beschrieben.

### 2.3.1 Nahezu gleichförmiger Flächenabtrag

Ein völlig gleichförmiger Flächenabtrag ist sehr selten. In den meisten Fällen ist der Flächenabtrag nur im Mittel über etwa 1 cm$^2$ gleichförmig, wobei Rauheiten mit örtlichen Tiefen und mit einer Ausdehnung bis zu etwa 1 mm auftreten können. Obwohl in diesen Bereichen heterogene Zustände vorliegen, ist es praktisch, solche Systeme noch als homogen zu erörtern (vgl. Abb. 4-2 b). Zweckmäßig unterscheidet man eine Flächenkorrosion für *aktive* Metalle, bei denen keine oder keine schützende Deckschichten vorliegen, und eine solche für *passive* Metalle.

#### 2.3.1.1 Flächenkorrosion aktiver Metalle

Bei dieser Korrosionsart wandern die nach Gl. (2-21) erzeugten Metall-Ionen in das Medium ab. Durch Folgereaktionen erzeugte feste Korrosionsprodukte haben auf die Korrosionsgeschwindigkeit nur eine untergeordnete Bedeutung. Die anodische Teilstromdichte-Potential-Kurve folgt einer Tafelgeraden, siehe Abb. 2-4.

Für solche Fälle kann das Schutzpotential kinetisch abgeschätzt werden [15, 25]. Dazu wird angenommen, daß $c_0$ die Konzentration der Metall-Ionen an der Metalloberfläche ist. Mit dieser folgt die Massenverlustrate aus dem ersten Diffusionsgesetz zu

$$v = \frac{D}{\delta} c_0 \tag{2-51}$$

und das zugehörige Gleichgewichtspotential nach Gl. (2-29) zu

$$U_A^* = U^\circ + \frac{RT}{z\,\widetilde{\mathfrak{F}}} \ln\left(\frac{c_0}{\mathrm{mol\ L^{-1}}}\right). \tag{2-52}$$

Wenn $U_A^*$ als Schutzpotential $U_s$ angenommen wird, ist die Geschwindigkeit der anodischen Teilreaktion nach Gl. (2-21) so schnell, daß die Konzentration $c_0$ aufrechterhalten bleibt. Für diese stellt aber Gl. (2-51) den Höchstwert dar. Somit folgt aus den Gl. (2-51) und (2-52):

$$U_s = U^\circ + \frac{RT}{z\,\widetilde{\mathfrak{F}}} \ln\left(\frac{v\,\delta}{D} \cdot 10^{-3}\,\frac{\mathrm{cm^3}}{\mathrm{mol}}\right)$$

$$= U^\circ + \frac{RT}{z\,\widetilde{\mathfrak{F}}} \ln\left(\frac{2{,}78 \cdot 10^{-6}\,\dfrac{v}{\mathrm{g\ m^{-2}\ h^{-1}}}\,\dfrac{\delta}{\mathrm{mm}}}{\dfrac{D}{\mathrm{cm^2\ s^{-1}}}\,\dfrac{\mathfrak{M}}{\mathrm{g\ mol^{-1}}}}\right). \tag{2-53}$$

Mit $RT/\widetilde{\mathfrak{F}} = 26$ mV, $D = 10^{-5}$ cm$^2$ s$^{-1}$, $\delta = 0,01$ mm für schnelle Strömung und für eine angenommene kleine Korrosionsgeschwindigkeit $v = 10^{-12}$ mol cm$^{-2}$ s$^{-1}$ (das ist für Fe 2 μm a$^{-1}$) folgt aus Gl. (2-53):

$$U_s = U° - \frac{0,4\ V}{z}.$$ (2-53')

Gl. (2-53') ergibt für Eisen $U_{Hs} = -0,64$ V. Dieser Wert entspricht dem Schutzpotential für anaerobe saure Medien nach Abb. 2-9.

Abschätzungen des Schutzpotentials nach Gl. (2-53) sind unzulässig, wenn das Metall-Ion z.B. in stark komplexierenden Lösungen schnell chemisch weiterreagiert:

$$Me^{z+} + n\ X = MeX_n^{z+}.$$ (2-54)

Dabei ist die Konzentration $c(Me^{z+})$ in die Gl. (2-52) und die Konzentration $c(MeX_n^{z+})$ in die Gl. (2-51) einzusetzen. Eine Beziehung zwischen beiden Konzentrationen besteht nach dem Massenwirkungsgesetz:

$$c(Me^{z+}) \cdot c^n(X) = K \cdot c(MeX_n^{z+}).$$ (2-55)

Aus den Gl. (2-51), (2-52) und (2-55) folgt dann anstelle Gl. (2-53):

$$U_s = U° + \frac{RT}{z\widetilde{\mathfrak{F}}} \ln\left(\frac{v\delta}{D} \cdot 10^3\ cm^3\ mol^{-1}\right) - \frac{RT}{z\widetilde{\mathfrak{F}}} \ln\left(\frac{c^n(X)}{K}\right).$$ (2-56)

Der dritte Term in der Gl. (2-56) ist negativ und zeigt, wie in solchen Fällen das Schutzpotential von Gl. (2-53) abweichen kann. Derartige Effekte können bereits durch Hydroxo-Komplexbildung in schwach alkalischen Medien beobachtet werden [26] und erklären unerwartet hohe Korrosionsraten bei verhältnismäßig negativen Potentialen [27], siehe auch die Anmerkungen zu Gl. (2-39). Aus diesen Gründen werden Schutzpotentiale experimentell ermittelt. Hierzu werden nachfolgend Beispiele angeführt.

Abb. 2-9 zeigt eine Zusammenfassung von Untersuchungsergebnissen früherer Befunde [28–30] in Salzlösungen mit unterschiedlicher Begasung ergänzt durch Langzeitversuche im Überschutzbereich [31]. Bei Potentialen zu positiveren Werten nimmt die Korrosionsgeschwindigkeit zu und ist deutlich abhängig vom Medium. Es muß ausdrücklich angemerkt werden, daß diese Abhängigkeit nicht auf die Werte der freien Korrosion übertragen werden dürfen. Die Lage der Freien Korrosionspotentiale sind im Bild nicht wiedergegeben und können [28–30] entnommen werden. Die Schutzpotentiale entsprechen den Meßwerten für 10 μm a$^{-1}$. Im Überschutzbereich streuen die Meßwerte unter 10 μm a$^{-1}$ und sind nicht mehr potentialabhängig. Ähnliche Ergebnisse liegen auch für siedende Wässer vor. Die Werte streuen sehr stark aufgrund ungleichmäßiger Deckschichtbildung. Das Schutzpotential ist um $U_{Hs} = -0,63$ V anzunehmen.

In sauerstofffreien neutralen Wässern liegen die Meßwerte auf einer Tafelgeraden mit $b_+ \approx 60$ mV. Von praktischer Bedeutung ist bei CO$_2$-haltigen Wässern der steile Verlauf mit $b_+ \approx 40$ mV [29, 32]. Hier liegt das Schutzpotential ohnehin bei $U_H = -0,63$ V. Ein geringfügiger Unterschutz kann wegen der steilen $J_A(U)$-Kurve zu einer starken Zunahme der Korrosionsgeschwindigkeit führen. Gleiche Verhältnisse gelten auch für

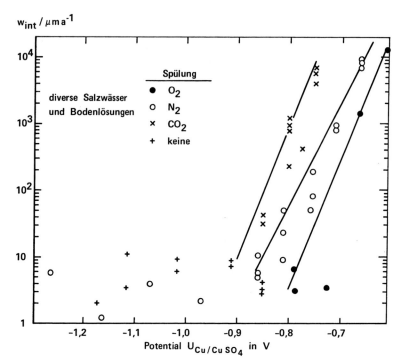

**Abb. 2-9**. Potentialabhängigkeit der Abtragungsgeschwindigkeit unlegierter Stähle in salzhaltigen Wässern für verschiedene Begasungen bei Umgebungstemperatur.

$H_2S$-haltige Medien [33]. Es ist anzunehmen, daß bei diesen sauren Medien auch die Pufferung einen wesentlichen Einfluß hat.

Bei sauerstoffhaltigen Wässern liegt keine Tafelgerade vor. Die bei kathodischer Polarisation beobachtete stärkere Abnahme der Abtragungsgeschwindigkeiten dürfte auf oxidische Deckschichten zurückzuführen sein, wobei kathodisch erzeugte $OH^-$-Ionen und $O_2$ beteiligt sind. Gleiche Verhältnisse liegen auch bei hochohmigen Sandböden vor. Hier sind Schutzpotentiale bei $U_H = -0{,}33$ V möglich [34, 35].

Mit ansteigender Temperatur nehmen die Abtragungsgeschwindigkeiten zu. Bei 60 °C liegt für ungepufferte $CO_2$-haltige Lösungen (pH um 4) das Schutzpotential bei $U_H = -0{,}75$ V und für mit $CaCO_3$ gepufferte Medien (pH um 6) bei $U_H = -0{,}63$ V. In $NaHCO_3$-haltigen Medien kann um $U_H = -0{,}53$ V eine merkbare nichtstationäre Korrosion auftreten, die mit der Zeit sehr schnell abklingt, so daß besondere Maßnahmen für den kathodischen Schutz nicht erforderlich sind [27]. Das System Stahl/Wässer gehört zur Gruppe I.

Abb. 2-10 zeigt für Zink Abtragungsgeschwindigkeiten-Potential-Kurven für künstliche Bodenlösungen und Leitungswasser [37, 38]. Genügend kleine Abtragungsgeschwindigkeiten sind nur in $HCO_3^-$-haltigen Wässern zu erwarten. Nach Gl. (2-53') liegt das Schutzpotential bei $U_H = -0{,}96$ V. Da Zink ein amphoteres Metall ist, nimmt seine Korrosionsanfälligkeit in Alkalilaugen oder in salzhaltigen Wässern bei starker kathodischer Polarisation zu. Das System Zink/Wässer gehört somit zur Gruppe II mit einem

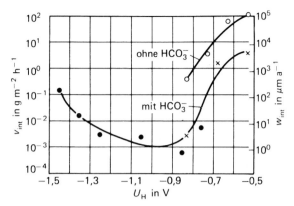

**Abb. 2-10.** Potentialabhängigkeit der Korrosionsgeschwindigkeit des Zinks.
×——× Leitungswasser (pH 7,1; 4 mol m$^{-3}$ HCO$_3^-$; 4 mol m$^{-3}$ Ca$^{2+}$; 2 mol m$^{-3}$ Cl$^-$;
  2,5 mol m$^{-3}$ SO$_4^{2-}$);
○——○ HCO$_3^-$-freie Bodenlösung nach [36];
●——● HCO$_3^-$-haltige Bodenlösung nach [37].

kritischen Potential $U'_{Hs} = -1,3$ V. Die gleichen Schutzpotentiale können auch für Zink-überzüge angewandt werden. Bei feuerverzinktem Stahl wurde bei kathodischem Schutz auch Wasserstoff-Absorption mit Blasenbildung beobachtet [39].

Abb. 2-11 zeigt für Aluminium Korrosionsgeschwindigkeit-Potential-Kurven für neutrale Salzlösungen bei kathodischer Polarisation [38, 40]. Aluminium und seine Legierungen sind in neutralen Wässern passiv, können aber in Gegenwart von Chlorid-Ionen Lochkorrosion erleiden, die durch kathodischen Schutz verhindert wird [15, 41–43). In alkalischen Medien, die auch nach Gl. (2-19) bei kathodischer Polarisation entstehen, sind die passivierenden Oxidschichten des Aluminiums löslich:

$$Al_2O_3 + 2\,OH^- + 3\,H_2O = 2\,Al(OH)_4^-. \tag{2-57}$$

Entsprechend erleiden die amphoteren Aluminiumwerkstoffe aktive Korrosion nach der anodischen Teilreaktion:

$$Al + 4\,OH^- = Al(OH)_4^- + 3\,e^-. \tag{2-58}$$

Da in neutralen Medien die OH$^-$-Ionen in einer kathodischen Teilreaktion nach Gl. (2-19) entstehen, erscheint mit den Gl. (2-19) und (2-58) die Bruttoreaktion kathodisch:

$$Al + 4\,H_2O + e^- = Al(OH)_4^- + 2\,H_2. \tag{2-59}$$

Das System Aluminiumwerkstoff/Wässer gehört zur Gruppe II, wobei $U_s$ das Lochfraßpotential darstellt und $U'_{Hs}$ je nach Werkstoff und Medium um $-0,8$ bis $-1,0$ V liegt [38, 40, 43]. Da Alkali-Ionen als Gegenionen zu OH$^-$-Ionen für die Alkalisierung erforderlich sind, nimmt die Beständigkeit mit fallenden Gehalten an Alkali-Ionen zu, siehe Abb. 2-11. Im Prinzip kann aber aktives Aluminium nicht kathodisch geschützt werden, siehe die Ausführungen zu Gl. (2-56).

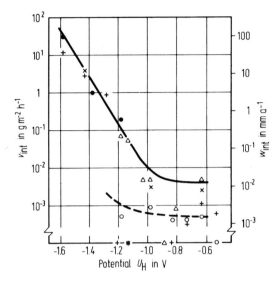

**Abb. 2-11.** Potentialabhängigkeit der Korrosionsgeschwindigkeit von Reinaluminium bei 25 °C:

● 1 M Na₂SO₄ (nach [40]);
△ 1,5 g L⁻¹ NaCl;
○ Leitungswasser (etwa 2 mmol L⁻¹ Na⁺);
+ Bodenlösung nach [24] mit 0,5 g L⁻¹ NaCl;
× mit 1,5 g L⁻¹ NaCl.

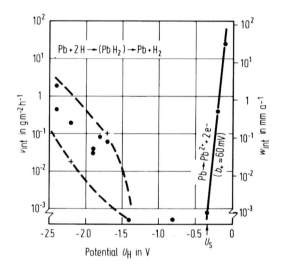

**Abb. 2-12.** Potentialabhängigkeit der Korrosionsgeschwindigkeit des Bleis.
●—● Bodenlösung nach [44] (NaHCO₃-haltig);
+—+ Lehmboden.

Abb. 2-12 zeigt für Blei Korrosionsgeschwindigkeit-Potential-Kurven für $HCO_3^-$-haltige Bodenlösung und Lehmboden [44]. Auch dieses System gehört zur Gruppe II. Das Schutzpotential $U_{Hs}$ liegt nach Gl. (2-53') bei $-0,33$ V. Die $J_A(U)$-Kurve folgt dann einer Tafelgeraden. Bei negativeren Potentialen als $U'_{Hs} = -1,3$ V findet eine chemische Korrosion mit dem nach Gl. (2-19) entstehenden atomaren Wasserstoff statt [11]:

$$Pb + 2\,H \rightarrow (PbH_2) \rightarrow Pb + H_2. \qquad (2\text{-}60)$$

Das primäre Korrosionsprodukt PbH₂ ist wenig beständig und zerfällt in einer Folgereaktion zu Bleipulver und Wasserstoffgas.

Die Abb. 2-11 und 2-12 sind kennzeichnende Beispiele für kathodische Korrosion bei amphoteren und bei hydridbildenden Metallen.

### 2.3.1.2 Flächenkorrosion passiver Metalle

In Zusammenhang mit Abb. 2-2 wurden zwei Felder der Passivität erörtert, bei denen Fe sehr kleine Abtragungsgeschwindigkeiten hat. Im Gegensatz zu kathodisch geschützten Metallen in den Gruppen I und II kann bei anodisch passivierten Metallen in den Gruppen III und IV die Abtragungsgeschwindigkeit *grundsätzlich nicht null* sein. In den meisten Fällen zählen die Systeme zur Gruppe IV , wobei für $U > U''_s$ verstärkte Flächenkorrosion oder örtliche Korrosion eintritt. Es gibt nur wenige passive Metalle, die der Gruppe III angehören: z.B. Ti, Zr [45] und Al in neutralen, an Halogenid-Ionen freien Wässern.

Für das System Fe–$H_2SO_4$ zeigt Abb. 2-13 die Potentialabhängigkeit der Abtragungsgeschwindigkeiten im Passivbereich nach Abb. 2-2. Bei $U < U_{Hs} = 0,8$ V erfolgt der Übergang zur aktiven Korrosion, bei $U_H > U''_{Hs} = 1,6$ V findet *transpassive Korrosion* statt [46]. Durch Legierungselemente der Stähle und durch die Zusammensetzung der Medien werden diese Grenzpotentiale u. U. stark beeinflußt [4], wobei die Abtragungsgeschwindigkeit im Passivbereich vor allem durch Cr vermindert wird. Abb. 2-14 zeigt als Beispiel die Potentialabhängigkeit von Polarisationsstrom und flächenbezogener Massenverlustrate eines CrNiMo-Stahls in Schwefelsäure für den Potentialbereich der aktiven Korrosion und für den Übergang zur Passivität. Bei $U < U_{Hs} = -0,15$ V ist zwar kathodischer Schutz denkbar. Wegen der sehr hohen Schutzstromdichte um $-300$ A m$^{-2}$ ist dieses Verfahren jedoch praktisch nicht anwendbar. Bei geringfügigem Unterschutz besteht auch die Gefahr starker Korrosion im Aktivbereich. Die zunächst ansteigende Korrosionsgeschwindigkeit bei kathodischer Polarisation ist auf Beeinträchtigungen von Deckschichten durch Wasserstoffabscheidung zurückzuführen. Solche Deckschichten werden auch durch chemische Stoffe im Medium beeinflußt, so daß die Abtragungsgeschwindigkeit-Potential-Kurve wesentlich verschoben werden kann. Auch der im Vergleich zum Schutzpotential unlegierter Stähle auffallend positive Wert von $-0,15$ V dürfte durch sekundäre Effekte bedingt sein z.B. Anreicherungen von edlen Legierungsbestandteilen an der Oberfläche. Derartig positive Werte wurden nur bei CrNi-Stählen in reiner Schwefelsäure beobachtet. In Gegenwart von z.B. $SO_2$ oder $H_2S$ [47] oder bei Cr-Stählen [48] liegen die Schutzpotentiale bei so negativen Werten, daß sie

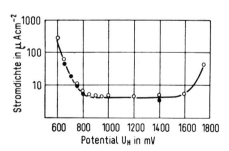

**Abb. 2-13.** Anodische Teilstromdichte-Potential-Kurve für Fe in 0,5 M $H_2SO_4$ bei 25 °C im Passivbereich (100 µA cm$^{-2} \hat{=} 1$ mm a$^{-1}$).

| | |
|---|---|
| Aktivierungspotential: | $U_{Hs} = 0,8$ V |
| Durchbruchspotential: | $U''_{Hs} = 1,6$ V |
| Passivbereich: | $U_s < U < U''_s$ |

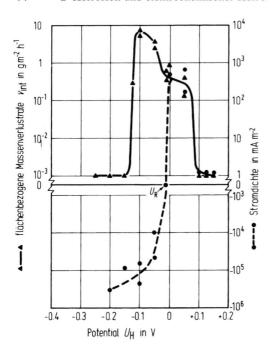

**Abb. 2-14.** Potentialabhängigkeit der flächenbezogenen Massenverlustrate (▲) und der Summenstromdichte (●) von CrNiMo-Stahl 1.4401 in 1 M $H_2SO_4$ bei 60 °C ($N_2$-Spülung).

praktisch nicht mehr ermittelt werden können. Kathodischer Schutz in starken Säuren ist somit bei hochlegierten Stählen nicht möglich. Demgegenüber ist der anodische Schutz wegen der leichten Passivierbarkeit sehr gut anwendbar. Zur Erreichung des passiven Zustandes $U > U_{Hs} = +0,15$ V muß die Passivierungsstromdichte $J_{pas}$ bei etwa 0,3 A m$^{-1}$ überschritten werden. Zur Aufrechterhaltung des passiven Zustandes genügen wenige mA m$^{-2}$.

Da alle passivierbaren Stähle der Gruppe IV angehören, ist die transpassive Korrosion bei $U > U_s''$ zu beachten. Für Cr- und CrNi-Stähle in 1 M $H_2SO_4$ liegt $U_{Hs}''$ bei 25 °C um 1,1 V [49] und bei 100 °C um 0,8 V [50].

Bei passivierbaren Metallen haben die $I(U)$-Kurven im allgemeinen einen N-förmigen Verlauf mit mehreren Ruhepotentialen. Hierzu zeigt Abb. 2-15 drei charakteristische Fälle, die sich durch Überlagerung einer gleichbleibenden anodischen Teilstrom-Potential-Kurve mit dem Gleichgewichtspotential $U_M^*$ und drei unterschiedlich steil verlaufenden kathodischen Teilstrom-Potential-Kurven mit einheitlichem Gleichgewichtspotential $U_L^*$ ergeben. Im Fall I kann nach Passivierung mit $I_a > I_{pas}$ die Passivität nur durch einen ständig fließenden Schutzstrom erhalten bleiben. Fällt der Schutzstrom aus, so nimmt der Werkstoff recht schnell das Ruhepotential im aktiven Korrosionsbereich an. Das System ist *instabil*-passiv. Im Fall II verbleibt der Werkstoff nach Passivierung beim Ruhepotential im Passivbereich. Eine Aktivierung ist nur möglich, wenn eine kathodische Störung $|I_k| > |I_{akt}|$ erfolgt oder wenn im Medium Oxidationsmittel verbraucht werden. Das letzte entspricht aber einer Änderung des Kurventyps von II nach I. Im Fall II ist das System *metastabil*-passiv. Der anodische Schutzstrom muß nicht dauernd fließen. Es genügt eine diskontinuierliche Potentialkontrolle und -regelung. Im

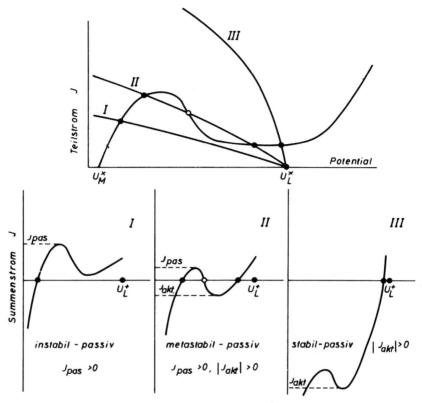

**Abb. 2-15.** Strom-Potential-Beziehungen bei passivierbaren Metallen (Erklärungen im Text). $I_{pas}$ = Passivierungsstrom, $I_{akt}$ = Aktivierungsstrom.

Fall III ist das System *stabil*-passiv. Der aktive Zustand kann nur nach $|I_k| > |I_{akt}|$ bei ständiger kathodischer Polarisation erreicht werden.

Diese drei Arten passiver Systeme haben für den anodischen Schutz Bedeutung (vgl. Abschn. 21.4). Bei einem gegebenen Medium ist die Kinetik der kathodischen Teilreaktion und somit die Kurvenneigung vom Typ I, II oder III auch vom Werkstoff abhängig. Durch Zulegieren katalytisch wirkender Elemente, wie z. B. Pt, Pd, Ag und Cu, kann der Fall III angestrebt werden. Im Prinzip handelt es sich hierbei um einen *galvanischen anodischen Schutz durch kathodische Gefügebestandteile* [51].

### 2.3.2 Lochkorrosion

Lochkorrosion tritt bei passivierten Werkstoffen auf, wenn für den Werkstoff kritische Medienkomponenten vorliegen und ein Lochfraßpotential $U_{LK}$ überschritten wird. Wegen $U > U_{LK}$ hat $U_{LK}$ die Bedeutung eines Schutzpotentials $U_s$ in Gl. (2-40) und (2-48). Im allgemeinen sind Chlorid-Ionen die kritischen Komponenten. Ähnlich wirken auch Bromid-Ionen [52].

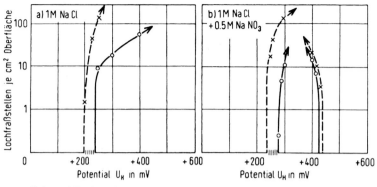

o——o Löcher auf Blechoberfläche
x——x Löcher auf Schnittfläche
||||||   Repassivierbarer Lochfraß

**Abb. 2-16.** Potentialabhängigkeit der Lochzahldichte für CrNi-Stahl 1.4301 bei 25 °C.

Wegen Fehlermöglichkeiten bei der Bestimmung aus $I(U)$-Kurven werden Lochfraßpotentiale am sichersten Lochzahl-Potential-Diagrammen entnommen, welche mit Hilfe potentiostatischer Halteversuche ermittelt werden. Hierzu zeigt Abb. 2-16 Untersuchungsergebnisse für den Cr-Ni-Stahl 1.4031 in neutralen Wässern [53].

Im Gegensatz zu unlegierten und niedriglegierten Stählen erfahren hochlegierte Cr- und CrNi-Stähle in Trinkwässern keine aktive Korrosion [54] und sind der Gruppe I zuzuordnen. Das Schutzpotential entspricht dem Lochfraßpotential und liegt im allgemeinen positiver als $U_H = 0,0$ V. Oberflächenbelegungen und Vorliegen von Spalten [55, 56] begünstigen die Lochkorrosion. Das Lochfraßpotential wird durch ansteigende Temperatur, ansteigende Konzentration an Chlorid-Ionen, bei Vorliegen von spezifischen Stimulatoren ($H_2S$ und $SO_2$) [57] sowie bei Werkstoffzuständen mit schlechtem Reinheitsgrad (insbesondere Sulfideinschlüsse) und mit Anfälligkeit für interkristalline Korrosion (nach DIN 50 914) [4] zu negativeren Werten verschoben. Andererseits wird es durch Fremdsalz-Anionen, z.B. Sulfate [53, 58] und durch hohe Legierungsgehalte an Mo und Cr [59–61] zu positiveren Werten verschoben. Hinweise für Anwendungen des kathodischen Korrosionsschutzes sind in [62, 63] zusammengestellt.

Einen besonderen Einfluß haben Nitrat-Ionen, die in neutralen und in sauren Wässern bei $U > U_s$ der Gl. (2-50) die Lochkorrosion inhibieren [49, 53, 58]. $U_s$ entspricht einem zweiten Lochfraßpotential und wird als Inhibitionspotential bezeichnet. Das System zählt zur Gruppe IV mit Lochkorrosion bei $U < U_s$ und transpassiver Korrosion bei $U > U_s''$.

Das System nichtrostender Stahl/chloridhaltige saure Medien gehört zur Gruppe II. Bei $U < U_s''$ findet aktive Korrosion und bei $U > U_{LK}$ Lochkorrosion statt. In sauren Medien mit Chlorid- und Nitrat-Ionen können mit ansteigendem Potential folgende Zustände vorliegen: kathodischer Schutz – aktive Korrosion – Passivität – Lochkorrosion – Passivität – transpassive Korrosion. Die verschiedenen Korrosionsarten sind also in sehr unterschiedlicher Weise vom Potential abhängig, was im Einzelfall nur durch potentiostatische Untersuchung erkannt werden kann.

In ähnlicher Weise wie bei nichtrostenden Stählen erleiden auch andere passivierte Werkstoffe durch Chlorid-Ionen Lochkorrosion [64], z.B. Ti [65] und Cu [66]. Bei Aluminium und seinen Legierungen liegen die Lochfraßpotentiale je nach Werkstoff und Konzentration der Chlorid-Ionen bei $U_H = -0,6$ bis $-0,3$ V [5, 41–43].

### 2.3.3 Spannungsrißkorrosion

Spannungsrißkorrosion tritt ähnlich wie Lochkorrosion in Gegenwart von für den Werkstoff kritischen Medienkomponenten in kritischen Potentialbereichen auf, deren Lage von den Systemparametern und *Art und Höhe der mechanischen Belastung* abhängig ist. Der Metallabtrag kann bei Spannungsrißkorrosion verschwindend gering oder sogar null sein. Der Bruch kann entlang der Korngrenzen (interkristallin) oder durch die Körner (transkristallin) verlaufen.

Für die Beurteilung einer Korrosionsgefährdung oder der Anwendbarkeit elektrochemischer Schutzverfahren dienen Lebensdauer-Potential-Kurven. Hierzu zeigt Abb. 2-17 zwei Beispiele für Weicheisen in Nitratlösung [67], Teilbild a, und in Natronlauge [68], Teilbild b. In beiden Fällen wurde der Werkstoff in Form zylinderförmiger Zugproben mit zeitlich konstanter Last beansprucht. Es gibt eine kritische Zugspannung, unterhalb der Spannungsrißkorrosion nicht auftritt; diese kann potentialabhängig sein [69].

Die Systeme der Spannungsrißkorrosion lassen sich noch danach unterteilen, ob die Rißeinleitung bereits bei statischer Beanspruchung durch eine konstante Last oder erst bei Überschreiten einer kritischen Dehnrate bei dynamischer Beanspruchung auftritt. Diese beiden Arten sind auch als „spannungsinduzierte" oder „dehnungsinduzierte" Spannungsrißkorrosion bekannt [7, 70, 71]. Diese Unterscheidung ist für die Beurteilung einer Gefährdung und für die Untersuchungsverfahren wichtig. So können die kritischen Potentialbereiche auch von der Dehnrate abhängen.

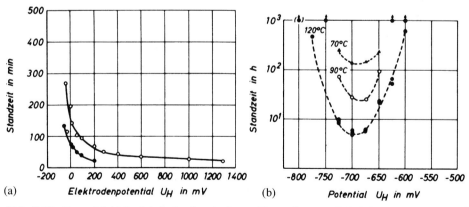

**Abb. 2-17.** Potentialabhängigkeit der Standzeit von Zugproben aus Weicheisen bei interkristalliner Spannungsrißkorrosion:
(**a**) siedende 55%ige Ca(NO$_3$)$_2$-Lösung, ○——○ $\sigma = 0,65\ R_m$; ●——● $\sigma = 0,90\ R_m$;
(**b**) 33%ige NaOH bei $\sigma = 300$ N mm$^{-2}$ bei verschiedenen Temperaturen.

Bei Systemen mit Lebensdauer-Potential-Kurven der Art a) in Abb. 2-17 kann gegen Spannungsrißkorrosion kathodisch geschützt werden. Zu diesen Systemen zählen:

a) Unlegierte und niedriglegierte Stähle in Nitratlösungen, insbesondere bei erhöhter Temperatur. Es gibt kritische Zugspannungen. Bei dynamischer Beanspruchung wird der Anfälligkeitsbereich erweitert [72]. Die Systeme zählen zur Gruppe I.
b) Austenitische Manganstähle in Meerwasser [73, 74]. Die Systeme zählen zur Gruppe I.
c) Austenitische CrNi-Stähle in $Cl^-$-haltigen Wässern bei erhöhter Temperatur [69, 75, 76]. Die Systeme zählen im allgemeinen zur Gruppe I, bei hohen Zugspannungen kann bei negativeren Potentialen ein neuer Anfälligkeitsbereich auftreten (vgl. j).
d) Sensibilisierte hochlegierte Stähle in heißen Wässern mit Anfälligkeit für interkristalline Korrosion [77]. Die Systeme zählen in neutralen Wässern zur Gruppe I, in sauren Wässern zur Gruppe II.

Bei Systemen mit Lebensdauer-Potential-Kurven der Art b) in Abb. 2-17 kann *sowohl kathodisch als auch anodisch* gegen Spannungsrißkorrosion geschützt werden. Zu diesen Systemen zählen:

e) Unlegierte und niedriglegierte Stähle in Alkalilaugen bei erhöhter Temperatur [68, 78–81]. Die Systeme zählen zur Gruppe I oder IV.
f) Unlegierte und niedriglegierte Stähle in $(NH_4)_2CO_3$-Lösungen [78, 79, 82]. Die Systeme zählen zur Gruppe I oder IV.
g) Unlegierte und niedriglegierte Stähle in $NaHCO_3$-Lösungen im allgemeinen bei Vorliegen kritischer Dehngeschwindigkeiten [78, 79, 81, 83–85]. Die Systeme zählen zur Gruppe I oder IV.
h) Unlegierte und niedriglegierte Stähle in $Na_2CO_3$-Lösung bei erhöhter Temperatur und bei Vorliegen kritischer Dehngeschwindigkeiten [78]. Die Systeme zählen zur Gruppe I oder IV.
i) Unlegierte und niedriglegierte Stähle in $CO - CO_2 - H_2O$-Kondensaten [83, 86, 87], HCN [88], flüssigem $NH_3$ [89, 90].
j) Austenitische CrNi-Stähle in kalten chloridhaltigen Säuren [91]. Diese Systeme zählen zur Gruppe IV wegen der anodischen Gefahr durch Lochkorrosion.

Für den kathodischen Schutz von warmen Objekten, z.B. *Fernwärmeleitungen* [92] und *Gashochdruckleitungen hinter Verdichterstationen* [83], verdienen die Fälle e), g) und h) Interesse, weil die betreffenden Medien als Folgeprodukte der kathodischen Polarisation entstehen können. Je nach Temperatur und Ausmaß der mechanischen Beanspruchung kann die Anwendbarkeit des kathodischen Schutzes eingeschränkt sein. Die Medien der Fälle a) und f) sind Bestandteile von Düngesalzen im Erdboden. Hier ist kathodischer Schutz nach Gruppe I hilfreich [81].

Bei Systemen der Art b) in Abb. 2-17 müssen zur Entscheidung der Schutzart die Stromverteilung nach Gl. (2-45), Elektrolyse-Folgeprodukte und Betriebssicherheit in Zusammenhang mit Abb. 2-15 bedacht werden. Hierzu zeigt Abb. 2-18 die relative Lage von instationären und quasistationären $J(U)$-Kurven zum kritischen Bereich für Spannungsrißkorrosion. Es ist offensichtlich, daß instationäre $J(U)$-Messungen zu Fehlschlüssen führen und daß wegen des kleineren Abstandes Schutzbereich/Ruhepotential, der kleineren Schutzstromdichte und des größeren Polarisationswiderstandes der anodische Schutz vorteilhafter ist [93].

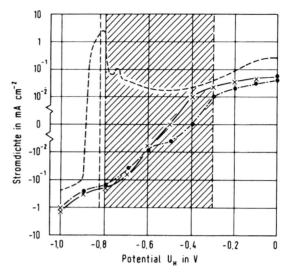

**Abb. 2-18.** $J(U)$-Kurven und kritischer Potentialbereich für interkristalline Spannungsrißkorrosion (schraffiert) für einen aufgehärteten Stahl 10 CrMo 9 10 in siedender 35%iger NaOH:

────      potentiodynamisch mit +0,6 V h$^{-1}$;

●–··–●   alle 0,5 h $\Delta U = +0,1$ V;

×–×–×   alle 0,5 h $\Delta U = -0,1$ V.

### 2.3.4 Wasserstoff-induzierte Rißkorrosion

Adsorbierter atomarer Wasserstoff, der in kathodischen Teilreaktionen nach den Gl. (2-18) oder (2-19) angeboten wird, kann in Gegenwart von Promotoren (z.B. H$_2$S), in sauren Medien mit pH < 3 oder bei stark kathodischer Polarisation bei $U_H < -0,8$ V sowie bei hoher Belastung im plastischen Bereich mit kritischen Dehnraten absorbiert werden. Als Folge entstehen im Werkstoff oberflächennahe Blasen und Innenrisse sowie bei mechanischer Belastung auch Brüche durch Spannungsrißkorrosion [12, 13, 94–96]. Da die Anfälligkeit für H-induzierte Rißkorrosion zu negativen Potentialen hin zunimmt, andererseits aber zu positiven Potentialen hin anodische Korrosion begünstigt wird, scheiden in diesen Systemen elektrochemische Schutzverfahren im allgemeinen aus. Als Schutzmaßnahmen kommen Werkstoffauswahl, Inhibition des Mediums und konstruktive Maßnahmen zur Minderung der Belastung infrage. Allgemein ist bei kathodischen Schutzmaßnahmen zu prüfen, ob die Bedingungen für eine H-Absorption gegeben sind. Im allgemeinen sind zwar auch höherfeste Baustähle gegen H-induzierte Korrosion in Böden und Wässern beständig. Eine Anfälligkeit liegt aber bei Aufhärtungen über HV 350 und bei hochfesten Stählen mit $R_m > 1100$ N mm$^{-2}$ vor [62, 83, 95, 96].

Abb. 2-19 zeigt Standzeit-Potential-Kurven eines Leitungsrohr-Stahls in schwach saurer, H$_2$S-haltiger Pufferlösung [97]. Bei Potentialen des Schutzbereiches für abtragende Korrosion tritt bei hohen Zugspannungen Spannungsrißkorrosion auf. Bei $U_H = -1,0$ V nimmt die Beständigkeit wieder zu, weil durch die kathodische Wandalkalisierung nach Gl. (2-19) der Promoter inaktiv wird. Bei stärker sauren Medien bleibt

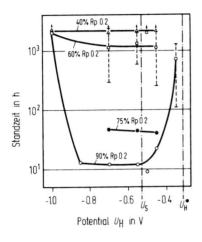

**Abb. 2-19.** Potentialabhängigkeit der Standzeit eines Röhrenstahls X70 in Pufferlösung bei pH 5,5 mit 150 mg L$^{-1}$ Sulfid-Ionen bei verschiedenen Belastungen, 15 °C.
$U_s = -0{,}53$ V (kathodisches Schutzpotential),
$U_H^* = -0{,}32$ V (Wasserstoff-Gleichgewichtspotential für 1 bar).

dieser Effekt aus. Die Standzeiten werden dann zu negativen Potentialen hin stetig kürzer [98]. Bei nichtrostenden hochfesten Cr-Stählen können Systeme der Gruppe II vorliegen mit H-induzierter Spannungsrißkorrosion bei $U < U_s'$ und Loch- bzw. Spaltkorrosion bei $U > U_s$ [99].

Bei gegebenem Werkstoff ist die Aktivität des absorbierten Wasserstoffs ein Maß für die Gefährdung. Die H-Absorption läßt sich mit Hilfe von H-Permeationsversuchen leicht verfolgen [13]. Dazu zeigt Abb. 2-20 Meßergebnisse für Stahl/lufthaltiges Meerwasser. Mit einer nennenswerten H-Absorption ist demnach erst im Bereich des kathodischen Überschutzes ($U_H < -0{,}8$ V) zu rechnen.

Bei dynamischer Verformung im plastischen Bereich ist die Anfälligkeit allgemein recht groß, wobei dehnungsinduzierte Spannungsrißkorrosion auftritt. Die Einflußgrößen dieser Korrosionsart können durch einen langsamen Zugversuch [71] mit Dehnraten um $10^{-6}$ s$^{-1}$ untersucht werden [94, 95, 100]. Dabei zeigt Abb. 2-21 Meßergebnisse für Stahl in Meerwasser [95]. Eingetragen sind die kathodischen Summenstromdichte-Potential-Kurven und die Brucheinschnürung der gerissenen Proben in Abhängigkeit vom Potential. Zusätzlich ist vermerkt, ob im Längsschliff Innenrisse beobachtet wurden. In sauerstoffhaltigem Meerwasser erfolgt um $U_H = -0{,}85$ V ein Übergang zwischen der Grenzstromdichte für Sauerstoffreduktion nach Gl. (2-17) und der Tafelgeraden für die Wasserstoffentwicklung nach Gl. (2-19), vgl. Teilbild 2-21 a. Da hier die Stromdichte exponentiell mit der Überspannung zunimmt, wird bei der praktischen Anwendung aus Gründen der Stromverteilung, siehe Gl. (2-45), der Potentialbereich der Tafelgeraden im allgemeinen nicht erreicht. Dieser Bereich fällt auch unter den Begriff des *kathodischen Überschutzes,* siehe auch Abschn. 24.4.

In sauerstofffreiem Meerwasser entspricht die $J(U)$-Kurve insgesamt der Tafelgeraden für die Wasserstoffentwicklung nach Gl. (2-19), vgl. Teilbild 2-21 b. Bei CO$_2$-Spülung liegt wieder eine Grenzstromdichte vor, für die die Reaktion:

$$CO_2 + H_2O = H_2CO_3 = H^+ + HCO_3^- \qquad (2\text{-}61)$$

verantwortlich ist [32], vgl. Teilbild 2-21 c. In allen Teilbildern 2-21 a–c ist die Tafelgerade für die Reaktion nach Gl. (2-19) unverändert.

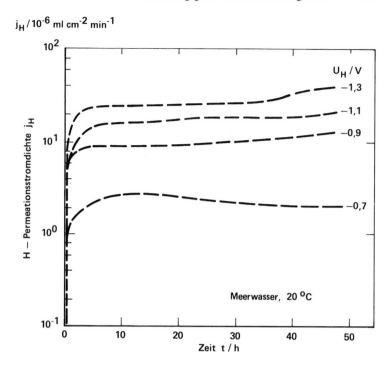

**Abb. 2-20.** Einfluß des Potentials auf die Wasserstoff-Permeation; 1 mm dickes Feinblech/belüftetes Meerwasser.

Ein Maß für die Korrosionsgefährdung sind die erniedrigte Brucheinschnürung und das Auftreten der Innenrisse. Hier besteht ein deutlicher Zusammenhang mit der kathodischen Stromdichte, wobei eine geringfügige Inhibition durch $O_2$ und eine Stimulation durch $CO_2$ zu erkennen ist. Im Bereich des kathodischen Überschutzes ist die Anfälligkeit sehr hoch und unabhängig von der Zusammensetzung des Mediums.

Dehnungsinduzierte Spannungsrißkorrosion ist bei schwellend beanspruchten Konstruktionen, z.B. bei Offshore-Bauwerken, insbesondere im Bereich von Kerben zu erwarten. Dabei kann kathodischer Korrosionsschutz zwar die Rißeinleitung verzögern, den Rißfortschritt aber beschleunigen. So ist verständlich, daß die Wirkung des kathodischen Schutzes häufig widersprüchlich erscheint [101–105]. Abb. 2-22 zeigt den Rißfortschritt gekerbter Stahlproben bei schwingender Belastung für Ermüdung an Luft, für Schwingungsrißkorrosion bei freier Korrosion in NaCl-Lösung und für H-induzierte Spannungsrißkorrosion bei kathodischer Polarisation [101]. Mit zunehmender Dehnrate, d.h. zunehmendem $\Delta K$ und Frequenz münden alle Kurven in die *Paris*-Gerade für Luft, weil die chemischen Korrosionsprozesse nicht mehr ausreichend Zeit finden [70]. Dabei kann im Übergangsbereich eine kathodische Schutzwirkung auftreten.

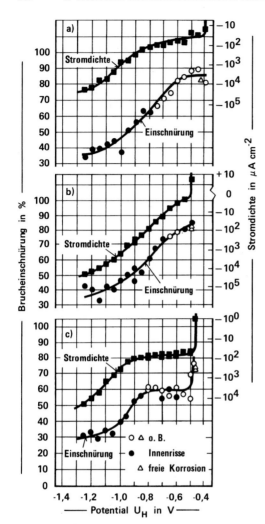

**Abb. 2-21.** Einfluß des Potentials auf die Stromdichte und auf die Brucheinschnürung von Stahl X65 in Meerwasser (langsamer Zugversuch mit $\dot{\varepsilon} = 2 \cdot 10^{-6}\,\mathrm{s}^{-1}$).
(**a**) Luft-Spülung;
(**b**) $N_2$-Spülung;
(**c**) $CO_2$-Spülung.

### 2.3.5 Schwingungsrißkorrosion (Korrosionsermüdung)

Alle metallischen Werkstoffe erleiden bei einer *cyclischen* mechanischen Beanspruchung auch weit *unterhalb ihrer Zugfestigkeit* Rißbildung. Dieser Vorgang heißt *Werkstoffermüdung*. Zwischen der Spannungsamplitude und der zum Bruch führenden Lastspielzahl gibt es einen Zusammenhang, der durch eine *Wöhlerkurve* beschrieben wird. Abb. 2-23 enthält eine derartige Kurve für einen unlegierten Stahl mit einer *Dauerfestigkeit* für Biegewechselbeanspruchung bei 210 N mm$^{-2}$. Bei dieser Amplitude verläuft die Wöhlerkurve horizontal, d.h. kleinere Amplituden führen auch bei beliebig hohen Lastspielzahlen nicht mehr zu Brüchen. Bei Korrosionseinwirkung gibt es keine Dauerfestigkeit. Die Amplituden-Bruchlastspielzahl-Kurve beim Ruhepotential $U_R$ fällt steil ab. Eine Passivierung durch anodischen Schutz auf $U_H = +0,85$ V bewirkt eine nur

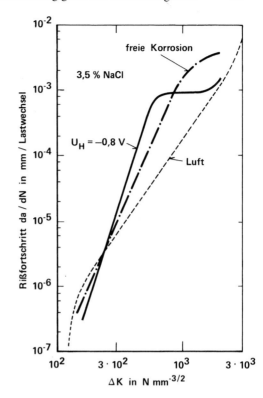

**Abb. 2-22.** Einfluß der Schwingbreite der Spannungsintensität $\Delta K$ auf den Rißfortschritt einer gekerbten Probe aus Stahl X60 in einer 3,5%igen NaCl-Lösung bei 0,1 Hz.

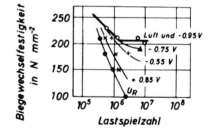

**Abb. 2-23.** Biegewechselfestigkeit-Lastspielzahl-Diagramm für unlegierten Stahl in 0,05 M Kaliumhydrogenbenzoat (pH = 4) bei 30 °C für verschiedene Potentiale $U_H$ ($U_R$ = Ruhepotential).

unwesentliche Erhöhung der Bruchlastspielzahlen. Demgegenüber ist kathodischer Schutz bei stärker abgesenktem Potential erfolgreich. Bei $U_H = -0{,}95$ V werden die gleichen Werte wie für Luft erreicht [106]. Diese günstige Wirkung der kathodischen Polarisation bezieht sich auf die Rißeinleitung ungekerbter Proben und widerspricht somit nicht den anderslautenden Befunden über den Rißfortschritt nach Abb. 2-22. Die Grenzlinien im pH-Potential-Diagramm der Abb. 2-2 werden durch statische Belastung nicht verändert. Bei schwingender Belastung dagegen fehlen die Bereiche für Passivität. Ferner wird die Linie (1) mit fallendem pH-Wert zu negativeren Potentialen verschoben und bricht bei pH = 4 nach unten ab.

Durch anodischen Schutz oder durch Passivieren kann die Lebensdauer lediglich etwas verlängert werden. In Säuren erleiden selbst passive nichtrostende CrNi-Stähle Schwingungsrißkorrosion [107]. Eine Beständigkeit kann vorliegen, wenn die Passivschicht selbst eine Dauerfestigkeit hat, z.B. in neutralen Wässern [108].

### 2.3.6 Dehnungsinduzierte Rißkorrosion

Dehnungsinduzierte Rißkorrosion ist eine Abart der Schwingungsrißkorrosion und dadurch gekennzeichnet, daß bei verhältnismäßig kleinen Lastwechseln bemerkenswert schnelles Rißwachstum mit starkem Flankenangriff auftritt [109]. Im Prinzip handelt es sich um eine durch Zugspannungen entartete Muldenkorrosion, bei der Deckschichten senkrecht zur Rohrachse periodisch zerstört werden und die Zugspannung über die Streckgrenze geht. Bei Feldversuchen zur Bicarbonat-Spannungsrißkorrosion wurde beobachtet, daß zunächst grabenartige Risse entstehen von derem Boden interkristalline Risse starten können [110]. Die gleichen Beobachtungen wurden auch bei Schadensfällen gemacht [111, 113]. Die Rißschäden entstehen in alkalisch unterwanderten Bereichen der Umhüllung, wenn Oxidationsmittel in Form des nichtentfernten Walzzunders vorliegen. Dieser Schadensmechanismus wird auch als *high-pH-Spannungsrißkorrosion* bezeichnet. Bei Werksumhüllungen auf gestrahlter Rohroberfläche wurden solche Schäden nicht beobachtet.

Bei der Umhüllung auf der Baustelle können Fehler durch grobes Abstehen von Binden auftreten, so daß in den Hohlräumen Wasser fließen aber nach Gl. (2-47′) nicht ausreichend hoher Schutzstrom eintreten kann. Es findet dabei übliche Sauerstoffkorrosion (vergl. Kap. 4) und im Falle ausreichend hoher Zugspannung auch dehnungsinduzierte Rißbildung statt, wobei von den Rißböden transkristalline Risse starten. Dieser Mechanismus wurde auch als *low-pH-Spannungsrißkorrosion* bezeichnet [111, 113, 114]. Nach den metallkundlichen Befunden handelt es sich wahrscheinlich um H-induzierte Rißbildung [111, 113, 115]. Diese Schäden wurden im wesentlichen in den GUS-Staaten und in Canada beobachtet, wobei als Unterschiede im Vergleich zu westeuropäischen Verhältnissen die Belastungshöhe, die Oberflächenbehandlung und die Umhüllungsart angegeben werden [116].

### 2.3.7 Anwendungsgrenzen für elektrochemische Schutzverfahren

Elektrochemische Schutzverfahren dürfen nicht oder nur eingeschränkt angewandt werden, wenn die Elektrolyseprodukte andere Korrosionsarten begünstigen. Beim kathodischen Korrosionsschutz werden nach Gl. (2-19) Wasserstoff und $OH^-$-Ionen erzeugt. Es ist auf folgende mögliche Korrosionsgefahren zu achten:

*H-induzierte Korrosion* (vgl. Abschnitt 2.2.1)

– abtragende Korrosion durch Hydridbildung, z.B. Pb (Abb. 2-12);
– Versprödung durch innere Hydridbildung, z.B. Ti, Zr, Nb, Ta (diese Metalle haben
   als Ventilmetalle bei Fremdstrom-Anoden, Abschn. 7.1, und als Werkstoffe in Chemie-Apparaten, Abschn. 21.4.3, großes Interesse);

– Spannungsrißkorrosion (vgl. Abschn. 2.3.4) insbesondere beschleunigter Rißfortschritt bei Ermüdungsbeanspruchung (vgl. Abschn. 2.3.5).

*OH⁻-induzierte Korrosion*

– abtragende Korrosion bei amphoteren Metallen, z.B. Al (Abb. 2-11);
– Spannungsrißkorrosion von Stählen bei hoher Temperatur durch NaOH.

Beim anodischen Korrosionsschutz bestehen in folgenden Fällen Anwendungsgrenzen:

– zu hohe Korrosionsgeschwindigkeit im Passivzustand;
– keine Schutzmöglichkeit bei behindertem Stromzutritt, z.B. Spalte unter Beschichtung oder Beläge;
– zu hohe Ermüdungsbeanspruchung.

Allgemein ist bei beschichteten Werkstoffen eine Wechselwirkung mit Schutzströmen
zu beachten [117, 118], vgl. Abschn. 5.2.1. Beim Innenschutz sind allgemein die Wirkungen der Elektrolyseprodukte zu prüfen [119], vgl. Kap. 20 und 21.

## 2.4 Zusammenstellung von Schutzpotentialen bzw. -bereichen

In diesem Abschnitt wird eine Übersicht der Schutzpotentialbereiche mit den zugehörigen Schutzpotentialen und kritischen Potentialen gegeben. Bei unbekannten Systemen ist es erforderlich, den gegebenen Werkstoff in dem gegebenen Medium nach-
zuprüfen, da man nicht ausschließen kann, daß spezifische Einflußgrößen der Reaktionspartner zu veränderten Potentialwerten führen. Weitere Angaben mit z.T. etwas
veränderten Daten finden sich in den Normen [120, 121].

| Gruppe | System | | Schutzpotential/-bereich (in V) | | Bemerkungen/Literatur |
|---|---|---|---|---|---|
| | Werkstoff | Medium | $U_H$ | $U_{Cu/CuSO_4}$ | |
| I $U < U_s$ Gl. (2-40) | unlegierte und niedriglegierte Eisenwerkstoffe | neutrale Wässer, Salzwässer und Erdböden (25°C) | < −0,53 | < −0,85 | Schutz gegen Flächenkorrosion Abb. 2-9 [28−35] (bei Deckschichtbildung ist $U_s$ positiver) |
| | | siedende neutrale Wässer | < −0,63 | < −0,95 | |
| | | schwach saure Wässer und anaerobe Medien (25°C) | < −0,63 | < −0,95 | |
| | | hochohmige Sandböden | < −0,43 < −0,33 | < −0,75 < −0,65 | [34] $\rho = 10^4$ bis $10^5$ Ω cm $\rho > 10^5$ Ω cm |
| | hochlegierte Stähle mit > 16% Cr[a] (z.B. 1.4301) | neutrale Wässer und Böden (25°C) | < 0,2 | < −0,1 | Schutz gegen Loch- und Spaltkorrosion; |
| | | siedende neutrale Wässer | < 0,0 | < −0,3 | Heizfläche ist anfälliger als Kühlfläche [123] (vgl. Abb. 2-16) |
| | CrNiMo-Stähle und Cr-reiche Sonderleg. | Meerwasser (25°C) Cl⁻-haltige Medien | < 0,0 (im allgemeinen positiver; $U_{LK}$ bestimmen!) | < −0,3 | $U_s$ wird mit ansteigender Cl⁻-Konzentration und Temperatur negativer [4, 59−61] |
| | CrNi-Stähle | Cl⁻-haltige, heiße Wässer | etwa < 0,0 | etwa < −0,3 | Schutz gegen Spannungsrißkorrosion [75−77] |
| | unlegierte und niedriglegierte Stähle[b] | warme Lösungen von Nitraten Alkalilaugen Na₂CO₃ NaHCO₃ (NH₄)₂CO₃ | < −0,15 < −0,98 < −0,68 < −0,43 < −0,35 | < −0,47 < −1,30 < −1,00 < −0,75 < −0,67 | Schutz gegen Spannungsrißk. Abb. 2-17a [67, 72] Abb. 2-17b [68, 80, 92, 93] dehnungsinduziert [78, 83] [82] |
| | Cu, CuNi-Leg. | neutrale Wässer und Erdböden (25°C) | < +0,14 | < −0,18 | Schutz gegen Flächenabtrag [66] |
| | Sn | neutrale Wässer (25°C) | < −0,33 | < −0,65 | |

| Gruppe | System | | Schutzpotential/-bereich (in V) | | Bemerkungen/Literatur |
|---|---|---|---|---|---|
| | Werkstoff | Medium | $U_H$ | $U_{Cu/CuSO_4}$ | |
| II $U_s'/U_s$ Gl. (2-48) | unlegierte und niedriglegierte Eisenwerkstoffe | Meerwasser | −0,53/−0,78 | −0,85/−1,10 | Schutz von Dünnbeschichtungen und Schutz gegen Spannungsrißkorrosion bei schwellender Belastung (vgl. Kap. 16) Abschn. 5.3.2 |
| | | Zementmörtel, Beton | −0,43/−0,98 | −0,75/−1,3 | |
| | hochlegierte vergütete Cr-Stähle ($R_m$>1200 N mm$^{-2}$) | Meerwasser (25 °C) | −0,5/−0,0 | −0,82/−0,32 | Schutz gegen H-induzierte Spannungsriß- und Lochkorrosion [99, 124] |
| | Pb | neutrale Wässer und Erdböden (25 °C) | −1,4/−0,33 | −1,7/−0,65 | Schutz gegen Hydridbildung und Flächenkorrosion (vgl. Abb. 2-12) |
| | Zn | neutrale Wässer und Erdböden (25 °C) | −1,3/−0,96 | −1,6/−1,3 | Abb. 2-10 (bei Deckschichtbildung ist $U_s$ positiver) |
| | Al, Al-Legierungen | kalte Wässer | | | Schutz gegen Flächen- und Lochkorrosion [38, 40, 43] (vgl. Abb. 2-11) $U_s'$ wird mit fallender Na$^+$-Konzentration negativer |
| | AlZn 4.5 Mg 1 | Süßwässer Meerwasser Meerwasser | −1,0/−0,3 −1,0/−0,5 −1,0/−0,7 | −1,3/−0,62 −1,3/−0,82 −1,3/−1,02 | |
| III $U>U_s$ Gl. (2-49) | Ti, Ti-Legierungen | halogenidfreie Säuren | >0,0 | >−0,32 | Schutz gegen Flächenkorrosion [15, 45] vgl. Kap. 21 |
| | | Erhöhen von Konzentration und Temperatur | $U_s$ wird positiver | | |

| Gruppe | System | | Schutzpotential/-bereich (in V) | | Bemerkungen/Literatur |
|---|---|---|---|---|---|
| | Werkstoff | Medium | $U_H$ | $U_{Cu/CuSO_4}$ | |
| IV $U_s/U_s''$ Gl. (2-50) | unlegierte und niedriglegierte Stähle ($R_p$ < 600 N mm$^{-2}$)[b] aufgehärtete Bereiche | warme Alkalilauge ($R_m$ < 1000 N mm$^{-2}$)[b] warme Na$_2$CO$_3$-Lsg. NaHCO$_3$-Lsg. (NH$_4$)$_2$CO$_3$-Lsg. | −0,6/+0,2 −0,4/+0,2 −0,6/? −0,3/? −0,25/? | −0,9/+0,1 −0,7/+0,1 −0,9/? −0,6/? −0,57/? | Schutz von Spannungsriß- und Flächenkorrosion [99, 103] Abb. 2-17b [68, 80, 92, 93] [93] dehnungsinduziert [78, 83] [82] |
| | Fe, unleg. Stahl | 0,5 M H$_2$SO$_4$ (25°C) | 0,8/1,6 | 0,5/1,3 | Schutz gegen aktive und transpassive Korrosionen [46] (vgl. Abb. 2-13) |
| | hochlegierte Stähle mit >16% Cr[c] | halogenidfrei kalte Säure | 0,2/1,1 | −0,1/0,8 | Schutz gegen aktive und transpassive Korrosion (siehe Kap. 21) |
| | | siedende konz. H$_2$SO$_4$ | 1,2/1,6 | 0,9/1,3 | |
| | | Cl$^-$- u. NO$_3^-$-haltige Wässer (25°C) | 0,5/1,1 | 0,2/0.8 | Schutz gegen Loch- und transpassive Korrosion (vgl. Abb. 2-16) |

[a] Hier sind nur grobe Richtwerte angegeben. Gefüge und Zusammensetzung der Werkstoffe sowie Temperatur, Zusammensetzung und Bewegungszustand der Medien können $U_s$ wesentlich beeinflussen.

[b] Bei Werkstoffen mit höherer Beständigkeit gegen interkristalline Spannungskorrosion kann $U_s$ in Gruppe I positiver und in Gruppe IV negativer liegen. Die Korrosionsanfälligkeit steigt mit zunehmender Temperatur (vgl. Kap. 21).

[c] Bestimmte chemische Verbindungen in den Säuren können $U_s$ und $U_s''$ wesentlich beeinflussen. Ni, Mo und Cu als Legierungselement verbessern im wesentlichen die Passivierbarkeit. Mit zunehmender Säurekonzentration wird $U_s$ positiver. Mit ansteigender Temperatur $U_s''$ negativer (vgl. Kap. 21).

## 2.5 Literatur

[1] DIN 50900-1, Beuth-Verlag, Berlin 1982.
[2] Werkstoffe u. Korrosion, *32*, 33 (1981); Kommentar zu DIN 50900 in „Korrosion durch Information und Normung", Hrsg. W. Fischer, Verlag I. Kuron, Bonn 1988.
[3] H. Adrian u. C. L. Kruse, gwf wasser/abwasser *124*, 453 (1983).
[4] A. Rahmel u. W. Schwenk, Korrosion und Korrosionsschutz von Stählen, Verlag Chemie, Weinheim 1977.
[5] DIN EN ISO 8044, Beuth-Verlag, Berlin 1999.
[6] W. Schwenk, Stahl und Eisen, *109*, 1277 (1989).
[7] DIN 50922, Beuth-Verlag, Berlin 1985.
[8] DIN 50900-2, Beuth-Verlag, Berlin 1984.
[9] DIN 30675-1, Beuth-Verlag, Berlin 1992.
[10] DIN 50905-2 und -3, Beuth-Verlag, Berlin 1987.
[11] M. Pourbaix, Atlas d'Equilibres Electrochimiques, Gauthier-Villars & Cie., Paris 1963.
[12] D. Kuron, Wasserstoff und Korrosion, Bonner Studien-Reihe, Band 3, Verlage I. Kuron, Bonn 1986.
[13] W. Haumann, W. Heller, H.-A. Jungblut, H. Pircher, R. Pöpperling u. W. Schwenk, Stahl u. Eisen *107*, 585 (1987).
[14] G. Wedler, Lehrbuch der Physikalischen Chemie, Weinheim 1997.
[15] H. Kaesche, Die Korrosion der Metalle, Springer-Verlag, Berlin – Heidelberg – New York 1966 u. 1979.
[16] T. Misawa, Corrosion Sci. *13*, 659 (1973).
[17] U. Rohlfs u. H. Kaesche, Der Maschinenschaden *57*, 11 (1984).
[18] DIN 50918, Beuth-Verlag, Berlin 1978.
[19] K.-J. Vetter, Elektrochemische Kinetik, Springer-Verlag, Berlin – Göttingen – Heidelberg 1961.
[20] H. Hildebrand u. W. Schwenk, Werkstoffe u. Korrosion *23*, 364 (1972)
[21] DIN 50919, Beuth-Verlag, Berlin 1954.
[22] W. Schwenk, Metalloberfläche *33*, 158 (1981).
[23] C. Wagner, Chemie-Ingenieur-Technik *32*, 1 (1960).
[24] E. Heitz u. G. Kreysa, Principles of Electrochemical Engineering, VCH-Verlag, Weinheim 1986.
[25] C. Wagner, J. Electrochem. Soc. *99*, 1 (1952).
[26] W. Schwenk, Werkstoffe u. Korrosion *34*, 287 (1983).
[27] W. Schwenk, 3R international *23*, 188 (1984).
[28] G. Herbsleb u. W. Schwenk, Werkstoffe u. Korrosion *19*, 888 (1968).
[29] W. Schwenk, Werkstoffe u. Korrosion *25*, 643 (1974).
[30] dieses Handbuch, 2. und 3. Auflage.
[31] W. Schwenk, 3R intern. *29*, 586 (1990).
[32] G. Schmitt u. B. Rothmann, Werkstoffe u. Korrosion *29*, 98, 237 (1978).
[33] M. Solti u. J. Horvath, Werkstoffe u. Korrosion *9*, 283 (1958).
[34] W. Schwenk, 3R international *13,* 254 (1986).
[35] D. Funk, H. Hildebrand, W. Prinz u. W. Schwenk, Werkstoffe u. Korrosion *38*, 719 (1987).
[36] H. Klas, Archiv Eisenhüttenwesen *29*, 321 (1958).
[37] W. v. Baeckmann u. D. Funk, Werkstoffe u. Korrosion *33*, 542 (1982).
[38] W. Schwenk, 3R international *18*, 524 (1979).
[39] W. Schwenk, Werkstoffe u. Korrosion *17*, 1033 (1966).
[40] H. Kaesche, Werkstoffe u. Korrosion *14*, 557 (1963).
[41] H. Kaesche, Z. phys. Chemie NF *26*, 138 (1960).
[42] H. Ginsberg u. W. Huppatz, Metall *26*, 565 (1972).
[43] W. Huppatz, Werkstoffe u. Korrosion *28*, 521 (1977); *30*, 673 (1979).
[44] W. v. Baeckmann, Werkstoffe u. Korrosion *20*, 578 (1969).

[45] O. Rüdiger u. W. R. Fischer, Z. Elektrochemie 62, 803 (1958).
[46] G. Herbsleb u. H.-J. Engell, Z. Elektrochemie 65, 881 (1961).
[47] G. Herbsleb u. W. Schwenk, Werkstoffe u. Korrosion 17, 745 (1966); 18, 521 (1967).
[48] G. Herbsleb, Werkstoffe u. Korrosion 20, 762 (1969).
[49] E. Brauns u. W. Schwenk, Arch. Eisenhüttenwes. 32, 387 (1961).
[50] P. Schwaab u. W. Schwenk, Z. Metallkde. 55, 321 (1964).
[51] H. Gräfen, Z. Werkstofftechnik 2, 406 (1971).
[52] G. Herbsleb, H. Hildebrand u. W. Schwenk, Werkstoffe u. Korrosion 27, 618 (1976).
[53] G. Herbsleb, Werkstoffe u. Korrosion 16, 929 (1965).
[54] G. Herbsleb u. W. Schwenk, gwf wasser/abwasser 119, 79 (1978).
[55] A. Kügler, K. Bohnenkamp, G. Lennartz u. K. Schäfer, Stahl u. Eisen 92, 1026 (1972).
[56] A. Kügler, G. Lennartz u. H.-E. Bock, Stahl und Eisen 96, 21 (1976).
[57] G. Herbsleb, Werkstoffe u. Korrosion 33, 334 (1982).
[58] A. S. M. Diab. u. W. Schwenk, Werkstoffe u. Korrosion 44, 367 (1993).
[59] G. Herbsleb u. W. Schwenk, Werkstoffe u. Korrosion 26, 5 (1975).
[60] H. Kiesheyer, G. Lennartz u. H. Brandis, Werkstoffe u. Korrosion 27, 416 (1976).
[61] E.-M. Horn, D. Kuron u. H. Gräfen, Z. Werkstofftechnik 8, 37 (1977).
[62] DIN 50929-2, Beuth-Verlag, Berlin 1985.
[63] VG 81249-2, Beuth-Verlag, Berlin 1995.
[64] G. Herbsleb, VDI-Bericht Nr. 243, S. 103 (1975).
[65] W. R. Fischer, Techn. Mitt. Krupp Forsch.-Ber. 22, 65 u. 125 (1964).
[66] K. D. Efird u. E. D. Verink, Corrosion 33, 328 (1977).
[67] A. Bäumel u. H.-J. Engell, Arch. Eisenhüttenwes. 32, 379 (1961).
[68] K. Bohnenkamp, Arch. Eisenhüttenwes. 39, 361 (1968).
[69] G. Herbsleb u. W. Schwenk, Werkstoffe u. Korrosion 21, 1 (1970).
[70] G. Herbsleb u. W. Schwenk, Corrosion 41, 431 (1985).
[71] Werkstoffe u. Korrosion 37, 45 (1986).
[72] W. Friehe, R. Pöpperling u. W. Schwenk, Stahl u. Eisen 95, 759 (1975).
[73] W. Prause u. H.-J. Engell, Werkstoffe u. Korrosion 22, 421 (1971).
[74] A. Bäumel, Werkstoffe u. Korrosion 20, 389 (1969).
[75] E. Brauns u. H. Ternes, Werkstoffe u. Korrosion 19, 1 (1968).
[76] G. Herbsleb u. H. Ternes, Werkstoffe u. Korrosion 20, 379 (1969).
[77] G. Herbsleb, VGB-Kraftwerkstechnik 55, 608 (1975).
[78] G. Herbsleb, 18. Pfeiffer, R. Pöpperling u. W. Schwenk, Z. Werkstofftechnik 9, 1 (1978).
[79] H. Diekmann, P. Drodten, D. Kuron, G. Herbsleb, 18. Pfeiffer u. E. Wendler-Kalsch, Stahl u. Eisen 103, 895 (1983).
[80] H. Gräfen u. D. Kuron, Arch. Eisenhüttenwes. 36, 285 (1965).
[81] W. Schwenk gwf gas/erdgas 123, 157 (1982).
[82] K. J. Kessler u. E. Wendler-Kalsch, Werkstoffe u. Korrosion 28, 78 (1977).
[83] Proc. 5th u. 6th Congr. Amer. Gas Assoc., Houston 1974, 1979.
[84] J. M. Sutcliffe, R. R. Fessler, W. K. Boyd u. R. N. Parkins, Corrosion 28, 313 (1972).
[85] G. Herbsleb, R. Pöpperling u. W. Schwenk, 3R international 20, 193 (1981).
[86] A. Brown, J. T. Harrison u. R. Wilkins, Corrosion Sci. 10, 547 (1970).
[87] R. Pöpperling u. W. Schwenk, Werkstoffe u. Korrosion 46, 667 (1995).
[88] H. Buchholtz u. R. Pusch, Stahl u. Eisen 62, 21 (1942).
[89] D. A. Jones u. B. E. Wilde, Corrosion 33, 46 (1977).
[90] H. Gräfen, H. Hennecken, E. M. Horn, H. D. Kamphusmann u. D. Kuron, Werkstoffe u. Korrosion 36, 203 (1985).
[91] G. Herbsleb, B. Pfeiffer u. H. Ternes, Werkstoffe u. Korrosion 30, 322 (1979).
[92] B. Poulson, L. C. Henrikson u. H. Arup, Brit. Corrosion J. 9, 91 (1974).
[93] H. Gräfen, G. Herbsleb, F. Paulekat u. W. Schwenk, Werkstoffe u. Korrosion 22, 16 (1971).
[94] H. Pircher u. R. Großterlinden, Werkstoffe u. Korrosion 38, 57 (1987).
[95] R. Pöpperling, W. Schwenk u. J. Venkateswarlu, Werkstoffe u. Korrosion 36, 389 (1985).

[96] W. Kirschner, W. Dahl u. W. Schwenk, Werkstoffe und Korrosion *43*, 339 (1992).

[97] G. Herbsleb, R. Pöpperling u. W. Schwenk, Werkstoffe u. Korrosion *31*, 97 (1980).

[98] F. K. Naumann u. W. Carius, Arch. Eisenhüttenwes. *30*, 283 (1959).

[99] G. Lennartz, Werkstoffe u. Korrosion *35*, 301 (1984).

[100] B. R. W. Hinton u. R. P. M. Procter, Corrosion Science *23*, 101 (1983).

[101] O. Vosikowski, Closed Loop *6* , 3 (1976).

[102] R. Pöpperling, W. Schwenk u. G. Vogt, Werkstoffe u. Korrosion *29*, 445 (1978).

[103] F. Schmelzer u. F. J. Schmitt, Bericht GKSS 85/E/29, Geesthacht 1985.

[104] R. Helms, H. Henke, G. Oelrich u. T. Saito, Bundesanstalt für Materialprüfung, Forschungsbericht Nr. 113, Berlin 1985.

[105] K. Nishiota, K. Hirakawa u. I. Kitaura, Sumitomo Search *16*, 40 (1976).

[106] K. Endo, K. Komai u. S. Oka, J. Soc. Mater. Sci. Japan *19*, 36 (1970).

[107] H. Spähn, Z. phys. Chem. (Leipzig) 234, *1* (1967).

[108] H. Tauscher u. H. Buchholz, Neue Hütte *18*, 484 (1973).

[109] K. Wellinger u. K. Lehr, Mitt. VGB *49*, 190 (1969).

[110] W. Delbeck, A. Engel, D. Müller, R. Spörl u. W. Schwenk, Werkstoffe u. Korrosion *37*, 176 (1986).

[111] W. Schwenk, 3R inter. *33*, 343 (1994).

[112] Proc. Czech Gas Oil Assoc., Operational Reliability of High Pressure Gas Pipeline, Prag, März 1997.

[113] Schwenk, in [112].

[114] R. N. Parkins u. B. S. Delabty, Proc. 8th Congr. Am. Gas Assoc., Houston 1993, paper 16.

[115] A. Punter, A. T. Fikkers, G. Vanstaen, Mat. Protection, *31*, Nr. 6, 24 (1992).

[116] V. G. Antonov u. a. in [112].

[117] DIN 50928, Beuth-Verlag, Berlin 1985.

[118] W. Schwenk, farbe + lack *90*, 350 (1985).

[119] DIN 50927, Beuth-Verlag, Berlin 1984.

[120] DIN 30676, Beuth-Verlag, Berlin 1985.

[121] Entwurf DIN EN 12954, Beuth-Verlag, Berlin 10.1997.

[122] Entwurf DIN EN 12499, Beuth-Verlag, Berlin 12.1996.

[123] G. Herbsleb u. W. Schwenk, Werkstoffe u. Korrosion *26*, 93 (1975).

[124] D. L. Dull u. L. Raymond, Corrosion *29*, 205 (1973).

# 3 Grundlagen und Praxis der elektrischen Meßtechnik

W. v. Baeckmann, J. Geiser und W. Schwenk

Praktische Messungen zur Ermittlung von Angaben über Korrosionsgefährdung oder kathodischen Schutz sind vorwiegend elektrischer Natur. Im Prinzip geht es stets um die Bestimmung der drei bekanntesten Meßgrößen der Elektrotechnik: *Spannung, Strom* und *Widerstand.* Auch die Potentialmessung von Metallen im Erdboden oder in Elektrolytlösungen ist eine hochohmige, den Stromkreis nicht belastende Messung der Spannung zwischen Objekt und Bezugselektrode.

Für elektrische Korrosionsuntersuchungen werden oft mehrere Meßdatenspeicher oder synchron registrierende Meßgeräte benötigt, die z. T. ein erhebliches Gewicht haben. Um die Geräte schnell und sicher an entfernte, im Gelände befindliche Meßstellen transportieren zu können, hat sich die Unterbringung in einem Meßwagen bewährt. Während für Wartungsarbeiten und Überwachungsmessungen meist ein Kombi-Personenwagen ausreicht, empfiehlt es sich, für länger dauernde Streustrom-Registrierungen einen Kastenwagen zu verwenden, in dem man stehen kann. Die Zeit zum Aufbau von Schaltungen läßt sich mit einem Kreuzschienen-Verteiler verringern, der mit Meßklemmen an der Außenwand des Meßwagens und mit den Anschlüssen der Meßgeräte verbunden ist. Zur Stromeinspeisung und zum Betrieb von Registriergeräten sind eine 12-V-Akkumulatorenbatterie und ein 220-V-Umformer geeignet. Angaben über Meßstellen, Meßbereich und Ergebnisse sowie Zeit und sonstige Einflüsse am Meßort sind in einem Meßprotokoll einzutragen oder automatisch zu registrieren. Bei zeitlich schwankenden Meßwerten sollten keine digital anzeigenden Geräte verwendet werden. Zweckmäßig können auch elektronisch speichernde Meßgeräte eingesetzt werden. Tendenzen sich ändernder Meßwerte, z. B. Potentiale und Rohrströme, können verglichen werden.

Die rasche Entwicklung der Mikroelektronik hat die Voraussetzungen dafür geschaffen, daß viele gleichartige Messungen über Datenverarbeitung-gestützte Meßwert-Erfassungssysteme aufgenommen und gespeichert werden können. Sie können zu zentralen EDV-Anlagen übertragen, dort geplottet und ausgewertet werden. Dies gilt insbesondere für Überwachungsmessungen von Rohrleitungen und für Intensivmessungen, siehe Abschn. 3.3.3.2.

## 3.1 Die elektrischen Meßgrößen: Strom, Spannung und Widerstand

Bei allen elektrischen Messungen werden Strom- und Spannungsmeßgeräte mit zwei Anschlußklemmen verwendet. Desgleichen besitzen die Meßobjekte zwei Anschlußklemmen, die entweder die beiden Meßanschlüsse, z. B. Objekt und Bezugselektrode, oder die beiden Enden eines aufgetrennten Stromkreises darstellen. Jedes Meßgerät und jedes Meßobjekt sind *Zweipole*, die durch $I(U)$-Kennlinien charakterisiert sind.

Bei einer Messung werden im Prinzip die Kennlinien von Meßgerät und Meßobjekt im $I(U)$-Diagramm zum Schnitt gebracht, wobei die Koordinaten der Schnittpunkte die Meßwerte sind. Abb. 3-1 zeigt eine $I(U)$-Kennlinie eines Meßobjektes und die Kennlinien von zwei verschiedenen Meßgeräten 1 und 2. Meßobjekte sind im allgemeinen Zweipole mit einem *Kurzschlußstrom* $I_0$ bei $U=0$ und einer *Leerlaufspannung* $U_0$ bei $I=0$. Derartige Zweipole heißen auch aktive Zweipole. Meßgeräte sind dagegen im allgemeinen passive Zweipole, deren Kennlinien durch den Koordinaten-Anfangspunkt gehen und geradlinig verlaufen. Sie lassen sich durch den Instrumenten-Innenwiderstand eindeutig definieren. In Abb. 3.1 entspricht der Widerstand von Gerät 1 cot $\alpha$ und von Gerät 2 cot $\beta$. Meßgerät-Zweipole sollten darüber hinaus möglichst *starre* Zweipole mit kleinen Einstellzeiten sein, d.h. nichtstationäre Wertepaare $(U, I)$ außerhalb der stationären Kennlinie der Meßinstrumente dürfen nur sehr kurzzeitig auftreten. Im Gegensatz dazu sind Zweipole mit Kapazitäten und Induktivitäten sowie elektrochemische Zweipole nicht starr, sondern *dynamisch*. Neben den stationären Meßwerten $(U_1, I_1)$ und $(U_2, I_2)$ gibt es noch nichtstationäre Zustände des Meßobjektes, bei denen die Meßwerte sämtlich auf den Geraden 1 oder 2 liegen. Das verdeutlicht die Forderung nach starren Meßgeräten.

Bei der Spannungsmessung wird mit Gerät 1 anstelle von $U_0$ der Wert $U_1$ gemessen. Die Meßwertabweichung wird mit abnehmendem Meßstrom $I_1$ und entsprechend abnehmendem $\alpha$ bzw. zunehmendem Innenwiderstand kleiner. Spannungsmesser müssen möglichst hochohmig sein. Die üblichen Drehspul-Voltmeter haben Innenwiderstände von einigen 10 kΩ pro V ($I_1 = 0,1$ mA) und sind für Potentialmessungen ungeeignet. Hochwertigere Geräte mit $\geq 1$ MΩ pro V ($I_1 \leq 1$ µA) sind handelsüblich. Mit ihnen lassen sich in der Praxis stationäre Potentiale messen: ihre Einstellzeiten sind aber recht groß ($>1$ s). Im allgemeinen werden für Potentialmessungen analog anzeigende,

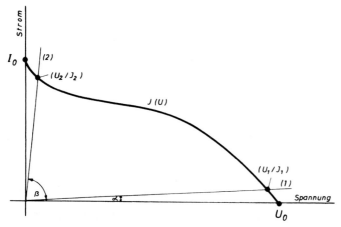

**Abb. 3-1.** Strom- und Spannungsmessung im Strom-Spannung-Diagramm (Erklärungen im Text).

elektronische Verstärker-Voltmeter mit Eingangswiderständen von $10^7$ bis $10^{12}$ Ω benutzt. Die Einstellzeiten sind < 1 s, bei elektronischer Anzeige < 1 ms.

Bei der Strommessung wird mit Gerät 2 anstelle $I_0$ der Wert $I_2$ gemessen. Hier wird die Meßwertabweichung mit fallender Meßspannung $U_2$ und dementsprechend mit zunehmendem $\beta$ bzw. abnehmendem Innenwiderstand kleiner. Das bedeutet, daß bei der Strommessung das Meßgerät einen möglichst niedrigen Innenwiderstand haben muß, um den gesamten Stromkreis-Widerstand nicht zu erhöhen bzw. die Meßgröße nicht zu verändern. Die üblichen Drehspulinstrumente haben Innenwiderstände um 100 Ω mal mA ($U_2 = 0,1$ V) und sind für Strommessungen geeignet. Für kleinere Stromwerte sind auch hochwertigere Geräte mit 5 kΩ mal μA ($U_2 = 5$ mV) im Handel. Kleine Ströme werden im allgemeinen als Spannungsabfall in einem ohmschen Festwiderstand (Shunt) mit Hilfe eines elektronischen Verstärker-Voltmeters ermittelt. Dieses Verfahren hat den Vorteil, daß für die Strommessung der Stromkreis nicht unterbrochen werden muß.

Die Messung von Widerständen geschieht entweder indirekt bei getrennter Strom- und Spannungsmessung oder direkt durch Abgleichen in einer Meßbrücke. In beiden Fällen handelt es sich im Prinzip um *zwei* Messungen. Bei Strom- und Spannungsmessungen sind die Geräte so auszuwählen oder zu schalten, daß die nach Abb. 3-1 von den Meßgeräten aufgenommenen $I_2$ und $U_2$ die Meßwerte $U$ und $I$ möglichst wenig verfälschen.

Im Gegensatz zu einfachen Strom- und Potentialmessungen werden bei Polarisationsmessungen, d.h. Messungen von Strom-Potential-Kurven, aktive Systeme mit aktiven *Außenschaltungen* variabler Kennlinie beansprucht (vgl. Abb. 2-3). Auch diese Außenschaltungen sollten möglichst starr sein, damit alle nichtstationären Werte auf der bekannten Kennlinie, der *Widerstandsgeraden* der Außenschaltung, liegen. Für den elektrochemischen Schutz haben Außenschaltungen mit steilen Geraden im $I(U)$-Diagramm, d.h. mit kleinem Innenwiderstand, besonderes Interesse, weil mit diesen das Potential unabhängig vom Stromfluß gut kontrolliert werden kann. Übliche Gleichstromquellen mit hohem Innenwiderstand sind diesen unterlegen, weil Änderungen des Stromes auch entsprechend große Spannungsänderungen bewirken. Für bestimmte Systeme, z.B. Gruppe II und IV im Abschn. 2.4, können nur potentiostatische Schutzgleichrichter verwendet werden (vgl. Kap. 21).

## 3.2 Bezugselektroden

Bezugselektroden dienen zur Potentialmessung, vgl. hierzu die Ausführungen zu Gl. (2-1). Im allgemeinen ist eine Bezugselektrode eine Metall/Metall-Ionen-Elektrode. Die zugehörige Elektrolytlösung hat über ein Diaphragma mit dem Medium, in dem sich das Meßobjekt befindet, eine elektrolytisch leitende Verbindung. In den meisten Fällen befinden sich in Bezugselektroden konzentrierte oder gesättigte Salzlösungen, so daß Ionen durch das Diaphragma in das Medium diffundieren. Dabei entsteht am Diaphragma ein *Diffusionspotential*, das in Gl. (2-1) unberücksichtigt blieb und grundsätzlich immer ein Fehler bei der Potentialmessung darstellt. Es ist für den Vergleich von Potentialwerten wichtig, daß Diffusionspotentiale möglichst klein oder gleich sind. Tabelle 3-1 informiert über Bezugselektroden.

**Tabelle 3-1.** Daten und Anwendungsbereich wichtiger Bezugselektroden.

| Bezugselektrode | Me/Me$^{z+}$-System | Elektrolytlösung | Potential $U_H$ bei 25°C V | Temperaturabhängigkeit mV/°C | Einsatzbereich[a] |
|---|---|---|---|---|---|
| Cu/CuSO$_4$ | Cu/Cu$^{2+}$ | ges. CuSO$_4$ | +0,32 | 0,97 | Erdböden, Wässer |
| Ag/AgCl | Ag/Ag$^+$ | 3 M KCl | +0,20 | 1,0 | Salz- und Süßwässer |
| ges. Kalomel | Hg/Hg$_2^{2+}$ | ges. KCl | +0,24 | 0,65 | Wässer, Laboratorium |
| 1 M Kalomel | Hg/Hg$_2^{2+}$ | 1 M KCl | +0,29 | 0,24 | Laboratorium |
| Hg$_2$SO$_4$ | Hg/Hg$_2^{2+}$ | ges. K$_2$SO$_4$ | +0,71 | | chloridfreie Wässer |
| Quecksilberoxid | Hg/Hg$_2^{2+}$ | 0,1 M NaOH | +0,17 | | verdünnte Laugen |
| Quecksilberoxid | Hg/Hg$_2^{2+}$ | 35%ige NaOH | +0,05 | | konzentrierte Laugen |
| Thalamid | Tl/Tl$^+$ | 3,5 M KCl | −0,57 | <0,1 | warme Medien |
| Ag/Salzwässer | Ag/Ag$^+$ | – | +0,25 | | Meerwasser und Solen[b] |
| Pb/H$_2$SO$_4$ | Pb/Pb$^{2+}$ | – | −0,28 | | konzentrierte Schwefelsäure |
| Zn/Salzwässer | Ruhepotential | – | −0,79°; −0,77±0,01 | | Meerwasser und Solen |
| Zn/Erdboden | Ruhepotential | – | −0,8±0,1 | | Erdboden |
| Fe/Erdboden | Ruhepotential | – | −0,4±0,1 | | Erdboden |
| Edelstahl/Erdboden | Ruhepotential | – | etwa −0,4 bis +0,4 | | Erdboden |

[a] Alle Hg-haltigen Bezugselektroden werden aus Gründen des Umweltschutzes nur noch in Ausnahmefällen eingesetzt.
[b] Das Bezugspotential ist abhängig von der Chloridionen-Konzentration und muß bei anderen Wässern experimentell bestimmt werden, vgl. Gl. (2-29) mit $c(\text{Ag}^+)$ aus dem Löslichkeitsprodukt $c(\text{Ag}^+) \cdot c(\text{Cl}^-) = L$.
[c] Mit Hg aktiviert.

Dauerbezugselektroden für den ständigen Erdbodeneinbau auf Basis Cu/CuSO$_4$.

| Aufbau der Bezugselektroden Ausführung | CuSO$_4$ | Cu | Durchmesser in mm | Länge in mm | Potential $U_H$ in V | Ausbreitungswiderstand $R/\rho$ in cm$^{-1}$ |
|---|---|---|---|---|---|---|
| Tonvase | Kristalle | Spirale | 150 | 300 | 0,30 bis 0,35 | 1,0 |
| Feststoff | Kristalle | Pulver, EP | 25 | 145 | 0,28 bis 0,32 | 3,3 |
| Kunststoffzylinder mit Silikat-Diaphragma | Kristalle | Stab, Mörtel | 19 | 175 | 0,28 bis 0,32 | 2,0 |

Die Gl. (2-14), (2-23) und (2-28) lassen sich zu der folgenden Bewegungsgleichung der Ionen zusammenfassen:

$$\vec{w}_i = -\frac{u_i}{|z_i|}\left(\frac{RT}{c_i\,\widetilde{\mathfrak{F}}}\,\text{grad}\,c_i + z_i\,\text{grad}\,\varphi\right). \tag{3-1}$$

Für den Transport von Anionen und Kationen eines $n$-$n$-wertigen Salzes folgt mit

$$n = z_A = -z_K \quad \text{und} \quad c = c_A = c_K \quad \text{aus Gl. (3.1):}$$

$$w_A = -u_A\left(\frac{RT}{n\,c\,\widetilde{\mathfrak{F}}}\,\text{grad}\,c + \text{grad}\,\varphi\right), \tag{3-2a}$$

$$w_K = -u_K\left(\frac{RT}{n\,c\,\widetilde{\mathfrak{F}}}\,\text{grad}\,c - \text{grad}\,\varphi\right). \tag{3-2b}$$

Hierbei beziehen sich die Indizes A und K auf Anion und Kation. Wegen der Ladungsbilanz sind im stationären Zustand $w_A$ und $w_K$ gleich. Dann folgt aus Gl. (3-2a und b) und (2-13):

$$\frac{d\varphi}{d\ln c} = \frac{l_K - l_A}{l_K + l_A}\,\frac{RT}{n\,\widetilde{\mathfrak{F}}}, \tag{3-3}$$

und nach Integration

$$\varphi_1 - \varphi_2 = \Delta\varphi_{\text{Dif}} = \frac{l_K - l_A}{l_K + l_A}\,\frac{RT}{n\,\widetilde{\mathfrak{F}}}\,\ln\frac{c_1}{c_2}. \tag{3-4}$$

Daten für $l_A$ und $l_K$ enthält Tabelle 2-2.

Anstelle Gl. (2-1) folgt mit $\Delta\varphi_B = \varphi_B - \varphi_1$ und $\Delta\varphi = \varphi_{\text{Me}} - \varphi_2$ aus Gl. (3-4):

$$U = (\Delta\varphi - \Delta\varphi_B) - \Delta\varphi_{\text{Dif}}. \tag{3-5}$$

Der Fehler durch Diffusionspotentiale ist bei ähnlichen Elektrolytlösungen ($c_1 \approx c_2$) und bei Ionen gleicher Beweglichkeit ($l_A \approx l_K$) klein. Dies ist der Grund für die häufige Verwendung von elektrolytischen Leitern (*Stromschlüssel*) mit gesättigten Lösungen von KCl oder $NH_4NO_3$. Die $l_\infty$-Werte in Tabelle 2-2 gelten zwar nur für verdünnte Lösungen, dennoch ist bei Berücksichtigung der Gl. (2-13) die Gl. (3-4) auch für unverdünnte Lösungen richtig. Bei konzentrierten Lösungen ist jedoch Gl. (2-13) nicht mehr anwendbar, so daß für solche Lösungen genaue Daten der Diffusionspotentiale nicht mehr errechnet werden können.

In gleicher Weise wie durch eine unterschiedliche Beweglichkeit können auch Potentialunterschiede durch eine unterschiedliche Adsorption von Ionen entstehen. Es gibt somit eine größere Anzahl von Möglichkeiten, die zu Potentialfehlern im Bereich einer Bezugselektrode führen [1], welche aber im allgemeinen unter 30 mV bleiben. Solche Potentialabweichungen sind bei der Anwendung des Schutzpotential-Kriteriums vernachlässigbar, sie können aber bei der Auswertung von Spannungstrichtern, vgl. Abschn. 3.3.3.3, zu erheblichen Fehlbeurteilungen führen. Hierbei kann Gl. (3-4) zur Abschätzung herangezogen werden. Sie erklärt z. B., daß erhöhte Potentialdifferenzen zwischen zwei Bezugselektroden auftreten, wenn die Umgebung der Bezugselektrode stark sauer ist. Im allgemeinen sind die Fehler bei salzreichen Medien gering und nur bei salzarmen und bindigen Böden zu erwarten [1].

Gelegentlich beobachtete größere Abweichungen zwischen zwei Bezugselektroden in einem Medium sind meist auf *fremde elektrische Felder* oder auf *kolloidchemische Polarisationseffekte* fester Mediumbestandteile, z.B. Sand [2], zurückzuführen. Große Änderungen in der Zusammensetzung, z.B. bei Erdböden, führen bei Bezugselektroden mit konzentrierten Salzlösungen sicher nicht zu merkbaren Differenzen von Diffusionspotentialen. Dagegen sind bei einfachen Metallelektroden, wie sie gelegentlich als Meßsonden für potentialregelnde Gleichrichter verwendet werden, durch das Medium bedingte Änderungen zu erwarten. Bei diesen handelt es sich im Prinzip nicht um Bezugselektroden, sondern um Metalle, die in dem betreffenden Medium ein möglichst *konstantes Ruhepotential* haben. Dieses ist im allgemeinen um so konstanter, je aktiver das Metall ist, was z.B. bei Zink, nicht aber bei Edelstahl, der Fall ist.

Neben Diffusionspotentialen sind auch deren Temperaturabhängigkeit und die Temperaturabhängigkeit des Bezugselektroden-Potentials selbst zu beachten. Dabei ist für Gl. (2-29) auch die Temperaturabhängigkeit der Löslichkeit von Metallsalzen wichtig. Aus diesen Gründen werden zuweilen Bezugselektroden mit konstanter Salzkonzentration denen mit gesättigten Lösungen vorgezogen. Aus praktischen Gründen werden häufig Bezugselektroden außerhalb des zu untersuchenden Systems auf Umgebungstemperatur gehalten und mit dem Medium über Stromschlüssel verbunden, in denen Druck- und Temperaturunterschiede abfallen. Dies ist bei allen Potentialangaben in diesem Handbuch der Fall, wenn keine anderen Hinweise gegeben werden.

Für die praktische Anwendung werden je nach Medium und Funktion verschiedene Bezugselektroden verwendet. Hierbei sind im einzelnen zu beachten:

a) *Zeitliche Konstanz* des Potentials der Bezugselektrode.
b) Ausbreitungswiderstand und *Strombelastbarkeit*.
c) *Beständigkeit* gegen Mediumbestandteile und Umwelteinflüsse sowie Verträglichkeit mit dem zu messenden System.

Punkt a ist nur bei einfachen Metallelektroden zu beachten und für jeden Einzelfall zu prüfen. Punkt b ist für die verwendeten Meßinstrumente wichtig. Dabei führt weniger Polarisation der Bezugselektrode als Ohmscher Spannungsabfall am Diaphragma zu Fehlmessungen. Punkt c ist für jedes System zu prüfen und kann für bestimmte Medien bestimmte Elektrodensysteme ausschließen oder besondere Maßnahmen erforderlich machen.

Für Potentialmessungen im Erdboden haben sich $Cu/CuSO_4$-Elektroden mit gesättigter $CuSO_4$-Lösung bewährt. Ihre Potentialkonstanz liegt um 5 mV. Größere Fehler sind auf chemische Veränderungen der $CuSO_4$-Lösung zurückzuführen. Wegen ihrer Robustheit wurden diese Elektroden auch zu Dauerbezugselektroden für potentialregelnde Gleichrichter und fest eingebaute Potentialmeßgeräte weiterentwickelt [3]. Dagegen sollten $Cu/CuSO_4$-Elektroden nicht als eingebaute Elektroden für Meßproben, vgl. Abschn. 3.3.4, verwendet werden, weil hier die Gefahr einer Cu-Zementation auf der Stahlelektrode besteht. Für solche Fälle sind $Ag/AgCl$-Elektroden mit einer KCl-Lösung von 3 mol $L^{-1}$ vorzuziehen und unproblematisch.

## 3.3 Die Potentialmessung und Schutzkriterien

Die Messung des Potentials von Schutzobjekten dient der Prüfung des Schutzpotential-Kriteriums nach Gl. (2-40) mit den Schutzpotentialen in Abschn. 2.4. Weitere Schutzkriterien werden in Abschn. 3.3.6 beschrieben.

### 3.3.1 Schutzobjekte mit einer oder mit gleichen Fehlstellen

Nach den Ausführungen zu Abb. 2-3 und Gl. (2-33) wird bei der Potentialmessung polarisierter Elektroden stets ein Ohmscher Spannungsabfall $\eta_\Omega$ als Fehler mitgemessen. Durch *Kapillarsonden* an den Bezugselektroden kann dieser Betrag klein gehalten werden. Das wird bei Laboratoriumsuntersuchungen genutzt [4], ist aber in der Praxis *meist nicht durchführbar*, z.B. bei Messungen im Erdboden. Hier versucht man durch andere Verfahren die elektrochemische Polarisation von $\eta_\Omega$ zu trennen. Dazu bietet sich die unterschiedliche *Zeitabhängigkeit* an [5]. Hierzu wird näherungsweise angenommen, daß die elektrischen Eigenschaften der Phasengrenzfläche und des Mediums durch Parallelschaltung von Widerstand und Kapazität wiedergegeben werden können. Diese *RC*-Glieder sind in einer Ersatzschaltung mit einer Spannungsquelle $U_R$ für das Ruhepotential in Reihe geschaltet. Mit den spezifischen Größen $r_P$ und $C_D$ für die Phasengrenzfläche sowie $r_M$ und $C_M$ für das Medium läßt sich für einen *galvanostatischen Umschaltversuch* [5, 6] von $J_1$ nach $J_2$ herleiten:

$$U(t) = U(J_2) + (J_1 - J_2) \left( r_P \exp \frac{-t}{\tau_P} + r_M \exp \frac{-t}{\tau_M} \right), \qquad (3\text{-}6)$$

hierbei ist $U(J_2) = U_R + (r_P + r_M) J_2$ das stationäre Potential. Für die Zeitkonstanten gelten:

$$\tau_P = r_P \, C_D ; \qquad (3\text{-}7)$$

$$r_M = \frac{s}{\kappa}, \quad C_M = \frac{\varepsilon \varepsilon_0}{s}, \quad \tau_M = r_M \, C_M = \frac{\varepsilon \varepsilon_0}{\kappa} . \qquad (3\text{-}8)$$

Nach den Angaben in Abschn. 2.2.3.2 liegen die möglichen Werte für $\tau_P$ bei $10^{-5}$ bis $10^{-1}$ s, sie können bei Konzentrationspolarisation noch wesentlich größer sein. In der Gl. (3-8) bedeuten: $\varepsilon_0 = 8{,}85 \cdot 10^{-14} \, \Omega^{-1} \, \text{s cm}^{-1}$, $\varepsilon$ ist die relative Dielektrizitätskonstante. Die Mediumdicke $s$ kürzt sich in $\tau_M$ heraus. Mit $\varepsilon = 80$ gilt für wäßrige Medien:

$$\frac{\tau_M}{\mu S} = \frac{7{,}1}{\kappa / (\mu S \, \text{cm}^{-1})} \qquad (3\text{-}8')$$

und somit für Wässer und Böden mit $\kappa \gg 1 \, \mu S \, \text{cm}^{-1}$: $\tau_M < 10^{-6} \, \text{s} \ll \tau_P$ [2, 5]. Dann kann für eine Potentialmessung *unmittelbar nach dem Umschalten* $\exp \dfrac{-t}{\tau_P} \approx 1$ und $\exp \dfrac{-t}{\tau_M} \approx 0$ gesetzt werden, so daß aus Gl. (3-6) folgt:

$$U_{um} = U(J_2) + (J_1 - J_2) \, r_P = U(J_1) + (J_2 - J_1) \, r_M . \qquad (3\text{-}9)$$

$U_{um}$ heißt *Umschaltpotential*. Das stationäre Potential vor dem Umschalten $U(J_1)$ heißt *Einschaltpotential* $U_{ein}$:

$$U(J_1) = U_{ein} = U_R + (r_P + r_M)\, J_1 \,.\tag{3-10}$$

$U_{ein}$ enthält den *Ohmschen Spannungsabfall* $r_M\, J_1$ und das *IR-freie Polarisations-potential*

$$U_{IR\text{-frei}} = U_R + r_P\, J_1 \,.\tag{3-11}$$

Aus den Gl. (3-9) bis (3-11) folgen nach Umformen:

$$U_{um} = U_{IR\text{-frei}}(J_1) + r_M\, J_2 \,,\tag{3-12}$$

$$\frac{U_{um} - U_{ein}}{J_2 - J_1} = r_M \,,\tag{3-13}$$

$$U_{IR\text{-frei}} = \frac{U_{ein}\, J_2 - U_{um}\, J_1}{J_2 - J_1} \,.\tag{3-14}$$

Für $J_2 = 0$ folgt schließlich aus Gl. (3-9) bis (3-14) das *Ausschaltpotential* $U_{aus}$ zu:

$$U_{aus} = U_{ein} - r_M\, J_1 = U_{IR\text{-frei}} \,.\tag{3-15}$$

Diese Aussage wird unmittelbar durch die in Abb. 3-2 wiedergegebenen Meßergebnisse bestätigt [5]. Eine Stahlelektrode wurde in einer Bodenschlämmung kathodisch polarisiert. Das Potential wurde mit Hilfe einer Kapillarsonde *IR*-frei als $E_1$ und ohne Sonde als $E_2$ gemessen. Die Differenz gibt direkt den Ohmschen Spannungsabfall wieder. Nach Ausschalten des Polarisationsstromes verschwindet diese Differenz augenblicklich. Beide Meßwerte fallen zusammen und stellen sich langsam auf das Ruhepotential ein.

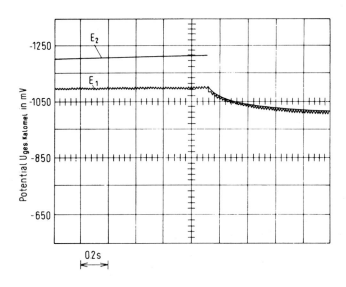

**Abb. 3-2.** Potential-Zeit-Oszillogramm bei einer Ausschaltmessung (Erklärungen im Text).

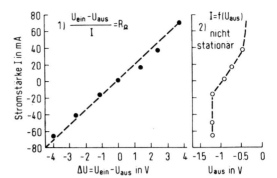

**Abb. 3-3.** Strom-Potential-Messungen an einem erdverlegten Stahl-Lagerbehälter mit Bitumen-Umhüllung (Oberfläche 4 m$^2$ mit vier Fehlstellen: 5 cm × 20 cm; Erdbodenwiderstand $\rho \approx 30\ \Omega$m).

Im vorliegenden Fall findet innerhalb von 0,1 s bereits eine Depolarisation von 50 mV statt. Die Ausschaltpotential-Messung hätte demnach hier innerhalb von 0,1 s erfolgen müssen. In dem Maße, wie Deckschichten entstehen und eine Konzentrationspolarisation erhöhen, kann die Meßzeit auf etwa 1 s ausgedehnt werden. Dies ist im allgemeinen für Stahl in neutralen Wässern und Böden nach längerer Betriebsdauer der Fall. Bei unbekannten Systemen sollte aber stets in einer Laboratoriumsuntersuchung ermittelt werden, wie schnell die elektrochemische Polarisation sich bei Umschaltvorgängen ändert, um meßtechnische Details für die Bestimmung *IR*-freier Potentiale festzulegen.

Die Gültigkeit der Gl. (3-15) folgt ferner aus den in Abb. 3-3 wiedergegebenen Meßergebnissen. Es wurde die Strom-Potential-Kurve eines erdverlegten Lagerbehälters gemessen. Die Differenz $U_{\text{ein}} - U_{\text{aus}}$ ist dem Strom *I* proportional. Der Quotient $R_\Omega$ ist dem Ausbreitungswiderstand des Behälters gleich. Die $U_{\text{aus}}$ (*I*)-Kurve entspricht der wahren Polarisationskurve.

Die Gl. (3-15) ist die Basis für die *IR*-freie Potentialmessung mittels der Ausschalttechnik. Sie setzt voraus, daß aufgrund unterschiedlicher Zeitkonstanten aus Gl. (3-6) die Gl. (3-9) abgeleitet werden kann. Wenn dieses im Falle einer Durchtrittspolarisation (siehe Abschn. 2.2.3.2) nicht zutreffen sollte, kann man von der Umschalttechnik Gebrauch machen und ausnutzen, daß bei nicht zu kleinen Strömen die Polarisationswiderstände sehr klein sind. Aus Gl. (2-35) und Abb. 2-4 läßt sich mit $G_K \to \infty$ ein Differenzenquotient ableiten:

$$r'_P = \frac{\ln J_2 - \ln J_1}{J_2 - J_1}\ \beta_- = \beta_-\ \frac{f(x)}{J_1}, \qquad (3-16)$$

mit $x = J_2 : J_1$ und $f(x) = \dfrac{\ln x}{x-1}$; $f(x)$ hat die Werte:

| $x$: | 2 | 1,5 | 1 | 0,9 | 0,8 | 0,7 | 0,6 | 0,5 | 0,4 |
|---|---|---|---|---|---|---|---|---|---|
| $f(x)$: | 0,69 | 0,81 | 1,00 | 1,05 | 1,12 | 1,19 | 1,28 | 1,39 | 1,53 |

| $x$: | 0,3 | 0,25 | 0,2 | 0,15 | 0,1 | 0,05 | 0,02 | 0,01 | 0,001 |
|---|---|---|---|---|---|---|---|---|---|
| $f(x)$: | 1,72 | 1,85 | 2,01 | 2,23 | 2,56 | 3,15 | 3,99 | 4,65 | 6,91 |

Bei $1,5 < x < 0,5$ liegt $f(x)$ um 1. Solche Werte können aber nur durch *Umschalten* gemessen werden. Für $x > 1$ muß sogar auf $J_2 > J_1$ geschaltet werden. Beim Ausschalten ist $x$ sehr klein, wobei aber $J_2$ nicht auf null abfällt, sondern auf den Betrag beim Ruhepotential. Hierfür kann $f(x)$ aber recht groß werden. Wesentlich ist, daß $r'_P$ für nicht zu kleine $x$ mit steigendem $J_1$ abnimmt.

Für die Ermittlung des *IR*-freien Potentials ist Gl. (3-9) grundlegend. Anstelle Gl. (3-13) gilt bei Mitabschalten der Durchtrittspolarisation mit dem Widerstand $r'_P$:

$$U_{um} - U_{ein} = (J_2 - J_1)(r_M + r'_P). \tag{3-17}$$

Dann folgt aus den Gl. (3-12), (3-16) und (3-17) anstelle Gl. (3-14):

$$U_{IR\text{-frei}} - \beta_- \, f(x) = \frac{U_{ein} \, J_2 - U_{um} \, J_1}{J_2 - J_1} = \frac{U_{ein} \, x - U_{um}}{x - 1}. \tag{3-18}$$

und nach dem Umformen:

$$U_{um} = (U_{IR\text{-frei}} - \beta_- \, f(x)) + x \, (U_{ein} - U_{IR\text{-frei}} + \beta_- \, f(x)). \tag{3-19}$$

Durch Extrapolation der $U_{um}(x)$-Kurve auf $x \to 0$ von $x$-Werten zwischen 1,0 und 0,5 kann also $U_{IR\text{-frei}}$ *näherungsweise* richtig gemessen werden. Der Fehler $\beta_- f(x)$ kann nach Gl. (2-36) bei etwa 50 mV liegen. Abb. 3-4 zeigt hierzu Meßergebnisse für Blei und Stahl. Bei Stahl liegt $U_{aus}$ auf der Geraden. In Übereinstimmung mit Abb. 3-2 wird hier elektrochemische Polarisation *nicht* mit abgeschaltet. Das ist jedoch bei Blei der Fall, wenn man nicht sehr schnell $U(t)$ registriert ($\tau < 1$ ms) [7].

Alle Methoden der *IR*-freien Potentialmeßtechnik bedienen sich letztlich der Aus- und Umschalttechnik. Dazu zählen auch Brückenverfahren [5, 8, 9], Wechselstromverfahren und die Impulsmethode [10, 11]. Diese haben alle keine praktische Bedeutung erlangt. Letztlich sind auch Meßverfahren mit Hilfe veränderlicher Potentialgradienten auf der Erdoberfläche auf Gl. (3-19) zurückzuführen, wobei für $x$ einzusetzen ist

$$x = \frac{J}{J_0} = \frac{\Delta U}{\Delta U_0}. \tag{3-20}$$

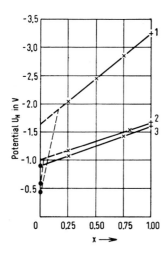

**Abb. 3-4.** Umschaltpotential-Messungen für Blei (1, 2) und Stahl (3) in Erdbodenlösung: + Einschaltpotentiale; × Umschaltpotentiale; ● Ausschaltpotentiale; $x = I_2/I_1$.

Für den Normalzustand sind $J_0$ die Stromdichte im Bereich der Meßstelle und $\Delta U_0$ eine Potentialdifferenz auf dem Erdboden oberhalb der Rohrleitung, z.B. $U_B^\perp$ nach Abb. 3-27. Durch Änderungen des Schutzstromes oder durch Einwirken von Streuströmen ändern sich synchron die Daten für $J$ und $\Delta U$ in Gl. (3-20). Einsetzen in Gl. (3-19) führt zu:

$$U = (U_{IR\text{-frei}} - \beta_- \, f \, (x)) + \Delta U \, A \tag{3-21}$$

mit $A = (U_{ein} - U_{IR\text{-frei}} + \beta_- \, f \, (x))/\Delta U_0$. Da $A$ konstant ist, folgt $U_{IR\text{-frei}}$ aus Gl. (3-21) durch Extrapolation der $U \, (\Delta U)$-Meßwerte für $\Delta U \rightarrow 0$. Die Gl. (3-20) ist nur dann zutreffend, wenn $\Delta U$ keine fremden $IR$-Anteile enthält. Dazu sollte $\Delta U$ aus symmetrisch gemessenen Werten gemittelt werden [12, 13]. Messungen haben gezeigt, daß diese Methode bei relativ schlechter Umhüllung anwendbar sein kann, bei gut umhüllten Leitungen und nur fernen Fehlstellen aber versagt, weil offensichtlich die Proportionalität der Gl. (3-20) nicht immer zutrifft [13]. Weiterhin bestehen auch Fehler durch Differenzen der Bezugselektroden, vgl. Abschn. 3.2.

Alle Techniken versagen, wenn Gl. (3-8) mit kleinen $\tau_M$ nicht anwendbar ist. So wurde in wenigen Fällen bei reinen Sandböden beobachtet, daß eine elektrische Polarisation des Sandes durch Strom erfolgen kann, die eine Potentialmessung ohne Sonden grundsätzlich verfälscht [2]. Das Potential wird dabei merkbar zu negativ gefunden. Es können *irreale Ausschaltpotentiale* $U_{Cu/CuSO_4} = -1{,}7$ V und negativer gemessen werden. Dieser Polarisationseffekt des Bodens tritt nicht auf, wenn gelöste Salze vorliegen oder wenn die Leitfähigkeit zunimmt. Der Effekt liegt also nur dann vor, *wenn aufgrund der hohen Widerstände weder galvanische noch Streustromkorrosion sowie aufgrund der fehlenden Ionen auch keine Korrosivität des Erdbodens vorliegen* (vgl. Kap. 4). Somit führt eine dadurch bedingte Falschmessung *nicht zu Schäden* wegen falscher Potentialeinstellung.

Diese Betrachtungen zur Ausschalt- und Umschalttechnik sind nur unter der Voraussetzung richtig, daß das Schutzobjekt nahezu eine homogene Mischelektrode darstellt, siehe Abb. 2-6 und 2-7. Dieses ist der Fall, wenn nur eine Fehlstelle in der Umhüllung vorliegt oder wenn die Fehlstellen völlig gleich sind. Trifft dieses nicht zu, sind neben den Schutzströmen auch Elementströme im Medium zu beachten, die weitere $IR$-Fehler bewirken und die andere Meßtechniken erforderlich machen. Diese werden in nachfolgenden Abschnitten beschrieben.

### 3.3.2 Schutzobjekte mit mehreren unterschiedlichen Fehlstellen

Es werden Schutzobjekte mit mehreren Fehlstellen mit unterschiedlichen $IR$-freien Potentialen $U_i$, Schutzströmen $I_i$ und Ausbreitungswiderständen $R_i$ betrachtet. Weiterhin wird angenommen, daß die Bezugselektrode für die Potentialmessungen außerhalb von Spannungstrichtern steht, denn nur mit dieser Voraussetzung gilt für jede Fehlstelle die Beziehung:

$$U_{ein} = U_i + I_i \, R_i \, . \tag{3-22}$$

Der Schutzstrom $I$ für das Schutzobjekt mit $n$ Fehlstellen ist dann:

$$I = \sum_{i=1}^{n} I_i = \sum_{i=1}^{n} \frac{U_{ein} - U_i}{R_i} \, . \tag{3-23}$$

Hierbei hat das Einschaltpotential des Schutzobjektes einen konstanten Wert. Würde dieses nicht zutreffen, dann kann in Gl. (3-22) nicht der Ausbreitungswiderstand $R_i$ stehen. Entsprechend gilt für das Ausschaltpotential mit $I = 0$

$$0 = \sum_{i=1}^{n} I_i = \sum_{i=1}^{n} \frac{U_{\text{aus}} - U_i}{R_i} \tag{3-24}$$

und nach Umformen

$$U_{\text{aus}} = R \sum_{i=1}^{n} \frac{U_i}{R_i} \quad \text{mit} \quad \frac{1}{R} = \sum_{i=1}^{n} \frac{1}{R_i}. \tag{3-25}$$

Hierbei ist $R$ der Ausbreitungswiderstand des Schutzobjektes aufgrund der $n$ Fehlstellen. Das Objekt hat ein konstantes Ausschaltpotential, das einen Mittelwert der wahren Potentiale $U_i$ darstellt, wobei der reziproke Ausbreitungswiderstand der einzelnen Fehlstellen wichtet. Das Ausschaltpotential kann aber nicht zur Prüfung des Schutzpotential-Kriteriums nach Gl. (2-40) herangezogen werden, weil es keine Information über ein $R_i$ in Gl. (3-25) mit dem positivsten Wert liefern kann.

In der Praxis werden im allgemeinen ortsabhängige Ausschaltpotentiale gemessen. Das ist immer der Fall, wenn die Bezugselektrode im Spannungstrichter einer Fehlstelle steht. Die Gl. (3-24) kann dann nur angewendet werden, wenn für den Ausbreitungswiderstand nur ein Bruchteil $x$ desselben eingesetzt wird. Dazu soll ein Grenzfall für eine Fehlstelle Nr. $n$ betrachtet werden, bei dem die Gl. (3-25) wie folgt erweitert wird:

$$U_{\text{aus}} = R \left( \sum_{i=1}^{n-1} \frac{U_i}{R_i} + \frac{U_n}{x\,R_n} \right) = R \left( A + \frac{U_n}{x\,R_n} \right) \tag{3-26a}$$

mit

$$\frac{1}{R} = \sum_{i=1}^{n-1} \frac{1}{R_i} + \frac{1}{x\,R_n} = B + \frac{1}{x\,R_n}. \tag{3-26b}$$

Einsetzen von Gl. (3-26b) in (3-26a) führt zu:

$$U_{\text{aus}} = \frac{x\,R_n\,A + U_n}{x\,R_n\,B + 1}. \tag{3-27}$$

Je näher die Bezugselektrode an der Fehlstelle steht, um so kleiner wird $x$, wobei im Grenzfall $x \to 0$ das Ausschaltpotential dem wahren Wert $U_n$ entspricht. Bei der üblichen Ausschaltpotential-Messung über einer Rohrleitung gilt anstelle der Gl. (3-25) die Gl. (3-27) mit $0 < x < 1$, d.h. die Abweichung zwischen Ausschaltpotential und wahrem Potential ist nicht so groß wie für $x = 1$ in Gl. (3-25). Die Grundaussage, daß das Ausschaltpotential nicht über das $U_i$ der am schlechtesten polarisierten Fehlstelle informieren kann, bleibt aber bestehen.

Die Ursache für die Nichtaussagefähigkeit des Ausschaltpotentials ist letztlich darauf zurückzuführen, daß im ausgeschalteten Zustand zwischen den einzelnen Fehlstellen aufgrund ihrer örtlich unterschiedlichen Polarisation Ausgleichsströme fließen. Diese können daran erkannt werden, daß im ausgeschalteten Zustand im Erdboden Potentialdifferenzen nachweisbar sind. Wenn diese fehlen, kann die Ausschaltpotential-Technik bedenkenlos angewendet werden, weil alle Fehlstellen dann gleich gut polarisiert sind.

Wenn das Ausschaltpotential nicht zur Prüfung des Potentialkriteriums Gl. (2-40) herangezogen werden kann, müssen weiterführende Techniken eingesetzt werden, die bereits in [14] angedeutet aber im Detail erst in den letzten Jahren entwickelt wurden [15–19]. Es handelt sich hierbei um die *Intensivmeßtechnik* und um die verschiedenen Arten der *Vergleichs*techniken.

Bei der Intensivmeßtechnik wird in einem lokalisierten Bereich einer Fehlstelle mit Hilfe von Potential- und Potentialdifferenz-Messungen das *IR*-freie Potential berechnet. Es sind aber besondere Fälle zu beachten, bei denen diese Methode nicht anwendbar ist.

Bei den Vergleichstechniken werden für einen begrenzten Bereich Annahmen über die ausreichende Polarisierbarkeit gemacht und mit Meßwerten oder mit der separat gemessenen Polarisation von externen Meßproben verglichen.

In der Tabelle 3-2 werden die verschiedenen Verursacher von *IR*-Fehlern bei der Potentialmessung und die anwendbaren Meßtechniken zusammengestellt. *Ausgleichsströme* fließen längs der Rohrleitung aufgrund örtlich unterschiedlicher *IR*-freier Potentiale. Ähnliche Verhältnisse liegen auch bei *Elementströmen* durch Kontakt mit Fremdelektroden vor. Man kann unterscheiden zwischen Fremdanoden (z. B. verzinkte Erder) oder Fremdkathoden (z. B. Stahl/Betonfundamente) in metallenleitender Verbindung mit dem Schutzobjekt. Und schließlich können *IR*-Fehler noch durch *Streuströme* auftreten, wobei es gleichgültig ist, ob diese aus Streustrom-Verursachern (z B. Bahnströme) oder aus fremden Elementen (z. B. auch kathodische Schutzanlagen) stammen. Bei zeitlich schwankenden Streuströmen müssen gegebenenfalls synchrone Messungen durchgeführt werden. Wesentlich ist noch die Prüfung, ob der Streustrom-Verursacher in Nähe oder entfernt vom Meßort liegt. Im ersten Fall dürfte der Meßort deutlich im Spannungstrichter des Streustromes liegen. In diesem Fall ist die Intensivmeßtechnik nicht anwendbar. Bei fernen Streustrom-Verursachern ist das zugehörige elektrische Feld im Meßbereich örtlich nahezu konstant. Das ist bei nahen Verursachern nicht der Fall.

**Tabelle 3-2.** Zusammenstellung der Ursachen von *IR*-Fehlern bei der Potentialmessung und anwendbare Meßtechniken zum Nachweis der Wirksamkeit des kathodischen Schutzes.

| Nr. | Stromart | Meßtechnik |
|---|---|---|
| 1 | Schutzstrom der eigenen Anlage | Ausschalttechnik[a]) |
| 2 | Ausgleichsstrom der eigenen Leitung | Intensivmeßtechnik, einseitig[b]) |
| 3 | Elementstrom mit fernen Fremdelektroden | Intensivmeßtechnik, einseitig[b]) |
| 4 | zeitlich konstanter Streustrom aus fernen Anlagen | Intensivmeßtechnik, zweiseitig[b]) |
| 5 | zeitlich schwankender Streustrom aus fernen Anlagen | wie 4) synchrone Messungen[b]); externe Meßproben[c]) |
| 6 | Elementstrom mit nahen Fremdelektroden | externe Meßproben[c]) |
| 7 | Streustrom oder Elementstrom aus nahen Anlagen | externe Meßproben[c]) |

[a]) siehe Abschn. 3.3.2; [b]) siehe Abschn. 3.3.3; [c]) siehe Abschn. 3.3.4

Bei den Vergleichstechniken und bei der Anwendung von Meßproben ist es zweck-mäßig, die Polarisierbarkeit der unterschiedlichen Fehlstellen näher zu beschreiben, wo-bei im Vergleich zu den älteren Angaben [14] auch der Einfluß der geometrischen Form berücksichtigt wird. Allgemein wird eine Fehlstelle durch den Ausbreitungswiderstand $R$ und durch die Fläche $S$ definiert. Hierbei muß aber auch der spezifische Boden-widerstand $\rho$ berücksichtigt werden, was zu einem *relativierten Ausbreitungswider-stand F* führt [18]:

$$F = \frac{R}{\rho}.\qquad(3\text{-}28)$$

Die vom Bodenwiderstand unabhängige geometrische Kenngröße einer Fehlstellenform ist die *charakteristische Länge L*:

$$L = FS = \alpha\sqrt{S} = \frac{\alpha^2}{F}.\qquad(3\text{-}29)$$

Die Größe $\alpha$ ist ein *Geometriefaktor*, der im wesentlichen die Kreissymmetrie der Fehl-stelle beschreibt, siehe Abb. 3-5. Der Faktor wurde nach Gl. (3-29) als $F\sqrt{S}$ aus den zugehörigen Gleichungen in Kap. 24 errechnet.

Allgemein besteht das Einschaltpotential aus drei Komponenten, wobei vereinfa-chend für die Polarisation eine lineare $U/I$-Beziehung angenommen wird:

$$U_{ein} = U_R + J\,r_p + IR.\qquad(3\text{-}30)$$

Hierbei ist $r_p$ der spezifische Polarisationswiderstand. Die ersten beiden Glieder sind das $IR$-freie Potential $U_0$:

$$U_0 = U_R + J\,r_p.\qquad(3\text{-}31)$$

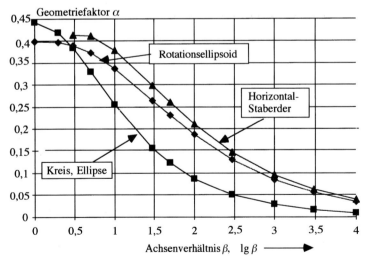

**Abb. 3-5.** Einfluß des Achsenverhältnisses $\beta$ (Länge/Breite) auf den Geometriefaktor $\alpha$ für ver-schiedene Erderformen (Halbraum).

Aus beiden Gleichungen folgt nach Umformen:

$$U_0 = U_R + J\,r_p = U_R + \frac{U_{ein} - U_R}{1 + 1/W} \quad \text{mit} \quad W = \frac{k}{L}. \tag{3-32}$$

Hierbei entspricht $L$ der Gl. (3-29) und $k$ ist der Polarisationsparameter nach Gl. (2-45):

$$k = \frac{r_p}{\rho}. \tag{3-33}$$

Der dimensionslose Quotient $W$ in Gl. (3-32) ist die *Wagner*-Zahl. Sie folgt aus den Gl. (3-29) und (3-33) zu:

$$W = \frac{k}{L} = \frac{r_p}{\rho\,L} = \frac{k}{\alpha\,\sqrt{S}} = \frac{r_p}{\rho\,\alpha\,\sqrt{S}}. \tag{3-34}$$

Nach Gl. (3-32) ist die Polarisation einer Fehlstelle um so besser, je größer die Wagnerzahl ist. Das ist der Fall bei zunehmendem Polarisationswiderstand, bei abnehmendem spezifischen Bodenwiderstand, bei kreisunsymmetrischen Fehlstellen und bei abnehmender Fläche.

### 3.3.3 Intensivmeßtechnik

#### 3.3.3.1 Grundlagen und Meßgrößen der Intensivmeßtechnik

Die Intensivmeßtechnik [1, 13, 20–23] besteht aus zwei Arbeitsschritten. Diese sind die Fehlstellenortung längs der Rohrleitung und Detailmessungen am Fehlstellenort. Die Fehlstellenortung hat sich als eigenständige Meßtechnik mit der Bezeichnung *intensive Fehlstellenortung* (IFO) weiterentwickelt. Sie dient nicht der *IR*-freien Potentialmessung und wird im Abschn. 3.6.3.2 näher beschrieben. Insgesamt werden bei der Intensivmeßtechnik längs der Rohrleitung Rohr/Boden-Potentiale und Potentialdifferenzen auf der Erdbodenoberfläche bei ein- und ausgeschaltetem Schutzstrom entsprechend den Angaben in Abb. 3-6 gemessen.

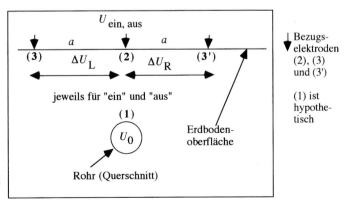

**Abb. 3-6.** Meßwerte bei der Intensivmessung.

Die Potentialdifferenzen $\Delta U_L$ und $\Delta U_R$ werden zwischen zwei gleichen Bezugs-elektroden gemessen, wobei eine über der Rohrleitung und die andere senkrecht dazu in einem Abstand $a$ stehen. Diese Daten werden auch als Potentialgradienten bezeich-net. Bei ein- und ausgeschaltetem Strom gibt es folgende Daten, wobei die $\varphi_B$ die Po-tentiale der Bezugselektroden darstellen.

$$\Delta U_{ein, L} = \varphi_{B3} - \varphi_{B2} = I_{ein}\, b + a_L \,, \tag{3-35}$$

$$\Delta U_{ein, R} = \varphi_{B3'} - \varphi_{B2} = I_{ein}\, b - a_R \,, \tag{3-36}$$

$$\Delta U_{aus, L} = \varphi_{B3} - \varphi_{B2} = I_{aus}\, b + a_L \,, \tag{3-37}$$

$$\Delta U_{aus, R} = \varphi_{B3'} - \varphi_{B2} = I_{aus}\, b - a_R \,. \tag{3-38}$$

Hierbei ist jeweils das erste Glied dem eintretenden Strom proportional mit dem Faktor

$$b = \rho_1\, A \,. \tag{3-39}$$

Der Faktor $A$ enthält die Daten für die Verlegetiefe $t$ und den Elektrodenabstand $a$ und wird im Detail in Abschnitt 3.6.3.2 beschrieben. Der spezifische Erdbodenwiderstand $\rho_1$ ist der Bodenwiderstand am Meßort. Das jeweils zweite Glied in den Gl. (3-35) bis (3-38) ist ein Spannungsabfall durch Streuströme, der im Falle ferner Anlagen als ört-lich konstant ($a_L = a_R$), im Falle naher Anlagen aber als ortsabhängig ($a_L \neq a_R$) anzuse-hen ist.

Unter *einseitiger Intensivmessung* versteht man nur die Bestimmung der Potential-gradienten nach Gl. (3-35) und (3-37) oder Gl. (3-36) und (3-38). Solche Messungen sind nur sinnvoll für den Fall $a_L = a_R = 0$. Unter *zweiseitiger Intensivmessung* versteht man die Bestimmung aller Potentialgradienten nach den Gl. (3-35) bei (3-38), wobei $a_L = a_R$ sein muß. Im anderen Falle ist diese Meßtechnik nicht anwendbar.

Die Potentialgradienten nach Gl. (3-35) bis (3-38) lassen sich wie folgt zusammen-fassen:

$$\Delta U_{ein} = \frac{\Delta U_{ein, L} + \Delta U_{ein, R}}{2} = I_{ein}\, b + a_L - a_R, \tag{3-40}$$

$$\Delta U_{aus} = \frac{\Delta U_{aus, L} + \Delta U_{aus, R}}{2} = I_{aus}\, b + a_L - a_R, \tag{3-41}$$

$$\Delta U^{\perp} = \Delta U_{ein,L} - \Delta U_{aus,L} = \Delta U_{ein,R} - \Delta U_{aus,R}$$
$$= (\Delta U_{ein} - \Delta U_{aus}) = (I_{ein} - I_{aus})\, b \,. \tag{3-42}$$

Die Gl. (3-42) ist unabhängig davon, ob ein- oder zweiseitige Messungen vorliegen. Sie ist grundlegend für die Fehlerortung. Die Fehlstelle liegt dort vor, wo der $\Delta U^{\perp}$-Wert ein Maximum hat, vgl. Abb. 2-7 [24].

Die Gl. (3-40) und (3-41) sind grundlegend für die Berechnung des *IR*-freien Po-tentials an der betreffenden Fehlstelle. Durch Quotientenbildung folgt aus diesen Glei-chungen:

$$\frac{\Delta U_{ein}}{\Delta U_{aus}} = \frac{I_{ein}}{I_{aus}}, \tag{3-43}$$

wenn $a_L = a_R = 0$ sind (einseitige Messung) oder wenn $a_L = a_R$ sind (zweiseitige Messung). Aus Abb. 3-6 ergeben sich für das gegen die Bezugselektrode (2) gemessenen Ein- bzw. Ausschaltpotential und für das gegen eine hypothetische Bezugselektrode (1) gemessene *IR*-freie Potential $U_0$:

$$U_{\text{ein/aus}} = \varphi_M - \varphi_{B2} \,,$$
(3-44)

$$U_0 = \varphi_M - \varphi_{B1} \,.$$
(3-45)

Nach Differenzbildung

$$U_0 - U_{\text{ein/aus}} = \varphi_{B2} - \varphi_{B1} \approx I_{\text{ein/aus}}$$
(3-46)

und mit Quotientenbildung folgt

$$\frac{U_0 - U_{\text{ein}}}{U_0 - U_{\text{aus}}} = \frac{I_{\text{ein}}}{I_{\text{aus}}}$$
(3-47)

und mit Gl. (3-43):

$$U_0 = U_{\text{aus}} + \frac{U_{\text{aus}} - U_{\text{ein}}}{\Delta U_{\text{ein}} - \Delta U_{\text{aus}}} \, \Delta U_{\text{aus}} \,.$$
(3-48)

Mit Hilfe der Gl. (3-48) kann das *IR*-freie Potential einer lokalisierten Fehlstelle errechnet werden. Abb. 3-7 zeigt als Beispiel die Meßwerte $U_{\text{ein}}$, $U_{\text{aus}}$, $\Delta U_{\text{ein}}$ und $\Delta U_{\text{aus}}$

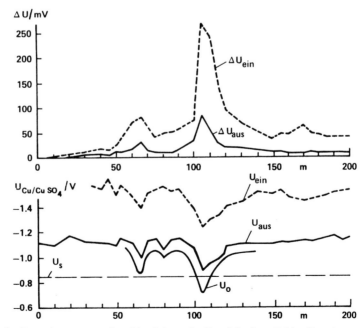

**Abb. 3-7.** Ergebnisse der Intensivmessung einer Fernleitung im Bereich einer Fehlstelle mit unzureichender Polarisation.

und den nach Gl. (3-48) errechneten $U_0$-Wert längs der Rohrtrasse [20, 23]. Bei 65 m liegt eine Fehlstelle vor, für die das Schutzpotential-Kriterium erfüllt ist. Bei 105 m würde das Ausschaltpotential das Kriterium erfüllen, der $U_0$-Wert dagegen nicht.

### 3.3.3.2 Durchführung einer Intensivmessung

Voraussetzung einer Intensivmessung ist die genaue Ortung des Verlaufs der Rohrleitung. Hierzu dienen Verfahren entsprechend Abschn. 3.6.2.2 mit dem Rohrsuchgerät. Daher können die Oberwellen des Schutzstromes genutzt werden. Der Schutzstrom wird getaktet, um Rohr/Boden-Potentiale und $\Delta U$-Werte für beide Schaltphasen zu erhalten.

Während die $\Delta U$-Werte unabhängig von den Meßstellen ermittelt werden können, wird für die Messung der Rohr/Boden-Potentiale ein etwa 1 km langes Meßkabel für den Anschluß an die Rohrleitung benötigt.

Aus praktischen Gründen können Vereinfachungen eingeführt werden, die sicherlich in den meisten Fällen anwendbar und ausreichend fehlerarm sind [25]. Diese betreffen sowohl das Rohr/Boden-Potential als auch die $\Delta U$-Werte für beide Schaltphasen „ein" und „aus".

*a) Bestimmung der Rohr/Boden-Potentiale*

An einer Meßstelle wird konventionell mit Hilfe einer Bezugselektrode $B_0$ das Rohr/Boden-Potential gemessen:

$$U_0 = \varphi_R - \varphi_{B0}. \tag{3-49}$$

In einem Abstand $a_1$ wird über der Rohrleitung die Bezugselektrode $B_1$ aufgesetzt. Mit der Spannung zwischen beiden Bezugselektroden

$$U_{B1} = \varphi_{B1} - \varphi_{B0} \tag{3-50}$$

ergibt sich das Rohr/Boden-Potential an dieser Stelle zu:

$$U_1 = \varphi_R - \varphi_{B1} = U_0 - U_{B1}. \tag{3-51}$$

Für die Ermittlung von $U_1$ wird dabei nur der Meßwert $U_0$, aber kein Kabelanschluß an die Rohrleitung benötigt. In gleichbleibenden Schritten $\Delta a = a_v - a_{v-1}$ kann nun diese Technik wiederholt werden:

$$U_n = U_{n-1} - U_{Bn} = U_0 - \sum_{v=1}^{n} U_{Bv} \tag{3-52}$$

mit

$$U_{Bv} = \varphi_{Bv} - \varphi_{B(v-1)}. \tag{3-53}$$

Als Fehlermöglichkeit kommt eine Addition von Elektrodenfehlern infrage. Aus diesem Grunde ist eine Kontrolle des $U_n$-Wertes nach Gl. (3-51) an der nächsten Meßstelle erforderlich.

*b) Bestimmung der ΔU-Werte*

Nach Abb. 3-27 liegt die Bezugselektrode $B_\infty$ nahezu im Bereich der fernen Erde, d.h. außerhalb des Spannungstrichters der Fehlstelle der Rohrleitung. Entsprechend kann sie dann auch über der Rohrleitung in einem Bereich ohne Umhüllungsschäden liegen, was konventionell durch eine $U_B^\perp$-Messung getestet werden kann. Wenn nun die Elektrode $B_0$ in einem solchen Bereich liegt ($\varphi_{B0} = \varphi_{B\infty}$), die Elektrode $B_1$ aber bereits in den Spannungstrichter einer Fehlstelle der Rohrumhüllung gelangt, gilt mit Gl. (3-50) für die Stelle $a_1$:

$$\Delta U\,(1) = \varphi_{B1} - \varphi_{B\infty} = U_{B1} \tag{3-54}$$

und für die Stelle $a_n$ allgemein mit Hilfe Gl. (3-53):

$$\Delta U\,(n) = \varphi_{Bn} - \varphi_{B\infty} = \varphi_{Bn} - \varphi_{B0} = \sum_{v=1}^{n} U_{Bv}\,. \tag{3-55}$$

Auch hier sind wegen möglicher Fremdfehler im Bereich großer Anzeigen für eine weitere Auswertung nach den Angaben in Abschn. 3.3.3.1 Kontrollen durch Direktmessungen zu empfehlen.

Zur Lokalisierung der Fehlstellen können nach Abb. 3-28 sowohl $U_B''$- als auch $U_B^\perp$-Messungen herangezogen werden, wobei die ersten zum Lokalisieren am besten geeignet sind. [24]. An der georteten Fehlstelle kann der benötigte ΔU-Wert sowohl senkrecht als auch parallel gemessen werden und entspricht allgemein dem Radius des kreissymmetrischen Spannungstrichters (siehe Abb. 3-8) auch bei Gegenwart fremder Felder.

Die Ermittlung sowohl der Potentiale als auch der ΔU-Werte werden auf einfache Messungen der Potentialdifferenzen zwischen zwei Bezugselektroden oberhalb der Rohrleitung zurückgeführt. Zur Verringerung möglicher Elektrodenfehler können auch für einen größeren Abstand von z.B. $(a_k - a_1) \approx 300$ m Teilsummen gemessen werden:

$$U_{k/l} = \varphi_{Bk} - \varphi_{Bl} = \sum_{v=l}^{k} U_{Bv}\,. \tag{3-56}$$

Dabei wird die Spannung $U_{k/l}$ direkt zwischen den Bezugselektroden an den Stellen $a_k$ und $a_l$ gemessen.

Bei Intensivmessungen mit etwa 1000 Meßwerten pro Kilometer ist der Einsatz der Mikroelektronik für Meßwerterfassung und Auswertung sehr rationell [26]. Durch Mitführen eines Kleinrechners werden die Additionen nach den Gl. (3-52) und (3-55) vorzeichengerecht durchgeführt und vom Meßtechniker abgelesen.

Es wurden Rechner entwickelt, die durch vorgeschaltete Digitalwandler Meßwerte in Stufen von 2,5 mV aufnehmen, verarbeiten und einem Festkörperspeicher zuführen. Die Meßwerte können zu einem Zentralrechner geleitet und dort weiterverarbeitet und geplottet werden. Dieses System ist für Intensivmessungen, aber auch für Überwachungsmessungen brauchbar und bietet folgende Möglichkeiten: Auflisten von Meßdaten, Zeichnen von Potentialplänen, Trendbetrachtungen über einen längeren Zeitraum von einigen Jahren, Suchlauf nach größeren Umhüllungsschäden, Korrektur von Potentialwerten sowie Auflisten von Kenn- und Fehlerdaten in einer Schutzanlagen-Kartei. Über die Wiederholung von Intensivmessungen bestehen zur Zeit noch keine allgemeinen Vorstellungen. Es empfiehlt sich aber bei besonderen örtlichen Gegebenhei-

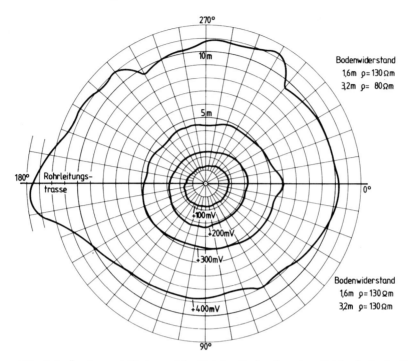

**Abb. 3-8.** Äquipotentiallinien auf der Erdoberfläche über einer Fehlstelle in der Rohrumhüllung (DN 700, Erddeckung 1,5 m).

ten, z.B. nach Bau von Parallelleitungen, eine Intensivmessung in dem betreffenden Bereich zu wiederholen [27].

### 3.3.3.3 Fehlerquellen bei der Intensivmessung

Die Intensivmessung hat die Aufgabe, an georteten Fehlstellen das *IR*-freie Potential zu berechnen, wenn aufgrund unterschiedlicher Polarisation Ausgleichsströme und dergleichen fließen, was durch endliche Werte für $\Delta U_{aus}$ erkannt werden kann. Dabei ist aber zu prüfen, ob kleine Potentialgradienten wirklich auf Ausgleichsströme zurückzuführen sind oder ob z. B. auch Potentialabweichungen bei den Elektroden vorliegen, die z.B. auf unterschiedliche Diffusionspotentiale zurückgeführt werden können, vgl. Abschn. 3.2 und [1]. Bei einer Fehleranalyse der Gl. (3-48) ist nämlich festzustellen, daß im Nenner eine Differenz von zwei kleinen Größen vorliegt, deren Meßfehler sich bemerkenswert auf das Ergebnis auswirken. Das heißt, daß die Intensivmeßtechnik nur dann sinnvoll angewendet werden kann, wenn große Potentialgradienten vorliegen. Im anderen Falle kann weiterhin das Ausschaltpotential zur Prüfung des Potentialkriteriums verwendet werden. In der Tabelle 3-3 sind Hinweise zur Auswertung der Ergebnisse von Intensivmessungen angegeben [1, 16].

**Tabelle 3-3.** Hinweise zur Beurteilung der Ergebnisse von Intensivmessungen.

| Nr. | $\dfrac{\Delta U_{ein}}{\Delta U_{aus}}$ | $\Delta U_{aus}$ mV | $\Delta U_{ein} - \Delta U_{aus}$ mV | Bemerkung zur Anwendbarkeit der Gl. (3-48) |
|---|---|---|---|---|
| 1 | <0 | >10 | – | ja |
| 2 | >0 | <20 | – | nein |
| 3 | >0 | >20 | <20 | nein |
| 4 | >0 | >20–30 | 20–50 | nahezu nicht |
| 5 | >0 | >30–50 | >50–100 | ja (Fehler bis 0,2 V möglich) |
| 6 | >0 | >50–100 | >100–150 | ja (Fehler bis 0,1 V möglich) |
| 7 | >0 | >100 | >150 | ja (Fehler bis 0,05 V möglich) |

Für den Fall Nr. 1 ändert der Potentialgradient beim Ausschalten sein Vorzeichen. Dieses ist nur möglich, wenn entfernte Bereiche schlechter geschützt oder wenn Lokal-kathoden angeschlossen sind, siehe Kap. 12. In allen anderen Fällen kann das *IR*-freie Potential positiver als das Ausschaltpotential sein. In den Fällen Nr. 2 und 3 sind die $\Delta U_{aus}$-Werte aber sehr klein und ungenau. Für die anderen Fälle sind mögliche Fehler angegeben.

Wesentliche Fehler sind bei der Intensivmeßtechnik auch zu erwarten, wenn nur einseitige Messungen vorgenommen werden und fremde Felder *(a_R und a_L)* vorliegen, so daß Gl. (3-44) falsch wird. Wenn eine zweiseitige Messung aus räumlichen Gründen nicht durchführbar ist, können fremde Felder näherungsweise daran erkannt werden, daß längs der Rohrleitung die ortsabhängigen Werte für $\Delta U^{\perp}$ nach Gl. (3-42) und $\Delta U_{aus}$ sich deutlich unterscheiden [28]. Und schließlich kommt es zu Fehlbeurteilungen in den Fällen Nr. 6 und 7 in der Tabelle 3-2. Es ist also gegebenenfalls sorgfältig zu prüfen, ob die Intensivmeßtechnik angewendet werden kann. Ist dieses nicht der Fall, kann die Potential-Vergleichsmessung mittels externer Meßprobe angewandt werden.

### 3.3.4 Potential-Vergleichsmessung mit externer Meßprobe

Diese Meßtechnik wird angewandt, wenn durch Elementströme bei vermaschten Schutz-objekten oder bei Kontakt mit Stahl/Beton-Bauwerken sowie bei Streustrombeeinflus-sung relativ hohe *IR*-Beträge vorliegen, die nicht abgeschaltet werden können, siehe auch Tabelle 3-2.

Die externe Meßprobe *simuliert eine Fehlstelle in der Rohrumhüllung* und ist an-stelle einer solchen Fehlstelle *hinsichtlich Abmessung und Anordnung* so auszuwählen, daß sie von allen Fehlstellen des betrachteten Bereiches am schlechtesten kathodisch polarisiert werden kann. Zur Beurteilung der Polarisierbarkeit verschiedener Fehlstel-len dienen die Angaben zu Gl. (3-32), der folgende Voraussetzungen zugrundeliegen:

1. Das Einschaltpotential ist ein konstanter Betriebswert, der gegen eine Bezugselek-trode außerhalb von Spannungstrichtern gemessen wird. Aus diesem Grunde können auch Meßproben nur quantitativ genutzt werden, wenn Sie außerhalb von Span-nungstrichtern installiert werden.

2. Die in Gl. (3-32) auftretende Wagner-Zahl $W = k/L$ enthält einen $\alpha$-Wert für Fehlstellen im Halbraum (siehe Abb. 3-5), wie sie an Verletzungen der Rohrumhüllung auch vorliegen. Wenn die Meßprobenfläche eine in Richtung Vollraum abweichende Gestalt hat, sind nach den Trendangaben in Tabelle 24-1 und Gl. (3-29) die $\alpha$-Werte etwas kleiner anzunehmen.

3. Näherungsweise werden lineare Strom-Potential-Funktionen angenommen, d. h. Gl. (3-32) gilt nicht für Betrachtungen bei Überschutz.

Wenn die Meßprobe mittels zugehöriger Bezugselektrode $IR$-frei das Schutzpotential aufweist, folgt durch Umformen der Gl. (3-32) mit $U_0 = U_s$ und $W = W^{\#}$:

$$W^{\#} = \frac{U_s - U_R}{U_{ein} - U_s} = \frac{U_s - U_R}{\Delta U^*}, \tag{3-57}$$

hierbei ist $\Delta U^* = U_{ein} - U_s$ ein Betriebswert der Schutzanlage. Aus den Gl. (3-32) und (3-34) lassen sich eine Fülle von Schutzkriterium [18, 28] für Meßproben ableiten, die in der Tabelle 3-4 zusammengestellt sind. Hierbei sind die mit „#" versehenen Größen jeweils die Daten der Meßprobe mit $W^{\#}$.

**Tabelle 3-4.** Zusammenstellung der Schutzkriterien für Meßproben.

| Fall | Größe | Schutzkriterium | Bemerkung |
|------|-------|-----------------|-----------|
| 1 | Wagner-Zahl | $W > W^{\#}$ | allgemein |
| 2 | Polarisationsparameter | $k > k^{\#}$ | $L$ konstant |
| 3 | Polarisationswiderstand | $r_p > r_p^{\#}$ | $L$ und $\rho$ konstant |
| 4 | Bodenwiderstand | $\rho < \rho^{\#}$ | $L$ und $r_p$ konstant |
| 5 | charakteristische Länge | $L < L^{\#}$ | $k$ konstant |
| 6 | Geometriefaktor | $\alpha < 0{,}25 \sqrt{\pi}$ | $k$ und $S$ konstant |
| 7 | Probenfläche | $S < S^{\#}$ | $k$ und $\alpha$ konstant |

Für die Anordnung und Abmessung der Meßproben folgen aus den verschiedenen Fällen dieser Tabelle die Hinweise:

(3) unbeschichtete und angerostete Oberfläche,
(4) Bodenbereich mit verhältnismäßig hohem Widerstand,
(6) kreisförmige Fläche, Halbraum-Geometrie,
(7) verhältnismäßig große Fläche – evtl. abgeschätzt aus Einspeisestrom und geschätzter Schutzstromdichte oder aus Fehlstellen-Vergleichsmessung nach Abschn. 3.3.5.

Üblicherweise werden die Meßproben neben der Rohrleitung, aber außerhalb des Spannungstrichters von Fehlstellen eingegraben und in einer Meßstelle über Kabel mit der kathodisch geschützten Rohrleitung verbunden. *Sie simulieren künstliche Fehlstellen in der Rohrumhüllung.* Der von dem Probeblech aufgenommene Schutzstrom kann über die Kabelverbindung gemessen und das wahre Potential mit Hilfe einer vor dem Probeblech angeordneten Bezugselektrode durch kurzzeitiges Unterbrechen der Kabelverbindung ermittelt werden [29]. Ohmsche Spannungsabfälle zwischen der Bezugselektrode und dem Probeblech entfallen bei einer Meßprobe, bei der mit einer rückseitig

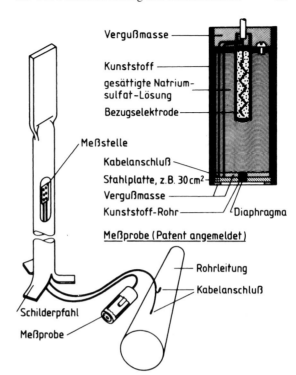

**Abb. 3-9.** Aufbau und Einbau einer externen Meßprobe.

eingebauten Bezugselektrode direkt das *IR*-freie Potential gemessen wird (vgl. Gl. (2-34) mit $s \rightarrow 0$), ohne daß der Schutzstrom ausgeschaltet oder die Kabelverbindung zur Rohrleitung aufgetrennt werden muß (vgl. Abb. 3-9). Hierbei wird das Rohr/Boden-Potential an der Platte mit Hilfe einer Dauerbezugselektrode gemessen, die in einem mit Elektrolytlösung gefüllten Kunststoffrohr hinter der Platte angeordnet ist. Der Kontakt wird über ein in der Platte eingesetztes Diaphragma erzielt [30]. Die Rückseite der Stahlplatte und die Diaphragmadurchführung müssen sorgfältig isoliert sein, da sonst nicht das Potential der nach außen liegenden Eisenprobe gemessen wird, sondern das Potential des vom Schutzstrom unbeeinflußten Probebleches im Inneren des Kunststoffrohres. Vergleichswerte von Meßproben mit externer Bezugselektrode, Meßproben mit eingebauter Bezugselektrode und die Ausschaltpotentiale der Rohrleitung ergaben Abweichungen kleiner als 20 mV.

### 3.3.5 Polarisation-Vergleichsmessungen

Die hier beschriebenen Vergleichsmessungen dienen im wesentlichen der Planung der kathodischen Schutzanlage zur Feststellung des erforderlichen Einschaltpotentials und werden während der Bauphase an begrenzten Rohrlängen durchgeführt. Anwendungsbeispiele sind in [19] beschrieben. Eine Anwendung dieser Kriterien für spätere Nachmessungen ist im allgemeinen nicht möglich, da die benötigten Einspeisedaten nur schwerlich bestimmbar sind.

In diesem Abschnitt werden für eine erleichterte Übersicht jeweils die Absolutwerte von Strömen und Potentialen einer Fehlstelle $i$ betrachtet. Das Schutzpotential-Kriterium lautet dann

$$U_i \geqq U_s \,. \tag{3-58}$$

Aus Gl. (3-58) folgt ein Schutzkriterium für den Betriebswert $\Delta U^*$ nach Gl. (3-57):

$$U_{\text{ein}} - U_i = \Delta U_i \leqq \Delta U^* \,. \tag{3-59}$$

Dabei gilt für die betrachtete Fehlstelle mit Gl. (3-28) und (3-29):

$$\Delta U_i = I_i \, R_i = J_i \, \rho_i \, L_i \,. \tag{3-60}$$

Anwenden des Kriteriums Gl. (3-59) auf Gl. (3-60) führt zu einem Schutzkriterium der charakteristischen Länge $L_i$ der Fehlstelle $i$.

$$L_i \leqq L_i^* = \frac{\Delta U^*}{J_i \, \rho_i} \,. \tag{3-61}$$

Dieses Kriterium setzt Kenntnisse über die Schutzstromdichte und über den Bodenwiderstand für die Fehlstelle $i$ voraus. Es werden nun Schätzwerte für maximale Werte dieser Größen in dem betrachteten Bereich des Schutzobjektes gesucht und mit $J^*$ und $r^*$ bezeichnet. Dann folgt aus Gl. (3-61) das allgemeine $L$-Kriterium:

$$L_i \leqq L^* \quad \text{mit} \quad L^* = \frac{\Delta U^*}{J^* \, \rho^*} \leqq L_i^* \,. \tag{3-62}$$

Wenn Kriterium Gl. (3-62) für $L^* \leqq L_i^*$ erfüllt ist, ist nach Kriterium Gl. (3-61) kathodischer Schutz sicher gegeben. Ist das Kriterium Gl. (3-62) nicht erfüllt, entfällt eine Beurteilung. Für die Anwendung kann $L_i$ aus Meßwerten bestimmt werden. Hierzu dienen die Werte eines Einspeiseversuches $R_a = \Delta U / \Delta I$. Weiterhin wird angenommen, daß das Schutzobjekt in dem betrachteten Bereich $n$ Verletzungen mit gleich großen Widerständen $R = R_a / n$ hat. Dann folgt für diesen Bereich aus den Gl. (3-28) und (3-29):

$$L = \frac{\alpha^2}{F} = \alpha^2 \, \frac{\rho}{n} \, \frac{\Delta I}{\Delta U} \,. \tag{3-63}$$

Hierbei werden die ungünstigsten Werte $\alpha = 0{,}25 \, \sqrt{\pi}$ und $\rho^*$ eingesetzt. Wird nun bereits bei $n = 1$ nach Gl. (3-63) $L$ kleiner gefunden als $L^*$ nach Gl. (3.6), besteht kathodischer Schutz. Im anderen Falle muß festgestellt werden, ob $n > 1$ ist und ob die Daten für $L^*$ zutreffen.

In analoger Weise kann auch das in [16, 19] beschriebene Strom-Vergleichskriterium abgeleitet und angewandt werden. Für den Strom $I_i$ einer Fehlstelle folgt durch Umformen der Gl. (3-60) mit Gl. (3-29):

$$I_i = \frac{1}{J_i} \left( \frac{\Delta U_i}{\alpha_i \, \rho_i} \right)^2 \,. \tag{3-64}$$

Anwenden des Kriteriums Gl. (3-59) auf Gl. (3-64) führt zu einem Schutzkriterium des Schutzstromes $I_i$ der Fehlstelle $i$.

$$I_i \leq I_i^* = \frac{1}{J_i}\left(\frac{\Delta U^*}{\alpha_i\,\rho_i}\right)^2 .\qquad\qquad (3\text{-}65)$$

Einsetzen der maximalen Schätzwerte $J^*$ und $\rho^*$ sowie $\alpha = 0{,}25\,\sqrt{\pi}$ führt zu dem allgemeinen *I-Kriterium*:

$$I_i \leq I^* \quad\text{mit}\quad I^* = \frac{16}{J^*\,\pi}\left(\frac{\Delta U^*}{\rho^*}\right)^2 \leq I_i^* \qquad\qquad (3\text{-}66)$$

Wenn Kriterium Gl. (3-66) für $I^* \leq I_i^*$ erfüllt ist, muß nach Kriterium Gl. (3-65) sicher kathodischer Schutz gegeben sein. Ist das Kriterium Gl. (3-66) nicht erfüllt, entfällt eine Beurteilung. Für die Anwendung kann wieder angenommen werden, daß $n$ gleiche Verletzungen vorliegen. Dann ergibt sich der Schutzstrom zu $I = n\,I_i$. Sollte bereits $I < I^*$ gefunden werden, besteht kathodischer Schutz. Im anderen Falle muß festgestellt werden, ob $n > 1$ ist und ob die Daten für $I^*$ zutreffen.

Einen Hinweis auf nicht ausreichende Polarisierbarkeit gibt die *Fehlstellen-Vergleichsmessung* [16]. Bei gegebenem Einschaltpotential wird der Schutzstrom des Schutzobjektes gemessen. Dann wird das Schutzobjekt mit einer Meßprobe aus unbeschichteten und gerostetem Stahlblech der Fläche $S$ kurzgeschlossen, die so bemessen ist, daß der Gesamtstrom sich verdoppelt. Erfüllt das Meßprobenpotential nicht das Schutzpotential-Kriterium, muß das Einschaltpotential erhöht werden. Die Fläche $S$ ist auch ein guter Schätzwert für die Fehlstellenfläche.

### 3.3.6 Pragmatische Schutzkriterien

In den Abschn. 3.3.2 bis 3.3.5 wurden Angaben zur Meßtechnik und den zugehörigen Kriterien für solche Fälle gemacht, bei der die Ausschaltpotential-Technik nicht ausreicht oder nicht anwendbar ist [15, 31]. In allen Fällen war das Schutzpotential-Kriterium die Basis. Diese ist heute auch grundlegend bei der europäischen Normung [32]. Damit dürfte eine normative Meßtechnik mit Angaben des Schutzpotential-Kriteriums und dem verbalen Hinweis, daß *IR*-Anteile *zu berücksichtigen* wären endlich der Vergangenheit angehören, auch wenn dieses noch nicht sichere globale Praxis sein sollte.

Vor allem in den USA [33] werden neben dem Schutzpotential-Kriterium eine Reihe von *pragmatischen Schutzkriterien* angewendet, die ausschließlich nur eine experimentelle Basis haben und deren allgemeine Anwendbarkeit somit unsicher ist. Diese Kriterien wurden auch in umfangreichen Feldversuchen getestet [34], wobei sich Kriterium Nr. 2 als recht zutreffend erwies, was auch theoretisch verständlich ist. In keinem Falle sind aber Gründe dafür zu erkennen, daß sie technische Vorteile gegenüber den Kriterien in den Abschn. 3.3.1 bis 3.3.5 aufweisen. Die Kriterien werden nachfolgend erörtert.

*Kriterium Nr. 1:* $\quad U_{ein} - U_R \lessapprox -0{,}3$ V. $\qquad\qquad (3\text{-}67)$

Das Kriterium ist möglicherweise auf den Tatbestand zurückzuführen, daß das Freie Korrosionspotential im Erdboden im allgemeinen bei $U_{Cu/CuSO_4} = -0{,}55$ V liegt. Hierbei bleiben Ohmscher Spannungsabfall und Schutz durch Deckschichten unberücksichtigt. Nach den Angaben in Kap. 4 kann für gleichförmige Korrosion im Erdboden eine maximale Abtragungsgeschwindigkeit von 0,1 mm a$^{-1}$ angenommen werden. Das entspricht einer Stromdichte von 0,1 A m$^{-2}$. In Abb. 2-9 ändert sich die Korrosionsstromdichte von deckschichtfreiem Stahl um den Faktor 10 bei einer Potentialverminderung von etwa 70 mV. Für eine Reduktion auf 1 μm a$^{-1}$ würden demnach 0,14 V benötigt. Der gleiche Betrag steht dann für einen Ohmschen Spannungsabfall zur Verfügung. Bei deckschichtbehafteten Oberflächen wirken Korrosion beim Ruhepotential und Potentialabhängigkeit der Korrosion im Vergleich zu $U_R$ gegenläufig, so daß qualitativ die Aussage erhalten bleibt.

Ein ähnliches Kriterium $U_{ein} - U_s \lesssim -0,3$ V wird in [31] für vermaschte Schutzobjekte mit Fremdkathoden angegeben, wobei das Einschaltpotential in Nähe der Fremdkathoden zu messen ist. Es wird angenommen, daß die Fremdkathoden soweit polarisiert werden, daß eine Elementwirkung sicher aufgehoben ist.

***Kriterium Nr. 2:***    $U_{aus} - U_R \lesssim -0,1$ V. (3-68)

Hierbei wird $U_R$ nach dem Abschalten des Schutzstromes und Abklingen der Polarisation gemessen. Die Potentialdifferenz entspricht einer *IR*-freien Potentialänderung. Aus der Neigung in Abb. 2-9 folgt eine Reduktion der Korrosionsgeschwindigkeit von 100 auf 4 μm a$^{-1}$.

***Kriterium Nr. 3:***    $U <$ Potential beim Knick in der $U(\lg I)$-Kurve. (3-69)

Dieses Kriterium ist durch den mit Abb. 2-4 und Gl. (2-35) beschriebenen Verlauf von $I(U)$-Kurven zu verstehen, wenn man zwei kathodische Teilreaktionen nach Gl. (2-17) und (2-19) annimmt. Dabei gilt für die Sauerstoffkorrosion $J_0 \gg G_K$, so daß für diese Reaktion in dem interessierenden Potentialbereich ein Grenzstrom vorliegt, der auch der Korrosionsgeschwindigkeit beim Ruhepotential und dem Schutzstrom entspricht. Für die H$_2$-Entwicklung ist $J_0 \ll G_K$. Diese Reaktion läuft erst bei negativeren Potentialen als das Schutzpotential ab und folgt einer *Tafel*-Geraden, die sich bei logarithmischer Auftragung der $I(U)$-Kurve beim Übergang vom O$_2$-Diffusionsstrom zur H$_2$-Entwicklung durch eine deutliche Abweichung bemerkbar macht. Abb. 2-21a zeigt hierzu ein Meßbeispiel, wobei der Knickpunkt beim Übergang zum Überschutzbereich liegt. Unter solchen Bedingungen ist kathodischer Schutz sicherlich gegeben.

Dieses Kriterium wird häufig beim kathodischen Schutz von Bohrloch-Verrohrungen angewendet, siehe Kap. 18. Das Meßbeispiel in Abb. 18-4 zeigt aber einen völlig anders liegenden Knick in der $U(\lg I)$Kurve, der in Abb. 2-4 dem Bereich bei $\eta = 0$ und somit der Extrapolation einer kathodischen Tafelgerade auf das Ruhepotential entspricht. Als Meßwert folgt dann der Korrosionsstrom. Es werden dabei zwei Bedingungen als gegeben unterstellt:

1. Der anodische Teilstrom bei freier Korrosion entspricht dem Schutzstrombedarf. Das kann für dieses System mit guter Näherung zutreffen.
2. Es wird eine kathodische Tafelgerade im Bereich des Ruhepotentials angenommen. Für Sauerstoffkorrosion kann dieses jedoch nicht zutreffen, wohl aber für sauerstofffreie Medien, siehe Abb. 2-21b. Es ist somit anzunehmen, daß der Kurvenverlauf in einem begrenzten Bereich (*kleiner als eine Stromdekade*!) eine Tafelgerade nur vortäuscht.

**Kriterium Nr. 4:**     $U_B^\perp < 0$.     (3-70)

Bei diesem Kriterium wird angezeigt, daß kathodischer Strom in die Rohrleitung eintritt und daß keine Elementtätigkeit mehr vorliegt (vgl. Abb. 3-24 und 3-25 sowie die Ausführungen zu Abb. 2-7). Vergleichbar mit diesem Kriterium ist auch das Kriterium für den kathodischen Schutz von Rohrleitungen mit angeschlossenen verzinkten Erdern gegen Hochspannungsbeeinflussung [32]. In der Verbindungsleitung zwischen Erder und Rohrleitung muß der Strom zur Rohrleitung fließen.

### 3.3.7 Potentialmessung in der Anwendung

#### 3.3.7.1 Meßgeräte und ihre Eigenschaften

Potentiale werden aus den in den Abschn. 3.1 und 3.2 genannten Gründen möglichst hochohmig mit elektronischen *Verstärkervoltmetern* gemessen. Die Verstärkervoltmeter haben hohe Eingangswiderstände zwischen 1 und 100 MΩ. Die Meßspannung wird meist über elektronische Schaltglieder in eine Wechselspannung umgewandelt, zweistufig verstärkt, von einem Modulator gleichgerichtet und über einen als Integrator geschalteten Gleichspannungsverstärker einem Drehspul-Meßinstrument zugeführt oder digital angezeigt. Überlagerte Wechselspannungen werden durch vorgeschaltete *RC*-Filter von 60 bis 90 dB (das entspricht einem Verhältnis von 1000 bis 30 000 : 1) abgeschwächt (vgl. Abschn. 3.3.7.4). Für Messungen im Erdboden werden im allgemeinen analoganzeigende Meßgeräte verwendet. Digitalanzeigende Instrumente sind nur bei relativ ruhigen Potentialwerten zweckmäßig.

Die Leistungsaufnahme von Verstärkern beträgt nur wenige 0,1 W. Sie werden im allgemeinen über Nickel-Cadmium-Zellen gespeist. Die Betriebszeiten betragen ca. 60 h.

Verstärkervoltmeter besitzen häufig einen Ausgang zum Anschluß für registrierende Meßgeräte. Dadurch können auch Schreiber mit niederohmigem Eingangswiderstand für die Registrierung von Meßwerten mit hohem Quellwiderstand benutzt werden. Auch hochohmige Vielfachinstrumente, wie sie in der Elektrotechnik für die Messung von Spannungen, Strömen und Widerständen gebräuchlich sind, können für die Potentialmessung eingesetzt werden. Vielfachinstrumente haben meist Drehspulmeßwerke mit Spannbandlagerung. Sie sind robust, temperaturunempfindlich und besitzen eine lineare Skala. Bei Einstellzeiten < 1 s, wie sie für die Potentialmessung erforderlich sind, besitzen diese Geräte maximale Innenwiderstände von 100 kΩ pro V. Da der Quellwiderstand großflächiger Bezugselektroden im allgemeinen unter 1 kΩ liegt, sind mit solchen Meßgeräten ausreichend genaue Potentialmessungen möglich. Bei Potentialmessungen in hochohmigen Sandböden oder in gepflasterten Straßen (kleines Diaphragma) kann der Quellwiderstand der Bezugselektroden aber 1 kΩ erheblich überschreiten.

Dort kann der Quellwiderstand durch Anfeuchten des Bodens mit Wasser verringert werden oder es müssen andere Meßgeräte mit höherem Eingangswiderstand verwendet werden.

Die Abklingzeit der elektrochemischen Polarisation hängt nicht nur von der Dauer der Vorpolarisation, sondern auch von der Güte der Umhüllung ab, vgl. Abb. 3-10. Bei neuverlegten Rohrleitungen und Behältern genügt es meist, sie durch eine Probeeinspeisung über einige Stunden zu polarisieren. Abb. 3-11 zeigt den Potentialverlauf ei-

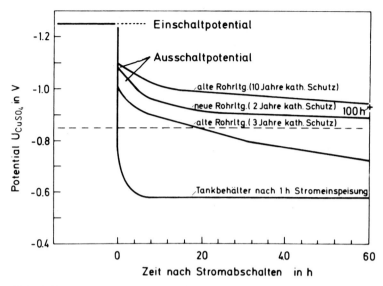

**Abb. 3-10.** Zeitliche Abnahme der elektrochemischen Polarisation nach Ausschalten des Schutzstromes in Abhängigkeit von der Dauer des kathodischen Schutzes und der Güte der Umhüllung.

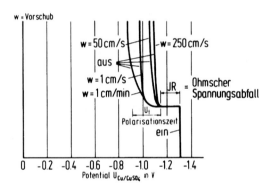

**Abb. 3-11.** Zeitliche Abnahme der elektrochemischen Polarisation nach Ausschalten des Schutzstromes bei Registrierung mit unterschiedlicher Geschwindigkeit (Polarisation von Stahl in
synthetischer Bodenlösung 200 h).

ner polarisierten Stahlfläche, der nach Ausschalten des Schutzstromes mit einem Schnell-
schreiber mit einer Einstellzeit von 2 ms für 10 cm bei verschiedenen Papiergeschwin-
digkeiten registriert wurde. Das bei einer Papiergeschwindigkeit von 1 cm/s ermittelte
Ausschaltpotential entspricht dem Wert, der mit einem Verstärkervoltmeter gemessen
wird. Aus Abb. 3-11 ist zu ersehen, daß der Fehler, der bei Meßgeräten mit Einstellzeiten von 1 s bei der Potentialmessung auftritt, etwa 50 mV beträgt, weil ein kleiner
Teil der Polarisation als Ohmscher Spannungsabfall mitgemessen wird [10]. Zur Messung von Ausschaltpotentialen ist es erforderlich, daß die Meßinstrumente Einstellzeiten <1 s und eine aperiodische Dämpfung besitzen. Die Einstellzeit von Vielfachin-
strumenten hängt vom Eingangswiderstand des Gerätes und vom Quellwiderstand der
zu messenden Spannung ab, bei Verstärkervoltmetern von der Verstärkerschaltung. Die
Einstellzeit kann mit Hilfe der Schaltung nach Abb. 3-12 ermittelt werden [35]. Hier-

**Abb. 3-12.** Schaltung zur Ermittlung der Einstellzeit von Meßgeräten mit dem Innenwiderstand $R_i$
(Erklärungen im Text).

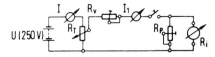

bei wird der Innenwiderstand der zu messenden Strom- und Spannungsquelle durch einen zum Meßinstrument parallelgeschalteten Widerstand $R_p$ nachgebildet. $R_v$ und $R_p$
sind zweckmäßig einstellbare Dekadenwiderstände (20 bis 50 kΩ). Das Potentiometer
$R_T$ (etwa 50 kΩ) dient zum Einstellen des zu prüfenden Instruments auf Endausschlag.
Bei aperiodisch gedämpften Instrumenten wird die Einstellzeit des Zeigers bis zur Einstellung auf 1% vom Skalenende oder -anfang gestoppt. Bei Instrumenten, die ein Über-
schwingen zeigen, wird die Zeit der Zeigerbewegung einschließlich der Überschwingung ermittelt und gleichzeitig die Größe der Überschwingung in Prozent vom Ska-
lenwert bestimmt.

### 3.3.7.2 Potentialmessungen an Rohrleitungen und Behältern

Bei Potentialmessungen an Rohrleitungen und Behältern im Erdboden können Fehler
auftreten, wenn Fremdspannungen, wie z.B. Ohmsche Spannungsabfälle im Erdboden,
nicht berücksichtigt werden [36]. Der Potentialverlauf für eine einzelne Fehlstelle (Kugelfeld) und für mehrere, statistisch verteilte Fehlstellen in der Rohrumhüllung (Zylinderfeld) ist in Abb. 3-13 dargestellt. Im allgemeinen wird das bei fließendem Schutzstrom vorhandene Einschaltpotential der zu schützenden Anlage, z.B. einer Rohrleitung, gegen eine auf dem Erdboden darüber aufgesetzte Bezugselektrode gemessen.
Dieses Einschaltpotential enthält nach den Angaben in Abschn. 3.3.1 Ohmsche Span-
nungsanteile, die zur Beurteilung des Polarisationszustandes eliminiert werden müssen.
Bei der hierzu angewandten Methode muß der Strom definiert verändert werden, was
bei den von Gleichstrombahnen herrührenden Streuströmen nicht möglich ist.

Zur Ermittlung der Ausschaltpotentiale von kathodisch geschützten Rohrleitungen
werden in die Schutzanlagen Zeitrelais eingebaut, die den Schutzstrom synchron mit
dem benachbarter Schutzanlagen alle 12 s für 3 s unterbrechen. Das synchrone Ein- und
Ausschalten von Schutzanlagen läßt sich z.B. mit Hilfe eines Synchronmotors erreichen, wobei über eine auf der Achse angebrachte Nockenscheibe der Schalter betätigt
wird. Die Synchronisierung der Schutzanlagen wird folgendermaßen erreicht: An der
ersten Schutzanlage wird ein Zeitschalter eingebaut. Die Unterbrechung des Schutzstromes macht sich an der nächsten Schutzanlage als Änderung des Rohr/Boden-Po-
tentials bemerkbar. Da die Schaltzeiten bekannt sind, kann dann der Zeitschalter der
zweiten Schutzanlage synchron in Betrieb genommen werden. Die Schaltung weiterer
Schutzanlagen kann in gleicher Weise synchronisiert werden.

Andere Zeitschaltwerke arbeiten mit elektronischer Digitaluhr. Der von der Netz-
frequenz abgeleitete 1-Sekunde-Takt wird in einem Summenzähler gezählt. Die Ein-
und Ausschaltzeit kann beliebig eingestellt werden. Eine völlig synchrone Schaltung
aller Schutzanlagen kann auch über Sendeimpulse erfolgen. Der Telekom-Sender DCF77
(*Mainflingen*) strahlt im Langwellenbereich die Frequenz 77,5 kHz aus. In diese Frequenz ist eine Zeitinformation über Sekunden, Minuten usw. moduliert. Zur *Kennung*

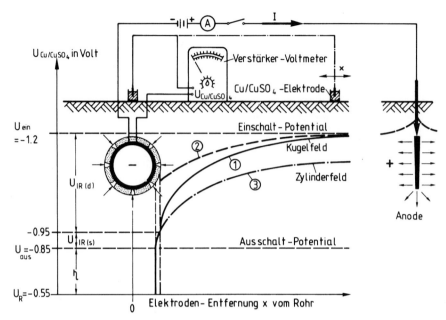

**Abb. 3-13.** Ohmscher Spannungsabfall an Fehlstellen in der Rohrumhüllung. (1) Kugelfeld;
(2) Spannungsabfall an der Erdoberfläche; (3) Zylinderfeld, $U_{IR}$ (s) = Spannungsabfall in der
Fehlstelle; $U_{IR}$ (d) = Spannungsabfall am Ausbreitungswiderstand.

fällt der Impuls jede 59. Sekunde aus. Diese Kennung wird für die synchrone Schaltung von Schutzanlagen genutzt.

Es empfiehlt sich, alle Geräte mit einem zusätzlichen Zeitschalter auszurüsten, damit während der nächtlichen Arbeitsruhe die Unterbrechung der Schutzstromabgabe
aufgehoben wird. Dadurch wird eine Verringerung des Schutzstromangebotes möglichst
klein gehalten, die bei einer Schaltzeit von 12 s *ein* und 3 s *aus* 20% beträgt. Das kann
bei Nachmessung langer Leitungssysteme, die oft mehrere Wochen dauern, von Bedeutung sein.

Bei der Auswertung der Meßergebnisse einer kathodisch geschützten Leitung, bei
der neben den Ein- und Ausschaltpotentialen auch die Rohrströme, die Widerstände an
Isolierstellen und zwischen Mantelrohr und Leitung ermittelt werden, sollten auch die
Schutzstromdichten und Umhüllungswiderstände der einzelnen Leitungsabschnitte berechnet werden. Die Meßergebnisse werden zur besseren Übersicht in Potentialpläne
eingetragen [36] (vgl. Abb. 3-23) oder geplottet.

Bei kathodisch geschützten Lagerbehältern müssen die Potentiale an mindestens
drei Stellen, und zwar am Anfang und Ende eines Behälters und am bzw. im Domschacht gemessen werden [37]. Wegen des im allgemeinen geringen Abstandes der
Fremdstromanoden zum Tankbehälter treten stark unterschiedlich polarisierte Bereiche
auf. Da Tankbehälter häufig unter Asphaltdecken liegen, empfiehlt es sich, Dauerbezugselektroden oder feste Meßstellen (Kunststoffrohre unter Straßenkappen) einzubauen. Diese sollten möglichst in den Bereichen eingebracht werden, die vom kathodischen Schutzstrom schlecht erreicht werden, wie z.B. zwischen zwei Tankbehältern

oder zwischen Tankwand und Hausfundament. Da bei Lagerbehältern im allgemeinen mehrere Anoden in Behälternähe eingebaut sind, können zwischen den unterschiedlich beanspruchten Anoden nach dem Ausschalten der Schutzanlage Ausgleichsströme fließen und die Potentialmessung verfälschen. In solchen Fällen empfiehlt es sich, auch die Anoden in der Ausschaltphase voneinander zu trennen.

### 3.3.7.3 Potentialmessung bei Streustrom-Beeinflussung

Bei Streustromeinfluß müssen meist mehrere, zeitlich sich ständig ändernde Meßgrößen synchron zueinander ermittelt werden, wozu sich Doppelschreiber am besten eignen. Digital anzeigende Meßgeräte sind nicht geeignet. Linienschreiber mit direkt anzeigenden Meßwerken können nicht für Potentialmessungen benutzt werden, da das zur Verfügung stehende Drehmoment des Meßwerkes zu klein ist, um die Reibung der Schreibfeder auf dem Papier zu überwinden. Zur Potentialregistrierung werden entweder Verstärkerschreiber oder Potentiometerschreiber benutzt. Bei Verstärkerschreibern wird ähnlich wie bei Verstärker-Voltmetern das Meßsignal in einen eingeprägten Strom umgewandelt und einem Meßwerk, bestehend aus Drehwinkelmotor mit Vorverstärker, zugeführt. Der Verstärker erzeugt ein erhöhtes Drehmoment, um bei den erforderlichen Auflagedrücken der Schreibstifte eine Einstellzeit von 0,5 s zu erreichen. Die Leistungsaufnahme bei Verstärkersschreibern beträgt ca. 3 W.

Bei Potentiometerschreibern mit Servomotor speist entsprechend Abb. 3-14 der Hilfsstrom $I_k$ eine Meßbrücke. Die zu messende Gleichspannung $U_x$ wird mit der Kompensationsspannung $U_k$ verglichen. Die Spannungsdifferenz wird in eine Wechselspannung umgewandelt, ca. $10^6$-fach verstärkt und der Steuerwicklung eines Servomotors zugeführt. Dieser bewegt den Schleifer S der Meßbrücke so lange nach links, bis die Differenzspannung $U_x - U_k$ null geworden ist. Die Stellung des Schleifers entspricht dann dem Wert der zu messenden Spannung, die kompensiert und auf dem Schreiber angezeigt wird. Potentiometerschreiber besitzen relativ kleine Einstellzeiten bis zu 0,1 s und eine hohe Einstellgenauigkeit von 2,5% vom Skalenendwert.

Der Papiertransport der Schreiber erfolgt durch Synchronmotoren mit einer Leistungsaufnahme von 2 bis 5 W. Bei sich schnell ändernden Meßwerten ist ein Papiervorschub von 600 mm h$^{-1}$, bei Streustrom-Schwankungen im allgemeinen ein Vorschub von 300 mm h$^{-1}$ günstig. Bei Registrierung über viele Stunden sind Vorschubgeschwindigkeiten von 120 oder 100 mm h$^{-1}$ vorteilhaft. Eine optische Auswertung von Registrierstreifen genügt, um neben Extremwerten die für Korrosionsschutzmessungen

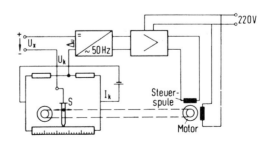

**Abb. 3-14.** Prinzip einer Kompensationsschaltung zur Registrierung von Potentialen mit Meßmotor (Erklärungen im Text).

wichtigen zeitlichen Mittelwerte zu erhalten. Im allgemeinen wird an einer Meßstelle nicht länger als 0,5 bis 1 h registriert. Gelegentlich auftretende Extremwerte oder nachts vorliegende Potentiale werden meist nicht geschrieben. Die Häufigkeit und die Dauer der Unterschreitung eines bestimmten Wertes, z.B. des Schutzpotentials, können mit einem Grenzwertzähler bestimmt werden.

Neben mechanischen Schreibern sind heute auch Datenlogger erhältlich, die in kurzen zeitlichen Abständen (z.B. 0,1 s) jeweils Meßwerte aufnehmen und in einem Datenspeicher ablegen. Die Daten können mit einem Rechner ausgelesen und in vielfältiger Weise ausgewertet werden.

Bei Streustromeinfluß können die in Abschn. 3.3.1 beschriebenen Umschaltmethoden nicht angewendet werden. Streustrom-Schutzanlagen werden im allgemeinen dort errichtet, wo die Rohrleitung das positivste Rohr/Boden-Potential besitzt. Bei Unterbrechen der Streustromableitung stellt sich hier relativ rasch ein zu positives, nicht *IR*-freies Streustromaustritt-Potential ein. In entfernten Gebieten wird immer ein zu negatives, nicht *IR*-freies Streustromeintritt-Potential gemessen. Die Ermittlung des *IR*-freien Rohr/Boden-Potentials in Streustromgebieten ist nur während der *Betriebsruhe der Streustrom-Verursacher* möglich [38]. Um positivere Potentiale als das Schutzpotential zu vermeiden, wird das Rohr/Boden-Potential in Streustromgebieten aus Sicherheitsgründen erheblich negativer eingestellt als bei nicht Streustrom-beeinflußten Anlagen. Anhand von Registrierungen kann festgestellt werden, an welchen Stellen bei Betriebsruhe *IR*-freie Rohr/Boden-Potentiale gemessen werden sollen. Werden dann an diesen Stellen Potentiale ermittelt, die negativer als das Schutzpotential sind, so ist vollständiger kathodischer Schutz anzunehmen.

Zur Bestimmung des *IR*-freien Potentials von kathodisch geschützten Rohrleitungen während des Betriebes von Streustrom-Verursachern kann mit Hilfe externer Meßproben der Polarisationszustand ermittelt werden (vgl. Abschn. 3.3.4).

### 3.3.7.4 Potentialmessung bei Wechselstromeinfluß

Bei kathodisch geschützten Rohrleitungen, die durch Hochspannung-Freileitungen oder elektrifizierte Eisenbahnstrecken beeinflußt werden, ist dem Rohr/Boden-Potential eine induzierte Wechselspannung überlagert. Diese kann die Potentialmessung erheblich verfälschen, wenn z.B. induzierte Wechselspannungen von einigen 10 V mit 50 oder $16\frac{2}{3}$ Hz der zu messenden Gleichspannung in der Größenordnung von 1 V überlagert sind [39]. Die Wechselspannungsdämpfung hängt vom Meßwerk, bei Verstärkervoltmetern von deren Schaltung ab. Ist sie nicht ausreichend, muß ein *RC*-Filter vorgeschaltet werden. Die Größe des Widerstandes $R_v$ und der Kapazität des Kondensators $C$ läßt sich mit ausreichender Näherung aus den Gleichungen

$$R_v = \frac{F}{100} R_i \tag{3-71}$$

und

$$C = \frac{A}{2 \pi f R_v} \tag{3-72}$$

berechnen [40]. Darin bedeuten:

$R_i$ der Innenwiderstand des Meßgerätes, $F$ der zugelassene Meßfehler in Prozent, $A$ der Abschwächungsfaktor, $R_v$ der Vorwiderstand und $f$ die Frequenz der überlagerten Wechselspannung.

Filter haben eine Zeitkonstante $\tau = R_v \cdot C$, die die Dämpfung des Meßgerätes vergrößert. Die Zeitkonstante hängt von der erforderlichen Abschwächung und der beeinflussenden Frequenz ab, nicht aber vom Innenwiderstand des Meßgerätes. Die Zeitkonstanten der Abschirmfilter liegen in der Größenordnung der Zeitkonstanten der elektrochemischen Polarisation, so daß Fehler bei der Ausschaltpotential-Messung vergrößert werden. Da sich bei der Hintereinanderschaltung von Abschwächungsfiltern die Zeitkonstanten addieren, die Abschwächungsfaktoren aber multiplizieren, ist es günstig, statt eines großen Filters mehrere kleine Filter hintereinander zu schalten. Bei digital messenden Geräten erfolgt meist eine zusätzliche digitale Filterung der Meßgrößen.

Es ist zu beachten, daß gegen Wechselspannung ausreichend unempfindliche Gleichspannungsmeßgeräte grundsätzlich Zeitmittelwerte anzeigen. In Hinblick auf Wechselstromkorrosion (vgl. Abschn. 4.4) haben diese Werte nur eine beschränkte Aussagekraft über die Korrosionsschutzwirkung.

Im Gegensatz zur Gleichspannung kann eine Wechselspannung mit Hilfe von *Erdspießen* als Elektroden gemessen werden, deren Übergangswiderstände zwar niedriger als die von Bezugselektroden nach Tabelle 3-1 sind, aber für die Messung mit Weicheisen- oder elektrodynamischen Meßwerken noch zu groß sein können. Daher empfiehlt es sich auch, bei Wechselspannungsmessungen Verstärkervoltmeter, Verstärkerschreiber oder elektronisch registrierende Meßgeräte (Datalogger) einzusetzen, die hohe Innenwiderstände, große Meßgenauigkeit und eine lineare Skala besitzen. In der Wechselstrom-Meßtechnik ist die Beachtung von Frequenz und Kurvenform wichtig. Im allgemeinen sind die Meßgeräte auf Effektivwerte für 50 Hz und Sinusform geeicht. Sie können daher bei abweichender Frequenz und Kurvenform (z.B. Phasenanschnittsteuerung) falsche Werte anzeigen. Kurvenform-Meßfehler lassen sich dadurch erkennen, daß in verschiedenen Meßbereichen unterschiedliche Meßwerte angezeigt werden.

## 3.4 Die Strommessung

### 3.4.1 Allgemeine Hinweise für Strommessungen

Die bei der Rohrstrom-Messung zu bestimmenden Spannungsabfälle liegen in der Größenordnung von 1 mV oder niedriger. Zur Messung so kleiner Spannungen eignen sich empfindliche Verstärker-Voltmeter, die in größeren Meßbereichen auch für die Potentialmessung benutzt werden. Auch die meisten für Korrosionsschutz-Messungen gebräuchlichen Potentiometerschreiber haben Meßbereiche von 1 mV. Diese besitzen im abgeglichenen Zustand einen Innenwiderstand von einigen MΩ, im nichtabgeglichenen Zustand von einigen kΩ. Bei der Verwendung von Verstärker-Voltmetern müssen über die Straße geführte Meßleitungen dicht nebeneinanderliegen oder verdrillt sein, um durch Magnetfelder von Kraftfahrzeugen induzierte Stromstöße zu vermeiden.

Spannungsabfälle in der Größenordnung von 0,1 mV liegen bereits im Bereich von Thermospannungen, die bei verschieden starker Sonneneinstrahlung an unterschiedlichen Metallen, z.B. zwischen Rohrleitung und Meßstäben, auftreten können. Bei Feuchtigkeit kann eine parallel wirkende Elementspannung den Meßwert verfälschen, wenn kein sauberer, niederohmiger Kontakt vorhanden ist. Die Widerstände von temporären Meßstrecken sollten daher grundsätzlich vor jeder Messung kontrolliert werden. Heute ist es üblich, feste Meßanschlüsse über Kabel auf Polklemmen in Schilderpfahl-Meß-stellen aufzulegen, wodurch schnell ein einwandfreier Kontakt erreicht werden kann (vgl. Abschn. 10.4.1.1.2). Bei freigelegten Rohrleitungen oder Armaturen lassen sich mit Meßspießen aus Metall, bei kleineren Rohrdurchmessern mit Akkumulator- oder Tischlerklemmen, gute Kontakte herstellen. Ein sicherer Kontakt bei Freileitungen wird mit Hilfe von Haftmagneten erreicht [41].

### 3.4.2 Die Rohrstrom-Messung

Neben der Potentialmessung ist die Messung von Strömen in der Rohrleitung hauptsäch-lich zur Fehlereinmessung beim kathodischen Schutz von großer Bedeutung. Wegen ih-res niedrigen Längswiderstandes (1 km Rohrleitung DN 700, Wanddicke 8 mm $\triangleq$ 10 m$\Omega$) kann der in der Rohrleitung fließende Strom nicht direkt gemessen werden, selbst wenn man z. B. an isolierenden Muffen oder bei Rohrtrennung ein Meßinstrument zwischen die elektrisch unterbrochene Rohrleitung schalten kann. Der Innenwiderstand eines nie-derohmigen 60-mV-Shunts würde 1 bis 10 m$\Omega$ betragen und damit in der Größenord-nung des Meßkreiswiderstandes liegen.

Kabelmantelströme bzw. Rohrströme werden deshalb indirekt nach dem Ohmschen Gesetz aus der Messung des Spannungsabfalls an einem Leitungsstück mit bekanntem Widerstand ermittelt. Aus der Widerstandsformel des linearen Leiters

$$R = \frac{\rho_{st}\, l}{S} \tag{3-73}$$

kann für den Rohraußendurchmesser $d_a$, Wanddicke $s$ und den Wandquerschnitt $S = \pi\, s\,(d_a - s)$ der Längswiderstandsbelag

$$R' = \frac{R}{l} = \frac{\rho_{st}}{S} = \frac{\rho_{st}}{\pi\, s\,(d_a - s)} \tag{3-74}$$

errechnet werden. Eine weitere Berechnungsmöglichkeit leitet sich aus der in Normen [42] angegebenen Rohrmasse pro Meter $m' = m/l = S\, \rho_s$ ab

$$R' = \frac{\rho_{st}}{S} = \frac{\rho_s\, \rho_{st}}{m'}, \tag{3-75}$$

dabei ist $\rho_s$ die spezifische Masse für Stahl.

Mit $\rho_{st} = 1{,}7 \cdot 10^{-5}\ \Omega$ cm und $\rho_s = 7{,}85$ g cm$^{-3}$ für Stahl folgt aus den Gl. (3-74) und (3-75):

$$\frac{R'}{\mu\Omega\ \text{m}} = \frac{10^{10}}{\pi}\ \frac{(\rho_{st}/\Omega\ \text{cm})}{\left(\dfrac{s}{\text{mm}}\right)\left(\dfrac{d_a - s}{\text{mm}}\right)} = \frac{5{,}4 \cdot 10^4}{\left(\dfrac{s}{\text{mm}}\right)\left(\dfrac{d_a - s}{\text{mm}}\right)}, \tag{3-74'}$$

$$\frac{R'}{\mu\Omega\ \text{m}} = 10^7\ \frac{(\rho_{st}/\Omega\ \text{cm})\,(\rho_s/\text{g cm}^{-3})}{(m'/\text{kg m}^{-1})} = \frac{1{,}33 \cdot 10^3}{(m'/\text{kg m}^{-1})}. \tag{3-75'}$$

**Tabelle 3-5.** Spezifische elektrische Widerstände $\rho_{st}$ von Leitungsrohr-Stählen in $\mu\Omega$ m bei 20 °C nach [43].

| Stahl | X 52 | X 52 | X 60 | X 60 | X 60 | X 70 | X 70 | X 80 | X 80 |
|-------|------|------|------|------|------|------|------|------|------|
| $\rho_{st}$ | 0,224 | 0,229 | 0,239 | 0,231 | 0,231 | 0,256 | 0,260 | 0,284 | 0,263 |

Die spezifischen elektrischen Widerstände sind im allgemeinen werkstoff- und temperaturabhängig. Tabelle 3-5 enthält einige Daten für Leitungsrohr-Stähle. Alle Stahlgüten sind mikrolegiert. Die Güten ab X 60 sind thermomechanisch erstellt. Die chemische Zusammensetzung ist in [43] angegeben. Für Gußwerkstoffe liegen die Werte mit 0,7 bis 1,0 $\mu\Omega$ m etwas höher [44].

Die nach den Gl. (3-74) und (3-75) errechneten Werte gelten nur für verschweißte Rohrleitungen. Dehner, Armaturen, Schraub- oder Stemmuffen können den Längswiderstand einer Rohrleitung ganz erheblich erhöhen und müssen daher für den kathodischen Schutz meist überbrückt werden.

Die übliche Rohrstrom-Meßstrecke von 30 m besitzt bei DN 700 einen Widerstand von ca. 0,3 m$\Omega$. Bei einer noch gut meßbaren Spannung von 0,1 mV läßt sich ein Strom $\geq 0,3$ A noch mit ausreichender Genauigkeit bestimmen. Für Rohrstrom-Meßstrecken über DN 700 reichen im allgemeinen 50 m Länge aus. Da bei nahtlosen Stahlrohren die Wanddicken über 10 %, bei geschweißten Rohren um 5 % schwanken können und die spezifische Leitfähigkeit des verwendeten Stahls häufig nicht genau bekannt ist, empfiehlt es sich, bei längeren Rohrleitungen Eichstrecken einzubauen. Hierzu können die in Abschn. 10.4.1.1.2 beschriebenen Rohrstrom-Meßstellen etwas abgewandelt werden. Zur genauen Eichung von Rohrstrom-Meßstrecken sind getrennte Zuleitungen für Stromeinspeisung und Spannungsmessung in ausreichendem Abstand erforderlich. An Wegen, an denen man oberirdische Meßleitungen gut auslegen kann, sollten für Eichmeßstrecken über größere Abstände (etwa 100 m) je zwei Meßstellen mit Meßanschlüssen von 1 m Abstand eingerichtet werden.

Abb. 3-15 zeigt die Stromlinien und Potentialverteilung an einem Rohr DN 80 mit 3,5 mm Wanddicke bei einer Stromeinspeisung von 68 A. Da das Rohr relativ kurz war, konnte nach rechts kein Rohrstrom weiterfließen. Bereits 15 cm nach links wird praktisch kein Abweichen von dem linear abnehmenden Spannungsabfall in der Rohrleitung mehr festgestellt. Als Abstand getrennter Meßleitungen für Strom- und Spannungsmessungen sind also 2 Rohrdurchmesser ausreichend. Bei kurzen Aufgrabungen kann auch durch Versetzen der Anschlüsse um jeweils 45° nach rechts und links eine Verbesserung erreicht werden [45].

### 3.4.3 Die Messung der Schutzstromdichte und des Umhüllungswiderstandes

Die Ermittlung des Schutzstrombedarfs kann nur im stationären Zustand, also an längere Zeit kathodisch geschützten Objekten erfolgen. Wirken zwei Schutzanlagen auf den zu messenden Leitungsabschnitt ein, so müssen beide Anlagen mit Hilfe von Unterbrechern zeitweise ausgeschaltet werden. Meist wird außer der Schutzstromdichte auch der Ohmsche Spannungsabfall an den Fehlstellen im Boden bestimmt. Daraus läßt

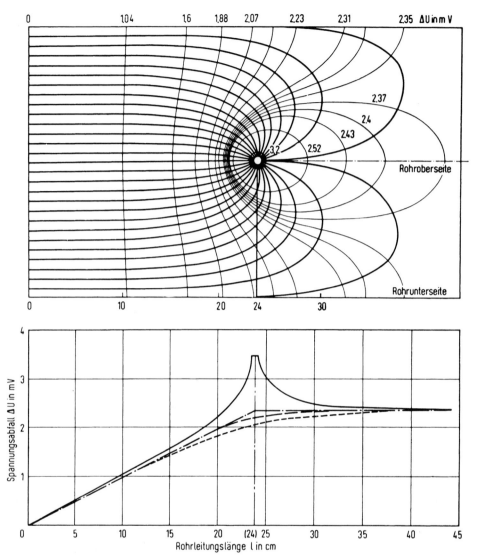

**Abb. 3-15.** Strom- und Spannungsverteilung an einer Rohrleitung DN 80 mit Stromzuführung bei der Leitungslänge $l = 24$ cm; Ohmscher Spannungsabfall im unteren Bild: Rohroberseite (—), Rohrmitte (- · - · -), Rohrunterseite (---).

sich der scheinbare Umhüllungswiderstand der Rohrleitung errechnen. Dieser entspricht der Summe der parallel geschalteten Erdausbreitungswiderstände der Fehlstellen in der Umhüllung (vgl. Abschn. 5.2.1.2). Durch Auftragen der Rohrströme längs der Trasse lassen sich oft deutlich Kontakte mit fremden Leitungen erkennen, vgl. Abschn. 3.6 mit Abb. 3-23.

Das Verfahren zur Bestimmung der Schutzstromdichte und des mittleren Umhüllungswiderstandes sei anhand von Abb. 3-16 erläutert. An der Einspeisestelle wird über

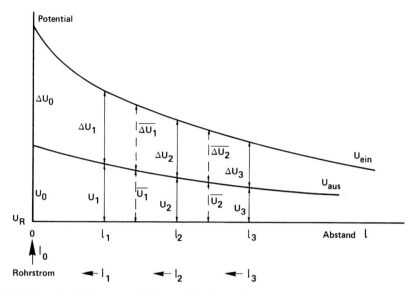

**Abb. 3-16.** Ermittlung der Schutzstromdichte und des Umhüllungswiderstandes einer Rohrleitung (Erklärungen im Text).

die Anode einer Fremdstrom-Anlage oder eines Hilfserders der Strom $2\,I_0$ eingespeist und periodisch unterbrochen. Bei symmetrischer Stromverteilung fließt von jeder Rohrleitungsseite der Strom $I_0$ zurück. Wegen des geringen Längswiderstandes verschweißter Rohrleitungen nimmt bei guter Umhüllung der Rohr/Boden-Potentialabfall nur sehr langsam ab. Nach Vorschlägen der *NACE* kann ein Mittelwert linear approximiert werden [45, 46]. Dies gilt besonders dann, wenn die Meßstellenabstände $l_1$, $l_2$ und $l_3$ klein gegenüber der Schutzbereichslänge $L$ sind. An Meßstellen im Abstand $\Delta l = 1$ bis 2 km wird der in die Rohrleitung fließende Strom $I_1$, $I_2$, $I_3$ ... $I_n$ gemessen und der im jeweiligen Abschnitt zwischen den Meßstellen eintretende Strom

$$\Delta I_n = I_n - I_{n+1} \tag{3-76}$$

errechnet. Dieser eintretende Strom verursacht im Erdboden an den Fehlstellen der Rohrumhüllung die mit $\Delta U_1$, $\Delta U_2$, $\Delta U_3$ ... $\Delta U_n$ bezeichneten Ohmschen Spannungsabfälle, aus denen die Mittelwerte

$$\overline{\Delta U_n} = \frac{1}{2}(\Delta U_n + \Delta U_{n+1}) \tag{3-77}$$

für jeden Meßabschnitt der Länge $l$ gebildet werden. Aus diesen folgt der spezifische Umhüllungswiderstand, der nach Abschn. 5.2.1.2 einem mittleren Fehlstellenwiderstand entspricht, zu:

$$r_u = \frac{\overline{\Delta U_n}}{\Delta I_n}\,S, \tag{3-78}$$

hierbei ist $S$ die Oberfläche der Rohrleitung im Meßabschnitt. Der Umhüllungswiderstand ist nicht nur von der Größe und der Anzahl der Verletzungen in der Umhüllung, sondern auch vom spezifischen Bodenwiderstand abhängig.

Die mittlere Schutzstromdichte berechnet sich nach Gl. (3-79) zu

$$\overline{J_s} = \frac{\Delta I_n}{S} \tag{3-79}$$

## 3.5  Die Widerstandsmessung

Die Widerstände in und von Elektrolytlösungen werden ausschließlich mit nieder- oder tonfrequentem Wechselstrom gemessen, um das Ergebnis nicht durch Polarisationseffekte zu verfälschen. Die Messung erfolgt meist vierpolig, wodurch Spannungen an den Ausbreitungswiderständen der Meßelektroden eliminiert werden.

### 3.5.1  Widerstandsmeßgeräte

Zur Bodenwiderstandsmessung werden handelsübliche Erdungsmesser mit vier Anschlußklemmen benutzt. Der Meß-Wechselstrom wird mit Hilfe einer Zerhacker- oder Transistorschaltung erzeugt. Das Prinzip einer Widerstand-Kompensationsbrücke zeigt Abb. 3-17. Der vom Wechselstromgenerator erzeugte Meßstrom $I$ fließt über einen Transformator und die beiden Elektroden A und B durch den Erdboden. Die Transformatorwicklung erzeugt im Vergleichswiderstand R einen dem Meßstrom proportionalen Strom. Bei gleichen Windungszahlen fließt im Vergleichswiderstand R der gleiche Strom wie im Erdboden. Der Spannungsabfall $U$ zwischen den beiden Meßsonden C und D wird mit der am Widerstand R abgegriffenen Spannung verglichen. Als Nullanzeiger dient ein Drehspulgalvanometer N, für das die Wechselspannung durch einen zum Generator synchron arbeitenden Kontaktgleichrichter gleichgerichtet wird. Die Einstellung am Vergleichswiderstand R wird so lange verschoben, bis das Galvanometer null anzeigt. Dann ist der Spannungsabfall am Vergleichswiderstand genau so groß wie die Spannung $U$ zwischen den beiden Sonden C und D. Der abgegriffene Teilwiderstand entspricht dem zu messenden Widerstand $R = U\,I^{-1}$ zwischen den Sonden im Erdboden und läßt sich an der Potentiometereinstellung ablesen. Andere Meßbereiche er-

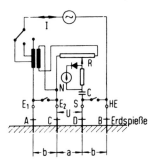

**Abb. 3-17.** Schaltung eines Meßgerätes zur Ermittlung des scheinbaren spezifischen Erdbodenwiderstandes nach dem *Schlumberger*-Verfahren.

geben sich durch Umschalten des Transformators auf andere Windungszahlverhältnisse. Die Mikroelektronik hat die Entwicklung digital anzeigender, automatischer Geräte er- möglicht. Da diese Geräte sehr wenig wechselspannungsempfindlich sind, können sie vorteilhaft bei hochspannungsbeeinflußten Rohrleitungen eingesetzt werden.

Bei der vierpoligen Messung verursachen Übergangswiderstände an Sonden und Hilfserdern wegen der getrennten Strom- und Spannungszuleitung keine Meßfehler. Bei sehr hohen Übergangswiderständen kann höchstens die Empfindlichkeit des Galvano- meters für einen Nullabgleich nicht mehr ausreichen. Da das Drehspulgalvanometer auf äußere, evtl. im Boden vorhandene Gleichspannungen anspricht, ist ein Kondensator C vorgeschaltet. Auch fremde Wechselspannungen von $16\frac{2}{3}$ Hz oder 50 Hz können das Meßergebnis nicht beeinflussen, da die Meßfrequenz der Wechselstrom-Meßbrücken mit Zerhackern bei 108 Hz, die von Transistorschaltungen etwa bei 135 Hz liegt. Die erste Oberwelle kathodischer Schutzgleichrichter in Brückenschaltung (100 Hz) erzeugt meist deutliche Schwebungen. Bei nicht allzu großen Amplituden ist aber auch hierbei noch ein Nullabgleich durch Einstellen gleicher Ausschläge beiderseits vom Nullpunkt möglich. Grundsätzlich können alle vierpoligen Widerstandsmeßgeräte durch Zusam- menschalten der beiden Klemmen $E_1$ und $E_2$ auch zur Messung von Ausbreitungswi- derständen benutzt werden.

Die Ausbreitung bzw. die Eindringtiefe des elektrischen Stromes in Leitern ist nach Gl. (3-80) vom spezifischen elektrischen Widerstand und von der Frequenz abhängig. Die Eindringtiefe $t$ ist hierbei die Entfernung, bei der die Feldstärke auf den e-ten Teil abgefallen ist, $\mu_r$ ist die relative Permeabilität [47]:

$$t = \sqrt{\frac{\rho}{2\pi f \mu_0 \mu_r}},$$
(3-80)

für Erdböden mit $\mu_r = 1$ gilt:

$$\frac{t}{\mathrm{m}} = 500 \sqrt{\frac{\rho/\Omega\mathrm{m}}{f/s^{-1}}}.$$
(3-80')

Die Gl. (3-80) gilt nicht für Leitersysteme aus mehreren Leiterphasen, z.B. Stahlrohr- leitung im Erdboden. Hierzu zeigt Abb. 3-18 ein Beispiel mit Meßwerten (3).

Für Elektrodenabstände bis zu 100 m und die übliche Meßfrequenz von 110 Hz lie- gen Frequenzeinflüsse innerhalb der Meßgenauigkeit. Zweipolige Widerstandsmeß- brücken arbeiten meist mit Tonfrequenz (800 bis 2000 Hz) und ergeben dann stark ab- weichende Werte. Zur Messung der Ausbreitungswiderstände kleiner Teile ausgedehn- ter Anlagen eignet sich ein Erdungsmeßgerät mit 25 kHz [48]. Bei kunststoffumhüll- ten Mantelrohren kann aber der kapazitive Widerstand kleiner als der Ohmsche Aus- breitungswiderstand von Fehlstellen werden, der sich dann besser mit ein- und ausge- schaltetem Gleichstrom messen läßt.

### 3.5.2 Messung des spezifischen Bodenwiderstandes

Für die Messung des spezifischen Bodenwiderstandes gibt es eine direkte und eine in- direkte Methode. Die direkte Methode wird an entnommenen Bodenproben mit Hilfe einer Meßzelle nach Abb. 3-19 im Laboratorium durchgeführt. Dabei wird der Wider-

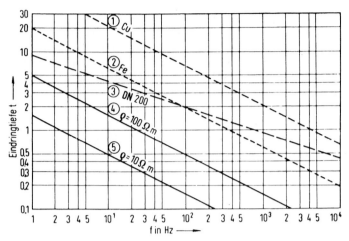

**Abb. 3-18.** Eindringtiefe $t$ von Wechselstrom in Abhängigkeit von der Frequenz $f$. (1) bzw. (2) für Kupfer bzw. Stahl; $t$ in mm; (3) für eine Rohrleitung aus Stahl DN 200 sowie (4) und (5) für Erdböden: $t$ in km.

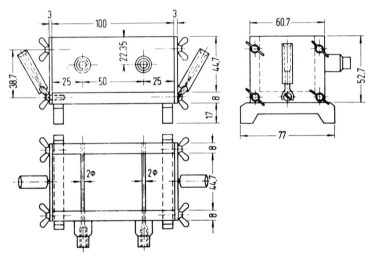

**Abb. 3-19.** Bodenwiderstand-Meßzelle (soil box) zur Bestimmung des spezifischen Erdboden-widerstandes (Maße in mm).

stand eines Bodenkörpers der Querschnittsfläche $S$ und der Länge $l$ gemessen und aus diesem der spezifische Widerstand ermittelt nach:

$$\rho = R\frac{S}{l} = \frac{U\,S}{I\,l}.$$
(3-81)

Die indirekte Methode wird mit einer Anordnung nach Abb. 3-17 im Feld durchgeführt. In beiden Fällen wird zur Messung Wechselstrom eingesetzt, um Polarisationseffekte zu unterdrücken.

Für die Messungen in der Meßzelle (soil box) ist zu bedenken, daß die Entnahme von Bodenproben stets mehr oder weniger starke Veränderungen des ursprünglichen Zustandes bewirken kann, was sich auch auf den Widerstand auswirkt. Die Boden-Widerstandsmessung in der Meßzelle gibt nur bei gut bindigen Böden genaue Werte. Jedoch läßt sich auch die Größenordnung des spezifischen Bodenwiderstandes leicht bindiger Böden noch annähernd genau bestimmen, wenn der Übergangswiderstand der Seitenflächen durch Anwendung des Vier-Elektroden-Verfahrens ausgeschaltet wird. Strom- und Spannungszuführungen erfolgen hierbei entsprechend der *Wenner*-Methode [49] getrennt. Bei homogener Stromverteilung gilt ebenfalls Gl. (3-81), wenn man für $l$ den Abstand der inneren Elektroden einsetzt [50].

Das für die Messung des Erdbodenwiderstandes am häufigsten angewandte indirekte Verfahren mit Hilfe der Vier-Elektroden-Meßanordnung nach Abb. 3-17 wird im Abschn. 24.3.1 näher beschrieben. Meßwerte sind der zwischen den Elektroden A und B eingespeiste Strom $I$ und die zwischen den Elektroden C und D gemessene Spannung $U$. Der spezifische Bodenwiderstand folgt dann aus Gl. (24-41). Für eine übliche Meßanordnung nach dem *Wenner*-Verfahren mit gleichen Elektrodenabständen $a = b$ folgt aus Gl. (24-41)

$$\rho = 2\,\pi\,a\,\frac{U}{I} = 2\,\pi\,a\,R = F_0\,R \quad (\text{mit } F_0 = 2\,\pi\,a). \tag{3-82}$$

Wenn der spezifische elektrische Bodenwiderstand sich in vertikaler Richtung in der Tiefe $t$ ändert, wird ein scheinbarer spezifischer Widerstand gemessen, der recht kompliziert aus den Widerstandswerten der oberen und unteren Schichten zusammengesetzt ist. Abb. 3-20 zeigt hierzu das Verhältnis des scheinbaren Wertes $\rho$ zum Wert der oberen Bodenschicht $\rho_1$ in Abhängigkeit von dem Verhältnis der Bodenwiderstände $\rho_1/\rho_2$ für verschiedene Verhältnisse $a/t$ [51]. Es ist zu erkennen, daß der Einfluß der unteren Bodenschicht erst bei $a > t$ bemerkbar wird. Es ist kaum möglich, den wahren Wert der

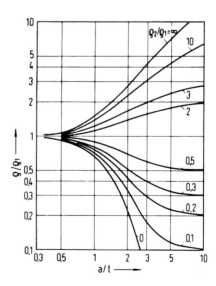

**Abb. 3-20.** Scheinbarer spezifischer elektrischer Erdbodenwiderstand $\rho$ bei zwei verschiedenen Bodenschichten mit den spezifischen Widerständen $\rho_1$ und $\rho_2$ (Erklärungen im Text).

unteren Schicht zu ermitteln, da selbst bei $a/t = 5$ und $\rho_2/\rho_1 = 10$ erst etwa der halbe Betrag des Bodenwiderstandes $\rho_2$ der unteren Schicht gefunden wird. Bei der Bestimmung der Bodenwiderstände sollten veränderliche Werte für $a$ mindestens bis zur Unterkante des zu verlegenden Objektes gewählt werden.

Nach dem *Wenner*-Verfahren werden hauptsächlich die Bodenwiderstände längs geplanter Rohrleitungstrassen und Einbauorte für Fremdstromanoden ermittelt. Örtlich begrenzte Bodenwiderstände lassen sich grundsätzlich am deutlichsten aus dem Ausbreitungswiderstand eines eingeschlagenen *Shepard*-Stabes, vgl. Abb. 3-21 bestimmen. Eine Bodenschichtung ist aber auch aus der Messung des scheinbaren spezifischen Bodenwiderstandes $\rho$ nach dem *Wenner*-Verfahren zu erkennen, wenn $a$ verändert wird.

Da die *Wenner*-Formel, Gl. (24-41), für halbkugelförmige Elektroden abgeleitet wurde, tritt bei Einstichelektroden ein Meßfehler auf. Damit dieser 5% nicht überschreitet, muß die Einstichtiefe kleiner als $a/5$ sein. Bei Frost steigt der Bodenwiderstand sehr stark an. Während man die Elektroden durch dünne Frostschichten noch ohne großen Fehler durchstecken kann, sind Bodenwiderstandsmessungen von tiefer als 20 cm gefrorenen Böden praktisch unmöglich.

Mit der von der Erdoberfläche ausgeführten Vier-Elektroden-Messung wird stets ein mittlerer spezifischer Bodenwiderstand eines größeren Meßbereichs erfaßt. Der Widerstand einer relativ eng begrenzten Bodenschicht oder Tonlinse läßt sich nur durch Einbringen einer Einstichelektrode messen. Abb. 3-21 gibt Abmessungen und Formfaktoren $F_0$ für verschiedene Elektroden wieder.

Die einfachste Ausführung einer Einstichelektrode stellt der *Shepard*-Stab von Abb. 3-21 a dar, wobei die rechte Meßelektrode nur als Hilfserder benutzt wird und mit der linken Elektrode der Ausbreitungswiderstand der isoliert angebrachten Edelstahlspitze gemessen wird, der dem spezifischen Bodenwiderstand proportional ist. Beim *Columbia*-Stab (Abb. 3-21 b) wird der Schaft des eingeschlagenen Stabes als Gegenelektrode benutzt. Da der Schaft beim Einschlagen meist schwingt, ergibt dieses Meßverfahren leicht zu hohe Werte. Bei beiden Verfahren wird nämlich vorausgesetzt, daß die Stahlspitze sich stets in gutem Kontakt mit dem Boden befindet; wenn dies nicht der Fall ist, werden zu hohe Werte vorgetäuscht. Um Meßfehler an der Elektrodenspitze auszuschalten, sind Strom- und Spannungselektroden bei dem *Wenner*-Stab nach

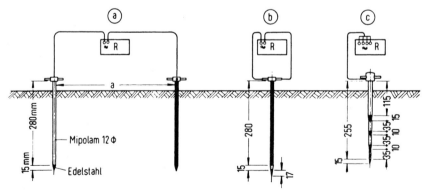

**Abb. 3-21.** Anordnung und Größe von Einstich-Elektroden (Maße in mm): (a) *Shepard*-Stab ($F_0 = 5,2$ cm); (b) *Columbia*-Stab ($F_0 = 3,4$ cm); (c) *Wenner*-Stab ($F_0 = 38$ cm).

Abb. 3-21c voneinander getrennt. Für den *Wenner*-Stab gilt anstelle der Gl. (3-82) wegen der Stromausbreitung im Vollraum:

$$\rho = 4\,\pi\,a\,R\,. \tag{3-83}$$

Da der *Wenner*-Stab mechanisch etwas empfindlich ist, wird er nur in lockeren Böden oder in Bohrlöchern benutzt. Bei allen Meßstäben ist der spezifische Bodenwiderstand gleich dem Produkt aus dem gemessenen Wechselstromwiderstand und dem Formfaktor $F_0$, der durch Eichen ermittelt wird.

Das Ergebnis der Boden-Widerstandsmessung kann durch im Boden liegende, unbeschichtete Metallteile beeinflußt werden. Besonders in stark bebautem Stadtgebiet und in Straßen werden gelegentlich zu kleine Werte gemessen. Messungen parallel zu einer gut umhüllten Rohrleitung oder zu kunststoffumhüllten Kabeln ergeben jedoch keine merklichen Unterschiede. Bei Messungen im Stadtgebiet empfiehlt es sich, möglichst zwei senkrecht zueinander stehende Meßrichtungen zu wählen und bei der Auswahl von Bodenbereichen für Fremdstrom-Anoden evtl. mit größeren Elektrodenabständen von z.B. 1,6, 2,4, und 3,2 m zu messen [52].

### 3.5.3 Messung des Ausbreitungswiderstandes

Die Messung des Ausbreitungswiderstandes, z. B. von galvanischen Anoden oder Fremdstrom-Anoden, erfolgt nach der Drei-Elektroden-Methode. Dabei wird nach Abb. 3-22 der Meßstrom über den zu messenden Erder und Hilfserder eingespeist und die Spannung zwischen Erder und Sonde gemessen. Der Hilfserder soll etwa 4mal (40 m), die Sonde etwa 2mal (20 m) soweit entfernt sein wie die Ausdehnung des Erders.

Liegen die Ausbreitungswiderstände von Meßobjekt und Hilfserder in derselben Größenordnung (Abb. 3-22, Kurve a), so ergibt sich der genaueste Wert, wenn die Sonde etwa in der Mitte (neutrale Zone) zwischen beiden Erdern steht. Meist ist jedoch der Ausbreitungswiderstand des zu messenden Erders niedriger als der des Hilfserders (Kurve b), z.B. bei der Verwendung kurzer Erdspieße. Dann kann es zweckmäßig sein,

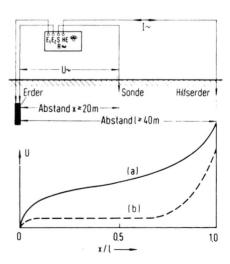

**Abb. 3-22.** Messung des Ausbreitungswiderstandes eines Erders (Erklärungen im Text).

die Sonde näher zum Erder als zum Hilfserder zu setzen. Grundsätzlich werden bei zu kleinen Sondenabständen vom Erder zu geringe Ausbreitungswiderstände, bei zu großen Abständen und Annäherung an den Spannungstrichter des Hilfserders zu große Widerstände gemessen. Als Hilfserder können auch andere, begrenzte Erder (z. B. Zaunpfähle, Eisenmasten usw.) verwendet werden. Ausbreitungswiderstände der üblichen Erder- und Anodenformen sowie der Verlauf ihres Spannungstrichters an der Erdoberfläche sind in Abschn. 9.1 und in Tabelle 24-1 angegeben.

## 3.6 Fehlerortung

### 3.6.1 Fehlerortung bei Rohrleitungen

Ältere Rohrleitungen besitzen häufig zahlreiche Berührungen mit fremden Rohrleitungen, Kabeln oder anderen geerdeten Anlagen, die erst nach Einschalten des kathodischen Schutzes bemerkt werden. Aber auch bei neuen Rohrleitungen kommen immer wieder Überbrückungen von Isolierstücken, Kontakte mit fremden Rohrleitungen oder Kabeln, Mantelrohrberührungen, Verbindungen mit Erdern elektrischer Anlagen oder Berührungen mit Brückenkonstruktionen und Spundwänden vor. Niederohmige Berührungen, die oft den kathodischen Schutz der ganzen Rohrleitungsabschnitte unmöglich machen, können mit Gleich- oder Wechselstrom-Messungen geortet werden [53, 54].

Im allgemeinen wird sich aus dem Verlauf der Einschalt- und Ausschaltpotentiale bzw. aus dem Potentialunterschied längs der Rohrleitung ergeben, ob und wenn ja welche Fehler das Erreichen des Schutzpotentials verhindern. Wenn Art und Alter der Rohrumhüllung bekannt sind, kann der Schutzstrombedarf der Rohrleitung nach Erfahrungswerten abgeschätzt werden (vgl. Abb. 5-3). Abb. 3-23 zeigt den Verlauf des Ein- und Ausschaltpotentials eines ca. 9 km langen Rohrleitungsabschnittes DN 800 mit 10 mm Wanddicke. Am Ende der Rohrleitung ist bei km 31,84 ein Isolierstück eingebaut. Bei km 22,99 besitzt die Rohrleitung eine kathodische Schutzanlage. Zwischen Schutzanlage und Endpunkt der Rohrleitung befinden sich 4 Rohrstrom-Meßstellen. Die eingetragenen Schutzstromdichten und Umhüllungswiderstände der einzelnen Rohrleitungsabschnitte sind entsprechend den Gl. (3-78) und (3-79) errechnet worden. In der obersten Abbildung sind die Werte der Schutzstromdichten und Umhüllungswiderstände auf den einzelnen Abschnitten zwischen Schutzanlage und Isolierstück ungefähr gleich groß. Hierbei fließen ca. 25% des eingespeisten Schutzstromes vom Isolierstück zum Minuspunkt der Schutzanlage zurück.

Im unteren Teil der Abb. 3-23 sind aus dem Potentialverlauf und den Rohrströmen Fehlerart und ungefährer Fehlerort zu erkennen. Nur im Bereich der Schutzanlage wird durch den anodischen Spannungstrichter ein Ausschaltpotential negativer als $U_s$ erreicht. Die Schutzstromabgabe der Schutzanlage mußte um 50% erhöht werden. Hiervon kommen jetzt 75% des Stromes aus Richtung des Isolierstückes. Während bei km 26,48 fast der gesamte Strom noch als Rohrstrom ermittelt wird, fließt bei km 27,21 nur noch ein kleiner Strom von 80 mA. Das bedeutet, daß zwischen diesen beiden Meßstellen der gesamte Strom über einen Kontakt mit einer niederohmig geerdeten Anlage in die Rohrleitung eintritt. Die Schutzstromdichten sind für die einzelnen Abschnitte erheblich niedriger gegenüber den Werten ohne Berührung, außer in dem Bereich, in

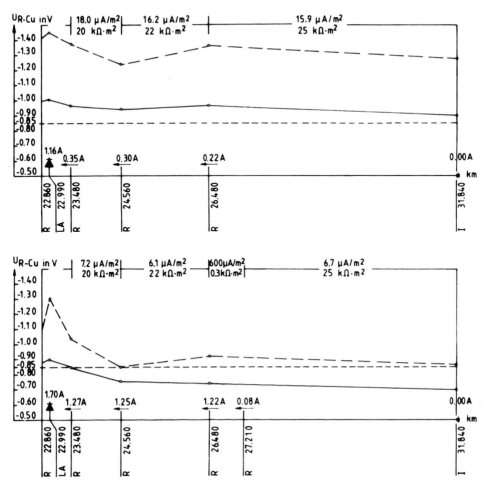

**Abb. 3-23.** Potentialverlauf und Rohrströme an einer kathodisch geschützten Rohrleitung ohne Fremdkontakt (*oberes Bild*) bzw. mit Fremdkontakt (*unteres Bild*); ○---○ $U_{ein}$, ○——○ $U_{aus}$ (Erklärungen im Text).

dem die Berührung mit der fremden Anlage aufgetreten ist. Auf diesem Abschnitt ist der Umhüllungswiderstand scheinbar entsprechend gering. Für die übrigen Abschnitte ergeben sich Umhüllungswiderstände in der gleichen Größenordnung wie ohne Berührung. Läge eine Überbrückung des Isolierstückes vor, ergäben sich ähnliche Potentialwerte, aber ein größerer Rohrstrom bei km 27,21.

Durch Rohrstrom-Messungen lassen sich Kontakte mit anderen Rohrleitungen oder Erdern bis auf einige 100 m eingrenzen. Kontakte mit fremden Rohrleitungen oder Kabeln kann man auch durch Potentialmessung an den Armaturen anderer Rohrleitungen finden, während der Schutzstrom der kathodisch geschützten Rohrleitung ein- und ausgeschaltet wird. Während das Potential nicht angeschlossener Rohrleitungen bei Schutzstrom-Einschaltung positivereWerte annehmen kann, wird der kathodische Schutzstrom in eine mit der kathodisch geschützten Rohrleitung verbundenen Leitung ebenfalls eintreten und damit das Potential absenken. Wenn die berührende Leitung auf diese Weise nicht gefunden wird, kann eine Fehlerortung mit Gleichstrom oder mit Wechselstrom versucht werden.

### 3.6.2 Messung von Fremdkontakten

#### 3.6.2.1 Ortung mit Gleichstrom

Die Ortung nach dem Gleichstromverfahren beruht auf der Anwendung des Ohmschen Gesetzes. Es wird vorausgesetzt, daß wegen der guten Rohrumhüllung in der Meßstrecke praktisch kein Strom aufgenommen wird und daß der Längswiderstandsbelag $R'$ bekannt ist. Wenn der zur Fehlerortung eingespeiste Strom $I$ den direkten Weg über die Fremdleitung in die zu schützende Rohrleitung nimmt, ergibt sich die Fehlerentfernung aus dem über der Meßstrecke ermittelten Spannungsabfall $\Delta U$:

$$l_x = \frac{\Delta U}{I\,R'}. \tag{3-84}$$

Diese Vereinfachung ist aber nur bei einer sehr niederohmigen Berührung und falls kein anderer Strom in der Rohrleitung fließt, zulässig. Andernfalls müssen die außerhalb der Meßstrecke in der Rohrleitung fließenden Ströme getrennt gemessen und in der Rechnung berücksichtigt werden. Dies erfolgt indirekt auch bei der Ortung eines Kontaktes mit einer unbekannten Leitung. Abb. 3-24 zeigt die erforderlichen Rohrstrom-Messungen vor und hinter der vermuteten Kontaktstelle, woraus sich mit $U' = U\,l^{-1} = I\,R'$ die Berechnung der Fehlerentfernung ergibt [29]:

$$l_x = \frac{\Delta U_2 - I_1\,l_2\,R'}{I_F\,R'} = \frac{(U'_2 - U'_1)\,l_2}{U'_3 - U'_1}. \tag{3-85}$$

Auch zur Fehlerortung von Berührungen zwischen Mantelrohr und Rohrleitung hat sich das Gleichstromverfahren bewährt. Unbeschichtete Mantelrohre können bei einem niederohmigen Kontakt mit der Transportleitung den kathodischen Schutz unmöglich machen [55]. Ist die Fehlerstelle nach Gl. (3-84) grob eingemessen, wird man das Mantelrohr an dieser Stelle, falls möglich, freilegen. Da an der Kontaktstelle der Strom aus dem Mantelrohr zur Rohrleitung übertritt, ergibt sich die in Abb. 3-25 rechts oben angegebene Potentialverteilung. Durch Abgriff des Spannungsabfalls von der Rohroberfläche mit zwei Meßsonden kann die Berührungsstelle genau lokalisiert werden [56].

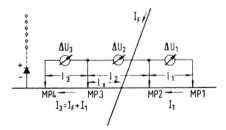

**Abb. 3-24.** Fehlerortung bei Berührung mit einer unbekannten Rohrleitung (Erklärungen im Text).

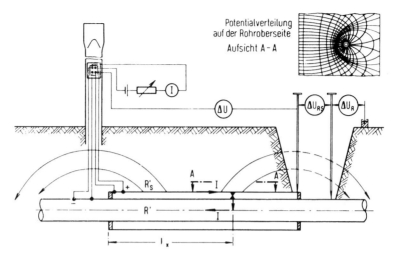

**Abb. 3-25.** Fehlerortung bei Berührung zwischen Rohrleitung und Mantelrohr
(Erklärungen im Text).

### 3.6.2.2 *Ortung mit Wechselstrom*

Diese Ortung wird zwar leicht durch parallel verlaufende Rohrleitungen oder Hochspannungsbeeinflussung gestört, sie ist jedoch im allgemeinen schneller und bequemer durchzuführen; zumindest gestattet sie eine rasche Übersicht. Sie nutzt die induktive Wirkung des elektromagnetischen Feldes eines in der Rohrleitung fließenden Tonfrequenzstroms aus. Ein Tonfrequenzgenerator (1 bis 10 kHz) erzeugt mit Hilfe eines Zerhackers über einen Anpassungswiderstand eine Spannung bis zu 220 V zwischen Rohrleitung und einem 20 m davon entfernten Erdungsstab, durch die ein entsprechender Suchstrom über den Erdboden in die Rohrleitung fließt. Als Empfänger dient eine Suchspule, in der das elektromagnetische Feld des in der Rohrleitung fließenden Wechselstroms eine Spannung induziert. Diese wird über einen Verstärker in einem Kopfhörer hörbar gemacht. Der Empfänger enthält einen selektiven Durchlaßfilter für die Suchfrequenz von 1 bis 10 kHz, durch den Störspannungen von 50 bzw. $16\frac{2}{3}$ Hz im Verhältnis 1 : 1000 oder mehr abgeschwächt werden [57].

Abb. 3-26 zeigt die Ortung der Lage einer Rohrleitung. Die in der Suchspule induzierte Spannung ist am geringsten, wenn die Kraftlinien senkrecht zur Spulenachse verlaufen. Die Suchspule befindet sich dann genau über der Rohrleitung. Eine kleine seitliche Verschiebung genügt, um eine Komponente der Kraftlinien in Richtung der Spulenachse zu erhalten. Hierdurch wird eine Spannung induziert, die nach entsprechender Verstärkung im Kopfhörer oder Lautsprecher als Suchton wahrgenommen wird. Die Lautstärke ist im oberen Teil von Abb. 3-26 als ausgezogene Kurve *a* dargestellt. Diese Methode wird als Minimumverfahren bezeichnet. Sie gestattet ein genaues Orten der gesuchten Rohrleitung. Stellt man die Suchspule in einem Winkel von 45° ein, so liegt das Minimum in einer Entfernung neben der Rohrleitungsachse, die der Tiefe der erdverlegten Rohrleitung entspricht (gestrichelte Kurve *b*).

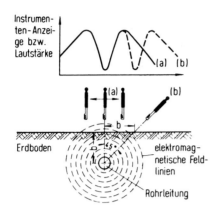

**Abb. 3-26.** Orten der Lage einer Rohrleitung mit dem Rohr-Suchgerät: (a) Orten der Position, (b) Orten der Verlegungstiefe.

Bei einer metallenen Berührung fließt der vom Generator erzeugte Suchstrom auch in die berührende fremde Rohrleitung. Das elektromagnetische Feld der an den Generator angeschlossenen Rohrleitung wird hinter der Berührungsstelle merklich kleiner, insbesondere dann, wenn die berührende Rohrleitung einen erheblich geringeren Ausbreitungswiderstand besitzt. Über der berührenden Leitung läßt sich dann ebenfalls ein Tonminimum mit der Suchspule feststellen.

Der durch die übliche Zweiweg-Gleichrichtung erzeugte Schutzstrom hat einen 100-Hz-Wechselstromanteil von 48%. Es gibt Empfänger mit selektivem Durchlaßfilter für 100 Hz, die auf die erste Oberwelle kathodischer Schutzströme ansprechen [57]. Durch so niederfrequente Suchströme wird eine induktive Ankopplung benachbarter Rohrleitungen und Kabel verringert, was zu einer sicheren Fehlerortung führt.

### 3.6.3 Ortung heterogener Oberflächenbereiche durch Feldstärkemessungen

Zu den heterogenen Oberflächenbereichen zählen die Anoden von Korrosionselementen, vgl. Abschn. 2.2.4.2 und Schutzobjekte mit verletzter Umhüllung. Bei freier Korrosion der Objekte mit Elementbildung und bei Fremdstrompolarisation (z.B. beim kathodischen Schutz) der umhüllten Objekte liegen im Bereich der zu ortenden Fehlerstelle (Anode oder Fehlstelle in der Umhüllung) örtliche Konzentrationen der Stromdichte vor, die durch Feldstärkemessungen bestimmt werden können. Derartige Meßverfahren haben allgemeines Interesse zur Beurteilung des Korrosionsverhaltens metallischer Bauteile innerhalb nicht zugängiger Medien, z.B. auch für Bewehrungsstahl in Beton, vgl. Kap. 19, oder Rohrleitungen im Mauerwerk. Die häufigsten Anwendungen liegen aber für erdverlegte Rohrleitungen vor [20, 21, 30, 56, 58–60].

#### 3.6.3.1 Ortung von Lokalanoden

In Zusammenhang mit Abb. 2-7 wurde das Prinzip der Messung beschrieben [24]. Bei Rohrleitungen ist eine Potentialmessung wegen fehlender oder zu weit entfernter Meßanschlüsse und wegen zu geringer Genauigkeit unzweckmäßig. Hier sind Messungen von Potentialdifferenzen vorteilhafter. Abb. 3-27 enthält für die Umgebung einer Lokal-

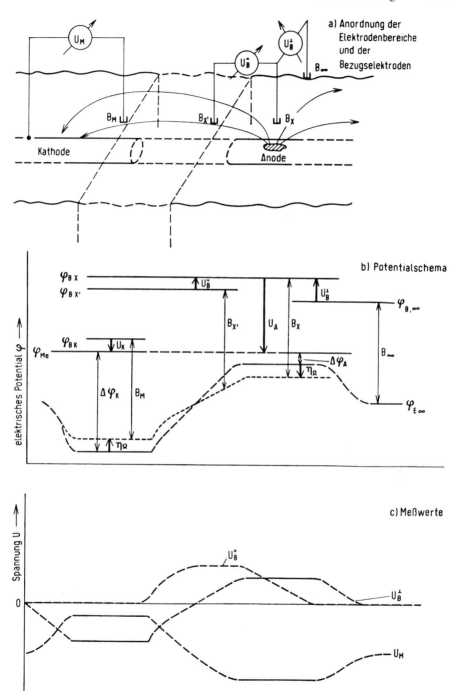

**Abb. 3-27.** Strom- und Potentialverteilung im Bereich einer Lokalanode einer erdverlegten Rohr-leitung (Erklärungen im Text).

anode nähere Angaben über Anordnung der Bezugselektroden (Teilbild 3-27a), Potentialschemata (Teilbild 3-27b) und Meßwerte (Teilbild 3-27c). Wegen möglicher Verständnisschwierigkeiten zu den Potentialschemata und Vorzeichenfragen wird auf Abb. 2-8 verwiesen. Die elektrischen Potentiale der Rohrleitung und der Bezugselektroden werden mit $\varphi_{Me}$, $\varphi_{BK}$, $\varphi_{Bx}$, $\varphi_{Bx'}$ und $\varphi_{B\infty}$ bezeichnet. Hierbei befinden sich die Bezugselektroden $B_M$, $B_x$ und $B_{x'}$ über der Rohrleitung sowie $B_\infty$ in Höhe von $B_x$ in seitlicher Entfernung. Das elektrische Potential der Erde ist ortsabhängig und im Teilbild 3-27b durchgezogen bzw. grob-gestrichelt wiedergegeben. In Rohrferne hat es den Betrag $\varphi_{E\infty}$ (Bezugserde), der auch für den Ort der Elektrode $B_\infty$ angenommen wird. Das Erdpotential ist im Bereich der Anode positiver als im Bereich der Kathode, vgl. rechtes Teilbild von Abb. 2-8. Mit zunehmender Entfernung von der Rohroberfläche werden die Unterschiede im Erdpotential wegen des *IR*-Abfalls kleiner. Der Verlauf an der Erdoberfläche über der Rohrleitung ist im Teilbild 3-27b fein-gestrichelt wiedergegeben und unterscheidet sich von dem an der Rohroberfläche um einen ortsabhängigen Betrag $\eta_\Omega$. Die Potentiale der Bezugselektroden gelten nur für die im Teilbild 3-27a angegebenen Orte. Die Potentialdifferenzen an der Phasengrenze Bezugselektrode/Erde sind definitionsgemäß für Bezugselektroden gleich groß und entsprechen den Doppelpfeilen $B_M$, $B_x$, $B_{x'}$ und $B_\infty$. Die Potentialdifferenz an der Phasengrenze Rohr/Erde ist durch Doppelpfeile $\Delta\varphi_K$ und $\Delta\varphi_A$ für Anode und Kathode wiedergegeben. Gemäß Gl. (2-1) ergeben sich die *IR*-freien Rohr/Boden-Potentiale zu $(\Delta\varphi_K - B_M)$ bzw. $(\Delta\varphi_A - B_x)$. Diese Werte sind nur theoretisch mit Potentialsonden meßbar. Die meßbaren, nicht *IR*-freien Rohr/Boden-Potentiale (vgl. Gl. (2-33)) entsprechen den Potentialdifferenzen $(\varphi_{Me} - \varphi_{BK}) = U_K$ und $(\varphi_{Me} - \varphi_{Bx}) = U_A$ für Kathode und Anode. Im Teilbild 3-27c sind diese Rohr/Boden-Potentiale als $U_M$ wiedergegeben. Der Potentialverlauf entspricht dem Meßergebnis in Abb. 2-7 für $I = 0$. Die Potentialdifferenzen zwischen den Bezugselektroden $U_B'' = \varphi_{Bx} - \varphi_{Bx'}$ sowie $U_B^\perp = \varphi_{Bx} - \varphi_{B\infty}$ sind ebenfalls im Teilbild 3-27c

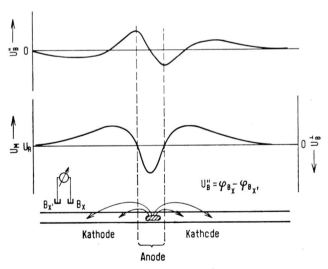

**Abb. 3-28.** Ortsabhängigkeit von $U_M$, $U_B^\perp$ und $U_B''$ in der Umgebung einer Lokalanode nach Abb. 3-27 (schematisch).

eingetragen. Aus der Darstellung ist zu entnehmen, daß $U_M$ und $U_B^\perp$ einen gleichartigen und gegensinnigen Verlauf haben. Dies ist verständlich, da wegen der Ortsunabhängigkeit von $\varphi_{Me}$ und $\varphi_{B\infty}$ beide Meßwerte nur die Ortsabhängigkeit von $\varphi_{Bx}$ und damit die des Erdpotentials an der Oberfläche wiedergeben. An der Lokalanode hat $U_M$ ein Minimum und $U_B^\perp$ ein Maximum. Für $U_B''$ ergibt sich eine Nullstelle mit Wendepunkt.

In Abb. 3-28 ist die Ortsabhängigkeit von $U_M$, $U_B''$ und $U_B^\perp$ schematisch zusammengefaßt. Für die praktische Anwendung und wegen möglicher Störungen durch fremde Felder, z. B. bei Streuströmen, sind $U_M$ und $U_B^\perp$ weniger für eine Auswertung geeignet als $U_B''$, das sich immer recht gut durch einen Wendepunkt zwischen zwei Extremwerten ermitteln läßt [24]. Weiterhin soll noch mit Abb. 2-7 auf die Möglichkeit der Erhöhung der Empfindlichkeit durch anodische Polarisation hingewiesen werden, welche naturgemäß aber nur bei kleinen Objekten anwendbar ist. In solchen Fällen ist insbesondere darauf zu achten, daß die Gegenelektrode ausreichend weit entfernt liegt, so daß deren Spannungstrichter sicher nicht von den Bezugselektroden erfaßt wird.

### 3.6.3.2 Ortung von Umhüllungsschäden

Bei der Ortung von Fehlstellen in der Umhüllung können die gleichen elektrischen Verhältnisse wie zu Abb. 3-27 und 3-28 angenommen werden. Anstelle des kathodischen Bereiches tritt eine ferne Einspeiselektrode (z. B. Anode). Für die Ortung kann Wechselstrom oder unterbrochener Gleichstrom verwendet werden, der die Fehlstelle kathodisch polarisiert. Die Wechselstrom-Methode hat den Vorteil, daß die $U_B$-Meßwerte mit einfachen Metallelektroden abgegriffen werden können. Bei dem Verfahren nach *Pearson* [61] wird der in Abschn. 3.6.2.2 beschriebene Tonfrequenzgenerator verwendet. Die Potentialdifferenz wird von zwei Personen mit Kontaktschuhen oder -spießen abgegriffen und mit Instrumentanzeige oder akustisch registriert. Abb. 3-29 zeigt hierzu die Meßanordnung (unten) und die Anzeige an einer Fehlstelle (oben). Hierbei entsprechen die Kurven 1 und 2 denen in Abb. 3-28 für $U_B''$ und $U_B^\perp$.

Für eine *quantitative* Abschätzung der Verletzungsgrößen wird zweckmäßig *Gleichstrom* verwendet, weil die Umhüllung für Wechselstrom wegen kapazitiver Ableitung einen weniger großen Widerstand hat. Die folgenden Angaben setzen eine *vollständige* elektrische Isolationswirkung der verletzungsfreien Umhüllung voraus.

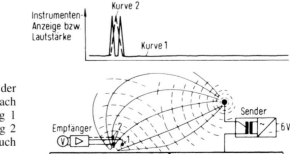

**Abb. 3-29.** Orten von Fehlstellen in der Rohrumhüllung mit Wechselstrom nach dem *Pearson*-Verfahren: Anordnung 1 parallel zur Rohrleitung; Anordnung 2 senkrecht zur Rohrleitung (vgl. auch Text zu Abb. 3-27).

Die Messungen entsprechen den Angaben zu Abb. 3-6, wobei Gl. (3-39) und (3-42) zugrundeliegen. Wenn die Verteilung des Fehlstellenstroms an der Erdoberfläche näherungsweise der für eine Kugel in Verlegetiefe $t$ entspricht, folgt die Größe $A$ in Gl. (3-39) nach Tabelle 24-1, Zeile 5, zu:

$$A = \frac{1}{2\,\pi} \left( \frac{1}{t} \frac{1}{\sqrt{t^2 + a^2}} \right);$$    (3-86)

für $t = 1$, und $a = 10$ m folgt $A = 0{,}143$ m$^{-1}$. Handelt es sich aber um riß- oder riefenartige Fehlstellen, muß zur Berechnung von $A$ aus Tabelle 24-1 das $U_r$ der Zeile 9 herangezogen werden: $A = U_r(t=0,\ r=a) - U_r(t,\ r=a)$. Der $A$-Wert nimmt mit wachsender Fehlstellenlänge ab und beträgt bei 10 m Länge 0,06 m$^{-1}$ [28].

Die Lokalisierung des Fehlstellenortes erfolgt nach den Angaben zu Abb. 3-28 am besten durch eine Messung von $U_B''$, welches einer Feldstärke $E = U_B''/(x - x')$ entspricht. Die zugehörigen $U(x)$-Funktionen sind in der Tabelle 24-1 angegeben für:

punktförmige Fehlstelle
in Zeile 5
mit $t = 1$

$$E = 5\,\frac{\mathrm{d}}{\mathrm{d}x} \left( \frac{1}{\sqrt{1 + x^2}} \right);$$    (3-87)

rißartige Fehlstelle der
Länge $l$; in Zeile 10
mit $t = 1$ m, $l = 3$ m

$$E = 3\,\frac{\mathrm{d}}{\mathrm{d}x} \ln \left( \frac{x + 1{,}5 + \sqrt{1 + (x+1{,}5)^2}}{x - 1{,}5 + \sqrt{1 + (x-1{,}5)^2}} \right).$$    (3-88)

Die konstanten Faktoren sind willkürlich so festgelegt, daß gleich hohe Ordinatenbeträge resultieren. Abb. 3-30 zeigt die beiden $E(x)$-Kurven mit der Verletzung bei/um $x = 0$. Der Abstand zwischen den Extremwerten beträgt für verschiedene Längen:

Art der Verletzungsfläche:     Kugel     $l = 1$ m     $l = 2$ m     $l = 3$ m
Abstand der Extremwerte:     1,41 m     1,68 m     2,33 m     3,18 m

Da die Meßgeräte in der Praxis keine Differential-, sondern Differenzenquotienten auswerten, kann man für realistische Bedingungen annehmen, daß Risse sicher erst bei

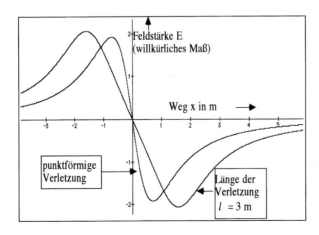

**Abb. 3-30.** Einfluß der Geometrie der Verletzungsfläche auf die Feldstärke $E = \mathrm{d}U/\mathrm{d}x$ längs der Rohrleitung nach Gl. (3-87) und (3-88) (mit willkürlich gewähltem Faktor).

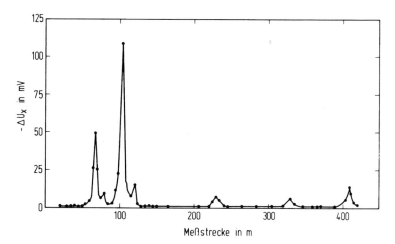

**Abb. 3-31.** Ortung und Größenabschätzung von Umhüllungsschäden in einer Polyethylenumhüllten Rohrleitung DN300 ($U_{ein} - U_{aus} \approx -40$ V).

Längen über 3 m erkannt werden können. Fehlstellen mit kürzeren Rißlängen lassen sich von mehr kreisförmigen Verletzungen praktisch nicht unterscheiden.

Zur Erhöhung der Empfindlichkeit kann das Einschaltpotential und somit der eingespeiste Strom nahezu beliebig erhöht werden, was zu dem Begriff „Intensive Fehlstellenortung" (IFO) geführt hat [62]. Ferner sollten die Taktzeiten zur Bestimmung der „ein"- und „aus"-Werte bei 18 s „ein" und 2 s „aus" liegen. Als Beispiel zeigt Abb. 3-31 ältere IFO-Befunde an Hand von $U_{\mathrm{B}}^{\perp}$-Messungen.

Bei IFO-Untersuchungen ist es naheliegend, auch Informationen über das Ausmaß der Fehlstelle in Bezug auf Fläche und Form erhalten zu wollen. Hierzu müssen die Befunde in Gl. (3-42) mit dem Rohr/Boden-Potential erweitert werden:

$$\Delta U = U_{ein} - U_{aus} = (I_{ein} - I_{aus})\,R = (I_{ein} - I_{aus})\,\rho_2\,F\,. \tag{3-89}$$

Aus den Gl. (3-39), (3-42) und (3-89) folgt mit Gl. (3-29):

$$S = \left( \frac{\alpha\,\rho_2\,\Delta U^{\perp}}{A\,\rho_1\,\Delta U} \right)^{2}. \tag{3-90}$$

Im allgemeinen werden die mit Gl. (3-90) errechneten Flächen $S$ stets *zu groß* gefunden. Das ist auf folgende Gegebenheiten zurückzuführen:

1. Einsetzen von $\alpha = 0{,}25\,\sqrt{\pi}$ für den Kreisplattenerder bei Fehlstellen mit Abweichungen von der Kreissymmetrie, siehe Abb. 3-5;
2. Nichtberücksichtigen daß die Bezugselektrode im Spannungstrichter steht, wobei $\Delta U$ zu klein gefunden wird;
3. Konstantsetzen der Bodenwiderstände ohne Berücksichtigung, daß die Leitfähigkeit im Nahbereich der Fehlstelle durch Ionenüberführung zunimmt.

Flächenabschätzungen mit Gl. (3-90) sollten nur dann vorgenommen werden, wenn die Fehlstellen verhältnismäßig groß sind und wenn der Boden nicht zu hochohmig ist. Bei

kleinen Fehlstellen in hochohmigen Böden wurden Abweichungen um 1 bis 2 Dekaden beobachtet. Weitere Fehlerquellen können auf geometrische Abweichungen zurückgeführt werden, wenn bei vorzugsweise großen Rohrnennweiten und je nach Lage der
Verletzung die Stromverteilung an der Erdbodenoberfläche nicht mehr Ähnlichkeiten
mit einem Kugelfeld aufweist.

### 3.6.3.3 Feldverteilung bei fehlender oder poröser Umhüllung

Zu Abb. 24-1 beschreiben die Gl. (24-48a) und (24-48b) den Ohmschen Spannungsabfall zwischen den Punkten (1) und (2) sowie den Gradienten $\Delta U^\perp$ auf der Erdoberfläche. Für den Extremfall einer nichtumhüllten Rohrleitung und bei Vernachlässigung
von Polarisationswiderständen gibt es einen Abstand $x = a$ für $\Delta U_{IR} = \Delta U^\perp$. Dann läßt
sich mit Hilfe des gemessenen $\Delta U^\perp$ das $IR$-freie Potential errechnen, soweit keine Ausgleichsströme etc. fließen:

$$U_{IR\text{-frei}} = U_{\text{ein}} - \Delta U_{IR} = U_{\text{ein}} - \Delta U^\perp . \tag{3-91}$$

Mit der Erddeckung $h = t - d/2$ folgt aus den Gl. (24-48a, b)

$$a = t \sqrt{\frac{t}{d} - 1} = \left( h + \frac{d}{2} \right) \sqrt{\frac{t}{d} - \frac{1}{2}} . \tag{3-92}$$

Mit Hilfe dieses Wertes für $a$ kann $\Delta U_a$ durch eine $\Delta U^\perp$-Messung ermittelt werden.
Damit folgt aus Gl. (3-91) das wahre Potential zu: $U_{IR\text{-frei}} = U_{\text{ein}} - \Delta U_a$. Diese Beziehung
trifft aber nicht mehr zu, wenn an der Rohroberfläche Ohmsche Spannungsabfälle in
Deckschichten oder in einer porösen Umhüllung vorliegen. Anstelle Gl. (3-91) gilt dann
die Beziehung:

$$\Delta U = U_{\text{ein}} - U_{\text{aus}} = \Delta U_a + (\Delta U_u - \Delta U_{u0}) , \tag{3-93}$$

hierbei ist $\Delta U_u$ der Ohmsche Spannungsabfall in den Poren der Umhüllung, wobei der
Abzug von $U_{u0}$ den Grenzfall einer fehlenden Umhüllung berücksichtigt. $\Delta U_{u0}$ entspricht dem Ohmschen Spannungsabfall im Medium an der Stelle der Umhüllung. Für
diese beiden Beträge folgt aus dem Ohmschen Gesetz:

$$J = \Delta U_u \frac{\kappa_0 \, \theta}{s} = \Delta U_{u0} \frac{\kappa_0}{s} , \tag{3-94}$$

hierbei ist $s$ die Dicke der Umhüllung und $\theta$ der Bedeckungsgrad durch Poren, das ist
das Verhältnis der Summe der Porenquerschnittsflächen zur Oberfläche der Rohrleitung. Aus den Gln. (3-93), (3-94) und Gl. (24-48a) mit $U_{IR} = \Delta U_a$ folgt:

$$\theta = \frac{\Delta U_a}{\Delta U_a + (\Delta U - \Delta U_a) \dfrac{\kappa_0 \, d \ln (t/d)}{\kappa \, 2 \, s}} . \tag{3-95}$$

Es ist somit möglich, bei Kenntnis der Schichtdicke $s$, den Porenbedeckungsgrad $\theta$,
d.h. die unbeschichtete Fläche zu bestimmen, wobei wiederum $\kappa = \kappa_0$ angenommen
wird. Aus Gl. (3-95) folgen die Grenzfälle $\Delta U = \Delta U_a$ für $\theta = 1$ oder $s = 0$ (keine Bedeckung) und $\theta = 0$ für $\Delta U_a = 0$ (keine Poren).

## 3.7 Fernüberwachung des kathodischen Schutzes

Die Aufnahme der für die Beurteilung des kathodischen Korrosionsschutzes erforderlichen Meßwerte kann insbesondere bei einer Vielzahl von Meßstellen sehr aufwendig sein. Zur Vereinfachung können die Meßwerte jedoch zumindest teilweise automatisch erfaßt und über eine Nachrichtenverbindung an eine zentrale Auswertestelle übertragen werden [63]. Welche Meßwerte für diese Fernüberwachung ausgesucht werden, in welchem Umfang Meßwerte übertragen werden und welche Übertragungswege genutzt werden, hängt im Einzelfall von den technischen Möglichkeiten, den Erfordernissen und der Zielsetzung ab. Im einfachsten Fall ist z. B. eine Fernüberwachung der Funktion von Korrosionsschutzgleichrichtern zweckmäßig, da damit die ansonsten erforderlichen regelmäßigen Funktionskontrollen der Gleichrichter entfallen können. Neben der Funktionsüberwachung können aber z.B. auch Ein- oder Ausschaltpotentiale, Ausgangsströme von Schutzanlagen oder Rohrströme übertragen werden. In streustrombeeinflußten Bereichen ist vorteilhaft, daß die Meßwerte auch ohne besonderen Aufwand während der Nachtstunden aufgenommen werden können.

Als Übertragungsweg für die Meßdaten bieten sich neben privaten Fernwirkverbindungen bzw. Telefonnetzen auch öffentliche Fernsprechwege oder Funkdienste an [64]. Über nicht zu große Entfernungen können die Meßwerte als Datentelegramm auch über die Rohrleitung selbst übertragen werden [65]. Es ist für die Praxis interessant, daß viele dieser Übertragungswege auch in beiden Richtungen nutzbar sind. Dadurch ist es z. B. möglich, von zentraler Stelle aus Befehle für das Takten von Schutzanlagen oder für die Erfassung detaillierterer Meßwerte (wie z.B. Registrierungen) zu übermitteln.

Neben der Vereinfachung kann durch Fernüberwachung auch eine Verbesserung der Qualität der Überwachung im Vergleich zu Messungen vor Ort erzielt werden. Die Meßwertaufnahme erfolgt bei der Fernüberwachung in einem feineren zeitlichen Raster, so daß auch kurzzeitige Abweichungen auffallen und auf jede Veränderung sofort reagiert werden kann. Weiterhin bietet das Vorliegen der Meßwerte in meist digitaler Form die Möglichkeit, alle Werte in eine Datenbank zu speichern. Damit ist eine lückenlose Dokumentation gewährleistet und es können gegebenenfalls Vergleiche zwischen aktuellen Werten und früheren Werten angestellt werden. Wegen all dieser erzielbaren Verbesserungen kann aus technischer Sicht der Umfang der Überwachungsmessungen vor Ort an fernüberwachten Systemen verringert werden. Selbstverständlich ist dabei vorauszusetzen, daß die für die Fernüberwachung eingesetzten Meßsensoren hinsichtlich Zuverlässigkeit, Meßgenauigkeit und Störungsempfindlichkeit die gleichen Anforderungen erfüllen, wie auch andere für Korrosionsschutzmessungen verwendbare Geräte und daß der Übertragungsweg die Meßdaten nicht unzulässig verfälscht. Für Gashochdruckleitungen der öffentlichen Versorgung wird derzeit an Überwachungskonzepten unter Berücksichtigung der Fernüberwachung gearbeitet [66].

Abb. 3-32 zeigt ein Beispiel für die Ausführung einer (Potential-)Fernüberwachung. An den Enden des Schutzbereiches in möglichst großer Entfernung zum Korrosionsschutzgleichrichter bzw. bei mehreren Gleichrichtern zusätzlich jeweils in der Mitte zwischen diesen Gleichrichtern wird das Einschaltpotential einmal täglich gemessen und über ein Fernmeldekabel an eine Zentrale übertragen. Der Grundgedanke bei diesem Konzept ist, daß in größtmöglicher Entfernung zu den Korrosionsschutzgleich-

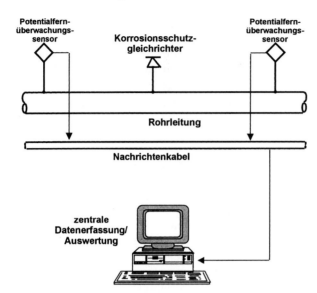

**Abb. 3-32.** Beispiel für die Ausführung einer Fernüberwachung.

richtern die ungünstigsten Potentialwerte zu erwarten sind. Störungen im kathodischen Korrosionsschutz der Rohrleitung zeigen sich durch deutliche Abweichungen der übertragenen Einschaltpotentiale von mindestens einem der Sensoren im Vergleich zu Referenzwerten, die z.B. aus der Vergangenheit bei intaktem kathodischen Korrosionsschutz stammen. Mit dieser Art der Fernüberwachung sind grobe Fehler im Korrosionsschutzsystem, wie z.B. Ausfall der Korrosionsschutzgleichrichter, Zufallsberührungen zu fremden niederohmig geerdeten Anlagen oder defekte Isoliertrennstellen erkennbar.

## 3.8 Schutzkriterien und Meßgrößen bei Wechselstrom-Belastung

Nach den Angaben in Abschn. 4.4 können weder die Korrosionswahrscheinlichkeit durch Wechselstrom noch die Wirkung von Schutzmaßnahmen durch Potentialmessungen beurteilt werden. Es existiert kein Potentialkriterium, wohl aber ein Stromkriterium. Hierzu ist der Wechselstrom an einer Wechselstrom-Meßprobe mit einer Fläche von $1\ cm^2$ zu ermitteln. Abb. 3-33 zeigt ein Beispiel für die Ausführung einer Wechselstrom-Meßprobe [67], die für zwei Aufgaben verwendet werden kann, die in Abschn. 4.4 unter den Fällen a) bis c) genannt werden:

1. Die Probe dient zur elektrischen Bestimmung des aufgenommenen Wechselstromes zwecks Prüfung nach dem Stromkriterium (für alle drei Fälle a bis c).
2. Die Probe dient als Korrosionsprobe, die nach Ausbau auf Korrosionsangriffe hin untersucht werden soll (für den Fall b).

Für die erste Aufgabe kann die Stromaufnahme der Meßprobe z.B. als Spannungsabfall über einem 10 Ω-Shunt ermittelt werden. Bei der Messung kleiner Wechselspan-

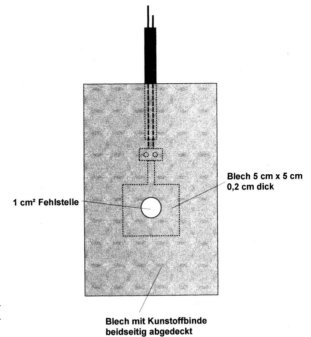

**Blech 5 cm x 5 cm 0,2 cm dick**

**1 cm² Fehlstelle**

**Abb. 3-33.** Beispiel für die technische Ausführung einer Wechselstrom-Meßprobe.

**Blech mit Kunstoffbinde beidseitig abgedeckt**

nungen ist zu beachten, daß mit gewöhnlichen Wechselspannungsmeßgeräten auch der Wechselanteil (100 Hz) des Schutzstromes, der durch die Gleichrichtung zustande kommt, erfaßt wird. Eine bessere Information über den Zeitverlauf von Wechselspannungen und insbesondere über die anodischen Spannung-Zeit-Flächen erhält man mit Oszillographen.

Für die zweite Aufgabe sollten mehrere Proben eingebaut werden, die je nach den Zwischenbefunden in Zeitabständen ausgebaut und untersucht werden können. Um eine genaue Bestimmung des Massenverlustes zu ermöglichen, müssen die Proben so gestaltet werden, daß der Massenverlust durch Wägen ermittelt werden kann. Daß setzt voraus, daß die Proben nicht zu schwer sind und vor allem vor dem Einsatz auch gewogen werden.

Zur Beurteilung nach dem Stromkriterium sollten stichprobenweise Meßproben an den Stellen installiert werden, an denen die höchsten Stromdichten erwartet werden. Das sind Stellen mit verhältnismäßig hoher Beeinflussungswechselspannung und/oder besonders niedrigen Bodenwiderständen. Hinweise auf das Profil der Beeinflussungswechselspannung können z.B. aus Messungen an den Meßstellen entlang der Leitung erhalten werden. Mit niedrigen Bodenwiderständen ist insbesondere in Moorgebieten, Flußkreuzungen, Senken oder Straßen, auf denen Streusalz verwendet wird, zu rechnen.

Wird an allen Probeblechen eine Stromdichte unterhalb des Grenzwertes für den Fall a) gefunden, kann davon ausgegangen werden, daß auch Fehlstellen der Rohrleitung nicht durch Wechselstrom gefährdet sind. Bei Stromdichten oberhalb des Grenzwertes für den Fall c) ist mit einer hohen Korrosionswahrscheinlichkeit für Wechselstromkorrosion zu rechnen. Bei Stromdichten im Bereich für Fall b) sind die Meßproben auch als Korrosionsproben zu benutzen. Neben einer Stromregistrierung über einen längeren Zeitraum sollten Meßproben ausgebaut und sowohl auf den Massenverlust als auch auf örtlichen Korrosionsangriff hin untersucht werden. Wird eine erhöhte Korrosionswahrscheinlichkeit angezeigt, sollten auch Fehlstellen der Rohrleitung freigelegt und untersucht werden, wobei insbesondere kleine Fehlstellen interessieren, weil diese am meisten gefährdet sind.

## 3.9 Literatur

[1] H. Hildebrand, W. Fischer, W. Prinz u. W. Schwenk, Werkstoffe u. Korrosion *39*, 18 (1988).
[2] W. v. Baeckmann, D. Funk, H. Hildebrand u. W. Schwenk, Werkstoffe und Korrosion *28*, 757 (1977).
[3] W. v. Baeckmann u. J. Meier, Ges. Forschungs-Berichte Ruhrgas *15*, 33 (1967).
[4] DIN 50918, Beuth-Verlag, Berlin 1978.
[5] W. Schwenk, Werkstoffe und Korrosion *13*, 212 (1962); *14*, 944 (1963).
[6] W. Schwenk, Electrochemica Acta *5*, 301 (1961).
[7] W. v. Baeckmann, Werkstoffe und Korrosion *20*, 578 (1969).
[8] J. M. Pearson, Trans. Electrochem. Soc. *81*, 485 (1942).
[9] H. D. Holler, J. Electrochem. Soc. *97*, 271 (1950).
[10] W. v. Baeckmann, Forschungsbericht über IR-freie Potentialmessung vom 10. 5. 1977, Ruhrgas AG, Essen.
[11] W. v. Baeckmann, D. Funk, W. Fischer u. R. Lünenschloß, 3R intern. *21*, 375 (1982).
[12] T. J. Bardo u. R. R. Fessler, Proceedings AGA Distribution Conf., Anaheim (Calif.) 18. 5. 81.
[13] W. v. Baeckmann, H. Hildebrand, W. Prinz u. W. Schwenk, Werkstoffe u. Korrosion *34*, 230 (1983).
[14] dieses Handbuch, 3. Auflage.
[15] DIN 50925, Beuth-Verlag, Berlin 1992.
[16] AfK-Empfehlung Nr. 10, Entwurf, Mai 1993.
[17] W. Prinz, W. Schwenk, 3R intern. *31*, 324 (1992).
[18] W. Schwenk, 3R intern. *34*, 164 (1995).
[19] A. Baltes, W. Queitsch, H.-G. Schöneich u. W. Schwenk, 3R intern. *35,* 377 (1996).
[20] W. Prinz, 3R intern. *20*, 498 (1981).
[21] W. v. Baeckmann, gwf gas/erdgas *123*, 530 (1982).
[22] W. Prinz u. N. Schillo, NACE-Conf. CORROSION 1987, Paper 313.
[23] W. Schwenk, 3R intern. *26*, 305 (1987); Werkstoffe und Korrosion *39*, 406 (1988).
[24] H. Hildebrand und W. Schwenk, Werkstoffe und Korrosion *23*, 364 (1972).
[25] W. v. Baeckmann u. W. Prinz, gwf gas/erdgas *126*, 618 (1985).
[26] H. Lyss, gwf gas/erdgas *126*, 623 (1985).
[27] W. Prinz, gwf gas/erdgas *129*, 508 (1988).
[28] W. Schwenk, 3R intern. *37*, 334 (1998).
[29] W. v. Baeckmann u. W. Prinz, gwf *109*, 665 (1968).
[30] W. G. v. Baeckmann, Rohre, Rohrleitungsbau, Rohrleitungstransport *12,* 217 (1973).
[31] DIN 30676, Beuth Verlag, Berlin 1985.
[32] prEN 12954 (in Bearbeitung).
[33] NACE Standard RP-OI-69, Recom. pract.: Control of external corrosion on underground or submerged metallic piping systems.
[34] T. J. Barlo u. W. E. Berry, Mat. Protection *23*, H9, 9 (1984).
[35] J. Pohl, Bestimmung der Einstellzeit von Meßgeräten, DVGW-Arbeitsbericht vom 25. 2. 1965.

[36] W. v. Baeckmann, Werkstoffe und Korrosion *15*, 201 (1964).

[37] TRbF 408, Richtlinie für den kathodischen Korrosionsschutz von Tanks und Betriebsrohrleitungen aus Stahl, Carl Heymanns Verlag, Köln 1972.

[38] W. v. Baeckmann u. W. Prinz, 3R intern. *25*, 266 (1986).

[39] J. Pohl, Europ. Symposium Kathod. Korrosionsschutz, S. 325, Deutsche Gesellschaft für Metallkunde Köln, 1960.

[40] W. v. Baeckmann, Taschenbuch für kathod. Korrosionsschutz, S. 134, Vulkan Verlag, Essen 1975, und Technische Rundschau 17 v. 22. 4. 1975.

[41] A. Baltes, Energie und Technik *20*, 83 (1968).

[42] Stahlrohrhandbuch, 9. Aufl., Vulkan-Verlag, Essen 1982.

[43] F. Richter, steel research *60*, 417 (1989).

[44] Gießereikalender 1962, Schiele & Schön GmbH, Berlin.

[45] W. v. Baeckmann, gwf *104*, 1237 (1963).

[46] W. v. Baeckmann, Werkstoffe und Korrosion *15*, 201 (1964).

[47] W. v. Baeckmann, gwf *103*, 489 (1962).

[48] J. Ufermann and K. Jahn, BBC-Nachrichten *49*, 132 (1967).

[49] F. Wenner, U.S. Bulletin of Bureau of standards *12*, Washington 1919 und Graf, ATM, *65*, 4 (1935).

[50] W. v. Baeckmann, gwf *101*, 1265 (1960).

[51] H. Thiele, Die Wassererschließung, Vulkan-Verlag, Essen 1952.

[52] P. Pickelmann, gwf *1* 12, 140 (1971).

[53] W. v. Baeckmann und A. Vitt, gwf *102*, 861 (1961).

[54] L. Mense, Rohre, Rohrleitungsbau, Rohrleitungstransport *8*, 11 (1969).

[55] K. Thalhofer, ETZ A *85*, 34 (1964).

[56] W. v. Baeckmann, Technische Überwachung *6*, 78 (1965).

[57] F. Schwarzbauer, 3R intern. *16.*, 301 (1977).

[58] W. Schwenk und H. Ternes, gwf gas/erdgas *108*, 749 (1967).

[59] W. v. Baeckmann und G. Heim, Werkstoffe und Korrosion *24*, 477 (1973).

[60] W. Schwenk, 3R intern. *33*, 328 (1994).

[61] M. Parker, Rohrleitungskorrosion und kathodischer Schutz, Vulkan-Verlag, Essen 1963.

[62] G. Peez, gwf gas/erdgas *133*, 42 (1992).

[63] W. v. Baeckmann u. W. Prinz, gwf gas/erdgas *126*, 618 (1985).

[64] DVGW Arbeitsblatt GW 10, Entwurfsfassung August 1991; DVGW, Bonn.

[65] K. Steffel, 3R intern. *33*, 64 (1994).

[66] neuer Entwurf zu [64] (April 1999).

[67] W. Prinz, H.-G. Schöneich, gwf gas/erdgas *134*, 621 (1993).

# 4 Korrosion in Wässern und Erdböden

Th. Heim und W. Schwenk

## 4.1 Wirkung der Korrosionsprodukte und Korrosionsarten

Die Korrosion der Metalle in Wässern und Erdböden ist im wesentlichen Sauerstoff-korrosion mit der kathodischen Teilreaktion nach Gl. (2-17). Eine Wasserstoffentwick-lung nach Gl. (2-19) aus $H_2O$ ist auch bei sehr unedlen Metallen, wie z.B. Mg, Al und Zn, stark gehemmt; sie ist wohl nach Gl. (2-18) aus Säuren, z.B. $H_2CO_3$ oder organi-schen Säuren des Erdbodens, möglich. Die korrosive Wirkung der Säuren ist aber we-niger auf deren Beteiligung an der kathodischen Teilreaktion, als vielmehr auf eine Be-einträchtigung *schützender Deckschichten* aus Korrosionsprodukten zurückzuführen. Die Eigenschaften der Deckschichten sind für das Verständnis der Korrosion in Erd-böden und Wässern grundlegend [1–5].

Bei der Korrosion in Erdböden und Wässern liegen im wesentlichen feste und zu einem geringen Anteil auch gelöste Korrosionsprodukte vor, wobei die Korrosions-reaktionen dem Feld II in Abb. 2-2 entsprechen. Die anodische Teilreaktion nach Gl. (2-21) und die kathodischen Teilreaktionen nach den Gl. (2-17) und (2-19) produzie-ren oder verbrauchen elektrisch geladene Reaktionspartner. Da in einem Korrosions-system die elektrischen Ladungen aber örtlich ausgeglichen sein müssen, sind die elek-trochemischen Teilreaktionen in hohem Maße von der Anwesenheit von Ionen starker Säuren oder starker Basen abhängig. Dazu zählen im allgemeinen Neutralsalze, das sind die Alkalisalze von starken Mineralsäuren, z. B. NaCl. Es gibt folgende Korrosions-zustände:

In *Abwesenheit von Neutralsalzen* kann bei freier Korrosion nur eine homogene Mischelektrode vorliegen, vgl. Abschn. 2.2.4.1. Dabei ist die Ladungsbilanz ausgegli-chen, weil beide Teilreaktionen örtlich mit gleicher Stromdichte ablaufen. Örtliche Kor-rosion ist nur möglich, wenn inhomogene fremde Deckschichten aufgebracht wurden. Bei kathodischer Polarisation entstehen hochohmige hydroxidische Deckschichten. Bei anodischer Polarisation wird Stahl passiviert. Transpassive Korrosion durch Streuströme ist nur bei sehr positiven Potentialen möglich.

In *Gegenwart von Neutralsalzen* können die beiden Teilreaktionen örtlich unter-schiedlich schnell ablaufen, wobei die Ladungsbilanz durch Ionen-Migration ausgegli-chen wird. Es entstehen vorzugsweise heterogene Mischelektroden mit örtlichem Kor-rosionsangriff. Anodische Gefährdung und kathodischer Schutz sind möglich.

Zur Berücksichtigung der örtlichen Ladungsbilanz können die Teilreaktionen wie folgt beschrieben werden:

a) Anodische Teilreaktion in Gegenwart des Neutralsalz-Anions $Cl^-$

$$(Me + z\,H_2O - z\,e^-) + z\,Cl^- = ([Me\,(OH)_{z-1}]^+ + Cl^-) + (z-1)\,HCl$$
$$= Me\,(OH)_z + z\,HCl. \tag{4-1}$$

Das gelöste Korrosionsprodukt $[Me\,(OH)_{z-1}]^+$ steht mit dem festen Korrosionsprodukt $Me\,(OH)_z$ in einem thermodynamischen Gleichgewicht, das pH-abhängig ist gemäß:

$$\lg c\,([Me\,(OH)_{z-1}]^+) = k - pH. \tag{4-2}$$

b) Kathodische Teilreaktionen in Gegenwart des Neutralsalz-Kations $Na^+$

$$(O_2 + 2\,H_2O + 4\,e^-) + 4\,Na^+ = 4\,NaOH, \tag{4-3}$$

$$(2\,HCl - 2\,e^-) + 2\,Na^+ = H_2 + 2\,NaCl. \tag{4-4}$$

Die Gl. (4-1), (4-3) und (4-4) verdeutlichen, daß anodisch Säure produziert wird, während kathodisch Säure verbraucht oder Lauge produziert werden. Nach Gl. (4-2) wird in anodischen Bereichen der pH-Wert vermindert und die Löslichkeit der Korrosionsprodukte erhöht, während in kathodischen Bereichen das Gegenteil der Fall ist. Das führt zu einer Stabilisierung der anodischen und kathodischen Bereiche eines Korrosionselementes mit der kathodischen Teilreaktion nach Gl. (4-3), das unter dem Begriff „Belüftungselement" bekannt ist. Dieses Element ist aber weniger auf örtlich unterschiedliche Belüftung, sondern vielmehr auf pH-Unterschiede zurückzuführen. Derartige Belüftungselemente können nahezu bei allen Gebrauchsmetallen auftreten, soweit im kathodischen Bereich keine zu hochohmigen Deckschichten entstehen, die den Ablauf der kathodischen Teilreaktion nicht zulassen. Die Passivschichten auf Eisen und $Fe_3O_4$ sind als Elektronenleiter bekannt und ermöglichen die kathodische Teilreaktion.

Im anodischen Bereich liegen für Eisen aufgrund der zwei Wertigkeitsstufen besondere Verhältnisse vor, die durch die unterschiedlichen Stoffphasen ausgehend vom Metall bis in das Innere des Mediums bei zunehmendem pH-Wert charakterisiert werden: $FeOH^+/Fe(OH)_2/Fe_3O_4/FeOOH$. Die Feststoffe der drei letzten Phasen bilden eine Rostpustel, die die Korrosionsstelle abdeckt und den Zutritt von Sauerstoff unterbindet. Die schematische Darstellung in Abb. 4-1 zeigt die Teilschritte beim Belüftungs-

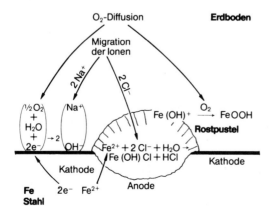

**Abb. 4-1.** Schematische Darstellung der elektrischen und chemischen Vorgänge beim Belüftungselement.

element. Der Stromkreis wird metallseitig durch den Elektronenstrom und mediumseitig durch die Ionen-Migration geschlossen.

Es ist eine Folge der Wirkung unterschiedlicher pH-Werte im Belüftungselement, daß diese Elemente in gut puffernden Medien [6] und in schnell strömenden Wässern [7, 8] nicht entstehen. Die dabei erzwungene gleichmäßige Korrosion führt in $O_2$-haltigen Wässern ebenfalls zur Ausbildung homogener Deckschichten [9, 10]. Dieser Vorgang wird durch schichtbildende Inhibitoren ($HCO_3^-$, Phosphate, $Ca^{2+}$ und $Al^{3+}$) unterstützt und durch peptisierende Neutralsalz-Anionen ($Cl^-$, $SO_4^{2-}$) gestört [4]. In reinen Salzwässern entstehen keine Schutzschichten. Hier wird im allgemeinen die Korrosionsgeschwindigkeit durch Sauerstoff-Diffusion bestimmt [8]

$$\left(\frac{w}{\mu m\, a^{-1}}\right) = 16\, \frac{(c(O_2)/mg\, L^{-1})}{(K_w/mm)}, \tag{4-5}$$

wobei $K_w$ den Diffusionsweg im Medium und in einer porösen Schicht aus Korrosionsprodukten darstellt. $K_w$ liegt bei schnell strömenden Wässern um 0,2 mm und bei freier Konvektion um 1,5 mm [4]. Derartige Diffusionsgeschwindigkeiten entsprechen Schutzstromdichten $J_s$ um 0,1 bis 1 A m$^{-2}$, die an fahrenden Schiffen auch gemessen wurden vgl. Abschn. 17.1.3.

Bei Erdböden wirken Bodenbestandteile diffusionshemmend, so daß im allgemeinen $K_w$ auf über 5 mm ansteigt. Die Abtragungsgeschwindigkeiten liegen meist unter 30 µm a$^{-1}$ [11−13]. Eine Korrosionsgefahr im Erdboden ist demnach im allgemeinen bei örtlicher Korrosion durch Elementbildung oder bei anodischer Beeinflussung, vgl. Abb. 2-5, zu erwarten und kann zu Abtragungsgeschwindigkeiten von einigen Zehnteln bis zu einigen mm/Jahr führen.

## 4.2 Beurteilung der Korrosionswahrscheinlichkeit unbeschichteter Metalle

Unter der Korrosionswahrscheinlichkeit versteht man die Klassifizierung der zu erwartenden Korrosionsgeschwindigkeit bzw. des zu erwartenden Ausmaßes einer Korrosionserscheinung während einer geplanten Nutzungsdauer [14]. Sichere Aussagen über Korrosionsgeschwindigkeiten sind wegen der im allgemeinen nicht vollständig bekannten Parameter des Systems und vor allem wegen der meist statistisch beeinflußten örtlichen Korrosion nicht möglich. Abb. 4-2 informiert schematisch über die verschiedenen Zustände der Korrosion bei ausgedehnten Objekten, wie z. B. erdverlegten Rohrleitungen, in Anlehnung an die Begriffe nach [15]. Die Pfeile kennzeichnen jeweils die Stromdichten der anodischen und kathodischen Teilreaktion in einer Momentaufnahme. Man muß sich hierbei vorstellen, daß zwei eng benachbarte Pfeile zeitlich miteinander wechseln, so daß sie im zeitlichen Mittel gleich häufig auf den beiden Plätzen vorkommen. Die Folge ist ein stetiger Korrosionsangriff längs der Oberfläche.

Das Teilbild 4-2a kennzeichnet den Idealfall einer homogenen Mischelektrode bei freier Korrosion. Derartige Verhältnisse kommen in Erdböden und Wässern nicht vor. Im allgemeinen erfolgt der Angriff örtlich ungleichmäßig, vgl. Teilbild 4-2b, wobei für freie Korrosion die Strombilanz innerhalb nicht zu kleiner Flächenbereiche ausgegli-

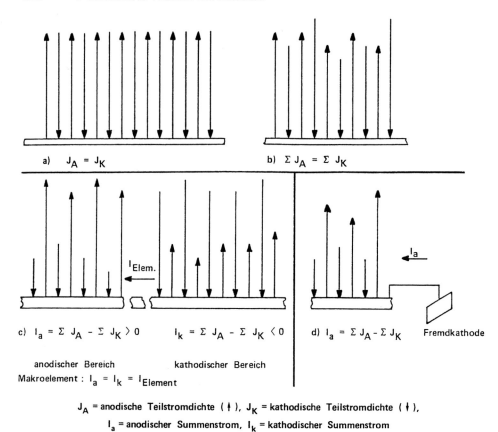

**Abb. 4-2.** Schematische Darstellung der Teilstromdichten der Korrosion bei freier Korrosion (**a–c**) und bei Elementbildung mit Fremdkathoden (**d**).

chen ist. Es handelt sich hierbei um *freie Korrosion ohne ausgedehnte Konzentrationselemente* [14] mit im wesentlichen noch gleichmäßigem Flächenabtrag. Das Teilbild 4-2c dagegen beschreibt *freie Korrosion mit ausgedehnten Konzentrationselementen,* die u.U. einige km auseinander liegen können. Derartige Verhältnisse liegen im allgemeinen bei örtlich unterschiedlichen Böden vor. Das Freie Korrosionspotential ist ortsabhängig – es gibt kein einheitliches Ruhepotential, vgl. Abb. 2-6.

Wenn man in Teilbild 4-2c den anodischen Bereich isoliert betrachtet, ist die Bedingung der freien Korrosion, d.h. die ausgeglichene Strombilanz, für den betrachteten Abschnitt nicht mehr erfüllt. Es handelt sich dann um eine Elementbildung zwischen verschiedenen Bereichen einer Rohrleitung in unterschiedlichen Bodenarten [12]. Dieser Fall unterscheidet sich im Prinzip nicht von der *Elementbildung mit Fremdkathoden* in Teilbild 4-2d [2, 3, 14, 16], nur können im letzten Fall die Elementspannungen und die Elementströme wesentlich größer sein. Zu den Fremdkathoden zählen Erderanlagen und vor allem Stahl in Beton [17, 18]. Bei Elementbildung ist meist mit Loch- und Muldenfraß zu rechnen.

## 4.2.1 Korrosion in Böden

Eine Beurteilung der Korrosionswahrscheinlichkeit erfolgt nach [14, 19] anhand von Merkmalen des Bodens und des Objektes, die für *unlegierte und niedriglegierte Eisenwerkstoffe* in der Tabelle 4-1 zusammengestellt sind. Je nach den Befunden für die einzelnen Merkmale ergeben sich Bewertungszahlen $Z$, aus denen sich für eine weitere Beurteilung Bewertungszahlsummen ableiten lassen.

$$B_0 = Z_1 + Z_2 + Z_3 + Z_4 + Z_5 + Z_6 + Z_7 + Z_8 + Z_9, \tag{4-6}$$

$$B_1 = B_0 + Z_{10} + Z_{11}, \tag{4-7}$$

$$B_E = B_0 - (Z_3 + Z_9) + Z_{12}. \tag{4-8}$$

Die Summe $B_0$ informiert über die Korrosionswahrscheinlichkeit von Objekten ohne ausgedehnte Elemente nach Teilbild 4-2b. Dieser Wert charakterisiert auch die Bodenklasse, nach der z. B. die Art der Rohrumhüllung ausgesucht werden kann [16]. Die Summe $B_1$ informiert über die Korrosionswahrscheinlichkeit von Objekten mit ausgedehnten Elementen nach Teilbild 4-2c. Damit wird ausgesagt, daß bei ausgedehnten Objekten die Bodenklasse allein nicht ausreichend informativ ist.

Objekte mit ausgedehnten Konzentrationselementen können u. U. bereits einzelne Rohrlängen und Behälter sein, wenn längs der Oberfläche dieser Objekte die Bodenbeschaffenheit sich ändert. Die Entfernung zwischen anodischen und kathodischen Bereichen kann zwischen einigen cm und einigen km liegen.

Die Summe $B_E$ kann nur bei einem verlegten Objekt erhalten werden und informiert über eine anodische Gefährdung durch Elementbildung nach Teilbild 4-2d. Verfeinerte Betrachtungen lassen noch erkennen, ob in bestimmten Bodenbereichen bevorzugt anodische oder kathodische Bereiche entstehen und wie wirksam diese sind [3, 14].

**Tabelle 4-1.** Merkmale der Böden und zugehörige Bewertungszahlen $Z$ [14, 19].

| Nr. | Merkmal | $Z$ |
|-----|---------|-----|
| 1a | Bindigkeit (Abschlämmbares) ($<10$ bis $>80\%$) | $+4$ bis $-4$ |
| 1b | Torf, Marsch und organ. Kohlenstoff | $-12$ |
| 1c | Asche, Müll, Kohle/Koks | $-12$ |
| 2 | Bodenwiderstand ($<1$ bis $>50$ k$\Omega$ cm) | $-6$ bis $+4$ |
| 3 | Wasser | $-1$ bis $0$ |
| 4 | pH-Wert ($<4$ bis $>9$) | $-3$ bis $+2$ |
| 5 | Pufferkapazität $K_{S4,3}$ und $K_{B7,0}$ | $-10$ bis $+3$ |
| 6 | Sulfide ($<5$ bis $>10$ mg/kg) | $-6$ bis $0$ |
| 7 | Neutralsalze ($<3$ bis $>100$ mmol/kg) | $-4$ bis $0$ |
| 8 | Sulfat im HCl-Auszug ($<2$ bis $>10$ mmol/kg) | $-3$ bis $0$ |
| 9 | Lage der Objekte zum Grundwasser | $-2$ bis $0$ |
| 10 | Bodeninhomogenität (nach 2) | $-4$ bis $0$ |
| 11a | Bodenumgebung | $-6$ bis $0$ |
| 11b | Bodenschichtung | $-2$ bis $0$ |
| 12 | Potential $U_{Cu/CuSO_4}$ ($-0,5$ bis $-0,3$ V) | $-10$ bis $-3$ |

Aus der Tabelle 4-1 geht hervor, daß bei einigen Merkmalen allein schon eine sehr große Korrosionswahrscheinlichkeit erkannt werden kann (1b und 1c), dabei ist die Wirkung von Koks wie die einer gut belüfteten Fremdkathode zu verstehen. Weiterhin wird deutlich, daß eine anodische Gefährdung, z.B. durch Verlegen in sehr hochohmigen Sandböden bei korrosionsschutzgerechter Bettung vermindert werden kann [16]. Die Beurteilung der Korrosionswahrscheinlichkeit durch mikrobiologische Sulfatreduktion ist nicht unproblematisch. Nach neueren Untersuchungen kann die Sulfatreduktion als nennenswerte kathodische Teilreaktion ausgeschlossen werden [20, 21]. Dagegen sind die Stabilisierung anodischer Bereiche und die mögliche Ablagerung von elektronenleitenden FeS-Filmen für die Korrosion bedeutsam.

Tabelle 4-2 zeigt als Beispiel den Zusammenhang zwischen den Ergebnissen von Feldversuchen [11] und der Bodenklasse. Im allgemeinen läßt sich die Zeitabhängigkeit der Korrosionsgeschwindigkeit für $t > 4$ a wie folgt darstellen:

$$\left(\frac{\Delta s(t)}{\mu m}\right) = \left(\frac{\Delta s(4)}{\mu m}\right) + \left(\frac{w_{lin}}{\mu m\, a^{-1}}\right)\left[\left(\frac{t}{a}\right) - 4\right]. \tag{4-9}$$

Die Daten für den mittleren Dickenabtrag nach 4 Jahren und die linearen Abtragungsgeschwindigkeiten sind in der Tabelle 4-2 angegeben. Weiterhin sind extrapolierte Abtragungswerte für 50 und 100 a angegeben, die für die Korrosionswahrscheinlichkeit erdverlegter Objekte von Interesse sind. Den Ergebnissen kann entnommen werden, daß bei der Bodenklasse I eine Deckschichtbildung erfolgt. Bei der Klasse II nimmt die Korrosionsgeschwindigkeit mit der Zeit nur geringfügig ab. Bei der Klasse III ist die zeitliche Abnahme nur noch unwesentlich ausgeprägt.

Die in der Tabelle 4-2 angegebenen extrapolierten Dickenabnahmen für 50 und für 100 Jahre sind für eine Abschätzung der Nutzungsdauer von Bauteilen, z.B. unterirdische Verkehrsbauwerke und Spundwände, von Interesse. Diese Bauteile verlieren ihre Funktionstüchtigkeit, wenn ihr Festigkeitsverhalten durch einen zu großen Dickenabtrag beeinträchtigt wird.

Die Probengröße bei den Feldversuchen [11] betrug nur wenige dm$^2$. Hierbei entstehen keine ausgedehnten Elemente entsprechend Teilbild 4-2b. Dennoch lagen die in Tabelle 4-3 angegebenen maximalen Eindringraten bei wesentlich größeren Beträgen, als aufgrund der mittleren Dickenabnahmen zu erwarten war. Zu ähnlichen Ergebnissen kamen auch Versuche mit Sand/Ton-Böden [12]. Elemente wirken sich im allgemeinen erst dann aus, wenn das Flächenverhältnis $S_k/S_a$ wesentlich größer als 10 ist [13, 18]. Bei Sandböden spielt dabei der Salzgehalt bzw. die elektrische Leitfähigkeit eine verhältnismäßig große Rolle [22]. Die in der Tabelle 4-3 angegebenen maximalen Eindringgeschwindigkeiten sind für eine Abschätzung der Nutzungsdauer von Rohrleitungen und Behältern von Interesse. Diese Objekte verlieren ihre Funktionstüchtigkeit, wenn sie durch Mulden- oder Lochfraß undicht werden.

Der elektrische Bodenwiderstand hat nach den Angaben der Tabelle 4-1 einen sehr großen Einfluß. Er wird in den Merkmalen 2, 7, 10 und 11 wirksam. So kann man anhand der Bodenwiderstand-Profile längs einer Rohrleitungstrasse erkennen, wo für Leitungen mit Schweißverbindungen oder mit metallenleitender längskraftschlüssiger Rohrverbindung anodische Bereiche und somit Orte erhöhter Korrosionswahrscheinlichkeit vorliegen. Sie fallen meist mit Minima der Widerstände zwischen größeren Bereichen erhöhten Widerstandes zusammen [23].

**Tabelle 4-2.** Auswertung der Feldversuche [11] nach Bodenklassen (Mittelwerte ± Standardabweichung).

| Bodenklasse nach [14, 19] | I | II | III |
|---|---|---|---|
| Anzahl der untersuchten Böden | 21 | 30 | 27 |
| Dickenabnahme $\Delta s$ für 4 Jahre in µm | 94± 37 | 22 Böden: 137± 52<br>8 Böden: 64± 36 | 12 Böden: 268± 141<br>15 Böden: 220± 152 |
| lineare Abtragungsgeschwindigkeit $w_{lin}$ nach 4 Jahre in µm a$^{-1}$ | 6± 3,3 | 16±9,0 | 55±38 |
| $\Delta s_{50}$ in µm extrapolierte Dickenabnahme für 50 Jahre | 370±189 | 22 Böden: 873±466<br>8 Böden: 800±450 | 12 Böden: 2798±1889<br>15 Böden: 2750±1750 |
| $\Delta s_{100}$ in µm extrapolierte Dickenabnahme für 100 Jahre | 670±354 | 22 Böden: 1673±916<br>8 Böden: 1536±864 | 12 Böden: 5548±3789<br>15 Böden: 5500±3800 |

**Tabelle 4-3.** Angaben zur örtlichen Korrosion aus Feldversuchen (nach 12 Jahren [11] und nach 6 Jahren [12]).

| Quelle | Bodenklasse | Maximale Eindringungsgeschwindigkeit $w_{l,max}$ in µm a$^{-1}$ | |
|---|---|---|---|
| | | Mittelwert | Streubereich |
| Freie Korrosion [11] | I | 30 | 15 bis 120 |
| | II | 80 | 20 bis 140 |
| | III | 180 | 80 bis 400 |
| Freie Korrosion [12] | I | 133 | |
| | II | 250 | |
| | III | 300 | |
| Elementbildung [12] (Sandboden/Tonboden) $S_k : S_a = 10$ | | 400 | |

Die Beurteilung für unlegierte Eisenwerkstoffe kann annähernd auch auf *feuerverzinkten Stahl* angewendet werden. Günstig wirken Deckschichten aus Korrosionsprodukten, die die Zinkkorrosion hemmen. Dadurch wird die Entstehung anodischer Bereiche stark verzögert. Die Deckschichtbildung kann ebenfalls durch Bewertungszahlsummen beurteilt werden [3, 14].

*Nichtrostende Stähle* können im Erdboden nur durch Lochkorrosion angegriffen werden, wenn das Lochfraßpotential überschritten wird, vgl. Abb. 2-16. Kontakt mit unlegiertem Stahl führt bereits zu einem ausreichenden kathodischen Korrosionsschutz bei $U_H < 0,2$ V. Auch *Kupferwerkstoffe* sind gut beständig und erleiden nur in stark sauren oder verunreinigten Böden Korrosion. Hinweise über das Verhalten dieser Werkstoffe finden sich in [3, 14].

### 4.2.2 Korrosion in Wässern

Die Beurteilung der Korrosionswahrscheinlichkeiten in Wässern erfolgt auch aufgrund von Bewertungszahlen [3, 14], die sich aber wesentlich von denen für Böden unterscheiden. Eine erhöhte Korrosionswahrscheinlichkeit besteht im allgemeinen nur an der *Wasser/Luft-Wechselzone*. Im Gezeitenbereich kann eine besonders starke örtliche Korrosion stattfinden, die auf intensive Kathoden im feuchten Rost zurückzuführen ist [24, 25]. Da ein kathodischer Korrosionsschutz in diesem Bereich unwirksam bleiben muß, kommt als Korrosionsschutzmaßnahme im Wasser/Luft-Bereich nur eine ausreichend dicke Beschichtung infrage, vgl. Kap. 16. Im Gegensatz zu den Verhältnissen im Erdboden haben horizontale Elemente praktisch keine Bedeutung.

## 4.3 Korrosion bei anodischer Beeinflussung durch Elementbildung oder Streuströme aus Gleichstromanlagen

Eine große Korrosionswahrscheinlichkeit besteht nach Abb. 2-5 stets bei *anodischer Beeinflussung*. Dabei ist es gleichgültig, ob diese durch *Elementbildung* oder durch *Streuströme* erfolgt. Die Gefährdung durch Kontakt mit Fremdkathoden ist ebenso ernst zu nehmen wie die Gefährdung durch austretende Streuströme. Als Fremdkathoden für unlegierte und niedriglegierte Eisenwerkstoffe zählen nichtrostende Stähle, Buntmetalle und vor allem Bewehrungsstahl in Beton. Die Intensität der Elementwirkung hängt von der Belüftung der Fremdkathoden [26–28] und vor allem vom Flächenverhältnis [18] ab.

Bei Elementbildung mit Fremdkathoden können die Differenzen der Ruhepotentiale um 0,5 V liegen. Die Grundlagen zur Elementbildung und die Flächenregel sind im Abschn. 2.2.4.2 behandelt. Ergänzend hierzu soll der Grenzfall betrachtet werden, daß zwischen einer Fehlstelle in der Umhüllung und der Bezugserde eine konstante Spannung $U$ anliegt, was einer unendlich großen Fremdkathode entspricht. Für eine kreisförmige Fehlstelle mit dem Durchmesser $d$ liegen folgende Widerstände in Reihe: Polarisationswiderstand $\dfrac{4}{\pi d^2} r_p$, Porenwiderstand $\dfrac{4}{\pi d^2} \dfrac{l}{\kappa}$ und Ausbreitungswiderstand $\dfrac{1}{2 \kappa d}$.
Dabei bedeuten $\kappa$ die spezifische Leitfähigkeit des Mediums und $r_p$ den spezifischen Polarisationswiderstand. Mit diesen Größen folgt aus dem Ohmschen Gesetz und Gl. (2-45):

$$J = \frac{\kappa \, \Delta U}{\dfrac{\pi d}{8} + (l + k)} . \tag{4-10}$$

Erwartungsgemäß addiert sich der Polarisationsparameter $k = \kappa \cdot r_p$ zu der Porenlänge $l$ (vgl. Abschn. 2.2.5). Der Polarisationswiderstand ist nach Gl. (2-35) stromdichteabhängig. Für Durchtrittspolarisation folgt mit Gl. (2-45):

$$k = \frac{U - U_R}{J} \kappa = \frac{\beta_+ \, \kappa}{J} \ln \frac{J}{J_A} \, . \tag{4-11}$$

Für $\Delta U = 0{,}5$ V, $\kappa = 200 \, \mu\text{S cm}^{-1}$, $\beta_+ = 26$ mV, $J_A = 10^{-6} \, \text{A cm}^{-2}$ (Abtragungsgeschwindigkeit beim Ruhepotential $0{,}01$ mm a$^{-1}$) zeigt Abb. 4-3 den Verlauf der Gl. (4-10). Die durchgezogenen Kurven gelten für $k = 0$ und die gestrichelten für $k$ nach Gl. (4-11). Bei Deckschichtbildung können nach Gl. (2-44) konstante $k$-Werte durch Addition im Parameter $l$ berücksichtigt werden. Allgemein nimmt die Stromdichte mit der Elementspannung, mit der Leitfähigkeit und mit abnehmender Fehlstellengröße zu, wobei sowohl der Porenwiderstand als auch der Polarisationswiderstand die Stromdichte begrenzen. Der Einfluß der Verletzungsgröße besagt, daß man der *anodischen Gefährdung durch passive Schutzmaßnahmen nicht begegnen kann.* Mögliche Schutzmaßnahmen sind eine *galvanische Trennung* [14, 16] und Lokaler kathodischer Schutz (vgl. Kap. 12).

In gleicher Weise wie galvanische Ströme sind auch Streuströme aus fremden Stromquellen zu sehen. Auch hier gelten die Ausführungen zu Gl. (4-10) entsprechend. Schutzmaßnahmen werden in den Kap. 9 und 15 beschrieben.

Eine besondere Art einer anodischen Gefährdung kann im Inneren von Rohren und Behältern auftreten, die mit einer Elektrolytlösung gefüllt sind und aus gleichen oder aus verschiedenartigen Metallen bestehen, welche aber durch Isolierstücke elektrisch getrennt sind. Durch äußeren kathodischen Korrosionsschutz werden Potentialdifferenzen erzeugt, die im Innern wirksam werden [29, 30]. Auf diese Vorgänge wird in den Abschn. 10.3, 20.1.4 und 24.4.6 näher eingegangen.

Eine weitere Möglichkeit einer anodischen Gefährdung ist in $O_2$-haltigen Wässern auf Beschichtungen mit zu geringem Beschichtungswiderstand zurückzuführen. Bitu-

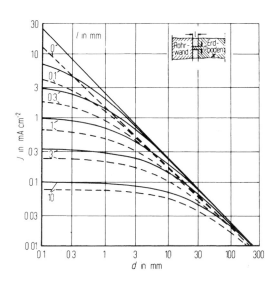

**Abb. 4-3.** Elementstromdichte an einer Fehlstelle bei einer Potentialerhöhung um $\Delta U = 0{,}5$ V, $\kappa = 200 \, \mu\text{S} \cdot \text{cm}^{-1}$.

——— $J(d)$ nach Gl. (4-10) ohne Berücksichtigung einer Polarisation ($k = 0$);

– – – $J(d)$ mit Berücksichtigung der Polarisation nach Gl. (4-11) [$0{,}1 \, \text{mA cm}^{-2} \triangleq 1 \, \text{mm a}^{-1}$, vgl. Gl. (2-5)].

menüberzüge und viele Dünnbeschichtungen sind oder werden im Laufe der Zeit etwas elektrisch leitfähig, vgl. Abschn. 5.2.1.3. Bereits bei Umhüllungswiderständen $\leqq 10^5\ \Omega\ m^2$ hat eine an sich porenfrei beschichtete Fläche von $10^4\ m^2$, z.B. 10 km lange längsleitfähige Rohrleitung DN 300, einen Umhüllungswiderstand $R_u \leqq 10\ \Omega$. An diesen beschichteten Flächen kann die kathodische Teilreaktion ablaufen, wohingegen die anodische Teilreaktion inhibiert wird und nur im Bereich von Verletzungen stattfindet. Die beschichteten Flächen wirken wie Kathoden und können zu intensivem Lochfraß führen, was in salzreichen Wässern auch beobachtet wurde [31–33]. Zur Vermeidung einer derartigen Gefährdung müssen die Beschichtungswiderstände ausreichend groß sein, wie z.B. bei PE-Beschichtungen, vgl. Abschn. 5.2.1.

## 4.4 Korrosion durch Wechselstrom-Beeinflussung

Im Gegensatz zu einer Streustromgefährdung bei Gleichströmen galten Beeinflussungen durch Wechselströme als wenig korrosionsgefährdend. Untersuchungen mit Stahl haben gezeigt, daß von der jeweiligen positiven Halbwelle nur etwa 1% für eine anodische Auflösung des Fe nach Gl. 2-21 beiträgt [34–37]. Die restlichen 99% dienen zur Umladung von Kapazitäten, von Redoxsystemen, z.B. $Fe^{2+}/Fe^{3+}$ in Deckschichten oder führen zur Wasserzersetzung jenseits der Geraden a) und b) in Abb. 2-2. Aufgrund von Schadensfällen [38, 39] wurden umfangreiche Untersuchungen durchgeführt, über deren Ergebnisse in [40–43] berichtet wird.

Die Wechselstromkorrosion unterscheidet sich wesentlich von der Gleichstromkorrosion, wie sie im Falle von Element- und Streuströmen gefürchtet ist. Für Gleichstrom besteht die Äquivalenz für eine 100%ige Stromausbeute gemäß dem *Faraday*schen Gesetz:

$$\frac{w}{mm/a} = 1,16\ \frac{J}{A/m^2} \quad \text{oder}\ 1\ mm\ a^{-1} \triangleq 1\ A\ m^{-2}. \tag{4-12}$$

Für Wechselstrom $J_\approx$ und einem überlagerten kathodischen Schutzstrom $J_k$ besteht für $J_\approx \gg J_k$ die Beziehung:

$$\frac{w}{\mu m/a} = \alpha \left( 5,22\ \frac{J_\approx}{A/m^2} - 5,8\ \frac{J_k}{A/m^2} \right). \tag{4-13}$$

Hierbei ist der Faktor $\alpha$ ein *Stromausbeutefaktor* in %. Würde die anodische Halbwelle wie bei der Gleichstromkorrosion zu 100% die äquivalente Menge Eisen lösen, so würde eine Wechselstromdichte von 1 A m$^{-2}$ zu einer Korrosionsgeschwindigkeit von 0,52 mm a$^{-1}$ führen. Alle Untersuchungen haben aber gezeigt, daß die $\alpha$-Werte um 1% liegen. Dann führen erst etwa 200 A m$^{-2}$ zu einer Korrosionsgeschwindigkeit von 1 mm a$^{-1}$.

Bei kathodischer Polarisation und Erfüllen des Schutzpotential-Kriteriums kann der $\alpha$-Wert um 0,03 bis 0,3 liegen. Das besagt, daß bei hohen Wechselstromdichten kein Korrosionsschutz besteht. Alle Untersuchungen haben gezeigt, daß nur die Wechselstromdichte ein Beurteilungsmaß darstellt und daß das Potentialkriterium des kathodischen Korrosionsschutzes nicht anwendbar ist. In der Praxis ist die Wechselstromdichte aber unbekannt. Der Messung zugänglich ist zunächst nur das Wechselstrompotential

$U_\approx$ der beeinflußten Leitung. Für die Wechselstromdichte an Verletzungen kann Gl. (4-10) herangezogen werden. Demnach nimmt die Gefährdung mit abnehmendem Fehlstellendurchmesser zu und wird durch Polarisations- und Porenwiderstand begrenzt. Aufgrund der Befunde aus der Praxis, die mit gezielten Feldversuchen bestätigt wurden [40], kann der kritische kleine Durchmesser, bei dessen Unterschreiten die Gefährdung nicht mehr zunimmt oder sogar abnimmt, mit etwa 1 cm angegeben werden.

Neben den $\alpha$-Werten muß auch das Auftreten von Korrosionsmulden betrachtet werden, die vorzugsweise unter Carbonatdeckschichten entstehen und ohne kathodische Polarisation nicht oder geringer anfallen. Im Detail streuen die Befunde recht stark und zeigen eine unerwartete Mediumabhängigkeit, die nach den Angaben in Abschn. 4.2 unverständlich sind. So wurden die größten $\alpha$-Werte und der stärkste örtliche Angriff in deckschichtbildenden Wässern mit Zusätzen von $CaCO_3$ und $CO_2$ gefunden, wohingegen Chloride einen im Trend eher günstigen Einfluß haben, wenn man von der Erhöhung der Leitfähigkeit absieht [43].

Wenn die größte Stromdichte für eine 1-cm$^2$-Meßprobe, die mit der beeinflußten Rohrleitung metallenleitend verbunden ist, zugrunde gelegt wird, können aus den Ergebnissen [40– 43] folgende Wechselstrom-Kriterien abgeleitet werden:

a) *Keine Gefährdung* bei Stromdichten bis zu 20 A m$^{-2}$, entspricht nach Gl. (4-13) 10 µm a$^{-1}$ bei $\alpha = 0,1$ %. Für diesen Bereich gilt noch das Schutzpotential-Kriterium.
b) Bei Stromdichten von 20 bis 100 A m$^{-2}$ ist eine Beurteilung nur möglich an Hand von Meßproben, die als Korrosionsprobe in Zeitabständen beurteilt wird.
c) *Erwartete Gefährdung* bei Stromdichten über 100 A m$^{-2}$, entspricht nach Gl. (5) über 50 µm a$^{-1}$ bei $\alpha = 0,1$ %.

Der im Vergleich zu a) erwähnte etwas höhere Grenzwert von 30 A m$^{-2}$ in [44] wurde vor der Auswertung aller Befunde formuliert. Der Abtrag erfolgt im allgemeinen muldenartig, so daß der gemessene mittlere Metallabtrag für eine Beurteilung zu günstig ist. Bei den kleinen Stromdichten zu a) ist der örtliche Abtrag verhältnismäßig gering. Er nimmt aber mit ansteigender Stromdichte im Trend zu. Somit kann die Gefährdung bei hohen Stromdichten gemäß c) ausgeprägter als erwartet sein.

Korrosionsschutzmaßnahmen betreffen die Verminderung der Wechselstromdichten an Hand der Parameter in Gl. (4-10) [45] und werden in Abschn. 10.7 beschrieben. Details zur Prüfung der Korrosionsgefährdung oder der Schutzmaßnahmen werden in Abschn. 3.8 behandelt.

Auch bei niedrigfrequenten Potentialschwankungen ist mit einer erhöhten Korrosionsgeschwindigkeit zur rechnen, wenn zeitweise das Schutzkriterium nach Gl. (2-40) nicht erfüllt wird. Es reicht nicht aus, wenn nur der zeitliche Mittelwert des Potentials negativer als das Schutzpotential bleibt [46].

Bei anderen Metallen als Fe kann der %-Satz des zur anodischen Korrosion führenden Wechselstroms wesentlich anders sein. Ähnlich wie Fe verhalten sich Cu und Pb [36], während Al [36] und Mg [47] wesentlich stärker korrodiert werden. Dies ist bei galvanischen Anoden aus diesen Werkstoffen zu beachten, wenn sie durch Wechselstrom beaufschlagt werden.

## 4.5 Korrosion in Spalten und unter loser Beschichtung

Nicht haftende Beschichtungen können bei unsachgemäßer Umhüllung mit Binden und allgemein im Betrieb als Folge der Permeation korrosiver Komponenten durch die Beschichtung, siehe Abschn. 5.2.2, oder durch kathodische Unterwanderung ausgehend von Verletzungen in der Beschichtung, siehe Abschn. 5.2.1.5, auftreten. Mit Hinweis auf Erfahrungen mit dünnen Beschichtungen zum Schutz gegen atmosphärische Korrosion im Stahlbau wird immer wieder vermutet, daß die Korrosionsschutzwirkung immer eine bleibende Haftung voraussetzt. Es gibt aber eine Vielzahl von langzeitigen Laboratoriums- und Feldversuchen, die belegen, daß die Geschwindigkeit der abtragenden Korrosion unter losen, formstabil anliegenden dickschichtigen Umhüllungen, wie sie für den Leitungsrohrschutz eingesetzt werden, vernachlässigbar gering ist [48–50]. Die Ergebnisse langzeitiger Feldversuche sind in der Tabelle 4-4 zusammengestellt, wobei der Befund einer kleberfreien Umhüllung besonders interessant sein dürfte [50].

Die Beständigkeit ist darauf zurückzuführen, daß der für die Korrosion erforderliche Sauerstoff den unterwanderten Bereich nur sehr langsam eintreten und durch einen Bruchteil des kathodischen Schutzstromes auch noch verbraucht werden kann, vgl. Abschn. 2.2.5. Entsprechend konnte auch nachgewiesen werden, daß bei oxidfreier Stahloberfläche innerhalb des unterwanderten Bereiches das Potentialkriterium erfüllt sein kann [49, 51–54]. Hierzu zeigt Abb. 4-4 Potentiale, die unter einer ohne Kleber extrudierten PE-Umhüllung gemessen wurden, in Abhängigkeit von der äußeren Polarisation [53, 54].

**Tabelle 4-4**. Ergebnisse von langzeitigen Feldversuchen in Wasser und Erdboden nach [50].

| Beschichtungssystem | Dicke mm | Medium[1] | Dauer a | lg $r_u$[2] | $w_{int}$ µm/a |
|---|---|---|---|---|---|
| PE extrudiert, PAV | 2–4 | E | 27 | >11 | 0,1–0,2 |
| PE extrudiert, PAV | 2–4 | W | 26 | >11 | 0,1–0,6 |
| PE und Binde | 7 | E | 27 | >11 | 0,1 |
| PE und Schrumpfschl. | 3 | E | 17 | 7 | 1,1 |
| PE-Binde | 0,9 | E | 10 | <1,5 | 0,4 |
| PE-Binde | 0,9 | W | 26 | 7 | 1,2 |
| PE-Binden | 1–3 | E | 17 | 8–9 | <0,1 |
| Bindensystem | 3 | E | 27 | 9 | 0,1 |
| Bindensystem | 3 | W | 26 | 9 | 0,2 |
| PE-Folie, ohne Kleber | 0,6 | E | 17 | 6 | 0,5 |
| Bitumen | 7–10 | E | 27 | 5–6 | 0,1–0,2 |
| Bitumen | 4–6 | W | 26 | 4–6 | 0,2–0,3 |
| Teer-EP | 2 | E | 27 | 7 | 0,2 |
| Teer-EP | 2 | W | 26 | 8–11[3] | 0,1 |
| Teer-PUR | 2,5 | E | 17 | 9,5 | 0,1 |
| EP | 0,4 | E | 17 | 8–11[3] | 0,1 |

[1] E = Erdboden, W = Wasser; [2] Umhüllungswiderstand in $\Omega\ m^2$;
[3] Kleiner Wert im Medium, großer Wert nach Lufttrocknung

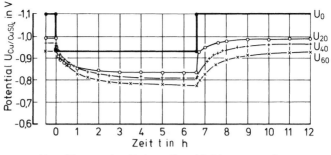

- $U_0$ = Steuerpotential am Beschichtungsrand
- $U_{20}$ = 20mm vom Beschichtungsrand entfernt
- $U_{40}$ = 40mm ˮ                    ˮ                    ˮ
- $U_{60}$ = 60mm ˮ                    ˮ                    ˮ

**Abb. 4-4.** Einfluß einer äußeren Polarisation ($U_0$) auf Potentiale im Spalt zwischen Rohrober-fläche und nichtklebender PE-Beschichtung, Carbonat-Bicarbonat-Lösung bei 70°C.

Diese Aussage setzt aber voraus, daß unter der losen Umhüllung das Wasser stagniert und nicht fließt. Entsprechend wird in der Erläuterung zu [55] gefordert, daß die Umhüllung so beschaffen sein muß, daß im Falle einer großflächigen Enthaftung die lose Umhüllung formstabil bleibt, keine Risse aufweist und dicht auf der Rohroberfläche anliegt. Diese Anforderung ist für Polyethylen-Umhüllungen bei üblicher kathodischer Unterwanderung im Bereich von Verletzungen immer erfüllt. Bei Vorliegen von riß- oder riefenartigen Verletzungen sind aber weitere Einflußgrößen zu betrachten [56], die für drei verschiedene Fälle nachfolgend beschrieben werden:

**Fall a) Umhüllung mit Verletzung ohne Riefe**

An der Verletzungsstelle ist die Stahloberfläche dem Erdboden ausgesetzt und wird kathodisch geschützt. Ausgehend vom Verletzungsrand findet kathodische Unterwanderung statt. Dabei wird die Stahloberfläche unter der losen Umhüllung einem stagnierenden alkalischen Wasserfilm ausgesetzt. Die Korrosionsgeschwindigkeit ist vernachlässigbar und liegt unter 1 μm a$^{-1}$ [50].

Bei warmgehenden Hochdruckleitungen großer Abmessungen, z.B. hinter Verdichterstationen, wurden in unterwanderten Bereichen Risse durch Bicarbonat-induzierte Spannungsrißkorrosion (high-pH-Typ, vgl. Abschn. 2.3.6) beobachtet. Soweit bekannt und auch durch Feldversuche belegt sind derartige Schäden bei gestrahlter Oberfläche – wie dieses bei Umhüllungen nach [55] obligatorisch ist – nicht zu erwarten [57].

**Fall b) Umhüllung mit Verletzung und Riefe**

Hier liegt zunächst die gleiche Situation wie beim Fall a) vor. Die Umhüllung wird von der Riefe ausgehend in Umfangsrichtung unterwandert. Dadurch entsteht eine geometrische Form wie eine *einseitig offene Tasche*. Die Riefe stellt die Taschenöffnung dar, durch welche Wasser in die Tasche gelangen kann. Das Wasser kann aber nicht durch oder innerhalb der Tasche strömen, wenn nicht der Taschenboden durch eine zweite Riefe, die in Fließrichtung unten und parallel zur Taschenöffnung liegen müßte, geöffnet wird. Die Korrosion dieser Geometrieform entspricht auch mit Riefe noch weitgehend den Verhältnissen für Fall a) mit stagnierendem Wasserfilm im unterwanderten Bereich.

Diese Beschreibung trifft nicht mehr zu, wenn – in Umfangsrichtung gezählt – mehrere Riefen vorliegen, wobei durch eine zweite Riefe eine *unten geöffnete Tasche* entsteht. In diesem Falle könnte korrosives Wasser durch die Tasche fließen. So lange die Umhüllung dicht und formstabil anliegt, sollte der Strömungswiderstand recht groß sein, so daß eine Schadenswahrscheinlichkeit klein ist. Eine Abschätzung der Korrosionsgeschwindigkeit ist aber nicht möglich.

### Fall c) Abstehende Umhüllung

Eine abstehende Umhüllung ist bei qualitativ schlechter Umhüllung mit Binden möglich und kann auch bei zahlreichen Riefen in Umfangsrichtung vorliegen, wenn der allseitige Erddruck wegfällt, was aber nur nach dem Freigraben möglich ist. Unter einer abstehenden Umhüllung ist der kathodische Schutz nicht mehr wirksam. In Abhängigkeit vom Wasserdurchfluß besteht eine Korrosionsgefahr. Solche Fälle wurden in der Praxis beobachtet, wobei für Hochdruckleitungen großer Abmessungen auch die Gefahr einer Spannungsrißkorrosion nach dem low-pH-Typ zu beachten ist, vgl. Abschn. 2.3.6.


## 4.6 Literatur

[1] W. Schwenk, 3R intern. *18*, 524 (1979).

[2] W. Schwenk, gwf gas/erdgas *123*, 158 (1982).

[3] W Schwenk, gwf gas/erdgas *127*, 304 (1986).

[4] H. Kaesche, Die Korrosion der Metalle, Springer-Verlag, Berlin-Heidelberg-New York 1966, 1979.

[5] A. Rahmel u. W. Schwenk, Korrosion und Korrosionsschutz von Stählen, Verlag Chemie, Weinheim-New York 1977.

[6] V. V. Skorchelletti u. N. K. Golubeva, Corrosion Sci. *5*, 203 (1965).

[7] H. Kaesche, Werkstoffe u. Korrosion *26*, 175 (1975).

[8] W. Schwenk, Werkstoffe u. Korrosion *30*, 34 (1979).

[9] K. Bohnenkamp, Arch. Eisenhüttenwes. *47*, 253, 751 (1976).

[10] DIN 50930-2, Beuth-Verlag, Berlin 1993.

[11] M. Romanoff, Underground Corrosion, Nat. Bur. of Stand., Circ. 579, 1957, US Dep. Comm.

[12] H. Hildebrand u. W. Schwenk, Werkstoffe u. Korrosion *29*, 92 (1978).

[13] H. Hildebrand, C.-L. Kruse u. W. Schwenk, Werkstoffe u. Korrosion *38*, 696 (1987).

[14] DIN 50929-1 bis -3, Beuth-Verlag, Berlin 1985; Kommentar zu DIN 50929 in: „Korrosionsschutz durch Information und Normung", Hrsg. W. Fischer, Verlag I. Kuron, Bonn 1988.

[15] DIN 50900-2, Beuth-Verlag, Berlin 1984.

[16] DIN 30675-1, Beuth-Verlag, Berlin 1985.

[17] W. Schwenk, gwf gas/erdgas *103*, 546 (1972).

[18] G. Heim, Elektrizitätswirtschaft *81*, 875 (1982).

[19] DVGW Arbeitsblatt GW 9, WVGW-Verlag, Bonn 1986.

[20] H.-G. Schöneich u. W. Prinz, gas/erdgas *133*, 541 (1992).

[21] S. Grobe, W. Prinz, H.-G. Schöneich u. J. Wingender, Werkstoffe u. Korrosion 47, 413 (1996).
[22] D. Funk, H. Hildebrand, W. Prinz u. W. Schwenk, Werkstoffe u. Korrosion *38*, 719 (1987).
[23] H. Klas u. G. Heim, gwf *98*, 1104, 1149 (1957).
[24] M. Stratmann, K. Bohnenkamp u. H.-J. Engell, Werkstoffe u. Korrosion *34*, 605 (1983).
[25] W. Schwenk, Stahl u. Eisen *104*, 1237 (1984).
[26] H. Arup, Mat. Protection *18*, H. 4, 41 (1979).
[27] H. J. Abel und C.-L. Kruse, Werkstoffe u. Korrosion *33*, 89 (1982).
[28] H. Hildebrand u. W. Schwenk, Werkstoffe u. Korrosion *37*, 163 (1986).
[29] FKK, 3R intern. *24*, 82 (1985).
[30] DIN 50927, Beuth-Verlag, Berlin 1985.
[31] H. Hildebrand u. W. Schwenk, Werkstoffe u. Korrosion *30*, 542 (1979).
[32] DIN 50928, Beuth-Verlag, Berlin 1985.
[33] W. Schwenk, farbe + lack *90*, 350 (1985).
[34] W. Fuchs, H. Steinrath u. H. Ternes, gwf gas/erdgas *99*, 78 (1958).
[35] F. A. Waters, Mat. Protection *1*, H. 3, 26 (1962).
[36] J. F. Williams, Mat. Protection *5*, H. 2, 52 (1966).
[37] S. R. Pookote u. D. T. Chin, Mat. Protection *17*, H. 3, 9 (1978).
[38] G. Heim u. G. Peez, 3R intern. *27*, 345 (1988).
[39] P. Hartmann, 3R intern. 30, 584 (1991)
[40] H.-G. Schöneich u. R. Watermann, gwf gas/erdgas *132*, 199 (1991).
[41] D. Funk, W. Prinz, H.-G. Schöneich, 3R intern. *31*, 336 (1992).
[42] G. Heim u. G. Peez, gwf gas/erdgas *133*, 137 (1992).
[43] G. Heim, Th. Heim, H. Heinzen u. W. Schwenk, 3R intern. *32*, 246 (1993).
[44] DIN 50925, Beuth-Verlag, Berlin 1992.
[45] W. Prinz u. H.-G. Schöneich, gwf gas/erdgas *134*, 621 (1993).
[46] G. Heim, 3R intern. *21*, 386 (1982).
[47] G. Kraft u. D. Funk, Werkstoffe u. Korrosion *29*, 265 (1978).
[48] Dieses Handbuch, Kapitel 5, 3. Auflage 1989.
[49] W. Schwenk, 3R intern. *28*, 381 (1989).
[50] G. Heim, T. Schäfer, W. Schwenk und B. Wedekind, 3R inten. *35*, 676 (1996).
[51] R. R. Fessler, A. J. Markworth u. R. N. Parkins, Corrosion *39*, 20 (1983).
[52] A. C. Toncre, Mat. Protection *23*, H. 8, 22 (1984).
[53] W. Schwenk, gwf gas/erdgas *123*, 158 (1982).
[54] W. Schwenk, 3R intern. *26*, 305 (1987).
[55] DIN 30670, Beuth Verlag, Berlin 1991.
[56] W. Schwenk, 3R intern. *37*, 334 (1998).
[57] W. Delbeck, A. Engel, D. Müller, R. Spörl u. W. Schwenk, Werkstoffe u. Korrosion *37*, 176 (1986).

# 5 Beschichtungen und Überzüge für den Korrosionsschutz

Th. Heim und W. Schwenk

## 5.1 Zweck und Arten des passiven Korrosionsschutzes

Korrosionsschutz-Maßnahmen werden in *aktive* und *passive* Verfahren unterteilt. Der elektrochemische Korrosionsschutz greift durch Ändern des Potentials aktiv in den Korrosionsprozeß ein. Beschichtungen und Überzüge [1] auf dem Schutzobjekt halten das angreifende Medium fern. Beide Schutzmaßnahmen sind zwar theoretisch für sich allein anwendbar. Jedoch ist eine Kombination beider Schutzmaßnahmen häufig erforderlich oder günstig. Dieses soll an einigen Beispielen erläutert werden, wobei berücksichtigt wird, daß der passive Korrosionsschutz zwei völlig unterschiedliche Aufgaben haben kann:

a) Unterbinden der anodischen Korrosion nach Gl. (2-21),
b) Blockieren der kathodischen Teilreaktion nach Gl. (2-17).

Im Falle einer *anodischen Gefährdung* (z. B. Elementbildung mit Fremdkathoden) ist die Schutzmaßnahme nach a) wirkungslos, soweit Poren oder Verletzungen nicht 100%ig für die gesamte Nutzungsdauer ausgeschlossen werden können. Im allgemeinen sind aber solche nicht vermeidbar. Dann erhöhen Maßnahmen nach a) ganz erheblich die Korrosionsgefährdung durch Erhöhen der anodischen Stromdichte, siehe Abschn. 2.2.4.2 und 4.3. Die primären Schutzmaßnahmen sind in solchen Fällen der elektrochemische Schutz oder zumindest das Auftrennen des Elementstromkreises durch Isolierstücke [2]. *In diesem Beispiel verursacht eine vermeintliche Schutzmaßnahme Korrosionsschäden!*

Im Falle der *freien Korrosion* eines größeren Objektes mit Ausbildung anodischer und kathodischer Bereiche gelten die gleichen Bedenken gegen die Maßnahme a), wobei ein Abtrennen der anodischen Bereiche als Schutzmaßnahme nicht möglich ist. Somit kommt als Schutzmaßnahme nur elektrochemischer Schutz in Frage. Weiterhin kann aber die Elementwirkung entscheidend durch die Schutzmaßnahme b) verringert werden. *In diesem Beispiel verursacht eine Schutzmaßnahme an nicht gefährdeten Bereichen den Schutz der entfernten gefährdeten Bereiche!*

*Passiver Korrosionsschutz ohne elektrochemischen Schutz* kann bedenklich werden, wenn die Schutzmaßnahme a) örtlich unzureichend ist, so daß ein Element mit anodischen und kathodischen Bereichen entsteht. Für den Korrosionsschutz ist dann zusätzlicher elektrochemischer Schutz erforderlich. *In diesem Beispiel wird örtliche Korrosion durch Beschichtung verursacht!*

In Sonderfällen kann passiver Korrosionsschutz ohne elektrochemischen Korrosionsschutz eingesetzt werden, wenn die Maßnahme b) ausreicht und das Auftreten von Poren und Verletzungen in Zeitabständen kontrolliert wird [3]. Für derartige Kontrollen werden Widerstandsmessungen durchgeführt, die technisch einem Einspeiseversuch entsprechen, so daß mit der gleichen Vorrichtung auch elektrochemischer Schutz angewandt werden kann.

*Elektrochemischer Korrosionsschutz ohne Beschichtung* ist zwar möglich, kann aber zu erheblichen technischen Schwierigkeiten führen, die durch einen zusätzlichen passiven Schutz vermieden werden. Mit abnehmendem Schutzstrom fällt die Gefahr der Beeinflussung von Fremdobjekten, vgl. Kap. 9 und 15. Mit zunehmendem Beschichtungswiderstand werden der Polarisationsparameter nach Gl. (2-45) erhöht und somit die Stromverteilung verbessert (vgl. Abschn. 24-5) sowie die Schutzreichweite erhöht (vgl. Abschn. 24.4).

Beschichtungen und Überzüge, die zum Korrosionsschutz eingesetzt werden [1], werden in folgenden Gruppen eingeteilt:

### 5.1.1 Organische Beschichtungen

Zu den organischen Beschichtungen, die vorwiegend für den Rohrleitungs- und Behälterschutz eingesetzt werden, zählen Anstrichstoffe, Kunststoffe und bituminöse Massen. Im Sinne [4] lassen diese sich noch unterteilen in Dünn- und Dickbeschichtungen. Die letzten haben Dicken über 1 mm.

Zu den *Dünnbeschichtungen* zählen Beschichtungen durch Anstrichstoffe und Reaktionsharze, die als Flüssig- oder Pulverharz mit Schichtdicken um 0,5 mm aufgebracht werden, z. B. EP [5]. Typische Vertreter der *Dickbeschichtungen* sind bituminöse Massen [6], Polyolefine [7, 8], dickschichtige Reaktionsharz-Kombinationen, z. B. EP-Teer und PUR-Teer [5] sowie Schrumpfschläuche und Binden-Systeme [9].

Dünnbeschichtungen enthalten im allgemeinen viele polare Gruppen, die das Haftvermögen unterstützen. Weniger polare oder nichtpolare Dickbeschichtungen, z. B. PE, werden im allgemeinen mit polaren Kleber-Systemen kombiniert, um das erforderliche Haftvermögen zu erreichen.

Alle organischen Beschichtungen haben in unterschiedlicher Weise eine Löslichkeit und Durchlässigkeit für Komponenten des Korrosionsmediums, was durch *Permeation* und *Ionenleitung* beschrieben werden kann, vgl. Abschn. 5.2.1 und 5.2.2. Wegen dieser Eigenschaften ist eine absolute Trennung zwischen Schutzobjekt und Korrosionsmedium nicht möglich. Für den Korrosionsschutz sind bestimmte Anforderungen zu stellen, die auch elektrochemische Einflußgrößen berücksichtigen [4], vgl. Abschn. 5.2.

### 5.1.2 Mörtelbeschichtungen

Mörtelbeschichtungen werden im wesentlichen für Auskleidungen von Wasserrohren oder -behältern [10], teils aber auch zum mechanischen Schutz der Rohrumhüllung eingesetzt [11, 12]. Mörtel sind nicht wasserdicht, so daß elektrochemische Reaktionen an der Oberfläche des Schutzobjektes ablaufen können. Wegen der gleichartigen Vorgänge an den Phasengrenzflächen Objekt/Mörtelbeschichtung und Bewehrungsstahl/Beton werden in diesem Kapitel allgemeine Angaben zum System Eisen/Zementmörtel bei Einwirken von Elektrolytlösungen ohne und mit elektrochemischer Polarisation behandelt. Zur Sicherung der Korrosionsschutzwirkung müssen bestimmte Anforderungen an das System gestellt werden, vgl. Abschn. 5.3 und Kap. 19.

### 5.1.3 Emailüberzüge

Emailüberzüge werden für den Innenschutz von Behältern [13] und Armaturen, z.B. Schiebern, angewandt, vgl. Abschn. 20.4.1. Emailüberzüge sind wasserdicht, d.h. sie trennen das Schutzobjekt vom Korrosionsmedium. Die Korrosionsschutzwirkung kann nur an Fehlstellen im Emailüberzug und durch Korrosion des Emails beeinträchtigt werden, vgl. Abschn. 5.4.

### 5.1.4 Metallische Überzüge

Metallische Überzüge werden nur in Sonderfällen eingesetzt, wobei die Korrosionsschutzwirkung durch das Überzugsmetall oder durch dessen Korrosionsprodukte sichergestellt werden muß. Eine Kombination mit elektrochemischen Schutzmaßnahmen kann sinnvoll sein, wenn das Überzugsmetall Vorteile beim elektrochemischen Schutz bringt, vgl. Abschn. 5.5.

## 5.2 Eigenschaften organischer Beschichtungen

Für einen langzeitigen Korrosionsschutz werden folgende Anforderungen gestellt:

a) hohe *mechanische Widerstandsfähigkeit* und Haftung, insbesondere bei Transport und Installation;
b) *chemische Beständigkeit* unter Betriebsbedingungen (Alterung);
c) ausreichend *geringe Permeation* korrosiver Komponenten unter Betriebsbedingungen;
d) ausreichende *Beständigkeit bei elektrochemischer Belastung,* insbesondere bei Kombination mit elektrochemischen Schutzmaßnahmen.

Die Anforderungen a) bis c) sind für alle Beschichtungsarten und für alle Schutzobjekte *allgemeingültig* und z.B. für den Korrosionsschutz im Stahlbau allgemein bekannt. Bei den in diesem Handbuch erörterten Schutzobjekten wirken bestimmungsgemäß Elektrolytlösungen ständig ein. Aus diesem Grunde sind *zusätzlich* die Anforderungen d) [14] von großer Bedeutung und werden nachfolgend ausführlich erörtert.

### 5.2.1 Elektrische und elektrochemische Eigenschaften

#### *5.2.1.1 Übersicht der Reaktionsarten*

Abb. 5-1 zeigt schematisch die Vorgänge, die bei beschichteten Metallen in Elektrolytlösungen ablaufen können. Hierbei sind die folgenden Eigenschaften von Bedeutung:

- *Durchlässigkeit* der Beschichtung für korrosive Stoffe:
  a) Permeation, Osmose und Elektroosmose von Molekülen (z.B. $O_2$, $H_2O$, $CO_2$ etc.),
  b) Migration von Ionen (Anionen und Kationen).
- Vorliegen mechanischer *Verletzungen* der Beschichtung und Freilegen der Metalloberfläche, an der elektrochemische Korrosionsreaktionen ablaufen.

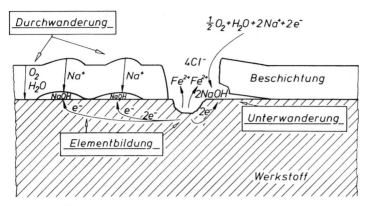

**Abb. 5-1.** Übersicht der Reaktionen an beschichtetem Stahl.

Die Permeation von Molekülen entspricht einer Diffusion im Dampfdruck-Gefälle über der Beschichtung. Bei der Osmose beeinflussen wasserlösliche Substanzen das Dampfdruckgefälle von $H_2O$. In beiden Fällen haben elektrische Größen keinen Einfluß. Die Elektroosmose beschreibt den relativen Transport in einem Kolloidsystem. Im allgemeinen laden sich die Spezies mit der größten Dielektrizitätskonstante positiv auf und wandern im elektrischen Potentialgefälle [15]. Dazu zählt vor allem $H_2O$, welches im elektrischen Feld zu der Kathode hin und weg von der Anode wandert.

Die Ionenmigration kann durch Gl. (2-23) beschrieben werden. Die hier einwirkenden elektrischen Spannungen liegen in der Größenordnung von einigen Zehnteln bis zu einigen V und sind auf folgende Ursachen zurückzuführen [16, 17]:

*Anodische Polarisation:*     austretende Streuströme, Kontakt mit Fremdkathoden.
*Kathodische Polarisation:*   eintretende Streuströme, kathodischer Korrosionsschutz.

Eine Folge der Ionenmigration ist eine *elektrolytische Blasenbildung.* Das beschichtete Metall zeigt dabei im Falle der anodischen Blasen Lochfraß, während im Falle der kathodischen Blasen keine Veränderung der Metalloberfläche oder lediglich dünne oxidische Anlaufschichten auftreten.

Eine wichtige Folge der Ionenmigration ist auch die *Ausbildung von Elementen,* wobei die beschichtete Fläche die Kathode und das Metall an der Verletzung die Anode darstellen, vgl. Abschn. 4.3. Dies ist darauf zurückzuführen, daß an der Grenzfläche Metall/Beschichtung die kathodische Teilreaktion der Sauerstoffreduktion nach Gl. (2-17) wesentlich weniger gehemmt ist als die anodische Teilreaktion nach Gl. (2-21).

Im Bereich der Fehlstelle läuft bei freier Korrosion bevorzugt am Verletzungsrand, im Falle eines kathodischen Schutzes auch auf der gesamten freigelegten Fläche, die Sauerstoffreduktion nach Gl. (2-17) unter Produktion von $OH^-$-Ionen ab. Dadurch wird der pH-Wert örtlich stark erhöht. Die $OH^-$-Ionen sind in der Lage, mit den Haftgruppen der Beschichtung zu reagieren und somit die Beschichtung zu unterwandern. Dieser Vorgang ist als *kathodische Unterwanderung* bekannt, treffender jedoch als *alkalische* Unterwanderung zu bezeichnen.

### 5.2.1.2 Umhüllungswiderstände und Schutzstrombedarf

Die wesentliche Aufgabe des passiven Korrosionsschutzes dient der Verminderung der Schutzstromdichte $J_s$ und der Erhöhung des Beschichtungswiderstandes $r_u$. Der Schutzstrombedarf kann durch einen Einspeiseversuch ermittelt werden, vgl. Abschn. 3.4.3, wobei im allgemeinen zu hohe instationäre Daten erhalten werden, die insbesondere für Vergleiche ein falsches Bild geben. Aus diesem Grunde wird in Anlehnung an Kriterium Nr. 1 in Abschn. 3.3.6 aus dem Umhüllungswiderstand eine *konventionelle Schutzstromdichte* ermittelt, die ein grobes Maß für den Schutzstrombedarf darstellt und die Stromdichte angibt, die zu $|U_{ein} - U_{aus}| = 0{,}3$ V führt. Dazu muß der spezifische Umhüllungswiderstand $r_u$ ermittelt werden:

$$r_u = R_u S = \frac{|U_{ein} - U_{um}|}{I - I_{um}} S = \frac{|U_{ein} - U_{aus}|}{I} S. \tag{5-1}$$

$S$ ist die Fläche des Objektes, die die Summe der Fehlstellenflächen in der Umhüllung $S_0$ enthält. Die Messung von $U_{um}$ oder $U_{aus}$ erfolgt unmittelbar nach dem Umschalten, so daß keine elektrochemische Polarisation miterfaßt wird, vgl. Abschn. 3.3.1 und 3.4.3. Die konventionelle Schutzstromdichte $J_s$ ergibt sich dann zu:

$$\frac{J_s}{\mu A\ m^{-2}} = \frac{3 \cdot 10^{-5}}{r_u /(\Omega\ m^2)}. \tag{5-2}$$

Diese Größe dient ausschließlich dem Vergleich und entspricht nicht der auf die Fläche $S$ bezogenen Schutzstromdichte $J_R$ zur Erfüllung des Schutzpotential-Kriteriums Gl. (2-40). Davon zu unterscheiden ist die auf die Fläche $S_0$ bezogene wahre Schutzstromdichte $J_s^0$, die wegen Unkenntnis von $S_0$ nicht aus dem Einspeiseversuch, sondern nur aus gesonderten Versuchen an Meßproben ermittelt werden kann.

In [18] wurde bereits gezeigt, daß die Schutzstromdichte oder das Verhältnis $S_0/S$ nicht aus $r_u$ abgeleitet werden kann. Die hier vorliegenden Zusammenhänge können mit der Nomenklatur und den Größen in Abschn. 3.3.2 wie folgt wiedergegeben werden:

Der Ausbreitungswiderstand $R_i$ einer Fehlstelle folgt aus Gl. (3-28) und (3-29) zu:

$$R_i = \rho \frac{\alpha_i}{\sqrt{S_i}}. \tag{5-3}$$

Der nur auf Verletzungen in der Umhüllung zurückzuführende scheinbare Umhüllungswiderstand $R_u$ des Objektes folgt aus Gl. (5-3) zu:

$$\frac{1}{R_u} = \frac{1}{\rho} \sum \frac{\sqrt{S_i}}{\alpha_i}. \tag{5-4}$$

und mit Gl. (5-1) zu: $r_u = \dfrac{S\,\rho}{\sum \dfrac{\sqrt{S_i}}{\alpha_i}}.$ $\hspace{2cm}$ (5-5)

Mit der wahren Schutzstromdichte $J_s^0$ der Verletzungsflächen $S_i$ ergibt sich die Schutzstromdichte des Objektes $J_R$ zu:

$$J_R = J_s^0 \frac{S_0}{S} = \frac{J_s^0}{S} \sum S_i. \tag{5-6}$$

Aus den Gl. (5-5) und (5-6) folgt:

$$r_u J_R = \rho J_s^0 L^* \quad \text{mit} \quad L^* = \frac{\sum S_i}{\sum \dfrac{\sqrt{S_i}}{\alpha_i}}. \tag{5-7}$$

Ein Vergleich der Gl. (5-7) und (3-60) zeigt, daß die Größe $L^*$ einer charakteristischen Länge des Objektes entspricht, die sich aber bei unbekannten Größen und Formen der Fehlstellen nicht weiter auswerten läßt.

Für den Sonderfall, daß $n$ gleiche Fehlstellen vorliegen, gelten mit $S_0 = n S_i$ und $n/S = N$ die Beziehungen:

$$r_u = \frac{\rho}{N} \frac{\alpha_i}{\sqrt{S_i}} \tag{5-5'}, \qquad\qquad J_R = N J_s^0 S_i \tag{5-6'}$$

und

$$r_u J_R = \rho J_s^0 \alpha_i \sqrt{S_i} = \rho J_s^0 L_i. \tag{5-7'}$$

Mit Gl. (3-60) folgt letztlich:

$$\Delta U = |\, U_{ein} - U_s \,| = r_u J_R = \rho J_s^0 L_i. \tag{5-8}$$

Für den Fall gleicher Fehlstellen ist das Produkt aus Schutzstromdichte und spezifischem Umhüllungswiderstand zwar abhängig von den rechts in Gl. (5-8) angegebenen drei Faktoren, aber auch gleich dem links angegebenen Wert für $\Delta U$, der in der Praxis zwar auch nicht konstant ist, aber nur in einem verhältnismäßig kleinen Bereich schwankt. Die 0,3 V in Gl. (5-2) entsprechen einem üblichen Einschaltpotential von $U_{Cu/CuSO_4} = -1{,}15$ V. Somit hat die Gl. (5-2) durchaus ihren Sinn.

Der mit Gl. (5-1) eingeführte spezifische Umhüllungswiderstand ist ausschließlich auf Fehlstellen in der Umhüllung zurückzuführen. Dabei ist eine Ableitung durch die verletzungsfreie Beschichtung vernachlässigt. Diese Situation liegt im allgemeinen bei erdverlegten Rohrleitungen und Behältern vor und besagt, daß der Umhüllungswiderstand ausschließlich durch die mechanische Widerstandsfähigkeit bestimmt wird. Der Umhüllungswiderstand der verletzungsfreien Beschichtung $r_u^x$ oder $r_u^0$ ist um Dekaden größer als $r_u$. Die $r_u^x$- oder $r_u^0$-Werte sind aber als Indiz für zeitliche Änderungen der Beschichtung und für die Beurteilung der Ionenleitfähigkeit in Reaktionsharzen von Interesse.

$r_u^x$ ist der nach Gl. (5-9) aus dem spezifischen Widerstand $\rho_D$ des Beschichtungsstoffes errechnete Wert:

$$\frac{r_u^x}{\Omega\, m^2} = 10^{-5} \left( \frac{\rho_D}{\Omega\, cm} \right) \left( \frac{s}{mm} \right). \tag{5-9}$$

Hierbei ist $s$ die Dicke der Beschichtung. $r_u^0$ ist der in Laboratoriums- oder Feldversuchen unter Mediumbelastungen ermittelte Wert, wobei die Beschichtung keine Verletzungen aufweist. Die Tabelle 4-4 enthält $r_u^0$-Werte aus langzeitigen Feldversuchen. Bei Reaktionsharzen kann der Widerstand durch Feuchte beeinflußt werden. Dieser Effekt und ein starker Temperatureinfluß [16, 21, 22] wird aus Abb. 5-2 besonders deutlich. Bei Polyolefinen besteht ein solcher Einfluß nicht. Die Tabelle 5-1 enthält für einige Umhüllungsstoffe die nach Gl. (5-9) errechneten $r_u^x$-Werte und zum Vergleich Daten aus Tabelle 4-4. Abb. 5-3 enthält Umhüllungswiderstände $r_u$ von Fernleitungen in Abhängigkeit von der Betriebsdauer [23]. Offensichtlich zeigen diese Daten keinen Zusammenhang mit $r_u^0$ und $r_u^x$, wohl aber mit der mechanischen Verletzbarkeit.

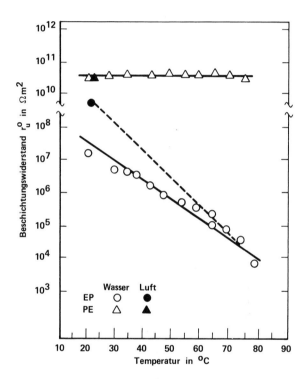

**Abb. 5-2.** Einfluß der Temperatur auf den Umhüllungswiderstand $r_u^0$ bei Wasserlagerung von 3 mm dicken PE- und 0,4 mm dicken EP-Überzügen nach [22].

**Tabelle 5-1.** Vergleich der spezifischen Umhüllungswiderstände.

| Beschichtungsstoff | $\rho_D$[a]) $\Omega$ cm | $s$ mm | $r_u^x$ $\Omega$ cm$^2$ | $r_u^{0\,[b])}$ $\Omega$ cm$^2$ | $s$ mm |
|---|---|---|---|---|---|
| Bitumen [6] | $>10^{14}$ | 4 | $4 \cdot 10^9$ | $3 \cdot 10^5$ | 4 bis 10 |
| PE [7] | $10^{18}$ | 2 | $2 \cdot 10^{13}$ | $10^{11}$ | 2 bis 4 |
| EP [5] | $10^{15}$ | 0,4 | $4 \cdot 10^9$ | $10^8$ | 0,4 |
| PUR-Teer [5] | $3 \cdot 10^{14}$ | 2 | $6 \cdot 10^9$ | $3 \cdot 10^9$ | 2,5 |

[a]) Nach [19], für PUR-Teer nach [20].
[b]) Nach Tabelle 4-4.

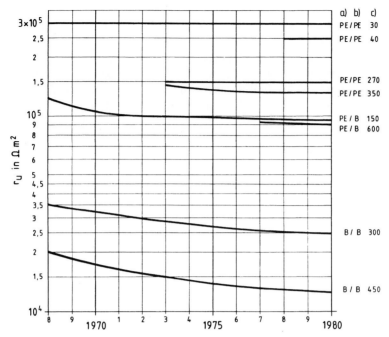

**Abb. 5-3.** Umhüllungswiderstände von Fernleitungen. a) Rohrumhüllung, b) Schweißnahtumhüllung; c) Leitungslänge in km; PE = Polyethylen; B = Bitumen.

Die Abb. 5-3 zeigt eine Zusammenstellung der Umhüllungswiderstände von Fernleitungen in Abhängigkeit von der Betriebsdauer für PE und Bitumen [23].

### 5.2.1.3 Kathodische Wirksamkeit und Elementbildung

Eine Elementbildung kann durch Potentialmessung leicht nachgewiesen werden, wenn porenfrei beschichtete Flächen ein positiveres Potential haben als unbeschichteter Werkstoff. Im allgemeinen ist dies bei beschichtetem Stahl in sauerstoffhaltigen Wässern der Fall. Nur bei verzinkter Stahloberfläche können negativere Potentiale auftreten. Hierzu gibt Abb. 5-4 Beispiele anhand gemessener Elementströme [16, 17, 24].

Der Elementstrom wird im wesentlichen vom Umhüllungswiderstand $r_u^0$ und von der Größe der beschichteten Fläche $S_k$ bestimmt. Aus diesen Größen folgt der Elementstrom bei Vernachlässigung des Anodenwiderstandes zu (vgl. Gl. (2-44)):

$$I_e = \frac{\Delta U \, S_k}{r_u^0}. \tag{5-10a}$$

Mit $S_k = S$ und der Summe der Anodenfläche $S_0$ folgt für gleiche Verletzungen der kritischen Länge $L_i$ mit Hilfe der Gl. (5-5′) und (3-29):

$$J_a = \frac{I_e}{S_0} = \frac{\Delta U}{\rho} \frac{r_u}{r_u^0} \frac{1}{L_i}. \tag{5-10b}$$

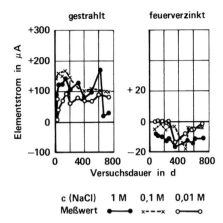

**Abb. 5-4.** Elementströme zwischen beschichteter Probe ($S_k = 300\ cm^2$) und unbeschichteter Stahl-Elektrode ($S_a = 1{,}2\ cm^2$) in NaCl-Lösungen bei 25 °C. *Links:* gestrahltes Stahlblech, 150 μm EP-Teer; *rechts:* feuerverzinktes Stahlblech, 150 μm EP-Teer.

Nach Gl. (5-10b) wird die Bedeutung großer $r_u^0$-Werte ersichtlich. Insbesondere bei Dünnbeschichtungen können die $r_u^0$-Werte in einem weiten Bereich von $10^2$ bis $10^7\ \Omega\ m^2$ liegen. Dabei haben Art der Grundbeschichtung und die Schichtdicke einen wesentlichen Einfluß [16]. Die Gl. (5-10b) kann für die Beurteilung von Rohrleitungen herangezogen werden [25]. Das Verhältnis $r_u/r_u^0$ hat hierbei einen großen Einfluß. Die Zahlenwerte in Tabelle 5-1 verdeutlichen, daß im Gegensatz zu Bitumen-Umhüllungen bei PE-Umhüllungen sicherlich nicht mit einer Gefährdung durch Elementbildung zu rechnen ist, soweit die Rohrleitung nicht mit fremden Objekten metallenleitend verbunden ist. Die Festlegungen in [3] über einen ausreichenden Außenschutz einer überwachungsbedürftigen Anlage, ausnahmsweise ohne kathodischen Schutz, stehen mit diesen Überlegungen im Einklang.

### 5.2.1.4 Elektrochemische Blasenbildung und Elektroosmose

Elektrochemische Blasenbildung ist eine Folge der Ionenleitfähigkeit des Beschichtungsstoffes. Sie ist nur bei Dünnbeschichtungen mit ausreichend kleinen $r_u^0$-Werten zu erwarten, die sich nach längerer Betriebsdauer bei Mediumbelastung einstellen [14, 16, 17]. Am meisten bekannt sind kathodische Blasen, die insbesondere in salzreichen Wässern beim kathodischen Schutz auftreten. Voraussetzung sind die Gegenwart von Alkali-Ionen und die Permeation von $H_2O$ und $O_2$, wobei an der Grenzfläche Metall/Beschichtung nach den kathodischen Teilreaktionen der Gl. (2-17) oder (2-19) $OH^-$-Ionen entstehen, welche mit den migrierten Alkali-Ionen Alkalilauge bilden. Durch *osmotische* und *elektroosmotische* Vorgänge wandert $H_2O$ zu den Reaktionsorten und führt zur Ausbildung relativ *großer* Blasen. Bei Kontakt mit Fremdkathoden können auch anodische Blasen entstehen. Voraussetzung ist die Migration von Anionen, die mit den Kationen des Grundmetalls leichtlösliche Korrosionsprodukte bilden. Bei anodischer Polarisation entstehen die Kationen nach Gl. (2-21). Osmotische und elektroosmotische Vorgänge wirken *gegensätzlich* auf die Wanderung von $H_2O$, so daß anodische Blasen wesentlich *kleiner* als kathodische Blasen sind. An den Orten der anodischen Blasen liegt stets *Lochfraß* vor.

Die Orte der Blasenbildung sind offensichtlich statistisch verteilt und werden mit Pfaden erhöhter Ionenleitfähigkeit im Beschichtungsstoff in Zusammenhang gebracht. Ob es sich hierbei um Mikroporen handelt, ist praktisch eine Frage der Definition. Da bei solchen Mikroporen der Blasendeckel für Wasser aber dicht bleibt, wird in diesem Handbuch der Begriff Pore für die leitfähigen Bereiche vermieden, zumal die Eigenschaften einer ausgeprägten Pore denen einer Verletzung gleichen.

Wenn die Metalloberfläche vor der Beschichtung nicht ausreichend gereinigt ist und örtlich Salzreste enthält, ist auch mit einer *osmotischen Blasenbildung* zu rechnen, die die elektrochemische Blasenbildung wesentlich fördert und dann auch deren Entstehungsorte vorausbestimmt. Dies gilt auch für die Wirkung von Ionen in der Grundbeschichtung. So sind Beschichtungen mit Alkalisilicat-Grundbeschichtungen besonders anfällig für kathodische Blasen [24]. Weiterhin kann recht häufig beobachtet werden, daß Blasen in der Nähe mechanischer Verletzungen entstehen, vgl. Abb. 5-5 [26]. In Grenzfällen bei starker kathodischer Polarisation kann auch eine vollständige Enthaftung auftreten.

**Abb. 5-5.** Kathodische Blasen in der Nähe eines Andreas-Kreuz-Schnittes; Stahlrohr mit 70 μm Zn-Epoxidharz + 300 μm EP-Teer, Meerwasser, $U_{Cu/CuSO_4} = -1,1$ bis $-1,2$ V, 200 d, 20 °C.

Über die Ausbildung kathodischer Blasen gibt es zahlreiche Veröffentlichungen [16, 17, 24, 26–32] und Prüfvorschriften [14, 33]. Sie haben im wesentlichen bei Schiffen, im Stahl-Wasser-Bau und für den Behälter-Innenschutz großes Interesse. Der Blasenbefall nimmt mit ansteigender kathodischer Polarisation zu. Hierzu zeigen die Abb. 5-6 und 5-7 die Potentialabhängigkeit der Blasendichte und der NaOH-Konzentration der Blasenflüssigkeit, wobei wegen des geringen Wertes für $c(Cl^-)$ Gleichheit von $c(Na^+)$ und $c(NaOH)$ angenommen ist [31].

Die Blasendichte-Potential-Kurven können sich überschneiden. Somit geben Kurzzeitversuche bei sehr negativem Potential im Bereich des kathodischen Überschutzes keine Information über das Verhalten bei Potentialen des üblichen Schutzbereiches. Allgemein nimmt die Anfälligkeit bei Überschutz ($U_H < -0,83$ V) stark zu.

Im Vergleich zu kathodischen Blasen, die leicht am alkalischen Inhalt erkannt werden können, werden anodische Blasen leicht übersehen. Bei intakter Blase lassen sie sich durch leicht erniedrigte pH-Werte des hydrolysierten Korrosionsproduktes erkennen. Bei beschäftigter Blase wird die Lochfraßstelle freigelegt, welche sich dann von solchen an Poren nicht mehr unterscheiden läßt.

Im allgemeinen nehmen die Flächendichten der kathodischen Blasen mit kathodischer Polarisation und die Flächendichten der anodischen Blasen mit anodischer Polarisation zu. Bei freier Korrosion können beide Blasenarten nebeneinander auftreten. Da die Ionenleitfähigkeit für die Ausbildung dieser Blasen wesentlich ist, gibt es eine Kor-

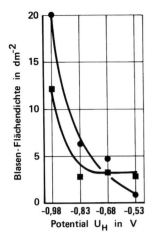

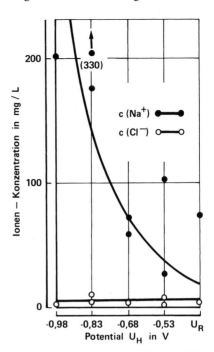

**Abb. 5-6.** Potentialabhängigkeit der Dichte kathodischer Blasen; gestrahltes Stahlblech, ohne Grundbeschichtung (■) und mit etwa 40 μm Grundbeschichtung (Zn-Ethylsilicat + Polyvinylbutyral) (●); Deckbeschichtung: 500 μm EP-Teer; 0,5 M NaCl, 770 d bei 25 °C.

**Abb. 5-7.** Einfluß des Potentials auf die Zusammensetzung der Blasenflüssigkeit, gestrahlte Rohre mit 300 bis 500 μm EP-Teer; künstliches Meerwasser, 1300 d bei 25 °C.

relation zwischen $r_u^0$ und der Blasen-Anfälligkeit. Bei einer Großzahl an Untersuchungen mit EP-Teer-Beschichtungen auf Stahlblechen in NaCl-Lösungen blieben Proben mit mittleren $r_u^0$-Werten über $10^6\ \Omega\ m^2$ blasenfrei. Proben mit $r_u^0 \leqq 10^3\ \Omega\ m^2$ waren befallen [24].

Bei Wässern ohne Alkali-Ionen und/oder bei Beschichtungen mit ausreichend hohen $r_u^0$-Werten können bei langzeitiger kathodischer Polarisation Blasen oder Enthaftungen auftreten, wobei die Blasenflüssigkeit neutral reagiert. Bei einer flächigen Enthaftung, vgl. das rechte Teilbild in Abb. 5-8, war die Feuchte nur an der leichten Anrostung zu erkennen. In diesen Fällen handelt es sich nicht um elektrolytische Vorgänge, sondern um einen *elektroosmotischen Wassertransport* bei kathodischer Polarisation [16, 17].

Zu gleichartigen Befunden kamen auch neuere Grundlagen-Untersuchungen mit aufgeschmolzenen Einlagen-Beschichtungen in 0,5 M NaCl-Lösung bei 70 bis 90°C und $U_H = -\,0{,}8$ bis $-\,1{,}0$ V. Eine EP-Beschichtung mit $r_u^0 = 10^4\ \Omega\ m^2$ zeigte nach etwa 140 d die Entwicklung kathodischer Blasen. Solche Blasen blieben bei den übrigen Proben mit Widerständen über $10^6\ \Omega\ m^2$ aus. Einige EP-Beschichtungen und Beschichtungen mit einem PP-Copolymerisat zeigten nach 340 d bei zerstörender Prüfung eine völlige Enthaftung, wobei die Stahloberfläche mit reinem Wasser befeuchtet war. Chloridnachweis und pH-Reaktion waren negativ, d. h. durch den kathodischen Schutz hat eine elektroosmotische Bewässerung deutlich gegen den osmotischen Druck stattgefunden.

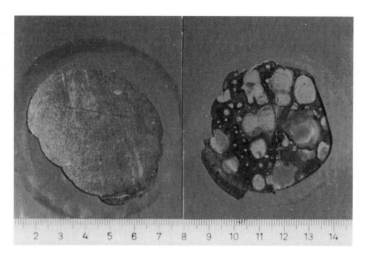

**Abb. 5-8.** Flächige Ablösung einer 500 µm dicken Beschichtung aus EP (Flüssiglack), 0,2 M NaCl, galvanostatische Belastung mit $J_k = -1{,}5\ \mu A\ m^{-2}$, 5 Jahre bei 25°C. *Linkes Teilbild:* Beschichtung mit Nadelstich-Pore; Enthaftung durch kathodische Unterwanderung; *rechtes Teilbild:* porenfreie Beschichtung; Enthaftung durch elektroosmotischen Transport von $H_2O$. In beiden Fällen wurde nach Versuchsende die lose Beschichtung entfernt.

Der gegenläufige Vorgang, die anodische Entwässerung, ist verantwortlich für die geringe Ausdehnung anodischer Blasen. Sie ist auch bekannt durch die Neigung Anoden-naher Bereiche zur *Austrocknung,* vgl. Abschn. 7.5.1.

Bei Wässern ohne solche Anionen, die mit Kationen des Grundmetalls leichtlösliche Korrosionsprodukte bilden können, oder bei hohen $r_u^0$-Werten entstehen bei anodischer Polarisation keine Blasen. Bei dünnen Beschichtungen lassen sich nach langzeitiger anodischer Belastung bei Stahl allenfalls kleine dunkle Flecken, die aus $Fe_3O_4$ bestehen dürften, erkennen. Lochfraß wurde nicht beobachtet.

### 5.2.1.5 Kathodische Unterwanderung

Für die kathodische Unterwanderung ist die Produktion von $OH^-$-Ionen nach den Gl. (2-17) oder (2-19) an Poren oder Verletzungen verantwortlich [16, 17], wobei die erforderlichen hohen Konzentrationen der $OH^-$-Ionen nur möglich sind, wenn auch Gegenionen vorliegen. Dazu zählen Alkali-Ionen, $NH_4^+$ und $Ba^{2+}$. Eine Unterwanderung in Gegenwart nur von $Ca^{2+}$-Ionen ist bereits extrem gering [34].

Bei freier Korrosion ist die Unterwanderung von der Ausbildung von Belüftungselementen abhängig, die im kathodischen Bereich $OH^-$-Ionen nach Gl. (2-17) produzieren. Entsprechend kann durch Ausschluß von $O_2$ oder durch Inhibieren der Korrosion eine Unterwanderung unterbunden werden [26]. So findet auch Unterwanderung in einer $K_2CrO_4$-Lösung nicht statt, weil keine Korrosion abläuft [27]. Wegen einer Neutralisierung der $OH^-$-Ionen bei Zugabe von Säuren wird ebenfalls die Unterwanderung zurückgedrängt – zugunsten einer Säurekorrosion an der Verletzung. Anderer-

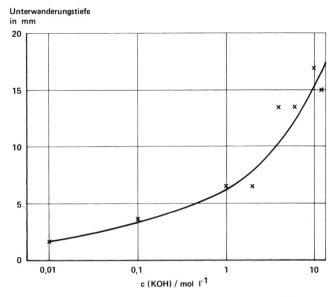

**Abb. 5-9.** Einfluß der KOH-Konzentration auf die Unterwanderungstiefe; Stahlrohr mit PE-Beschichtung auf Schmelzkleber, freie Korrosion, 10 d, 25 °C, kreisförmige Fehlstelle mit d = 1 cm [17].

seits wird die Unterwanderung durch Alkalilaugen stark gefördert, vgl. Abb. 5-9 [17] zugunsten einer Korrosionsbeständigkeit an der Verletzung.

Bei anodischer Polarisation überwiegt an der Fehlstelle die anodische Teilreaktion, so daß die nach Gl. (2-17) entstehenden $OH^-$-Ionen durch Korrosionsprodukte gebunden werden. Dadurch wird die Unterwanderung stark zurückgedrängt [26]. Der anodische Metallabtrag führt zu Lochfraß und nicht zu einer flächigen Korrosion unterhalb der Beschichtung. Bei kathodischer Polarisierung werden die Unterwanderung stark gefördert und die freie Stahloberfläche kathodisch geschützt. Es bestehen somit hinsichtlich Polarisation und der Zugabe von Säuren/Laugen *gegenläufige Wirkungen bezüglich der Neigung zur Unterwanderung und der Korrosionsgefährdung an den Verletzungen* in der Beschichtung. Im unterwanderten Bereich selbst besteht aufgrund theoretischer Überlegungen, Laboratoriumsuntersuchungen und Felderfahrungen *keine Korrosionsgefährdung* [14, 16, 17, 25, 26, 35–40]. Ein Beispiel für die Korrosionsbeständigkeit im unterwanderten Bereich ist die Stahloberfläche im linken Teilbild in Abb. 5-8. Weiterhin ist auch nicht mit einer Zunahme des Schutzstrombedarfs zu rechnen [41].

Bei kathodischer Polarisation nimmt die Unterwanderungstiefe mit ansteigender Konzentration an Alkali-Ionen, vgl. Abb. 5-10 und mit ansteigender kathodischer Polarisation, vgl. Abb. 5-11 zu. Korrosionsinhibitoren haben keinen Einfluß. Auch in $K_2CrO_4$-Lösungen findet Unterwanderung statt [34]. Ein anomales Verhalten wurde lediglich in $AgNO_3$-Lösungen beobachtet [43], was auf eine Abdeckung der Stahloberfläche an der Verletzung durch kathodisch abgeschiedenes Ag zurückgeführt werden kann. Da die $OH^-$-Bildung von der Stahloberfläche weg zu den Ag-Dendriten verlagert wird, fehlen die $OH^-$-Ionen am Beschichtungsrand [34].

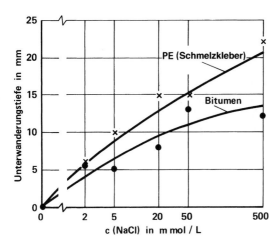

**Abb. 5-10.** Einfluß der NaCl-Konzentration auf die Unterwanderungstiefe bei beschichteten Rohren, $U_{Cu/CuSO_4} = -1{,}1$ V,  50 d,  25 °C, kreisförmige Fehlstelle mit d = 1 cm [41].

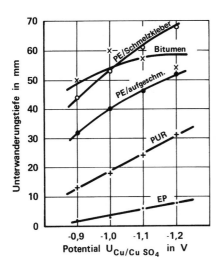

**Abb. 5-11.** Einfluß des Potentials auf die Unterwanderungstiefe bei beschichteten Rohren, 0,1 M $Na_2SO_4$, 370 d, 25 °C, Fehlstellengröße 1 cm$^2$ [42].

Die Unterwanderungsgeschwindigkeit nimmt mit der Zeit ab [42], was auf einen Verbrauch von OH$^-$-Ionen durch Reaktion mit Haftgruppen zurückgeführt werden kann. Offensichtlich wird dieser Verbrauch teilweise kompensiert durch Entstehung von OH$^-$-Ionen aus der Reduktion des Sauerstoffs, der von außen durch die Beschichtung permeiert. Wenn diese Permeation durch eine aufgeklebte Al-Folie als Gassperre unterbunden wird, nimmt die Unterwanderungsgeschwindigkeit mit der Zeit sehr stark ab [34]. Dieser Hinweis auf nicht unwesentliche Einflüsse durch Transportvorgänge wird auch durch die Beobachtung bestätigt, daß bei großen mechanischen Drücken, die den Spalt zwischen Metall und Beschichtung eng halten, die Unterwanderung ebenfalls drastisch verringert werden kann [25]. In gleicher Weise hat auch die Fehlstellengröße einen Einfluß. Bei sehr kleinen Fehlstellen ist die Unterwanderung wesentlich geringer

[25, 42]. Andererseits wird die Unterwanderung durch eine Temperaturerhöhung begünstigt.

Viele Untersuchungen haben gezeigt, daß die Art des Beschichtungsstoffes einen Einfluß auf die Unterwanderung hat, wobei offensichtlich Reaktionsharze mit vielen polaren Haftgruppen den Schmelzklebern überlegen sind [26, 41, 42], vgl. auch Abb. 5-11. Es besteht ein *gegenläufiges Verhalten beim Vergleich mit der Neigung zur kathodischen Blasenbildung.* Durch Kombination der Polyolefine mit polaren Stoffen als Kleber können die Unterschiede zwischen dünnen EP-Beschichtungen und dicken PE-Beschichtungen hinsichtlich der Unterwanderungsbeständigkeit aufgehoben werden [22].

### 5.2.2 Physikalisch-chemische Eigenschaften

Die Eigenschaften von Beschichtungen für einen langzeitigen Korrosionsschutz sollen unter Betriebsbedingungen erhalten bleiben. Die Beschichtungsstoffe müssen gegen das Korrosionsmedium völlig beständig sein. Die hier zur erfüllenden Anforderungen der chemischen Beständigkeit und der Alterungsbeständigkeit bei Einwirken von Wärme und UV-Strahlung werden in den Stoffnormen [2–9] behandelt [44]. Bei den relativ *dünnschichtigen* Korrosionsschutzbeschichtungen für den Stahlbau ist im allgemeinen die Schutzwirkung auf *inhibierende Schutzpigmente* in der Grundbeschichtung zurückzuführen. Diese Wirkung kann bei Reaktion mit korrosiven Komponenten im Laufe der Zeit verlorengehen. Die in diesem Kapitel behandelten Beschichtungen, die ständig Elektrolytlösungen ausgesetzt werden, haben ein anderes Schutzprinzip, das auf die *größeren Schichtdicken* und auf die so mögliche *verringerte Permeationsrate* korrosiver Stoffe zurückzuführen ist. Dadurch bleibt eine Schutzwirkung auch noch dann erhalten, wenn das Grundmetall unter der Beschichtung nicht mehr inhibiert oder passiv ist, wobei sogar bei fehlender Haftung sichergestellt sein muß, daß die Korrosionsgeschwindigkeit vernachlässigbar klein bleibt.

Alle organischen Beschichtungsstoffe können $O_2$ und $H_2O$ lösen und transportieren. An einer aktiven Stahloberfläche unter der Beschichtung kann folgende Korrosionsreaktion ablaufen

$$4\,F + 3\,O_2 + 2\,H_2O = 4\,FeOOH, \tag{5-11}$$

wobei durch Alterung des FeOOH eine Abspaltung von $H_2O$ möglich ist, so daß letztlich der Korrosionsfortgang allein durch die Permeation des $O_2$ bestimmt wird. Dabei wird eine Korrosion mit $H_2O$ unter Entwicklung von $H_2$ nach Gl. (2-12) vernachlässigt. Für die $O_2$-Permeation gilt die Beziehung:

$$\frac{j_v}{L\,m^{-2}\,h^{-1}} = 3{,}6 \cdot 10^5 \left( \frac{P}{cm^2\,s^{-1}\,bar^{-1}} \right) \frac{(\Delta p/bar)}{(s/mm)}. \tag{5-12}$$

Dabei bedeuten: $P$ = Permeationskoeffizient, vgl. Tabelle 5-2; $\Delta p$ = Sauerstoff-Druckdifferenz, die dem Partialdruck der Außenluft von 0,2 bar gleichzusetzen ist; $s$ = Dicke der Beschichtung. Mit Hilfe der Gl. (2-5) und (2-20) folgt

$$w = j_v \frac{f_a}{f_v}, \tag{5-13}$$

**Tabelle 5-2.** Permeationskoeffizienten und Geschwindigkeit der Sauerstoffkorrosion nach Gl. (5-14).

| Beschichtungsstoff | Permeationskoeffizienten ($cm^2 \ s^{-1} \ bar^{-1}$) | | | $\dfrac{s}{mm}$ | $\dfrac{w}{\mu m \ a^{-1}}$ |
|---|---|---|---|---|---|
| | $H_2O$ | $CO_2$ | $O_2$ | | |
| ND-PE | $2 \cdot 10^{-7}$ | – | $10^{-8}$ | 3 | 0,9 |
| HD-PE | $6 \cdot 10^{-7}$ | $7 \cdot 10^{-8}$ | $2 \cdot 10^{-8}$ | 3 | 1,8 |
| PUR-Teer | $4 \cdot 10^{-6}$ | – | $5 \cdot 10^{-9}$ | 1 | 1,3 |
| EP | $(1 \ bis \ 2) \cdot 10^{-6}$ | $3 \cdot 10^{-8}$ | $(0,5 \ bis \ 2) \cdot 10^{-9}$ | 0,5 | 0,3 bis 1 |

und Einsetzen von Gl. (5-19) mit den Daten in den Tabellen 2-1 und 2-3 führt zu:

$$\left( \frac{w}{mm \ a^{-1}} \right) = 1,33 \cdot 10^{6} \left( \frac{P}{cm^2 \ s^{-1} \ bar^{-1}} \right) \frac{(\Delta p / bar)}{(s / mm)} . \tag{5-14}$$

In der Tabelle 5-2 sind die *Permeationskoeffizienten* für die wichtigsten Beschichtungsstoffe zusammengestellt [25, 45]. Weiterhin sind für übliche Dicken die Korrosionsgeschwindigkeiten nach Gl. (5-14) errechnet. Daraus folgt, daß in allen Fällen die maximal möglichen Korrosionsgeschwindigkeiten völlig zu vernachlässigen sind. Dies ist in Übereinstimmung mit den Ergebnissen aus Langzeitversuchen in der Tabelle 4-4 und mit Felderfahrungen [18, 46]. Hierbei ist noch zu erwähnen, daß zwischen Abtragungsdaten und den Umhüllungswiderständen kein Zusammenhang besteht.

Bei neuartigen Beschichtungsstoffen, über die noch keine praktischen Erfahrungen vorliegen, und bei extremen Betriebsbedingungen hinsichtlich Temperatur oder elektrischer Spannung können Fragen nach Kriterien zur *Beurteilung der Schutzwirkung* auftreten. Hierbei ist der Temperatureinfluß auf den $r_u^0$-Wert zu bedenken, siehe Abb. 5-2, was zu einer verstärkten Ausbildung von Blasen führen kann. Weiterhin ist zu bedenken, daß bei kathodischer Polarisation im Medium Alkalilauge entsteht, die Beschichtungsstoffe angreifen kann. Im wesentlichen sind Alterungsbeständigkeit und Beständigkeit gegen Laugen bei Fragen über das Verhalten bei erhöhter Temperatur zu prüfen. Die Einwirkung hoher elektrischer Spannungen ist bei hohen $r_u^0$-Werten unschädlich. So blieb eine PE-Beschichtung mit kleiner Verletzung und einer Belastung von $- 2 \ A \ cm^{-2}$ ($U_{ein} = - 100 \ V$) nach 100 d völlig unangegriffen, wohingegen eine EP-Beschichtung auch aufgrund einer Temperaturerhöhung durch Ohmsche Wärme nach einer Woche angeätzt wurde [25].

### 5.2.3 Mechanische Eigenschaften

Da Verletzungen der Korrosionsschutzbeschichtungen beim Transport, bei der Verlegung und Installation sowie beim Betrieb des Schutzobjektes nicht ausgeschlossen werden können, kann mit Ausnahme sehr kurzer, gut isolierter Leitungen nach [3] nicht auf den kathodischen Korrosionsschutz verzichtet werden. Aus den in Abschn. 5.2.1.2 genannten Gründen sind aber möglichst große $r_u$-Werte und ein möglichst geringer

Schutzstrombedarf erwünscht. Deshalb müssen die Beschichtungen gegen mechanische Einwirkungen ausreichend beständig sein. Dazu zählen ein *gutes Haftvermögen* in Form hoher Schäl- und Scherfestigkeiten, *hohe Schlagbeständigkeiten* und *geringe Eindringwerte bei Druckbelastung*. Diese Anforderungen haben mit zunehmenden Rohrabmessungen, Verlegeleistungen und ungünstigeren Bedingungen beim Verhüllen die Entwicklung von bituminösen Massen weg zu Kunststoffen gefördert.

In den *Stoffnormen* [5–9] gibt es produktabhängig eine Reihe von Prüfverfahren zur Bestimmung des Haftvermögens, der Eindruck- und Schlagbeständigkeit [44]. Bei all diesen Prüfungen dienen die Ergebnisse für *Vergleiche* und zur Feststellung der *Normgerechtigkeit*. Sie sind aber nicht in der Lage, für eine betriebliche Belastung direkt verwertbare Informationen zu geben. Da derartige Belastungen auch nicht vollständig beschrieben werden können, sind vom Grundsatz her nur Wahrscheinlichkeitsaussagen über das Ausmaß zu erwartender mechanischer Verletzungen zu erwarten. Dabei dürfte wohl die Frage nach der Größenordnung der Anzahl von Verletzungen beantwortet, nicht aber darüber informiert werden können, ob bei einer sehr guten Beständigkeit keine oder sehr wenige Verletzungen auftreten. Wenn dann aber auch nur eine Verletzung nicht sicher auszuschließen ist, kann auf elektrochemische Schutzmaßnahmen schon nicht verzichtet werden. Dies gilt insbesondere für Objekte, die durch Kontakt mit Fremdkathoden gefährdet sind, z. B. Verteilungsnetze in Städten mit einem hohen Anteil an Fremdkathoden durch Stahlbeton-Fundamente [47]. Es ist weiterhin zu bedenken, *daß der meßtechnische Nachweis einer Verletzung die gleichen Voraussetzungen benötigt wie der elektrochemische Schutz.* Insofern sind gute mechanische Eigenschaften erforderlich, um hier möglichst große $r_u$-Werte zu erzielen, wobei aber um $10^6\ \Omega\ m^2$ eine praktische Grenze liegt, oberhalb der kein Nutzen mehr zu erwarten ist, da $r_u = r_u^0$, d. h. Verletzungsfreiheit, nicht sicher erreicht werden kann.

Zur Auswahl von Beschichtungsarten, zum Vergleich und zur Festlegung der erforderlichen Schichtdicken, wurden mehrfach praxisnahe Belastungsversuche durchgeführt, wobei die Bewertung der Verletzungen und Auswahl der Belastungsarten nicht immer vergleichbar waren [48–50]. Aus solchen Untersuchungen wurden aber Hinweise für die verschiedenen Dicken-Reihen der PE-Umhüllung in [7] abgeleitet.

Unter den verschiedenen Beschichtungsstoffen haben die bituminösen Massen die geringsten mechanischen Festigkeiten. Bei den Kunststoffen haben die Schichtdicke und das Haftvermögen einen Einfluß, wobei die Dickbeschichtung PE der Dünnbeschichtung EP deutlich überlegen ist [22]. Eine weitere Steigerung ist durch eine zusätzliche Beschichtung mit Faserzementmörtel nach [12] möglich. Sie bringt Vorteile beim Rohrleitungsbau in steinreichen Trassen ohne Bodenaustausch sowie bei grabenloser Verlegung und hat eine wesentlich bessere Schutzwirkung als die sonst verwendeten Rohrschutzmatten. Bei dieser Mörtelbeschichtung handelt es sich um einen mechanischen Schutz der organischen Umhüllung gemäß [5, 7, 8] und nicht um einen Korrosionsschutz der Rohrleitung, vgl. Abschn. 5.3.

### 5.2.4 Grenzen der Schutzwirkung organischer Beschichtungen

Die früher üblichen bituminösen Beschichtungen wurden seit mehr als 20 Jahren weitgehend durch Kunststoffe ersetzt. Zur Bewertung dieser Stoffe sind solche Fälle interessant, bei denen die Schutzwirkung oder der Beschichtungsstoff versagten. So wurde zunächst – nur begründet durch Schäden an Leitungen mit Teerpech oder Bindenumhüllung – angeführt, daß die kathodische Unterwanderung primär schadenauslösend sei. Dabei kann aber nur die high-pH-Spannungsrißkorrosion angeführt werden, die nach den Angaben in den Abschn. 2.3.6 und 4.5 bei Werksumhüllung nach [5, 7, 8] ebensowenig wie abtragende Korrosion zu erwarten ist. Auch in der ASTM-Prüfvorschrift G8 [51] wird keine Korrelation zwischen der kathodischen Unterwanderung und der Korrosionsschutzwirkung behauptet, vgl. auch die Hinweise in [52] aufgrund der Befunde in [53] über das Langzeitverhalten der kathodischen Unterwanderung.

Die Überbewertung der kathodischen Unterwanderung zu Lasten der elektrochemischen Blasenbildung hat zu nennenswerten Schäden bei EP-Beschichtungen geführt, wobei als wesentliche Einflußgrößen die zu geringe Schichtdicke und erhöhte Betriebstemperaturen zu nennen sind [54, 55]. Im Falle der Verwendung von Zinkanoden [56] ist auch noch Potentialumkehr des Zinks in der Wärme zu vermuten, vgl. Abschn. 2.2.4.2.

Bei den Polyolefinen, die nicht [7, 8] entsprachen, hat es Zerstörung des Beschichtungsstoffes wegen fehlender oder nicht ausreichender Stabilisierung gegen Licht- bzw. Wärmealterung gegeben, soweit es sich um Überflur- bzw. um warmgehende Leitungen handelte. Weiterhin hat es vereinzelt Rißbildungen im PE gegeben – ohne nennenswerten Korrosionsangriff am Rohrwerkstoff, vgl. Abschn. 4.5 und [52]. Rißerzeugendes Medium ist die kathodisch produzierte NaOH, was mit PE-Proben nach [57] in NaOH-Lösungen leicht nachgewiesen werden kann. Die derzeitigen PE-Güten nach [7] zeigen diese Anfälligkeit nicht.

Mit den genannten Schäden ist bei normgerechter Werksumhüllung nicht zu rechnen, soweit auch die dort angegebenen Hinweise auf Temperaturgrenzen berücksichtigt werden. Die wesentlichen für den Korrosionsschutz wichtigen Eigenschaften werden durch die zugehörigen Liefernormen [5–9] berücksichtigt. Darüber hinaus werden zuweilen auch solche Prüfungen angeführt, die weniger der Funktion als vielmehr der Qualitätsüberwachung der Umhüllung dienen oder aus der Historie mitgeschleppt wurden, vgl. z. B. [5a–9a, 11a].

## 5.3 Eigenschaften von Zementmörtel und Beton

Stahl in Zementmörtel oder in Beton liegt im *passiven Zustand* vor, der in Abb. 2-2 dem Feld II zuzuordnen ist. In diesem Zustand kann Bewehrungsstahl als *Fremdkathode* wirken, deren Intensität von der Belüftung abhängig ist, vgl. Abschn. 4.3. Durch Einbringen einer ausreichenden Menge Chlorid-Ionen oder durch Reaktion des Mörtels mit $CO_2$, wobei eine Carbonatisierung mit einer erheblichen pH-Absenkung stattfindet, kann die Passivität verloren gehen.

Durch starke kathodische Polarisation können die Konzentrationen der $OH^-$-Ionen erhöht und das Potential abgesenkt werden, so daß die Möglichkeit einer Korrosion im Feld IV besteht, vgl. Abschn. 2.4.

### 5.3.1 Korrosion des Mörtels oder des Betons durch Kohlensäure

In *kalklösenden Wässern,* die im Vergleich zum Kalk-Kohlensäure-Gleichgewicht eine erhöhte Konzentration an $CO_2$ aufweisen, wird Mörtel angegriffen, wobei zunächst die *Carbonatisierung* gemäß

$$CaO + CO_2 = CaCO_3 \tag{5-15}$$

und anschließend eine *Entkalkung* gemäß

$$CaCO_3 + CO_2 + H_2O = Ca^{2+} + 2\,HCO_3^- \tag{5-16}$$

ablaufen. Von beiden Reaktionen führt nur die Entkalkung zu einer Erweichung und zu Mörtelabtrag. Hierzu gelten die in [58] angegebenen Hinweise für die Mörtelauskleidung von Wasserrohren. In Böden ist häufig mit kalklösenden Bedingungen zu rechnen. Soweit keine starken Grundwasserströmungen einwirken, fehlen die mechanischen Kräfte für einen Abrieb einer erweichten Oberfläche.

### 5.3.2 Korrosion des Stahls im Mörtel

Durch Carbonatisierung und nach Eindringen von Chlorid-Ionen wird der Stahl *aktiv* und kann korrodieren. Falls der Mörtel vollständig von Wasser umgeben ist, ist die Sauerstoffdiffusion im nassen Mörtel extrem gering, so daß eine Korrosionsbeständigkeit vorliegt, weil die kathodische Teilreaktion nach Gl. (2-17) nahezu nicht abläuft [59, 60]. Aus diesem Grunde bleibt eine Mörtelauskleidung in Wasserrohren auch dann noch korrosionsschützend, wenn sie vollständig carbonatisiert ist oder wenn Chlorid-Ionen durchgewandert sind.

Eine Gefährdung besteht bei anodischer Polarisation, z. B. durch benachbarte belüftete passive Bereiche oder bei Zutritt von Sauerstoff, was in nicht bewässerten Poren in der Gasphase möglich ist. So ist zu verstehen, daß dicht über der *Wasser/Luft-Zone* häufig starke Korrosion einsetzt, wobei die wachsenden Korrosionsprodukte die Mörtelbeschichtung aufbrechen können. Auf diesen Vorgang hat eine *Verzinkung* einen günstigen Einfluß, weil sie als galvanische Anode die innere Elementbildung aufhebt [60, 61]. Diese Schutzwirkung ist aber je nach Dicke der Zinkauflage nur von begrenzter Dauer. Ein langfristiger Korrosionsschutz des Stahls im Mörtel kann somit nur durch eine isolierende *organische Beschichtung* gegeben werden.

Die kathodische Wirksamkeit des passiven Stahls im Zementmörtel ist aus Abb. 5-12 zu erkennen. Gemessen wurde der Elementstrom zwischen einem mit Mörtel ausgekleideten Rohrabschnitt DN 100 und einem unbeschichteten Stahlring von 16 mm Breite als Anode. Es ist deutlich zu erkennen, daß der Elementstrom sofort stark abfällt und nach 100 d gegen null geht. Nach Ausbau der Proben und Belüftung der Mörtelauskleidung wird bei Wiederholung des Versuches mit denselben Komponenten das gleiche Ergebnis erhalten [59].

Zum Korrosionsschutz von Stahl in Beton kann kathodischer Schutz angewendet werden, vgl. Kap. 19. Schäden durch $H_2$-Entwicklung sind wegen der Porosität des Mörtels nicht zu befürchten. Unter extremen Bedingungen hinsichtlich Porosität (Wasser/Zement-Wert = 1) und Polarisation ($U_H = -0,98$ V) konnte bei Portlandzement-

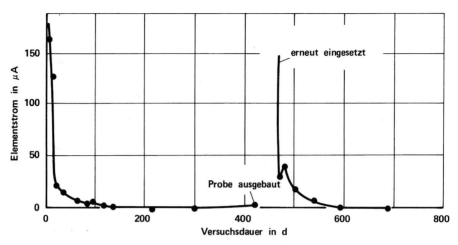

**Abb. 5-12.** Elementstrom in einem Rohr mit Zementmörtel-Auskleidung. Anode ist ein unbeschichteter Ring, Leitungswasser bei 15 °C.

Mörtel, nicht aber bei Hochofenzement-Mörtel, ein örtlicher Korrosionsangriff beobachtet werden, der dem Feld IV in Abb. 2-2 zuzuordnen ist [61]. Derartige Bedingungen kommen in der Praxis aber nicht vor.

In Gegenwart von *Streuströmen* kann auch eine anodische Polarisation erfolgen. Dabei wird am passiven Stahl $O_2$ entwickelt nach

$$2\,H_2O - 4\,e^- = O_2 + 4\,H^+. \tag{5-17}$$

Die anodisch erzeugte Säure wird zwar durch die Mörtelalkalität (CaO) neutralisiert. Korrosion ist somit nur dann möglich, wenn der Alkalitätsvorrat an der Stahloberfläche erschöpft ist und der Stahl aktiv ist. Die anodische Säure bzw. die verbrauchte Alkalität wird in [64] näher diskutiert und folgt aus dem Faradayschen Gesetz zu:

$$\frac{n}{\text{mol cm}^{-2}\,\text{a}^{-1}} = 3{,}27 \cdot 10^{-4}\,\frac{J_a}{\mu\text{A cm}^{-2}}. \tag{5-18}$$

Ein Mörtel mit 15% CaO hat eine Alkalität von 0,33 g cm$^{-3}$ CaO. Bei vollständiger Hydrolyse entspricht dies für eine 1 cm dicke Mörtelschicht einem flächenbezogenen Gehalt an OH$^-$-Ionen von 12 mmol cm$^{-2}$. Bei einer anodischen Stromdichte um 3 μA cm$^{-2}$ = 30 mA m$^{-2}$ folgt aus Gl. (5-18) ein jährlicher Alkaliverbrauch von 1 mmol cm$^{-2}$. Somit ist für dieses Beispiel die gesamte Alkalität nach 10 Jahren verbraucht. Nach diesen Überlegungen stellt eine Zementmörtelumhüllung allein, d. h. ohne Rohrumhüllung mit elektrisch isolierenden Beschichtungsstoffen, keinen Korrosionsschutz dar, weil eine anodische Beeinflussung durch Streuströme und eine örtliche Carbonatisierung mit der Folge einer Depassivierung des Rohrwerkstoffs nicht sicher ausgeschlossen werden können.

## 5.4 Eigenschaften von Emailüberzügen

Emailauskleidungen sind elektrochemisch völlig inert, im allgemeinen aber nicht porenfrei. Die Poren sind meist schwer zu erkennen. Bei elektrischer Porenprüfung werden auch mit leitfähigem Oxid bedeckte Stellen gefunden, an denen das Metall noch bedeckt ist. Bei freier Korrosion werden häufig Poren durch Korrosionsprodukte verstopft, so daß die Korrosion zum Stillstand kommt. Bei größeren Verletzungen des Emails ist dieser Vorgang aber unsicher.

Emailauskleidungen werden im wesentlichen für den Innenschutz von Behältern eingesetzt, die in den meisten Fällen Einbaukomponenten haben, z.B. Stutzen mit Abgängen, Sonden, Temperaturfühler etc., welche im allgemeinen Kathodenwirkungen aufweisen. Dann besteht eine erhebliche *Lochfraßgefährdung* an kleinen Poren im Email. Zum Korrosionsschutz dient eine Kombination mit kathodischem Schutz, vgl. Kap. 20, der im wesentlichen die Wirkung der Kathoden ausschaltet.

Emailüberzüge bestehen im allgemeinen aus mehreren Schichten, wobei die Grundschicht zu Haftung beiträgt, aber nicht die chemische Beständigkeit der Deckschichten aufweist. So ist bei kathodischer Polarisation an Verletzungen ein Angriff der kathodisch erzeugten Alkalilauge auf die freigelegte Grundbeschichtung möglich, wobei die Fehlstellengröße zunehmen kann. Dies ist insbesondere bei salzreichen Medien nicht auszuschließen.

Emails haben hinsichtlich ihrer chemischen Beständigkeit sehr unterschiedliche Eigenschaften. Für die verschiedenen Anwendungsbereiche müssen auch einschlägige Beständigkeitsprüfungen vorgesehen werden. Emailauskleidungen für Warmwasserbereiter, Anforderungen und Kombination mit kathodischem Schutz werden in Abschn. 20.4.1 beschrieben [65, 66].

Bei Emailüberzügen ist zu bedenken, daß die Grenzfläche Stahl/Email sehr empfindlich auf Wasserstoff-Rekombination reagiert, wobei Risse (*Fischschuppen*) und *Abplatzungen* entstehen. Der Wasserstoff kann vom Emaillieren selbst stammen, er kann aber auch später eingebracht werden. Die rückseitigen Flächen sollten möglichst nicht mit Säure behandelt werden. Auch kathodischer Korrosionsschutz dieser Flächen kann zu einer schwachen H-Absorption führen, vgl. Abb. 2-20, die wegen fehlender Effusionsmöglichkeit langfristig Fischschuppen und Abplatzungen bewirkt. Auf diesem Effekt beruht auch ein elektrolytisches Prüfverfahren auf Fischschuppen-Anfälligkeit [67].

## 5.5 Eigenschaften von metallischen Überzügen

Überzüge aus *edleren Metallen* als das Grundmetall, z.B. Cu auf Fe, sind nur korrosionsschützend, wenn keine Poren vorliegen. Im anderen Falle findet starke örtliche Korrosion durch Elementbildung (*Kontaktkorrosion*) statt. Kathodischer Korrosionsschutz ist theoretisch möglich. Diese Schutzkombination ist aber wenig zweckmäßig, da die genannten Metallüberzüge im allgemeinen mehr Schutzstrom aufnehmen als der unbeschichtete Stahl.

Überzüge aus *unedleren Metallen* als das Grundmetall, z.B. Zn auf Fe, sind nur dann korrosionsschützend, wenn die Korrosionsprodukte des Überzugsmetalls den Korrosionsablauf hemmen. Gleichzeitig wird auch die Ausbildung von Belüftungselementen durch das Überzugsmetall behindert. An Verletzungen findet keine örtliche Korrosion statt. Ein zusätzlicher kathodischer Korrosionsschutz zur Verminderung der Korrosion des Überzugsmetalls kann zweckmäßig sein. Günstigere Polarisationseigenschaften und geringerer Schutzstrombedarf sind möglich, aber im Einzelfall zu prüfen. Weiterhin sind Schadensmöglichkeiten durch Blasenbildung und kathodische Korrosion zu beachten.

Bei feuerverzinktem Stahl in Warmwasser wurde durch kathodischen Schutz starke *Blasenbildung* im Zinküberzug beobachtet. Ursachen waren Absorption und Rekombination des Wasserstoffs. Die Blasen lagen im Bereich der harten Fe-Zn-Legierungsphasen [68].

Bei Zn und insbesondere bei Al ist der Schutzpotentialbereich zu negativen Potentialen zu begrenzen, weil sonst Korrosion zu Zinkaten und Aluminaten möglich wird, vgl. Abb. 2-10 und 2-11.

## 5.6 Literatur

[1] DIN 50902, Beuth-Verlag, Berlin 1994.
[2] DIN 30675-1, Beuth-Verlag, Berlin 1992.
[3] TRbF 131, C. Heymanns-Verlag KG, Köln 1981.
[4] DIN 50927, Beuth-Verlag, Berlin 1985.
[5] DIN 30671, Beuth-Verlag, Berlin 1992.
[5a] (DIN EN 10290, Entwurf März 1997).
[6] DIN 30673, Beuth-Verlag, Berlin 1986.
[6a] (DIN EN 10300, Entwurf Jul.1998).
[7] DIN 30670, Beuth-Verlag, Berlin 1991.
[7a] (DIN EN 10285, 10287, 10288, Entwürfe Dez. 1997).
[8] DIN 30678, Beuth-Verlag, Berlin 1992.
[8a] (DIN EN 10286, Entwurf Dez. 1997).
[9] DIN 30672, Beuth-Verlag, Berlin 1979.
[9a] (DIN EN 12068, Entwurf Dezember 1996).
[10] DIN 2614, Beuth-Verlag, Berlin 1990.
[11] DIN 30674-2, Beuth-Verlag, Berlin 1992.
[11a] (DIN EN 545, Jan. 1995).
[12] DVGW Arbeitsblatt GW 340, WVGW-Verlag, Bonn 1999.
[13] DIN 4753-3, Beuth-Verlag, Berlin 1987.
[14] DIN 50928, Beuth-Verlag, Berlin 1985.
[15] G. Wedler, Lehrbuch der Physikalischen Chemie, Weinheim 1997.
[16] W. Schwenk, Metalloberfläche *34*, 153 (1980); NACE Conf. "Corrosion Control by Organic Coatings", Houston 1981, S. 103–110.
[17] W. Schwenk, farbe + lack *90*, 350 (1984).
[18] dieses Handbuch, Kapitel 5, 3. Auflage.
[19] J. D'Ans u. E. Lax, Taschenbuch f. Chemiker u. Physiker, Springer-Verlag, Berlin 1949, S. 772, 773 und 1477.
[20] W. Klahr, Fa. Th. Goldschmidt, persönl. Mitteilung 1978.
[21] H. Landgraf, 3R intern. *20*, 483 (1981).
[22] R. E. Sharpe u. R. J. Dick, J. Coating Techn. *57*, 25 (1985).
[23] W. v. Baeckmann, 3R intern. *20*, 470 (1981).
[24] H. Hildebrand u. W. Schwenk, Werkstoffe u. Korrosion *30*, 542 (1979).
[25] W. Schwenk, 3R intern. *19,* 586 (1980).

[26] W. Schwenk, 3R intern. *15*, 389 (1976).

[27] H. Determann, E. Hargarter, H. Sass u. H. Haagen, Schiff & Hafen *28*, 729 (1976).

[28] H. Determann, E. Hargarter u. H. Sass, Schiff & Hafen *32*, 89 (1980).

[29] W. Bahlmann, E. Hargarter, H. Sass u. D. Schwarz, Schiff & Hafen *33*, 50 (1981).

[30] W. Bahlmann u. E. Hargarter, Schiff & Hafen, Sonderheft Meerwasser-Korrosion Febr. 1983, S. 98.

[31] H. Hildebrand u. W. Schwenk, Werkstoffe u. Korrosion *33*, 653 (1982).

[32] W. Fischer, U. Hermann u. M. Schröder, Werkstoffe u. Korrosion *42*, 620 (1991).

[33] Schiffbautechnische Gesellschaft, STG-Richtlinie Nr 2220 Hamburg 1988.

[34] W. Schwenk, gwf gas/erdgas *118*, 7 (1977).

[35] W. Schwenk, Rohre – Rohrleitungsbau – Rohrleitungstransport *12*, 15 (1973).

[36] W. Takens, J. van Helden u. A. Schrik, Gas (NL) *93*, 174 (1973).

[37] P. Pickelmann u. H. Hildebrand, gwf gas/erdgas *122*, 54 (1981).

[38] W. Schwenk, 3R intern. *23*, 188 (1984).

[39] W. v. Baeckmann, D. Funk u. G. Heim, 3R intern. *24*, 421 (1985).

[40] J. M. Holbrook. Unveröffentl. Untersuchung, Battelle Columbus (Ohio) 1982–1984.

[41] W. Schwenk, 3R intern. *18*, 565 (1979).

[42] G. Heim, W. v. Baeckmann u. D. Funk, 3R intern. *14*, 111 (1975).

[43] H. C. Woodruff, J. Paint Techn. *47*, 57 (1975).

[44] G. Heim u. W. v. Baeckmann, 3R intern. *26*, 302 (1987).

[45] N. Schmitz-Pranghe u. W. v. Baeckmann, Mat. Protection *17*, H 8, 22 (1978).

[46] G. Heim, T. Schäfer, W. Schwenk und B. Wedekind, 3R intern. *35*, 676 (1996).

[47] F. Schwarzbauer, 3R intern. *25*, 272 (1986); gwf gas/erdgas *128*, 98 (1987).

[48] N. Schmitz-Pranghe, W. Meyer u. W. Schwenk, DVGW Schriftenreihe Gas/Wasser 1, 1976, S. 7–19, WVGW-Verlag, Bonn.

[49] H. Landgraf u. W. Quitmann, 3R intern. *22*, 524 u. 595 (1983).

[50] A. Kottmann u. H. Zimmermann, gwf gas/erdgas *126*, 219 (1985).

[51] ASTM G8, 1990.

[52] W. Schwenk, 3R intern. 37, 334 (1998).

[53] W. Quitmann u. W. Schwenk, 3R intern. 32, 265 (1993).

[54] K. M. Morsi, A. A. Key, Oil & Gas J, 25. 10. 1993, 76–79.

[55] Oil & Gas J, 30. 04. 1990, 23–26; Mat. Protection *27*, H. 12, (1990), 26–29.

[56] J. M. O'Connell, Mat. Protection *16*, H. 5, 13 (1977).

[57] ASTM D 1993, 1995.

[58] DIN 2880, Beuth-Verlag, Berlin 1999.

[59] H. Hildebrand u. M. Schulze, 3R intern. *25*, 242 (1986).

[60] W. Schwenk, 3R intern. *28*, 666 (1989).

[61] H. Hildebrand u. W. Schwenk, Werkstoffe u. Korrosion *18*, 285 (1979).

[62] H. Hildebrand u. W. Schwenk, Werkstoffe u. Korrosion *37*, 163 (1986)

[63] H. Hildebrand, M. Schulze u. W. Schwenk, Werkstoffe u Korrosion *34*, 281 (1983).

[64] H.-G. Schöneich u. W. Schwenk, in: Sicherheit in der Rohrleitungstechnik, 2. Auflage, S. 196–214, Vulkan-Verlag, Essen 1996.

[65] DIN 4753-3, Beuth-Verlag, Berlin 1987.

[66] DIN 4753-6, Beuth-Verlag, Berlin 1986.

[67] H. Hildebrand u. W. Schwenk, Mitt. VDEfa *19*, 13 (1971).

[68] W. Schwenk, Werkstoffe u. Korrosion *17*, 1033 (1966).

# 6 Galvanische Anoden

G. FRANKE und B. RICHTER

## 6.1 Allgemeine Hinweise

Die Einsatzmöglichkeiten galvanischer Anoden werden im Gegensatz zu Fremdstrom-Anoden von ihren elektrochemischen Eigenschaften begrenzt. Das Ruhepotential des Anodenmaterials im Medium muß hinreichend negativer als das Schutzpotential des Schutzobjektes sein, damit eine ausreichende Treibspannung aufrechterhalten werden kann. *Ruhepotentiale* und *Schutzpotentiale*, vgl. Abschn. 2.4, werden häufig näherungsweise mit den *Standardpotentialen*, vgl. Tabelle 2-1, in Zusammenhang gebracht. Dieser Zusammenhang ist für die Schutzpotentiale nach Gl. (2-53′) häufig gegeben, soweit keine Komplexbildner vorliegen, vgl. Gl. (2-56). Für die Ruhepotentiale hingegen kann nach den Ausführungen zu Abb. 2-5 kein eindeutiger Zusammenhang bestehen, wobei auch ein wesentlicher Mediumeinfluß vorliegt. Weiterhin kann die Temperatur einen Einfluß haben. So wird das Zinkpotential in Wässern als Folge einer Deckschichtbildung mit zunehmender Temperatur positiver, was nach Abb. 2-5 auf eine Hemmung der anodischen Teilreaktion (Passivierung) zurückzuführen ist. Die Passivierbarkeit galvanischer Anoden soll möglichst gering sein. Die Anodenmetalle bilden zahlreiche schwerlösliche Verbindungen, von denen unter natürlichen Bedingungen Hydroxide, Oxidhydrate und Oxide, Carbonate, Phosphate und mehrere basische Salze entstehen können. Bei Einsatz galvanischer Anoden für den Innenschutz in Chemie-Anlagen, vgl. Kap. 21, können noch weitere schwerlösliche Verbindungen auftreten. Die schwerlöslichen Verbindungen fallen an der arbeitenden Anode im allgemeinen nicht aus, weil hier der pH-Wert durch Hydrolyse abgesenkt wird, vgl. Gl. (4-1). Wird die Anode wenig belastet oder ist die Konzentration der störenden Ionen zu groß, so können die schwerlöslichen Verbindungen die Anodenoberfläche bedecken, vgl. auch Abschn. 4.1. Manche Deckschichten sind weich, porös und durchlässig und stören die Funktionsfähigkeit der Anode nicht. Die Schichten können aber auch dicht und hart wie Email sein, die Anode vollständig blockieren, beim Austrocknen ihre Struktur ändern und dann bröcklig werden und porös werden. Dann kann, insbesondere durch Abbürsten, die Blockierung aufgehoben werden.

Galvanische Anoden sollen möglichst wenig polarisierbar sein. Das Ausmaß der Polarisation im Betrieb ist wichtig für die Stromabgabe. Eine weitere Anodeneigenschaft ist der Faktor $Q$ für die Äquivalenz zwischen Ladung und Masse nach Gl. (2-3). Dieser Faktor wird als Strominhalt bezeichnet. Er ist um so größer, je kleiner die Atommasse und je höher die Wertigkeit des Anodenmetalls ist, vgl. Gl. (2-6). Für die Beurteilung der praktischen Nutzbarkeit ist der theoretische Strominhalt allein nicht maßgebend, weil entsprechend den Angaben zu Abb. 2-5 die anodische Summenstromdichte

$J_a$ gemäß Gl. (2-38) um den Betrag $J_K$ kleiner als die anodische Teilstromdichte $J_A$ ist. Dabei entsprechen $J_A$ bzw. $J_a$ dem *theoretischen* bzw. dem *nutzbaren Strominhalt*. $J_K$ entspricht dabei der *Eigenkorrosion* der Anode, die auf kathodische Teilreaktionen zurückzuführen ist, wobei auch intermediär Kationen anomaler Wertigkeit beteiligt sein können, vgl. Abschn. 6.1.1.

Für den Einsatz in strömenden Medien, z.B. für Schiffe, wird zusätzlich gefordert, daß der nutzbare Strominhalt nicht nur pro Masseeinheit, sondern auch pro Volumeneinheit möglichst groß ist, damit das Volumen der zu installierenden Anoden möglichst klein wird.

Der kathodische Schutz von unlegiertem oder niedriglegiertem Stahl kann mit galvanischen Anoden aus Zink, Aluminium oder Magnesium erreicht werden. Für Werkstoffe mit relativ positivem Schutzpotential, z.B. nichtrostende Stähle, Kupfer-, Nickeloder Zinnlegierungen, können auch galvanische Anoden aus Eisen oder aus aktiviertem Blei eingesetzt werden.

Die Anoden bestehen im allgemeinen nicht aus reinen Metallen, sondern aus Legierungen. Bestimmte Legierungselemente dienen zur Ausbildung eines feinkörnigen Gefüges, das zu einem relativ gleichmäßigen Abtrag führt. Andere dienen zur Verminderung der Eigenkorrosion und somit zur Erhöhung der Stromausbeute. Schließlich können Legierungselemente auch die Neigung zur Deckschichtbildung oder Passivierung aufheben oder vermindern. Solche Aktivierungsmittel sind bei Aluminium erforderlich.

### 6.1.1 Strominhalt galvanischer Anoden

Der auf die Masse bezogene theoretische Strominhalt $Q'$ folgt aus den Gl. (2-3) und (2-6) zu:

$$\frac{Q}{\Delta m} = Q' = \frac{z\,\widetilde{\mathfrak{F}}}{\mathfrak{M}} = \frac{1}{f_b}\,. \tag{6-1}$$

Die $f_b$-Werte sind der Tabelle 2-1 zu entnehmen. Für praktische Maßeinheiten folgt:

$$\frac{Q'}{\text{kg A}^{-1}\,\text{h}^{-1}} = \frac{2{,}68 \cdot 10^4\, z}{(\mathfrak{M}/\text{g mol}^{-1})}\,. \tag{6-1'}$$

Entsprechend folgt für den auf das Volumen bezogenen theoretischen Strominhalt $Q''$ aus den Gl. (2-3) bis (2-7):

$$\frac{Q}{\Delta V} = Q'' = \frac{z\,\widetilde{\mathfrak{F}}\,\rho_s}{\mathfrak{M}} = \frac{1}{f_a} = \frac{\rho_s}{f_b} = Q'\,\rho_s\,. \tag{6-2}$$

Die $f_a$-Werte sind wieder der Tabelle 2-1 zu entnehmen. Für praktische Maßeinheiten folgt:

$$\frac{Q''}{\text{dm}^3\,\text{A}^{-1}\,\text{h}^{-1}} = \frac{2{,}68 \cdot 10^4\, z(\rho_s/\text{g cm}^{-3})}{(\mathfrak{M}/\text{g mol}^{-1})}\,. \tag{6-2'}$$

Die Tabelle 6-1 enthält für die wichtigsten Anodenmetalle Werte für die Strominhalte $Q'$ und $Q''$. Diese Daten gelten aber nur für reine Metalle und nicht für Legierungen.

Bei diesen lassen sich die $Q$-Werte entsprechend der Legierungszusammensetzung errechnen nach:

$$Q' = \frac{\sum\limits_i x_i\, Q_i'}{100},$$ (6-3)

dabei sind $x_i$ die Massenanteile in % des Legierungselementes $i$ mit dem Strominhalt $Q_i'$. Bei den üblichen Anodenmaterialien ist dieser Legierungseinfluß vernachlässigbar klein.

Demgegenüber ist der Unterschied zwischen dem theoretischen und dem nutzbaren Strominhalt aufgrund der Eigenkorrosion nicht zu vernachlässigen. Dieser Effekt wird durch einen Korrekturfaktor $\alpha$ berücksichtigt, welcher nach den Angaben zu Abb. 2-5 und Gl. (2-10) wie folgt definiert ist:

$$\alpha = \frac{I_a}{I_A} = \frac{I_a}{I_a + I_K}.$$ (6-4)

Unter $I_K$ ist die Summe aller kathodischen Teilströme zusammengefaßt, z.B. Sauerstoffreduktion nach Gl. (2-17) und Wasserstoffentwicklung nach Gl. (2-19). Auch eine mögliche intermediäre Bildung von Anodenmetall-Ionen anomaler Wertigkeit nach

$$Me \rightarrow Me^{(z-n)+} + (z-n)\, e^-$$ (6-5 a)

mit der Folgereaktion im Medium nach

$$Me^{(z-n)+} + n\, H^+ \rightarrow Me^{z+} + \frac{n}{2}\, H_2$$ (6-5 b)

kann in der Bruttoreaktion so behandelt werden, als ob eine der Reaktionen nach Gl. (6-5 b) äquivalente kathodische Teilreaktionen an der Anode ablaufen würde.

Der Faktor $\alpha$ ist bei den einzelnen Legierungen sehr unterschiedlich und außerdem von den Einsatzbedingungen abhängig. Er schwankt in weiten Grenzen von etwa 0,98 bei Zink bis unter 0,5 bei Magnesium. Der in den Tabellen 6-1 bis 6-4 angegebene $\alpha$-Wert gilt für kaltes Meerwasser. Abweichungen hinsichtlich Medium, Temperatur und Belastungen können zu beträchtlichen Änderungen führen.

Der Einfluß der Belastungen auf $\alpha$ ist auf die Potential- oder Stromabhängigkeit von $I_K$ bzw. der Eigenkorrosion zurückzuführen. Während die Sauerstoffkorrosion werkstoff- und potentialunabhängig sein sollte, nimmt die Wasserstoffentwicklung mit steigender Belastung ab. Ferner ist sie stark werkstoffabhängig, wobei edlere Legierungselemente die Eigenkorrosion fördern. Da in beiden Fällen $I_K$ nicht der Stromabgabe $I_a$ proportional ist, kann nach Gl. (6-4) kein von $I_a$ unabhängiger Wert für $\alpha$ oder für die Eigenkorrosion vorliegen. Im Gegensatz hierzu nimmt aber bei einer anodischen Reaktion nach Gl. (6-5 a) auch die gleich schnelle Reaktion nach Gl. (6-5 b) mit dem Potential bzw. der Belastung zu. Dann sind $I_a$ und $I_K$ einander proportional, und $\alpha$ wird unabhängig von der Belastung. Dies ist bei Magnesiumanoden näherungsweise der Fall, wobei $\alpha = 0,5$ zwanglos durch $z=2$ und $n=1$ gedeutet werden kann [4]. Einer anderen Erklärung dieses $\alpha$-Wertes liegt ein Mechanismus zugrunde, bei dem auf der Anodenoberfläche ein dem Strom $I_a$ proportionaler aktiver Bereich vorliegt, an dem als

**Tabelle 6-1.** Eigenschaften reiner Metalle als Anodenmaterial.

| Metall | | Strominhalt reiner Metalle | | |
| --- | --- | --- | --- | --- |
| | $z$ | $Q'/\text{A h kg}^{-1}$ | $Q''/\text{A h dm}^{-3}$ | $\alpha$ |
| Al | 3 | 2981 | 8049 | (~0,8) |
| Cd | 2 | 477 | 4121 | – |
| Fe | 2 | 960 | 7555 | >0,9 |
| Mg | 2 | 2204 | 3835 | (~0,5) |
| Mn | 2 | 976 | 7320 | – |
| Zn | 2 | 820 | 5847 | >0,95 |

| Ruhepotential $U_H$/V: | Erdboden | Meerwasser |
| --- | --- | --- |
| Fe | −0,1 bis −0,3 | um −0,35 |
| Zn | −0,6 bis −0,8 | um −0,80 |

**Tabelle 6-2.** Zusammensetzung (Mass.-%) und Eigenschaften von Zink-Legierungen für Anoden.

| (Zink Rest)/Typ | 2.2301 [1] | 2.2302 [1] | Pure Zinc [2] |
| --- | --- | --- | --- |
| Aluminium | 0,1 bis 0,5 | ≦ 0,10 | ≦ 0,005 |
| Cadmium | 0,025 bis 0,07 | ≦ 0,10 | ≦ 0,003 |
| Kupfer | ≦ 0,005 | ≦ 0,005 | – |
| Eisen | ≦ 0,005 | ≦ 0,0014 | ≦ 0,006 |
| Blei | 0,006 | ≦ 0,006 | – |

| Ruhepotential $U_H$ in V (Meerwasser) | −0,80 bis −0,85 |
| --- | --- |

| $\alpha$ | 0,95 bis 0,99 |
| --- | --- |
| $Q'_{pr}$ in A h kg$^{-1}$ | 780 bis 810 |

Folge einer Hydrolyse analog Gl. (4-4) Säurekorrosion mit Wasserstoffentwicklung erfolgt [5, 6]. In diesem Falle sind von $\alpha = 0,5$ abweichende, auch kleinere Werte verständlich. Beide Mechanismen lassen sich praktisch nicht mehr unterscheiden, wenn die Reaktionsorte für die Teilreaktionen nach Gl. (6-5 a) und (6-5 b) sehr nahe zusammenfallen.

Aus den Gl. (6-1) und (6-2) ergeben sich die praktisch nutzbaren Strominhalt-Werte zu:

$$Q'_{pr} = Q' \, \alpha = \frac{\alpha}{f_b}, \qquad\qquad (6\text{-}6\ a)$$

$$Q''_{pr} = Q'' \, \alpha = \frac{\alpha}{f_a}. \qquad\qquad (6\text{-}6\ b)$$

**Tabelle 6-3.** Zusammensetzung (Mass.-%) und Eigenschaften von Aluminium-Legierungen für Anoden.

| (Aluminium Rest)/Typ | A1 [1] | A2 [2] | A3 [2] |
|---|---|---|---|
| Zink | 2 bis 5 | 2 bis 6 | 4 bis 6 |
| Indium | 0,01 bis 0,05 | 0,01 bis 0,03 | – |
| Zinn | – | – | 0,05 bis 0,15 |
| Eisen | } zusammen | $\leqq 0,12$ | $\leqq 0,13$ |
| Silicium | } $\leqq 0,10$ | $\leqq 0,10$ | $\leqq 0,10$ |
| Mangan | 0,15 bis 0,5 | – | – |
| Titan | 0,01 bis 0,05 | – | – |
| Kupfer | $\leqq 0,02$ | $\leqq 0,005$ | $\leqq 0,005$ |
| sonstige, jeweils | – | $\leqq 0,10$ | $\leqq 0,10$ |
| Ruhepotential $U_H$ in V (Meerwasser) | –0,85 | –1,02 bis –1,10 | –1,00 bis –1,05 |
| $\alpha$ | 0,8 | 0,88 | 0,8 |
| $Q'_{pr}$ in A h kg$^{-1}$ | 2700 | 2400 bis 2650 | 900 bis 2600 |

**Tabelle 6-4.** Zusammensetzung (Mass.-%) und Eigenschaften von Magnesium-Legierungen für Anoden [3].

| (Magnesium Rest)/Typ | AZ 31 | AZ 61 | AZ 63 | M 1 | M 2 |
|---|---|---|---|---|---|
| Aluminium | 2,5 bis 3,5 | 5,5 bis 6,5 | 5,0 bis 7,0 | $\leqq 0,01$ | $\leqq 0,01$ |
| Zink | 0,6 bis 1,4 | 0,6 bis 1,4 | 2,0 bis 4,0 | $\leqq 0,05$ | $\leqq 0,05$ |
| Mangan | 0,2 bis 1,0 | 0,2 bis 1,0 | 0,2 bis 1,0 | 0,5 bis 1,3 | 1,2 bis 1,5 |
| Silicium | $\leqq 0,3$ | $\leqq 0,3$ | $\leqq 0,3$ | $\leqq 0,05$ | $\leqq 0,05$ |
| Eisen | $\leqq 0,02$ | $\leqq 0,02$ | $\leqq 0,02$ | $\leqq 0,03$ | $\leqq 0,03$ |
| Kupfer | $\leqq 0,05$ | $\leqq 0,05$ | $\leqq 0,05$ | $\leqq 0,02$ | $\leqq 0,02$ |
| Nickel | $\leqq 0,002$ | $\leqq 0,002$ | $\leqq 0,002$ | $\leqq 0,002$ | $\leqq 0,002$ |
| As, Sb, Pb, Cr, Ni *) | $\leqq 0,1$ | $\leqq 0,1$ | $\leqq 0,1$ | $\leqq 0,1$ | $\leqq 0,1$ |
| Cd, Hg, Se *) | $\leqq 0,01$ | $\leqq 0,01$ | $\leqq 0,01$ | $\leqq 0,01$ | $\leqq 0,01$ |

Eigenschaften in 1 mmol/L NaCl-Lösung bei 60° C

| | | | | | |
|---|---|---|---|---|---|
| Ruhepotential $U_H$ in V | –1,0 bis –1,2 | – | –1,0 bis –1,2 | – | –1,1 bis –1,3 |
| Polarisation $U_H$ in V bei $J_a = 50\ \mu A\ cm^{-2}$ | –0,9 bis –1,1 | – | –0,9 bis –1,1 | – | –1,0 bis –1,2 |
| $\alpha$ | 0,1 bis 0,5 | – | 0,1 bis 0,5 | – | 0,1 bis 0,5 |
| $Q'_{pr}$ in A h kg$^{-1}$ | | | 220 bis 1100 | | |
| $Q''_{pr}$ in A h dm$^{-3}$ | | | 420 bis 2100 | | |

Eigenschaften in kaltem Meerwasser

| | | | | | |
|---|---|---|---|---|---|
| Ruhepotential $U_H$ in V | –1,1 bis –1,3 | –1,2 bis –1,3 | –1,2 bis –1,3 | –1,1 bis –1,3 | –1,0 bis –1,3 |
| $\alpha$ | 0,52 | – | 0,50 | – | 0,53 |
| $Q'_{pr}$ in A h kg$^{-1}$ | 1150 | – | 1100 | – | 1150 |
| $Q''_{pr}$ in A h dm$^{-3}$ | 2200 | – | 2100 | – | 2200 |

Mit Hilfe von $Q'_{pr}$ und $Q''_{pr}$ lassen sich für eine erforderliche Ladungsmenge $Q$ folgende Anodenmassen bzw. Volumen errechnen:

$$\frac{Q}{A\,h} = \frac{Q'_{pr}}{A\,h\,kg^{-1}} \frac{m}{kg} = \frac{Q''_{pr}}{A\,h\,dm^{-3}} \frac{V}{dm^3} \,. \tag{6-7}$$

### 6.1.2 Stromabgabe galvanischer Anoden

Für eine arbeitende galvanische Anode wird die Stromdichte-Potential-Kennlinie durch Gl. (6-8) wiedergegeben, wobei der Polarisationswiderstand $r_p$ belastungsabhängig ist:

$$U = U_R + r_p\,J\,. \tag{6-8}$$

$U_R$ ist das Ruhepotential. Die Differenz vom Potential der arbeitenden Anode bis zum Schutzpotential $U_s$ des Schutzobjektes wird als Treibspannung $U_T$ bezeichnet:

$$U_T = U_s - U\,. \tag{6-9}$$

Aus den Gln. (6-8) und (6-9) folgt:

$$U_T = (U_s - U_R) - r_p\,J\,. \tag{6-10}$$

Diese Funktion ist in Abb. 6-1 zusammen mit der Widerstandsgeraden des Schutzsystems

$$U_T = (J \cdot S_a)\,(R_a + R_k) \tag{6-11}$$

eingetragen. Hierbei ist $J \cdot S_a$ der Schutzstrom, $S_a$ ist die Oberfläche der Anode. $R_a$ und $R_k$ sind die Ausbreitungswiderstände der Anode und des Schutzobjektes. Hinweise über

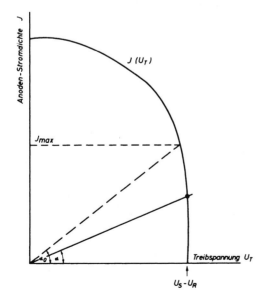

**Abb. 6-1.** Kennlinie $J\,(U_T)$ und Widerstandsgerade einer galvanischen Anode. Neigung der Widerstandsgeraden:

$\tan\alpha = \dfrac{1}{S_a\,(R_a+R_k)}$ . Widerstandsgerade bei maximaler Stromabgabe: $\tan\alpha_0 = \dfrac{1}{S_a\,R_a}$ .

die Messung und Berechnung der Ausbreitungswiderstände sind in den Abschn. 3.5.3 und 24.1 enthalten, vgl. auch Tabelle 24-1. Der Ausbreitungswiderstand der Kathode $R_k$ kann häufig wegen der großen Kathodenfläche gegenüber $R_a$ vernachlässigt werden. Bei gut beschichteten und nicht zu großen Schutzobjekten kann aber $R_k$ merkbar groß sein. Nach Gl. (6-11) ist eine Zunahme der Stromabgabe zu erwarten, wenn im Laufe der Zeit $R_k$ abnimmt. Die Anode hat somit eine Strom-Reserve.

Der Schnittpunkt der Kennlinien der Gl. (6-10) und (6-11) gibt den Arbeitspunkt des Schutzsystems wieder. Die Treibspannung nimmt mit ansteigendem $J$ ab. Bei nur wenig polarisierbaren Anoden ist sie in einem weiten Stromdichtebereich ziemlich konstant. Die Anoden-Kennlinie der Gl. (6-10) kennzeichnet die Wirksamkeit einer Anode. Sie ist von der Zusammensetzung der Anode und vom Medium abhängig. Der Arbeitspunkt des Systems soll im unpolarisierbaren Teil der $J$ ($U_T$)-Kurve liegen, so daß $r_p \approx 0$ angenommen werden darf. Dann folgt die maximale Stromabgabe bei $R_k = 0$ aus den Gl. (6-10) und (6-11) zu:

$$J_{max} = \frac{U_s - U_R}{S_a\, R_a}.$$ (6-12)

Liegt der Arbeitspunkt aber nicht im unpolarisierbaren Bereich, z. B. wegen der Wirkung von Deckschichten, gilt anstelle Gl. (6-12):

$$J_{max} = \frac{U_s - U_R}{S_a\, R_a + r_p\,(J)}.$$ (6-12′)

Dieser Wert kann merkbar kleiner sein. Er entspricht in Abb. 6-1 der Ordinate des Schnittpunktes der gestrichelten Widerstandsgeraden der Neigung $\alpha_0$ mit einer $J$ ($U_T$)-Kurve, die von der eingetragenen merkbar nach links abweicht. Die maximale Stromdichte ist eine wichtige Größe für die Auslegung des kathodischen Schutzes mit galvanischen Anoden und von der Anodengeometrie und der Leitfähigkeit des Mediums abhängig.

## 6.2 Anodenmaterialien

### 6.2.1 Eisen

Galvanische Anoden aus Gußeisen wurden bereits 1824 zum Schutz der Kupferverkleidung von Holzschiffen verwendet, vgl. Abschn. 1.1. Auch heute noch setzt man Eisenanoden bei Objekten mit relativ positivem Schutzpotential ein, insbesondere wenn eine zu starke Potentialabsenkung unerwünscht ist, z. B. bei Vorliegen von Grenzwerten $U_s'$, vgl. Abschn. 2.4. In solchen Fällen werden meist Anoden aus Reineisen (*Armco*-Eisen) verwendet. Die wichtigsten Daten sind in Tabelle 6-1 enthalten.

## 6.2.2 Zink

Auch Zink wurde bereits 1824 zum kathodischen Schutz in Meerwasser eingesetzt, vgl. Abschn. 1.1. Dabei war das zunächst verwendete sogenannte Kesselzink wenig geeignet, weil es schnell passiv wurde. Bei *hochreinem* Zink tritt diese Passivierung nicht ein. Feinzink ist das *problemärmste* aller Anodenmaterialien [7] und besteht aus 99,995% Zn und weniger als 0,0014% Fe ohne weitere Zusätze und ist nach [1, 2] genormt.

Feinzink ist meist sehr grobkörnig, hat ein Gefüge mit Stengelkristallen und neigt zu einem ungleichmäßigen Abtrag. Für eine Kornverfeinerung werden bis zu 0,15% Cd und 0,5% Al zulegiert [1, 2], vgl. Abb. 6-2. Dadurch wird auch der schädliche Einfluß höherer Fe-Gehalte kompensiert. Zinkanoden für salzreiche Medien bedürfen keiner zusätzlichen Aktivierungselemente. Die Eigenschaften der Zink-Legierungen für Anoden sind in der Tabelle 6-2 zusammengestellt.

Die Geschwindigkeit der Eigenkorrosion von Zinkanoden ist relativ gering. Sie beträgt in kalten Brauchwässern etwa 0,02 g m$^{-2}$ h$^{-1}$, entsprechend einer Abtragungsgeschwindigkeit um 25 µm a$^{-1}$. In kaltem Meerwasser sind die Werte etwa 50% größer [8]. Diese Angaben beziehen sich auf ruhendes Wasser. Bei strömendem Wasser sind die Abtragungsgeschwindigkeiten wesentlich größer.

In Meerwasser führen HCO$_3^-$-Ionen zu Deckschichten (vgl. Abb. 2-10) und zu stärkerer Polarisation. In salzärmeren Wässern und bei schwacher Belastung der Anoden entstehen schwerlösliche basische Zinkchloride [9] und andere schwerlösliche basische Salze. In verunreinigten Wässern können auch Phosphate vorliegen, von denen das ZnNH$_4$PO$_4$ sehr schwer löslich ist [9]. Diese Verbindungen fallen nur in einem relativ engen Bereich um pH 7 aus. Schon in schwach sauren Medien, die durch Hydrolyse an der arbeitenden Anode entstehen, steigt die Löslichkeit beträchtlich an und die Anode bleibt aktiv, insbesondere bei strömenden und salzreichen Medien.

Eine Änderung in der Struktur der Deckschichten, z.B. durch den Übergang von Zn(OH)$_2$ in elektronenleitendes ZnO, ist die Ursache für in sauerstoffhaltigen Süß-

**Abb. 6-2.** Gefüge von Zinkanoden. *Oben:* Stengelkristalle in Reinzink. *Unten:* Feinkörniges Gefüge der *MIL*-Zinklegierung.

wässern beobachtete relativ positive Potentiale bei erhöhter Temperatur um 60 °C. In solchen Fällen kann das Ruhepotential des Zinks positiver als das Schutzpotential des Eisens werden [8, 10]. Dieser auch als *Potentialumkehr* bezeichnete Vorgang wird durch Fe als Legierungselement unterstützt und wurde auch an feuerverzinktem Stahl in kalten Wässern beobachtet [11, 12].

Für den Außenschutz von Rohrleitungen in Meerwasser (vgl. Abschn. 16.6) werden Zinkanoden in Form von *Bracelets*, die in Längsrichtung auf mit dem Rohr verbundenen Schellen geschweißt werden, oder als Halbschalen eingesetzt. Bei brackigen oder stark salzhaltigen Wässern, wie sie z. B. bei der Erdölgewinnung oder im Bergbau anfallen, können Zinkanoden auch zum Behälter-Innenschutz eingesetzt werden. In Süßwasser sind die Einsatzmöglichkeiten für Zinkanoden wegen der leichten Passivierbarkeit sehr begrenzt. Dies gilt auch für den Einsatz im Erdboden. Abgesehen vom gelegentlichen Einsatz von Stab- und Bandanoden als Erder werden Zinkanoden nur bei Bodenwiderständen unter 10 $\Omega$ m verwendet. Um die Passivierbarkeit zu vermindern und den Ausbreitungswiderstand zu verringern, müssen die Anoden mit besonderen Bettungsmassen, dem *Backfill*, umgeben eingebaut werden, vgl. Abschn. 6.2.5.

### 6.2.3 Aluminium

Reines Aluminium ist als Anodenmaterial wegen seiner leichten Passivierbarkeit unbrauchbar. Für galvanische Anoden werden Aluminium-Legierungen eingesetzt, die *aktivierende* Legierungselemente enthalten, die die Ausbildung von Deckschichten beeinträchtigen oder verhindern. Es handelt sich im allgemeinen um bis zu 8% Zn und/oder 5% Mg. Darüber hinaus werden zusätzlich noch Metalle wie Cd, Ga, In, Hg und Tl zulegiert, die als sogenannte Gitterdehner die Aktivität der Anode langzeitig aufrechterhalten sollen. Die Aktivierung fördert naturgemäß auch die Eigenkorrosion der Anoden. Um die Stromausbeute optimal zu halten, werden zusätzlich noch sog. Gitterverenger, dazu zählen Mn, Si und Ti, zulegiert.

Die verschiedenen Aluminium-Legierungen verhalten sich als Anoden sehr unterschiedlich. Die Potentiale liegen etwa $U_H = -0,75$ V und $-1,3$ V, die $\alpha$-Werte liegen zwischen 0,95 und 0,7.

Die Geschwindigkeit der Eigenkorrosion von Aluminium-Legierungen sowie ihre Abhängigkeit von der Belastung und vom Medium schwankt je nach Legierungstyp in weiten Grenzen. Außerdem kann sich das Anodenmaterial im Bereich der Gießhaut wesentlich anders verhalten als im Anodenkern. Dies gilt insbesondere für Sn-haltige Anoden, wenn die Temperaturführung bei der Herstellung nicht optimal war. Bei einigen Aluminium-Legierungen wird das Potential nach kurzer Betriebsdauer negativer und erreicht nach einigen Stunden oder Tagen stationäre Werte.

Galvanische Anoden aus Aluminium-Legierungen werden vor allem auf dem Gebiet der Offshore-Technik und im Schiffbau eingesetzt. Bei einer Schutzdauer von 20 bis 30 Jahren ist das niedrige Gewicht besonders günstig. In salzhaltigem Bodenschlamm nehmen die Polarisierbarkeit zu und die Strominhalte merkbar ab, z. B. für die in Tabelle 6-3 angegebene Legierung A2 von 2550 A h kg$^{-1}$ auf 1650 A h kg$^{-1}$. Im Schiffbau werden weltweit überwiegend Aluminiumanoden eingesetzt – auch von Schiffen mit einer Außenhaut aus Aluminiumlegierungen.

## 6.2.4 Magnesium

Magnesium ist wesentlich weniger passivierbar als Zink und Aluminium und hat die *größte Treibspannung*. Wegen dieser Eigenschaften und des hohen Strominhaltes ist Magnesium für galvanische Anoden besonders geeignet. Magnesium unterliegt aber in erheblichem Umfang der Eigenkorrosion, deren Geschwindigkeit mit ansteigendem Salzgehalt des Mediums zunimmt [13]. Der nutzbare Strominhalt von reinem Magnesium ist somit immer viel kleiner als der theoretische. Er wird beeinflußt von dem Gehalt an Verunreinigungen im Anodenmetall, von der Art des Materialabtrags (gleichförmig oder lochfraßartig), von der Stromdichte sowie vom Medium. Für den Einsatz in Meerwasser sind Magnesiumanoden aufgrund der hohen Eigenkorrosion ungeeignet.

Selbst bei guten Legierungen und bei günstigen Bedingungen liegen die $\alpha$-Werte nicht über etwa 0,6. In emaillierten Behältern mit geringem Schutzstrombedarf können die $\alpha$-Werte sogar bis auf etwa 0,1 absinken. Ursache des hohen Anteils der Eigenkorrosion ist eine Wasserstoffentwicklung, die als kathodische Parallelreaktion nach Gl. (6-5 b) oder durch freie Korrosion der von der Anode abgetrennten Teile bei stark zerklüfteter Oberfläche stattfindet [2–4, 13, 14].

Magnesiumanoden bestehen im allgemeinen aus Legierungen mit Zusätzen von Al, Zn und Mn. Die Gehalte an Ni, Fe und Cu müssen sehr niedrig gehalten werden, weil diese die Eigenkorrosion begünstigen. Ni-Gehalte >0,001% verschlechtern die Eigenschaften und sollten nicht überschritten werden. Der Einfluß von Cu ist nicht eindeutig. Cu begünstigt zwar die Eigenkorrosion, Gehalte bis zu 0,05% sind aber unschädlich, wenn der Mn-Gehalt über 0,3% liegt. Fe-Gehalte bis etwa 0,01% beeinflussen nicht die Eigenkorrosion, wenn der Mn-Gehalt über 0,3% liegt. Bei Zugabe von Mn wird Fe aus der Schmelze gefällt und beim Erstarren durch Bildung von Fe-Kristallen mit einer Hülle aus Mangan unschädlich gemacht. Bei Zugabe von Zink wird der Korrosionsangriff gleichmäßiger. Außerdem wird die Empfindlichkeit gegenüber anderen Verunreinigungen herabgesetzt. Die wichtigste Magnesium-Legierung für galvanische Anoden ist *AZ 63*, die auch den Anforderungen [15] entspricht. Weiterhin werden noch *AZ 31*- und *M2*-Legierungen verwandt. Die wichtigsten Eigenschaften dieser Legierungen sind in der Tabelle 6-4 zusammengefaßt. Während *AZ 63* vornehmlich für gegossene Anoden verwendet wird, werden aus *AZ 31* und *M2* hauptsächlich stranggepreßte Stabanoden hergestellt.

Niedrige pH-Werte begünstigen die Eigenkorrosion, verschieben das Ruhepotential zu negativen Werten, verringern die Polarisation und führen zu einem gleichmäßigeren Materialabtrag; pH-Werte oberhalb 10,5 bewirken das Gegenteil. Unterhalb pH 5,5 bis 5,0 wird die Stromausbeute so gering, daß der Einsatz unwirtschaftlich wird.

Beim Einsatz von Magnesium-Anoden für emaillierte Warmwasser-Bereiter wird die Abtragungsgeschwindigkeit der Anoden weniger durch die Stromabgabe als durch die Eigenkorrosion bestimmt. Dann bereitet die Berechnung der Lebensdauer aus Daten für den Schutzstrombedarf $I_s$ und der Anodenmasse $m$ Schwierigkeiten, weil der $\alpha$-Wert zu klein ist.

Dieser folgt nach Gl. (6-4) zu:

$$\alpha = \frac{I_s}{I_s + J_K \cdot S_a}, \tag{6-4'}$$

dabei ist $S_a$ die Anodenfläche. Zwischen der kathodischen Teilstromdichte $J_K$ und der Geschwindigkeit für die Eigenkorrosion $w$ besteht nach Gl. (2-5) Proportionalität. Dann folgt aus Gl. (6-1) unter Berücksichtigung von Gl. (6-6 a):

$$I_s \, \mathrm{d}t = \mathrm{d}Q = \mathrm{d}m \, Q'_{\mathrm{pr}} = \mathrm{d}m \, Q' \, \frac{I_s}{I_s + S_a \, w/f_a} \, , \quad \mathrm{d}t = \frac{Q' \, \mathrm{d}m}{I_s + S_a \, \dfrac{w}{f_a}} \, . \tag{6-13}$$

Für die Anodenfläche $S_a$ wird bei zylinderförmigen Anoden näherungsweise angenommen: $S_a = 2 \, \pi \, r \, L$ mit einer zeitlich konstanten Abnahme des Radius: $- \mathrm{d}r/\mathrm{d}t = k$. Dann führt nach Einsetzen in Gl. (6-13) eine Integration mit den Randbedingungen $r = r_0$ und $m = 0$ für $t = 0$ sowie $r = 0$ und $m = M$ für $t = T$ zu

$$T = \frac{Q' \, m}{I_s + \dfrac{S_a \, w}{2 \, f_a}} \, , \tag{6-13'}$$

und nach Einsetzen der Daten für $Q' = 2204 \, \mathrm{A \, h \, kg^{-1}}$ sowie $f_a = 22,8 \, (\mathrm{mm \, a^{-1}})/ (\mathrm{mA \, cm^{-2}})$ zu

$$\frac{T}{\mathrm{a}} = \frac{(m/\mathrm{g})}{3,97 \, (I_s/\mathrm{mA}) + 0,087 \, \dfrac{S_a}{\mathrm{cm}^2} \cdot \dfrac{w}{\mathrm{mm/a}}} \, . \tag{6-13''}$$

Aus dieser Beziehung folgt, daß bei gegebener Masse die Lebensdauer einer Anode um so größer wird, je kleiner die Anodenfläche $S_a$ gewählt wird. Diese Optimierung ist bei Anoden in emailliertem Warmwasser-Bereitern weitgehend möglich, weil Anordnung und Abmessung der Anoden wegen der geringen Abmessung der Email-Fehlstellen für die Stromverteilung von untergeordneter Bedeutung sind. Diese gilt jedoch nur für Emailauskleidungen nach [16] mit Begrenzung der Fehlstellenfläche und -ausdehnung, vgl. Abschn. 20.4.1.

Aufgrund der vorliegenden praktischen Erfahrungen sind die Abtragungsgeschwindigkeiten von Magnesiumanoden in emaillierten Warmwasserbehältern $< 3 \, \mathrm{mm \, a^{-1}}$. Bei einer Stabanode mit einem Durchmesser von 33 mm entspricht dies einer Lebensdauer von über 5 Jahren. Als Richtwert für die erforderliche Anodenmasse werden 200 bis 250 g pro m² Behälterinnenfläche angegeben [17].

In sauerstofffreien Wässern ist die Eigenkorrosion praktisch nur auf die Wasserstoffentwicklung nach

$$\mathrm{Mg} + 2 \, \mathrm{H_2O} = \mathrm{Mg^{2+}} + 2 \, \mathrm{OH^-} + \mathrm{H_2} \tag{6-14}$$

oder auf die Reaktionsfolge der Gl. (6-5 a, b) zurückzuführen. Die entstehende Wasserstoffmenge kann in der in Abb. 6-3 wiedergegebenen Apparatur bestimmt werden. Für Messungen bei vorgegebenen Anodenströmen $I_a$ ist die in Abb. 6-4 gezeigte Probenhalterung geeignet. Solche Messungen dienen zur Bestimmung der Stromausbeute $\alpha$ und damit zur Qualitätsprüfung der Anoden, vgl. Abschn. 6.6. Weiterhin kann durch die Bestimmung des Potentials bei Stromabgabe eine Passivierungsneigung des Magnesiums erkannt werden [17], die z.B. für reines Magnesium in salzarmen Wäs-

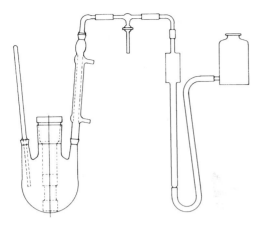

**Abb. 6-3.** Apparatur zur Bestimmung der Massenverluste von galvanischen Anoden durch Messung der Wasserstoffentwicklung.

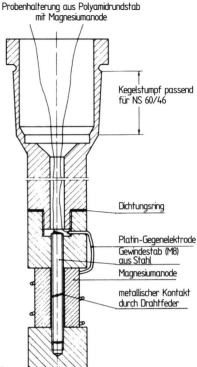

Probehalterung aus Polyamidrundstab
mit Magnesiumanode

Kegelstumpf passend
für NS 60/46

Dichtungsring

Platin-Gegenelektrode

Gewindestab (M8)
aus Stahl

Magnesiumanode

metallischer Kontakt
durch Drahtfeder

**Abb. 6-4.** Probehalterung für Stromausbeutemessungen.

sern besteht und allgemein bei Ausbildung schwerlöslicher Verbindungen geprüft werden sollte.

Zu den schwerlöslichen Verbindungen, die auf Magnesiumanoden bei normaler Belastung entstehen, zählen Hydroxide, Carbonate und Phosphate. Allerdings ist die Löslichkeit der Hydroxide und Carbonate verhältnismäßig hoch. Nur das Magnesium-Phosphat hat eine geringe Löslichkeit. Die Treibspannung bei Magnesiumanoden für Stahl ist bei nicht zu kleiner Leitfähigkeit $\kappa > 500\ \mu S\ cm^{-1}$ mit 0,65 V fast dreimal so hoch wie die für Zink und Aluminium. Magnesium-Legierungen werden eingesetzt, wenn die Treibspannungen der Zink- und Aluminiumanoden nicht ausreichen oder die Gefahr der Passivierung besteht.

Magnesiumanoden werden bei höheren spezifischen Widerständen des Mediums und für größere Schutzstromdichten eingesetzt. Als Schutzobjekte kommen infrage: Stahl-Wasser-Bauten in Süßwässern, Ballasttanks für Süßwässer, Wassererwärmer und Trinkwasserbehälter. Für Trinkwasserbehälter ist die *physiologische Unbedenklichkeit* der Korrosionsprodukte wichtig, vgl. Abschn. 20.5. Die Summe der Massenanteile an Sb, As, Pb, Cr und Ni müssen <0,1% und die Summe der Massenanteile an Cd, Hg und Se <0,01% sein [17]. Im Erdboden können kleinere Objekte bei spezifischen Widerständen bis 250 $\Omega$ m und größere Behälter und Rohrleitungen bei Widerständen bis zu 100 $\Omega$ m mit Magnesiumanoden geschützt werden, wenn der Schutzstrombedarf nicht zu groß ist.

Wegen des hohen Anteils der Eigenkorrosion entsteht beim kathodischen Schutz mit Magnesiumanoden Wasserstoff. Dies ist bei der Anwendung in geschlossenen Behältern, z. B. Wassererwärmern, zu beachten. Bei emaillierten Wassererwärmern besteht unter normalen Betriebsbedingungen keine Gefahr durch Knallgas [2], jedoch sind *Sicherheitsbestimmungen* [18, 19] zu beachten, insbesondere bei Wartungsarbeiten.

## 6.3 Bettungsmassen

Nach Tabelle 24-1 besteht ein Zusammenhang zwischen dem Ausbreitungswiderstand von Anoden und dem spezifischen Bodenwiderstand, der jahreszeitlich bedingten Schwankungen unterworfen ist. Zur Vermeidung dieser Schwankungen und zur Verminderung des Ausbreitungswiderstandes werden Anoden im Erdboden mit einer Bettungsmasse, dem sogenannten *Backfill*, umgeben. Solche Massen verhindern außerdem passivierende Deckschichten und eine elektroosmotische Austrocknung, sie bewirken eine gleichmäßige Stromabgabe und einen gleichmäßigen Abtrag. Letzteres ist vor allem auf Gips in der Bettungsmasse zurückzuführen, während Bentonit und Kieselgur die Feuchtigkeit halten. Zusatz von Natrium-Sulfat verringert den spezifischen Widerstand der Bettungsmasse. Durch Verändern des Mengenanteils der einzelnen Bestandteile, vor allem des Natrium-Sulfates, kann man deren Auslaugen steuern und damit auch den spezifischen Bodenwiderstand in der Nähe der Anoden etwas verringern. In Tabelle 6-5 ist die Zusammensetzung von verschiedenen Bettungsmassen angegeben.

Bentonitreiche Bettungsmassen haben die Neigung, ihr Volumen mit schwankendem Wassergehalt des umgebenden Erdbodens zu verändern. Dies kann zur Ausbildung von Hohlräumen im Backfill mit merkbarer Abnahme der Stromabgabe führen. Als Standardbackfill gilt eine Mischung aus 75% Gips, 20% Bentonit und 5% Natrium-Sulfat. Der spezifische Widerstand dieser Bettungsmasse liegt im frischen Zustand bei 0,5 bis 0,6 $\Omega$ m und kann mit zunehmender Auslaugung auf 1,5 $\Omega$ m ansteigen.

Die Bettungsmasse wird entweder in das Bohrloch eingegossen, oder die Anode wird in einem Sack aus durchlässigem Material mit dem Backfill angeliefert. Solche Anoden werden in das Bohrloch abgesenkt und danach mit Wasser und feinkörnigem

**Tabelle 6-5.** Zusammensetzung von Bettungsmassen (Masse-%).

| Spezifischer Bodenwiderstand in $\Omega$ m | Bettungsmasse | | | | | | |
| | für Mg-Anoden | | | | für Zn-Anoden | | |
| | Gips | Bentonit | Kieselgur | $Na_2SO_4$ | Gips | Bentonit | $Na_2SO_4$ |
|---|---|---|---|---|---|---|---|
| bis 20 | 65 | 15 | 15 | 5 | 25 | 75 | – |
| | 25 | 75 | – | – | 50 | 45 | 5 |
| 20 bis 100 | 70 | 10 | 15 | 5 | 75 | 20 | 5 |
| | 75 | 20 | – | 5 | – | – | – |
| | 50 | 40 | – | 10 | – | – | – |
| über 100 | 65 | 10 | 10 | 15 | – | – | – |
| | 25 | 50 | – | 25 | – | – | – |

Boden eingeschlämmt. Die so eingebrachten Anoden geben erst nach einigen Tagen ihren maximalen Strom ab.

*Galvanische Anoden dürfen nicht wie Fremdstromanoden in Koks eingebettet werden.* Aufgrund der Potentialdifferenz zwischen Anode und Koks würde nämlich ein starkes Korrosionselement entstehen, das zu einer schnellen Zerstörung der Anoden führt. Ferner würde die Treibspannung sofort zusammenbrechen und schließlich das Schutzobjekt durch Elementbildung mit Koks stark korrosionsgefährdet werden.

## 6.4 Halterungen

Im allgemeinen haben alle galvanischen Anoden besonders geformte Eingußteile als Anodenhalterung, mit der die Anode durch Schrauben, Löten oder Schweißen befestigt werden. So wird ein sehr widerstandsarmer Stromübergang von der Anode auf das Schutzobjekt gewährleistet. Anodenhalterungen bestehen im allgemeinen aus unlegiertem Stahl, Aluminiumlegierungen oder nichtrostendem Stahl, je nach zu verschweißendem Werkstoff. Sie müssen schweißbar sein. Drahtanoden aus Zink können eine Seele aus Aluminium haben. Für plattenförmige Anoden werden Flacheisenhalterungen von 20 bis 40 mm Breite und 3 bis 6 mm Dicke und für Stabanoden gegossene Rundeisenstäbe von 8 bis 15 mm Durchmesser verwendet. Für größere Anoden, wie sie z.B. für den Offshore-Bereich (vgl. Kap. 16) verwendet werden, sind schwere Halterungen erforderlich. Man verwendet hier Rohre geeigneten Durchmessers als Eingußteil und Profileisen als Befestigung.

Richtig konstruierte und gefertigte Anoden können bis zum nahezu völligen Verbrauch des nutzbaren Anodenmaterials verwendet werden. Anderenfalls kann während des Betriebes ein mehr oder weniger großer Teil des Anodenmaterials abfallen und somit für den kathodischen Schutz verlorengehen. Aus den gleichen Gründen ist eine gute Bindung zwischen Anodenlegierungen und Halterung erforderlich, die sich mindestens auf 30% der Berührungsfläche erstrecken soll [6]. Bei guten Anoden wird dieser Prozentsatz weit überschritten, weil zwischen Legierung und Halterung eine Zwischenschicht durch Legierungsbildung entsteht. Um diese zu unterstützen, muß die Halterung gut durch Entfetten und Beizen gereinigt werden. Nach dem Waschen und Trocknen muß die Halterung umgossen werden. Die Halterungen können auch nach Norm-Reinheitsgraden *Sa 2½* gestrahlt [20] und müssen dann sofort umgossen werden.

Wenn Halterungen in gießfertigem Zustand zu bevorraten sind, müssen sie einen zeitweisen Korrosionsschutz erhalten. Dazu werden Überzüge z.B. durch Aluminieren, Cadmieren, Verzinken und Phosphatieren aufgebracht. Die beiden letztgenannten Verfahren sind am meisten verbreitet. Für Zinkschichten wird eine Mindestdicke von 13 μm vorgeschrieben [21]. Phosphatierungsschichten müssen sehr dünn sein, weil sie die Bindung zwischen Anodenlegierung und Halterung beeinträchtigen können. Richtig gefertigte Anoden haben zwischen Anodenlegierung und Halterung Übergangswiderstände von weniger als 1 mΩ. Größere Übergangswiderstände sind zu vermeiden, weil sie die Stromabgabe vermindern. Dies gilt auch für die Befestigung am Schutzobjekt.

Galvanische Anoden werden in den meisten Fällen durch Schweißen oder Hartlöten, seltener durch Verschrauben der Halterungen mit dem Schutzobjekt verbunden. Soweit sie aus technischen oder Sicherheitsgründen, z.B. beim Innenschutz, verschraubt werden müssen, ist auf eine hinreichend niederohmige und standfeste Verbindung zu achten. Besonders beim Innenschutz von Tankschiffen und immer dann, wenn Vibrationen oder Erschütterungen zu erwarten sind, müssen die Verschraubungen gegen allmähliches Lockern gesichert werden. Es werden Kabelverbindungen empfohlen, um metallenleitende Verbindungen sicherzustellen.

Beim Einsatz im Erdboden werden die Anoden durch Kabel mit dem Schutzobjekt verbunden. Das Kabel muß besonders niederohmig sein, um die Stromabgabe nicht zu verringern. Deshalb sind bei längeren Leitungen die Kabelquerschnitte verhältnismäßig groß zu wählen. Meist genügen Mantelleitungen NYM mit 2,5 mm$^2$ Cu. Gelegentlich werden stärkere Kabel und besondere Isolierungen, z.B. NYY 4 mm$^2$ Cu, gefordert. Im Erdboden verlegte Anschlußkabel sollten eine auffallend helle Einfärbung haben. Beim Einsatz in Meerwasser werden gelegentlich temperatur-, öl- und seewasserfeste Kabel verlangt, z.B. HO7RN.

## 6.5 Anodenformen

Die Anzahl der verschiedenen Anodenformen hat im Laufe der Zeit wesentlich abgenommen. Magnesiumanoden für schnelle Vorpolarisation, sog. *Booster*-Anoden, werden heute nicht mehr eingesetzt. In den verschiedenen Regelwerken [6, 15, 21, 22] sind Richtlinien für die Gestaltung galvanischer Anoden beschrieben. Dies gewährleistet eine gute Austauschbarkeit der Anoden, insbesondere für den Außenschutz von Schiffen.

### 6.5.1 Stabanoden

Stabanoden werden als Meterware mit durchgehender Drahtseele oder als Stückware mit durchgehender oder einseitiger Halterung gefertigt, vgl. Abb. 6-5 a. Sie werden gegossen oder gepreßt. Haupteinsatzgebiete sind der Schutz erdverlegter Objekte und der Behälter-Innenschutz. Ausgehend von dünnen Drahtanoden betragen die Durchmesser bis zu etwa 70 mm. Einzelanoden können bis zu 1,5 m lang sein. Die Anodengewichte sind von der Legierung abhängig. Sie betragen für Zink bis zu 100 kg. Abgelängte Anoden mit beiderseits freiliegender Seele können zu Anodenketten zusammengebaut werden, wenn sie nicht schon als mehrteilige Anoden mit Kabelverbindung angeliefert werden, vgl. Abb. 6-5 b. Stabanoden mit einseitiger Halterung können mit Rohrstopfen durch Verschraubungen von außen in Behälter eingeführt werden.

a)

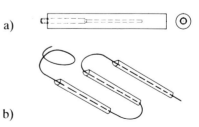

**Abb. 6-5.** Stabförmige Anoden.
(**a**) Stabanode, (**b**) Anodenketten.

b)

## 6.5.2 Platten- oder Blockanoden

Platten- oder Blockanoden mit eingegossenen Halterungen werden vorwiegend für den Außenschutz von Schiffen, für Stahl-Wasser-Bauten und für den Innenschutz großer Behälter verwendet. Für Erdböden ist diese Anodenform wegen des zu großen Ausbreitungswiderstandes ungeeignet. Blockanoden werden mit quadratischen, rechteckigen oder zylindrischen Formen, zum Teil auch mit eingegossenen Eisenrohrstücken zur Befestigung durch Verschrauben geliefert, vgl. Abb. 6-6 a. Solche Anoden bestehen meist aus Magnesium-Legierungen. Aus diesen bestehen auch die kompakten Blockanoden für den Behälter-Innenschutz, vgl. Abb. 6-6 b. Plattenanoden werden vor allem dann eingesetzt, wenn der Strömungswiderstand möglichst klein sein soll, z.B. beim Außenschutz von Schiffen. Es handelt sich um mehr oder weniger langgestreckte Anoden und solche mit tropfenförmigem Umriß, deren Flacheisenhalterungen an den Enden oder seitlich als Anschweißlaschen herausragen. Die Kanten sind abgeschrägt, soweit die Einzelanoden nicht zu größeren Gruppen zusammengesetzt werden, vgl. Abb. 6-7. Daneben gibt es auch noch anschraubbare Plattenanoden [6, 15].

Die Einzelgewichte reichen von weniger als 1 kg bis zu mehreren 100 kg, letzte insbesondere für Stahl-Wasser-Bauten. Anoden für den Außenschutz von Schiffen sind nur in Ausnahmefällen schwerer als 40 kg. Bei Bedarf werden aus diesen Gruppen mit bis zu mehreren 100 kg Gesamtgewicht zusammengestellt.

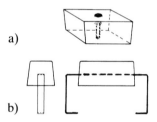

a)

b)

**Abb. 6-6.** Blockanoden. (**a**) Blockanode zur Verschraubung, (**b**) Blockanode für den Innenschutz.

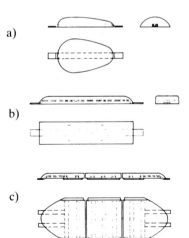

a)

b)

c)

**Abb. 6-7.** Anodenformen für den Außenschutz von Schiffen. (**a, b**) Einzelanoden, (**c**) Anodengruppen.

### 6.5.3 Tankanoden

Tankanoden sind langgestreckt und haben eine durchgehende Rundeisenseele. Aus Fertigungsgründen sind die Querschnitte halbrund, nahezu rechteckig oder trapezförmig und zuweilen auch dreieckig, vgl. Abb. 6-8. Die Eisenseelen sind an Befestigungslaschen angeschweißt oder abgewinkelt. Die Laschen oder die abgewinkelten Seelen dienen zur Schweißverbindung mit dem Schutzobjekt. Die Gewichte reichen von einigen kg bei Magnesium-Legierungen bis zu etwa 80 kg bei Zink. Ohne Halterungen liegen die Längen meist zwischen 1,0 und 1,2 m.

Beim Behälter- und Tank-Innenschutz werden Anoden vielfach angeschraubt, weil in *explosionsgefährdeten Bereichen nicht geschweißt oder gelötet werden darf.* Herabfallende Anoden können ja nach Material Funken erzeugen. Aus diesem Grunde bestehen bei *Tankschiffen* für die Anodenauswahl bestimmte *Vorschriften*, vgl. Abschn. 17.4.

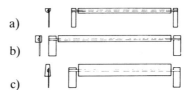

a)

b)

c)

**Abb. 6-8.** Anodenformen für den Tankinnenschutz. (**a**) Querschnitt halbrund, (**b**) Querschnitt rechteckig, (**c**) Querschnitt trapezförmig.

### 6.5.4 Offshore-Anoden

Offshore-Anoden ähneln in ihrer Form den Tankanoden. Sie sind aber viel größer und haben ein Gewicht bis etwa 0,5 t. Sie werden vorzugsweise aus Aluminium-Legierungen gefertigt. Aus Festigkeitsgründen werden meist Rohre und Profileisen als Halterungen umgossen, an die seitlich herausragende Laschen angeschweißt werden. Die Querschnitte sind im allgemeinen trapezförmig, vgl. Abb. 6-9.

Für Rohrleitungen werden die sogenannten *Bracelets* eingesetzt, vgl. Abschn. 16.6. Es handelt sich um Gruppen aus Plattenanoden mehr oder weniger großer Breite, teils leicht gewölbt, die wie Glieder eines Armbandes nebeneinander auf einer Bandeisenhalterung befestigt sind und um Rohrleitungen gelegt werden. Für den gleichen Zweck verwendet man auch Halbschalen, die unter Spannung zu je zwei Stück um ein Rohr gelegt und dann verschweißt werden.

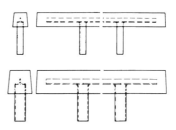

**Abb. 6-9.** Anodenformen für Offshore-Anwendungen.

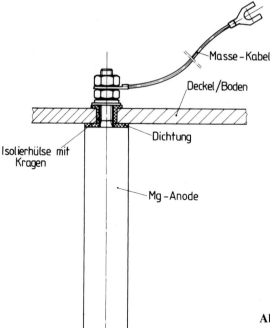

**Abb. 6-10.** Isolierte Mg-Anodenmontage zur einfachen Verbrauchskontrolle.

### 6.5.5 Sonderformen

Zu den Sonderformen zählen insbesondere die vielfältigen Anodentypen, die für den Schutz kleinerer Behälter verwendet werden. Dazu gehören Wassererwärmer, Wärmetauscher und Kondensatoren. Neben den bereits erwähnten Stabanoden mit Rohrverschraubungen, die von außen in den Behälter eingeschraubt werden, gibt es kurze und runde Anodenstutzen sowie auch mehr oder weniger flache Kugelsegmente, die mit eingegossenen Halterungen auf der zu schützenden Fläche verschraubt werden. Diese Formen werden meist aus Magnesium-Legierungen gefertigt. Daneben gibt es stern- und kreisförmige Anoden zum Einbau in Kondensatoren und Rohren. Die Gewichte dieser Anoden liegen zwischen einigen 0,1 und 1 kg.

In emaillierten Warmwasserbereitern werden Magnesium-Anoden zu einem großen Teil isoliert eingebaut und über ein Massekabel mit dem Behälter verbunden, vgl. Abb. 6-10. Diese Einbauart hat den Vorteil, daß die Anodenfunktion durch einfache Messung des Schutzstromes kontrolliert werden kann.

## 6.6 Qualitäts- und Eignungsprüfungen

Die Qualitätsprüfungen für galvanische Anoden beschränken sich im wesentlichen auf die analytische Kontrolle der chemischen Zusammensetzung der Legierung, auf Qualität und Beschichtung der Halterung, auf eine hinreichende Bindung zwischen Halterung und Anodenmaterial sowie auf die Einhaltung von Gewicht und Abmessung der Anode. Für Magnesium- und Zinkanoden gelten die Regelwerke [6, 7, 15, 17, 21]. Entsprechende Vorschriften für Aluminiumanoden liegen nicht vor. Weiterhin werden auch Mindestwerte der Ruhepotentiale angegeben [23]. Die analytischen Angaben stellen durchweg Mindestanforderungen dar, die im allgemeinen übertroffen werden.

Bei Objekten, die einen langanhaltenden Schutz (bis zu 30 Jahren) und/oder große Massen an Anodenmaterial erfordern, wird gelegentlich eine bestimmte Legierung spezifiziert, deren Eigenschaften während der Produktion streng kontrolliert werden. Für die Anodenwerkstoffe wird meist eine Typen-Prüfbescheinigung verlangt, z. B. [24]. Im Anhang zu [24] werden auch Vorschriften für die Prüfung der elektrochemischen Eigenschaften angegeben. Es handelt sich um einen langzeitigen *free-running-test* mit durchfließendem natürlichen Meerwasser. Wegen der langen Versuchsdauer solcher Untersuchungen wird für die Produktionskontrolle zusätzlich ein galvanostatischer Kurzzeit-Test [25] vorgeschrieben. Daneben gibt es weitere Vorschriften, z. B. von Großverbrauchern, die besondere praxisnahe Versuchsbedingungen vorschreiben. Die dabei erhaltenen Werte stellen aber immer nur Vergleichswerte dar, die den Daten beim praktischen Einsatz im Einzelfall nicht gleichgestellt werden dürfen.

Für die Bestimmung der Stromausbeute von Magnesium-Legierungen wird der Massenverlust indirekt über die volumetrische Messung des entwickelten Wasserstoffes in der Apparatur nach Abb. 6-3 in Abschn. 6.2.4 ermittelt. Für die Massenbilanz folgt mit Gl. (6-1) und (6-5 a, b) oder (6-14) für sauerstofffreie Medien:

$$\Delta m = \frac{Q}{Q'(\mathrm{Mg})} + V(\mathrm{H_2}) \frac{\mathfrak{M}(\mathrm{Mg})}{\mathfrak{V}(\mathrm{H_2})}. \tag{6-15}$$

Hierbei sind $Q$ die von der Anode abgegebene Ladung, $V(\mathrm{H_2})$ das gemessene Wasserstoffvolumen und $\mathfrak{V}(\mathrm{H_2})$ dessen Molvolumen unter gleichen Bedingungen.

Aus Gl. (6-15) folgt analog Gl. (6-4) mit Gl. (6-1):

$$\alpha = \frac{Q}{Q'(\mathrm{Mg})\Delta m} = \frac{Q}{Q + Q'(\mathrm{Mg}) V(\mathrm{H_2}) \frac{\mathfrak{M}(\mathrm{Mg})}{\mathfrak{V}(\mathrm{H_2})}} = \frac{Q}{Q + 2\,\mathfrak{F}\, \frac{V(\mathrm{H_2})}{\mathfrak{V}(\mathrm{H_2})}}. \tag{6-16}$$

Anoden für die Wassererwärmer können nach einer solchen Methode geprüft werden. Qualitativ gute Magnesium-Anoden haben bei einer galvanostatischen anodischen Belastung von 50 µA cm$^{-2}$ in $10^{-2}$ M NaCl bei 60°C eine flächenbezogene Massenverlustrate $< 30$ g m$^{-2}$ d$^{-1}$ entsprechend einer Stromausbeute $> 18\%$. In einer $10^{-3}$ M NaCl bei 60°C darf das Potential unter gleichen Polarisationsbedingungen nicht positiver als $U_\mathrm{H} = -0{,}9$ V sein [17].

## 6.7 Vor- und Nachteile galvanischer Anoden

Der kathodische Schutz mit galvanischen Anoden benötigt im allgemeinen keinen großen technischen Aufwand. Das einmal installierte Schutzsystem arbeitet nahezu wartungsfrei und bedarf nur gelegentlich einer Kontrolle des Potentials oder des Schutzstromes. Galvanische Schutzsysteme benötigen kein Stromversorgungsnetz und verursachen wegen der niedrigen Treibspannungen im allgemeinen keine störenden Beeinflussungen von Nachbarobjekten. Wegen der kleinen Spannungen bestehen im allgemeinen auch keine elektrischen Sicherheitsprobleme. Galvanische Systeme können daher in explosionsgefährdeten Bereichen installiert werden.

Für den Korrosionsschutz im Erdboden können die Anoden dicht neben dem Schutzobjekt in der gleichen Baugrube untergebracht werden, so daß praktisch keine zusätzlichen Erdarbeiten anfallen. Durch Anschluß von Anoden an örtlich gefährdete Objekte, z. B. bei Beeinflussung durch fremde kathodische Spannungstrichter, kann die Beeinflussung aufgehoben werden, vgl. Abschn. 9.2.3.

Nachteilig ist die geringe Treibspannung, die vor allem bei schlecht leitenden Medien oder im Erdboden die Einsatzmöglichkeit von galvanischen Anoden begrenzt. Eine z. B. im Laufe des Betriebes erforderlich werdende Erhöhung der Stromabgabe von Anoden ist praktisch nur mit Hilfe einer zusätzlichen Fremdspannung möglich. Hiervon wird in Sonderfällen Gebrauch gemacht, wenn ein installiertes galvanisches Schutzsystem überfordert wird oder wenn die Reaktionsprodukte Zusatzfunktionen übernehmen, vgl. Abschn. 7.1.

## 6.8 Literatur

[1] VG 81255, Beuth-Verlag, Berlin 1993.
[2] DIN EN 12496, Beuth-Verlag, Berlin 1999.
[3] DIN EN 12438, Beuth-Verlag, Berlin 1998.
[4] W. Schwenk, Techn. Überwachung, *11*, 54 (1970).
[5] L. Robinson und P. F. King, J. Electrochem. Soc. *108*, 36 (1961).
[6] P. F. King, J. Electrochem. Soc. *113*, 536 (1966).
[7] N. N., Cathodic protection of pipelines with zinc anodes, Pipe & Pipelines International, S. 23, August 1975.
[8] C. L. Kruse, Werkstoffe und Korrosion *27*, 841 (1976).
[9] Gmelins Handbuch der anorganischen Chemie, Band Zink, System-Nr. 32 (1924).
[10] G. Schikorr, Metallwirtschaft *18*, 1036 (1939).
[11] W. Friehe u. W. Schwenk, Werkstoffe und Korrosion *26*, 342 (1975).
[12] F. Jensen, cathodic protection of ships, Proc. 7th Scand. Corr. Congr., Trondheim, 1975.
[13] R. Tunold et al., Corr. Science *17*, 353 (1977).
[14] R. L. Petty, A. W. Davidson u. J. Kleinberg, J. Amer. Chem. Soc. *76*, 363 (1954).
[15] MIL-A-21412 A, USA Deptmt. of Defense, Washington D.C 1958.
[16] DIN 4753-3, Beuth-Verlag, Berlin 1987.
[17] DIN 4753-6, Beuth-Verlag, Berlin 1986.
[18] DIN 50927, Beuth-Verlag, Berlin 1985.
[19] Unfallverhütungsvorschriften der Berufsgenossenschaft der chemischen Industrie vom 01. 04. 1965, Abschn. 16, Druckbehälter § 2A in Verbindung mit AD-Merkblatt A3.
[20] DIN 55928-4, Beuth-Verlag, Berlin 1991.
[21] British Standards Institution, Code of Practice for Cathodic Protection, London 1973.
[22] VG 81257, Beuth-Verlag, Berlin 1995.
[23] Lloyds Register of Shipping, Guidance Notes on Application of Cathodic Protection, London 1966.
[24] Det Norske Veritas, No. IOD-90-TA 1, File No. 291.20, Oslo 1982.
[25] Det Norske Veritas, Technical Notes TNA 702, Abschn. 2.7, Oslo 1981.

# 7 Fremdstrom-Anoden

D. FUNK

## 7.1 Allgemeine Hinweise

Galvanische Anoden sollten neben einem genügend negativen Potential eine möglichst große Stromausbeute haben und möglichst wenig polarisierbar sein. Fremdstrom-Anoden dagegen können eine viel größere Strommenge abgeben, als nach Gl. (2-4) und Tabelle 2-1 zu erwarten ist, wenn anodische Redoxreaktionen parallel ablaufen. Fremdstrom-Anoden, die über eine Gleichstromquelle mit dem Schutzobjekt verbunden sind, haben im Betrieb im allgemeinen ein positiveres Potential als das Schutzobjekt. Materialien für Fremdstrom-Anoden sollen anodisch nicht nur möglichst wenig Abtrag zeigen, sie sollen auch durch andere chemische und physikalische Einflüsse wie Schlag, Abrieb und Vibration nicht beeinträchtigt werden. Schließlich sollen sie gut leitend und hoch belastbar sein. Eine anodische Belastbarkeit mit nur geringem oder ganz ohne Materialabtrag nach Gl. (2-4) ist möglich, wenn bei einer anodischen Redoxreaktion nach Gl. (2-9), Tabelle 2-3, z.B. Sauerstoffentwicklung nach Gl. (2-17), stattfindet. Dabei wird meist der pH-Wert der Umgebung der Anode abgesenkt:

$$2\,H_2O - 4\,e^- = O_2 + 4\,H^+, \tag{7-1}$$

$$2\,Cl^- - 2\,e^- \;\; = Cl_2, \tag{7-2a}$$

$$Cl_2 + H_2O \;\;\; = HCl + HOCl. \tag{7-2b}$$

Da die Sauerstoffentwicklung nach Gl. (7-1) jenseits der Geraden a) in Abb. 2-2 vom pH-Wert abhängt, wird mit abnehmendem pH-Wert die Chlorentwicklung nach Gl. (7-2a) gegenüber der Sauerstoffentwicklung begünstigt. Mit dieser Reaktion ist immer dann zu rechnen, wenn der Wasseraustausch im Anodenbereich eingeschränkt ist.

Es gibt zwei Arten von Fremdstrom-Anoden: Entweder bestehen sie aus anodisch beständigem Edelmetall, z.B. Platin, bzw. aus mit Metalloxid beschichteten Ventilmetallen oder es werden anodisch passivierbare Werkstoffe verwendet, die an ihrer Oberfläche metallenleitende oxidische Deckschichten ausbilden. In beiden Fällen findet die anodische Redoxreaktion bei wesentlich niedrigeren Potentialen statt als eine theoretisch mögliche anodische Korrosion.

Diese allgemeine Feststellung bedeutet allerdings nicht, daß Materialien mit stöchiometrischer Abtragung als Fremdstrom-Anoden völlig ungeeignet wären. Zuweilen wird noch Eisenschrott als Werkstoff für Anodenanlagen verwendet, außerdem werden Aluminiumanoden bei der *elektrolytischen Wasserbehandlug* eingesetzt (vgl. Abschn. 20.4.2). Zink-Legierungen werden beim elektrolytischen Entrosten als Anodenmaterial eingesetzt, um die Bildung von Chlor-Knallgas zu vermeiden. Magnesiumanoden werden zuweilen im Behälter-Innenschutz bei sehr schlecht leitenden Wässern zur Erhöhung der Stromabgabe mit Fremdstrom beaufschlagt. Beim sogenannten *Cathelco*-Verfahren verwendet man neben Aluminiumanoden bewußt gleichzeitig Kupferanoden, um durch Einlagerung von toxischen Kupfer-Verbindungen in die Deckschichten außer dem Korrosionsschutz auch eine Bewuchsverhinderung zu erzielen. In all diesen Fällen handelt es sich jedoch um spezielle Anwendungsgebiete. Für die Praxis ist die Anzahl der geeigneten Materialien für Fremdstrom-Anoden relativ begrenzt. Hauptsächlich kommen in Frage: Graphit, Magnetit, Ferrosilicium mit verschiedenen Zusätzen, Blei-Silber-Legierungen sowie beschichtete Ventilmetalle. Ventilmetalle haben auch bei sehr positiven Potentialen beständige, nicht elektronenleitende Passivschichten, wie z. B. Titan, Niob, Tantal und Wolfram. Am bekanntesten aus dieser Gruppe sind die platinierten und die mit Metalloxid beschichteten Titananoden.

Die vor allem für elektrochemische Verfahren entwickelten Anoden mit elektronenleitenden Oberflächen aus Platinmetalloxiden auf Ventilmetallen haben für den kathodischen Schutz keine Bedeutung erlangt. Im Gegensatz dazu liefern Anoden aus mit elektrisch leitenden Keramikstoffen beschichteten Ventilmetallen wesentlich bessere Anodeneigenschaften. Es gibt eine Vielzahl solcher keramischen Oxide (Spinellferrite), die sich als Beschichtungsmaterial eignen, eines davon – Magnetit – wird schon länger als Anodenmaterial benutzt. Durch Sintern hergestellte Magnetit-Anoden sind allerdings brüchig, eingeschränkt in Form und Größe, und können maschinell nicht bearbeitet werden. Das Aufbringen von Ferriten auf Ventilmetalle führt dagegen zu Anoden, die haltbar sind und in jeder Form hergestellt werden können. Sie weisen geringe Abtragungsgeschwindigkeiten auf, sind für Sauerstoff undurchlässig, besitzen einen relativ geringen elektrischen Widerstand, passivieren während des Betriebes nicht und sind mechanisch sehr fest. Im Korrosionsschutz werden mit Lithiumferrit beschichtete Titananoden eingesetzt.

Es werden auch Kunststoff-Kabelanoden eingesetzt, die aus einem Kupferleiter, der mit leitfähigem Kunststoff beschichtet ist, bestehen. Damit wird einmal eine elektrolytisch aktive Anodenoberfläche geschaffen und gleichzeitig der Kupferleiter vor anodischer Auflösung geschützt.

## 7.2 Anodenmaterialien

In den Tabellen 7-1 bis 7-3 sind Daten von Fremdstrom-Anoden zusammengestellt.

### 7.2.1 Massivanoden

*Eisenschrott* wird nur noch in sehr begrenztem Umfang als Anodenmaterial verwendet. Es kommen in Frage: alte Stahlträger, Rohre, Straßenbahn- oder Eisenbahnschienen ($30$ bis $50$ kg m$^{-1}$), die untereinander verschweißt werden. An diese wird dann ein geeignetes Kabel (z. B. NYY-O $2 \times 2{,}5$ mm$^2$ Cu für Erdverlegung bzw. NSHöu verschiedener Querschnitte in Wässern) hart angelötet. Im Bereich des Kabelschlusses muß die Anode mit Bitumenbinden (im Erdboden) oder Gießharzumhüllung (in Wasser) gut isoliert werden, damit das freiliegende Kupferkabel an Fehlstellen der Umhüllung nicht anodisch abgetragen werden kann.

**Tabelle 7-1.** Daten von Fremdstrom-Anoden für den Erdbodeneinsatz.

| Anodenmaterial | Eisen | Ferrosilicium | Graphit | Magnetit | Lithiumferrit auf Titan |
|---|---|---|---|---|---|
| Länge in m | 1 m NP 30 Doppel-T-Träger / 1 m Schiene | 0,5 / 1,2 / 1,5 | 1 / 1,2 / 1,5 | 0,9 | 0,5 |
| Durchmesser in m | Höhe 0,3 Breite 0,13 / 0,14 / 0,13 | 0,04 / 0,06 / 0,075 | 0,06 / 0,06 / 0,08 | 0,04 | 0,016 |
| Masse in kg | 56 / 43 | 16 / 26 / 43 | 5 / 6 / 8 | 6 | 0,2 |
| Dichte in g $cm^{-3}$ | 7,8 | 7 | 2,1 | 5,18 | 6–12 |
| prakt. Abtrag ohne Koksbettung in kg $A^{-1}$ $a^{-1}$ | 10 | 0,2 bis 0.3 | 1 | 0,002 | 0,001 |
| prakt. Abtrag mit Koksbettung in kg $A^{-1}$ $a^{-1}$ | 5 | ca. 0,1 | ca. 0,2 bis 0,5 | – | <0,001 |
| Lebensdauer bei 1 A pro Anode ohne Koksbettung in a | 5 / 4 | 50 / 80 / 140 | 5 / 6 / 8 | 200 | 120 |
| Lebensdauer bei 1 A pro Anode mit Koksbettung in a | 10 / 8 | 160 / 260 / 430 | 10 / 12 / 16 | – | >120 |
| Bruchgefahr | keine | mäßig | groß | mäßig | keine |
| bevorzugtes Einsatzgebiet | ausgedehnte Anodenanlagen mit Koksbettung in schlecht-leitenden Böden, sehr preisgünstig | Fremdstromanoden mit langer Lebensdauer, auch ohne Koksbettung | aggressive Böden und Wässer auch ohne Koksbettung, relativ preisgünstig | Erdboden Meerwasser | Tiefenanoden Meerwasser |

**Tabelle 7-2.** Zusammensetzung und Eigenschaften von Fremdstrom-Massivanoden (ohne Koksbettung).

| Typ | Zusammen-setzung | Dichte | Anodenstromdichte $A\ m^{-2}$ | | Anoden-verbrauch |
|---|---|---|---|---|---|
| | Massen-% | $g\ cm^{-3}$ | max. | mittel | $g\ A^{-1}\ a^{-1}$ |
| Graphit | 100 C | 1,6 bis 2,1 | 50 bis 150 | 10 bis 50 | 300 bis 1000 |
| Magnetit | $Fe_3O_4$ + Zusätze | 5,2 | – | 90 bis 100 | 1,5 bis 2,5 |
| Ferrosilicium | 14 Si, 1C, Rest Fe (5 Cr oder 1 Mn oder 1 bis 3 Mo) | 7,0 bis 7,2 | 300 | 10 bis 50 | 90 bis 250 |
| Blei-Silber Leg. 1 | 1 Ag, 6 Sb, Rest Pb | 11,0 bis 11,2 | 300 | 50 bis 200 | 45 bis 90 |
| Leg. 2 | 1 Ag, 5 Sb, 1 Sn, Rest Pb | 11,0 bis 11,2 | 500 | 100 bis 250 | 30 bis 80 |
| Blei-Platin | Pb + Pt-Stifte | 11,0 bis 11,2 | 500 | 100 bis 250 | 2 bis 60 |

Da der anodische Abtrag des Eisens mit nahezu 100%iger Stromausbeute unter Bildung von Eisen(II)-Verbindungen erfolgt, ergibt 1 kg Eisen etwa 960 Ah. Dieser hohe Massenverlust bedingt, daß große Mengen Eisenschrott eingesetzt werden müssen [1]. Für eine Schutzanlage mit 10 A werden mindestens 2 t Eisenschrott für eine 20jährige Betriebsdauer benötigt. Eisenanoden im Erdboden werden stets in Koks eingebettet. Dem hohen Materialabtrag stehen geringe Kosten und eine gute Transportfähigkeit gegenüber.

*Magnetit*, $Fe_3O_4$, ist auf Grund seiner Fehlordnungsstruktur elektronenleitend. Der spezifische Widerstand für reinen Magnetit liegt bei $5{,}2 \cdot 10^{-3}\ \Omega$ cm [2], es werden auch Werte bis $10 \cdot 10^{-3}\ \Omega$ cm angegeben. In Nordschweden kommt Magnetit als Mineral vor (*Kirunavara, Gellivare*) und wird in großen Mengen als Eisenerz abgebaut. Durch Zugabe geringer Mengen anderer Mineralien kann der Schmelzpunkt gesenkt werden. Gegossener Magnetit ist glashart und porenfrei. Wegen der schwierigen Vergießbarkeit werden bisher lediglich zylindrische, gedrungene Anoden hergestellt. Laut Herstellerangaben [3] liegt der Anodenverbrauch bei $1{,}5$ g $A^{-1}\ a^{-1}$, bezogen auf eine Anodenstromdichte von 90 bis 100 A $m^{-2}$. Mit zunehmender Anodenstromdichte steigt der Verbrauch an, liegt aber selbst bei 160 A $m^{-2}$ mit $2{,}5$ g $A^{-1}\ a^{-1}$ immer noch sehr niedrig. Nach neueren Untersuchungen und praktischen Erfahrungen sind Magnetitanoden auch bei abgesenkten pH-Werten als Folge der Reaktionen nach den Gl. (7-1) und (7-2a,b) recht gut beständig. Die nach Abb. 2-2 zu erwartende Löslichkeit bei pH < 2 besteht bei den Anodenwerkstoffen offensichtlich nicht [4]. Magnetitanoden können im Erdboden wie in Wässern einschließlich Meerwasser eingesetzt werden. Sie vertragen hohe Spannungen und sind unempfindlich gegen Restwelligkeit. Nachteilig sind ihre Sprödigkeit, ihre schwierige Vergießbarkeit sowie der relativ hohe elektrische Widerstand des Materials.

Tabelle 7-3. Zusammensetzung und Eigenschaften von Fremdstromanoden mit Edelmetall- bzw. Metalloxid-Beschichtungen.

| Grund-metall | Dichte g cm⁻³ | Beschich-tung | Dichte g cm⁻³ | Schichtdicke μm | Anodenstromdichte A m⁻² | | Höchstwerte der Treibspannung/V | Abtrag mg A⁻¹ a⁻¹ |
|---|---|---|---|---|---|---|---|---|
| | | | | | Höchstwert | Mittelwert | | |
| Platin | 21,45 | Platin | 21,45 | massiv | $>10^4$ | | | <2 |
| Titan | 4,5 | | | | | | 12 bis 14 | |
| Niob | 8,4 | | | | | | etwa 50 (<100) | |
| Tantal | 16,6 | | | | | | >100 | |
| Ti, Nb, Ta | | Platin | 21,45 | 2,5 bis 10 | $>10^3$ | 600 bis 800 | | 4 bis 10 |
| Ti, Nb, Ta | | Lithium-ferrit | 6 bis 12 | <25 | $>10^3$ | 100 bis 600 | | <1 bis 6 |

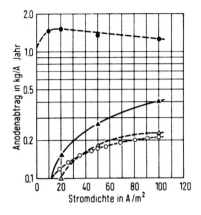

**Abb. 7-1.** Materialabtrag von Fremdstrom-Anoden.
● Graphit-Anode ohne Koksbettung;
○ Graphit-Anode mit Koksbettung;
▲ FeSi-Anode ohne Koksbettung;
△ FeSi-Anode mit Koksbettung.

*Graphit* hat eine Elektronenleitfähigkeit von etwa 200 bis 700 $\Omega^{-1}$ cm$^{-1}$, ist relativ preisgünstig und hinterläßt gasförmige anodische Reaktionsprodukte. Das Material ist aber mechanisch sehr anfällig und bei wirtschaftlichem Abtrag nur mit geringen Stromdichten belastbar. Allerdings geht der Materialabtrag von Graphitanoden mit zunehmender Belastung zunächst zurück [5, 6] und beträgt im Erdboden bei Stromdichten von 20 A m$^{-2}$ etwa 1 bis 1,5 kg A$^{-1}$ a$^{-1}$ (vgl. Abb. 7-1). In Meerwasser ist der Materialabtrag geringer als in Süß- und Brackwasser, weil hier der Graphitkohlenstoff nicht mit Sauerstoff aus Gl. (7-1) reagiert nach

$$C + O_2 \rightarrow CO_2, \tag{7-3}$$

sondern mit der entsprechend Gl. (7-2b) entstehenden HOCl zu

$$C + 2\,HOCl \rightarrow CO_2 + 2\,HCl. \tag{7-4}$$

Da aber ein beträchtlicher Teil des anodisch entwickelten Chlors vom vorbeiströmenden Wasser weggeführt wird, ist die Menge der unterchlorigen Säure gering und damit auch der Materialabtrag kleiner als in Süßwasser oder im Erdboden, wo die direkte Oxidation nach Gl. (7-3) überwiegt.

Bei einer mittleren Belastbarkeit von 10 bis 50 A m$^{-2}$ in Meerwasser liegt der Verbrauch bei 300 bis 1000 g A$^{-1}$ a$^{-1}$. Die Dichte des Materials beträgt 1,6 bis 2,1 g cm$^{-3}$. Der Abtrag imprägnierter Graphitanoden ist bei vergleichbaren Stromdichten wesentlich günstiger.

*Ferrosilicium* ist eine Eisen-Legierung mit 14% Si und 1% C. Die Dichte liegt bei 7,0 bis 7,2 g cm$^{-3}$. Beim anodischen Stromdurchgang bilden sich auf der Oberfläche Kieselsäure-haltige Deckschichten, welche die anodische Eisenauflösung zugunsten der Sauerstoffentwicklung nach Gl. (7-1) hemmen. In Meer- und Brackwasser ist bei Ferrosilicium die Ausbildung der Deckschichten unzureichend. Eine bessere Beständigkeit für den Einsatz in Salzwässern haben Legierungen mit etwa 5% Cr, 1% Mn und/oder 1 bis 3% Mo. Ferrosilicium-Anoden verhalten sich in chloridreichen Wässern schlechter als Graphit, weil Chlorid-Ionen die Passivschicht der Legierung zerstören. Bevorzugte Einsatzgebiete sind daher Erdböden, Brack- und Süßwässer. Die mittlere Belastbarkeit liegt bei 10 bis 50 A m$^{-2}$, wobei der Abtrag je nach den Betriebsbedingungen unter 0,25 kg $A^{-1}$ $a^{-1}$ liegt. Wegen des geringen Materialabtrags werden Ferrosilicium-Anoden häufig direkt in den Boden eingebettet [7]; für eine Entlüftung der entstehenden Gase ist zu sorgen, da sonst der Anodenwiderstand zu groß wird [8].

*Blei-Silber* ist vorwiegend für die Verwendung in Meerwasser und stark chlorid-haltigen Medien bestimmt. Für den Einsatz am Schiff und bei Stahl-Wasser-Bauten sind Pb-Ag-Anoden besonders geeignet, zumal sie gegen mechanische Beanspruchung relativ unempfindlich sind. Die ursprüngliche Legierung nach *Morgan* [9, 10] besteht aus 1% Ag, 6% Sb, Rest Pb. In Tabelle 7-2 wird sie als Legierung 1 bezeichnet. Daneben gibt es noch eine Legierung aus 2% Ag, Rest Pb nach *Applegate* [11]. Eine andere Legierung, in Tabelle 7-2 als Legierung 2 bezeichnet, besteht aus 1% Ag, 5% Sb, 1% Sb, 1% Sn, Rest Pb. Sie ist nicht nur etwas höher belastbar, sondern hat auch etwas niedrigere Abtragungsgeschwindigkeiten als Legierung 1. Die Belastbarkeit liegt im Mittel bei 50 bis 200 bzw. 100 bis 250 A $m^{-2}$, im Maximum bei 300 bis 350 A $m^{-2}$. Der Anodenabtrag liegt zwischen 45 und 90 bzw. 30 und 80 g $A^{-1}$ $a^{-1}$. Schließlich gibt es noch Anoden aus Blei mit eingelassenen Platinstiften [12]. Die Angaben über dieses System sind in der Literatur widersprüchlich. Bei einer Belastbarkeit bis 500 A $m^{-2}$ soll der Abtrag zwischen 2 und 60 g $A^{-1}$ $a^{-1}$ liegen. Diese nach Herstellerangaben nicht abtragende Anode soll eine Lebensdauer von 20 Jahren unter voller Belastung haben – dies allerdings nur, wenn die Platinstifte im Material verbleiben, was durchaus nicht selbstverständlich ist.

Während Antimon die mechanischen Eigenschaften des weichen Bleis verbessert, bewirken Zusätze von Silber und Zinn sowie Platinstifte die Ausbildung einer dichten und gut leitenden Schicht von $PbO_2$, das während des Betriebes die eigentliche Stromaustrittsfläche darstellt. Fehlen die Legierungsmetalle bzw. die Platinstifte, so bleibt die $PbO_2$-Schicht rissig und porös und haftet schlecht, so daß in Chlorid-haltigen Medien das unter der $PbO_2$-Schicht liegende metallische Blei zu $PbCl_4^{2-}$-Ionen reagiert und in Lösung geht, wobei die Anode zu schnell verbraucht wird. Auch in Anwesenheit der Zusätze bzw. Stifte verläuft die Bildung der schwarzbraunen, fest haftenden und gleichmäßig aufwachsenden Schicht über $PbCl_2$, ist also an die Anwesenheit von Chlorid-Ionen gebunden. Wenn ein erträglicher Anodenverbrauch gesichert bleiben soll, muß die Ausheilung der im Betrieb nicht zu vermeidenden Beschädigungen der $PbO_2$-Schicht hinreichend sicher erfolgen. Anoden auf Bleibasis, sei es als Silber-Legierung oder mit Platinstiften, sind nur in Chlorid-reichen Medien brauchbar [13]. Der Vorteil der Bleianoden liegt in ihrer leichten Verformbarkeit. Nachteilig – außer der Beschränkung auf stark Chlorid-haltige Medien – sind die hohe Dichte mit 11 bis 11,2 g $cm^{-3}$ und die für den Außenschutz von Schiffen relativ niedrigen Anodenstromdichten.

Schließlich muß bei diesen Anoden noch beachtet werden, daß sich die den Stromaustritt bewirkende $PbO_2$-Schicht auch in stromlosem Zustand ablösen kann. Bei erneuter anodischer Belastung muß sich dann diese Schicht neu bilden, was zu einem entsprechenden Verbrauch an Anodenmaterial führt. Die Anoden sollten also möglichst kontinuierlich mit einer Grundlast betrieben werden. Eine ausführliche Darstellung über Zusammensetzung und Verhalten von Anoden aus Blei-Legierungen ist in [14] zu finden.

## 7.2.2 Edelmetalle und Edelmetall-beschichtete Ventilmetalle

Fremdstrom-Anoden aus den bisher beschriebenen unedlen Werkstoffen haben bei relativ bescheidenen Anodenstromdichten immer noch erhebliche Abtragungsgeschwindigkeiten. Soll eine lange Lebensdauer bei hohen Anodenstromdichten erzielt werden, so muß man auf Anoden übergehen, deren Oberflächen aus anodisch beständigen Edelmetallen, meist Platin, seltener Iridium oder Metalloxidschichten bestehen, vgl. Tabelle 7-3.

Massives *Platin* wurde von *Cotton* [15] als Material für Fremdstrom-Anoden vorgeschlagen. Solche Anoden vermögen unter geeigneten Bedingungen Anodenstromdichten bis zu $10^4$ A m$^{-2}$ abzugeben. Die Treibspannung ist praktisch unbegrenzt, und die Abtragungsgeschwindigkeit sind – optimale Bedingungen vorausgesetzt – sehr klein und liegen im Bereich weniger mg A$^{-1}$ a$^{-1}$. Dies gilt allerdings vorzugsweise bei relativ niedrigen Stromdichten für Meerwasser bei guter Abführung der gebildeten unterchlorigen Säure. Wenn edle Werkstoffe zur Erzielung hoher Anodenstromdichten in schlecht leitenden Elektrolytlösungen angewandt werden müssen, nimmt der anodische Abtrag des Platins durch Bildung von Chloro-Komplexen zu und ist dann von der Stromdichte direkt abhängig [16–18]. Außerdem wird in Chlorid-armen Wässern bei Überwiegen der Sauerstoffentwicklung an der Anodenoberfläche vorzugsweise leichter lösliches $PtO_2$ anstelle von PtO gebildet, wodurch der Platinverbrauch ebenfalls ansteigt. Dennoch bleiben die Verluste gering, so daß massives Platin eigentlich ein idealer Anodenwerkstoff ist. Solche Anoden sind aber wegen der hohen Dichte des Platins (21,45 g cm$^{-3}$) sehr schwer und bei den sehr hohen Preisen für Platin in der Anschaffung unwirtschaftlich. Statt dessen verwendet man Anoden aus anderen Trägermetallen, deren wirksame Oberfläche mit Platin beschichtet ist.

*Platin auf Titan* ist die bekannteste Anode dieser Art. Die Verwendung von Platin auf sogenannten *Ventilmetallen* wurde schon 1913 erwähnt [19]. Titan ist ein leichtes Metall (Dichte 4,5 g cm$^{-3}$), das sich anodisch passivieren läßt. Die Passivschicht ist bei Treibspannungen unter 12 V praktisch elektrisch isolierend. Nach [17] bleibt der Strom in einer NaCl-Lösung bis zu einem Potential von $U_H = +6$ V sehr klein, um darüber stark anzusteigen. Die Oxidschicht des Titans, die zunächst aus orthorombischem *Brookit* besteht, wird mit zunehmender Dicke des Films durch tetragonalen *Anatas* ersetzt [20]. Wurde mit zunehmendem Potential die Oxidschicht jedoch erst einmal geschädigt, so heilt sie nur bei Potentialen $U_H < 1,7$ V wieder aus. Dieses sogenannte *kritische Ausheilpotential* ist also weniger positiv als das zuvor erwähnte kritische Durchbruch-Potential von + 6 V.

Wird Titan mit Platin beschichtet, so muß die Oberfläche zunächst durch sorgfältiges Beizen von der Oxidschicht befreit werden. Danach wird das Platin auf elektrochemischem oder thermischem Wege bzw. mechanisch durch Plattierung aufgebracht. Die Schichtdicken reichen von 2,5 bis 10 μm für elektrochemische oder thermische Platinierung. Plattierte Platinschichten sind meist dicker. Sie sind auch im Gegensatz zu den vorgenannten porenfrei und damit widerstandsfähiger, allerdings auch erheblich teurer. Ihre Platinfläche verhält sich praktisch wie massives Platin, kann also auch mit höheren Treibspannungen belastet werden, sofern die nicht plattierte Titanfläche wirksam gegen das Medium isoliert ist. Die dünneren, porenhaltigen Platinschichten dagegen unterliegen den Beschränkungen für das Titan, wenn bei niedrigeren Leitfähigkeiten und höheren Treibspannungen der $TiO_2$-Film in den Poren zerstört und dann die Platinschicht unterwandert und abgedrückt werden kann [21–23].

Während bei den Fremdstrom-Anoden aus passivierbaren Werkstoffen an die Qualität des eingespeisten Gleichstromes keine besonderen Anforderungen gestellt werden, ist dies bei platinierten Anoden anders. Untersuchungen [24–26] zeigten, daß der Platinverlust bei Restwelligkeiten des Gleichstroms über 5% zunimmt. Grundsätzlich nimmt die Anforderung an die Restwelligkeit des Gleichstroms mit zunehmender Treibspannung und Anodenstromdichte zu und ist vom Abtransport der Elektrolyseprodukte bzw. von der Anströmung der Anode abhängig. Als gesichert ist ein erhöhter Abtrag für niederfrequente Restwelligkeit < 50 Hz anzunehmen. Schon ab 100 Hz wird der Einfluß der Restwelligkeit gering. In diesem Frequenzbereich liegt aber bereits die Restwelligkeit von mit 50 Hz Wechselspannung betriebenen Brücken-Gleichrichtern; bei Drehstrom-Gleichrichtern ist die Frequenz noch viel höher (300 Hz), und die Restwelligkeit liegt schaltungsbedingt bei 4%. Die Erfahrung hat gezeigt, daß unter optimalen Bedingungen an den Anoden der Einfluß der Restwelligkeit gering ist.

Platin auf anderen Ventilmetallen wird vorzugsweise dort eingesetzt, wo das niedrige kritische Durchbruch-Potential des Titans untragbare Beschränkungen auferlegt. Beim kathodischen Schutz kann es dafür mehrere Gründe geben. Bei gut leitfähigen Medien können die hohen Anodenstromdichten von im Mittel etwa 600 bis 800 A m$^{-2}$, aber auch bis zu $10^3$ A m$^{-2}$ und darüber, ohne weiteres ausgenutzt werden. Bei schlecht leitenden Medien, z.B. Süßwasser, kann die zulässige Treibspannung für eine wirtschaftliche Auslegung mit platinierten Titananoden nicht ausreichen. Außerdem geht bei erhöhten Temperaturen im Bereich oberhalb etwa 50°C das kritische Durchbruch-Potential noch weiter zurück; bei 90°C liegt es etwa bei $U_H = 2,4$ V. Schließlich kann noch die chemische Zusammensetzung des Mediums das Durchbruch-Potential beeinflussen. Dies gilt beispielsweise für saure Halogenwasserstoff-haltige Medien. In solchen Fällen wählt man als Basismaterial Werkstoffe, die wie das Titan Ventileigenschaften haben, aber insgesamt beträchtlich stabiler sind, vorzugsweise Niob und Tantal. Unter den geschilderten einschränkenden Bedingungen liegen hier die Durchbruch-Potentiale beträchtlich höher. Für Niob und Tantal sind Treibspannungen bis 100 V in Chlorid-haltigen Lösungen zulässig. Platinierte Niob- und Tantalanoden können also fast ohne Beschränkung eingesetzt werden. Nur in Fluorid- und Borfluorid-haltigen Medien versagen sie ebenso wie Titan, weil alle drei Grundwerkstoffe in solchen Medien keine passivierenden Deckschichten bilden können. Niob hat eine Dichte von 8,4 g cm$^{-3}$, und Tantal eine solche von 16,6 g cm$^{-3}$. Ein weiterer Vorzug dieser Ventilmetalle ist ihre höhere elektrische Leitfähigkeit, die etwa dreimal so groß ist wie diejenige des Titans mit $2,4 \cdot 10^4$ S cm$^{-1}$.

*Iridium auf Ventilmetallen* ist dann zweckmäßig, wenn bei erhöhter Temperatur oder kritischer Zusammensetzung des Mediums die Abtragungsgeschwindigkeit für Platin zu groß ist. Meistens begnügt man sich allerdings mit Platin-Iridium-Legierungen mit etwa 30% Ir, weil die Beschichtung der Ventilmetalle mit reinem Iridium wesentlich komplizierter ist. Aus dem gleichen Grunde haben sich auch andere Edelmetalle, wie z.B. Rhodium, nicht durchsetzen können [22].

### 7.2.3 Metalloxid-beschichtete Ventilmetalle

Mit Metalloxiden beschichtete Ventilmetalle zeigen als Anodenmaterialien gute Ergebnisse. Diese elektrisch leitenden Keramikbeschichtungen auf p-leitenden Spinellferriten, z.B. Kobalt-, Nickel- und Lithiumferriten, haben sehr geringe Abtragungsgeschwindigkeiten. Als besonders geeignet hat sich *Lithiumferrit* erwiesen, das eine hervorragende Haftung auf Titan und Niob besitzt [27]. Außerdem liefert die Dotierung durch ein einwertiges Lithium-Ion in der *Berowskit*-Struktur eine gute elektrische Leitfähigkeit für anodische Reaktionen. Die so hergestellten Anoden werden unter der geschützten Bezeichnung *Lida* vertrieben [28–30]. Der Abtrag wird für Seewasser mit $10^{-3}$ g A$^{-1}$ a$^{-1}$ und für Frischwasser mit etwa $6 \cdot 10^{-3}$ g A$^{-1}$ a$^{-1}$ angegeben. Bei Einbettung in kalzinierten Petrolkoks liegt die Abtragungsgeschwindigkeit unter $10^{-3}$ g A$^{-1}$ a$^{-1}$. Die Anoden sind sehr abriebfest und liegen bei 6 der *Mohs*-Härteskala, sie sind damit abriebfester als platinierte Titananoden. Bei diesen Anoden sind, wie auch bei den platinierten Titananoden, der Formgebung keine Grenzen gesetzt. Die Polarisationswiderstände dieser Anoden sind sehr klein. Dadurch werden die Spannungsschwankungen an der Anodenoberfläche als Folge von Wechselspannungsanteilen im eingespeisten Gleichrichter sehr niedrig. Die Strombelastung im Erdboden bei Koksbettung liegt bei 100 A m$^{-2}$ aktiver Oberfläche, in Seewasser bei 600 A m$^{-2}$ und in Süßwasser bei 100 A m$^{-2}$. Sie bieten vor allem durch ihr geringes Gewicht beim Einsatz als Tiefenanoden gegenüber den sonst verwendeten Ferrosilicium-Anoden große Vorteile.

### 7.2.4 Kunststoff-Kabelanoden

Kunststoff-Kabelanoden bestehen aus einem leitfähigen, stabilisierten und modifizierten Kunststoff, in den als leitfähiges Material Graphit eingelagert ist. Als Stromzuführung dient ein im Inneren befindliches Kupferkabel. Die als Kabel ausgeführte Anode ist flexibel, mechanisch widerstandsfähig und chemisch beständig. Die Kabelanoden haben einen Außendurchmesser von 12,7 mm. Der Querschnitt des innenliegenden Kupferkabels beträgt 11,4 mm$^2$, der Längswiderstandsbelag $R'$ beträgt somit 2 mΩ m$^{-1}$. Die maximale Stromabgabe pro Meter Anodenkabel beträgt bei einer Lebensdauer von zehn Jahren etwa 20 mA. Das entspricht einer Stromdichte von etwa 0,7 A m$^{-2}$. Bei Verwendung von Petrolkoks als Bettungsmaterial kann auch eine höhere Stromdichte bis zu einem Faktor vier zugelassen werden.

Ohne Koksbettung laufen die anodischen Reaktionen nach den Gl. (7-1) und (7-2) mit den Folgereaktionen (7-3) und (7-4) ausschließlich an der Kabelanode ab. Dadurch wird das Graphit im Laufe der Zeit verbraucht und die Kabelanode an diesen Stellen hochohmig. Der Vorgang ist von der örtlichen Stromdichte und somit von den spezifischen Bodenwiderständen abhängig. Die Lebensdauer der Kabelanode wir damit nicht durch ihre mechanische Stabilität, sondern durch ihre elektrische Wirksamkeit bestimmt.

## 7.3 Isolierstoffe

Fremdstrom-Anoden müssen von der zu schützenden Fläche isoliert angebracht werden. Auch die Stromzuführungen sind gut zu isolieren, weil sonst freie Kabelenden angegriffen und zerstört werden.

Im Erdboden und im Süßwasser sind die Anforderungen an die Isolierstoffe verhältnismäßig gering. Lediglich anodisch entwickelter Sauerstoff macht den Einsatz alterungsbeständiger Isolierstoffe erforderlich. Dazu zählen spezielle Gummisorten (*Neopren*) und stabilisierte Kunststoffe aus Polyethylen, Polyvinylchlorid, außerdem Gießharze wie Acrylate, Epoxide, Polyesterharze und andere mehr.

An Isolierstoffe für Meerwasser und andere Halogenid-haltige Medien werden erhebliche größere Anforderungen gestellt, weil je nach Gehalt an Chlorid-Ionen und Stromdichte anodisch Chlor entwickelt wird, das besonders aggressiv ist und viele Isolierstoffe zerstört. Nach Gl. (7-2b) entstehende HCl und HOCl greifen die Werkstoffe der Anodenhalterungen an. Chlorbeständige Isolierstoffe sind Polypropylen, Neopren, Chloropren, Sondertypen von Polyvinylchlorid (z. B. *Trovidur HT*) sowie Sondereinstellungen von Epoxiden und ungesättigten Polyestern. Als besonders geeignet hat sich der fluorhaltige Kunststoff Polyvinylidenfluorid (PVDF) erwiesen [4]. Er besitzt die besten chemischen und mechanischen Eigenschaften, ist chlor- und salzsäurebeständig und somit dann einsetzbar, wenn nach den Reaktionen der Gl. (7-2a, b) extrem aggressive Medien vorliegen. Eine besondere Anforderung ist noch die schlüssige Bindung zwischen Anodenwerkstoff und Isolierstoff. Selbst bei größter Sauberkeit ist es oft schwierig, eine dichte und dauerhafte Bindung herzustellen, die darüber hinaus, z. B. keim kathodischen Schutz in und an Schiffen, erheblichen mechanischen Belastungen durch Anströmung, Vibrationen, Stöße usw. ausgesetzt sein kann. Soweit dauerhaftes Verkleben oder Vergießen bei Gießharzen nicht möglich ist, verwendet man elastische Dichtungsmaterialien wie etwa Silikonkitte. Eine Unterwanderung des Isolierstoffes, insbesondere im Gebiet der Stromzuleitungen, kann in kurzer Zeit zum Ausfall der Anode führen.

Besonders beständige Isolierstoffe müssen für folgende erschwerte Betriebsbedingungen vorgesehen werden: aggressive Medien, hohe Temperaturen und hoher Druck. Organische Isolierstoffe, die sehr hohen chemischen Belastungen widerstehen, sind fluorierte Kunststoffe, z. B. Polytetrafluorethylen (*Teflon*). Bei höheren Temperaturen und Drücken verwendet man keramische Isolierstoffe, z. B. Porzellan-Isolatoren oder Glasdurchführungen für hochdruckfeste Einschraubanoden. Bei den keramischen Materialien sind die Sprödigkeit und die unterschiedlichen Wärmeausdehnungskoeffizienten zu beachten.

## 7.4 Kabel

Als Verbindungskabel zum Schutzobjekt und zu den Anoden werden im Erdboden ein- oder mehradrige Kunststoff-Kabel vom Typ NYY bzw. NYY-O, in Süßwässern und besonders in Meerwasser mittelschwere bis schwere Gummischlauch-Leitungen vom Typ NSHöu oder NSSHöu verwendet. Bei großer mechanischer Belastung werden auch schwere Schweißleitungen vom Type NSLFSöu eingesetzt. In Schiffen kommen außer diesen Typen noch Marinekabel vom Typ MGCG oder längswasserdichte Kabel in Frage.

Bei längeren Anodenkabeln und insbesondere bei großen Schutzströmen sind Ohmsche Spannungsabfälle und dadurch bedingte Leistungsverluste in den Anschlußkabeln nicht vernachlässigbar [31]. Nach einer Wirtschaftlichkeitsbetrachtung müssen Kabelkosten und Leistungsverluste optimiert werden. Die so errechnete wirtschaftlichste Kabelabmessung liegt wesentlich über dem thermischen Mindestquerschnitt. Im allgemeinen liegen die aus verschiedenen Gründen zugelassenen Spannungsabfälle zwischen 1 und 2 V, aus denen nach Gl. (3-73) auch die zu verlegenden Kabelquerschnitte errechnet werden können.

## 7.5 Anodenformen

### 7.5.1 Anoden für Erdbodenverlegung

Im Erdboden werden zylindrische Anoden aus Ferrosilicium mit Massen von 1 bis 80 kg, Durchmessern von 30 bis 110 mm und Längen zwischen 250 und 1500 mm verwendet. Die Anoden sind leicht konisch und haben am dickeren Ende für die Stromzuführung ein in den Anodenwerkstoff eingegossenes Anschlußteil aus Eisen, mit dem das Zuführungskabel durch Hartlöten oder Verkeilen verbunden wird. Diese Anodenzuführung ist meist mit Gießharz abgedichtet und bildet den Anodenkopf (vgl. Abb. 7-2). Bei vorzeitig ausgefallenen Anoden waren 90% der Fehler am Anodenkopf bzw. an der Kabelverbindung zur Anode aufgetreten [32]. Da Montage- und Einbaukosten den Hauptanteil der Gesamtkosten einer Anodenanlage ausmachen, muß auf eine gute und dauerhafte Ausführung des Anodenkopfes sehr sorgfältig geachtet werden. Dazu zählt schon bei etwas schwereren Anoden eine Zugentlastung des Kabels bzw. eine Befestigungsmöglichkeit für ein Tragseil und beim Austritt aus dem Anodenkopf ein Kabel-Knickschutz, um Beschädigungen bei der Montage zu vermeiden.

Im allgemeinen werden Fremdstrom-Anoden im Erdboden in Koks eingebettet. Als Bettung dient vorwiegend Hütten-Koks Nr. 4 mit 80 bis 90% C, einem spezifischen Widerstand $\rho =0{,}2$ bis $0{,}5\ \Omega\,m$ und Korngrößen zwischen 2 und 15 mm. Anodisch entstehende Gase ($O_2$, $CO_2$ und $Cl_2$, z.B. in stark Chlorid-haltigen Böden) [33] können so entweichen, und es tritt keine Erhöhung des Anodenwiderstandes durch eine Gassperre ein. Ferner werden durch die Koksbettung die wirksamen Abmessungen der Anoden vergrößert und somit der Ausbreitungswiderstand wesentlich verringert (vgl. Kap. 9). Der Ausbreitungswiderstand von in Koks eingebetteten Anoden bleibt über viele Jahre etwa gleich, während er sich bei Anoden ohne Bettung durch elektroosmotische Austrocknung und Deckschichtbildung in wenigen Jahren verdoppeln kann. Anoden mit geringer Strombelastung können auch mit Ton als Bettungsmasse eingeschlämmt werden (vgl. Abschn. 6.3). Koks als Bettungsmaterial muß durch leichtes Verdichten eine gute elektrische Verbindung mit der Anode erhalten. Dadurch wird erreicht, daß der Abtrag von der Anode größtenteils auf die Außenfläche der Koksbettung übertragen wird. Um die Bildung größerer Mengen Säure nach Gl. (7-1) und (7-2b) an der Anode zu vermeiden, kann dem Koksbett zusätzlich gelöschter Kalk beigefügt werden. Die Abtragungsverluste der Koksbettung liegen etwa bei 2 kg $A^{-1}\ a^{-1}$. In Tabelle 7-1 sind praktische Abtragungsverluste von Eisenschrott, Graphit und Ferrosilicium-Anoden mit und ohne Koksbettung angegeben. Die Verringerung der Abtragungsverluste durch eine Koksbettung ist besonders für Anoden aus Eisenschrott von großer Bedeutung, weil dadurch der Materialabtrag auf ca. 50% gesenkt werden kann.

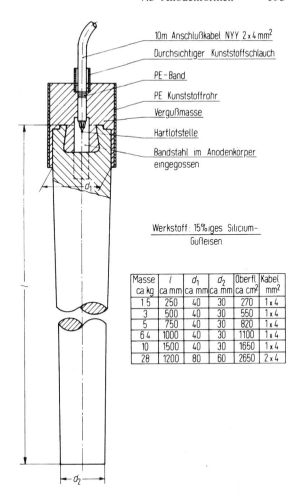

10m Anschlußkabel NYY 2 x 4 mm²

Durchsichtiger Kunststoffschlauch

PE - Band

PE Kunststoffrohr

Vergußmasse

Hartlotstelle

Bandstahl im Anodenkörper
eingegossen

Werkstoff: 15%iges Silicium-
Gußeisen

| Masse ca kg | $l$ ca mm | $d_1$ ca mm | $d_2$ ca mm | Oberfl ca cm² | Kabel mm² |
|---|---|---|---|---|---|
| 1.5 | 250 | 40 | 30 | 270 | 1 x 4 |
| 3 | 500 | 40 | 30 | 550 | 1 x 4 |
| 5 | 750 | 40 | 30 | 820 | 1 x 4 |
| 6.4 | 1000 | 40 | 30 | 1100 | 1 x 4 |
| 10 | 1500 | 40 | 30 | 1650 | 1 x 4 |
| 28 | 1200 | 80 | 60 | 2650 | 2 x 4 |

**Abb. 7-2.** Anodenkopf und Abmessungen von Ferrosilicium-
Anoden.

Neben den Anoden mit einfachem Anschlußkopf gibt es Doppelanoden zylindri-
scher Form, die an beiden Enden vergossene Kabelanschlüsse haben und zum Aufbau
horizontal oder vertikal liegender Anodenketten dienen.

Anoden aus Graphit oder Magnetit werden wegen der größeren Bruchgefahr meist
etwas gedrungener ausgeführt als Anoden aus Ferrosilicium.

Bei den Metalloxid-beschichteten Titananoden werden zylindrische Anoden mit einem Durchmesser von 16 und 25 mm und Längen zwischen 250 und 1000 mm eingesetzt [30, 34]. Die Anoden werden als Einzelanoden oder als fertige Anodenketten mit
Anschlußkabel geliefert. Bei dem Trägermaterial handelt es sich um ein Titanrohr, durch
das ein spezielles Kabel aus EPR/HY-16 (chlorsulfoniertes PE) geführt ist. Dieses Kabel ist in der Mitte des Titanrohres abisoliert und mit einer Kupferschale versehen.
Durch das Zusammenpressen des Rohres an den Enden bzw. in der Mitte wird die Ab-
dichtung zum Kabel bzw. in der Mitte der elektrische Kontakt mit der Anode erreicht.
Zum Schutz der Metalloxid-Beschichtung werden an den Anpreßstellen Kupferhülsen

aufgebracht. Wegen ihres geringen Gewichtes sowie der einfachen Herstellung von Anodenketten eignen sie sich für den Bau von Horizontal- und Tiefenanoden-Anlagen. Um einen niedrigen Ausbreitungswiderstand und eine Lebensdauerverlängerung zu erreichen, müssen die Anoden in eine Bettung aus kalziniertem Petrolkoks eingebracht werden. Dieser Koks hat ein Schüttgewicht von 0,8 t m$^{-3}$ und eine Körnung von 1 bis 5 mm. Der spezifische elektrische Widerstand liegt je nach Druckbelastung zwischen 0,1 und 5 $\Omega$ cm. Zum Erreichen einer schnellen Absetzzeit des Petrolkokses werden Detergentien zugesetzt.

Bei Tiefenanoden muß ein Entgasungsrohr eingebaut werden, um einen Gasstau zu vermeiden, vgl. Abschn. 9.1.3. Die Anodenketten werden mit dem zugehörigen Kabel, Zentriereinrichtungen und Entgasungsrohr geliefert.

Kabelanoden aus leitfähigem Kunststoff bieten Vorteile, wenn für den Einbau anderer Anoden Platzprobleme bestehen. Darüber hinaus werden sie für den kathodischen Korrosionsschutz von Bewehrungsstahl in Beton verwendet, vgl. Abschn. 19.5.4.

## 7.5.2 Anoden für Wässer

Auch in Wässern für den Schutz von Stahl-Wasser-Bauten, Offshore-Anlagen und beim Behälter-Innenschutz, werden zylindrische Anoden mit einer Ausführung nach Abschn. 7.5.1 bevorzugt. Außer den Werkstoffen Graphit, Magnetit und Ferrosilicium werden noch zusätzlich Anoden aus Blei-Silber-Legierungen sowie mit Platin oder mit Lithiumferrit beschichtetes Titan, Niob oder Tantal eingesetzt. Allerdings werden diese Anoden dann meist nicht mehr massiv, sondern in Rohrform ausgeführt. Bei Blei-Silber-Anoden geschieht dies wegen des hohen Gewichtes der Anoden und der relativ geringen Anodenstromdichte; bei beschichteten Ventilmetallen unterliegt ohnehin nur die Beschichtung einem Abtrag. Schließlich führt auch die Rohrform zu größeren Oberflächen und damit zu günstigeren Anodenstromstärken. Für Anschlüsse von Blei-Silber-Anoden gelten die Angaben im Abschn. 7.5.1. Das Kabel kann aber auch direkt mit dem Anodenwerkstoff weich verlötet werden, wenn auf eine besonders gute Zugentlastung geachtet wird. Dies ist bei Titan nicht möglich. Solche Anoden werden daher mit einer – gegebenenfalls angeschweißten – Schraubverbindung versehen, die ebenfalls aus Titan besteht. Die vollständige Verbindung wird schließlich mit Gießharz vergossen, oder das ganze Rohr wird mit einer geeigneten Vergußmasse ausgefüllt. Wegen der schlechten elektrischen Leitfähigkeit des Titans ist es zweckmäßig, bei längeren und hoch belasteten Anoden die Stromzuführung an beiden Enden vorzusehen.

Neben den zylindrischen oder konischen Anodenformen werden im Wasser auch scheiben- und blockförmige Anoden eingesetzt. Soweit geeigneter Platz zur Verfügung steht und eine Beschädigung der Anoden, z. B. durch Anker, nicht möglich ist, werden für den Schutz größerer Objekte, wie z. B. Spundwände und Verladebrücken, neben mehreren parallel geschalteten Stabanoden gelegentlich auch Horden-ähnliche Gestelle verwendet. Diese werden auf den Grund gesetzt und enthalten mehrere Anoden, meist Stabanoden, nebeneinander in isolierenden Vorrichtungen. Bei solchen Anodengruppen muß für die Berechnung des Ausbreitungswiderstandes der Einfluß der benachbarten Anoden berücksichtigt werden, vgl. Abschn. 24.2. Es werden auch schwimmende Anoden für Offshore-Anlagen eingesetzt, bei denen die Stromaustrittsfläche auf der Außenseite eines zylindrischen oder kugelförmigen Schwimmkörpers angebracht ist, der über Ankerseil und Kabel mit einem Grundgerüst auf dem Meeresboden verbunden ist, so daß der Anodenkörper in einer vorbestimmten Höhe im Wasser schwebt. Von Vorteil ist hier die Möglichkeit, Reparaturen ohne Beeinträchtigung des Betriebes der Offshore-Anlage durchführen zu können, vgl. Abschn. 16.6. Ferner kann bei einer genügenden Entfernung der Anode vom Schutzobjekt eine erwünschte gleichmäßige Schutzstromverteilung erreicht werden.

Für den Außenschutz von Schiffen werden besondere Anodenformen eingesetzt, die im Abschn. 17.3.3.2 beschrieben sind.

### 7.5.3 Anoden für den Innenschutz

Neben den bereits geschilderten Anodenformen, die auch für den Innenschutz von Anlagen verwendet werden, gibt es noch einige Formen speziell für diesen Zweck. Hierzu gehören z.B. schlanke, stabförmige Anoden. Bei stärkeren Strömungen und entsprechender Länge sind sie jedoch nicht stabil genug und müssen dann in besonderen Halterungen, meist aus Kunststoff, angebracht werden. Stabanoden eignen sich besonders für den Behälter-Innenschutz, wo komplizierte Behälterkonstruktionen vorliegen oder wo Einbauteile die gleichmäßige Ausbreitung des Schutzstromes behindern. In der meist verwendeten Ausführung als platinierte Titananoden bestehen sie aus einem mehr oder weniger langen Titanstab, der ganz oder teilweise mit einer Platinschicht bedeckt ist und an einer Seite eine Stromzuführung trägt. Durch geeignete Stablängen und partielle Platinierung kann man entsprechend den geometrischen Verhältnissen im Behälter eine optimale Stromverteilung erzielen, vgl. Abb. 7-3. Die Montage ist besonders einfach, wenn die Stromzuführung außerhalb des Behälters erfolgen kann. Der Titanstab geht durch eine isolierte Schraubdurchführung außen in ein Schraubgewinde über, an dem das Kabel befestigt wird, vgl. Abb. 7-4. An der gewünschten Stelle muß nur eine Gewindemuffe in die Behälterwand eingeschweißt, die Stabanode eingeschraubt und mit einer geeigneten Dichtung abgedichtet werden.

Während Stabanoden bevorzugt in den Seitenwänden von Behältern eingeschraubt werden, sind Telleranoden und Korbanoden meist für die Installation am Boden bestimmt. Sie sind für große Behälter ohne Einbauten besonders geeignet. Die Telleranoden werden dazu in einer flachen Halterung aus Kunststoff geliefert, in der auch die Kabelzuleitung isoliert befestigt ist. Große Telleranoden setzt man seltener ein, weil die Stromdichteverteilung bei Anodenstromdichten von 600 bis 800 A m$^{-2}$ zu ungleich-

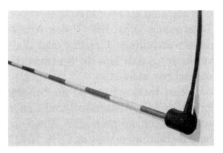

**Abb. 7-3.** Partiell platinierte Stabanode.

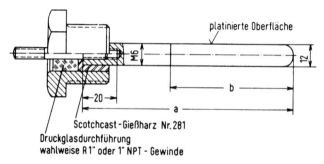

| Type | a | b | Belastbarkeit |
|------|-----|-----|---------------|
| A | 80 | 30 | 0.5 A |
| B | 100 | 50 | 0.75 A |
| C | 120 | 70 | 1.0 A |
| D | 160 | 100 | 1.5 A |
| E | 200 | 100 | 1.5 A |
| F | 250 | 100 | 1.5 A |

**Abb. 7-4.** Standard-Stabanoden für den Behälter- und Rohr-Innenschutz (Maße in mm).

mäßig wird und durch bevorzugte Platinabtragung an den Rändern zu einem vorzeitigen Ausfall der Anode führen kann.

In solchen Fällen werden vielfach Korbanoden, die eine relativ große Oberfläche haben und wegen der besonderen Konstruktion meist bei niedrigeren Treibspannungen arbeiten können, eingesetzt. Als Korb dient ein Zylinder aus platiniertem Titan-Streckmetall, der auf einen Titanstab aufgeschweißt ist. Dieser dient als Stromzuführung und Träger und endet in einem Kunststofffuß, der die Kabelzuführung enthält und zugleich als Montageplatte dient. Die Streckmetallanode zeigt im Gegensatz zur Telleranode selbst bei großen Abmessungen eine sehr gleichmäßige Anodenstromdichte-Verteilung. Ursache sind die vielen Ecken und Kanten des Metalles, welche verhindern, daß sich die Spitzenwirkungen nur an den äußeren Kanten der Anode bemerkbar macht.

Beim Innenschutz ist zu beachten, daß durch den Schutzstrom Gasgemische entstehen, die Wasserstoff und Sauerstoff enthalten. Edelmetalle und Edelmetallbeschichtungen können eine Zündung katalysieren. Die hier erforderlichen Sicherheitsmaßnahmen sind in DIN 50927 aufgeführt [35], siehe auch Abschn. 20.1.5.

## 7.6 Literatur

[1]  M. Parker, Rohrkorrosion und kathodischer Schutz, Vulkan-Verlag, Essen 1963.
[2]  H. Bäckström, Öjvers. Akad. Stockholm 45, 544 (1888).
[3]  Bergsoe, Anticorrosion AS, Firmenschrift „BERA Magnetite Anodes".
[4]  W. Lüke, W. Schwenk, G, Zimmermann, 3R intern. 34, 158 (1995).
[5]  W. v. Baeckmann, gwf 107, 633 (1966).
[6]  S. Tudor, Corrosion 14, 957 (1958).
[7]  NACE, Publ. 66-3, Corrosion 16, 65 t (1960).
[8]  W. T. Bryan, Mat. Protection 9, H. 9, 25 (1970).

 [9] J. H. Morgan, Corrosion *13*, 128 (1957).
[10] J. H. Morgan, Cathodic Protection, Leonhard Hill Ltd, London 1959
[11] L. M. Applegate, Cathodic Protection, 90, Mc Graw-Hill Book, New York 1960.
[12] R. L. Benedict, Mat. Protection *4*, H. 12, 36 (1965).
[13] G. W. Moore u. J. H. Morgan, Roy. Inst. Nav. Arch. Trans. *110*, 101 (1968).
[14] J. A. v. Frauenhofer, Anti-Corrosion *15*, 4 (1968), *16*, 17 (1969).
[15] J. B. Cotton, Platinum Metals Rev. *2*, 45 (1958).
[16] R. Baboian, International Congress of Marine Corrosion and Fouling, Juni 1976.
[17] R. Baboian, Mat. Protection *16*, H. 3, 20 (1977).
[18] C. Marshall u. J. P. Millington, J. Appl. Chem. *19*, 298 (1969).
[19] R. H. Stevens, USP 665427 (1913).
[20] J. B. Cotton, Werkstoffe u. Korrosion *11*, 152 (1960).
[21] E. W. Dreyman, Mat. Protection *11*, H. 9, 17 (1972).
[22] v. Stutternheim, Metachem, Oberursel, pers. Mitteilung März 1978.
[23] M. A. Warne u. P. C. S. Hayfiel, Mat. Protection *15*, H. 3, 39 (1976).
[24] R. Juchniewicz, Platinum Metals Rev. *6*, 100 (1962).
[25] R. Juchniewicz, Corrosion Science *6*, 69 (1966).
[26] R. Juchniewicz u. Bogdanowicz, Zash. Metal. *5*, 259 (1969).
[27] A. Kumar, E. G. Segan u. J. Bukowski, Mat. Protection *23*, H. 6, 24 (1984).
[28] D. H. Kroon u. C. F. Schrieber, NACE. Confer. Corrosion 1984, Paper Nr. 44.
[29] J. T. Reding u. C. J. Mudd, Mat. Protection *29*, H. 10, 13 (1990).
[30] N . N., Tiefenanoden für den kathodischen Korrosionsschutz, 3R intern. 30, 534 (1991).
[31] H. G. Fischer u. W. A Riordam, Corrosion *13*, 19 (1956).
[32] F. Paulekat, Kath. Innenschutz, HDT-Veröffentlichung 402, Vulkan-Verlag, Essen 1978.
[33] G. Heim u. H. Klas, ETZ A *77*, 153 (1958).
[34] C. G. Schrieber u. G. L. Mussinelli, Mat. Protection *26*, H. 7, 45 (1987).
[35] DIN 50927, Beuth-Verlag, Berlin 1985.

# 8 Fremdstrom-Anlagen und Schutzstrom-Geräte

W. v. BAECKMANN und W. VESPER

Beim kathodischen Korrosionsschutz mit Fremdstrom wird der benötigte Schutzstrom durch Gleichrichtergeräte erzeugt, die als Schutzstrom-Geräte bezeichnet werden. In der Bundesrepublik ist das öffentliche Stromversorgungsnetz so dicht, daß die Schutzstrom-Geräte hieran angeschlossen werden können. Nur in Ausnahmefällen, z.B. in dünn besiedelten Gebieten, werden bei Fehlen einer öffentlichen Stromversorgung Solarzellen, Thermogeneratoren oder bei geringem Schutzstrom Batterien zur Schutzstrom-Erzeugung eingesetzt. Abb. 8-1 zeigt den Aufbau einer kathodischen Fremdstrom-Schutzanlage für eine Rohrleitung. Unterbringung, Auslegung und Schaltung des Schutzstrom-Gerätes werden in diesem Kapitel beschrieben. Kapitel 7 enthält Angaben über Fremdstrom-Anoden.

## 8.1 Standort und elektrische Schutzmaßnahmen

Fremdstrom-Anlagen für erdverlegte Behälter werden an die Stromversorgung des Grundstückes angeschlossen, auf dem sich die Behälter befinden. Der Standort einer Schutzanlage für Ortsverteilung- und Fernleitungen dagegen wird in erster Linie von

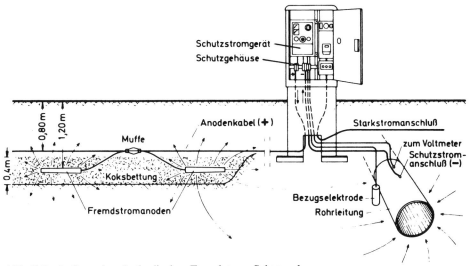

**Abb. 8-1.** Aufbau einer kathodischen Fremdstrom-Schutzanlage.

den Anschlußmöglichkeiten an ein öffentliches Stromversorgungsnetz bestimmt, da erhebliche Kosten für den Netzanschluß über eine sehr lange Niederspannung-Zuleitung entstehen. Erst in zweiter Linie und bei sehr großem Schutzstrombedarf ist es wichtig, daß die Anoden in einem Gebiet mit niedrigem Bodenwiderstand eingebaut werden. Demnach gelten für die Standortwahl folgende Gesichtspunkte in der Reihenfolge der Wichtigkeit [1]:

- Vorhandensein eines Netz-Anschlusses,
- möglichst niedriger spezifischer Bodenwiderstand im Bereich des Anodenfeldes,
- ausreichender Abstand von erdverlegten fremden Anlagen, um Beeinflussungen gering zu halten (vgl. Kap. 9),
- möglichst geringe Beeinträchtigungen der Interessen des Grundstückeigentümers,
- für Kraftfahrzeuge gut zugängliche Lage,
- Standort von Streustrom-Schutzanlagen möglichst im Streustrom-Austrittsgebiet des Rohrnetzes.

Bei Fremdstrom-Schutzanlagen auf fremden Grundstücken ist es zweckmäßig, Verträge mit den Eigentümern zu schließen, um zu jeder Zeit den Zutritt zu den Anlagen zu gewährleisten, die Gefahr von Kabelschädigungen klein zu halten und Veränderungen im Bereich der Anodenanlage auszuschließen.

Bei der Standortwahl für Schutzanlagen von Stahl-Wasser-Bauwerken spielen Betriebs- und Platzverhältnisse auf dem Hafengelände eine entscheidende Rolle, ebenso die Notwendigkeit, bei den meist sehr hohen Schutzströmen die Kabelstrecken zu Schutzobjekt und Anoden möglichst kurz zu halten.

Für den sicheren Betrieb einer Fremdstrom-Anlage müssen Schutzstrom-Geräte und Zubehör vor mechanischen Beschädigungen und Witterungseinflüssen geschützt werden. Dies geschieht durch die Unterbringung in einem wetterfesten Kunststoff-Schrank (vgl. Abb. 8-2). Auf ausreichende Lüftung zur Abführung der Verlustwärme ist zu achten. Zum Schutz gegen Ungeziefer sollten die Lüftungsöffnungen mit Messinggaze versehen werden.

Schutzstrom-Geräte müssen an einen Stromkreis angeschlossen werden, der dauernd eingeschaltet ist, insbesondere, wenn ein Schutzstromgerät in einem Gebäude untergebracht ist, in dem das Netz während der Nacht abgeschaltet wird, z.B. bei Tankstellen ohne Nachtbesetzung.

Schutzstrom-Geräte sollen bevorzugt außerhalb explosionsgefährdeter Betriebsstätten aufgestellt werden, da die Durchführung von Explosionsschutz-Maßnahmen sehr kostspielig ist und Schutzstromgeräte in Ex-Ausführung nur schwer bedient und gewartet werden können. Es ist zweckmäßig, hierfür längere Kabelwege in Kauf zu nehmen. Ist das ausnahmsweise nicht möglich, so sind die einschlägigen Bestimmungen und Verordnungen über Errichtung und Betrieb elektrischer Anlagen in explosionsgefährdeten Betriebsstätten einzuhalten (vgl. Abschn. 11.4). Es ist aber zu beachten, daß Schutzstromgeräte mit einer Leistung über 200 W wegen Größe und Wärmeentwicklung nicht in gängigen Ex-Gehäusen untergebracht werden können [2].

Zum Schutz gegen gefährliche Körperströme (Schutz gegen zufälliges Berühren aktiver Teile und beim indirekten Berühren) sind Schutzmaßnahmen nach den Regeln [3–5] anzuwenden. Auf der Gleichstromseite ist die Schutzmaßnahme „Funktionskleinspannung mit sicherer Trennung" durchzuführen [3]. Sie erfordert für Schutzstrom-

**Abb. 8-2.** Schutzstrom-Gerät im Kunststoff-Schrank mit Zählertafel.

Geräte einen Netzanschluß-Transformator mit 3,5 kV Prüfspannung, um einen Übertritt der Spannung von der Netzseite auf die Gleichstromseite sicher zu verhindern. Bei der Fehlerstrom-Schutzschaltung sind FI-Schutzschalter einzusetzen, die auch bei einem pulsierenden Gleichfehlerstrom auslösen [6].

## 8.2 Auslegung und Schaltung der Schutzstrom-Geräte

Für den Einsatz in Korrosionsschutz-Anlagen werden Schutzstrom-Geräte mit Nenn-Gleichstrom-Ausgangsleistungen von etwa 10 W für Tankanlagen und kurze Rohrleitungen sowie bis zu einigen kW für große Stahl-Wasser-Bauten hergestellt. Im allgemeinen haben Schutzstrom-Geräte für Rohrleitungen Ausgangsleistungen von 100 bis 600 W. Es empfiehlt sich, den Nennstrom des Schutzstrom-Gerätes um den Faktor 2 höher zu wählen als der ermittelte Schutzstrombedarf, damit bei späterer Erweiterung der Anlage, evtl. Abnahme des Umhüllungswiderstandes, Zunahme der Streuströme oder bei anderen Veränderungen eine ausreichende Reserve vorhanden ist. Die erforderliche Nenn-Ausgangsspannung ergibt sich aus dem erforderlichen Schutzstrom und dem Widerstand des Stromkreises Anode/Erdboden/Schutzobjekt, der abgeschätzt oder nach Einbau der endgültigen Anodenanlage gemessen werden kann. Auch für die Ausgangsspannung ist eine ausreichende Reserve vorzusehen.

Bei Streustrom-Beeinflussung ist stets ein Einspeiseversuch von ausreichender Dauer während des stärksten Betriebes der Bahn (Berufsverkehr) durchzuführen und zwar entweder möglichst über die bereits vorher errichtete Anoden-Anlage, nur in Ausnahmefällen über provisorische Anoden, oder im Falle einer geplanten Streustrom-Absaugung gem. Abschn. 15.5.2 über einen Schienenanschluß. Zur Einspeisung dient ein transportables, selbsttätig regelndes Schutzstromgerät.

Während des Versuches werden Schutzstrom, Ausgangsspannung sowie das Potential am Ort der Einspeisung und ggf. an einigen wichtigen Punkten im Rohrnetz aufgezeichnet. Hier empfiehlt es sich ganz besonders, bei den Ausgangsdaten des Schutzstrom-Gerätes auf ausreichende Reserve zu achten.

Bei der Streustrom-Absaugung gegen die Schienen können zwar, insbesondere beim Schutz älterer Rohrnetze mit schlechter Umhüllung, Stromspitzen bis zu einigen 100 A auftreten, die erforderliche Ausgangsspannung bleibt jedoch gering. Sie hängt außer vom Stromkreis-Widerstand auch von der Spannung Schiene/Rohr ab. Diese liegt bei Bahnen mit in der Straße verlegten und damit erdfühligen Gleisen meist zwischen 5 und 10 V. Die Gleichstrom-Ausgangsleistung solcher Anlagen ist somit wesentlich kleiner als bei Verwendung einer normalen Fremdstrom-Anodenanlage.

Gänzlich anders liegen die Verhältnisse bei den modernen Stadtbahnen, die auf eigenem Bahnkörper mit Holzschwellen und sauberem Schotterbett verkehren. Hier wird insbesondere zur Erreichung einer geringen Streustrom-Beeinflussung der Ausbreitungswiderstand der Gleise möglichst hoch gehalten. Dadurch und durch die hohen Fahrströme schwerer Triebfahrzeuge ist die Spannung Schiene/Erde sehr hoch und kann in kurzen Spitzen durchaus 40 bis 50 V erreichen. Damit entfällt aber der oben beschriebene Vorteil der geringen erforderlichen Ausgangsspannung des Schutzstrom-Gerätes bei Streustrom-Absaugung. Es ist dann, insbesondere beim Schutz gut umhüllter Leitungen mit kleinem Schutzstrombedarf, wesentlich günstiger, eine Anodenanlage zu verwenden. Auch hat sich gezeigt, daß bei Anschluß mehrerer Schutzanlagen an eine Gleisstrecke mit hohem Ausbreitungswiderstand sich diese gegenseitig ungünstig beeinflussen, so daß aus diesem Grund ebenfalls die Verwendung von Anodenanlagen zweckmäßig ist.

## 8.3 Gleichrichter-Schaltung

Im allgemeinen wird für Schutzstrom-Geräte als Gleichrichter-Schaltung die einphasige Brückenschaltung für Wechselstrom-Anschluß und für sehr kleine Ausgangsspannungen unter 5 V die einphasige Mittelpunkt-Schaltung eingesetzt. Sie haben einen Wirkungsgrad von 60 bis 75% und eine Restwelligkeit von 48% mit einer Frequenz von 100 Hz. Bei Ausgangsleistungen ab etwa 2 kW ist die dreiphasige Brückenschaltung für Drehstromanschluß wirtschaftlicher. Ihr Wirkungsgrad beträgt etwa 89 bis 90% und die Restwelligkeit 4% mit einer Frequenz von 300 Hz. Die Restwelligkeit hat für die elektrochemische Wirkung des Schutzstromes am Schutzobjekt keine Bedeutung, so daß beide Schaltungen gleichberechtigt sind.

Folgende Gründe können jedoch ihre Begrenzung erforderlich machen:

– Beim Einsatz von platinierten Titananoden kann ein welliger Strom zu starkem Abtrag und damit vorzeitiger Zerstörung führen. Hier sollte die Restwelligkeit auf 5% begrenzt werden (vgl. Abschn. 7.2.2) [7].
– Beim kathodischen Schutz von unsymmetrisch beschalteten Fernmeldekabeln werden durch den welligen Mantelstrom Störungen in die Übertragungswege eingekoppelt. Hier ist im allgemeinen ebenfalls eine Begrenzung der Restwelligkeit auf 5% ausreichend.
– In kathodisch geschützte Wasserleitungen eingebaute induktive Durchflußmengen-Messer werden durch die Welligkeit des Rohrstromes gestört. Die Hersteller dieser Geräte geben meist eine zulässige Restwelligkeit von 5% an.

Zur Herabsetzung der Restwelligkeit bei einphasigen Gleichrichtern können für Stromstärken bis zu etwa 20 A und Spannungen bis etwa 20 V Siebschaltungen aus Drosselspulen und Kondensatoren eingesetzt werden. Für größere Leistungen und lastunabhängige konstante Restwelligkeit kommt nur die Drehstrom-Brückenschaltung in Betracht. Sie ist in jedem Falle günstiger als eine Siebschaltung.

Die Leistungsdaten eines Schutzstrom-Gerätes sind auf eine Außentemperatur von 35 °C bezogen. Höhere Temperaturen erfordern besondere Auslegung der Bauelemente und sind mit dem Hersteller abzusprechen. Im allgemeinen werden Schutzstrom-Geräte mit Eigenkühlung für natürliche Belüftung eingesetzt. Fremdbelüftung mit Gebläse führt zu erheblicher Verschmutzung und wird aus diesem Grunde nicht vorgesehen. Für besonders schwierige klimatische Bedingungen, z.B. für Stahl-Wasser-Bauten in den Tropen, ist Ölkühlung für größere Geräte erforderlich. Dies bewirkt neben der günstigen Wärmeabfuhr überdies einen guten Schutz der Gleichrichterzellen und Transformatoren, insbesonders aber eines etwa vorhandenen Stell-Transformators mit Stromabnehmern, gegen die atmosphärische Belastung.

Für den Gleichrichter-Satz als wichtiges Bauelement eines Schutzstrom-Gerätes werden Selen-Säulen oder Silicium-Zellen eingesetzt. Selen-Gleichrichter sind unempfindlich gegen Überstrom, Kurzschluß und Überspannung und können träge abgesichert werden. Sie haben eine ausgezeichnete Betriebssicherheit. Wegen der geringen Sperrspannung des Selens von 25 bis 30 V werden für Ausgangsspannungen über 20 V mehrere Platten in Reihe geschaltet. Dadurch nehmen die Verluste und das Volumen rasch zu und sind dann wesentlich höher als beim Silicium, bei dem auch für hohe Ausgangsspannung immer eine Zelle pro Zweig in der Brücke ausreicht. Das begründet den allgemein bekannten Vorteil des Siliciums im Gleichrichterbau, kommt aber bei Schutzstrom-Geräten mit niedrigen Ausgangsspannungen nicht zur Auswirkung. Silicium-Zellen sind sehr empfindlich gegen Überstrom und -spannung und benötigen zum Schutz überflinke Spezial-Sicherungen und Spannungsbegrenzer. Sie haben zwar eine sehr hohe Sperrspannung, sind aber wegen ihres äußerst geringen Sperrstromes nicht wie der Selen-Gleichrichter in der Lage, kurze energiearme Spannungsspitzen abzubauen. Es ist aber erforderlich, Silicium-Gleichrichter mit schnell ansprechenden Überspannungsbegrenzern (z.B. Varistoren) auszustatten. Bei einer Kaskaden-Anordnung der Schutzelemente ist die gleiche Betriebssicherheit wie beim Selen-Gleichrichter zu erreichen.

## 8.4 Einstellbare Schutzstrom-Geräte

In allen kathodischen Schutzanlagen, bei denen der Stromkreis-Widerstand und der Strombedarf konstant bleiben, werden Schutzstrom-Geräte mit fest einstellbarer Ausgangsspannung eingesetzt. Dies geschieht bei kleinen Leistungen und Strömen durch Anzapfungen und Klemmen auf der Sekundärseite des Transformators. Bei größeren Leistungen und zur einfachen Einstellung ist es jedoch zweckmäßig, einen Trenn-Transformator mit einer festen Sekundärspannung für die maximale Ausgangs-Gleichspannung des Gerätes zu versehen und ihm einen Stell-Transformator primärseitig vorzuschalten, der als Spar-Transformator ausgeführt wird. Er kann als Ringkern- oder Säulen-Stelltransformator stufenlos einstellbar sein oder Anzapfungen haben, die mit einem Stufenschalter abgegriffen werden. Es empfiehlt sich, die Kontaktbahnen von Stell-Transformatoren und Schaltern gelegentlich zu betätigen und so sauber zu halten sowie bei Revisionen gründlich zu reinigen.

Im allgemeinen führen die jahreszeitlich bedingten Schwankungen des spezifischen Bodenwiderstandes nur zu einer geringen Änderung des Stromkreis-Widerstandes, so daß beim kathodischen Schutz von Behältern und Rohrleitungen eine Neueinstellung des Schutzstromes nicht oder in geringem Umfang erforderlich ist. Bei starker Änderung des Stromkreis-Widerstandes kann ein regelndes Schutzstrom-Gerät verwendet werden, vgl. Abschn. 8.6. Schutzstrom-Geräte für Hochspannung-Kabel in Stahlrohren (vgl. Abschn. 14.2), die an den niedrigen Widerstand der Abgrenzeinheit angeschlossen sind, haben eine sehr geringe Ausgangsspannung von max. 1,5 V und müssen besonders fein einstellbar sein. Dies kann durch Kombination eines Stufenschalters und -transformators mit einem stufenlosen Stell-Transformator und damit Unterteilung der Ausgangsspannung in zwei Einstellbereichen erzielt werden. Da am Widerstand der Abgrenzeinheit bei Schalthandlungen transiente Überspannungen auftreten, müssen die Geräte durch besondere Schaltungsmaßnahmen, wie Überspannungsbegrenzer, Sperr-Drosselspulen für Hochfrequenz und isolierten Aufbau hiergegen geschützt werden.

Wird ein festeinstellbares Schutzstrom-Gerät als Streustrom-Absaugung zwischen Rohrleitung und Schiene geschaltet und seine Ausgangsspannung auf einen bestimmten Wert eingestellt, so ergeben sich meist erhebliche Schwankungen des Schutzstromes und des Rohr/Boden-Potentials.

Legt man einen zusätzlichen Widerstand in den Stromkreis und gleicht den an ihm hervorgerufenen Spannungsabfall durch Erhöhung der Ausgangsspannung aus, so wirken sich Änderungen der Spannung Rohr/Schiene auf den Strom weniger aus. Man kann die Anordnung auch als Gleichrichter mit erhöhtem Innenwiderstand auffassen, die einem *Galvanostaten* ähnlich ist [8]. Um die Wärmeverluste eines Ohmschen Widerstandes zu vermeiden, ist es zweckmäßig, eine Drosselspule als induktiven Widerstand im Schutzstrom-Gerät zwischen Transformator und Gleichrichter-Brücke zu schalten. In Abb. 8-3 ist die an einer Drosselspule bei verschiedenen Windungszahlen mit und ohne Luftspalt abfallende Wechselspannung $U_D$ in Abhängigkeit vom durchfließenden Wechselstrom $I_\infty$ aufgetragen. Man sieht, daß insbesondere bei Drosselspulen mit Luftspalt die Wechselspannung mit zunehmendem Strom zunächst linear wächst. Da der vom Transformator über die Drosselspule zur Gleichrichter-Brücke fließende Wechselstrom im Betrage dem über die Streustrom-Absaugung fließenden Gleichstrom

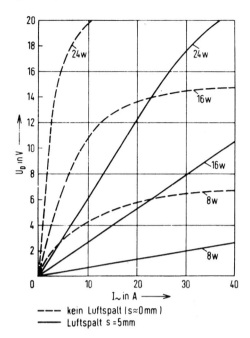

**Abb. 8-3.** Wechselspannung $U_D$ an einer Strombegrenzung-Drosselspule in Abhängigkeit vom durchfließenden Wechselstrom $I_\sim$ für verschiedene Windungszahlen $w$ mit und ohne Luftspalt.

entspricht, werden auch mit dieser Schaltung Stromschwankungen verringert. Allerdings werden durch solche Geräte die von der Spannung Schiene/Rohr hervorgerufenen Strom- und Potentialschwankungen nicht völlig ausgeglichen. Ihre Einstellung ist zeitraubend und setzt Erfahrung voraus.

## 8.5 Hochspannungsfeste Schutzstrom-Geräte

Bei Hochspannung-beeinflußten Rohrleitungen kann im Fehlerfall der Hochspannung-Anlage kurzzeitig oder bei Spitzen einer Dauerbelastung in der Schutzanlage eine sehr hohe Wechselspannung zwischen Rohrleitung und Anode und damit an den Ausgangsklemmen der Schutzstrom-Geräte anstehen. An ein hochspannungsfestes Schutzstrom-Gerät werden folgende Anforderungen gestellt:

– Es darf durch die hohe Spannung nicht zerstört werden.
– Es muß den Übertritt dieser Spannung in das Stromversorgungsnetz verhindern.
– Es soll auf die Spannung Rohr/Anode möglichst begrenzend einwirken.

Eine Kaskade aus Drosselspulen, Überspannung-Ableitern und einem Kondensator zwischen Brücken-Gleichrichter und Ausgang bewirkt, daß wegen der Ansprechzeit der Ableiter die einlaufende Überspannung bis zu deren Ansprechen so weit gedämpft wird, daß sie auch in diesem Zeitraum die zulässige Sperrspannung der Gleichrichter-Zellen nicht überschreitet. Da diese Sperrspannung über der Ansprechspannung der Ableiter liegen muß, werden Silicium-Dioden mit einer Stoß-Spitzensperrspannung von 2000 V

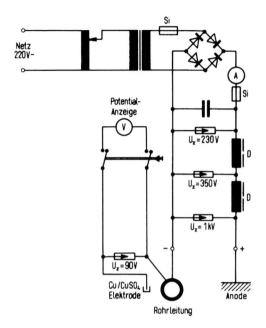

**Abb. 8-4.** Schaltbild eines Schutzstrom-Gerätes mit Überspannung-Schutz (hochspannungsfestes Schutzstrom-Gerät).

verwendet. Der Trenn-Transformator wird mit verstärkter Isolierung ausgeführt und weist eine Prüfspannung von 10 kV auf. Ein Kathodenfall-Ableiter liegt unmittelbar an den Ausgangsklemmen und begrenzt die Spannung Rohr/Anode bei Ableitströmen bis zu 5 kA auf 1,5 kV, vgl. Abb. 8-4. Diese Schutzbeschaltung schützt das Gerät auch gegen Gewitter-Überspannungen [9]. Ohne Hochspannung-Beeinflussung genügen zum Schutz gegen Blitzeinwirkung Drosselspulen mit einer Induktivität von 1 mH und Überspannungsableiter mit Ansprechspannungen $\leq 1$ kV [10].

Bei langen und engen Parallelführungen von Rohrleitungen und Hochspannung-Freileitungen oder mit Wechselstrom betriebenen Bahnstrecken werden betriebsmäßig Spannungen in die Rohrleitung induziert, die bei hohen Umhüllungswiderständen einige 10 V an den Enden der Parallelführung erreichen können, vgl. Kap. 23. Diese induzierte Wechselspannung erfährt in der Gleichrichterbrücke der kathodischen Schutzanlage eine Einweg-Gleichrichtung, verstärkt den Schutzstrom und senkt so das Rohr/Boden-Potential weiter ab. Da der Betriebsstrom der Hochspannung-Freileitung oder der Bahnstrecke sich zeitlich ändert, verändert sich synchron auch die induzierte Spannung und damit der gleichgerichtete Wechselstrom, so daß das Rohr/Boden-Potential ständig schwankt. Eine optimale Einstellung der kathodischen Schutzanlage wird schwierig. Auch hier bieten die hochspannungsfesten Gleichrichter den Vorteil, daß ihre Drosselspulen den gleichgerichteten Wechselstrom stark verringern.

Da Stahlrohre von Hochspannung-Kabeln (vgl. Kap. 14) im Fehlerfall eine hohe Spannung gegen Erde annehmen können, werden beim kathodischen Schutz dieser Rohre hochspannungsfeste Schutzstrom-Geräte eingesetzt [11].

# 8.6 Regelnde Schutzstrom-Geräte

Häufig arbeiten kathodische Schutzanlagen unter zeitlich wechselnden Bedingungen. Hierzu zählen:

- Streustrom-Beeinflussung.
- Häufige und große Änderung des Ausbreitungswiderstandes einer Fremdstroman-oden-Anlage durch wechselnden spezifischen elektrischen Widerstand des Mediums, z.B. bei Stahl-Wasser-Bauten.
- Schwankung des Schutzstrombedarfs bei Änderung des Wasserstandes und des Sauerstoffzutritts (Strömungsgeschwindigkeit), z.B. beim Innenschutz von Behältern.
- Schutzpotential-Bereich mit zwei Grenzpotentialen, vgl. Abschn. 2.4.

Unter solchen Bedingungen empfiehlt es sich, das Schutzstrom-Gerät mit einer elektrischen Regelschaltung auszurüsten, die vorzugsweise das Potential, in Sonderfällen auch den Schutzstrom oder den Rohrstrom konstant hält. Solche Geräte werden als *Potentiostat* für eine Potentialregelung bzw. als *Galvanostat* für eine Stromregelung bezeichnet [8].

Der Einsatz regelnder Geräte in einer Schutzanlage bringt erhebliche Vorteile, da diese dann immer unter optimalen Bedingungen arbeitet. Beispielsweise wird bei Streustrom-Absaugung mit Potentialregelung auch bei Streustromspitzen in Folge stark negativen Schiene/Boden-Potentials immer genügend Schutzstrom abgegeben, während bei Betriebsruhe der Bahn und damit positiverem Schiene/Boden-Potential nur der zum Erreichen des Schutzpotentials notwendige Strom fließt. Damit bleibt die Beeinflussung fremder Installationen im zeitlichen Mittel gering. Ferner ist im Potentialverlauf längs der Rohrleitung ein Bezugspunkt, nämlich das Potential an der Schutzanlage festgelegt. Hierauf lassen sich die Grenzwerte anderer zeitlich schwankender Potentiale an den übrigen Meßpunkten beziehen.

Die Einstellung einer Schutzanlage oder eines ganzen Schutzsystems bei Streustrom-Beeinflussung wird somit durch die Potentialregelung wesentlich erleichtert. Bei elektrochemischem Schutz kann allgemein eine Potentialregelung unerläßlich werden, wenn der Schutzpotential-Bereich sehr klein ist, vgl. Abschn. 2.4 und 21.4. Ferner werden Anodenmaterial eingespart und Betriebskosten gesenkt.

Bei überwiegend positivem Schiene/Boden-Potential kann eine Stromregelung vorteilhafter sein. Auch beim kathodischen Schutz von Stahl-Wasser-Bauten ist eine Stromregelung vorzuziehen, wenn der Anodenwiderstand aufgrund von Änderungen der elektrischen Leitfähigkeit schwankt.

Bei gegebenem Schutzstrombedarf eines Rohrleitungsabschnittes kann es vorteilhaft sein, den Rohrstrom konstant zu halten. Als Regelgröße wird hierbei der an einer Rohrstrom-Meßstrecke gewonnene Spannungsabfall benutzt. Wegen der hohen erforderlichen Verstärkung dieses Signals muß auf Ausfilterung überlagerter Wechselspannung besonders geachtet werden.

Das Prinzipschaltbild eines mit Magnetverstärkern (Transduktoren) ausgerüsteten potentialregelnden Schutzstrom-Gerätes zeigt Abb. 8-5. An einem Potentiometer wird das gewählte Potential als Soll-Spannung eingestellt. Mit diesem Wert wird die Ist-Spannung verglichen, die der Spannung zwischen einer Steuerelektrode und dem Schutzobjekt entspricht.

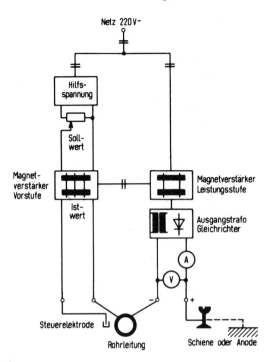

**Abb. 8-5.** Prinzip-Schaltbild eines potentialregelnden Schutzstrom-Gerätes.

Die Differenz aus Soll- und Ist-Spannung steuert eine Magnetverstärker-Vorstufe, welche über eine Magnetverstärker-Endstufe die Primär-Wechselspannung für den Gleichrichter-Transformator einstellt.

Hierdurch wird die Ausgangsspannung des Gerätes und somit der Schutzstrom erhöht oder erniedrigt, wenn das Potential des Schutzobjektes in der einen oder anderen Richtung vom Sollwert abweicht. Die Stellzeit beträgt etwa 0,1 bis 0,3 s. Der Steuerstrom beträgt etwa 50 µA. Entsprechend dieser Belastung muß die Steuerelektrode ausreichend niederohmig und wenig polarisierbar sein.

*Potentialregelnde* Schutzstrom-Geräte lassen sich auch mit Thyristoren aufbauen. Diese erzeugen aber starke hochfrequente Oberwellen, die beim Schutz einer Rohrleitung auf benachbarte Fernmeldekabel übertragen werden und in diesen sowie beim Rundfunk- und Fernsehempfang erhebliche Störungen hervorrufen. Transistoren kommen als Stellglieder nur für kleine Schutzströme, z.B. beim Behälter-Innenschutz in Betracht. Sie besitzen zusätzlich die Möglichkeit, den Schutzstrom kurz zu unterbrechen, das Ausschaltpotential über die Anode als Meßelektrode zu messen, zu speichern und hiernach den Schutzstrom einzustellen. Für den Einsatz an streustrombeeinflußten Rohrleitungen sind Geräte mit Transistoren als Stellglieder ungeeignet.

Kann eine lange Stellzeit in Kauf genommen werden, z.B. beim kathodischen Schutz von Stahl-Wasser-Bauten, können Geräte großer Leistung mit einfacher Zweipunkt-Regelung angewandt werden. Das Ist-Potential wird einem Spannungsmesser zugeführt, der Grenzwert-Kontakte besitzt und über Relais einen motorbetriebenen Stell-Transformator steuert, der die erforderliche Ausgangsspannung einstellt. Diese Schaltung ist

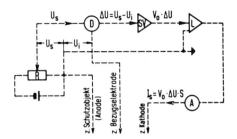

**Abb. 8-6.** Prinzip eines potentiostatischen Schutzstrom-Gerätes ($V_0$ = Verstärkungsfaktor, $S$ = Leistungsfaktor).

übersichtlich und wenig aufwendig. Sie hat den Vorteil, daß kein Phasenanschnitt erfolgt und die Restwelligkeit konstant bleibt. Als Steuerelektrode werden spezielle Bezugselektroden für Erdeinbau oder zum Einhängen in das Wasser verwendet. Sie bestehen aus Metall mit zeitlich konstantem Ruhepotential und dürfen durch den Steuerstrom nicht polarisiert werden. Sie sollen dort eingebaut werden, wo der Ohmsche Spannungsabfall möglichst klein ist. Als Elektrodenmaterial kommen je nach Medium Kupfer, Eisen oder Zink in Frage.

Für den anodischen Korrosionsschutz werden bei passivierbaren Systemen, die bei Abschalten des Schutzstromes spontan aus dem passiven in den aktiven Zustand übergehen, Schutzstrom-Geräte eingesetzt, die nach dem Regelschema in Abb. 8-6 arbeiten [12]. Die vorgegebene Soll-Spannung $U_S$ wird in einem Differenzbildner D mit der Spannung zwischen Bezugselektrode und Schutzobjekt, der Ist-Spannung $U_I$, verglichen. Die Differenz $\Delta U = U_S - U_I$ wird in einem Spannungsverstärker SV auf $V_0 \cdot \Delta U$ verstärkt. Diese verstärkte Differenzspannung steuert einen Leistungsverstärker L, der den notwendigen Schutzstrom $I_s$ über die Fremdstrom-Kathode liefert. Bei mit Transduktor oder Transistor geregelten Schutzstrom-Geräten treten gelegentlich störende Regelschwingungen auf. Zur Vermeidung kann man langsamer arbeitende Potentiostaten mit mechanischen Stellgliedern einsetzen. Dies gilt besonders für Systeme mit nur langsamer Aktivierung bei Ausfall des Schutzstromes.

Abb. 8-7 zeigt ein Kontrollgerät, das bei Unter- oder Überschreiten eines vorgegebenen Potential-Grenzwertes den Schutzstrom ein- bzw. ausschaltet und dazu optische oder akustische Signale gibt [13]. Das Gleichstrom-Eingangssignal $U_m$ wird in einem Transistor-Modulator in ein Wechselstrom-Signal umgewandelt, dessen Amplitude $U_m$

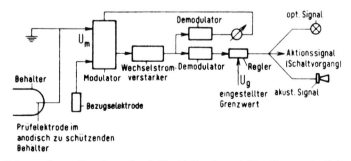

**Abb. 8-7.** Prinzip einer Schutzanlagen-Regelung durch Kontrolle eingestellter Grenzpotentiale.

proportional ist. Nach der Verstärkung werden an den Ausgang zwei Demodulations-
kreise angeschlossen. Im ersten wird das Signal über ein Meßgerät in den Modulator
geleitet, wo es als negative Rückkopplung wirkt, die den Eingangswiderstand des Mo-
dulators erhöht. Im zweiten Kreis wird das Signal nach der Demodulierung dem Regler zugeführt, wo es mit dem eingestellten kritischen Potential-Grenzwert $U_s$ verglichen
wird. Bei $U_m < U_s$ wird ein Aktionssignal ausgelöst, wenn z.B. ein Grenzwert zu negativen Potentialen hin gewählt wurde.

*Stromregelnde* Schutzstrom-Geräte sind im wesentlichen nach dem gleichen Schal-
tungsprinzip aufgebaut wie potentialregelnde; nur wird bei ihnen der Schutzstrom
über einen konstanten Nebenwiderstand in der Regelschaltung in eine Spannung umgesetzt und als Ist-Wert eingeführt. Bei Geräten mit Zweipunkt-Regelung besitzt der
Strommesser die Grenzwert-Kontakte, die den motorbetriebenen Stell-Transformator
steuern.

## 8.7 Netzunabhängige Schutzstrom-Geräte

In wenig erschlossenen Gebieten, in denen sich eine Fremdstrom-Anlage nicht in ausreichender Nähe zu einem Niederspannung-Anschluß errichten läßt, können zur Erzeugung des Schutzstromes Batterien, Thermogeneratoren und bei genügender Sonneneinstrahlung auch Solarzellen eingesetzt werden. Windgeneratoren und Diesel-Aggre-
gate sind dagegen wegen der notwendigen Wartung bei Dauerbetrieb wenig geeignet.

Die Grenze für den Einsatz einer *Akkumulatoren-Batterie* liegt bei einem Schutzstrom von etwa 20 mA. Dieser wird von einer Batterie mit einer Kapazität von 100 Ah
für rechnerisch etwa 7 Monate geliefert. Es genügt also, alle 6 Monate die entladene
Batterie gegen eine voll geladene auszuwechseln.

Bei einem *Thermogenerator* wird Wärmeenergie über Thermoelemente in elektrische Energie umgewandelt. Durch eine Temperaturdifferenz zwischen zwei Verbindungen unterschiedlicher Metalle (Thermoelement) wird eine Gleichspannung erzeugt,
deren Höhe von der Temperaturdifferenz abhängt. Wesentliche Teile eines Thermoge-
nerators sind die Brennkammer, die Thermosäule mit den Thermoelementen, die aus
Halbleitern bestehen, sowie die Kühlbleche. Der Wirkungsgrad beträgt etwa 3%. Als
Brenngas kann Propan-, Butan- oder Erdgas verwendet werden. Letztes kann beispielsweise auch aus der kathodisch zu schützenden Ferngasleitung bezogen werden.
Dabei ist deren Betriebsdruck zunächst auf etwa 2 bar herabzuregeln. Der zum Thermogenerator gehörende Regler setzt diesen Druck dann auf 0,5 bar herab. Ein in der
Praxis erprobter Generator hat eine elektrische Leistung von maximal 130 W. Die damit betriebene Schutzanlage liefert bei einer Ausgangsspannung von 12 V einen Schutzstrom von 9 A und arbeitet seit etwa 15 Jahren störungsfrei.

Auch *Solarzellen* können für kathodische Schutzanlagen zur Stromerzeugung bei
kleiner Leistung eingesetzt werden [14]. Eine derartige Anlage besteht aus dem Solar-
zellen-Paneel, das auf einem Mast montiert wird, einer Akkumulatoren-Batterie zur
Überbrückung der sonnenlosen Zeit, einem Laderegler, der zwischen Solarzellen und
Batterie geschaltet ist, sowie einem Ausgangsregler zwischen Batterie und Schutzstromkreis. Er kann entweder stromregelnd oder potentialregelnd ausgeführt sein. Diese
Bauelemente werden gemäß der örtlichen Sonneneinstrahlung und der für die Schutz-

anlage erforderlichen elektrischen Leitung ausgelegt. Hierzu stehen erprobte Rechenverfahren und -programme zur Verfügung [15].

## 8.8 Ausrüstung und Überwachung von Schutzstrom-Geräten

Schutzstrom-Geräte sollen einen Strommesser zur Anzeige des abgegebenen Schutzstromes und einen hochohmigen Spannungsmesser zur Anzeige des Potentials an der Schutzanlage besitzen. Meßbuchsen parallel zu den Instrumenten erleichtern deren Kontrolle und den Anschluß von Spannungs- und Stromschreibern.

Bei Einphasen-Transformatoren treten erhebliche Einschalt-Stromstöße auf, wenn sie im Augenblick ungünstiger Phasenlage der speisenden Wechselspannung eingeschaltet werden. Hierdurch können beim Einschalten von fest einstellbaren Schutzstrom-Geräten ab etwa 600 W Leistung vorgeschaltete Sicherungen oder Automaten auslösen. Dies führt z. B. zum unbemerkten Ausfall der Schutzanlage, wenn nach einer Unterbrechung der Strom wieder eingeschaltet wird. Hier empfiehlt sich der Einsatz einer Einschalt-Dämpfung durch die das Gerät zunächst über einen Widerstand an das Netz gelegt wird. Dieser wird dann nach kurzer Zeit durch ein Schütz überbrückt. Bei Geräten mit Regelschaltung tritt im allgemeinen kein Einschaltstromstoß auf.

In Geräten mit Schmelzsicherungen als Überlastungs- und Kurzschlußschutz dürfen nur Sicherungen des vom Hersteller angegebenen Typs eingesetzt werden. Im besonderen Maße gilt dies bei Silicium-Gleichrichtern. Potentialregelnde Geräte können gegen Überlastung und Kurzschluß durch eine Strombegrenzung in der Regelschaltung geschützt werden.

Über Gleichrichter zur Streustrom-Absaugung können bei einer kleinen Sekundärspannung des Transformators Streuströme vom Rohr zur Schiene fließen, wenn die negative Spannung Schiene/Rohr größer als die Leerlaufspannung des Gleichrichters ist. Dieser Zustand ist daran erkennbar, daß der Spannungsmesser des Gerätes in die entgegengesetzte Richtung ausschlägt, wobei ein sehr großer Strom fließen kann. Eine Überlastung des Gerätes kann dann durch eine automatische Schaltung verhindert werden. Ein Überstrom-Relais löst ein Schütz aus, das den Ausgangsstromkreis Rohr/Gerät/Schiene auftrennt und gegebenenfalls eine direkte Verbindung Rohr/Schiene herstellt. Über ein einstellbares Zeitschaltwerk wird das Schütz wieder eingeschaltet. Damit bleibt die Anlage in Betrieb. Die Anzahl der erfolgten Abschaltungen gibt ein Zählwerk an. Häufige Abschaltungen geben Hinweise auf Störungen im Bahnbetrieb.

Am besten bewährt hat sich anstelle der automatischen Abschaltung eine Anpassung von Ausgangsgleichrichter und Sicherung an den höchsten zu erwartenden Drainagestrom. Die Verbindung Rohr/Schiene bleibt so dauerhaft bestehen und steht insbesondere dann zur Stromleitung zur Verfügung, wenn maximaler Drainagestrom zum Fließen kommt. Das Schalten von Schutzanlagen zur Messung des Ausschaltpotentials sollte immer auf der Gleichstromseite erfolgen, insbesondere, wenn durch Beeinflussung eine Wechselspannung Anode/Rohrleitung ansteht, die im Gerät gleichgerichtet wird und einen Schutzstrom liefert oder wenn es sich um eine Streustrom-Absaugung handelt, bei der ein Drainage-Strom von der Rohrleitung über das Gerät zur Schiene fließen kann. Bei Geräten mit Potentialregelung muß auch der Steuerstromkreis ausgeschaltet werden, da sonst Einschalt-Stromstöße auftreten.

Kathodische Fremdstrom-Anlagen müssen regelmäßig überwacht werden [16, 17]. Die Überwachung von Streustrom-Schutzanlagen sollte in der Regel etwa monatlich erfolgen, weil:

- bei Ausfall der Streustrom-Schutzanlage eine erhebliche anodische Korrosionsgefährdung auftreten kann,
- die Anlagen bei möglichen Störungen im Bahnbetrieb überlastet werden können,
- Änderungen des Straßenbahnbetriebes oder der Speiseabschnitte andere Streustromverhältnisse schaffen können.

**Tabelle 8-1.** Meßprotokoll für eine kathodische Korrosionsschutzanlage (Beispiel).

*1. Allgemeine Daten*

Anlagen-Nr.: 526    Ort: *Lohr*                          Leitungs-Nr.: 71
                                                         Leitungs-km.: 13,5

Art der Anlage:    Fremdstrom-Anoden      ☒
                   Streustrom-Absaugung   ☐
                   Streustrom-Ableitung   ☐        Gleichrichter-Typ: MEK 20/10
                   Potentialverbindung    ☐        Fabr.-Nr.: 1477/326
                   Magnesiumanoden        ☐
Datum: 2. 8. 76                                    Zählerstand: 8345,3 kWh

*2. Eingebaute Bezugselektrode*

$\Delta U$ eingebaute gegen aufgestellte Elektrode (Schutzstrom „aus"): 50 mV
Polarität der eingebauten Elektrode: (+)

*3. Rohr/Boden-Potentiale $U_{Cu/CuSO_4}$ in V*

| externes Instrument gegen eingebaute Elektrode | | externes Instrument gegen aufgestellte Elektrode | | eingebautes Instrument gegen eingebaute Elektrode | |
|---|---|---|---|---|---|
| $U_{ein}$ | $U_{aus}$ | $U_{ein}$ | $U_{aus}$ | $U_{ein}$ | $U_{aus}$ |
| −1,53 | −1,08 | −1,6 | −1,13 | −1,5 | −1,0 |

*4. Schutzstrom I in A*

| Gesamtstrom: | 5,1 | Gesamtstrom: | 5 |
|---|---|---|---|
| externes Instrument | | eingebautes Instrument | |
| Teilströme Rohrltg.: | 4,1 | Kabel: | 0,9 |

*5. Gleichrichterausgangsspannung in V:*    12,7

Widerstände in Ω:    Rohr/Anode                  2,2
                     Rohr/Schiene                 –
                     Rohr/eingebaute Elektrode   253
                     Rohr/Hilfserder              52
                     Rohr/PEN-Leiter              –

*6. Berührungsschutz:*                     Überspannungsschutz für:

FU        ☒                         Hochspannungsvorsatz        ☒
FI        ☐                         Blitzschutzvorsatz          ☐
Nullung   ☐                         Stromversorgung             ☒
löst aus bei 24 V                  (Kathodenfall-Ableiter am Mast)

Überspannung-Ableiter:              geprüft ☒              ausgewechselt ☐

**Tabelle 8-2.** Störungsbeseitigung an kathodischen Schutzanlagen.

| Störung | Ursache | Behebung |
|---|---|---|
| Anlage außer Betrieb | Automat oder Sicherung ausgefallen, Überstrom | Automat einschalten, Sicherung ersetzen, Ursache suchen |
| Keine Netzspannung am Gleichrichter | Berührungsschutz, FU-, FI-Schalter ausgelöst, Isolationsfehler, Blitz- oder Hochspannung-Einwirkung | Isolationsmessung, Kathodenfall-Ableiter gegen Blitz- oder Hochspannung-Beeinflussung einbauen. Widerstand am Hilfserder kontrollieren |
| Kein oder zu geringer Schutzstrom | Kabel- oder Kontaktunterbrechung | Rohr/Anoden-Widerstand messen, Kabelfehler orten, Anschlußklemmen überprüfen |
| | Anstieg des Anodenwiderstandes, Anoden verbraucht | Gleichrichterspannung erhöhen oder zusätzliche Anoden einbauen, Anodenanschluß überprüfen |
| | Ausgangssicherung defekt | Strombegrenzung überprüfen, Überlastung oder Kurzschluß beseitigen, Regelung neu einstellen |
| Zu großer Schutzstrom | Anodenwiderstand durch Grundwasser oder Bodenfeuchtigkeit kleiner geworden | Gleichrichtereinstellung nicht ändern, da Anodenwiderstand im Sommer wieder steigt |
| | Kontakt mit ungeschützten Rohrleitungen, Isolierstück überbrückt | Ortung der Berührungsstelle, Fehlerursache an der Rohrleitung beseitigen |
| Bei Streustrom-Absaugung | Schienenbruch, Änderung der Straßenbahn-Stromversorgung | Fehler orten, mit Verkehrsgesellschaft sprechen |
| Schutzpotential nicht erreicht | Größerer Schutzstrom-Bedarf durch Fremdberührung oder Isolierstück überbrückt | Beseitigung der Fremdberührung, Aufsuchen eines überbrückten Isolierstückes, Geräteerdung von elektr. Armaturen ändern (Trenntrafo) |
| | Höherer Anodenwiderstand | Gleichrichterspannung nachregulieren, Anodenanlagen prüfen |
| | Meßkabel zur Rohrleitung oder Bezugselektrode unterbrochen | Widerstand von Kabel und Elektrode messen |

**Tabelle 8-2.** (Fortsetzung).

| Störung | Ursache | Behebung |
|---|---|---|
| Keine Potentialregelung | Gleichrichter-Regelung versagt | Geräteeinstellung überprüfen, Wechselspannung-Beeinflussung |
| | Steuerelektrode zu hochohmig | Anschlüsse überprüfen, Widerstand und Potential der Elektrode messen, evtl. neue einbauen |

Bei der Revision sind die eingebauten Meßwerte und der Zählerstand abzulesen und festzuhalten. Der Ausfall von Fremdstrom-Anlagen ist den für den kathodischen Korrosionsschutz-Betrieb zuständigen Stellen zu melden. Ein Formblatt für die Überwachung kathodischer Schutzanlagen zeigt Tabelle 8-1. In Tabelle 8-2 sind Ursachen von Störungen aufgeführt und Maßnahmen zu ihrer Behebung zusammengestellt.

Bei fernmeldetechnisch überwachten Fremdstrom-Schutzanlagen genügt es, die Betriebskontrollen jährlich durchzuführen [17]. Bei Gasrohrnetzen ist es günstig, Überwachungsgeräte in Regelanlagen oder Übernahmestationen einzubauen, da hier ein Anschluß an die Fernmeldeanlage möglich ist.

## 8.9  Literatur

[1] DVGW-Arbeitsblatt GW 12, WVGW-Verlag, Bonn 1984.

[2] AfK-Empfehlung Nr. 5, WVGW-Verlag, Bonn 1986.

[3] DIN VDE 0100-410, Beuth-Verlag, Berlin 1983.

[4] AfK-Empfehlung Nr. 6, WVGW-Verlag, Bonn 1985.

[5] VBG 4, Elektrische Anlagen und Betriebsmittel, Heymanns-Verlag Köln 1979

[6] DIN VDE 0664-1, Beuth-Verlag, Berlin 1983.

[7] V. Ashworth u. C. J. L. Booker, Cathodic Protection, Theory and Practice, E Horwood Ltd., Chichester/GB, 1986. S. 116, 265.

[8] DIN 50918,Beuth-Verlag, Berlin 1978.

[9] H. Kampermann, ETZ-A 96, 340 (1975).

[10] W. v. Baeckmann, N. Wilhelm u. W. Prinz, gwf gas/erdgas 107, 1213 (1966).

[11] AfK-Empfehlung Nr. 8, WVGW-Verlag, Bonn 1983.

[12] H. Gräfen u. a., Die Praxis des Korrosionsschutzes, expert-Verlag, Grafenau 1981, S 304.

[13] J. Prušek, K. Mojžiš u. M. Macháček, Werkstoffe u. Korrosion 20, 27 (1969).

[14] G. Gouriou, 3R internat. 26, 315 (1987).

[15] R. Wielpütz. Neue Deliwa-Z. 38, 16 (1987).

[16] DIN 30676, Beuth-Verlag, Berlin 1985.

[17] DVGW-Arbeitsblatt GW 10, WVGW-Verlag, Bonn 1984.

# 9 Fremdstromanoden-Anlagen im Erdboden und Beeinflussungsfragen

W. v. Baeckmann, J. Geiser und W. Vesper

Der kathodische Schutz von langen Rohrleitungen, Verteilungsnetzen, Rohrleitungen in Industrie-Anlagen und anderen erdverlegten Installationen mit einem hohen Schutzstrombedarf erfolgt meist mit Hilfe von Fremdstrom-Anoden. Bei großem Schutzstrombedarf bestimmt der Ausbreitungswiderstand der Anoden als größter Widerstand im Schutzstrom-Kreis die erforderliche Gleichrichterspannung und damit die Leistung der Schutzanlage. Um die elektrische Leistung und damit die laufenden Betriebskosten niedrig zu halten, ist ein möglichst niedriger Ausbreitungswiderstand anzustreben. Nach Tabelle 24-1 ist der Ausbreitungswiderstand $R$ dem spezifischen Bodenwiderstand $\rho$ direkt proportional. Daher baut man Anodenanlagen mit Schutzstrom-Abgaben >1 A möglichst in Gebieten mit niedrigen spezifischen Bodenwiderständen [1]. Die Anodenanlage wird heute meist mit Anoden in einer gemeinsamen durchgehenden Koksbettung in horizontaler und vertikaler Einbauweise errichtet [2].

Über Fremdstromanoden-Anlagen tritt der Schutzstrom in den Boden ein. Daher ist die Stromdichte in der Nähe der Anodenanlagen und damit die Feldstärke, der Spannungsabfall pro Meter, am größten; sie nimmt mit zunehmender Entfernung ab. In dem Abstand von der Anodenanlage, in dem keine merkliche Feldstärke durch den eingeleiteten Schutzstrom mehr nachweisbar ist, hat der Boden das Potential $\varphi_{E\infty} = 0$, vgl. Abb. 3-27. Dieses Potential wird als das der Bezugserde bezeichnet. Die Spannung zwischen der *Bezugserde* und den Anoden ist die Anodenspannung. Wegen der trichterförmigen $\Delta U(x)$-Kurve für die Spannungsverteilung auf der Erdoberfläche (vgl. Abb. 9-1) spricht man auch vom *Spannungstrichter* der Anodenanlage. Die Höhe des Spannungs-

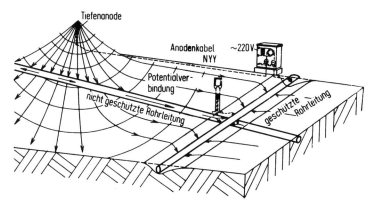

**Abb. 9-1.** Anodischer und kathodischer Spannungstrichter.

trichters ist abhängig von der Anodenspannung, seine Form von der Einbauanordnung der Anoden. Er ist für eine mögliche Beeinflussung fremder erdverlegter Installationen wichtig.

Beim Eintritt des Schutzstromes in die Fehlstellen der Rohrumhüllung treten ebenfalls Spannungstrichter auf, vgl. Abschn. 3.6.3 und 24.3.4. Abb. 9-1 zeigt schematisch als Potentialanhebung bzw. als Potentialabsenkung den Verlauf der Spannungstrichter einer Anodenanlage und einer kathodisch geschützten Rohrleitung.

## 9.1 Fremdstromanoden-Anlagen

### 9.1.1 Durchgehende horizontale Anodenanlagen

Bei ausreichend nutzbarem Gelände und niedrigen spezifischen Bodenwiderständen in den oberen Bodenschichten werden die Anoden horizontal eingebaut [3]. Dazu wird, z.B. mit einem Bagger oder einer Grabenfräse (vgl. Abb. 9-2), ein Graben von 0,3 bis 0,5 m Breite und 1,5 bis 1,8 m Tiefe ausgehoben. Auf die Sohle des Grabens wird eine 0,2 m hohe Koksschicht geschüttet. Darauf werden die Fremdstrom-Anoden gelegt und mit 0,2 m Koks bedeckt. Anschließend wird der Graben mit dem ausgehobenen Boden verfüllt. Zur Einbettung werden pro Meter Rohrgraben ca. 50 kg Petrolkoks mit einem Schüttgewicht von $0,6 \, \text{t m}^{-3}$ verwandt. Zur Erhaltung einer wirtschaftlichen Lebensdauer bei hoher Stromabgabe werden die Anoden parallel geschaltet und je drei bis vier Anodenkabel mit Quetschverbindung in einer Gießharz-Kabelmuffe an das Verbindungskabel zum Schutzstrom-Gerät angeschlossen.

Die Verbindungskabel zwischen Anodenanlagen und Schutzstrom-Gerät müssen besonders gut isoliert sein. Deshalb werden nur Kabel mit doppeltem Kunststoff-Mantel der Type NYY-O verwendet. Der Kabelmantel darf nicht beschädigt werden, da sonst die Kupferader an der Fehlstelle in sehr kurzer Zeit anodisch abgetragen und damit die Verbindung zum Schutzstrom-Gerät unterbrochen wird. Bei Verwendung mehradriger Kabel wirkt sich eine Beschädigung des Kabelmantels meist nicht so ungünstig aus. Im allgemeinen werden nicht alle Aderisolierungen beschädigt, so daß der Betrieb der Anodenanlage nicht unterbrochen wird. Ferner ist eine Widerstand- und Fehlereinmessung leichter möglich.

Die Ausbreitungswiderstände von durchgehenden Anodenanlagen mit einem Durchmesser von 0,3 m und einer Deckung von 1 m sind in Abb. 9-3 angegeben. Alle Werte sind für den spezifischen Bodenwiderstand $\rho_0 = 10 \, \Omega$ m berechnet. Um für beliebige $\rho$

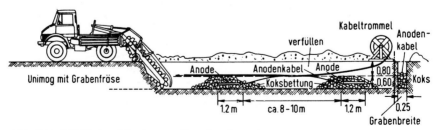

**Abb. 9-2.** Mit Grabenfräse hergestellter Anodengraben.

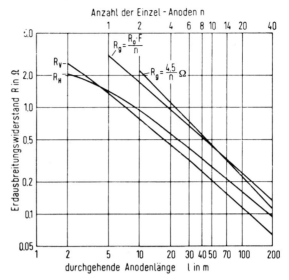

**Abb. 9-3.** Ausbreitungswiderstand von Anoden in durchgehender Koksbettung bei einer Erddeckung $t = 1$ m und einem Durchmesser $d = 0,3$ m für einen spezifischen Bodenwiderstand von $\rho = 10\ \Omega$ m. – Horizontalanoden: $R_H$ nach Gl. (24-23), siehe Zeile 9 in Tab. 24-1; Vertikalanoden: $R_V$ nach Gl. (24-29), siehe Zeile 7 in Tab. 24-1; Anodenanlage nach Abb. 9-7 aus $n$ Vertikalanoden mit $l = 1,2$ m ($R_0 = 3,0\ \Omega$) in einem Abstand von $s = 5$ m: $R_g$ nach Gl. (24-31) und (24-35) sowie für einen mittleren Wert $F = 1,5$.

den Ausbreitungswiderstand zu ermitteln, ist der aus der Kurve entnommene Wert mit $\rho/\rho_0$ zu multiplizieren. Mit horizontalen Einzelanoden in einem durchgehenden Koksbett kann fast der gleiche günstige Ausbreitungswiderstand wie bei langen durchgehenden Anoden erreicht werden. Nach den Angaben in Abschn. 24.4.3 beträgt der wirksame Erdungswiderstand $R_w$ nach Gl. (24-63)

$$R_w = Z \coth(L/l_k), \tag{9-1}$$

mit $Z$ nach Gl. (24-60) und der Kennlänge $l_k$ nach Gl. (24-58)

$$l_k = \frac{1}{\alpha} = \sqrt{\frac{1}{R'\,G'}}\ . \tag{9-2}$$

Der wirksame Erdungswiderstand nimmt nach Gl. (9-1) praktisch nicht mehr ab, wenn die Länge $L$ die Kennlänge $l_k$ überschreitet. Für $R'$ und $G'$ gelten die Gl. (24-56) und (24-57). Für zylinderförmige Formen von Horizontalerdern mit dem Radius $r$ und der Länge $L$ gelten die Daten: $\kappa = 1/\rho_K$ ($\rho_K$ = spezifischer Widerstand der Koksbettung); $S = \pi\,r^2$; $l = 2\,\pi\,r$; $r_p = (2\,\pi\,rL)\,R$. $R$ ist der Ausbreitungswiderstand nach Tabelle 24-1 und ist dem spezifischen Bodenwiderstand $\rho_E$ proportional. Einsetzen dieser Daten in Gl. (9-2) mit Hilfe der Gl. (24-56) und (24-57) führt zu:

$$l_k = C\sqrt{\frac{\rho_E}{\rho_K}}\quad \text{mit}\quad C = r\sqrt{\pi\,L\left(\frac{R}{\rho_E}\right)}\ . \tag{9-3}$$

Die Konstante $C$ ist demnach von den Abmessungen des Erders abhängig. Für einen Horizontalerder im Halbraum folgt aus Zeile 4 der Tabelle 24-1

$$C = r \sqrt{\ln \frac{L}{r}} \qquad (9\text{-}4\,\text{a})$$

und für einen in der Tiefe $t$ verlegten Horizontalerder folgt aus Zeile 9 der Tabelle 24-1

$$C = r \sqrt{\frac{1}{2} \ln \left( \frac{L^2}{2rt} \right)}. \qquad (9\text{-}4\,\text{b})$$

Nach Gl. (9-3) nimmt die Kennlänge $l_k$ mit ansteigendem spezifischen Bodenwiderstand zu. Dieser Zusammenhang ist in der Abb. 9-4 dargestellt. Dabei wird die Kennlänge als eine wirksame Verlängerung einer Anode im Koksbett bezeichnet. Im Falle eines unendlich langen Koksbettes hat nach Gl. (24-65) der Strom in der Anode und damit auch die austretende Stromdichte an der Stelle $x = l_k$ nur noch den $e$-ten Teil des Ausgangswertes an der Stelle $x = 0$.

Für Anodenanlagen mit durchgehender Koksbettung können die Anoden im doppelten Abstand der angegebenen Anodenbettverlängerung eingebaut werden. Je kleiner das Verhältnis $\rho_K/\rho_E$ bzw. je größer der spezifische Bodenwiderstand ist, um so weiter können die Anoden auseinander liegen.

An der Erdoberfläche stellen sich die Äquipotentiallinien der Spannungstrichter von ausgedehnten Anodenanlagen zunächst als Ellipsen, mit zunehmender Entfernung als Kreise dar. Dabei nimmt der Spannungstrichter in Richtung der Anodenachse mit $r^{-1}$, senkrecht zur Anodenachse zunächst nur mit $\ln(r^{-1})$ ab, vgl. Tabelle 24-1. Abb. 9-5 zeigt für verschieden lange Horizontalanoden das Spannungsverhältnis $U_Z/U_A$. Dabei ist $U_Z$ das Potential eines Punktes der Erdoberfläche, bezogen auf Bezugserde; das ist auch die Spannung zur Rohrleitung, vermindert um deren Polarisationsspannung $\eta$; $z$ ist der senkrechte Abstand zur Mitte der Anodenanlage. $U_A$ ist die angelegte Anodenspannung, die der Gleichrichterausgangsspannung $U_{G1}$, vermindert um das Einschaltpotential des Schutzobjektes, entspricht. In Abb. 9-6 ist das entsprechende Spannungsverhältnis $U_x/U_A$ in Richtung der Anodenachse dargestellt; $x$ ist der senkrechte Abstand zum Ende der Anoden. Horizontale Fremdstrom-Anodenanlagen von 100 m Länge und mehr bewirken im allgemeinen ausgedehnte Spannungstrichter. Die Abb. 9-5 und Abb. 9-6 zeigen, daß in ca. 100 m Entfernung von der Anodenanlage noch 7 bzw. 10% der Anodenspannung gegen Bezugserde anstehen. Erst bei einer Entfernung von 1 km ist diese Spannung auf 1% verringert. Die Größe des Spannungstrichters ist für die Beeinflussung fremder Leitungen von wesentlicher Bedeutung.

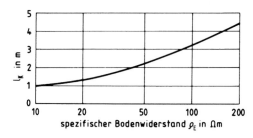

**Abb. 9-4.** Wirksame Anodenverlängerung $l_K$ durch Koksbettung nach Gl. (9-3) mit $\rho_K = 1\,\Omega\,\text{m}$ und $C = 0,31\,\text{m}$ (nach Gl. (9-4 a) mit $r = 0,15\,\text{m}$, $L = 10\,\text{m}$).

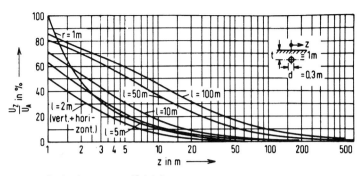

U_A = Anodenspannung / Rohrleitung
U_X ; U_Z = Spannung an der Erdoberfläche im Punkt X oder Z

**Abb. 9-5.** Spannungstrichter von horizontalen Anoden in $z$-Achse senkrecht zur Anode.

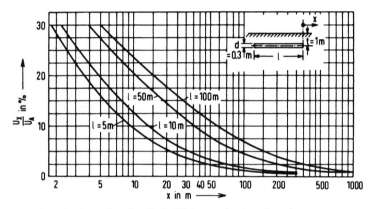

**Abb. 9-6.** Spannungstrichter einer horizontalen Anode in Richtung der Anodenachse $x$.

### 9.1.2  Einzelanoden-Anlagen

Anlagen aus Einzelanoden werden heute meist nur für geringe Schutzströme errichtet, oder wenn der Bau durchgehender Anodenanlagen nicht möglich ist, z.B. in Wäldern und in sumpfigen Geländen. Bei vertikalem Einbau werden meist 1,2 m lange Anoden zentrisch in Bohrlöcher von 2 m Länge und 0,3 m Durchmesser eingebracht. Die Löcher für Vertikal-Anoden lassen sich von Hand oder mit einem Bohrgerät mit Motorantrieb herstellen. Die Sohle des Bohrloches wird mit einer 0,2 m dicken Koksschicht bedeckt und darauf die Fremdstrom-Anode gestellt. Der freibleibende Raum wird mit ca. 75 kg Koks bis 0,2 m oberhalb der Anode aufgefüllt, vgl. Abb. 9-7. Es können auch Einzelanoden mit Baugruben der Abmessung 0,5×1,5×2 m horizontal eingebaut werden. Für die Bettung von horizontalen Einzelanoden werden ca. 200 kg Koks benötigt.

Der Ausbreitungswiderstand $R_g$ einer Anodenanlage aus $n$ Einzelanoden mit dem Abstand $s$ ist nur wenig größer als der einer durchgehenden Anodenanlage der Länge $l = s \, n$. Da sich die Einzelanoden mit endlichem Abstand $s$ bis zu etwa 10 m gegensei-

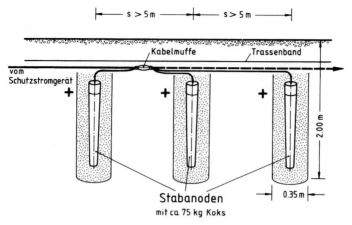

**Abb. 9-7.** Anodenanlage mit einzelnen Vertikalanoden.

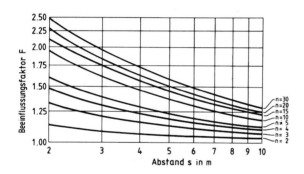

**Abb. 9-8.** Beeinflussungsfaktor $F$ für Anoden-Anlagen mit $n$ Einzelanoden (für $\rho/R = \pi$ m $\approx 10\,\Omega\,\text{m}/3.2\,\Omega$).

tig stark beeinflussen, ist der gesamte Ausbreitungswiderstand $R_g$ einer Anodenanlage aus $n$ Einzelanoden aber merkbar größer als der Widerstand für Parallelschaltung der Anoden bei einem Abstand $s \to \infty$. Der *Beeinflussungsfaktor F*, um den sich der Ausbreitungswiderstand vergrößert, ist in Abb. 9-8 in Abhängigkeit von den Abständen $s$ der einzelnen Vertikalanoden zu entnehmen, vgl. Gl. (24-35). Hierbei haben die einzelnen Anodenbetten die Abmessungen $l = 1,5$ und $d = 0,3$ m. Der Beeinflussungsfaktor gilt mit guter Genauigkeit auch für kurze Horizontalanoden bei 1 m Deckung. Bei einer Anodenanlage aus $n$ Einzelanoden mit dem Ausbreitungswiderstand $R_0$ für einen spezifischen Bodenwiderstand $\rho_0 = 10\,\Omega$ m beträgt somit

$$R_g = F\,\frac{R_0}{n}\,\frac{\rho}{\rho_0}\,. \tag{9-5}$$

Abb. 9-9 gibt gemessene und auf $\rho_0 = 10\,\Omega$ m umgerechnete Ausbreitungswiderstände von Anodenanlagen wieder. Die relativ großen Abweichungen der Werte von der eingetragenen Geraden sind darauf zurückzuführen, daß im Bereich der Anodenanlage der spezifische Bodenwiderstand örtlich nicht konstant und nach dem *Wenner*-Verfahren nicht mit genügender Genauigkeit in der Einbautiefe meßbar ist, vgl. Abschn. 3.5.2.

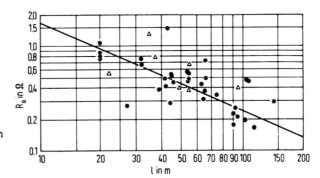

**Abb. 9-9.** Gemessene Ausbreitungswiderstände von Anodenanlagen. (Die Gerade entspricht Gl. (9-5) mit $R_g$ nach Abb. (9-3).)

Der Verlauf der Spannungstrichter einer Anodenanlage mit auf einer Geraden ange-ordneten Einzelanoden entspricht mit hinreichender Genauigkeit den Abb. 9-5 und 9-6.

### 9.1.3 Tiefenanoden-Anlagen

Tiefenanoden werden dort eingebaut, wo in den oberen Bodenschichten hohe und mit zunehmender Tiefe abnehmende spezifische Bodenwiderstände vorliegen. Wegen des geringen Platzbedarfes und wegen des kleineren Spannungstrichters zur Vermeidung der Beeinflussung fremder Installationen wird diese Einbauweise auch in dicht besie-delten Gebieten und beim Lokalen kathodischen Schutz (vgl. Kap. 12) bevorzugt [4].

Tiefenanoden bestehen aus parallel geschalteten Einzelanoden oder einem Kabel mit Anodenketten (siehe auch Abb. 18-6), die in 50 bis 100 m tiefen Bohrlöchern mit einem Durchmesser bis zu 0,3 m eingebracht werden. Die Bohrlöcher können nach ver-schiedenen Bohrverfahren hergestellt werden, wobei sich das *Lufthebe*-Verfahren (vgl. Abb. 9-10) als besonders günstig erwiesen hat. Hierbei wird das Bohrgut mit Wasser nach dem Prinzip der Mammutpumpe an die Erdoberfläche gefördert. Über ein Luft-rohr wird dem Düsenrohr am unteren Ende des Steigrohres so Druckluft zugeführt, daß sie dem Steigrohr am gesamten Umfang zuströmt. Das von der Luft durchsetzte Was-ser-Bohrgut-Gemisch steigt wegen des geringeren spezifischen Gewichtes aufwärts und wird über Spülkopf und Schlauch in die Spülgrube geleitet. Hier setzt sich das Bohr-gut ab. Das Spülwasser fließt der Bohrung wieder zu. Beim Lufthebe-Verfahren wird eine Auskesselung des Bohrloches, wie sie bei anderen Bohrverfahren möglich ist, ver-mieden. Im allgemeinen wird auch bei stehenden Böden das Bohrloch auf eine Länge bis zu 10 m verrohrt, um eine Beschädigung des Bohrloches durch einfließendes Spül-wasser zu vermeiden. Wird das Bohrloch z.B. wegen Fließsand verrohrt und soll die Verrohrung im Boden bleiben, so wird diese zu den Fremdstrom-Anoden parallel ge-schaltet. Bei der Niederbringung der Bohrung empfiehlt es sich, den Ausbreitungswider-stand des Bohrgestänges im Bohrloch zu messen, vgl. Abschn. 3.5.3. Dadurch kann festgestellt werden, ob der berechnete niedrige Ausbreitungswiderstand erreicht wird und ob es noch lohnend ist, die Bohrung in eine größere Tiefe weiterzuführen.

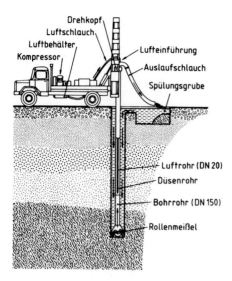

**Abb. 9-10.** Bohrung für eine Tiefenanoden-Anlage nach dem Lufthebe-Verfahren.

Um eine zentrische Anordnung der Fremdstrom-Anoden im Bohrloch zu gewährleisten, werden diese in eine Zentriereinrichtung gesetzt. Die Anode mit der Zentriereinrichtung kann z.B. mit Hilfe von Kunststoff-isolierten Drahtseilen in das Bohrloch eingelassen werden, vgl. Abb. 9-11. Nach Einbringen einer jeden Fremdstrom-Anode wird der freie Raum mit Koks bis zur Einbringungshöhe der nächsten Anode aufgefüllt; pro Meter Anodenanlage werden ca. 50 kg Koks benötigt. Die Drahtseile werden an einem Träger über dem Bohrloch befestigt und gewährleisten so eine Zugentlastung für die Anodenkabel. Die Anodenkabel werden in einen Klemmkasten geführt, um die einzelnen Anodenströme messen zu können. Von dort führt ein Anodensammelkabel zum Schutzstrom-Gerät. Vor allem bei Tiefenanoden mit Bettung in kalziniertem Petrolkoks empfiehlt es sich, ein perforiertes Kunststoffrohr einzubauen und oberhalb der Anodenanlage das Bohrloch mit Kies zu verfüllen, damit nach Gl. (7-1) anodisch entwickelter Sauerstoff (1,83 $m^3$ $A^{-1}$ $a^{-1}$ nach Tabelle 2-3) entweichen kann und nicht zu einer Erhöhung des Ausbreitungswiderstandes führt [5]. Abb. 9-12 zeigt die auf diesen Vorgang zurückzuführende Zunahme des Ausbreitungswiderstandes einer 100 m tiefen Anodenanlage. Bei Abschaltung der Spannung erreicht der Widerstand nach einigen Tagen den ursprünglichen Wert, um dann bei erneuter Strombelastung wieder anzusteigen.

Bei Fremdstromanoden kann eine Widerstandserhöhung nicht nur durch Gaspolster oder elektroosmotische Austrocknung, sondern in ungünstigen Fällen (kein Grundwasser, hoher Bodenwiderstand und hohe Anodenspannungen) auch durch Ansteigen der Temperatur des Anodenbettes durch Ohmsche Wärme verursacht werden. Es wurden Fälle beobachtet, bei denen die Koksbettung der Anoden in Brand geriet oder bei den Anoden von Hochspannung-Gleichstrom-Übertragungsanlagen eine Zersetzung von Wasser erfolgte.

Mit einer merkbaren Temperaturerhöhung um den Betrag $\Delta T$ ist in einem Bodenbereich zu rechnen, der sich in einem Abstand bis zu 3 $r_0$ von der Anode befindet. Hierbei ist $r_0$ der Anodenradius. Einflußgrößen sind die Boden-Wärmeleitfähigkeit $k$, die

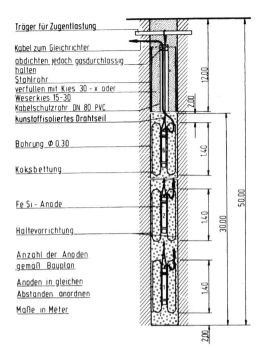

Träger für Zugentlastung
Kabel zum Gleichrichter
abdichten jedoch gasdurchlassig halten
Stahlrohr
verfullen mit Kies 30 - x oder Weserkies 15-30
Kabelschutzrohr  DN 80 PVC
kunstoffisoliertes Drahtseil

Bohrung  Φ 0.30

Koksbettung

Fe Si - Anode

Haltevorrichtung

Anzahl der Anoden gemäß Bauplan

Anoden in gleichen Abständen anordnen

Maße in Meter

**Abb. 9-11.** Aufbau einer Tiefenanoden-Anlage.

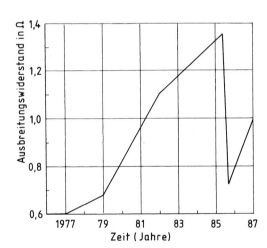

**Abb. 9-12.** Zunahme des Ausbreitungswiderstandes einer Tiefenanode durch Entstehen eines Gaspolsters.

Anodenlänge $L$, der Ausbreitungswiderstand $R_0$ und der eingespeiste Strom $I$. Aus diesen Größen läßt sich die Temperaturerhöhung errechnen [6]. Sie beträgt für Tiefenanoden:

$$\Delta T = \frac{I^2 R_0}{4\pi k (L + r_0)} \tag{9-6}$$

und für oberflächennahe Anoden

$$\Delta T = \frac{I^2 R_0}{2 \pi k (L + r_0)} \,.$$

(9-7)

Aus den Gln. (9-6) und (24-24) folgt schließlich näherungsweise:

$$U^2 = \Delta T \, 2 \, k \, \rho \, \ln(L/r_0) \,.$$

(9-8)

Aus der Gl. (9-8) läßt sich die *zulässige Anodenspannung* errechnen. Für ungünstige Verhältnisse mit $\Delta T = 20$ K, für trockenen Boden mit $k = 0{,}2$ W m$^{-1}$, $\rho = 50 \ \Omega$ m sowie $L/r_0 = 500$ folgt aus Gl. (9-8): $U = 50$ V.

Die Ausbreitungswiderstände von Tiefenanoden können der Abb. 9-3 entnommen werden, wobei die Länge des Koksbettes einzusetzen ist. Die Überdeckung ist praktisch ohne Einfluß auf den Ausbreitungswiderstand. Nach Gl. (24-29) wird der Ausbreitungswiderstand einer 30 m langen Anode in homogenen Böden mit einer Deckung von 10 m nur um 10% gegenüber 1 m Deckung verringert. Der Beeinflussungsfaktor von Tiefenanoden ist nach Gl. (24-37) zu berechnen. Der Wert ist kleiner als der Wert in Abb. 9-8. Somit liegt man bei Verwendung der Werte von Abb. 9-8 in der Praxis auf der sicheren Seite.

Im Gegensatz zum Ausbreitungswiderstand kann im Bereich bis zu 20 m von der Anodenachse durch eine Vergrößerung der Deckung eine Verringerung des Spannungstrichters an der Erdoberfläche erzielt werden, was für die Beeinflussung von fremden Installationen von Bedeutung ist. In Abb. 9-13 sind die Spannungstrichter für 30 m lange Tiefenanoden mit verschiedener Deckung dargestellt.

Für besondere Anwendungsbereiche, z.B. bei tiefliegenden Grundwässern, wurden auch Tiefenanoden-Anlagen mit austauschbaren Anoden- oder Anodenketten erprobt, siehe Abb. 18-6 [7].

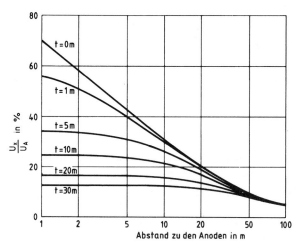

**Abb. 9-13.** Spannungstrichter von 30 m langen Tiefenanoden mit unterschiedlicher Erddeckung $t$.

## 9.2 Beeinflussung fremder Rohrleitungen und Kabel

Kathodische Korrosionsschutzanlagen führen betriebsmäßig einen Gleichstrom über Erde, der an den Anoden eingeleitet und dem Schutzobjekt zugeführt wird. Es sind somit nach DIN VDE 0150 Gleichstromanlagen, von denen *Streuströme* ausgehen, die an fremden erdverlegten metallischen Installationen, z.B. Rohrleitungen und Kabeln, Korrosionsschäden hervorrufen können [8, 9]. Im Bereich der Anoden verursacht der Schutzstrom einen *anodischen Spannungstrichter.* Dabei wird das Potential des Erdbodens gegenüber dem Potential der Bezugserde angehoben. An den Fehlstellen der Rohrumhüllung erzeugt der Schutzstrom *kathodische Spannungstrichter.* Hier wird das Potential des Erdbodens gegenüber dem Potential der Bezugserde abgesenkt. Fremde erdverlegte metallische Installationen nehmen im Bereich der Anoden Ströme auf und geben sie von den Anoden entfernt ab, d.h. sie werden in Anodennähe kathodisch und in Anodenferne anodisch polarisiert. An den Streustrom-Austrittsstellen erfolgt anodische Korrosion.

Solche *Beeinflussungen* lassen sich durch Ein- und Ausschalten der Schutzanlage als Potentialänderung der fremden Installation und als Spannungstrichter auf dem Erdboden messen, vgl. Abschn. 3.6.3.1. Mit einer anodischen Beeinträchtigung benachbarter Installationen ist in solchen Bereichen zu rechnen, wenn sich die Spannung zwischen beeinflußter Installation und einer unmittelbar über diese auf den Erdboden gesetzten Bezugselektrode bei fließendem Schutzstrom im Mittel und mehr als 0,1 V in positiver Richtung ändert [9], und zwar

– bei nicht kathodisch geschützten Installationen gegenüber dem Potential bei abgeschaltetem Schutzstrom,
– bei kathodisch geschützten Installationen gegenüber dem Schutzpotential $U_s$.

Das so gemessene Potential enthält neben dem wahren Objekt/Boden-Potential im wesentlichen einen Ohmschen Spannungsabfall, der dem spezifischen Bodenwiderstand und der Stromdichte proportional ist. Die durch den Streustrom-Austritt tatsächlich verursachte *IR*-freie anodische Potentialänderung ist in der Praxis im allgemeinen nicht meßbar, wenn nicht externe Meßproben eingesetzt werden, vgl. Abschn. 3.3.4. Darüber hinaus gibt sie auch keine direkte Information über die Korrosionsgefährdung, da der Verlauf der anodischen Teilstrom-Potential-Kurve unbekannt ist. Nach Abb. 2-9 bewirkt eine *IR*-freie Potentialerhöhung um 100 mV bzw. 20 mV eine Zunahme der Abtragungsgeschwindigkeit um den Faktor 30 bzw. 2, wenn keine Deckschichten vorliegen. In Gegenwart von Deckschichten ist die Zunahme wesentlich geringer. Dieser Einfluß und der immer vorliegende hohe *IR*-Anteil erklären, daß das aus der Erfahrung abgeleitete *0,1-V-Kriterium* für nicht ganz niederohmige Böden ausreicht. In England und in der Schweiz dagegen ist nur eine *fast IR*-freie Potentialänderung an der Phasengrenze von 20 mV zugelassen [10, 11], wobei die Genauigkeit der Messung aber *unklar* ist. einige andere europäische Länder lassen eine Potentialänderung mit *IR*-Anteil von 50 mV zu [12].

### 9.2.1 Beeinflussung durch den Spannungstrichter der Anoden

Die größte Potentialbeeinflussung fremder Rohrleitungen und Kabel erfolgt im allgemeinen durch den Spannungstrichter von Fremdstrom-Anoden, bei denen eine hohe Schutzstromdichte und ein großes Potentialgefälle im Erdboden vorhanden sind. Da in Anodennähe nur eine negative Potentialverschiebung hervorgerufen wird, besteht keine Gefahr einer anodischen Korrosion. Bei Korrosionssystemen der Gruppe II in Abschn. 2.4, z.B. Aluminium und Blei im Boden, kann allerdings eine *kathodische Korrosion* auftreten. Die Größe der aufgenommenen Ströme ist abhängig von der Beeinflussungsspannung, d.h. vom Potential des Spannungstrichters an der beeinflußten Stelle gegen die Bezugserde, und vom Umhüllungswiderstand der beeinflußten Installation. Grundsätzlich ist bei der Beeinflussung durch den anodischen Spannungstrichter zwischen *kurzen* und *langen* Objekten zu unterscheiden, wie dies aus der Abb. 9-14 hervorgeht [13].

Das Ruhepotential einer betrachteten Rohrleitung hat den Betrag $U_R$ und liegt nur bei ausgeschalteter Anodenanlage im Bereich der Bezugserde vor. Bei Betrieb der Anodenanlage im Erdboden liegen gemäß den Spannungstrichtern unterschiedliche Potentiale vor, deren Werte $U_y$ auf die Bezugserde bezogen sind. Das Objekt/Boden-Potential ist bei Vernachlässigung von Ohmschen Spannungsabfällen im Objekt direkt abhängig von $U_y$, vgl. Abb. 3-27. In der Abb. 9-14 sind die Werte von $U_y$ und $U_R$ in Abhängigkeit von der Ortskoordinate y dargestellt. Dabei ist für eine bessere Übersicht angenommen, daß das Rohr nicht polarisiert wird. Die Differenz zwischen $U_y$ und $U_R$ zeigt die Spannung an, die zur Polarisation des Rohres einschließlich Ohmschen Spannungsabfall zur Verfügung steht. Dabei wird im Bereich $U_y > U_R$ die Rohrleitung *kathodisch* und im Bereich $U_y < U_R$ die Rohrleitung *anodisch* polarisiert. Eine dadurch bedingte Veränderung des Rohr/Boden-Potentials ist nicht dargestellt.

Teilbild 9-14a zeigt die Verhältnisse für ein *kurzes* Objekt (Rohrleitung oder Behälter). Die anodische Beeinflussung ist in diesem Falle verhältnismäßig groß. Eine solche Beeinflussung tritt auch an Isolierstücken in Rohrleitungen auf, wobei im allgemeinen bei kleiner Spannung keine Überbrückung erforderlich ist. Bei Spannungen um 1 V und bei positiver Potentialverschiebung >0,1 V ist das Isolierstück dann mit einem

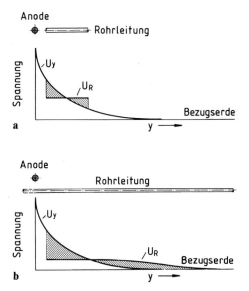

**Abb. 9-14.** Beeinflussung einer kurzen (**a**) und einer langen (**b**) Rohrleitung durch den anodischen Spannungstrichter, ▨ Bereich einer kathodischen Polarisation; ▨ Bereich einer anodischen Polarisation.

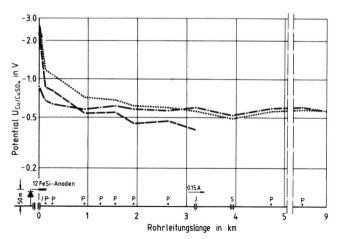

**Abb. 9-15.** Beeinflussung einer langen (durch Überbrücken des Isolierstückes) und einer kurzen Leitung durch einen anodischen Spannungstrichter von 1 km Länge; $P$ = Potentialmeßstelle; $I$ = Isolierstück; ····· eingeschaltete Anodenanlage, lange Leitung; −−−− eingeschaltete Anodenanlage, kurze Leitung; −·−·−· ausgeschaltete Anodenanlage, beide Leitungen.

Abgleichwiderstand zu überbrücken. Bei *Wasserleitungen* kann im Inneren der Einbau einer zusätzlichen kathodischen Schutzanlage oder der Einbau einer Rohrstrecke mit einer isolierenden Innenauskleidung erforderlich werden, vgl. Abschn. 10.3 und 24.4.6.

Das Teilbild 9-14b zeigt die Verhältnisse bei einer sehr *langen* Rohrleitung, die bis in den Bereich der Bezugserde führt. Hier wurden die Spannungsabfälle im Schutzobjekt berücksichtigt, d.h. $U_R$ nimmt mit ansteigendem $y$-Wert ab. Es ist zu erkennen, daß im anodischen Bereich die Beeinflussung wesentlich kleiner ist als im Fall der kurzen Rohrleitung im Teilbild 9-14a. Abb. 9-15 zeigt die gemessenen Rohr/Boden-Potentiale einer langen und einer kurzen beeinflußten Rohrleitung.

Bei der Beeinflussung durch den anodischen Spannungstrichter zeigt die Erfahrung, daß mit einer Beeinflussungsspannung $U_y < 0{,}5$ V gegen Bezugserde im allgemeinen keine unzulässige anodische Beeinflussung verursacht wird. Der Abstand $r_A$ von den Fremdstromanoden, an dem $U_y = 0{,}5$ V erreicht wird, ist abhängig von der Anodenspannung $U_A$ und der Anodenlänge $L$ [13]. Er beträgt:

$$\left(\frac{r_A}{m}\right) = \left(\frac{L}{m}\right)^{0,65} \left(\frac{U_A}{V}\right). \tag{9-9}$$

Beim kathodischen Schutz mit galvanischen Anoden ist wegen der geringen Stromdichte im Erdboden und der kleineren Anodenspannung mit keiner schädigenden Beeinflussung fremder Objekte zu rechnen.

### 9.2.2 Beeinflussung durch den kathodischen Spannungstrichter des Schutzobjektes

Der an den Fehlstellen der Rohrumhüllung kathodisch geschützter Rohrleitungen eintretende Schutzstrom bewirkt im Erdboden kathodische Spannungstrichter, vgl. Abschn. 3.6.3. Bei Rohrleitungen, die Umhüllungen mit großer mechanischer Festigkeit besitzen, wie z.B. PE-Umhüllungen, kommen im allgemeinen nur wenige Fehlstellen in großen Abständen vor. In der Nähe dieser Fehlstellen kann für den Potentialverlauf der Spannungstrichter einer einseitig geerdeten Kreisplatte, in größerer Entfernung der Potentialverlauf eines eingegrabenen Kugelerders angenommen werden, vgl. Abschn. 3.6.3.2. Mit Hilfe Gl. (3-90) kann durch Messen des Spannungstrichters $\Delta U_x$ und der Differenz aus Ein- und Ausschaltpotential die Größe von Fehlstellen abgeschätzt werden. Hat jedoch eine Rohrumhüllung sehr viele Fehlstellen mit geringen Abständen, so überlagern sich die einzelnen Spannungstrichter zu einem zylindrischen Spannungsfeld um die Rohrleitung [14], vgl. Abschn. 3.6.3.3. Insbesondere bei älteren Rohrleitungen mit Umhüllungen aus Jute- oder Wollfilz-Bitumen mit mittleren Schutzstromdichten von einigen mA m$^{-2}$ ist mit einer Potentialverteilung nach Gl. (24-48 b) zu rechnen. Der hohe Schutzstrombedarf älterer Rohrleitungen wird häufig durch nichtumhüllte Armaturen, schlecht isolierte Schweißnähte und metallenleitende Kontakte mit fremden Rohrleitungen oder mit nicht isolierten Mantelrohren verursacht. Da zum kathodischen Schutz unbeschichteter Eisenoberflächen im Erdboden, vor allem in gut belüfteten Böden, Schutzstromdichten bis 500 mA m$^{-2}$ erforderlich sind, treten hierbei Spannungstrichter von einigen 100 mV auf.

Erdverlegte Rohrleitungen, die kathodisch geschützte Rohrleitungen im Bereich der Spannungstrichter kreuzen, nehmen außerhalb der Spannungstrichter Schutzstrom auf, der diese im Bereich der kathodischen Spannungstrichter verläßt und hier anodische Korrosion verursacht. Das mit einer Bezugselektrode über der Kreuzungsstelle ermittelte Potential der beeinflußten Leitung ist im wesentlichen Ohmscher Spannungsabfall, der durch den im Erdboden zur Fehlstelle der kathodisch geschützten Leitung fließenden Schutzstrom verursacht wird. Abb. 9-16 zeigt schematisch die Potentialverteilung im Boden, den Verlauf des Spannungstrichters und die Potentialverteilung an der beeinflußten Rohrleitung.

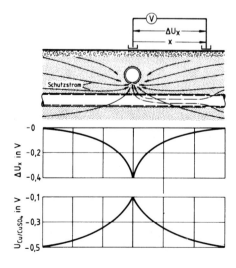

**Abb. 9-16.** Stromverteilung und Spannungstrichter $\Delta U_x$ an einer Fehlstelle in der Rohrumhüllung einer kathodisch geschützten Leitung und Verlauf des Rohr/Boden-Potentials einer beeinflußten Leitung.

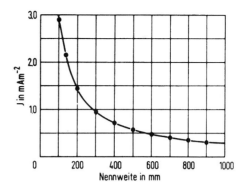

**Abb. 9-17.** Schutzstromdichte in Abhängigkeit von der Nennweite, die einen Spannungsabfall von $\Delta U_x = 100$ mV ($x = 10$ m) bei $\rho = 100\ \Omega$ m bewirkt.

Da die Beeinflussung fremder Leitungen durch den Spannungstrichter der kathodisch geschützten Installation erfolgt, kann diese durch Messen des Spannungsabfalles an der Erdoberfläche abgeschätzt werden, siehe auch Abschn. 24.3.4. Deshalb ist es weder erforderlich noch notwendig, zur Ermittlung der Beeinflussung fremder Leitungen durch kathodisch geschützte Installationen an jeder Kreuzungsstelle Potentialmeßstellen einzurichten. Dabei wird $\Delta U_x$ mit $x = 10$ m gemäß Abb. 9.16 gemessen, was dem $U_B^\perp$ in Abb. 3-27 entspricht. In Abb. 9-17 ist der Spannungsabfall $\Delta U_x$ eines Zylinderfeldes auf der Erdoberfläche nach Gl. (24-48 b) als Funktion der Nennweite bei einer Deckung von 1 m bei Schutzstromdichten von $100\ \mu$A m$^{-2}$ für einen hohen spezifischen Bodenwiderstand von $\rho = 100\ \Omega$ m aufgetragen. Hieraus ist zu ersehen, daß bei Rohrleitungen mit Schutzstromdichten unter $100\ \mu$A m$^{-2}$ der Spannungsabfall im Boden unter 10 mV bleibt, so daß keine ungünstige Beeinflussung fremder Rohrleitungen eintreten kann. Werden die mittleren Schutzstromdichten von Rohrleitungen aber durch schlecht oder nicht umhüllte Armaturen mit Schutzstromdichten von einigen 100 mA m$^{-2}$ verursacht, so treten hier entsprechend große Spannungstrichter auf.

### 9.2.3 Aufhebung der Beeinflussung

Die durch die anodischen und kathodischen Spannungstrichter hervorgerufenen Beeinflussungen fremder Installationen können in jedem Fall durch *Potentialverbindungen* mit den kathodisch geschützten Anlagen aufgehoben werden.

Abb. 9-1 zeigt eine Potentialverbindung an der Kreuzung von kathodisch geschützter und nicht geschützter Rohrleitung. Der im Spannungstrichter der Anodenanlage in die ungeschützte Rohrleitung eintretende Strom fließt an der Kreuzungsstelle nicht mehr über den Erdboden als Korrosionsstrom, sondern über die Potentialverbindung zur kathodisch geschützten Rohrleitung. Hierdurch wird eine unzulässige positive Potentialverschiebung an der Kreuzungsstelle in eine Potentialabsenkung umgewandelt. In der Potentialverbindung wird im allgemeinen ein *Abgleichwiderstand* von etwa 0,2 bis 2 $\Omega$ eingeschaltet, um den Abgleichstrom und die Potentialabsenkung der beeinflußten Rohrleitung zu begrenzen. Der Abgleichwiderstand wird so eingestellt, daß bei Einschalten der kathodischen Schutzanlagen eine geringfügige Potentialverschiebung um einige mV in negativer Richtung erfolgt. Durch eine Potentialverbindung kann der kathodische Schutz beeinträchtigt werden, wenn zu viel Schutzstrom von der beeinflußten Installation aufgenommen werden muß. Ferner kann die Kontrolle des kathodischen Schutzes durch Messen *IR*-freier Potentiale mit der Ausschaltmethode infolge erheblicher Ausgleichsströme fehlerhaft werden, vgl. Abschn. 3.3.1. Daher sollte eine Verbindung mit der beeinflußten Rohrleitung nur hergestellt werden, wenn keine andere wirtschaftlich günstige Möglichkeit besteht, die Beeinflussung auf ein zulässiges Maß zu verringern. Nach Abb. 9-5 und 9-6 können Beeinflussungen durch den anodischen Spannungstrichter auch durch einen genügend großen Abstand von fremden Anlagen oder kleinen Anodenspannungen vermieden werden. Der Einbauort von Anodenanlagen ist daher nicht nur nach einem nahe gelegenen Stromanschluß und einem niedrigen spezifischen Bodenwiderstand, sondern auch unter Berücksichtigung der Entfernung zu fremden Rohrleitungen zu wählen. Kleine Anodenspannungen lassen sich durch mehrere Schutzanlagen mit kleinerer Stromabgabe, durch Verlängern der Anodenanlage zur Verringerung des Ausbreitungswiderstandes und Herabsetzung der erforderlichen Anodenspannung oder mit Tiefenanoden erreichen. Beim kathodischen Schutz von Rohrleitungen im Stadtgebiet sind deshalb Tiefenanoden mit Deckungen bis 20 m entsprechend Abb. 9-13 günstig. Dabei kann der Abstand zu fremden Installationen wesentlich verringert werden.

Im Bereich anodischer Spannungstrichter sollte die Aufnahme von Strömen durch fremde Installationen möglichst vermieden werden. Daher sollten fremde Rohrleitungen im anodischen Spannungstrichter eine Rohrumhüllung mit hohem Umhüllungswiderstand, keine nichtumhüllten Armaturen und keine metallenleitenden Kontakte zu stahlbewehrten Betonschächten, Fundamenten oder elektrisch geerdeten Anlagen haben. Bei fremden Rohrleitungen, die neben bestehenden Anodenanlagen verlegt werden, muß durch eine möglichst gut isolierende Umhüllung, z.B. aus Polyethylen, der aufgenommene Strom klein gehalten werden. Abb. 9-18 zeigt Rohr/Boden-Potentiale einer Rohrleitung, die im Abstand von 5 m parallel zu einer Anodenanlage verlegt ist und im Bereich des anodischen Spannungstrichters eine besonders gute Rohrumhüllung aus Polyethylen besitzt. Hierdurch konnte eine Beeinflussung vermieden werden. Für Kabel mit Kunststoffummantelung, die im Bereich von Anodenanlagen verlegt werden, besteht in gleicher Weise keine Beeinflussungsgefahr.

Bei einer Beeinflussung durch den kathodischen Spannungstrichter einer Fehlstelle mit dem Radius $r_1$ kann die Austrittsstromdichte $J_a$ an Umhüllungsfehlstellen der beeinflußten Rohrleitung nach den Gln. (24-51) bzw. Gl. (24-51′) errechnet werden. Da die Größen in dieser Gleichung im allgemeinen unbekannt sind, können keine quantitativen Aussagen zur Korrosionsgefährdung, sondern nur qualitative Tendenzaussagen erhalten werden, z.B. über Maßnahmen, die die Beeinflussung vermindern können. Die wichtigste Maßnahme ist die Beseitigung der Ursache der Beeinflussung, d.h. Verbessern der Rohrumhüllung der beeinflussenden Leitung im Kreuzungsbereich. Diese Maßnahme ist aber nur wirtschaftlich, wenn der Spannungstrichter durch eine einzelne und nicht durch sehr viele Fehlstellen (Zylinderfeld) hervorgerufen wird.

An der beeinflußten Rohrleitung können außer der Potentialverbindung zur beeinflußten Leitung folgende weitere Maßnahmen zur Verringerung der Beeinflussung getroffen werden:

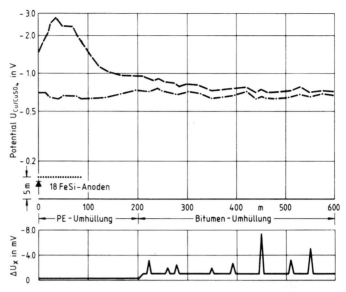

**Abb. 9-18.** Rohr/Boden-Potential einer Rohrleitung mit fehlstellenfreier PE-Umhüllung (bis 200 m) und mit Bitumen-Umhüllung (200 bis 600 m) im Bereich eines anodischen Spannungstrichters bei eingeschalteter (– – – –) und ausgeschalteter (– · – · –) Schutzanlage; die $\Delta U_x$-Werte zeigen, daß im Bereich des Spannungstrichters kein Strom eintritt.

– Scheinbares Vergrößern der Fehlstelle durch Anschluß von galvanischen Anoden, die zugleich die Beeinflussung durch die eigene Schutzstrom-Abgabe verringern.
– Vergrößern des Abstandes zwischen den beiden Fehlstellen, z.B. durch Verlegen in einem Mantelrohr aus Kunststoff.
– Elektrische Abtrennung der Kreuzung oder des Parallelverlaufs durch Isolierstücke.

Mit zunehmender Verbesserung der Rohrumhüllung wird das Beeinflussungsproblem verringert. Bei Rohrleitungen mit Polyethylen-Umhüllung ist eine Beeinflussung fremder Objekte ausgeschlossen. Nur bei schlecht umhüllten Armaturen und nicht isolierten Baustellen-Schweißnähten kann noch eine Beeinflussung fremder Objekte auftreten. Aber auch bei alten Leitungen mit mittleren Schutzstromdichten von 0,5 bis 1 mA m$^{-2}$ liegen Beeinflussungen durch den kathodischen Spannungstrichter im wesentlichen nur bei großen Fehlstellen in der Umhüllung, bei metallenleitenden Kontakten mit nicht umhüllten Mantelrohren oder an nicht umhüllten oder nicht ausreichend beschichteten Armaturen und nicht umhüllten Rundschweißnähten vor. In diesen Fällen ist es aber auch zur Sicherstellung des kathodischen Schutzes erforderlich, die metallenleitenden Kontakte zu beseitigen oder die Umhüllungsschäden nachzubessern.

## 9.3 Literatur

[1] W. v. Baeckmann, gwf/gas *99*, 153 (1958).

[2] F. Wolf, gwf gas *103*, 2 (1962).

[3] J. Backes u. A. Baltes, gwf/gas *117*, 153 (1976).

[4] W. Prinz, 3R internat. *17*, 466 (1978).

[5] W. T. Brian, Mat. Protection *9*, H. 4, 25 (1970).

[6] W. H. Burkhardt, Corrosion *36*, 161 (1980).

[7] W. Lüke, W. Schwenk u. G. Zimmermann, 3R internat. *34*, 158 (1995).

[8] J. Geiser, Korrosionsschutz in der Ortsgasverteilung, Vulkanverlag, Essen 1996.

[9] DIN VDE 0150, Beuth-Verlag, Berlin 1983.

[10] J. H. Gosden, 19. Tagung der CIGRE in Paris. Archiv für Energiewirtschaft 1962. Bericht 207.

[11] Schweizerische Korrosionskommission. Richtlinien für Projekte, Ausführung und Betrieb des kathodischen Korrosionsschutzes von Rohrleitungen 1987.

[12] Technisches Komitee für Fragen der Streustrombeeinflussung (TKS): Technische Empfehlung Nr. 3, VEÖ-Verlag. Wien 1975.

[13] AfK-Empfehlung Nr. 2. WVGW-Verlag, Bonn, 1985.

[14] W. v. Baeckmann, Techn. Überwachung *6*, 170 (1965).

# 10 Rohrleitungen

J. GEISER, B. LEUTNER und F. SCHWARZBAUER

Erdverlegte Stahlrohrleitungen für den Transport von Gasen mit Drücken >4 bar, für Rohöl, Sole und Chemieprodukte müssen nach Technischen Regeln [1–4] kathodisch gegen Korrosion geschützt werden. Zur Erhöhung der Betriebssicherheit und aus wirtschaftlichen Gründen wird das kathodische Schutzverfahren aber auch für Gasverteilungsnetze und für Wasser- und Fernwärmeleitungen aus Stahl eingesetzt. Bei Rohrleitungen zum Transport von Medien mit elektrolytischer Leitfähigkeit sind besondere Maßnahmen im Bereich der Isolierverbindungen erforderlich.

## 10.1 Elektrische Eigenschaften von Rohrleitungen aus Stahl

### 10.1.1 Allgemeine Angaben

Die elektrische Eigenschaft von erdverlegten Rohrleitungen aus Stahl entspricht der von ausgedehnten Erdern mit Längswiderstand, vgl. Abschn. 24.2. Der auf die Rohrlänge bezogene Widerstand ist der Widerstandsbelag $R'$ und wird durch Gl. (24-70) wiedergegeben. Der spezifische Umhüllungswiderstand $r_u$ nach Gl. (5-1) entspricht einem spezifischen Polarisationswiderstand $r_p$. Er bestimmt den Ableitungsbelag $G'$ und wird durch Gl. (24-71) wiedergegeben. Nach Gl. (24-67') besteht ein Zusammenhang zwischen der Schutzstromdichte $J_s$, $r_p$ und der Polarisation $\eta_L$. Die Reichweite $L$ des kathodischen Schutzes ist so definiert, daß an der mittigen Einspeisestelle das Potential $U_h$ und am Ende das Schutzpotential $U_s$ bei Begrenzung mit einem Isolierstück vorliegen. Dann folgt $L$ mit Gl. (24-75) zu:

$$(2\,L)^2 = 8\,\alpha^{-2} = \frac{8}{R'\,G'} = \frac{8\,\Delta U\,s}{J_s\,\rho_{st}}.$$ (10-1)

Daten für $\rho_{st}$ sind in der Tabelle 3-5 angegeben. Gl. (10-1) folgt als Näherung für große $r_p$-Werte nach Gl. (24-74) und exakt aus Gl. (24-81) für eine konstante Schutzstromdichte $J_s$ im Schutzpotentialbereich der Größe $\Delta U$ von $U_s$ bis $U_h$, siehe die Ausführungen zu Gl. (24-81). Die konstante Schutzstromdichte $J_s$ im Schutzpotentialbereich setzt voraus, daß der Ableitungsbelag örtlich konstant und die Stromdichte potentialunabhängig sind. Bei $U<U_h$ bzw. $\Delta U>0,3$ V beginnt der Überschutzbereich, für den Gl. (10-1) nicht zutrifft, vgl. Abschn. 24.4.4. Die Fehlstellen in der Umhüllung müssen also sehr klein und gleichmäßig verteilt sein. Somit kann $L$ nicht exakt über die Schutzwirkung informieren und stellt nur eine Mindestanforderung in der Planung dar.

Schutzbereichslängen $L$ nach Gl. (10-1) wurden in [5] mit den Abb. 10-1 und 10-2 in Abhängigkeit von den Rohrwanddicke $s$ angegeben. Zusätzlich werden auch Daten für Rohrleitungen mit überbrückten Muffen angegeben, für die Gl. (10-1) mit $s/\rho_{st} = 8,3$ kS gilt. Nach Gl. (10-1) werden große Schutzbereichslängen durch kleine Werte für $R'$ und $G'$ bestimmt. Die Einflußgrößen dieser Parameter werden nachfolgend beschrieben und bestimmen die wesentlichen Voraussetzungen für den kathodischen Rohrleitungsschutz.

a) Die Rohrleitung darf keine den Längswiderstand erhöhenden Elemente, wie z.B. Muffen, Dehner, eingeflanschte Armaturen, besitzen bzw. diese müssen gut metallenleitend überbrückt werden.

b) Die Rohrleitung muß eine gut isolierende Rohrumhüllung mit möglichst wenigen Beschädigungen besitzen. Es dürfen keine Kontakte zu geerdeten Anlagen bestehen, die den Ableitungsbelag erhöhen, wie z.B. zu Erdungsanlagen, Rohrleitungen, Mantelrohren, Schieberfundamenten und Festpunkten.

c) Bei kurzen Rohrleitungen sind an den geerdeten Endpunkten und bei langen Rohrleitungen sind wegen der Voraussetzung $I = 0$ an den Enden des Schutzbereiches Isolierstücke einzubauen oder durch parallelgeschaltete weitere kathodische Schutzanlagen der Schutzbereich elektrisch zu begrenzen, vgl. die Angaben zu Gl. (24-77 bis 24-80).

## 10.1.2 Maßnahmen für einen kleinen Widerstandsbelag

Rohrleitungen mit Schweißverbindungen besitzen immer einen kleinen Widerstandsbelag $R'$. Dieser ist aber bei widerstandsbehafteten Rohrverbindungen wie Flanschen und Muffenverbindungen mit isolierenden Zwischenlagen, z.B. Gummischraubmuffen oder Dehner, erheblich höher. Sie müssen durch möglichst kurze, isolierte Kupfer-Kabel mit einem Mindestquerschnitt von 16 mm², was einen Überbrückungswiderstand $< 1$ mΩ gewährleistet, überbrückt werden. Die Kabel sollten, um eine niederohmige Überbrückung zu garantieren, mit einem geeigneten Verfahren wie *Cadweld,* Bolzenschweißung oder AGA-Stiftlötung [6–8] an die Rohrleitung angeschlossen werden. Die Anschlußstellen müssen eine einwandfreie Nachumhüllung erhalten [9]. Früher übliche Rohrleitungsverbindungen mit Blei als Dichtmaterial sind im allgemeinen genügend metallenleitend, verringern aber den Schutzbereich.

## 10.1.3 Maßnahmen für einen kleinen Ableitungsbelag

### 10.1.3.1 Rohrumhüllungen

Um einen kleinen Ableitungsbelag zu erreichen, muß der direkte Erdkontakt, d.h. die Erderwirkung der Rohrleitung, verringert werden. Das geschieht durch Umhüllung der Rohrleitung und Vermeiden bzw. Aufheben der metallenleitenden Verbindungen zu Anlagen mit niedrigem Ausbreitungswiderstand.

Um einen kleinen Ableitungsbelag einer Rohrleitung zu erreichen, ist zunächst eine Umhüllung mit genügend großem Umhüllungswiderstand erforderlich, vgl. Abschn. 5.2.1.2. Durch Beschädigung der Rohrumhüllung infolge mechanischer Einwirkung bei

Verlegung oder thermischer Einwirkung bei Betrieb wird der Ableitungsbelag erhöht. Einsatzbereiche für Umhüllungen von Stahlrohren sind in [10] angegeben.

Bei erhöhter mechanischer Beanspruchung der Rohrumhüllung, z.B. durch Verlegen in Felsgebieten, sind Umhüllungen mit höherer Schlag- und Eindruckfestigkeit ohne zusätzliche Schutzmaßnahmen erforderlich. Hierfür kommen, vgl. Abschn. 5.2.3, in Betracht:

– Erhöhung der Umhüllungsschichtdicke,
– zusätzliche Umhüllung mit PE-Korrosionsschutzbinden bei bitumenumhüllten Rohrleitungen,
– Rohrschutzmatten,
– zusätzliche Umhüllung durch Faserzementmörtel,
– Wurzeleinwuchs kann durch Rohrumhüllungen aus Polyethylen-, Epoxidharz-, Polyurethan-Teer oder Korrosionsschutzbinden mit Kunststoff-Folien verhindert werden.

Der niedrige Ableitungsbelag von guten Rohrumhüllungen wird durch Kontakte zu niederohmig geerdeten Anlagen zunichte gemacht. Solche Verbindungen treten auf an Übernahme- und/oder Übergabestationen, bei elektrisch betriebenen Armaturen, Rohrdurchführungen bei Mantelrohren und Betonbauwerken, an Festpunkten und Schieberfundamenten und durch Kontakte mit Fremdleitungen und Kabeln. Durch konstruktive Maßnahmen sind solche Verbindungen zu vermeiden oder zu beseitigen.

### 10.1.3.2 Isolierverbindungen

An allen Übernahme- oder Übergabestationen der Rohrleitung sind metallenleitende Verbindungen zu Anlagen mit niedrigem Ausbreitungswiderstand vorhanden. In diese Verbindungsleitungen sind Isolierverbindungen einzubauen, die eine metallenleitende Verbindung aufheben. Die Isolierverbindungen können aus einbaufertigen Isolierstücken (Isolierkupplung), siehe Abb. 10-1, oder aus isolierenden Flanschverbindungen, siehe Abb. 10-2, bestehen. Sie müssen bestimmten mechanischen, elektrischen und chemischen Anforderungen entsprechen, die in Technischen Regeln [11, 12] festgelegt sind.

Bei Unterflureinbauten im Boden ist sicherzustellen, daß kein Wasser in Spalten zwischen kathodisch geschützten und nicht geschützten Teilen eindringen kann, da sonst auf der nicht kathodisch geschützten Seite die Isolierkupplung durch anodische Korro-

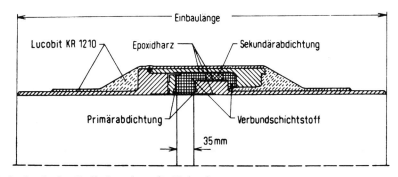

**Abb. 10-1.** Schnitt durch eine Isolierkupplung für Erdverlegung.

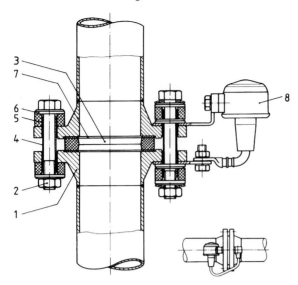

**Abb. 10-2.** Isolierstück mit explosionsgeschützter Funkenstrecke ($U_{50\,Hz}$=1 kV, $U_{1/50\,\mu s}$=2,2 kV; Stoßstrom = 100 kA); 1 Isolierflansch, 2 Sechskantschraube, 3 Isolierring, 4 Isolierhülse, 5 Isolierscheibe, 6 Stahlscheibe, 7 Dichtung, 8 ex-geschützte Schutz-Funkenstrecke.

sion zerstört werden kann. Rohrabschnitte hinter den Isolierstücken sind besonders gut zu umhüllen.

Bei Überflureinbau in Stationsgebäuden müssen Isolierverbindungen in explosionsgefährdeten Bereichen mit Ex-Trennfunkenstrecken überbrückt werden [13], um offene Überschläge zu vermeiden, die zur Zündung eines explosiven Gemisches führen können. Die Ansprech-Blitzstoßspannung 1,2/50 µS der Trennfunkenstrecke soll nicht größer sein als 50% der 50-Hz-Überschlag-Wechselspannung (Effektivwert) der zu schützenden Isolierverbindung. Diese Forderung muß durch die Konstruktion sichergestellt sein, wenn an einer bestehenden Rohrleitung vorhandene Flansche mit isolierenden Dichtungen und durch Isolierung der Schrauben zu Isolierflanschen umgerüstet werden. Die Anschlußkabel müssen kurz sein, damit nicht durch die Schleifeninduktivität ein Ansprechen der Trennfunkenstrecke verhindert wird, siehe Abb. 10-2.

Bei Einbau von Trennfunkenstrecken an hochspannungsbeeinflußten Leitungen ist darauf zu achten, daß die Langzeit-Beeinflussung-Spannung der Rohrleitung unter der Brennspannung von etwa 40 V der Trennfunkenstrecke liegen muß, da sonst der Lichtbogen in der Trennfunkenstrecke nicht gelöscht wird. Die Trennfunkenstrecke verschweißt, wodurch die Isolierwirkung dauernd überbrückt und der kathodische Schutz beeinträchtigt wird. Isolierstücke für Hausanschlußleitungen der Gas- und Wasserversorgung dürfen in explosionsgefährdeten Bereichen nicht eingesetzt werden [13].

### 10.1.3.3 Elektrisch betriebene Armaturen

Der Ausbreitungswiderstand des Schutz- bzw. PEN-Leiters mit den angeschlossenen Erdern von elektrisch betriebenen Armaturen ist sehr niedrig. Hierdurch wird der

Ableitungsbelag der Rohrleitung an diesen Stellen erhöht und der kathodische Schutz stark beeinträchtigt oder verhindert. Folgende Möglichkeiten des Schutzes gegen gefährliche Körperströme bei gleichzeitiger Sicherstellung des kathodischen Schutzes bestehen:

– Für TN-, TT- und IT-Netze Anwendung der Schutztrennung nach Abb. 10-3, wobei die übrigen elektrischen Betriebsmittel über einen eigenen Erder anzuschließen sind [14].
– Für TN- und TT-Netze Verwendung des FI-Schutzschalters nach [15] (Abb. 10-4), wobei Erdungswiderstände $R_E < 3\ \Omega$ zur Beeinträchtigung des kathodischen Schutzes führen.
– Abtrennen der elektrisch betriebenen Armaturen von der Rohrleitung durch Isolierverbindungen und Überbrücken der Armatur durch Kabelverbindungen. Die Armatur ist somit nicht kathodisch geschützt und muß für den Korrosionsschutz besonders gut und verletzungsfrei umhüllt werden.
– Abtrennen des elektrischen Netzes durch Einbau eines Isoliergetriebes zwischen Antriebsmotor und Armatur.

## 10.2 Sonderkonstruktionen an Rohrleitungen

Unter Sonderkonstruktionen werden fremde und zugehörige Objekte verstanden, die den kathodischen Schutz oder dessen Reichweite beeinträchtigen können.

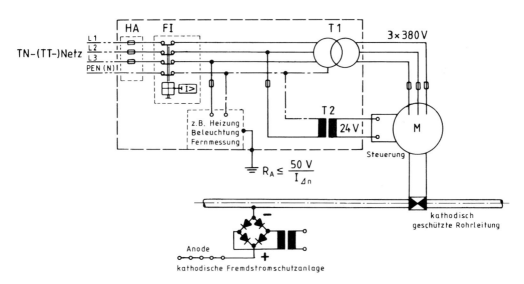

**Abb. 10-3.** Schutzmaßnahme Schutztrennung für elektrische Betriebsmittel, die über das Gehäuse mit dem kathodisch geschützten Objekt verbunden sind, mit FI-Schutzschaltung nach [15]; T1 und T2: Trenntransformatoren nach [16].

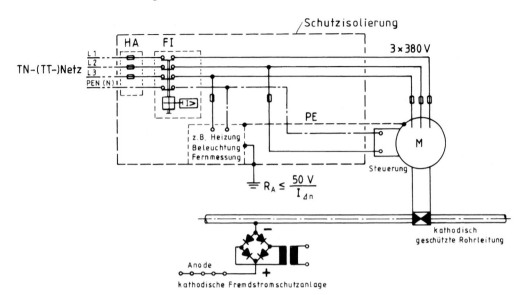

**Abb. 10-4.** FI-Schutzschaltung für elektrische Betriebsmittel, die über das Gehäuse mit dem kathodisch geschützten Objekt verbunden sind nach [15].

### 10.2.1 Vermeiden von Fremdkontakten

Zur wasserdichten Durchführung bei Betonfundamenten werden Leitungsrohre häufig mit einem Mauerring einbetoniert. Hier besteht die Gefahr eines metallenleitenden Kontaktes mit der Beton-Armierung, der nicht nur den kathodischen Schutz beeinträchtigt, sondern die Rohrleitung durch Elementbildung mit der großen Stahl-Betonfläche gefährdet, siehe Abschn. 10.4.1.2. Die Mauerringe sind mit einem druckfesten Kunststoff, z. B. EP, zu isolieren, damit Kontakte ausgeschlossen werden können. Bei Festpunkten, Schieberfundamenten, Dükern, Brückenkonstruktionen ist durch Zwischenlagen aus mechanisch festem isolierendem Material eine Verbindung mit Erdungen auszuschließen. Im Bereich von Fahrleitungen der Deutschen Bahn AG sind die Gas- und Wasser-Kreuzungsrichtlinien zu beachten [17]. Rohrleitungen dürfen nur über Funkenstrecken mit Blitzschutzeinrichtungen verbunden werden [18]. Erder von hochspannungsbeeinflußten Rohrleitungen sind über Abgrenzeinheiten an die Rohrleitung anzuschließen, vgl. Abschn. 23.5.4.

Wegen des hohen Ableitungsbelages nicht kathodisch geschützter Rohrleitungen und Kabel müssen metallenleitende Kontakte mit diesen vermieden werden. Bei Parallelführungen von Rohrleitungen und Kabeln sollte zur Gewährleistung eines ausreichenden Arbeitsraumes ein Mindestabstand von 0,4 m eingehalten werden. Ein Abstand von 0,2 m sollte auch bei Engpässen und Kreuzungen nicht unterschritten werden. Falls dieser Abstand nicht eingehalten werden kann, muß ein metallenleitender Kontakt durch Zwischenlegen isolierender Schalen oder Platten verhindert werden. Derartige Zwischenlagen können aus PVC oder PE bestehen. Die Kantenlänge dieser Platte sollte nicht kleiner als der Durchmesser der größeren Leitung sein [19].

## 10.2.2 Mantelrohre und begrenzte Leitungsabschnitte mit grabenloser Verlegung

Der kathodische Schutz von Rohrleitungen kann durch metallenleitende Kontakte zu Mantelrohren beeinträchtigt werden [20]. Daher müssen die Produktenrohre mit genügend hohen, mechanisch festen und elektrisch isolierenden Abstandshaltern ausgerüstet werden. Zur Überprüfung der elektrischen Trennung ist eine Meßstelle erforderlich. Weiterhin sollten nur Mantelrohrabdichtungen eingesetzt werden, die das Eindringen von Grundwasser in den Ringraum zwischen Mantelrohr und Produktenleitung verhindern. Bei unbeschichteten Mantelrohren kann durch metallenleitende Kontakte zum Produktenrohr der kathodische Schutz wegen der örtlichen Erhöhung des Ableitungsbelages in weiten Bereichen verloren gehen. Da das Mantelrohr wie ein *Faraday*scher Käfig wirkt, ist innerhalb des Mantelrohres auch kein kathodischer Schutz möglich. Die Anwesenheit von Wässern im Ringraum ist bei metallenleitendem Kontakt Produktenleitung/Mantelrohr von außen durch elektrische Messungen nicht nachweisbar. Korrosive Wässer im Ringraum können zu Korrosionsschäden führen. Hierbei ist insbesondere auch an eine Elementbildung zu denken, wobei die gerostete Innenfläche des Mantelrohres als Kathode wirkt.

Bei Verwendung von gut umhüllten Mantelrohren ist die örtliche Beeinträchtigung des kathodischen Schutzes bei einem metallenleitenden Kontakt wegen des kleinen Ableitungsbelages gering. Innerhalb des Ringraumes ist ebenfalls kein kathodischer Schutz für die Produktenleitung möglich. Maßnahmen bei Kontakten zwischen Mantelrohr und Produktenleitung sind in Tabelle 10-1 zusammengestellt.

Ohne metallenleitenden Kontakt kann kathodischer Schutz für das Produktenrohr erreicht werden, wenn der Ringraum mit geeigneten hydraulischen Bindemitteln verfüllt wird und das Mantelrohr ausreichend erdfühlig ist. Bei gut umhüllten Mantelrohren läßt sich die erforderliche Erdfühligkeit durch den Anschluß eines Erders mit lösbarer Verbindung in der Meßstelle erzielen. Häufig genügt es, wenn an den Enden des Mantelrohres die Umhüllung entfernt wird. Zur Überprüfung der Wirksamkeit des kathodischen Schutzes ist es zweckmäßig, in den Ringraum eine externe Meßprobe nach Abschn. 3.3.4 einzubauen.

An einer Fehlstelle des Produktenrohres im Ringraum eines metallischen Mantelrohres, welcher mit einem elektrolytisch leitenden Medium ausgefüllt ist, kann unter bestimmten Voraussetzungen eine höhere Stromdichte auftreten als an einer gleich großen Fehlstelle außerhalb des Ringraumes. Im Falle einer Wechselstrombeeinflussung ist dieser Effekt besonders zu berücksichtigen. Die folgende Betrachtung beruht darauf, daß nahezu die gesamte Spannung $U$ zwischen einer Fehlstelle am Produktenrohr und der Fernen Erde (Bezugserde) innerhalb des Ringraumes abfällt, weil das Mantelrohr annähernd das Potential der Fernen Erde hat. Für kleine Fehlstellen ($d < 2$ cm) gilt dies ausreichend genau auch für umhüllte Mantelrohre deren Enden auf eine Länge von ca. 20 cm umhüllungsfrei sind.

Für die Spannung $U$ zwischen der Fehlstelle mit dem Radius $r$ in der Umhüllung des Produktenrohres und dem Mantelrohr mit dem Potential der Fernen Erde ergibt sich mit Hilfe der Gleichungen in Tabelle 24-1, Zeile 2, folgender Zusammenhang:

$$U = U_{t=0} - U_{t=t} = U_0^* \left( 1 - \frac{2}{\pi} \arctan\left(\frac{r}{t}\right) \right) = \frac{I^* \rho^*}{4\,r} \left( 1 - \frac{2}{\pi} \arctan\left(\frac{r}{t}\right) \right). \quad (10\text{-}2)$$

**Tabelle 10-1.** Maßnahmen bei Mantelrohren.

| Fehlerart | Maßnahmen | |
|---|---|---|
| | Unbeschichtetes Mantelrohr | Beschichtetes Mantelrohr |
| *Metallenleitender Kontakt Produktenrohr/Mantelrohr*\*) | | |
| Keine Elektrolyt-lösung im Ringraum | Kontakt orten und beseitigen oder Lokale kathodische Schutz-anlage errichten. Die Beeinflussung fremder Anlagen ist besonders zu beachten. | Kontakt orten und beseitigen. Falls aus bautechnischen Gründen nicht möglich, sind – abhängig vom Einzelfall – andere Korrosionsschutzmaß-nahmen, wie z.B. Ausfüllen mit hydraulischem Binde-mittel oder organischen Stoffen durchzuführen. |
| Elektrolytlösung im Ringraum | Kontakt orten und beseitigen oder Mantelrohr-Ringraum mit hydraulischen Bindemitteln oder organischen Stoffen ausfüllen, falls erforderlich, Lokale kathodische Schutzanlage errichten. | |
| *Kein metallenleitender Kontakt Produktenrohr/Mantelrohr* | | |
| Keine Elektrolytlösung im Ringraum | Im allgemeinen keine Maß-nahmen erforderlich. | Im allgemeinen keine Maßnahmen erforderlich. |
| Elektrolytlösung im Ringraum | Keine Maßnahmen erforderlich, da kathodischer Korrosionsschutz für das Produktenrohr wirksam. | |

\*) Bei metallenleitendem Kontakt Produktenrohr/Mantelrohr ist die Abwesenheit von Elektrolytlösung im Ringraum von außen durch elektrische Messungen nicht nachweisbar.

Hierbei ist $t$ der Abstand zwischen Mantelrohr und Produktenrohr an der Fehlstelle und $\rho^*$ ist der spezifische elektrolytische Widerstand des Mediums im Ringraum. $U_0^*$ ist die Spannung zwischen Fehlstelle und Ferner Erde, die zu dem Strom $I^*$ führt, der in die Fehlstelle eintritt und über den Abstand $t$ den Spannungsabfall $U$ erzeugt. Außerhalb des Mantelrohres wird der spezifische Bodenwiderstand $\rho$ angenommen. Hier führt die Spannung $U$ zwischen Produktenrohr und Ferner Erde zu einem Strom $I$:

$$U = U_{t=0} - U_{t=\infty} = U_0 = \frac{I\,\rho}{4\,r}.$$ (10-3)

Die Ströme, die in eine Fehlstelle mit dem Radius $r$ fließen, sind im Mantelrohrbereich erhöht. Aus den Gl. (10-2) und (10-3) folgt das Verhältnis:

$$\frac{J^*}{J} = \frac{I^*}{I} = \frac{\rho}{\rho^*} \frac{1}{1 - \frac{2}{\pi}\arctan\left(\dfrac{r}{t}\right)}.$$ (10-4)

Bei $\rho = \rho^*$, und $r/t = 1$ beträgt die Stromerhöhung 100%. Dabei ist zu beachten, daß die bei einer Wechselstrombeeinflussung interessierenden kleinen Fehlstellen entsprechend geringe, unrealistische Abstände bedingen, wie z.B. $r = t = 0,5$ cm. Für realistische Abstände ist die Stromerhöhung an kleinen Fehlstellen bei $\rho = \rho^*$, vernachlässigbar. Sie beträgt bei $r = 0,5$ cm und $t = 3$ cm ca. 12%. Bei größeren Fehlstellen sind bei gleicher Stromerhöhung $r$ und $t$ zwar proportional, die Stromdichten werden aber kleiner. Von ausschlaggebender Bedeutung ist jedoch das Verhältnis $\rho/\rho^*$, da die Elektrolytlösungen im Ringraum häufig geringere spezifische Widerstände aufweisen als der Erdboden. Zur Überprüfung der Wechselstromdichte sollten deshalb Probebleche nach Abschn. 3.8 an der Unterseite der Produktenleitung im Ringraum angebracht werden.

Mantelrohre sollten an kathodisch geschützten Rohrleitungen nur dort eingebaut werden, wo aus technischen Gründen oder wegen Beschädigungsrisiken Produktenrohre nicht direkt an Kreuzungen mit Verkehrswegen eingebracht werden können.

Bei Einbringen von Produktenrohren im Vortriebsverfahren ist vor Einbindung der Rohre mit Hilfe einer Stromeinspeisung zu prüfen, ob die Rohre bei einer Einstellung des kathodischen Schutzes entsprechend Abschn. 10.5 genügend negativ polarisiert werden können. Außerdem ist dabei festzustellen, ob an jeder Fehlstelle das Schutzpotential-Kriterium erfüllt ist. Zu dieser Feststellung kann die Strom-Vergleichsmessung nach Abschn. 3.3.5 in der Anwendung gemäß Abschn. 10.4.2 herangezogen werden. Tabelle 10-2 zeigt ein Datenblatt für eine solche Messung. Zur Ermittlung der erforderlichen Schutzstromdichte und für die spätere Überwachung des kathodischen Schutzes nach Abschn. 10.6 empfiehlt sich der Einbau von externen Meßproben neben dem Produktenrohr, jedoch außerhalb des Spannungstrichters von Fehlstellen. Den gleichen Zweck erfüllen die externen Meßproben im verfüllten Ringraum.

Falls die Messung am durchpreßten Produktenrohr unzulässige Fehler anzeigt, können meistens nur neue Rohre angeschweißt und nachgepreßt werden, bis eine ausreichende Fehlerfreiheit sichergestellt ist. Diese Möglichkeit der Fehlerbeseitigung ist bei Rohrleitungsabschnitten, die unter Anwendung des gesteuerten Horizontalbohrverfahrens (Horizontal-Drilling-Verfahren) eingebaut werden, nicht gegeben. Deshalb erfordert die Planung des kathodischen Schutzes für diese Leitungsabschnitte die in Abschn. 10.4.2 beschriebene Vorgehensweise.

## 10.3  Rohrleitungen für elektrolytisch leitende Flüssigkeiten

Innerhalb der Rohre treten bei elektrolytisch leitenden Medien von Wasser-, Fernwärme- oder Soleleitungen praktisch keine elektrischen Ströme auf [21]. An den Isolierverbindungen sind dagegen die Verhältnisse völlig anders, vgl. Abschn. 24.4.6. Bei kathodischem Schutz ergibt sich aus der Differenz der Rohr/Boden-Potentiale der geschützten Rohrleitungsseite und des nicht geschützten Rohrleitungsteils eine Spannung, die bei 0,5 V bis 1 V liegt. Für die Innenfläche des nicht kathodisch geschützten Leitungsteils ergibt sich hierdurch eine anodische Korrosionsgefahr, die bei gut leitenden Medien, z.B. Sole, schnell zu Schäden führt. Die innere Korrosionsgefährdung nimmt zu mit der Größe des Rohrdurchmessers und der Größe der Leitfähigkeit des transportierten Mediums. Sie nimmt ab mit der Länge des Isolierstückes, vgl. Gl. (24-102) und (24-105). Für Rohrleitungen mit Nennweiten von DN 200 für den Transport von Sole mit einem spezifischen Widerstand $\rho \approx 1\,\Omega$ cm ist an der Isolierverbindung auf der kathodisch geschützten Seite eine Rohrlänge von etwa 10 m innen zu isolieren. Bei Sole-

**Tabelle 10-2.** Formblatt für Messungen an einem durchgepreßten Rohr.

---

MESSPROTOKOLL                                             Datum: _____

Messungen an durchpreßten, umhüllten Stahlrohren

Rohrleitung: Mantelrohr/Produktenrohr
Bezeichnung der Leitung: _____
Ortsbezeichnung der Durchpressung: _____
Art der Rohrumhüllung: _____
Art der Schweißnahtumhüllung: _____
Nennweite: DN _____
Wanddicke: _____ mm
Gesamtlänge des durchpreßten Rohres: _____ m
Länge im Erdreich: _____ m
Rohroberfläche: _____ m$^2$
Aussehen der Umhüllung des durchgepreßten Rohres in der Zielgrube: _____

---

Bodenart: _____

MESSWERTE

Ruhepotential Preßgrube $U_{Cu/CuSO_4}$:     _____ V
Ruhepotential Zielgrube $U_{Cu/CuSO_4}$:     _____ V
Ausbreitungswiderstand $R$:              _____ $\Omega$
Spezifischer Bodenwiderstand $\rho$:     _____ $\Omega$ m
$f$: 135; 105 Hz

| Zeit min. | $U_{Cu/CuSO_4}$: „ein" in V | $U_{Cu/CuSO_4}$: „aus" in V | $\Delta U$ in V | $I_s$ in μA | $R_A$ in $\Omega$ | $J_s$ in μA/m$^2$ | $r_u$ in $\Omega$ m$^2$ |
|---|---|---|---|---|---|---|---|
| 3 | −1,5 | | | | | | |
| 6 | −1,5 | | | | | | |
| 9 | −1,5 | | | | | | |
| 12 | −1,5 | | | | | | |
| 15 | −1,5 | | | | | | |
| 30 | −2,0 | | | | | | |
| 60 | −2,0 | | | | | | |

Ausschaltdauer: < 5 s

$$\Delta U = U_{ein} - U_{aus} \qquad R_A = \frac{\Delta U}{I_s} \qquad J_s = \frac{I_s}{A} \qquad r_u = R_A\, A \qquad A = \text{Rohroberfläch}$$

Kathodischer Schutz möglich: ja / nein

---

NACHWEIS DES SCHUTZPOTENTIAL-KRITERIUMS MITTELS STROM-VERGLEICHSMESSUNG

Berechnung des Schutzstromes $I^*$ zur Polarisation von $U_s$ einer kreisförmigen Umhüllungsfehlstelle:

$$I^* = \frac{16}{J_s \cdot \pi} \left( \frac{\Delta U^*}{\rho} \right)^2 \qquad\qquad \Delta U^* = U_{ein} - U_s$$

Ermittlung der Schutzstromdichte $J_s$ mit Hilfe einer externen Meßprobe: $J_s = I_{s\,Meßprobe} / S_{Meßprobe}$
$I_{s\,Meßprobe}$ ist der zur Polarisation von $U_s$ der Meßprobenfläche $S_{Meßprobe}$ erforderliche Schutzstrom

$$I^* = \underline{\qquad} \text{ mA} \qquad I_s = \underline{\qquad} \text{ mA (bei } U_{aus} \leqq U_s) \qquad \frac{I^*}{I_s} = v$$

Schutzpotential-Kriterium an jeder Umhüllungsfehlstelle erfüllt: ja $v \geqq 1$/nicht nachweisbar $v < 1$
Messung durchgeführt von: _____

Leitungen wird mit zunehmendem Rohrdurchmesser die Länge des an der Isolierverbindung zu isolierenden Rohrabschnittes sehr groß. Hier empfiehlt sich ein zusätzlicher örtlicher kathodischer Innenschutz nach Abb. 10-5. Als Fremdstrom-Anode wird platiniertes Titan und als Bezugselektrode Reinzink eingesetzt.

Enthärtetes Wasser von Fernwärmeleitungen hat eine wesentlich geringere Leitfähigkeit als Sole. Daher sind auch die Isolierungen, die einen Innenkorrosion-Schaden auf der nicht kathodisch geschützten Seite vermeiden, wesentlich kleiner. Bei vollentsalzten Fernwärmewässern besteht keine Gefährdung.

Bei Trinkwasserleitungen mit einer Zementmörtelauskleidung auf beiden Seiten des Isolierstückes ist keine Korrosionsgefahr zu erwarten, wenn die Auskleidung ausreichend dick und spaltfrei ist [21].

In gleicher Weise wie durch unterschiedliche Potentiale bei kathodischem Schutz eines Leitungsteils am Isolierstück liegt auch eine Korrosionsgefährdung vor, wenn das Isolierstück zwischen zwei Rohrleitungen aus unterschiedlichen Werkstoffen, z. B. unlegierter Stahl und nichtrostender Stahl, eingebaut wird. Die Potentialdifferenz der Rohr/Boden-Potentiale (außen) muß durch Ausbilden von Elementströmen so verändert werden, daß sie der Potentialdifferenz der Rohr/Medium-Potentiale (innen) entspricht. Wenn für den Zustand der freien Korrosion die letzte Differenz kleiner ist als die erste, wird der Rohrteil aus dem Werkstoff mit dem positiveren Ruhepotential auf der Innenfläche anodisch polarisiert. Die Gefährdung nimmt bei kathodischem Schutz des Leitungsteils aus unlegiertem Stahl zu.

Im vorliegenden Fall handelt es sich um eine Art Kontaktkorrosion ohne metallenleitende Verbindung zwischen den beteiligten Metallen. Der Vorgang bereitet zunächst Verständnisschwierigkeiten; er ist aber leicht zu verstehen, wenn man sich vorstellt, daß bei einer Batterie mit äußerem Kurzschluß durch eine Elektrolytlösung dieselben Verhältnisse vorliegen. Meßergebnisse von einem Modell und die Wirkung des kathodischen Schutzes sind in [22] beschrieben.

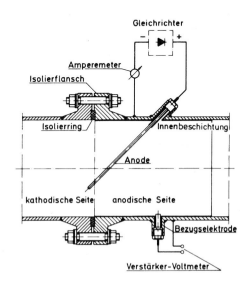

**Abb. 10-5.** Kathodischer Innenschutz zur Beseitigung der anodischen Korrosionsgefahr hinter einer Isolierverbindung in einer Soleleitung.

## 10.4 Planung des kathodischen Schutzes

Die Planung erfolgt im allgemeinen für eine vollständig verlegte oder zu verlegende Rohrleitung. Je nach der Art des Schutzobjektes kann es aber zweckmäßig oder sogar erforderlich sein, für separate Teile der Leitung oder Sonderkonstruktionen eine Planung während der Bauphase durchzuführen.

### 10.4.1 Planung für fertig verlegte Objekte

#### *10.4.1.1 Rohrleitungen*

##### *10.4.1.1.1 Planungsunterlagen*

Folgende Unterlagen sind für die Planung des kathodischen Korrosionsschutzes erforderlich [23]:

– Übersichtsplan mit Leitungsverlauf und Angabe von Armaturen, Schieber- und Regelstationen, Mantelrohren, Dükern, Isolierverbindungen, Dehnern und Brückenleitungen; transportiertes Medium, Betriebsbedingungen (Temperatur und Druck).
– Länge, Durchmesser, Wanddicke und Werkstoff der Rohre, Art der Rohrverbindungen, bei verlegten Rohrleitungen das Verlegejahr.
– Art der Werksumhüllung sowie der Baustellenumhüllung; Umhüllung von Schiebern und Armaturen.
– Verlauf von Gleichstrombahnen, Lage von Unterwerken und Rückspeisepunkten.
– Näherungen, Parallelführungen und Kreuzungen mit Hochspannung-Freileitungen $\geqq$ 110 kV sowie von Wechselstrombahnen.

Liegen im Bereich der geplanten Rohrleitungen Gleichstrombahnen, so sind zur Beurteilung der Streustrom-Beeinflussung an den Kreuzungsstellen und bei engen Parallelführungen Schiene/Boden-Potentialmessungen, vor allem in Unterwerksnähe, durchzuführen. Bei Näherungen zu Gleichstrombahnen können Potentialdifferenzen an der Erdoberfläche Aufschluß über die Größe der Streustrom-Beeinflussung geben. Bei bestehenden Rohrleitungen empfiehlt es sich, die Meßwerte synchron zu registrieren, vgl. Abschn. 15.5.1, und bei der Planung zu berücksichtigen.

##### *10.4.1.1.2 Meßstellen*

Zur Messung der Rohr/Boden-Potentiale, der Rohrströme sowie der Widerstände der Isolierstücke und Mantelrohr-Durchführungen sind Meßstellen erforderlich. Potentialmeßstellen sollen einen Mindestabstand von 1 bis 2 km haben, wobei jede fünfte Meßstelle als Rohrstrom-Meßstelle auszubilden ist. Die Abstände von Potentialmeßstellen sollen in bebauten Gebieten auf etwa 0,5 km verringert werden. Am Anfang längerer Abzweigleitungen empfiehlt es sich, Rohrstrom-Meßstellen einzurichten, um die Stromaufnahme dieser Leitung kontrollieren zu können. Ebenfalls kann die Einrichtung von Rohrstrom-Meßstellen vor Isolierstellen günstig sein, um innere elektrolytisch leitende Überbrückungen, die zur Zerstörung des Isolierstückes führen, feststellen zu können.

Im allgemeinen werden NYY-O-Kabel mit einem Mindestquerschnitt von $2 \times 2,5$ mm$^2$ Kupfer eingesetzt. Die Kabel werden mit einem geeigneten Verfahren [6–8] an die Rohrleitung angeschlossen, wobei die Anschlußstellen sorgfältig umhüllt werden müssen. Die Kabel werden im allgemeinen zu Überflurmeßstellen verlegt und mit Hauben, Ziegelsteinen oder einem Kabelband abgedeckt.

Um Art und Funktion der Meßstelle auch ohne Beschriftung erkennen zu können, empfiehlt es sich, die Meßstellen-Ausführung in Werksnormen aufzunehmen. Überflurmeßstellen werden häufig in Schilderpfählen hinter einer verschließbaren Klappe installiert. Die Meßkabel werden mit Polklemmen auf einer Kunststoff-Platte befestigt, siehe Abb. 10-6.

Die Kunststoff-Platten mit Polklemmen werden aber auch in Gußgehäusen innerhalb von Betonsäulen oder in bebauten Gebieten in Kabelverzweiger-Kästen, die an Mauerwänden installiert sind, eingebracht. Unterflurmeßstellen sollen nur ausnahmsweise in bebauten Gebieten eingerichtet werden. Unter einer Straßenkappe werden hierbei wasserdichte Schaltkästen eingebaut, die aber nur bei sorgfältiger Ausführung trockengehalten werden können.

### 10.4.1.1.3 Ermittlung des Schutzstrombedarfs

Für die Wahl des Schutzverfahrens ist die Größe des benötigten Schutzstromes von Bedeutung, der von der erforderlichen Schutzstromdichte abhängt. Nach Abschn. 5.2.1.2 kann eine grobe Abschätzung des Schutzstrombedarfes nach Gl. (5-2) erfolgen. Abb. 5-3 gibt Werte von Umhüllungswiderständen $r_u$ von verschiedenen Umhüllungen an. Wegen der Unsicherheiten der Abschätzung der Schutzstromdichte empfiehlt es sich, mit einem Zuschlag von 100% zu planen. Die Schutzbereichlänge $2 L$ ergibt sich aus Gl. (10-1) bzw. (24-75). Der erforderliche Schutzstrombedarf folgt aus Gl. (24-76). Je nach den Randbedingungen zur Herleitung der Gl. (24-75) kann der Betrag um 18% niedriger liegen, vgl. die Folgerungen im Anschluß zu Gl. (24-81).

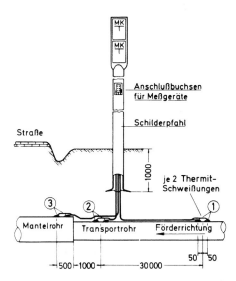

**Abb. 10-6.** Überflur-Meßstelle in einem Schilderpfahl, Potentialmeßstellen (2) und (3), Rohrstrom-Meßstelle (1/2).

Bei Rohrleitungen mit sorgfältig aufgebrachter PE-Werksumhüllung und aufgrund guter Baustellenumhüllung der Schweißverbindungen liegen die Schutzstromdichten um 1 bis 3 $\mu A\ m^{-2}$. Bei sorgfältig verlegten Rohrleitungen mit Bitumenumhüllung betragen die Schutzstromdichten ca. 10 bis 30 $\mu A\ m^{-2}$, wohingegen sie bei älteren Rohrleitungen und Offshore-Leitungen bis zu einigen mA $m^{-2}$ betragen können. Bei älteren erdverlegten Rohrleitungen werden die Schutzstromdichten durch eine Probeeinspeisung nach Abschn. 3.4.3 bestimmt.

Die Probeeinspeisung sollte möglichst in dem Bereich erfolgen, in dem die geplante Schutzanlage vorgesehen ist. Der Anschluß für die Stromeinspeisung kann an bereits installierten Meßstellen oder an Armaturen, die niederohmig mit der Rohrleitung verbunden sind, hergestellt werden. Als Anoden werden provisorisch Erdungsstäbe eingeschlagen. Da die Ausbreitungswiderstände dieser Erder sich von der endgültigen Anodenanlage unterscheiden, sind auch die Ausgangsspannung der Probeeinspeisung und des endgültigen Schutzstromgerätes unterschiedlich. Für die Auslegung der Anodenanlage sind sie aber ohne Bedeutung. Der Einspeisestrom wird periodisch ein- und ausgeschaltet und an allen möglichen Meßorten der Rohrleitung, wie z.B. Meßstellen, Wassertopf-Standrohre, Schieberspindeln und Hydranten, die Ein- und Ausschaltpotentiale gemessen. Wegen der kurzen Polarisationsdauer wird vor allem bei Rohrleitungen mit großen Ableitungsbelägen an den meisten Meßorten $U_{ein} > U_s$ sein. Erfahrungsgemäß kann aber angenommen werden, daß an allen Meßorten mit $U_{ein} \leqq U_s$ nach einer ausreichenden Polarisationsdauer von einigen Wochen $U_{aus} \leqq U_s$ erreicht wird. Der Einspeiseversuch, bei dem an allen Meßstellen $U_{ein} < U_s$ ist, gibt den konventionellen Schutzstrombedarf der Rohrleitung an. Um die Schutzstromabgabe der Schutzanlage erhöhen zu können und z.B. zusätzliche Anschlußleitungen mit in den kathodischen Schutz einzubeziehen, empfiehlt es sich, die Anodenanlage für einen um den Faktor 1,5 größeren Schutzstrom auszulegen. In Abb. 10-7 sind Rohr/Boden-Potentiale und Rohrströme einer Probeeinspeisung und nach einjähriger Betriebsdauer der Schutzanlagen dargestellt.

### 10.4.1.1.4 Wahl des Schutzverfahrens

Die Schutzstromabgabe von galvanischen Anoden ist abhängig vom spezifischen Bodenwiderstand am Einbauort und wird wegen der geringen Treibspannung nur in niederohmigen Böden bei Rohrleitungen mit kleinem Schutzstrombedarf eingesetzt Fremdstrom-Anodenanlagen können wegen ihrer variablen Ausgangsspannung auch in Böden mit höheren spezifischen Bodenwiderständen und bei großem Schutzstrom-Bedarf eingesetzt werden.

### 10.4.1.1.4.1 Galvanische Anoden

Bei Rohrleitungen von wenigen Kilometern Länge und Schutzstromdichten unter 10 $\mu A\ m^{-2}$ kann der kathodische Korrosionsschutz mit Magnesiumanoden, z.B. bei abgetrennten neuen Rohrleitungen in alten Netzen, bei Verteilungen oder Hausanschlußleitungen aus Stahl, wirtschaftlicher als mit Fremdstrom-Anodenanlagen sein. Hierbei werden mehrere Anoden als Gruppen über Meßstellen an die Rohrleitung angeschlossen. Der Einbauabstand zur Rohrleitung beträgt etwa 1 bis 3 m. Die Messung der Ausschaltpotentiale ist wegen der notwendigen synchronen Schaltung bei mehre-

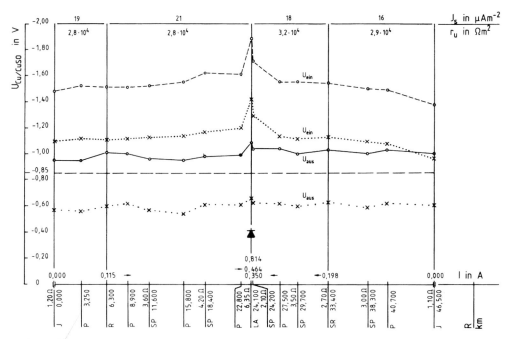

**Abb. 10-7.** Rohr/Boden-Potentiale und Schutzströme einer Rohrleitung, Probeeinspeisung: ×—×; nach 1 Jahr ○—○. P = Potentialmeßstelle; R = Rohrstrom-Meßstelle; LA = Schutzanlage; J = Isolierstück; SP = Mantelrohr-Potentialmeßstelle.

ren Anodengruppen erschwert. In unmittelbarer Umgebung von Rohrleitungen mit hohen Betriebstemperaturen sind Böden auch bei Permafrost elektrolytisch leitend, während der Permafrostboden isolierend wirkt. Da aus diesem Grunde Fremdstrom-Anodenanlagen nicht eingesetzt werden können, werden bei solchen Rohrleitungen Zink-Anodendrähte als Schutzanoden angeschlossen [24]. Zumindest bei warmgehenden Leitungen sind derartige Maßnahmen wegen der Passivierung der Zinkanoden zweifelhaft und haben auch zu Schäden geführt, vgl. Abschn. 5.2.4.

Bei Streustrom-Beeinflussung dürfen galvanische Anoden nicht eingesetzt werden, da durch sie keine ausreichende Streustrom-Ableitung bewirkt wird, sondern an ungünstigen Stellen sogar ein erhöhter Streustromeintritt möglich ist. Bei Wechselstrom-Beeinflussung können hohe Wechselstromdichten zu einem Ansteigen des Magnesium-Potentials und damit zu einer anodischen Belastung der Rohrleitung führen.

### 10.4.1.1.4.2 Fremdstrom-Anoden

Bei größerem Schutzstrombedarf und langen Rohrleitungen empfiehlt sich fast immer das Fremdstrom-Schutzverfahren, das auch bei einer Erhöhung des Schutzstrom-Bedarfs infolge von Abzweigleitungen den erforderlichen Schutzstrom durch Erhöhung der Ausgangsspannung liefern kann. Für die Standortwahl der Fremdstrom-Schutzanlage gelten folgende Gesichtspunkte:

– Vorhandensein eines Niederspannung-Anschlusses,
– möglichst niedrige spezifische elektrische Bodenwiderstände im Bereich des Anodenfeldes,
– Berücksichtigung der maximalen Schutzbereichlänge nach Gl. (10-1),
– ausreichender Abstand der Anodenanlage von fremden Leitungen gemäß Gl. (9-9),
  um Beeinflussungen klein zu halten,
– gute Zugängigkeit der Schutzanlage.

Die Schutzgehäuse der Schutzstromgeräte sollten in dem rechtlich gesicherten Schutz-
streifen der Rohrleitung aufgestellt werden.

Für die Anodenanlage gelten die Angaben in Abschn. 9-1. Unterbringung, Auslegung und Schaltung der Schutzstromgeräte werden in Kap. 8, Arten und Einsatzmöglichkeiten der Anodenmaterialien in Kap. 7 beschrieben.

Die Ergebnisse der Planung sind in einem Bericht zusammenzustellen, der folgende
Unterlagen enthalten soll:

– Übersichtsplan mit den Standorten der geplanten Schutzanlagen und Meßstellen so-
  wie Angaben über Einbauorte von Isolierverbindungen und Mantelrohren,
– Lageplan der vorgesehenen Schutzanlagen,
– Schaltbilder von Schutzanlagen und Meßstellen,
– Berechnungsunterlagen über Schutzbereiche und Schutzstromdichten,
– Auslegung der Anodenanlage und Schutzstromgeräte.

Für die Planung und Dokumentation ist es zweckmäßig, die Werte in einem Datenbo-
gen gemäß Tabelle 10-3 zusammenzustellen.

### 10.4.1.2 Verteilungsnetze

Verteilungsnetze umfassen alle Versorgungs- und Anschlußleitungen bis einschließlich
der Hauptabsperreinrichtungen. In Städten sind sie meistens über Jahrzehnte in verschiedenen Phasen der Rohrleitungsbautechnik entstanden, so daß die Voraussetzungen
nach den Abschn. 10.1.1 bis 10.1.3 vor allem an älteren Rohrleitungen nicht immer gegeben sind. Durch die zahlreichen metallenleitenden Verbindungen zu niederohmig geerdeten Anlagen sind außerdem die verschiedenartigen Korrosionselemente in großem
Ausmaß wirksam. Das erklärt u. a. auch, weshalb Stahlrohrleitungen in Verteilungsnetzen im allgemeinen wesentlich mehr korrosionsgefährdet sind als Rohrleitungen außerhalb der Bebauung. Von Bedeutung sind zudem die Beschädigungen der Rohrumhüllung infolge der relativ häufigen Aufgrabungen im Bereich der Rohrleitungen und die
in städtischen Gebieten oft vorhandenen stark aggressiven Böden, die durch Verunreinigungen wie Schutt, Schlacke, Müll und Abwässer oder durch Aufschüttungen und
Mischböden bedingt sind [25].

Eine große Korrosionsgefährdung besteht für Rohrleitungen im Einflußbereich von
Streuströmen, meist verursacht durch Gleichstrombahnen, vgl. Abschn. 15.1 und bei
Elementbildung mit Stahl-Beton-Fundamenten, vgl. Abschn. 4.3. Die Verbindung mit
Stahl im Beton als Fremdkathode ist eine der häufigsten Ursachen für die in zuneh-
mendem Maße auftretenden Frühschäden an den Fehlstellen der Umhüllung von neuen

**Tabelle 10-3.** Formblatt zur Auslegung einer kathodischen Fremdstrom-Schutzanlage.

| Bestimmungsgröße | Einheit | Planung | Nachmessung |
|---|---|---|---|
| Leitungslänge | km | 200 | |
| Nennweite DN/Rohrwanddicke | mm | 600/8 | |
| Umhüllungsart/Dicke | mm | PE/2,5 | |
| Leitungsoberfläche pro m | $m^2$ | 2 | |
| Leitungsoberfläche gesamt | $m^2$ | $4 \cdot 10^5$ | |
| Stromdichte (Einspeiseversuch oder Abschätzung) | $\mu A\ m^{-2}$ | 10 | 8,7 |
| Maximaler Schutzbereich (2 $L$) | km | 103 | |
| Anzahl der erforderlichen Schutzanlagen | n | 4 | |
| Tatsächlicher Schutzbereich einer geplanten Anlage | km | 50 | |
| Erforderlicher Schutzstrom für eine Schutzanlage | A | 1,0 | 0,9 |
| Schutzstrom einschließlich Sicherheitszuschlag für eine Schutzanlage | A | 2 bis 4 | |
| Spezifischer Bodenwiderstand an den Anoden bei $a = 1,6$ m Tiefe | $\Omega$ m | 50 | |
| Anodenart | Type | FeSi | |
| Abmessung der Anoden (*l/d*) | mm | 1200/40 | |
| Masse der Anode | kg | 10 | |
| Anodenabstand | m | 5 | |
| Anodenspannung | V | 8 | 9 |
| Anodenanzahl | n | 3 | |
| Länge der Anodenanlage | m | 10 | |
| Anoden-Ausbreitungswiderstand | $\Omega$ | 6 | 7.5 |
| Bettungsmasse, Brechkoks 3 oder 4 (pro Anode) | kg | 100 | |
| Gesamtmasse der Anoden | kg | 30 | |
| Lebensdauer der Anoden | a | 150 | |
| Gleichrichter-Auslegung, Strom | A | 4 | |
| Gleichrichter-Auslegung, Spannung | V | 20 | |
| Senkrechter Abstand der Anodenanlage von fremden Leitungen/Art dieser Leitung | m | 80/Postkabel | |
| Beeinflussungsmessungen, Objekt | | Postkabel | |
| Beeinflussungsmessung $+\Delta U$-Werte | mV | – | 60 |

verschweißten Stahlrohrleitungen. Die Wahrscheinlichkeit dieser Elementbildung wird durch den erforderlichen Anschluß von Potentialausgleichsleitern an Gasinnenleitungen und Wasserverbrauchsleitungen sowie durch die zunehmende Einbeziehung der Stahlbewehrung von Betonfundamenten in die Erdung elektrischer Anlagen [26] vergrößert.

Die erste und wichtigste Maßnahme zur Vermeidung bzw. Beseitigung einer erhöhten Korrosionsgefährdung durch Elementbildung mit Fremdkathoden besteht in der Unterbrechung des Elementstromkreises. Sie wird durch den gezielten Einbau von Isolierstücken erreicht [10]. Bei Rohrnetzen mit elektrolytisch leitenden Medien kann zusätzlich eine Absenkung des Rohr/Boden-Potentials (zumindest auf das Freie Korrosionspotential) zur völligen Unterbindung des über die Mediensäulen an den Isolierstrecken der Isolierstücke fließenden Elementstroms erforderlich werden. Die Wirksamkeit der Isolierstücke ist in jedem Fall zu überwachen.

Führen Rohrleitungen durch Spannungstrichter von Stahl-Beton-Fundamenten, besteht vor allem für solche mit kleinen Umhüllungsfehlstellen eine erhöhte Korrosionsgefährdung innerhalb der Spannungstrichter, vgl. Abschn. 9.2. In Abb. 10-8 sind Spannungstrichter von vier verschiedenen Stahl-Beton-Fundamenten und eine Beeinflussungssituation an einem Tunnelbauwerk dargestellt.

Bei der Planung und Einrichtung des kathodischen Schutzes ist zu unterscheiden zwischen neuen Verteilungsnetzen und solchen, die aus meist zahlreich miteinander verbundenen älteren und neueren Rohrleitungen bestehen. Besonders zu berücksichtigen ist bei der Planung, daß in Verteilungsnetzen durch die große Anzahl von Isolierstücken und Kreuzungen mit erdverlegten Anlagen erheblich mehr Störungen des kathodischen Schutzes auftreten als an Fernleitungen.

In neuen Verteilungsnetzen aus verschweißten Stahlrohren, die nicht in den älteren Netzbestand integriert sind, ist die Anwendung des kathodischen Schutzes relativ problemlos und wirtschaftlich möglich. Der Einbau von Isolierstücken in durchgehend metallenleitenden Gas-Hausanschlußleitungen ist seit 1972 vorgeschrieben [27]. Bei entsprechenden Wasser-Hausanschlußleitungen gilt die Verwendung von Isolierstücken seit Jahren als Stand der Technik [28]. Die erforderlichen Maßnahmen umfassen daher nur die Errichtung von Meßstellen, den Einbau von Isolierstücken in Anschlußleitungen zu Stationen und gegebenenfalls in Einbindungen zu Hauptleitungen sowie die Aufbringung des Schutzstromes. Bei Netzen mit Rohrleitungslängen über 5 km ist aus Gründen der Fehlerortung und Überwachung des kathodischen Schutzes eine elektrische Netzunterteilung durch Ausrüstung mit zusätzlichen Isolierstücken empfehlenswert. Da der Schutzstrombedarf solcher neuen Netze im allgemeinen sehr gering ist, können Gas-

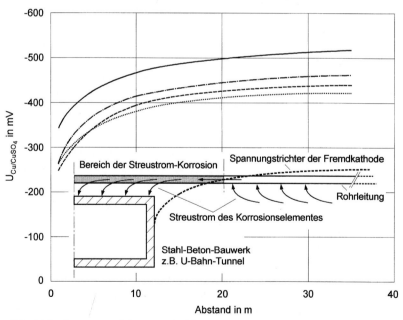

**Abb. 10-8.** Spannungstrichter von Stahl-Beton-Bauwerken und Beeinflussung einer durchgehend verschweißten Stahlrohrleitung.

Verteilungsnetze häufig an den kathodischen Schutz der versorgenden Gas-Hochdruckleitung angeschlossen werden.

In großen meist stadtweit vermaschten Verteilungsnetzen ist es aus technischen und wirtschaftlichen Überlegungen zweckmäßig, für den kathodischen Korrosionsschutz elektrisch getrennte Schutzbereiche einzurichten. Maßgebend für die Abgrenzung der Schutzbereiche sind Rohrnetzstruktur, Vermaschungsgrad, Anzahl der Hausanschlußleitungen, Art der Rohrverbindungen, Güte der Rohrumhüllung, Schutzstrombedarf und die Schutzstrom-Versorgungsmöglichkeiten sowie gegebenenfalls die Streustrombeeinflussung. Bei der Planung ist zu beachten, daß ein bestehender Streustromschutz durch den Einbau von Isolierstücken in die Versorgungsleitungen nicht beeinträchtigt wird und die elektrische Abgrenzung durch eine möglichst geringe Anzahl von Isolierstücken erfolgt. Nach den praktischen Erfahrungen haben sich Schutzbereiche von 1 bis 2 km$^2$ mit Rohrleitungslängen von 10 bis 20 km als angemessen erwiesen [29, 30]. Außerdem hat sich gezeigt, daß eine elektrische Unterteilung der Schutzbereiche in mehrere Netzteile, durch den zusätzlichen Einbau von Isolierstücken, sowohl für den schrittweisen Aufbau als auch für die Überwachung, Fehlerortung und Instandsetzung des kathodischen Schutzes stets sehr vorteilhaft und häufig sogar unerläßlich ist. Die Rohrleitungslängen dieser Netzteile liegen erfahrungsgemäß zwischen 2,5 und 5 km, je nach Struktur und Beschaffenheit des Rohrnetzes. Durch diese konstruktive Gestaltung der Schutzbereiche läßt sich die naturgemäß höhere Störungsanfälligkeit des kathodischen Schutzes durch Fehler wie ungewollt metallenleitend überbrückte Isolierstücke in Hausanschlußleitungen und Fremdkontakte gut handhaben. Abb. 10-9 zeigt einen Schutzbereich mit auftrennbaren Netzteilen (NT I bis NT IV) in einem Gas-Verteilungsnetz.

Die Schaffung der Voraussetzungen nach den Abschn. 10.1.1 bis 10.1.3 ist in bestehenden Verteilungsnetzen am besten im Zuge von planmäßigen Rohrnetzsanierungsmaßnahmen, Netzerweiterungen und anderen geeigneten Rohrnetzarbeiten zu erreichen. In Gas-Verteilungsnetzen, die vor 1972 errichtet wurden, müssen zunächst alle Hausanschlußleitungen mit elektrischen Trennstellen ausgerüstet werden. Der Einbau von Isolierstücken in die Versorgungsleitungen zur Abgrenzung und Unterteilung der Schutzbereiche ist nach Möglichkeit so zu steuern, daß vorrangig die elektrische Abgrenzung von Netzteilen mit einem hohen Anteil relativ neuer Rohrleitungen erzielt wird.

Der Schutzstrombedarf eines Schutzbereiches kann für die PE-umhüllten Rohrleitungen mit einer mittleren Schutzstromdichte von 10 µA m$^{-2}$ berechnet werden. Für die älteren Netzteile mit einer Umhüllung auf Bitumenbasis ist er grundsätzlich durch eine Probeeinspeisung zu ermitteln. Die Berechnung mit Erfahrungswerte (ca. 0,3 bis 3 mA m$^{-2}$) ist nur dann zu empfehlen, wenn diese aus vergleichbaren Netzbereichen stammen. Wegen der hohen Stromdichte bei den älteren Rohrleitungen kommt den Beeinflussungsmessungen besondere Bedeutung zu, vgl. Abschn. 9.2.

Bei Fremdstromschutzanlagen in Stadtgebieten sind zur Vermeidung unzulässiger Beeinflussungen benachbarter Anlagen meistens Tiefenanoden erforderlich, vgl. Abschn. 9.1.3. Diese bieten den Vorteil, daß sie innerhalb der Trassen von Versorgungsleitungen eingebaut werden können und dadurch eine weitgehend freie Auswahl für den Standort der Schutzanlage ermöglichen. Der Standort sollte unter Berücksichtigung örtlicher Gegebenheiten (z.B. Bodenverhältnisse, ausreichender Abstand zu großen Tunnelbauwerken) so ausgewählt werden, daß die Schutzstromversorgung für mehrere Schutzbereiche (im allgemeinen zwei bis vier) erreicht wird.

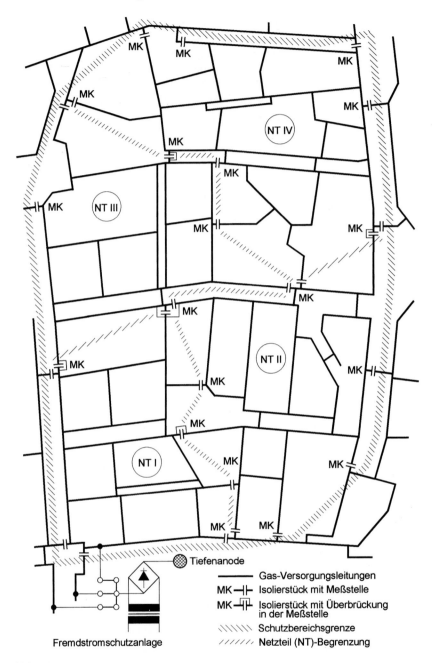

**Abb. 10-9.** Schutzbereich in einem Gas-Verteilungsnetz.

### 10.4.2 Planungen für gesonderte Rohrleitungsabschnitte

Die hier behandelten Planungen betreffen erdverlegte Schutzobjekte, die sich noch in der Bauphase befinden und noch nicht mit einem kathodisch geschützten Objekt verbunden sind.

#### *10.4.2.1 Ziele der Planung*

Bei Rohrleitungsabschnitten, deren Umhüllung beim Einbau starken mechanischen Belastungen ausgesetzt wird und Beschädigungen meist nicht zu reparieren sind, wie z.B. beim Horizontalbohrverfahren (Horizontal-Drilling-Verfahren), ist noch während der Bauphase zu prüfen, ob ein ausreichend wirksamer kathodischer Schutz in Verbindung mit der Fernleitung erzielt werden kann oder ob dafür nach elektrischer Trennung eine separate kathodische Schutzanlage errichtet werden muß. Die Wirksamkeit des kathodischen Schutzes kann durch eine Strom-Vergleichsmessung nach Abschn. 3.3.5 festgestellt werden [31]. Voraussetzung für diese Überprüfung ist, daß derartige Rohrleitungsabschnitte noch nicht mit der weiterführenden Rohrleitung verbunden sind. Bei der Strom-Vergleichsmessung wird der bei einem gegebenen Einschaltpotential gemessene Strom $I$ mit einem nach Gl. (3-66) berechneten Strom $I^*$ verglichen. Nach Gl. (3-66) ist ein ausreichend wirksamer kathodischer Schutz nach folgenden Kriterien gegeben:

$$I_{\max} \leqq I^* \tag{10-5}$$

dabei ist $I_{\max}$ der Strom der Fehlstelle mit der größten Stromaufnahme für den Fall, daß mehrere Fehlstellen vorliegen, und entspricht dem $I_i$ in Gl. (3-66). Wegen $I_{\max} < I$ ist bei einem Befund

$$I \leqq I^* \tag{10-6}$$

immer ausreichender Schutz vorhanden. Bei der Annahme, daß $n$ Fehlstellen gleicher Stromaufnahme vorliegen, ergibt sich das Schutzkriterium zu:

$$I \leqq n \, I^* \tag{10-7}$$

Eine zusammenfassende Übersicht über die verschiedenen Maßnahmen zur Planung des kathodischen Schutzes mit Hilfe der Meßwerte für die Kriterien nach den Gl. (10-5) und (10-6) gibt die Tabelle 10-4 wieder. Hierbei bedeuten:

| | |
|---|---|
| $I_1$ bis $I_3$: | gemessene Schutzströme bei den Treibspannungen $\Delta U_1^*$ bis $\Delta U_3^*$, siehe Gl. (3-57), |
| $I_{1i}$ bis $I_{3i}$: | durch Gradientenmessung ermittelte maximale Einzelströme $I_i$, |
| $I_1^*$ bis $I_3^*$: | nach Gl. (3-66) berechnet zur Prüfung der Schützbarkeit gemäß Gl. (10-5) oder (10-6). |

Das kathodische Schutzsystem der Fernleitung ist durch die Treibspannung $\Delta U_1^*$ gekennzeichnet. Für den Fall 1 a sind keine weiteren Maßnahmen erforderlich. Der Negativbefund Fall 1 b erfordert Maßnahmen nach Fall 2 a (Prüfung auf Reserven im Einzelfall mit Neueinstellung auf $\Delta U_2^*$) oder Fall 3 a (Maßnahme B mit Gradientenmes-

**Tabelle 10-4.** Maßnahmen und Meßwerte für die Planung des kathodischen Korrosionsschutzes.

| Nr. | Maßnahmen[a] / Befunde | | A | B | C | Meßprobenfläche |
|---|---|---|---|---|---|---|
| 1a | $I_1 < I_1^*$ | – | $\Delta U_1^*$ | nein | nein | $I_1/J$ |
| 1b | $I_1 > I_1^*$ | → 2a oder → 3a | $\Delta U_1^*$ | Maßnahmen 2a oder 3a sind erforderlich | | |
| 2a | $I_1 > I_1^*$  $I_2 < I_2^*$ | | $\Delta U_2^*$ | nein | nein | $I_2/J$ |
| 2b | $I_2 > I_2^*$ | → 3a | $\Delta U_2^*$ | Maßnahme 3a ist erforderlich | | |
| 3a | $I_1 > I_1^*$  $I_{1i} < I_1^*$ | | $\Delta U_1^*$ | ja: $I_{1i}$ | nein | $I_{1i}/J$ |
| 3b | $I_{1i} > I_1^*$  $I_{2i} < I_2^*$ | | $\Delta U_2^*$ | ja: $I_{2i}$ | nein | $I_{2i}/J$ |
| 3c | $I_{2i} > I_2^*$ | → 4a | $\Delta U_2^*$ | Maßnahme 4a ist erforderlich | | |
| 4a | $I_1 > I_1^*$  $I_3 < I_3^*$ | | nein | nein | ja: $\Delta U_3^*$ | $I_3/J$ |
| 4b | $I_3 > I_3^*$  $I_{3i} < I_3^*$ | | nein | ja: $I_{3i}$ | ja: $\Delta U_3^*$ | $I_{3i}/J$ |

[a]) Art der Maßnahmen:

A: Einbeziehen in den kathodischen Korrosionsschutz der Fernleitung mit $\Delta U_1^*$ bzw. im Falle ausreichender Reserve mit $\Delta U_2^*$;
Messen von $I_1$ bzw. $I_2$;
Berechnen von $I_1^*$ bzw. $I_2^*$ mit Gl. (3-66);
Kriterium Gl. (10-6) für die Fälle Nr. 1a, 2a
Kriterium Gl. (10-5) bei zusätzlicher Maßnahme B

B: Gradientenmessung zur Bestimmung des größten Einzelstromes:
$I_{1i}$, $I_{2i}$ bzw. $I_{3i}$ bei zusätzlicher Maßnahme C
Kriterium Gl. (10-5) für die Fälle 3a, 3b bzw. 4b

C: Abtrennung durch Isolierstücke und separate kathodische Schutzanlage mit $\Delta U_3^*$
Messen von $I_3$ bzw. $I_{3i}$ bei zusätzlicher Maßnahme B;
Berechnung von $I_3^*$ mit Gl. (3-66);
Kriterium Gl. (10-5) bzw. (10-6) für die Fälle Nr. 4a bzw. 4b

sung zur Bestimmung von $I_i$), wobei auch die Kombination beider Maßnahmen gemäß Fall 3b zweckmäßig sein kann. Als weitere Alternative ist auch die Maßnahme C mit separatem kathodischen Schutz mittels $\Delta U_3^*$ (Fall 4a) zu sehen.

### 10.4.2.2 Vermaschte Netze

Polarisation-Vergleichsmessungen nach Abschn. 3.3.5 kommen während der Bauphase auch an neuverlegten Rohrleitungsabschnitten, die noch nicht mit dem bestehenden Rohrleitungssystem verbunden sind, zur Anwendung. Voraussetzungen sind ein annähernd homogenes Bettungsmaterial und eine ausreichende Erdfühligkeit, die bei Rohrleitungen in Verkehrswegen im allgemeinen bereits nach der Verlegung gegeben ist. Deshalb sind Vergleichsmessungen an Rohrleitungen in bebauten Gebieten besonders gut geeignet, wie beispielsweise im Zuge der Errichtung und Erneuerung von Verteilungsnetzen.

An der zu untersuchenden Rohrleitung wird bei der probeweisen Stromeinspeisung das Einschaltpotential auf den gegebenen oder geplanten Betriebswert eingestellt und nach einer ausreichenden Polarisationsdauer der Schutzstrom $I$ und das Auschaltpotential $U_{aus}$ gemessen. Einen ersten Hinweis auf ausreichende Polarisierbarkeit gibt die auch in Abschn. 3.3.5 beschriebene *Fehlstellen-Vergleichsmessung*. Wird bei dieser Prüfung das Schutzpotential-Kriterium nicht erfüllt, sind weitere Maßnahmen erforderlich. Für die Maßnahmen der Strom-Vergleichsmessung dienen die Hinweise in Tabelle 10-4. Da die Beseitigung von Fehlstellen nahezu immer möglich ist, kommen im allgemeinen nur die Fälle 1 a und 3 a in Betracht.

### 10.4.2.3 Grabenlos verlegte Mantelrohre und Düker

Beim Einbau von Rohrleitungsabschnitten mit Hilfe des gesteuerten Horizontalbohrverfahrens resultieren die Maßnahmen und Entscheidungswege zur Planung des kathodischen Schutzes aus den Ergebnissen der Strom-Vergleichsmessung entsprechend der Tabelle 10-4. Zur Verdeutlichung der praktischen Vorgehensweise sind in Tabelle 10-5 einige Beispiele angegeben.

**Tabelle 10-5.** Beispiel für die Planung des kathodischen Schutzes nach den Entscheidungskriterien in Tabelle 10-4. Schutzkriterien 1 bzw. 2 entsprechen den Gl. (10-5) bzw. (10-6).

| Fall | Meßwerte | Ergebnis Gl. (3-66) | Befunde und Maßnahmen |
|---|---|---|---|
| 1 | $U_{ein} = -1,2$ V $J_s = 0,1$ A m$^{-2}$ $\rho = 100\ \Omega$ m $I_1 = 0,5$ mA | $I_1^* = 0,6$ mA $I_1^* > I_1$ $\Delta U_1^* = 0,35$ V | Kriterium 2 ist erfüllt, es liegt der Fall 1 a nach Tabelle 10-4 vor. Weitere Maßnahmen sind nicht erforderlich. |
| 2 | $U_{ein} = -1,5$ V $J_s = 0,1$ A m$^{-2}$ $\rho = 120\ \Omega$ m $I_1 = 2,1$ mA $I_{1i} = 0,9$ mA | $I_1^* = 1,5$ mA $I_1^* < I_1$ $\Delta U_1^* = 0,65$ V $I_1^* > I_{1i}$ | Kriterium 2 ist nicht erfüllt, es liegt der Fall 1 b nach Tabelle 10-4 vor. Die Maßnahme B wurde ergriffen: $I_{1i} = 0,9$ mA. Kriterium 1 ist erfüllt, es liegt der Fall 3 a nach Tabelle 10-4 vor. Weitere Maßnahmen sind nicht erforderlich. |
| 3 | $U_{ein} = -1,54$ V $J_s = 0,1$ A m$^{-2}$ $\rho = 60\ \Omega$ m $I_1 = 380$ mA $J_s = 0,03$ A m$^{-2}$ $U_{ein} = -2,00$ V $I_{2i} = 50$ mA | $I_1^* = 6,7$ mA $I_1^* \ll I_1$ $\Delta U_1^* = 0,69$ V $\Delta U_2^* = 1,15$ V $I_2^* = 62$ mA | Das Kriterium 2 ist mit großem Abstand nicht erfüllt. Das läßt vermuten, daß weitere Maßnahmen nicht erfolgreich sind. Es wurden die Einflußgrößen $J_s$ und $\rho$ überprüft und gefunden, daß $J_s = 0,03$ A m$^{-2}$ eingesetzt werden darf. Gl. (3-66) führt zu $I_1^* = 22$ mA $\ll I_1$. Kriterium 1 bleibt unerfüllt, es liegt der Fall 1 b nach Tabelle 10-4 vor. Mit den Maßnahmen A und B folgte $U_{ein} = -2,00$ V mit $\Delta U_2^* = 1,15$ V *und* $I_{2i} = 50$ mA. Das Kriterium 1 ist erfüllt gemäß Fall 3 b nach Tabelle 10-4. |
| 4 | $U_{ein} = -2,0$ V $J_s = 0,03$ A m$^{-2}$ $\rho = 60\ \Omega$ m $I_{3i} = 60$ mA | $I_3^* = 62$ mA $I_3^* < I_{3i}$ $\Delta U_3^* = 1,15$ V | Kriterium 1 war trotz der Maßnahmen B und C nicht erfüllt. Eine Überprüfung der Schutzstromdichte ergab einen geringeren Wert von $J = 0,03$ A m$^{-2}$. Damit folgt aus Gl. (3-66) $I^* = 62$ mA $> I_{3i}$. Damit ist Kriterium 1 erfüllt. Es liegt der Fall 4 b nach Tabelle 10-4 vor. |

Die Ermittlung des größten Einzelstromes $I_i$ kann durch Gradientenmessungen ($\Delta U^\perp$) gemäß $I_i/I = \Delta U_{max.}^\perp / \Sigma\,\Delta U^\perp$ abgeschätzt werden. An der Außenfläche des Leitungsabschnittes geschieht dies durch Messungen von Spannungstrichtern nach der intensiven Fehlstellenortung, siehe Abschn. 3.6.3.2, und alternativ an der Rohrinnenfläche durch Messungen der Stromverteilung nach der Technik der $\Delta U$-Profilmessungen bei vertikalen Bohrlochverrohrungen, vgl. Abschn. 18.3.2. Zur Ermittlung der Schutzstromdichte empfiehlt sich die Verwendung von externen Meßproben, siehe Tabelle 10-2.

Zur Überwachung des kathodischen Schutzes kann die Potential-Vergleichsmessung mit Hilfe externer Meßproben nach Abschn. 3.3.4 herangezogen werden. Die kreisförmigen Flächen der Meßproben ergeben sich aus Tabelle 10-4. Der Einbau der Meßproben sollte in dem Erdboden mit dem höchsten elektrischen Widerstand im Trassenbereich des Dükers und außerhalb von Spannungstrichtern erfolgen.

## 10.5 Inbetriebnahme des kathodischen Schutzes

Vor dem Einschalten von Fremdstromschutzanlagen sind die Wirksamkeit der Berührungsschutzmaßnahmen und die Kabelanschlüsse entsprechend dem Schaltplan zu überprüfen sowie folgende Messungen durchzuführen:

- Ausbreitungswiderstand der Anodenanlage,
- Widerstand zwischen Rohrleitung und Anodenanlage,
- Rohr/Boden-Potential an der Schutzanlage,
- Objekt/Boden-Potentiale von Fremdobjekten, die in den kathodischen Schutz einbezogen werden sollen,
- Widerstände zwischen Rohrleitung und diesen Fremdobjekten,
- Wechselspannung zwischen Rohrleitung und Anodenanlage bei Vorliegen einer Hochspannung-Beeinflussung.

Bei Streustrom-Beeinflussung empfiehlt sich die Messung der Rohr/Boden-Potentiale an allen Meßstellen. Die Schutzanlage wird danach eingeschaltet und der Schutzstrom so eingestellt, daß $U_{ein}$ im Bereich der Schutzanlage außerhalb des Spannungstrichters der Anoden dem Planungswert (z. B. $U_{ein} = -1,5$ V) entspricht. Ergeben sich dabei erhebliche Abweichungen des erforderlichen Schutzstromes vom Rechenwert, ist die Ursache durch weitere Messungen zu klären. Werden Fremdobjekte zur Vermeidung einer unzulässigen Beeinflussung (vgl. Abschn. 9.2) in den kathodischen Schutz der Rohrleitung einbezogen, sollte zur Unterbindung von Ausgleichsströmen der Anschluß möglichst über Dioden (Reihenschaltung mit Abgleichwiderstand) erfolgen. Nach Einregulierung der Schutzanlage sind der Schutzstrom, die Gleichrichter-Ausgangsspannung, die Einschaltpotentiale im Bereich der Schutzanlage und an den Endpunkten des Schutzbereiches sowie gegebenenfalls die Einschaltpotentiale und Ströme der in den kathodischen Schutz integrierten Fremdobjekte zu messen. Der Zählerstand der Schutzanlage ist zu vermerken.

Für die Nachmessung ist es notwendig, daß die Rohrleitung eine ausreichende Erdfühligkeit besitzt und einen weitgehend stationären Polarisationszustand aufweist. Bei Rohrleitungen in Verkehrswegen wird durch die erforderliche Bodenverdichtung normalerweise bereits nach der Verlegung eine genügende Erdfühligkeit erreicht. Außerhalb von bebauten Gebieten ist dies bei neuen Rohrleitungen im allgemeinen erst nach einer Winterperiode der Fall. Zur Überprüfung des Polarisationszustandes werden nach einer angemessenen Polarisationsdauer die Ein- und Ausschaltpotentiale der Rohrleitung an der Schutzanlage und an den Endpunkten des Schutzbereiches gemessen. Ist dabei an den Endpunkten $U_{aus} < U_s$, kann die Nachmessung erfolgen. Andernfalls ist der Schutzstrom zu erhöhen und erneut eine angemessene Polarisationsdauer abzuwarten.

Bei der Nachmessung ist die Wirksamkeit des kathodischen Schutzes durch geeignete Verfahren nachzuweisen. Unter den Voraussetzungen, daß alle Umhüllungsfehlstellen annähernd gleich polarisiert sind (vernachlässigbare Ausgleichsströme) und sich nicht im Spannungstrichter von Streuströmen befinden, kann der Nachweis durch die Ausschaltpotentialmessung erbracht werden. Zur Überprüfung dieser Voraussetzungen müssen jedoch im allgemeinen die Umhüllungsfehlstellen geortet werden. Die Messung der Ausschaltpotentiale an allen Meßstellen ergibt einen guten Überblick über den Polarisationszustand der Rohrleitung und ermöglicht zumindest im Bereich der Meßstellen den Nachweis der Wirksamkeit des kathodischen Schutzes. Für eine lückenlose Beurteilung der kathodischen Schutzwirkung, wie sie für Rohrleitungen mit hohem Sicherheitsbedürfnis gefordert wird, sind grundsätzlich Intensivmessungen [32, 33] erforderlich, vgl. Abschn. 3.3.3. Bei neuen Rohrleitungen, die wegen ihrer mechanisch hochwertigen Umhüllung im allgemeinen nur wenige Umhüllungsbeschädigungen aufweisen, empfiehlt sich zunächst nur die Ortung dieser Fehlstellen nach Abschn. 3.6.3.2 mit Hilfe einer Potentialgradientenmessung in Schritten von z. B. 5 m entlang der Rohrleitung. Wird danach an der ungünstigsten Fehlstelle (große Fläche und hochohmiger Boden) eine ausreichende Schutzwirkung nachgewiesen ($U_{IR\text{-}frei} \leqq U_s$), ist das Schutzpotentialkriterium auch an allen anderen Fehlstellen erfüllt. Läßt sich an Fehlstellen mit $U_{IR\text{-}frei} > U_s$ durch Erhöhung des Schutzstromes keine ausreichende Schutzwirkung erzielen, müssen sie durch Aufgraben und Ausbessern der Umhüllung beseitigt werden. Zur Beurteilung des kathodischen Schutzes der Rohrleitung und Festlegung der Referenzwerte für die weitere Überwachung sind außerdem folgende Messungen [34] erforderlich:

- Schutzstrom und Gleichrichter-Ausgangsspannung,
- Widerstand zwischen Rohrleitung und Anodenanlage,
- Widerstand zwischen Rohrleitung und Dauerbezugselektrode,
- Abgleichwiderstände und Ströme von Potentialverbindungen,
- Ein- und Ausschaltpotentiale der Rohrleitung an allen Meßstellen,
- Rohrströme an Rohrstrommeßstellen und Isolierstücken, die im Normalbetrieb in Meßstellen kurzgeschlossen sind,
- Widerstände zwischen Rohrleitung und Mantelrohren sowie deren Ein- und Ausschaltpotentiale,
- Widerstände und Potentiale an Isolierstücken,
- Widerstände zwischen Rohrleitung und Brückenkonstruktionen sowie deren Ein- und Ausschaltpotentiale,
- Beeinflussungsmessungen an Fremdobjekten im Bereich der Anodenanlage und größeren georteten Umhüllungsfehlstellen der Rohrleitung sowie im Nahbereich von Rohrleitungsabschnitten mit einer mittleren Schutzstromdichte $> 100\ \mu A\ m^{-2}$,

– Streuströme an Ableiteinrichtungen,
– Wechselspannung zwischen Rohrleitung und Erde bei Hochspannung-Beeinflussung.

Falls der spezifische Bodenwiderstand im Bereich der Rohrleitung nicht schon bei den Planungsmessungen oder im Zuge der Rohrverlegung ermittelt wurde, sollte er Bestandteil der Nachmessung sein, da er bei der Bewertung vieler Meßdaten von Bedeutung ist. Alle angeführten Messungen sind zu protokollieren, wie z. B. an Schutzanlagen nach Tabelle 8-1. Zur besseren Übersicht empfiehlt es sich, die entsprechenden Meß- und Rechenwerte in Potentialplänen darzustellen, vgl. Abb. 3-7 und 10-7. Über die Inbetriebnahme und Nachmessung des kathodischen Schutzes ist ein Bericht zu erstellen.

## 10.6 Überwachung des kathodischen Schutzes

Zur Sicherstellung der Wirksamkeit des kathodischen Schutzes sind regelmäßige Funktionskontrollen des Schutzsystems und gezielte Überwachungsmessungen an der Rohrleitung erforderlich. Die Beurteilung der kathodischen Schutzwirkung erfolgt durch Vergleich der aktuellen Meßwerte mit Referenzwerten, die bei der Nachmessung oder späteren Schutzanpassung- und Intensivmessungen nach Abschn. 3.3.3 ermittelt wurden. Mit Hilfe von Rechnern lassen sich die Werte leicht vergleichen und in Plänen darstellen. Ergeben sich dabei wesentlich Abweichungen, ist die Ursache zu klären und durch geeignete Maßnahmen der Soll-Zustand wieder herzustellen oder erforderlichenfalls eine Neueinstellung des Schutzsystems, mit neuen Referenzwerten, vorzunehmen.

Für die Betriebssicherheit des Schutzsystems ist es notwendig, daß die Fremdstromschutzanlagen alle zwei Monate und die Streustromschutzanlagen monatlich auf ihre Funktion kontrolliert werden [34]. Bei Zusammenschaltung von Rohrleitungen sowie bei starker Streustrombeeinflussung ist zusätzlich das Einschaltpotential an geeigneten Meßstellen, z. B. an den Endpunkten des Schutzbereiches, zu kontrollieren. Durch diese Funktionskontrollen werden Störungen des Schutzsystems durch Fremdkontakte zu niederohmig geerdeten Objekten, Schutzstrom-Unterbrechungen und Fehler an Schutzanlagen festgestellt. Mittels Aufzeichnung der Meßwerte können Art der Schäden oder häufiger Ausfall von Schutzanlagen und deren Ursachen verdeutlicht werden, wodurch gezielte Maßnahmen für den sicheren Betrieb der Schutzanlagen getroffen werden können. Ursachen dieser Schäden und Abhilfemaßnahmen sind in Tabelle 8-2 beschrieben.

Die Wirksamkeit des kathodischen Schutzes der Rohrleitung ist etwa einmal jährlich zu überprüfen. Dabei ist an ausgewählten Meßstellen das Einschaltpotential zu messen. Befindet sich die Rohrleitung innerhalb der Bebauung, sollte an diesen Meßstellen zusätzlich auch das Ausschaltpotential erfaßt werden. Die Meßstellen sind so auszuwählen, daß anhand der Meßergebnisse eine genügende Beurteilung der kathodischen Schutzwirkung möglich ist. In zeitlichen Abständen von mindestens drei Jahren sind an allen Meßstellen die Ein- und Ausschaltpotentiale zu überprüfen. Darüber hinaus ist die Ermittlung des spezifischen Umhüllungswiderstands von Abschnitten der Rohrleitung und die Messung der Widerstände zwischen der Rohrleitung und Mantelrohren sowie deren Potentiale zu empfehlen. Wird die Rohrleitung durch Streuströme aus Gleichstromanlagen, vgl. Abschn. 15.2, beeinflußt, ist die Ausschaltpotentialmessung meistens nicht geeignet. Die verschiedenen Verfahren zur Ermittlung des *IR*-freien Rohr/Boden-Potentials sind in Abschn. 3.3 beschrieben.

Zur Überwachung der kathodischen Schutzwirkung an örtlich stark beeinflußten Rohrleitungsbereichen sowie an Sonderbauwerken ist die Potential-Vergleichsmessung mittels externer Meßproben nach Abschn. 3.3.4 zweckmäßig. Der Einbau von externen Meßproben ist anzuraten bei Rohrleitungen im Schienenspannungstrichter von Gleichstrombahnen, beim Lokalen kathodischen Schutz, bei Produktenrohrpressungen und bei Dükerungen.

Eine Intensivmessung nach Abschn. 3.3.3 ist angezeigt, nach Baumaßnahmen im Bereich der Rohrleitung, wenn Beschädigungen der Rohrumhüllung nicht auszuschließen sind und bei Hinweisen auf Bewegungen der Rohrleitung, z.B. in Bergsenkungsgebieten.

Die Sicherstellung der Wirksamkeit des kathodischen Schutzes läßt sich in Verbindung mit einer fernwirktechnischen Überwachung optimal erreichen, vgl. Abschn. 3.7.

## 10.7 Schutzmaßnahmen gegen Wechselstromkorrosion

Durch Wechselstromkorrosion gefährdet sind Rohrleitungen, die parallel zu Hochspannungsleitungen oder mit Wechselstrom betriebenen Bahnanlagen verlaufen, siehe Abschn. 23.1 bis 23.3. Die Höhe der Beeinflussung wird im wesentlichen durch die Wechselstromdichte nach Gl. (4-13) mit $\alpha$-Werten um 0,1 bestimmt. Davon leiten sich auch die Stromkriterien in Abschn. 4.4 ab. Die $\alpha$-Werte sind in einem noch nicht näher beschreibbarem Ausmaß vom Medium abhängig, was auch zu starken Streuungen führt. Sie werden nach [35] in schwach sauren Medien erhöht und durch kathodische Schutzstromdichten $J_s$ bis zu 4 A m$^{-2}$ vermindert. Dagegen konnte in NaOH-Lösungen bei $J_s = 20$ A m$^{-2}$ und bei extrem hohen Wechselstromdichten über etwa 500 A m$^{-2}$ deutlich höhere $\alpha$-Werte gefunden werden [36], die ohnehin Schutzmaßnahmen verlangen. Dieser Effekt ist wahrscheinlich auf Korrosion im Feld IV der Abb. 2-2 zurückzuführen. Indizien für einen Angriff durch Wechselstromkorrosion geben folgende Daten, die zusammen neben Muldenfraß vorliegen müssen:

– Erfüllen des Potentialkriteriums nach Gl. (2-40),
– hohe Wechselstromdichten nach den Kriterien in Abschn. 4.4,
– alkalische Reaktion des Mediums an der Korrosionsstelle.

### 10.7.1 Kriterien und Schutzmaßnahmen

Die Kriterien in Abschn. 4.4 beziehen sich auf Wechselstromdichten, die an einer in Abschn. 3.8 beschriebenen Meßprobe ermittelt werden. Die Stromdichten folgen mit Gl. (4-10) aus der Wechselspannung Rohr/Erde und nehmen mit abnehmendem Durchmesser bzw. zunehmenden Ausbreitungswiderstand bis zu einem Höchstwert zu, der bei einer Kreisfläche von 1 cm$^2$ liegt und so die Meßprobe definiert. Die an dieser Meßprobe gemessenen Stromdichten sind Basis für die Beurteilung nach den Aufzählungen a) bis c) in Abschn. 4.4. Im Falle b) dient die Meßprobe auch als Korrosionsprobe, siehe Abschn. 3.8.

Die Meßprobe ist in 6°°-Lage dort einzubauen, wo die größte Korrosionsgefährdung zu erwarten ist. Dazu zählen folgende Merkmale:

– der geringste spezifische Bodenwiderstand, vgl. Gl. (4-10),
– die größte Wechselspannung Rohr/Erde,
– kritische Stellen der Leitung, z. B. Straßenkreuzungen mit Streusalzbelastung, Kreuzungen mit Bahnstrecken, Rohrleitungsendpunkte.

Für die Abschätzung der größten Wechselspannung dienen Berechnungen und Messungen derselben mit Hilfe von Erdspießen, vgl. Abschn. 3.3.7.4. Es ist zweckmäßig diese Spannung längs der Rohrleitung an allen Potential-Meßstellen zu messen und mit Datenloggern zu registrieren, um die zeitliche Auswirkung der Freileitungsströme zu ermitteln. Im Falle der Beeinflussung durch Bahnen sollte die aktuelle Zugfolge beim Betreiber erfragt werden.

Es wird empfohlen, an jeder Potentialmeßstelle mindestens zwei Meßproben zu installieren wobei der Mutterboden mit geringstem Bodenwiderstand und der Trassenboden eingesetzt werden. Wenn die Meßproben auch als Korrosionsproben dienen, sollten sie in weitmaschigen Kunststoffkästen mit dem jeweiligen Mutterboden eingeschlemmt werden, um eine spätere Entnahme ohne Beschädigung der Deckschichten zu erleichtern.

An den Meßproben sollten monatlich der Wechselstrom, die Wechselspannung, der Gleichstrom und das Potential sowie der Ausbreitungswiderstand ermittelt werden. Mit Datenloggern soll vom Zeitpunkt des Anschaltens der Meßproben über mindestens vier Wochen die Gleich- und Wechselstromdichte erfaßt werden. Bei Wechselstromdichten zwischen 20 und 100 A m$^{-2}$ sind Korrosionsproben in jährlichem Abstand auszubauen und auf einen Korrosionsangriff hin zu untersuchen. Entsprechend ist eine ausreichende Anzahl von Meßproben vorzusehen oder nach dem Ausbau zu ersetzen.

Diese Untersuchungen können ergänzt werden durch Beurteilen an freigelegten Fehlstellen der Rohrumhüllung, die durch IFO-Messungen, vgl. Abschn. 3.6.3, geortet werden. Dabei interessieren nur kleine Fehlstellen im Bereich von 1 cm$^2$. Neben der Beurteilung eines Korrosionsangriffs ist festzustellen, in welchem Ausmaß die oben genannten Indizien für Wechselstromkorrosion vorlagen.

### 10.7.2 Wahl der Schutzmaßnahmen

Ziel aller Schutzmaßnahmen ist die Verminderung der Wechselstromdichte an allen Fehlstellen, wobei die Meßproben als den ungünstigsten Fall betrachtet werden, die die Stromkriterien nach Abschn. 4.4 erfüllen müssen. Nachfolgend werden die verschiedenen Maßnahmen zur Verminderung der Wechselspannung Rohr/Erdboden beschrieben [37], die alle von Ersatzschaltungen mit definierten Beeinflussungslängen ausgehen und Ableitungen an Fehlstellen der Umhüllung vernachlässigen. Das ist zulässig, wenn die Leitungsimpedanz ausreichend klein und die induzierte Spannung unabhängig vom Ableitungsbelag $G'$ wird.

Daten für die induzierte Spannung werden in Abschn. 23.3.2 wiedergegeben. Nach Gl. (23-21) liegen die Höchstwerte an den Enden des Beeinflussungsbereiches. Die induzierte Spannung $E$ nimmt mit zunehmender Beeinflussungslänge $L$ und mit abnehmendem Übertragungsmaß $\gamma$ bzw. mit abnehmendem Ableitungsbelag $G'$ nach Gl. (23-13) zu. Für $G' \to \infty$ wird $E \to 0$. Somit besteht kein oder nur ein vermindertes Beeinflussungsproblem bei durchgehend gut geerdeten Leitungen, was als Schutzmaßnahme in Betracht kommen kann.

### 10.7.2.1 Einbau von Isolierkupplungen

Durch Einbau von Isolierkupplungen kann eine Verminderung der induzierten Spannung $E$ sowohl nach Gl. (23-13) durch Erhöhen des Widerstandsbelages $R'$ und somit Erhöhen des Übertragungsmaßes $\gamma$ als auch nach Gl. (23-21) durch Reduzieren von $L$ versucht werden. Dabei ist aber zu beachten, daß zur Berechnung von $E_{max}$ an der Isolierkupplung die Gl. (23-25) gültig ist, so daß an den Trennstellen Erdungsmaßnahmen notwendig werden [37]. In vermaschten Netzen und an neu zu bauenden Abgangsleitungen ist es sinnvoll, Trennstellen einzubauen, um eine Verschleppung der induzierten Wechselspannung zu vermeiden.

### 10.7.2.2 Erden der Rohrleitung

Für eine konstante Beeinflussungslänge kann durch Erden der Rohrleitung an den Enden der Beeinflussungslänge die dort anliegende maximale Spannung $E_{max}$ vermindert werden [37]. In der Ersatzschaltung in Abb. 10-10a bedeutet R eine Abgrenzeinheit, vgl. Abschn. 14.2.2 und 23.5.4, mit einer Impedanz, die wesentlich kleiner als der Erdungswiderstand $R$ ist. Es folgt mit $U = I\,R$ aus dem Stromkreis Rohr/Erde/Rohr

$$I\,R + I\,Z - E + I\,R = I\,(2\,R + Z) - E = 0 \tag{10-8}$$

und nach Umformen:

$$U = \frac{E}{2 + \dfrac{Z}{R}}\,. \tag{10-9}$$

Nach Gl. (10-9) wird zwar für $R \to 0$ auch $U \to 0$, jedoch ist eine nennenswerte Reduktion der Wechselspannung erst bei einem Erdungswiderstand $R < Z$ zu erreichen, was vielfach praktisch nicht möglich ist.

### 10.7.2.3 Kompensation durch galvanische Ankopplung

In der Ersatzschaltung in Abb. 10-10b hat R die gleiche Bedeutung wie in Abb. 10-10a. Zusätzlich sind zwei Spannungsquellen E* angekoppelt [37]. Es folgt mit $U = I\,R + E^*$ aus dem Stromkreis Rohr/Erde/Rohr

$$U + I\,Z - E + U = 0 \tag{10-10}$$

und nach Umformen:

$$U = \frac{E + E^* \dfrac{Z}{R}}{2 + \dfrac{Z}{R}} \tag{10-11}$$

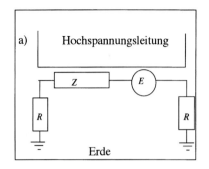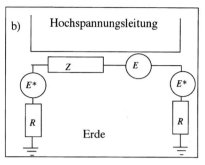

**Abb. 10-10.** Ersatzschaltbild für Erdung (a) und Vollkompensation der Wechselspannung (b).

sowie für $U = 0$:

$$E^* = -\frac{R}{Z}E \qquad (10\text{-}12)$$

und

$$I = -\frac{E}{Z}. \qquad (10\text{-}13)$$

Mit den Gl. (10-12) und (10-13) ergibt sich der Leistungsbedarf $P$ der Spannungsquelle $E^*$ zu:

$$P = I\,E^* = R\left(\frac{E}{Z}\right)^2. \qquad (10\text{-}14)$$

Beispiele für den Leistungsbedarf jeweils einer Spannungsquelle werden in [37] angegeben. Sie liegen in der Größenordnung 1000 W je Kompensationsanlage, von denen immer zwei vorliegen müssen. Da die Kompensation immer nur an den Enden der Beeinflussung erfolgt, kann durch eine Phasenverschiebung mit zunehmender Entfernung längs der Rohrleitung eine Unsymmetrie auftreten, die die Schutzwirkung vermindert. Ob hierbei unzulässig hohe anodische Stromanteile auftreten, muß durch Meßproben verfolgt werden.

### 10.7.2.3.1 Teilkompensation

Bei der Teilkompensation werden die Spannungsquellen mit Dioden versehen, die nur eine Kompensation der anodischen Halbwelle ermöglichen, wobei die kathodische Halbwelle zu einem kathodischen Überschutz führt und so nach Abb. 2-20 eine Wasserstoffabsorption zu erwarten ist, vgl. Abschn. 2.3.4. Ob die Gefahr einer Wasserstoff-induzierten Spannungsrißkorrosion nach Abschn. 2.3.4 zu befürchten ist, ist nach den Untersuchungen in [38] im wesentlichen von der mechanischen Belastungsart während der Wasserstoffabsorption abhängig. Verformungen oberhalb der jeweiligen Streckgrenze dürfen nicht auftreten. Das ist bei Rohrleitungen, die vor der Inbetriebnahme gestreßt wurden, sicherlich nicht der Fall. Zur Vermeidung einer Wasserstoffabsorption wird auch versucht, die kathodische Halbwelle zumindest teilweise zu kompensieren. Anlagen mit Teilkompensation werden seit einigen Jahren mit guter Erfahrung betrieben [39, 40].

### 10.7.2.3.2 Vollkompensation

Die Vollkompensation wird durch Abb. 10-10b beschrieben. Eine Gefahr durch Waserstoffabsorption besteht nicht. Nachteilig ist der hohe Energiebedarf nach Gl. (10-14) und die Gefahr einer zu hohen anodischen Halbwelle bei Phasenverschiebungen längs der Rohrleitung. Ausreichende betriebliche Erfahrungen liegen noch nicht vor.

## 10.7.3 Anwendungsbereiche

### 10.7.3.1 Beeinflussung durch Hochspannungs-Freileitungen

Bei einer Wechselstrombeeinflussung durch Hochspannungs-Freileitungen liegen im allgemeinen konstante Beeinflussungslängen vor, an deren Enden Erdungs- oder Kompensationsmaßnahmen nach den Abschn. 10.7.2.2 und 10.7.2.3, vgl. Abb. 10-10, angewandt werden können. Bei unstetigem Verlauf der Induktion, z. B. bei schrägen Näherungen, können Phasenverschiebungen mit zunehmender Entfernung von der Kompensationsanlage auftreten, die eine Kompensation der anodischen Halbwelle beeinträchtigen. Solche Fälle können durch die Ergebnisse der Kontrollen durch Meßproben ermittelt werden. In solchen Fällen kann der Gesamtbereich der Beeinflussung an Unstetigkeitsstellen in Teilbereiche unterteilt werden, an deren Enden jeweils zwei Kompensationsanlagen zu errichten sind.

### 10.7.3.2 Beeinflussung durch Bahnströme

Bei der Beeinflussung durch Bahnströme liegen nach Ort und Zeit keine konstanten Beeinflussungslängen vor. Neben den allgemeinen Schutzmaßnahmen nach Abschn. 10.7.2. kann je nach dem vorliegenden Objekt der gesamte Beeinflussungsbereich durch Isolierstücke unterteilt werden, siehe Abschn. 10.7.2.1, wobei an den Trennstellen Erdungsmaßnahmen oder besser Kompensationsmaßnahmen [39, 40] ergriffen werden können.

## 10.7.4 Betrieb und Überwachung

Es wird empfohlen, folgende Parameter ständig zu überwachen und bei Überschreiten von Grenzwerten sowie bei Ausfall einer Anlage an eine Zentrale zu melden: Kompensationsstrom, Temperatur von Anlagen größerer Leistung, Polarität der Rohr/Boden-Potentiale, Wechselspannung Rohr/Erde, Ausfall einer Anlage. Im letzten Fall sollten alle weiteren Anlagen abgeschaltet werden. Zum Nachweis der Wirksamkeit der Korrosionsschutzmaßnahmen dienen die Befunde der in Abschn. 10.7.1 beschriebenen Meßproben, siehe auch Abschn. 3.9.

## 10.8  Literatur

[1] TRbF 301, Carl Heymanns Verlag; Köln 1981.

[2] TRGL141, Carl Heymanns Verlag. Köln 1977.

[3] DVGW Arbeitsblatt G 463, WVGW-Verlag, Bonn 1983.

[4] DVGW Arbeitsblatt G 462-2, WVGW-Verlag, Bonn 1985.

[5] dieses Handbuch, 3. Auflage, Kap. 10, Weinheim 1989.

[6] F. Giesen, J. Heseding und D. Müller, 3R intern. *9*, 217 (1970).

[7] H. J. Arnholt, Schweizen + Schneiden *32,* 496 (1980).

[8] Firmenschrift, „Bergsoe Anti Corrosion" Landskrona (Schweden)

[9] DVGW Arbeitsblatt GW 14, WVGW-Verlag, Bonn 1989.

[10] DIN 30675-1, Beuth-Verlag, Berlin 1985.

[11] DIN 2470-1, Beuth-Verlag, Berlin 1987.

[12] DIN 3389, Beuth-Verlag, Berlin 1984.

[13] AfK-Empfehlung Nr. 5, WVGW-Verlag, Bonn 1986.

[14] Afk Empfehlung Nr. 6, WVGW-Verlag, Bonn 1985.

[15] DIN VDE 0664-1, Beuth-Verlag, Berlin 1985.

[16] DIN VDE 0551, Beuth-Verlag, Berlin 1980.

[17] Gas- und Wasserkreuzungsrichtlinien der Deutschen Bundesbahn (DS 180).

[18] DIN VDE 0185-2, Beuth-Verlag, Berlin 1982.

[19] DIN VDE 0101, Beuth-Verlag, Berlin 1988.

[20] AfK-Empfehlung Nr. I, WVGW-Verlag, Bonn 1985.

[21] H. Hildebrand u. W. Schwenk, 3R intern. *21*, 387 (1982).

[22] Fachverband Kathodischer Korrosionsschutz, 3R intern. *24*, 82 (1985).

[23] DVGW Arbeitsblatt GW 12, WVGW-Verlag, Bonn 1984.

[24] A. W. Peabody, Mat. Protection. *18*, 5, 27 (1979).

[25] A. Winkler, gwf gas/erdgas *120*, 335 (1979).

[26] DIN VDE 0100-540, Abschn. 4, Beuth-Verlag, Berlin 1986.

[27] DVGW Arbeitsblatt G600 (TRGI), WVGW-Verlag, Bonn 1972 u. 1987.

[28] DIN 1988-2, Beuth-Verlag, Berlin 1988.

[29] DVGW Merkblatt G 412, WVGW-Verlag, Bonn 1988.

[30] F. Schwarzbauer, gwf gas/erdgas *121*, 419 (1980).

[31] A. Baltes, W. Queitsch, H.-G. Schöneich u. W. Schwenk, 3R intern. *35*, 377 (1996).

[32] DIN 50925, Beuth-Verlag, Berlin 1992.

[33] AfK-Empfehlung Nr. 10, Entwurf.

[34] DVGW Arbeitsblatt GW 10, WVGW-Verlag, Bonn 1984.

[35] G. Heim, Th. Heim, H. Heinzen u. W. Schwenk, 3R intern. *32*, 246 (1993).

[36] B. Leutner, S. Losacker u. G. Siegmund, 3R intern. *37*, 135 (1998).

[37] W. Prinz u. H.-G. Schöneich, gwf gas/erdgas *134*, 621 (1993).

[38] R. Pöpperling, W. Schwenk u. J. Venkateswarlu, Werkstoffe u. Korrosion *36*, 389 (1985).

[39] G. Peez, gwf gas/erdgas *134*, 301 (1993).

[40] H. Martin u. D. Martin, 3R intern. *34*, 179 (1995).

# 11 Lagerbehälter und Tankläger

U. Bette, K. Horras und G. Rieger

## 11.1 Besondere Probleme beim Behälterschutz

Der kathodische Außenschutz unterirdischer Lagerbehälter [1], insbesondere älterer Tankanlagen, kann im Vergleich zu erdverlegten Rohrleitungen aus folgenden Gründen Schwierigkeiten bereiten: Die Behälter liegen oft in geringem Abstand von Bauwerken oder sind gruppenweise in sehr geringen Abständen nebeneinander angeordnet. In vielen Fällen sind erdverlegte Lagerbehälter zwecks Sicherung gegen Auftrieb auf z.T. großflächigen Betonfundamenten befestigt. Bei älteren Tankanlagen liegen die Behälter meist in sogenannten Sohlenschalen, die früher bei einwandigen Behältern als Auffangeinrichtung und somit zum Nachweis evtl. austretenden Lagergutes vorgesehen wurden. Derartige Anordnungen können je nach Bauart den Zutritt eines ausreichenden Schutzstromes beeinträchtigen, wenn an den erschwert vom Schutzstrom zu erreichenden Behälterflächen größere Verletzungen der Umhüllung vorhanden sind, zu denen korrosive Bodenbestandteile praktisch ungehindert gelangen können. Damit gelten nicht die Bedingungen für Gl. (2-47). An Neuanlagen sollten bei sorgfältiger Planung und Bauausführung die den kathodischen Behälterschutz störenden Faktoren sicher vermieden werden können.

## 11.2 Vorbereitende Maßnahmen

Bei Tankanlagen mit einwandigen Behältern beginnen die vorbereitenden Arbeiten mit der Prüfung, ob ein kathodischer Schutz *vorgeschrieben* oder aus Gründen der Werterhaltung zweckmäßig ist [2]. Für die Beurteilung der Korrosionsgefährdung gelten auch die allgemeinen Hinweise in Kap. 4. Bei Lagerbehältern besteht vor allem eine Korrosionsgefahr durch *Elementbildung* mit Fremdkathoden über Anschlußleitungen, z.B. Rohrleitungen aus Kupfer, nichtrostendem Stahl oder angerosteten bzw. in Beton eingebetteten Stahlrohrleitungen sowie Stahl-Beton-Konstruktionen.

Voraussetzung für einen vollständigen kathodischen Außenkorrosionsschutz mit wirtschaftlich vertretbaren Mitteln ohne schädliche Beeinflussung benachbarter Installationen ist, daß die zu schützenden Lagerbehälter eine gute Umhüllung haben und damit eine geringe Schutzstromdichte benötigen. Außerdem dürfen die Schutzobjekte keine metallenleitenden Kontakte zu anderen im Erdboden verlegten Installationen, wie Rohrleitungen und Kabeln, haben. In diesem Falle nehmen die mitangeschlossenen Installationen aufgrund ihres gegenüber den kathodisch zu schützenden Lagerbehältern meist wesentlich niedrigeren Ausbreitungswiderstandes einen vielfach höheren Strom auf als die Schutzobjekte, so daß der dann erforderliche große Schutzstrom schädliche Beeinflussungen an benachbarten Installationen bewirken kann, siehe Abschn. 9.2. Hinzu kommt, daß die mitangeschlossenen Installationen, wenn sie in unmittelbarer Nähe der zu schützenden Behälter liegen, diese abschirmend beeinflussen, so daß letztere dann keinen ausreichenden Schutz erhalten.

Bei Neuanlagen ist die Umhüllung der Behälter vor deren Einlagerung zu prüfen und auszubessern. Ebenso müssen alle mit den Lagerbehältern metallenleitend verbundenen und in den kathodischen Schutz einzubeziehenden Füll-, Entnahme- und Belüftungsrohre sowie evtl. vorhandene Stahl-Domschächte und die Behälter-Trageösen gut umhüllt werden. Behälter und angeschlossene Rohrleitungen sind allseitig steinfrei im Erdboden zu betten. Eine gute Umhüllung ist nach den Angaben in Abschn. 5.1 Voraussetzung für die sichere Anwendung des kathodischen Korrosionsschutzes. Richtlinien und Vorschriften über den Einbau von Lagerbehältern sind zu beachten [3, 4].

Die kathodisch zu schützenden Behälter und Betriebsrohrleitungen sind von allen anderen metallischen Installationen elektrisch zu trennen. Bei Tankanlagen geschieht dies durch Einbau von Isolierstücken, die so anzuordnen sind, daß alle mit den Lagerbehältern in Verbindung stehenden Betriebsrohrleitungen aus Stahl und auch umhüllte Anschlußleitungen aus Kupfer, soweit sie im Erdboden liegen, in den kathodischen Schutz einbezogen werden können. Bei Gebäudeeinführungen sind die Isolierstücke im Inneren der Gebäude und an Zapfstellen z.B. im Fuß der Zapfsäulen anzuordnen.

Zur Verringerung der Korrosion durch Elementbildung ist auch bei nicht kathodisch geschützten Tankanlagen eine Abtrennung der Verbrauchsanlagen und Gebäudeinstallationen durch Einbau von überprüfbaren Isolierstücken *dringend* zu empfehlen [2, 5].

In neuerer Zeit werden bei einigen Arten von Betankungsanlagen zwischen den Filter-Wasserabscheidern und den Auslässen Rohrleitungen und Armaturen aus korrosionsbeständigem Material verwendet – meistens aus nichtrostenden Stählen, seltener aus Aluminium. Auch diese müssen bei Erdverlegung eine gut isolierende Umhüllung erhalten und von den anderen Tankanlagen-Installationen durch Isolierstücke abgetrennt werden.

Rohreinführungen in Gebäude, Schächte und ähnliche Anordnungen müssen so ausgeführt sein, daß metallenleitende Zufallskontakte zwischen den Rohren und den Durchführungen sicher vermieden sind. Die häufig an den oberirdischen Belüftungsrohren festgestellten Zufallskontakte zu geerdeten Metallteilen sind in einfacher Weise dadurch zu vermeiden, daß alle der Befestigung und Stützung dienenden Konstruktionsteile mittels mechanisch fester isolierender Zwischenlagen an den Belüftungsrohren montiert werden. Wenn im Erdboden Kreuzungen zwischen den zu schützenden Rohrleitungen und anderen Installationen, z.B. Kabeln, Blitzschutzerdern usw. unvermeidbar sind, sollte durch ausreichend bemessene Abstände dafür Sorge getragen werden, daß auch bei einer Verdichtung oder späteren Senkung des Erdbodens die Installationen untereinander keinen Kontakt erhalten. Alle zusätzlichen Einrichtungen, die mit den Tankanlagen Verbindung erhalten, wie z.B. Lecksicherung-Einrichtungen, Füllstand-Anzeigegeräte u.a., müssen so installiert werden, daß durch diese Einrichtungen keine den kathodischen Schutz beeinträchtigenden metallenleitende Verbindungen zu Schutzleitern der Stromversorgung, Erdern, Metallkonstruktionen usw. entstehen. Aus den gleichen Gründen dürfen in den Fällen, in denen unterirdische Lagerbehälter gegen Auftrieb gesichert werden müssen, die Betonplatten bzw. Fundamente keinen Kontakt mit den Behältern erhalten; evtl. vorhandene Spannbänder sind mit ausreichend großflächigen und mechanisch stabilen Isolierunterlagen zu versehen. Zwischen Behälter und Betonplatte ist eine mindestens 5 cm dicke Sandschicht vorzusehen.

Zu den vorbereitenden Maßnahmen gehört auch die Ermittlung des spezifischen Bodenwiderstandes an den für den Einbau der Anoden in Frage kommenden Geländestellen. Bei Fremdstrom-Schutzanlagen sind die elektrischen Schutzmaßnahmen zu beachten [6]. Bei Neuanlagen wird man einen vollständigen kathodischen Behälterschutz bei geringer Schutzstromdichte ohne schädliche Beeinflussung benachbarter Installationen sicher erreichen können. Bei bereits bestehenden älteren Tankanlagen ist je nach Zustand der Behälter- und Rohrumhüllungen mit verhältnismäßig hohen Schutzstromdichten zu rechnen. Erfahrungsgemäß wird es jedoch auch bei älteren Tankanlagen in den meisten Fällen möglich sein, eine ausreichende kathodische Schutzwirkung zu erzielen, wobei jedoch im Vergleich zu neuen Tankanlagen ein höherer Aufwand für die vorbereitenden Arbeiten und auch für die Schutzanlagen in Kauf genommen werden muß.

## 11.3 Lagerbehälter

### 11.3.1 Schutzstrombestimmung, Beurteilung und Anschlüsse der Schutzanlagen

Bei erdverlegten Lagerbehältern mit Bitumen-Umhüllung liegt erfahrungsgemäß die Schutzstromdichte über 100 $\mu$A m$^{-2}$. Sie kann bei sehr gutem Zustand der Umhüllung einige 10 $\mu$A m$^{-2}$ betragen und bei sehr schlechtem Zustand in der Größenordnung von mA m$^{-2}$ liegen. Der Schutzstrombedarf kann bei gleich großen Lagerbehältern also sehr unterschiedlich sein, so daß er mit einer für die Auslegung der Schutzanlagen ausreichenden Genauigkeit nicht abgeschätzt werden kann, wie z.B. bei Rohrleitungen. Aus diesen Gründen ist es erforderlich, den Schutzstrombedarf im allgemeinen durch eine Probeeinspeisung zu ermitteln.

Dabei wird der Schutzstrom stufenweise erhöht. Jeweils nach einer Polarisationsdauer von etwa 1 h, die zur kathodischen Polarisation bei neuen Tankanlagen mit guter Umhüllung erfahrungsgemäß ausreicht, werden Ein- und Ausschaltpotentiale gemessen. Letztes sollte innerhalb 1 s nach dem Abschalten des Schutzstromes bestimmt und mit dem Schutzkriterium verglichen werden, vgl. Abschn. 3.3.1. Die Messungen sind an mindestens zwei Stellen eines jeden Lagerbehälters und an den angeschlossenen Rohrleitungen durch Aufsetzen der Meßelektrode auf den Erdboden und auch, wie in Abb. 11-1 dargestellt, mittels eines Meßkanals im Erdboden an den für den Schutzstromzutritt ungünstigsten Stellen durchzuführen. Liegen die Behälter unter Oberflächen, die gegen das Eindringen von wassergefährdenden Flüssigkeiten abgedichtet sind, ist der Einbau eines Meßkanals nicht gestattet. Hier sind gegebenenfalls Dauerbezugselektroden zwischen den Behältern zu installieren. Bei der Probeeinspeisung ist auch der Ausbreitungswiderstand des Schutzobjekts zu ermitteln.

Vergleicht man die in der Praxis gefundenen Schutzstromdichten von bitumenumhüllten Rohrleitungen (vgl. Abb. 5-3 mit Gl. (5-2)) und Lagerbehältern miteinander, so ist festzustellen, daß die Werte bei Rohrleitungen im allgemeinen unter 100 $\mu$A m$^{-2}$ und bei Lagerbehältern meist wesentlich darüber liegen. Dieses unterschiedliche Verhalten

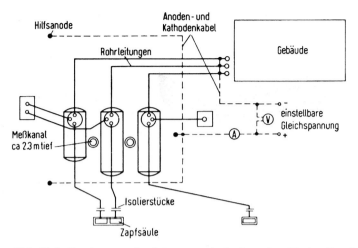

**Abb. 11-1.** Bestimmung des Schutzstrombedarfs an einer Tankstelle mit einer Probeeinspeisung.

ist darauf zurückzuführen, daß die Einlagerung und die Bettung der Lagerbehälter in den Erdboden, bedingt durch Gewicht und Abmessungen, wesentlich schwieriger ist und zu größeren Verletzungen der Umhüllung führt, als das im allgemeinen bei Rohrleitungen der Fall ist. So ist auch zu verstehen, daß der Schutzstrombedarf mit der Betriebsdauer sehr stark zunimmt. Erfahrungsgemäß können die Schutzstromdichten nach 25 Jahren bei einigen mA m$^{-2}$ liegen.

Bei neuen Lagerbehältern kann zur Schutzstromabschätzung ein Richtwert von etwa 200 µA m$^{-2}$ angenommen werden, wenn die in Abschn. 11.2 genannten Maßnahmen durchgeführt werden.

Für spezielle Betankungsanlagen werden auch liegende zylindrische Behälter aus Stahl mit einem Volumen von 300 m$^3$ verwendet. Diese einwandigen Behälter werden mit einem glasfaserverstärkten Kunststoff (GfK) außen beschichtet. Innen sind die Behälter mit einer Treibstoff-beständigen Auskleidung versehen. Derartige Behältertypen werden meistens mit aufgeschweißten oder aufgeflanschten Stahl-Domschächten ausgerüstet und auch in Normgrößen hergestellt. Durch die Kunststoff-Beschichtung ergeben sich unter der Voraussetzung, daß auch die Domschächte in der gleichen Weise umhüllt sind, Schutzstromdichten von wenigen µA m$^{-2}$. Demnach würde der Schutzstrombedarf für einen 300-m$^3$-Behälter mit zwei Stahl-Domschächten, Gesamtoberfläche etwa 400 m$^2$, bei einer angenommenen Schutzstromdichte von 10 µA m$^{-2}$, nur 4 mA betragen. Sind jedoch die Domschächte nur mit einer Bitumenbinde umhüllt, so kann sich erfahrungsgemäß ein wesentlich größerer Schutzstrombedarf ergeben.

Bei Schutzstromdichten bis etwa 200 µA m$^{-2}$ ist sowohl bei normal erdverlegten Lagerbehältern, bei Behältern mit Auftriebsicherung als auch bei Lagerbehältern, unter denen Sohlenschalen liegen, hinsichtlich der Schutzstrom-Verteilung erfahrungsgemäß nicht mit Schwierigkeiten zu rechnen. Dagegen kann bei mehrfach höherem Schutzstrombedarf und bei stärkerer Behinderung des Schutzstromzutritts, z.B. bedingt durch Kunststoff-ausgekleidete Sohlenschalen, die Schutzwirkung beeinträchtigt werden. Für die Beurteilung der Schutzwirkung und einer möglichen Beeinflussung von benachbarten Installationen können folgende Hinweise aus der Erfahrung gegeben werden:

1. Liegt die Schutzstromdichte bei unterirdischen Tankanlagen *nicht erheblich über 200 µA m⁻²* und beträgt der Schutzstrom nicht wesentlich mehr als einige 10 mA, so ist ein vollständiger kathodischer Korrosionsschutz im allgemeinen auch bei ungünstigen Geländeverhältnissen zu erzielen, z.B. wenn die Anoden nur an einer Seite des Schutzobjektes angeordnet werden können. Beeinflussungen an fremden Installationen sind nicht zu erwarten, soweit diese nicht im Spannungstrichter der Anoden liegen.

2. Bei *Tankanlagen* mit mehreren Lagerbehältern und mit einem Schutzstrombedarf von *einigen 100 mA* ist eine gleichmäßige Schutzstrom-Verteilung dadurch anzustreben, daß eine Einspeisung über mehrere, auf dem Gelände der Tankanlagen verteilt angeordnete Anoden oder über eine weit entfernte Anodenanlage erfolgt. Die Aufteilung des Schutzstroms auf mehrere Anoden vermeidet auch größere örtliche Anodenspannungstrichter und somit Beeinflussungen benachbarter Installationen.

3. Für den kathodischen Schutz von *Tanklägern* und *Betankungsanlagen* werden Schutzströme von *einigen A* benötigt. Hier ist meist mit metallenleitenden Verbindungen zu geerdeten Installationen zu rechnen. Diese Verbindungen müssen geortet und aufgetrennt werden. Wenn dieses nicht möglich sein sollte, kann gegebenenfalls Lokaler kathodischer Schutz eingerichtet werden, vgl. Kap. 12.

Im Falle größerer Schutzstromdichten und Schutzströme können an benachbarten und nicht in den Schutz einbezogenen Installationen Beeinflussungen auftreten. Die anodische Gefährdung durch Beeinflussung muß durch entsprechende Messungen nachgewiesen und durch geeignete Maßnahmen verhindert werden [7], vgl. Abschn. 9.2. Aus den gleichen Gründen sollte auch die Anodenanlage nicht in Nähe von stahlarmierten Beton-Fundamenten installiert werden.

Zur Rückleitung des Schutzstromes ist bei einzelnen Lagerbehältern ein Kathodenkabel ausreichend. An Tankstellen mit mehreren Lagerbehältern ist je Lagerbehälter ein Kabelanschluß zu verlegen. Haben die Behälter einer Tankstelle untereinander metallenleitende Verbindung, so sind meistens zwei Kathodenkabel-Anschlüsse vorzusehen [2].

Als Kathoden- und Anodenzuleitungen sind für die Verlegung im Erdboden geeignete Kabel, z.B. NYY-O zu verwenden. Die Kabel sind im Erdboden geschützt zu verlegen und an Bauteilen des Schutzobjektes anzuschließen, welche betriebsmäßig nicht gelöst werden (bei Behältern an den Domstutzen mittels Anschlußlasche nach [3]).

Die Mindestquerschnitte betragen 4 mm² Cu für Kabel zum Schutzobjekt und 2,5 mm² Cu zu den Anoden [2]. Zu empfehlen sind zweiadrige Kathodenanschlußkabel, 2×4 mm² je Schutzobjekt. Werden zwei oder mehrere Anoden benötigt, so sind die Anoden über separate Kabel oder Kabeladern anzuschließen, damit die Schutzstrom-Abgabe jeder Anode gemessen werden kann. Die einzelnen Kabeladern sind auf Trennklemmen zu legen, die in einem Klemmenkasten und bei Fremdstrom-Anlagen auch im Gehäuse des Schutzstrom-Gerätes angeordnet werden können. Die Schutzstrom-Geräte und evtl. externe Klemmenkästen müssen außerhalb der explosionsgefährdeten Bereiche installiert werden.

## 11.3.2 Wahl des Schutzverfahrens

Für den kathodischen Schutz erdverlegter Lagerbehälter mit galvanischen Anoden werden im allgemeinen Magnesiumanoden verwendet. In Einzelfällen wurde auch ein Schutz mit Zinkanoden versucht [8], jedoch haben diese im allgemeinen zu kleine Treibspannungen, vgl. Abschn. 6.2.2. Der erreichbare Schutzstrom $I_s$ folgt aus der Treibspannung $U_T$, der Spannung zwischen dem Schutzobjekt und den Anoden, sowie aus den Ausbreitungswiderständen des Schutzobjektes $R_k$ und der Anoden $R_a$ aus Gl. (6-13) zu:

$$I_s = \frac{U_T}{R_k + R_a} \, .$$
(11-1)

Korrekturglieder für den Anodenabstand und die Zuleitungswiderstände können vernachlässigt werden.

Der Ausbreitungswiderstand der verschiedenen Anodentypen kann nach den im Abschn. 24.1 angegebenen Gleichungen berechnet werden, vgl. Tabelle 24-1. Die Anwendung von Magnesiumanoden ist bei relativ kleinen Schutzströmen zweckmäßig und auch wirtschaftlich. Im Falle einer Schutzstrombedarf-Zunahme ist jedoch, da die Spannung mit etwa 0,6 V festliegt, eine Stromerhöhung nur durch Erniedrigen des Ausbreitungswiderstandes der Anoden, also durch den Einbau weiterer Anoden möglich.

Gegenüber galvanischen Anoden haben Fremdstrom-Schutzanlagen den Vorteil einer wählbaren Spannung, so daß der Schutzstrom in Stufen oder auch stufenlos eingestellt werden kann. Früher wurden Fremdstrom-Schutzanlagen im wesentlichen erst bei Schutzströmen über 0,1 A eingerichtet. Heute werden fast ausschließlich Fremdstrom-Schutzanalgen eingesetzt.

Bei Schutzobjekten mit sehr hohen Umhüllungswiderständen, die in seltenen Fällen bei verletzungsfreier Umhüllung, insbesondere aber bei Kunststoff-Beschichtungen vorliegen können, lassen sich keine Behälter/Boden-Potentiale messen. Ausschaltpotentiale verändern sich mit der Zeit relativ schnell wie bei einer Kondensatorentladung und zeigen zu positive Werte [8]. Dies ist bei Umhüllungswiderständen um $10^5 \, \Omega \, \text{m}^2$ der Fall. Liegen Verletzungen vor, sind die Widerstände deutlich geringer. Für die Potentialmessung gelten dann die Hinweise in Abschn. 3.3.7.2.

## 11.3.3 Beispiele für die Auslegung von Schutzanlagen

### 11.3.3.1 Schutzanlage mit galvanischen Anoden

Der zu schützende Heizöl-Behälter liegt, wie aus Abb. 11-2 zu ersehen ist, in der Nähe eines Gebäudes im Erdboden. Auf der dem Gebäude abgewandten Behälterseite verläuft die Grundstücksgrenze einige Meter vom Behälter. Die an den Behälter angeschlossenen und in den kathodischen Schutz einzubeziehenden Stahlrohrleitungen sind umhüllt. Die zur Abtrennung des Heizölbehälters erforderlichen Isolierstücke befinden sich im Gebäude. Sämtliche für die Auslegung der kathodischen Schutzanlage erforderlichen Werte, die bei der Probeeinspeisung ermittelt wurden, gehen aus der folgenden Aufstellung hervor:

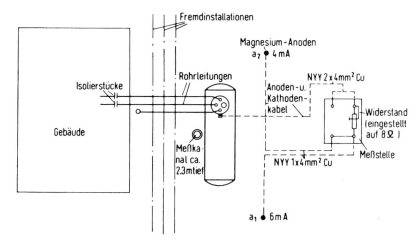

**Abb. 11-2.** Kathodischer Schutz eines Heizöl-Behälters mit Magnesiumanoden.

- Lagerbehälter 20 m³, Behälter- und Rohroberflächen: 50 m²,
- Ausbreitungswiderstand der Heizöl-Behälteranlage: 30 Ω,
- Widerstand an den Isolierstücken: 28 Ω,
- spezifischer Bodenwiderstand an den Anodenplätzen, gemessen mit Sondenabständen 1,6 und 3,2 m, Mittelwert aus 8 Messungen: 35 Ω m,
- Schutzstrom bei einem Ausschaltpotential $U_{Cu/CuSO_4} = -0,88$ V: 10 mA,
- Schutzstromdichte: 200 µA m$^{-2}$.

Als Schutzstromquelle wurden in diesem älteren Beispiel Magnesiumanoden gewählt, da einerseits mit dem galvanischen Verfahren infolge des relativ niedrigen Erdbodenwiderstandes ein ausreichender Strom einschließlich Stromreserve erzielt werden konnte und andererseits die Anwendung des Fremdstrom-Schutzverfahrens hier wesentlich größere Aufwendungen erfordert hätte.

Da zur Erzielung des erforderlichen Schutzstroms einschließlich einer anzustrebenden Stromreserve (insgesamt etwa 15 mA) der Gesamtwiderstand des Schutzstromkreises bei einer Spannung von 0,6 V zwischen Stahl und Magnesiumanode nach Gl. (11-1) nicht mehr als 40 Ω betragen darf, wurden zwei 5-kg-Magnesium-Blockanoden vorgesehen, deren Ausbreitungswiderstand für die Einzelanode $R_A$ etwa 20 Ω beträgt. Der Ausbreitungswiderstand der beiden parallel geschalteten Anoden ergibt sich dann unter Berücksichtigung eines Beeinflussungsfaktors $F = 1,1$ mit $n = 2$ nach Gl. (24-35) zu etwa 11 Ω.

Bei den durch Gl. (6-12) angegebenen maximalen Anodenströmen ist zugrunde gelegt, daß der Ausbreitungswiderstand der Kathode wesentlich kleiner ist als der Ausbreitungswiderstand der Anoden. Da dies jedoch insbesondere bei Lagerbehältern mit guter Umhüllung nicht zutrifft, wird die Stromabgabe der Anoden wesentlich geringer (vgl. Gl. (6-11) und (11-1)).

Obgleich bei diesen Behältern zwecks gleichmäßiger Schutzstrom-Verteilung eine Anodenanordnung beiderseits des Lagerbehälters geplant war, mußten die beiden Anoden, die sowohl hinsichtlich ihres Ausbreitungswiderstandes als auch bezüglich der geforderten Lebensdauer von 25 Jahren [2] ausreichend bemessen sind, auf dem Geländestreifen zwischen Lagerbehälter und Grundstücksgrenze eingebaut werden, da zwischen Gebäude und Lagerbehälter mehrere Fremdinstallationen (Wasserleitung, Stromkabel und Fernmeldekabel) liegen. Die Anoden wurden in einem Abstand von 11 m und etwa 2,8 m tief im Erdboden eingebaut. Eine Anodenverlegung in geringerer Bodentiefe, etwa 1,5 bis 2,0 m, ist nur dann sinnvoll, wenn der Erdboden in diesem Bereich auch bei längeren Trockenperioden feucht bleibt. Werden z. B. die Anoden in noch geringerer Bodentiefe verlegt, so würden bei Austrocknen der oberen Bodenschicht die Ausbreitungswiderstände und damit der Widerstand des Schutzstromkreises so stark ansteigen, daß der erforderliche Schutzstrom für die in größerer Tiefe liegenden Behälteroberflächen von den galvanischen Anoden u. U. nicht mehr geliefert werden kann.

Bei der noch relativ niedrigen Schutzstromdichte von 200 µA m$^{-2}$ und der einseitigen Anodenanlage wurde, wie zu erwarten war, an diesem Lagerbehälter eine ausreichende Potentialabsenkung auch auf der von den Anoden abgewandten Seite erzielt. Das Ausschaltpotential wurde mittels eines Meßkanals in einer Bodentiefe von 2,3 m am Behälter zu $U_{Cu/CuSO_4} = -0,88$ V gemessen. Auf der anderen Behälterseite sowie über dem Lagerbehälter wurden Ausschaltpotentiale von $-0,90$ bis $-0,94$ V gefunden. Diese Potentialwerte wurden bei einem Schutzstrom von 10 mA (Anode 1: 6 mA, Anode 2: 4 mA) gemessen, wobei in den Schutzstromkreis ein zusätzlicher Ohmscher Widerstand von 8 Ω geschaltet war, vgl. Abb. 11-2. Bei direkter Verbindung zwischen Lagerbehälter und Magnesium-Anodengruppe ergab sich ein Anfangsstrom von etwa 16 mA, der jedoch nach einer Polarisationsdauer von 1 h auf etwa 14 mA zurückging. Die Stromreserve betrug somit, bezogen auf den eingestellten Dauerstrom von 10 mA, bei der Inbetriebnahme der kathodischen Schutzanlage ca. 40%.

Nach Gl. (6-7) errechnet sich die Lebensdauer der Magnesiumanoden mit einem Strominhalt nach Tabelle 6-4 von etwa 1,2 A a für 10 mA zu 120 a. Dabei ist angenommen, daß sich der Schutzstrom gleichmäßig auf die beiden Anoden verteilt. Da jedoch eine gleichmäßige Anodenstrom-Verteilung über einen langen Zeitraum nicht zu erreichen ist, wird die errechnete Lebensdauer sicherlich nicht erzielt. Sie wird jedoch wesentlich über der geforderten Mindestlebensdauer von 25 Jahren liegen. Hinsichtlich der Lebensdauer hätte eine Magnesiumanode genügt. Bezüglich des Anoden-Ausbreitungswiderstandes, der zur Erzielung einer ausreichenden Stromreserve etwa 10 Ω betragen mußte, war jedoch der Einsatz von zwei Anoden erforderlich.

Beeinflussungsmessungen zeigten erwartungsgemäß, daß bei der geringen Stromstärke keine schädliche Beeinflussung an Fremdinstallationen vorlag.

### 11.3.3.2 Schutzanlage mit Fremdstrom

In Abb. 11-3 ist eine kathodisch geschützte Tankstelle mit drei Lagerbehältern schematisch dargestellt.

Die Zapfsäulen der Tankstellen sind mit dem Mantel und dem Neutralleiter des Strom-Versorgungskabels metallenleitend verbunden. Ferner war ein metallenleitender Kontakt zwischen den am Betriebsgebäude aufgeführten Be- und Entlüftungsleitungen und der Bauwerksbewehrung vorhanden. Diese elektrischen Verbindungen mußten zunächst aufgehoben werden. Die Treibstoff-Leitungen wurden durch den Einbau von

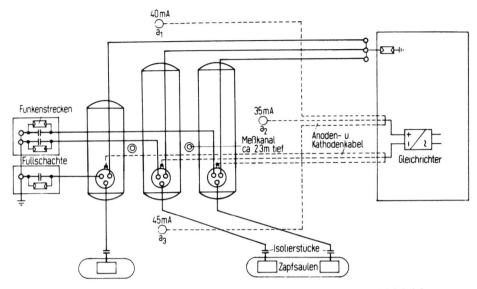

**Abb. 11-3.** Kathodischer Schutz einer Tankstelle mit einem netzgespeisten Gleichrichter.

Isolierstücken im Fuß der Zapfsäulen von diesen elektrisch abgetrennt. Die Beseitigung des Zufallskontaktes an den Entlüftungsrohren erfolgte durch eine isolierende Auskleidung der Befestigungsschellen. Weiterhin wurden die Rohre in den beiden Füllschächten durch Isolierstücke von den geerdeten Füllstutzen abgetrennt und die Isolierstücke durch explosionsgeschützte Funkenstrecken überbrückt, vgl. Abschn. 11.5. Durch Widerstandsmessungen wurde nachfolgend die Wirksamkeit der eingebauten Isolierstücke überprüft. Hierbei wurde festgestellt, daß alle Behälter und Rohrleitungen metallenleitend miteinander verbunden waren. Nach diesen vorbereitenden Maßnahmen wurde die Probeeinspeisung durchgeführt. Für die Auslegung der Schutzanlage gelten folgende Daten:

- Gesamtoberfläche der zu schützenden Behälter und Rohrleitungen: etwa 190 m$^2$,
- Widerstand an den eingebauten Isolierstücken: 11 Ω,
- Widerstand zwischen den Belüftungsrohren und den Befestigungsschellen nach der Isolierung: 13 Ω,
- mittlerer spezifischer Bodenwiderstand auf dem Gelände der Tankanlage: 70 bis 80 Ω m,
- Schutzstrombedarf der Tankanlage: 120 mA,
- Schutzstromdichte: etwa 630 μA m$^{-2}$.

Um einerseits bei der relativ hohen Schutzstromdichte eine gleichmäßige Stromverteilung zu erreichen und andererseits größere Anoden-Spannungstrichter zu vermeiden, wurde hier Fremdstromschutz mit mehreren Anoden gewählt. Es wurde ein Schutzstromgerät mit einer Auslegung 10 V/1 A gewählt.

Wie aus Abb. 11-3 hervorgeht, sind insgesamt drei Ferrosilicium-Anoden von je 3 kg vorgesehen, die an den Plätzen $a_1$, $a_2$ und $a_3$ eingebaut wurden. Die Anoden wur-

den vertikal in etwa 2,3 m tiefen Bohrungen mit $d = 0,2$ m in feinkörnigen Koks ge-
bettet, wobei die Länge der Koksbettung etwa 1 m betrug. Damit der Strom der einzelnen Anoden überwacht werden kann, ist jede Anode über ein separates Kabel mit
der Anoden-Sammelschiene des Gleichrichters verbunden. Zur Rückleitung des Schutzstromes wurden drei Kathodenkabel $2 \times 4$ mm$^2$ installiert und behälterseitig an den An-
schlußlaschen der Domstutzen befestigt.

Der Ausbreitungswiderstand der 3 Anoden mit den genannten Abmessungen der
Koksbettung und einem spezifischen Bodenwiderstand von 75 $\Omega$ m unter Zugrundele-
gung eines Beeinflussungsfaktors $F = 1,2$ errechnet sich nach Gl. (24-35) zu etwa 14 $\Omega$.
Die nach der Fertigstellung der Anodenanlage durchgeführte Messung des Ausbreitungswiderstandes ergab einen Wert von etwa 12 $\Omega$.

Bei der Inbetriebnahme der kathodischen Schutzanlage wurde mit einer Spannung
von etwa 4 V ein Schutzstrom von 120 mA eingestellt. Hierbei ergaben sich an allen
Potentialmeßpunkten auch zwischen den Behältern, wo die Potentiale mittels Meß-
kanälen in einer Bodentiefe von etwa 2,3 m an den Stellen größter Behälternäherung
gemessen wurden, ausreichend negative Ausschaltpotentiale von $U_{Cu/CuSO_4} = -0,88$ bis
$-0,95$ V. Die Anodenströme sind in die Abb. 11-3 eingetragen. Durch die gewählte Anodenanordnung und Stromverteilung wurden die Spannungstrichter der Anoden klein
gehalten, so daß die im Bereich der Tankstelle liegenden Fremdinstallationen nicht beeinflußt wurden.

## 11.4 Tankläger und Betankungsanlagen

Bei Neubauten von größeren Tanklägern wird man im allgemeinen eine elektrische
Trennung der erdverlegten und kathodisch zu schützenden Treibstoff-Installationen von
allen geerdeten Installationen anstreben und schon bei der Planung eine entsprechende
Anzahl von Isolierstücken vorsehen. Sind ausgedehnte Rohrnetze vorhanden, empfiehlt
es sich, auch das Rohrsystem von den Behältern durch Isolierstücke zu trennen. Hierdurch wird eine eventuell erforderliche Fehlersuche wesentlich erleichtert. Außerdem
kann die Stromaufnahme der Behälter und der Rohrleitungen separat erfaßt werden. In
solchen Fällen bereitet der kathodische Schutz im allgemeinen keine Schwierigkeiten.

Beim Einbau der Isolierstücke muß darauf geachtet werden, daß diese zur Überwachung mit Meßleitungen versehen werden. Isolierstücke in explosionsgefährdeten
Bereichen müssen mit Ex-Funkenstrecken überbrückt werden, vgl. Abschn. 11.5. Diese
Überbrückung mit Funkenstrecken mit niedriger Ansprechspannung ($U_{aw} \leqq 1$ kV) ist
bei Rohrleitungen, die betriebsmäßig explosible Dampf-Luft-Gemische führen (Entlüftungsleitungen, leerlaufende Resteleitungen u.a.) besonders wichtig. Hierbei ist
darauf zu achten, daß die Durchschlagspannung der Isolierstücke sowie an den Gebäude-
Rohrdurchführungen und ähnlichen Anordnungen wenigstens doppelt so hoch sein muß
wie die Ansprechspannung der Funkenstrecken. Da beim kathodischen Schutz an den
Isolierstücken eine elektrische Spannung ansteht, ist insbesondere in explosionsgefährdeten Bereichen z.B durch ausreichende Isolation dafür zu sorgen, daß die Rohr-
trennstücke nicht metallenleitend überbrückt werden können.

Bei Großanlagen und bei älteren Anlagen mit metallenleitenden Verbindungen zu
Anlagenkomponenten mit niedrigen Ausbreitungswiderständen kann nur Lokaler ka-

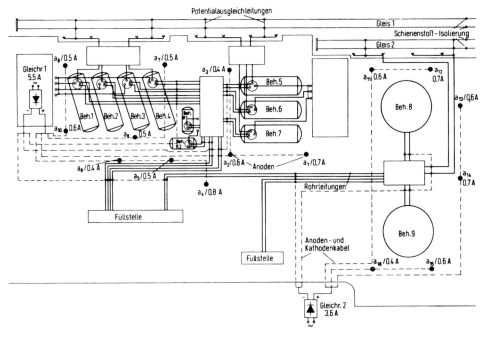

**Abb. 11-4.** Lokaler kathodischer Schutz eines Tanklagers mit Fremdstrom.

thodischer Schutz [9] angewendet werden, vgl. Abschn. 12.6. Die erforderlichen Maßnahmen für Tankanlagen werden in [10] beschrieben.

Als Beispiel ist in Abb. 11-4 ein Tanklager, das nach diesem Verfahren kathodisch
geschützt wurde, schematisch dargestellt. Wie aus der Abbildung ersichtlich ist, erfolgt
hierbei die Schutzstrom-Einspeisung mit zwei Stromkreisen von insgesamt etwa 9 A
über 16 vertikal eingebaute koksgebettete Ferrosilicium-Anoden, die zur Erzielung einer annähernd gleichmäßigen Potentialabsenkung an mehreren Stellen des Tanklagers
verteilt eingebaut wurden. Die Daten der Schutzstrom-Gleichrichter sowie die einzelnen
Anodenströme sind in die Abb. 11-4 eingetragen. Die Anoden 4, 5 und 6 sind gezielt an
den Stellen angeordnet worden, an denen vorher Korrosionsschäden aufgetreten waren.

Da für eine *IR*-freie Potentialmessung Ausschaltpotentiale nicht herangezogen werden können, sollen für eine genaue Beurteilung externe Meßproben eingesetzt werden,
vgl. Abschn. 3.3.4 und Kap. 12.

## 11.5 Besonderheiten beim kathodischen Schutz im Bereich von Eisenbahnen

### 11.5.1 Allgemeine Hinweise

Unterirdische Tankläger in der Nähe von Gleisanlagen befinden sich oft in mit Schlacke
durchsetztem und aggressivem Erdboden. Deshalb ist dort der kathodische Korrosions-

schutz besonders wichtig. Wegen der Besonderheiten des Eisenbahnbetriebs müssen in dessen Bereich zusätzlich zu den allgemein zu beachtenden Richtlinien und Bestimmungen interne Vorschriften eingehalten werden. Die Merkblätter des internationalen Eisenbahnverbandes [11] geben allgemeine Hinweise für Tankanlagen. An elektrischen Bahnstrecken sind die Bestimmungen für elektrische Bahnen [12] einzuhalten. Im Bereich der Deutschen Bahn AG gelten für Anlagen mit brennbaren Flüssigkeiten eigene Merkblätter und Dienstvorschriften [13].

### 11.5.2 Potentialausgleichsleitungen und Trennungen

Bei Gleisen zu Tankanlagen der Gefahrenklasse AI, AII und B müssen die Schienenstöße mit Längsverbindungen gut metallenleitend überbrückt sein [12]. Zwischen diesen Gleisen und den Füllstutzen der Tankanlage muß eine Potentialausgleichsleitung bestehen.

Wird bei Tankanlagen mit kathodischem Korrosionsschutz durch diese Verbindung der Schutzstrom zu hoch, so wird meist ein Isolierstück in die von den Füllstutzen abgehende Rohrleitung eingebaut. Dabei ist darauf zu achten, daß die Potentialausgleichsleitung nicht unterbrochen wird. Tritt bei Gleichstrombahnen durch eine ständige Verbindung zwischen Gleis und Umfüllanlage eine Gefährdung durch Streuströme auf, so ist der Potentialausgleich nur während des Füllvorgangs herzustellen bzw. durch Isolierstücke in den abgehenden Rohrleitungen für eine elektrische Trennung zu sorgen.

An elektrischen Bahnstrecken sind nach [12] Umfüllgleise ohne Fahrleitung in der Regel durch Isolierstöße vom übrigen Schienennetz zu trennen, um zu Tankanlagen fließende Bahnströme möglichst klein zu halten. Die Isolierstöße sind außerhalb der Gefahrenzone einzubauen, und zwar bei Stumpfgleisen am Anfang, bei Gleisen, die beidseitig an andere Gleise angeschlossen sind, an beiden Seiten der Gefahrenzone. Ein Einbau von Isolierstücken in die Rohrleitung zu dem Füllstutzen ist dann nicht notwendig, wenn sich der Schutzstrom für die Tankanlage bei Verbindung der Füllanlage mit diesen Gleisen nur unwesentlich erhöht. Isolierstöße in den Füllgleisen können entfallen, wenn zwischen dem Schienennetz und der Tankanlage keine Spannungen über 50 V bestehen bleiben können, solange sie nicht miteinander metallenleitend verbunden sind und der Rückstrom der Bahn die Tankanlage nicht gefährdet, vgl. Abschn. 11.5.3.

In Umfüllgleisen mit Fahrleitung dürfen keine Isolierstöße eingebaut werden. Die Fahrleitung muß beim Umfüllen ausgeschaltet und mit Bahnerde verbunden werden können. In diesen Fällen müssen immer in die Rohrleitung zu dem Füllstutzen Isolierstücke eingebaut werden, um den kathodischen Korrosionsschutz der Tankanlage zu ermöglichen.

### 11.5.3 Schutzerdung an elektrischen Bahnen

Als Bahnerde gelten die durchgehenden Fahrschienen (Gleise) elektrischer Bahnen. Oberirdische metallische Teile von Umfüllanlagen sind unmittelbar oder über Durchschlagsicherungen (Spannungssicherungen) bahnzuerden, wenn diese Teile im Ober-

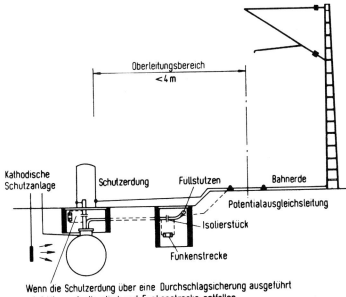

**Abb. 11-5.** Schutzmaßnahmen an elektrischen Bahnen bei kathodisch geschützten Tankanlagen.

leitungsbereich von elektrischen Bahnen mit Nennspannungen von über 1 kV Wechselstrom bzw. 1,5 kV Gleichstrom liegen. Wie aus Abb. 11-5 ersichtlich ist, müssen unmittelbar geerdete Teile von der kathodisch zu schützenden Anlage isoliert werden. Bei Erdung über Durchschlagsicherungen sind die Teile und auch die kathodisch zu schützende Anlage im normalen Betriebszustand frei von Bahnerde.

Eine Überwachung der Durchschlagsicherung ist notwendig. Gleise elektrischer Bahnen führen Rückströme und nehmen eine Spannung gegen Bezugserde an; diese Spannung wird auch als Schienenpotential bezeichnet. Schutzstromgeräte müssen nach [14] ausgerüstet sein.

### 11.5.4 Blitzschutz

Geerdete Anlagen, zu denen auch unterirdische metallische Rohrleitungen zählen, sind im 2-m-Bereich eines Blitzschutzerders mit diesem unmittelbar oder über Funkenstrecken zu verbinden [15]. Werden in Rohrleitungen, die mit einem Blitzschutzerder Verbindung haben, Isolierstücke eingebaut, so müssen diese mit Funkenstrecken überbrückt werden. Wie Blitzschutzerder sind zu behandeln:

– Gleise elektrischer Bahnen,
– Gleise aller Bahnen bis zu 20 m Entfernung vom Anschluß eines Blitzschutzerders am Gleis.

Bei AI-, AII- und B-Anlagen an elektrischen Bahnen müssen Funkenstrecken in der Gefahrzone explosionsgeschützt sein [12]. Isolierstücke und Funkenstrecken sind außerdem durch isolierende Umhüllung gegen zufälliges Überbrücken, z.B. durch Werkzeuge, zu sichern. Die Ansprechstoßspannung der Funkenstrecken soll bei Stoßspannung 1,2/50 nach [16] nicht mehr als 50% der Überschlag-Wechselspannung (Effektivwert) der Isolierstücke betragen.

Bei AIII-Anlagen genügen geschlossene, feuersichere Funkenstrecken, die vor einem Überschlag am Isolierstück ansprechen müssen. Liegen Tankläger in der Nähe von Mast-Erdungen, so muß besonders sorgfältig untersucht werden, ob eine Näherung im Sinne [15] besteht.

### 11.5.5 Beeinflussung und Arbeiten im Bahnbereich

Ist der Schutzstrombedarf für unterirdische Lagerbehälter und Rohrleitungen in Gleisnähe groß, so muß der Schutzstrom über mehrere Anoden eingespeist werden, um die Beeinflussung der im Bahnbereich stark angehäuften unterirdischen Installationen klein zu halten. Bei beengten Platzverhältnissen und bei kleiner Schutzstromabgabe je Anode haben sich Einschlaganoden, z.B. Rundstahl, bewährt.

Einspeiseversuche in Gleisnähe dürfen wegen evtl. Beeinflussung von Eisenbahn-Signalanlagen nur mit Zustimmung der Deutschen Bahn AG durchgeführt werden. Da an elektrischen Bahnen auch benachbarte Rohrleitungen Bahnrückströme führen können, müssen vor Rohrtrennungen und vor dem Ausbau metallischer Anlageteile beidseitig metallenleitende Verbindungen mit der Bahnerde bestehen oder Überbrückungen hergestellt werden, um Funkenbildungen zu vermeiden [12].

## 11.6 Maßnahmen bei Mischinstallation

Bei einigen Betankungsanlagen werden zur Reinhaltung des Treibstoffes für alle den Filtern nachgeschalteten Rohre und Armaturen Werkstoffe aus nichtrostendem Stahl oder Aluminium verwendet. Das Ruhepotential dieser Werkstoffe ist von dem für unlegierten Baustahl verschieden.

Ein kathodischer Korrosionsschutz von verschiedenen Werkstoffen in einer Mischinstallation ist nur möglich, wenn die Schutzpotentialbereiche der einzelnen Werkstoffe sich überlappen. Abschn. 2.4 informiert über die Schutzpotentialbereiche bei verschiedenen Systemen. Ist eine Überlappung nicht gegeben, müssen Isolierstücke eingebaut werden. Dies ist auch dann zweckmäßig oder sogar erforderlich, wenn die Schutzstromdichten sich sehr stark unterscheiden.

Sind die einzelnen Werkstoffe über Isolierstücke getrennt, aber an einer Schutzanlage angeschlossen, müssen die Anschlüsse über Dioden erfolgen, um bei abgeschalteter Schutzanlage Korrosion durch Elementbildung zu vermeiden, siehe Abb. 11-6. Weiterhin sind die unterschiedlichen Schutzströme über Abgleichwiderstände einzustellen.

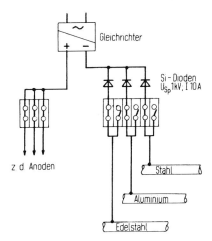

**Abb. 11-6.** Diodenbeschaltung beim kathodischen Schutz unterschiedlicher Werkstoffe.

## 11.7 Innenschutz von Heizölbehältern

Der kathodische Korrosionsschutz im Innern von Flachboden-Behältern ist möglich, wenn das Lagermedium elektrolytisch leitfähig ist [17]. Auf dem Boden von Heizöl-behältern können sich Ablagerungen aus Wasser mit korrosiven Beimengungen (Salze, z.B. Chloride) bilden, die zu Korrosionsangriffen führen. Diese Korrosion am Flach-boden von Behältern in der Bauart nach DIN 4119 kann durch kathodischen Schutz un-terbunden werden, wenn eine Elektrolytlösung in ausreichender Höhe den Boden be-deckt. Die Heizölhersteller und -lieferanten lehnen im allgemeinen das Einbringen von einer Elektrolytlösung ab, weil sie die Reinheit des Öles nach DIN 51603 gefährdet se-hen und Beeinträchtigungen im Heizkreislauf befürchten. In DIN 50926 sind die An-forderungen für den kathodischen Innenschutz bei Heizölbehältern festgelegt. Sie ent-hält folgende Angaben [18]: Aus Trinkwasser und Natriumhydrogencarbonat wird eine Elektrolytlösung hergestellt, deren spezifischer elektrischer Widerstand 2000 $\Omega$ cm nicht überschreiten darf. Die Lösung soll die Anoden im Behälter voll überdecken.

Die Entnahmeleitung im Behälter muß soweit gekürzt werden, daß die Elektrolyt-lösung nicht abgesaugt werden kann. Weiterhin ist die Fülleitung so zu gestalten, daß die Elektrolytlösung beim Befüllen möglichst wenig verwirbelt wird. Eine unzulässige Verwirbelung kann ausgeschlossen werden, wenn die Austrittsgeschwindigkeit des Heiz-öls in dem Behälter von 0,3 m s$^{-1}$ nicht überschritten wird. Die Entnahmeleitung darf nicht tiefer als 5 cm über dem Spiegel der Elektrolytlösung enden.

Bei Anwendung galvanischer Anoden sind Magnesiumanoden AZ 63, vgl. Tabelle 6-4, zu verwenden, die eine Stromkapazität von etwa 1100 A h kg$^{-1}$ und ein Gewicht von 0,8 kg bei einer Länge von 35 cm pro m$^2$ der zu schützenden Tankfläche haben. Sie sind elektrisch isoliert in einem Abstand von 3 bis 5 mm vom Tankboden gleich-mäßig verteilt anzubringen. Die Anoden werden miteinander und über ein isoliertes Kabel am Domschacht mit dem Tank metallenleitend verbunden. Galvanische Anoden erzeugen verhältnismäßig viel Korrosionsprodukte, die zur Schlammbildung und zu Verunreinigungen führen. Diese Nachteile bestehen bei inerten Fremdstrom-Anoden nicht. Zum Einsatz kommen Metalloxid-beschichtete Titananoden, vgl. Abschn. 7.2.3. Platin und mit Platin beschichtete Anoden dürfen wegen der Besorgung einer Explosionsgefahr nicht eingesetzt werden [17]. Fremdstrom-Anoden sind wie galvanische Anoden zu installieren. Für eine zu schützende Oberfläche von 2 m² ist eine Anodenlänge von 10 cm vorzusehen.

Die Anoden sind über isolierte, mineralölbeständige Leitungen, z.B. Teflon-Leitungen, mit einem Querschnitt von 2,5 mm² Cu mit dem Schutzobjekt bzw. mit dem Schutzstrom-Gerät zu verbinden. Das Schutzstrom-Gerät muß den Anforderungen nach [6] entsprechen und Einrichtungen für die Überwachung und Kontrolle des Betriebes besitzen. Die Lebensdauer der Anoden ist in allen Fällen auf mindestens 15 Jahre zu berechnen.

Kathodische Korrosionsschutzanlagen müssen bei der Inbetriebnahme und mindestens einmal jährlich überprüft werden. Dabei sind die Potentiale an mehreren Stellen des Tankbodens mit Hilfe von Spezialsonden unter dem Öl zu messen sowie die Höhe der Elektrolytlösung zu kontrollieren.

Zur Prüfung des Schutzkriteriums nach Gl. (2-40) dient die Ausschaltpotential-Messung, vgl. Abschn. 3.3.1, und das Schutzpotential nach Abschn. 2.4.

In neuerer Zeit wurde Muldenfraß an Tankböden festgestellt, obwohl die Behälter mit einer kathodischen Fremdstrom-Korrosionsschutzanlage ausgestattet waren. Diese Korrosionsangriffe sind nur so zu erklären, daß nicht ordnungsgemäßer Einbau und Betrieb der Korrosionsschutzanlagen vorlagen. Wahrscheinlich war die Elektrolytlösung nicht in ausreichender Menge eingebracht oder deren Vermischung und Absaugung mit dem Öl nicht wirksam verhindert worden. Außerdem sind offensichtlich die ausreichende Höhe der Elektrolytlösung und des Schutzstromes nicht kontrolliert und rechtzeitig korrigiert worden. Diese Fälle zeigen eindringlich, daß sowohl Einbau als auch die Kontrolle von kathodischen Korrosionsschutzanlagen von ausreichend sachkundigen und für ihre Tätigkeit verantwortlichen Fachkräften durchgeführt werden müssen, um die Aufgabe, den vom System her möglichen Korrosionsschutz auch sicher zu erfüllen.

## 11.8 Berücksichtigung anderer Schutzmaßnahmen

Durch die Anwendung des kathodischen Schutzes dürfen andere Schutzmaßnahmen, z.B. Blitzschutz, elektrischer Berührungsspannungs-Schutz usw. nicht beeinträchtigt werden. Deshalb müssen alle erforderlichen Schutzmaßnahmen vor der Errichtung kathodischer Schutzanlagen aufeinander abgestimmt werden. Bei Blitzschutzanlagen sind, wenn die kathodisch zu schützenden Tankanlagen oder deren Rohrleitungen im Näherungsbereich von Blitzschutzerdern liegen [15], die betreffenden Tanklager-Installationen über Trennfunkenstrecken und in explosionsgefährdeten Bereichen über explosionsgeschützte Trennfunkenstrecken mit dem Blitzschutz-Erdersystem zu verbinden. Die Einbaustellen sind so zu wählen, daß man mit möglichst kurzen Verbindungsleitungen auskommt [19].

Beim Einsatz von Fehlerstrom-Schutzschaltungen für den Berührungsschutz sind die Angaben in Abschn. 8.1 zu beachten.

Die Verwendung von Behältern einschließlich der angeschlossenen Rohrleitungen als Erdung ist nicht zulässig [20]. Zur Erniedrigung des Kathoden-Ausbreitungswiderstandes bei gleichzeitiger Vermeidung eines erhöhten Schutzstrombedarfs hat es sich als zweckmäßig erwiesen, Magnesiumanoden als Erder an den Behälter anzuschließen. Der Ausbreitungswiderstand der Anoden soll $\leqq 50$ V/$I_{Fehler}$ sein. Der Schutzstrom ist so einzustellen, daß ein geringer Stromeintritt (einige mA) in die Magnesiumanoden nachzuweisen ist, um deren Korrosion zu vermindern. Bei der Fehlerspannung-Schutzschaltung kann, wenn die Hilfserde im Spannungstrichter der Anoden liegt, eine Auslösung erfolgen, obgleich keine Fehlerspannung ansteht. In solchen Fällen, die jedoch durch entsprechende Maßnahmen bei Bau der kathodischen Schutzanlagen vermieden werden können, kann Abhilfe durch Einschalten eines ausreichend bemessenen Kondensators in die Hilfserderzuleitung geschaffen werden.

In explosionsgefährdeten Bereichen sind u.a. die einschlägigen Vorschriften und Richtlinien [21–23] zu beachten. Bei Arbeiten im Domschacht von kathodisch geschützten Behältern ist die Schutzanlage abzuschalten und der Behälter selbst zur Erzielung eines Potentialausgleichs zu erden. In solchen Fällen hat sich der Einsatz von sogenannten Deckel-Erdungsschaltern bewährt, die bei geöffnetem Domschacht-Deckel die Kathodenzuleitung des Behälters unterbrechen und den Behälter mit dem Erdungssystem der Tankanlage verbinden. Das Verfahren kann angewendet werden, wenn alle Behälter getrennte Kathodenanschlüsse haben und wenn die abgehenden Rohrleitungen von den Behältern durch Isolierstücke getrennt sind.

Abb. 11-7 zeigt eine Prinzipschaltung für einen Behälter mit zwei Domschächten. Der Schutzstrom fließt über die beiden hintereinander geschalteten Öffner der Deckel-Erdungsschalter zum Kathodenanschluß. Wird einer der beiden Schachtdeckel geöff-

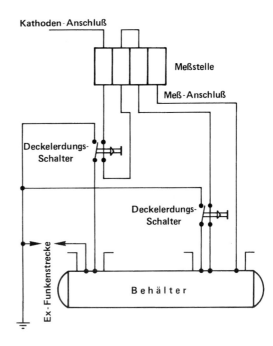

**Abb. 11-7.** Deckel-Erdungsschalter für kathodisch geschützte Behälter.

net, so wird der Schutzstrom-Kreis unterbrochen und der Behälter über den Schließer geerdet. Der nicht beschaltete Kabelanschluß des Behälters ist stromunbelastet und dient zur Potentialmessung. Bei diesem Verfahren wird jeweils nur ein Behälter vom Schutz-system getrennt, während die anderen Anlagenteile Schutzstrom erhalten.

## 11.9 Betrieb und Wartung kathodischer Schutzanlagen

Für die Inbetriebnahme und die Überwachung kathodischer Schutzanlagen gelten die Hinweise in [1, 2]. Für die Potentialmessung dienen die Ausführungen in Abschn. 3.3.

Die Behälter- und Rohr/Boden-Potentiale sind nach der Einregulierung jährlich nach-zumessen. Über die Meßergebnisse ist ein Protokoll zu führen. Als Wartungsunterla-gen dienen die Ergebnisse der Einregulierungsmessungen. Werden bei Nachmessungen Meßwerte ermittelt, die wesentlich von den bei der Einregulierung festgestellten Wer-ten abweichen, so muß die Ursache ermittelt und der aufgetretene Fehler beseitigt wer-den.

Beim Betrieb von kathodischen Schutzanlagen fließt in den Installationen ein Gleich-strom; deshalb müssen die Schutzstrom-Geräte bei Rohrtrennungen oder anderen Ar-beiten an den Treibstoff-Installationen ausgeschaltet und die Trennstellen vor Beginn der Arbeiten mit querschnittstarken Kabeln überbrückt werden, um eine Funkenbildung, die auch aus dem Stromnetz herrühren könnte, zu vermeiden.

## 11.10 Literatur

[1] DIN 30676, Beuth-Verlag, Berlin 1986.
[2] TRbF 521, Carl Heymanns Verlag, Köln 1984; C.-H. Degener u. G. Krause, Kommentar zu VbF/TRbF „Lagerung und Abfüllung brennbarer Flüssigkeiten", Abschn. 6.2 „Kommentar zu TRbF 521", Carl Heymanns Verlag Köln 1986.
[3] DIN 6608, Beuth-Verlag, Berlin 1981.
[4] Verordnung über Anlagen zur Lagerung, Abfüllung und Beförderung brennbarer Flüssig-keiten zu Lande (VbF), Carl Heymanns Verlag, Köln 1980.
[5] DIN 50929-3, Beuth-Verlag, Berlin 1985.
[6] DIN VDE 0100-410, Beuth-Verlag, Berlin 1997.
[7] DIN VDE 0150, Beuth-Verlag, Berlin 1983.
[8] G. Burgmann u. H. Hildebrand, Werkst. Korros. 22, 1012 (1971).
[9] AfK-Empflg. Nr. 9, WVGW-Verlag Bonn 1979.
[10] TRbF 522, Carl Heymanns Verlag, Köln 1988.
[11] Merkblätter des internationalen Eisenbahnverbandes UIC, Internationaler Eisenbahnver-band, 14 rue Jean Rey, F 75015 Paris, Juli 1987.
[12] DIN EN 50122-1 (VDE 0115-3), Beuth-Verlag, Berlin 1997.
[13] Dienstvorschriften der Deutschen Bundesbahn, 901c, 954/2 und 954/6, Drucksachenzen-trale DB, Karlsruhe, 1970/72/73.
[14] DIN EN 60742 (VDE 0551), Beuth-Verlag, Berlin 1995.
[15] DIN VDE 0185-1 und -2, Beuth-Verlag, Berlin 1982.
[16] DIN EN 60099-1 (VDE 0675-1), Beuth-Verlag, Berlin 1994.
[17] DIN 50927, Beuth-Verlag, Berlin 1985.
[18] DIN 50926, Beuth-Verlag, Berlin 1992.

[19] AfK-Empfehlung Nr. 5, WVGW-Verlag, Bonn 1986.
[20] TRbF 100, Carl Heymanns Verlag, Köln 1984.
[21] Verordnung über elektrische Anlagen in explosionsgefährdeten Räumen (Elex V), Bundesgesetzblatt I, S. 214, v. Juni 1980.
[22] DIN VDE 0165, Beuth-Verlag, Berlin 1991.
[23] Richtlinie für die Vermeidung der Gefahren durch explosionsfähige Atmosphäre mit Beispielsammlung (Ex-RL), ZH1/10, Carl Heymanns Verlag, Köln 1986.

# 12 Lokaler kathodischer Korrosionsschutz

W. v. Baeckmann und J. Geiser

## 12.1 Anwendungsbereiche

Voraussetzung für den konventionellen kathodischen Korrosionsschutz (vgl. Abschn. 10.1) ist die elektrische Trennung des Schutzobjektes von allen Anlagen, die einen kleinen Ausbreitungswiderstand haben. Eine solche Trennung bereitet in Industrieanlagen wegen der meist großen Anzahl von Rohrleitungen mit zum Teil sehr großen Nennweiten jedoch technische Schwierigkeiten. Diese Maßnahmen sind nicht nur sehr aufwendig und teuer, sondern wegen möglicher Fremdberührung oder Überbrückung von Isolierstücken während der Betriebsdauer in der Wirkung auch unsicher. Dies ist insbesondere bei Umbau und Erweiterung des Rohrleitungssystems der Fall. Technische Schwierigkeiten entstehen in Anlagen mit explosionsgefährdeten Bereichen und bei Leitungen, die Elektrolytlösung transportieren, z.B. Kühlwässer, Heizungswässer, Abwässer, Sole. Bei niedrigen spezifischen Widerständen der Elektrolytlösung oder großen Nennweiten entsteht durch den kathodischen Schutzstrom an den Isolierstücken auf der nicht kathodisch geschützten Seite eine Gefährdung durch Innenkorrosion, vgl. Abschn. 10.3 und 24.4.6. Insgesamt ist die Überwachung und Instandhaltung des kathodischen Korrosionsschutzes solcher Rohrleitungen sehr aufwendig.

Die Korrosionsgefahr für Rohrleitungen in Industrieanlagen ist im allgemeinen größer als die von Fernleitungen, weil in den meisten Fällen eine Elementbildung mit Stahl-Beton-Fundamenten vorliegt, vgl. Abschn. 4.3. Diese Korrosionsgefahr kann durch Lokalen kathodischen Korrosionsschutz in überschaubaren Bereichen von Industrieanlagen beseitigt werden. Das Verfahren ähnelt dem in der angelsächsischen Literatur bekannten *hot-spot-protection* [1]. Der Schutzbereich ist hierbei nicht begrenzt, d.h. die Rohrleitungen werden nicht von weiterführenden und abzweigenden Leitungen elektrisch getrennt.

Wegen des im allgemeinen sehr niedrigen Erdungswiderstandes der gesamten Anlagen werden sehr hohe Schutzströme benötigt. Die dadurch bedingten hohen Kosten für den Bau der Anodenanlagen werden aber durch Einsparen der Isolierstücke und vor allem durch erhöhte Betriebssicherheit ausgeglichen. Typische Anwendungsfälle sind Rohrleitungen, Erder, Kabel und Lagerbehälter in Kraftwerken, Raffinerien und Tanklägern. Er wird auch angewandt für Rohrleitungen in Pump- und Verdichterstationen, Meß- und Regelanlagen sowie für Rohrleitungen, die nicht von Betonschächten elektrisch abgetrennt werden können [2, 3].

## 12.2 Besonderheiten des Lokalen kathodischen Korrosionsschutzes

In Industrieanlagen wird die Korrosionsgefahr erdverlegter Anlagen durch unterschiedliche Böden und durch die Elementbildung mit Kathoden aus Stahl im Beton verstärkt. Die Ruhepotentiale an diesen Fremdkathoden liegen bei $U_{Cu/CuSO_4} = -0{,}2$ bis $-0{,}5$ V [4–6]. Einflußgrößen für die Elementbildung sind die Zementart, der Wasser/Zement-Wert und die Belüftung des Betons [6]. Abb. 12-1 zeigt schematisch die Elementwirkung und den Verlauf des Rohr/Boden-Potentials bei Kontakt mit einem Stahl-Beton-Bauwerk. Die Elementstromdichte wird dabei im wesentlichen durch die große Fläche der Kathode bestimmt, vgl. Abb. 2-6 und Gl. (2-44). In Industrieanlagen ist im allgemeinen die Stahlfläche im Beton größer als $10^4$ m$^2$.

Der Lokale kathodische Schutz hat die Aufgabe, nicht nur den Elementstrom der Fremdkathoden zu kompensieren, sondern das Schutzobjekt auch ausreichend kathodisch zu polarisieren, so daß das Schutzkriterium Gl. (2-40) erfüllt ist. Wegen der niederohmigen Verbindung zwischen Schutzobjekt und Fremdkathoden und wegen der sehr kleinen Ausbreitungswiderstände der letzten, fließt ein unverhältnismäßig großer Anteil des Schutzstromes zu den Fremdkathoden. Durch gezielten Einbau der Fremdstromanoden wird versucht, den Stromanteil des Schutzobjektes zu erhöhen. Hierbei haben neben den geometrischen Verhältnissen von Schutzobjekt und Fremdkathoden vor allem die spezifischen Bodenwiderstände einen großen Einfluß. Im Gegensatz zum konventionellen kathodischen Schutz liegt das Schutzobjekt überwiegend im Bereich des Spannungstrichters der Fremdstrom-Anoden. Aus diesem Grunde und wegen des sehr unterschiedlichen Schutzstrombedarfs der einzelnen Komponenten (Schutzobjekt und Fremdkathoden) kann der Boden nicht als ein Äquipotentialraum angesehen werden. Das Rohr/Boden-Potential ändert sich beim Lokalen kathodischen Schutz im wesentlichen nur gegenüber einer nahen Bezugselektrode und weniger gegenüber dem Potential der fernen Erde. Hierbei bestehen nicht unwesentliche Meßprobleme, da das Ausschaltpotential zur Beurteilung nicht unmittelbar herangezogen werden darf. Neben dem pragmatischen Kriterium Nr. 1 in Abschn. 3.3.6 kommt vor allem die Überwachung mit einer Meßprobe nach Abschn. 3.3.4 in Betracht.

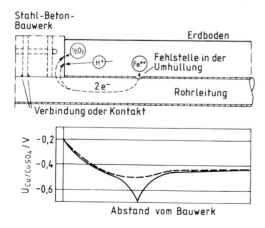

**Abb. 12-1.** Korrosionsgefährdung bei Elementbildung mit Stahl-Beton-Bauwerk und Verlauf des Rohr/Boden-Potentials —— an der Rohroberfläche, – – – an der Erdoberfläche.

Für den Fall einer sehr starken kathodischen Polarisation des Stahls im Beton wurde befürchtet, daß hierbei das Korrosionsfeld IV in Abb. 2-2 erreicht wird [7]. Prüfungen haben aber gezeigt, daß hierbei keine Korrosionsgefahr für den Stahl im Beton besteht und entstehender Wasserstoff durch den porigen Beton entweicht, vgl. Abschn. 5.3.2.

Um einen vollständigen kathodischen Schutz für alle Rohrleitungen zu erhalten, müssen auch die Fremdkathoden (Fundamente, Erder) auf das Schutzpotential polarisiert werden, d.h. $U_{ein}$ in der Nähe der Fremdkathoden muß deutlich negativer als $U_s$ sein. Für die Polarisation der Bewehrung auf das Schutzpotential werden mittlere Schutzstromdichten von 5 bis 10 mA m$^{-2}$ benötigt, die mit der Zeit auf 3 mA m$^{-2}$ abnehmen. Für die Abschätzung des Schutzstrombedarfs wird mit einem angenommenen Bewehrungsfaktor 1 die gesamte dem Erdboden ausgesetzte Betonoberfläche eingesetzt. Gegenüber diesem ist der Schutzstrombedarf des Schutzobjektes vernachlässigbar klein. Der Schutzstrombedarf in Industrieanlagen liegt im allgemeinen über 100 A.

Zur Einspeisung derartig hoher Schutzströme werden vorzugsweise Tiefenanoden eingesetzt, vgl. Abschn. 9.1. Die dort angegebenen Hinweise für Widerstände und Potentialverteilung gelten für Anoden in homogenen Böden. Mit erheblichen Abweichungen ist in aufgeschütteten Böden und in der Nähe von Bauten zu rechnen [2]. Dies ist beim Lokalen kathodischen Korrosionsschutz im allgemeinen der Fall.

An Stellen des Schutzobjektes, an denen durch diese Schutzstromeinspeisung keine ausreichend negativen Rohr/Boden-Potentiale erreicht werden, müssen zusätzliche Einzelanoden eingebaut werden. Da im wesentlichen nur der Spannungstrichter interessiert, ist der Einbauort unabhängig vom spezifischen Bodenwiderstand. Eine Koksbettung ist nicht erforderlich. Der Einbauort wird von den örtlichen Gegebenheiten bestimmt. Horizontal-Einzelanoden werden zweckmäßig parallel zur Rohrleitung in der Tiefe der Rohrleitungsachse eingebaut. Spannung, Länge und Abstand der Anoden vom Schutzobjekt sind nach Abschn. 9.1 so zu wählen, daß die Kriterien nach Abschnitt 3.3.4 und Nr. 1 in Abschnitt 3.3.6 erfüllt werden.

Bei Lokalem kathodischen Korrosionsschutz kann die Ausschaltpotentialmessung nicht unmittelbar zur Kontrolle der Schutzwirkung herangezogen werden, weil durch die Mischbauweise Schutzobjekt/Fremdkathoden im Erdboden beträchtliche Element- oder Ausgleichsströme fließen. Hierzu gelten die Ausführungen zu Gl. (3-48) in Abschn. 3.3.3.1, wobei die *IR*-freien Potentiale wesentlich negativer als die Ausschaltpotentiale des Schutzobjektes sein müssen. Wenn $U_{aus}$ positiver als $U_s$ gefunden wird, so ist dies keine Information für unzureichende Polarisation, da auf jeden Fall das *IR*-freie Potential je nach der Intensität der Ausgleichsströme negativer sein muß. Aus diesem Grunde dürfen die $U_{aus}$-Werte nur für einen Vergleich und nicht für eine unmittelbare Beurteilung herangezogen werden. Entsprechend sind die weiter unten aufgeführten Meßergebnisse zu verstehen, vgl. Abb. 12-2, 12-5 und 12-7.

Zur Kontrolle des Lokalen kathodischen Korrosionsschutzes werden daher meist $U_{ein}$-Werte gemessen, wobei die Bezugselektrode möglichst nahe am Schutzobjekt angeordnet wird. Die Meßwerte sollen deutlich negativer als $U_{Cu/CuSO_4} = -1,2$ V sein. Es kann aber davon ausgegangen werden, daß bei einem Wert von $U_{ein} = -0,85$ V die schädliche Elementbildung mit Stahl in Beton beseitigt ist [2]. Im Bereich der Einführung der Schutzobjekte in die Stahl/Beton-Fundamente oder bei Näherung treten die am wenigsten negativen Potentiale auf. Es empfiehlt sich daher, an diesen Stellen Potentialmeßstellen zu errichten und externe Meßproben einzubauen.

Für eine günstige Stromverteilung sollte die Stahl-Beton-Wand an den Einführungs-stellen von Rohrleitungen auf einer Fläche von mindestens 1 m im Umkreis und bis zur Erdoberfläche mit mindestens 2 mm dicken, elektrisch isolierenden Kunststoff- oder Bitumenschichten versehen werden. Das empfiehlt sich auch, wenn Rohrleitungen im Boden parallel zu Stahl-Beton-Fundamenten verlegt sind und der lichte Abstand klei-ner als etwa der 2fache Rohrdurchmesser bzw. kleiner als 0,5 m ist [2].

## 12.3 Kraftwerke

Kühlwasser-Leitungen sind für den Betrieb von Kraftwerken wesentlich und dürfen ihre Funktionsfähigkeit nicht verlieren. Ebenso sind Feuerlöschleitungen für die Sicherheit wichtig. Solche Stahlrohrleitungen sind im allgemeinen gut umhüllt. An den nicht ver-meidbaren Verletzungen der Rohrumhüllung tritt eine erhebliche Gefährdung wegen Elementbildung mit Stahl in Beton auf, wobei lokale Abtragungsgeschwindigkeiten $\geqq 1$ mm $a^{-1}$ zu erwarten sind [4]. Schäden an Feuerlöschleitungen wurden häufig be-reits nach wenigen Betriebsjahren beobachtet.

Abb. 12-2 zeigt als Beispiel die Anordnung der Anodenanlage für den Lokalen ka-thodischen Korrosionsschutz von Rohrleitungen in einem Kraftwerk. Die Kühlwasser-Leitungen haben eine Nennweite von DN 2000 und 2500 und eine Überdeckung bis zu

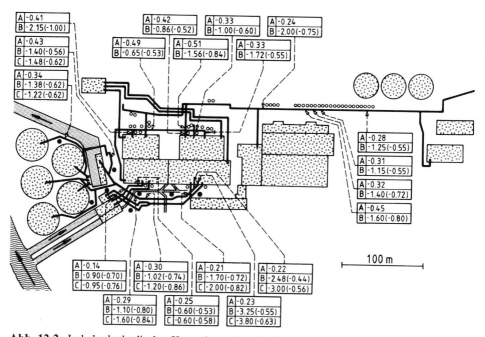

**Abb. 12-2.** Lokaler kathodischer Korrosionsschutz in einem Kraftwerk. ● Tiefenanoden; ○ Ho-rizontalanoden; Potentialwerte $U_{Cu/CuSO_4}$ in V: (A) Freies Korrosionspotential vor der Inbetrieb-nahme des kathodischen Schutzes; (B) $U_{ein}$ ($U_{aus}$) 4 Monate bzw. (C) $U_{ein}$ ($U_{aus}$) 1 Jahr nach Einschalten des Schutzstromes.

6 m. Die Feuerlöschleitungen haben eine Nennweite von DN 100 und eine Deckung von 1 m. Alle Leitungen haben eine Bitumenumhüllung.

Da es sich um ein bestehenden Kraftwerk handelt, haben die Stahl-Beton-Fundamente an den Einführungsstellen für die Rohrleitung keine elektrisch isolierende Beschichtung. Der Boden hat einen hohen spezifischen Widerstand von 150 bis 350 $\Omega$ m. Zur Polarisation der Stahl-Beton-Fundamente wird der erforderliche Schutzstrom von etwa 120 A über acht Tiefenanoden-Anlagen nach Abb. 9-11 mit jeweils sechs Ferrosilicium-Anoden in besser leitenden Bodenschichten in 20 bis 50 m Tiefe eingespeist. Tabelle 12-1 enthält die Daten der stromaufnehmenden Anlagen und die Belastung der Anoden. Um im Bereich der Einführung der Kühlwasserleitungen zur Polarisation der Stahl-Beton-Fundamente die erwünschte Stromverteilung zu erreichen, wurden die Tiefenanoden an der Einführungsseite angeordnet. Für jeweils vier Tiefenanoden wird der Schutzstrom von einem Gleichrichter geliefert. Zur notwendigen Polarisation der Kühlwasser-Leitungen im Bereich der Rohrleitungs-Einführungen war der zusätzliche Einbau einiger vertikaler Einzelanoden im Abstand von 1 m vor den Einführungen erforderlich.

Durch die Tiefenanoden waren nur die Kühlwasserleitungen, nicht aber die entfernten Feuerlöschleitungen geschützt. Zum Schutz der Feuerlöschleitungen wurden insgesamt 45 Horizontalanoden längs der Leitung eingebaut, die einen Schutzstrom von 9 A liefern, nach 20 Jahren 2,5 A. Anordnung und Anzahl dieser Anoden wurden durch Einspeiseversuche ermittelt. Da zur Absenkung des Rohr/Boden-Potentials ein großer Spannungstrichter benötigt wird, wurde auf die sonst übliche Koksbettung verzichtet. Die einzelnen Anoden wurden zu vier Gruppen zusammengefaßt, die jeweils über Abgleichswiderstände an einen Schutzgleichrichter angeschlossen sind. Dadurch konnte die Strom- und Potentialverteilung ausreichend geregelt werden.

An den Rohrleitungs-Einführungen wurden externe Meßproben eingebaut. Die Potentiale der Meßproben und die zwischen Meßproben und Rohrleitung fließenden Ströme geben eine gute Information über die Korrosionsgefährdung vor bzw. die Schutzwirkung nach der Inbetriebnahme des Lokalen kathodischen Korrosionsschutzes [9]. Als Beispiel zeigt Abb. 12-3 die Zeitabhängigkeit von Strom und Potential bei zwei Meßproben nach Inbetriebnahme des kathodischen Schutzes. Bei einer Meßprobe wurde erst nach Einbau einer zusätzlichen Anode einer Stromaufnahme und eine ausreichende

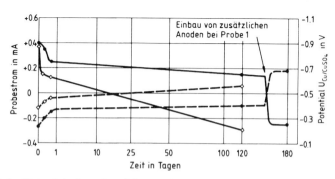

**Abb. 12-3.** Zeitabhängigkeit der Potentiale (– – –) und Ströme (——) von externen Meßproben beim Lokalen kathodischen Schutz. ● Probe 1; ◇ Probe 2.

**Tabelle 12-1.** Daten von Beispielen für die Anwendung des Lokalen kathodischen Korrosionsschutzes. Kursiv geschriebene Zahlenwerte geben die Meßwerte nach 20 Betriebsjahren wieder.

Beispiel Kraftwerk (Abschn. 12.3)

| Anlagenbezeichnung | Größe der zu berücksichtigenden Oberfläche in $m^2$ | Schutzstrom- bedarf in $mA\ m^{-2}$ | Erforderlicher Schutzstrom in A |
|---|---|---|---|
| Stahlbetonbauwerke im Boden | 19 000 | 5 | 95 |
| Kühlwasserleitungen | 5 500 | 0,1 | 0,55 |
| Erdverlegte Kabel | 250 | 2 | 0,5 |
| Erdungsnetz aus Kupfer | 2 000 | 10 | 20 |

| Gesamtstrom für den Lokalen kathodischen Korrosionsschutz | geplant | 116 | *81* |
|---|---|---|---|

| Tiefenanode | Ausbreitungs- widerstand in Ω | | Schutzstrom- abgabe in A | | Anodenspan- nung in V | |
|---|---|---|---|---|---|---|
| Nr. 1 | 0,8 | *2,4* | 17,1 | *17,5* | 15 | *40* |
| Nr. 2 | 1,0 | *2,3* | 12,0 | *10,9* | 15 | *40* |
| Nr. 3 | 0,8 | *3,0* | 15,3 | *9,4* | 15 | *40* |
| Nr. 4 | 1,0 | *3,0* | 11,8 | *0,8* | 14 | *40* |
| Nr. 5 | 0,9 | *2,1* | 13,5 | *9,5* | 14 | *40* |
| Nr. 6 | 0,6 | *2,9* | 20,0 | *10,5* | 14 | *40* |
| Nr. 7 | 1,0 | *3,5* | 14,4 | *7,6* | 15 | *40* |
| Nr. 8 | 0,8 | *3,5* | 15,5 | *9,3* | 14 | *40* |

Beispiel Gasreinigung (Abschn. 12.4)

| Anlagenbezeichnung | Größe der zu berücksichtigenden Oberfläche in $m^2$ | Schutzstrom- bedarf in $mA\ m^{-2}$ | Erforderlicher Schutzstrom in A |
|---|---|---|---|
| Betonfundamente | 95 000 | 2,5 | 237,5 |
| Rohrleitungen | 10 000 | 0,05 | 0,5 |

| Gesamtstrom für den Lokalen kathodischen Korrosionsschutz | geplant | 238 | *239* |
|---|---|---|---|

| Tiefenanode | Ausbreitungs- widerstand in Ω | | Schutzstrom- abgabe in A | | Anodenspan- nung in V | |
|---|---|---|---|---|---|---|
| Nr. 1 | 0,12 | *0,3* | 32,5 | *47* | 8,5 | *15* |
| Nr. 2 | 0,10 | *0,5* | 30,7 | *42* | 5,0 | *24* |
| Nr. 3 | 0,10 | *0,27* | 38,0 | *41* | 6,0 | *17* |
| Nr. 4 | 0,16 | *1,5* | 33,0 | *14* | 7,5 | *30* |
| Nr. 5 | 0,11 | *0,3* | 26,5 | *30* | 5,0 | *10,5* |
| Nr. 6 | 0,12 | *0,2* | 25,0 | *35* | 5,0 | *9,4* |
| Nr. 7 | 0,12 | *0,22* | 25,0 | *30* | 5,0 | *7,2* |

Potentialabsenkung erreicht. Nach 20 Jahren betrug der erforderliche Schutzstrom 81 A. Die Ein- und Ausschaltpotentiale sind gegenüber den älteren Werten in etwa unverändert.

Vor allem in Kraftwerken werden elektrische Erdungsanlagen zur Erzielung einer langen Haltbarkeit aus korrosionsbeständigen Werkstoffen gebaut, die sehr positive Ruhepotentiale haben (z. B. Kupfer mit $U_{Cu/CuSO_4} = -0{,}1$ bis $-0{,}2$ V). Wie Stahl im Beton führen diese Erder zur Elementbildung. Da Kupfer aber wesentlich schlechter als Stahl im Beton polarisiert werden kann, bereitet hier Lokaler kathodischer Schutz unter Umständen Schwierigkeiten. Wesentlich günstiger verhalten sich Kupfer mit Bleimantel oder feuerverzinkter Stahl [10], wobei nach Abb. 2-10 bei $U_{Cu/CuSO_4} = -1{,}2$ V das Zink kathodisch geschützt ist. Hierfür werden wesentlich kleinere Stromdichten benötigt als für die Polarisation anderer Erderwerkstoffe.

## 12.4 Gasanlagen

Im Gegensatz zu Kraftwerken mit wenigen und großen Rohrleitungen liegen bei Gasanlagen viele kleine Rohrleitungen für Löschwasser, Abwässer, Produkte usw. vor. Ein konventioneller kathodischer Korrosionsschutz kann bei den kleinen Rohrleitungen zwar angewandt werden, er ist aber wegen möglicher elektrischer Überbrückungen der zahlreichen benötigten Isolierstücke in der Wirksamkeit unsicher [11, 12].

Der für die Polarisation der Stahl-Beton-Fundamente benötigte Schutzstrom kann durch einen Einspeiseversuch ermittelt werden. Bei neuen Anlagen ist dies bei einzeln stehenden Fundamenten relativ einfach [13]. Im vorliegenden Fall ergaben sich unterschiedliche Schutzstromdichten zwischen 1,5 bis 3,5 mA m$^{-2}$. Mit einer mittleren Schutzstromdichte von 2,5 mA m$^{-2}$ wurden insgesamt 95 000 m$^2$ Oberfläche der Stahl-Beton-Fundamente mit 200 A über sieben Tiefenanoden-Anlagen und sechs Schutzstromgeräte polarisiert. Details enthalten Tabelle 12-1 und Abb. 12-4.

In dem Boden mit niedrigem spezifischen Widerstand konnte allein durch Tiefenanoden ein ausreichender Schutz erzielt werden. Nur in der Nähe der Fundamente wurde das Schutzpotential nicht ganz erreicht. Abb. 12-5 zeigt die Spannungsabfälle im Boden von einem Stahl-Beton-Fundament zusammen mit den Rohr/Boden-Potentialen einer nahen Rohrleitung. Daraus ist zu erkennen, daß das Element Stahl/Betonfundament/Rohrleitung einen Spannungsabfall von 0,3 V im Erdboden bewirkt (Ruhe-Spannungstrichter). Durch den Schutzstrom erhöht sich dieser Spannungsabfall und bleibt auch nach Unterbrechung merkbar größer als vor dem Schutzstromeintritt (Ausschalt-Spannungstrichter). Das ist auf Ausgleichsströme zur Rohrleitung zurückzuführen und verdeutlicht die Fehler bei $U_{aus}$-Werten. Der vorliegende Fall zeigt die meßtechnischen Schwierigkeiten beim Lokalen kathodischen Korrosionsschutz. Eine eindeutige Aussage über das erreichte Potential gibt nur eine eingebaute Meßprobe.

Innerhalb von zwei Jahren veränderte sich das Rohr/Boden-Potential $U_{ein}$ unmittelbar an der Einführung der Rohrleitung von $U_{Cu/CuSO_4} = -0{,}45$ V auf $-0{,}7$ V. Günstigere Potentialwerte sind an diesen Stellen zu erwarten, wenn die Fundamente isolierende Beschichtungen haben.

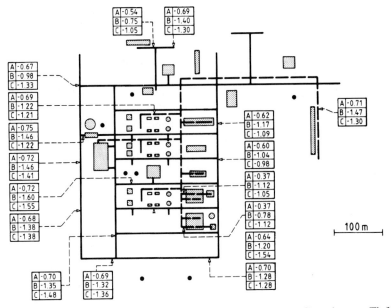

**Abb. 12-4.** Lokaler kathodischer Korrosionsschutz in einer Gasanlage. ● Tiefenanoden; Potentialwerte $U_{Cu/CuSO_4}$ in V: (A) Ruhepotentiale vor der Inbetriebnahme des kathodischen Schutzes; (B) $U_{ein}$ 4 Monate bzw. (C) $U_{ein}$ 1 Jahr nach Einschalten des Schutzstromes.

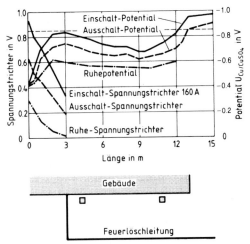

**Abb. 12.5.** Spannungstrichter $\Delta U$ und Rohr/Boden-Potentiale an einer Durchführung bei einem Stahl-Beton-Fundament.

## 12.5 Anlagen mit kleinen Stahl-Beton-Fundamenten

Für den Transport von Medien in Rohrleitungen werden Pump- oder Verdichterstationen benötigt. Diese Stationen sind im allgemeinen von den kathodisch geschützten Fernleitungen elektrisch getrennt. Die Beton-Fundamente sind wesentlich kleiner als bei

Kraftwerken und Gasanlagen. Da die Stationsleitungen aber durch Elementwirkung mit den Stahl-Beton-Fundamenten gefährdet sind, ist ein Lokaler kathodischer Schutz zu empfehlen.

In Erdböden mit hohem spezifischen Widerstand ist es günstig, die Fremdstrom-Anoden in unmittelbarer Nähe der Rohrleitung anzuordnen [14]. Die Rohrleitungen liegen dann im Spannungstrichter der Anoden. Abb. 12-6 zeigt die Anordnung der Anoden für den Lokalen kathodischen Schutz einer Pumpstation. Die Abstände der Anoden zu den Schutzobjekten sind nach Abb. 9-5 und 9-6 so zu wählen, daß das Rohr/Boden-Potential durch den Schutzstrom auf $U_{ein} = -1,2$ V abgesenkt wird. Dabei können sich die Spannungstrichter der einzelnen Anoden überlagern.

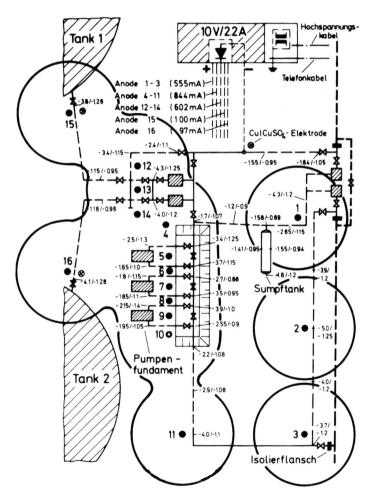

**Abb. 12.6.** Lokaler kathodischer Korrosionsschutz eines Tanklagers in hochohmigem Boden durch anodische Spannungstrichter verteilter Anoden; Linien geben Boden-Potentialwerte für eine Anhebung von 0,5 V relativ zur Bezugserde wieder; Zahlenpaare $U_{ein}/U_{aus}$ in V.

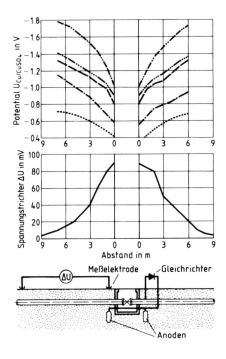

**Abb. 12-7.** Spannungstrichter und Rohr/Boden-Potential im Bereich eines Betonschachtes.
———— $\Delta U$ bei Ruhepotential,
········ Ruhepotential,
— — — — $U_{ein}$ der Wasserleitung,
— · — · — · — $U_{aus}$ der Wasserleitung,
— ·· — ·· — $U_{ein}$ der Wasserleitung mit zusätzlicher Schutzanlage,
— ··· — ··· — $U_{aus}$ der Wasserleitung mit zusätzlicher Schutzanlage.

Auch Bauwerke oder Schächte für Wasserleitungen werden häufig in Stahl-Beton ausgeführt. An der Wanddurchführung können leicht Kontakte zwischen Rohrleitung und Armierung entstehen. Trotz des kathodischen Korrosionsschutzes für die Rohrleitung wird dann in unmittelbarer Nähe des Schachtes keine ausreichende Potentialabsenkung erzielt. Abb. 12-7 zeigt, daß durch Ausgleichströme Spannungstrichter bis zu einigen Metern vom Schacht entfernt vorliegen. Bei Schutzstromdichten um 5 mA m$^{-2}$ für die Betonflächen werden bereits für einen kleinen Schacht mit 150 m$^2$ Oberfläche 0,75 A benötigt. Ein großer Verteilerschacht mit 500 m$^2$ benötigt 2,5 A. Derartig große Schutzströme können nur durch zusätzliche Fremdstrom-Anoden lokal aufgebracht werden, die in unmittelbarer Nähe der Betoneinführung eingebaut werden. Der Lokale kathodische Korrosionsschutz ist hier eine notwendige Ergänzung des konventionellen Schutzes der Rohrleitung, der sonst am Schacht unwirksam bleibt.

## 12.6 Tankläger

Tankanlagen mit unterirdischen Lagerbehältern und Betriebsrohrleitungen sollen nach Möglichkeit mit konventionellem kathodischen Schutz ausgerüstet sein [3]. Vor allem in Tanklägern ist dies manchmal nicht möglich, da zwischen den zu schützenden Anlagen und anderen Anlageteilen keine elektrische Trennung durchgeführt werden kann, vgl. Abschn. 11.4. Die Notwendigkeit des kathodischen Schutzes kann nach [15] geprüft werden. Bei Tanklägern sind zu unterscheiden: umhüllte erdverlegte Lagerbehälter und oberirdische Flachbodentanks, bei denen über die Gründung Kontakt mit dem Erdboden besteht.

Für umhüllte erdverlegte Tankbehälter mit ihren Betriebsrohrleitungen sind die gleichen Bedingungen vorhanden wie in Abschn. 12.1 beschrieben. Die Lagerbehälter liegen häufig eng beieinander. Für die Schutzstromeinspeisung sind relativ viele Anoden dicht bis etwa 1 m um die Schutzobjekte anzuordnen, vgl. Abb. 11-4. In Tabelle 12-2 sind die Anodenanzahl und der Schutzstrom verschiedener Tankläger mit erdverlegten umhüllten Tankbehältern zusammengestellt [16].

Beim Lokalen kathodischen Schutz der Böden von Flachbodentanks hat im Gegensatz zu den Anlagen der Abschn. 12.2 bis 12.5 die Elementbildung mit Stahl-Beton-Fundamenten eine geringe Bedeutung, da die Oberflächen verhältnismäßig klein sind. Dagegen nehmen angeschlossene Anlagenkomponenten, wie Rohrleitungen, Kabel, Erder, erheblichen Schutzstrom auf. Wegen der großen, häufig nicht oder nur schlecht isolierenden Tankgründungen der Flachbodentanks ist eine Polarisation auf das Schutzpotential nur mit sehr negativen Einschaltpotentialen möglich. Bei Tankgründungen mit folgendem Aufbau ist eine kathodische Polarisation durch Lokalen kathodischen Schutz möglich [3]:

– Betonplattenfundament mit aufliegender Sand- oder Bitumenschicht,
– Betonringfundament mit Ausfüllen des Innenfeldes mit Schotter, Kies und Sand sowie mit oder ohne abdeckende Bitumenschicht,
– Flächenfundament aus Schotter, Kies und Sand mit oder ohne abdeckende Bitumenschicht.

Die Installation von elektrisch isolierenden Folien am Tankboden oder im tankbodennahen Bereich verhindert eine kathodische Polarisation.

Eine sichere Aussage über den Schutzstrombedarf ist nur durch eine Stromeinspeisung an einem gefüllten Behälter möglich, bei dem die über Verbindungen mit anderen geerdeten Anlagen zufließenden Ströme berücksichtigt werden können. Vor allem bei Behältern mit großen Durchmessern beult sich bei leerem Tankzustand der Tankboden auf und ist nicht mehr erdfühlig. Die durch die Schutzstromeinspeisung ermittelten Werte sind dann zu gering.

**Tabelle 12-2.** Meßwerte von Tanklägern mit Lokalem kathodischen Schutz.

| Behälter | | | Anoden-anzahl | Schutz-strom A | Span-nung V | Spezifischer Bodenwiderstand |
| --- | --- | --- | --- | --- | --- | --- |
| Anzahl | Volumen m$^3$ | Oberfläche m$^2$ | | | | $\Omega$ m (nach Gl. (3-82)) |
| 12 | 50 | 1104 | 39 | 9,3 | 14 | $a = 1,6$ m: 7000 |
| 6 | 50 | 552 | 21 | 4,5 | 13 | $a = 2,4$ m: 4000 |
| 10 | 25 | 554 | 36 | 7,7 | 14 | |
| 7 | diverse | 114 | 13 | 4,0 | 9 | $a = 1,6$ m: 9000 |
| 14 | diverse | 762 | 28 | 7,4 | 11 | $a = 2,4$ m: 4000 |
| 16 | diverse | 360 | 25 | 6,0 | 8 | |
| 6 | diverse | 445 | 16 | 2,8 | 9 | |

Die Anordnung der Anoden zur Einleitung des Schutzstromes für Tankläger mit Flachbodentanks kann wie folgt ausgeführt werden [17]:

– Einzelanoden unter dem Tankboden,
– Einzelanoden an dem Tankumfang,
– Tiefen- oder Horizontalanoden für mehrere Tankböden.

Durch Abdeckung der Tankgründungen mit Bitumen oder Bitumen-Sand-Splitt-Gemischen wird der Schutzstrombedarf wesentlich verringert. Abb. 12-8 zeigt den Schutzstrombedarf des Bodens einiger Flachbodentanks. Die Schutzstromdichten der Tankböden 1, 3, 4 liegen um 0,5 bis 2 mA m$^{-2}$. Die Schutzstromdichte des Tanks Nr. 2 ist sehr viel größer. Mit der anfänglichen Schutzstromdichte um 3 mA m$^{-2}$ konnte der Tankboden nach wenigen Jahren nicht mehr kathodisch geschützt werden. Erst nach Bau einer zusätzlichen Anodenanlage erreichte der Tankboden mit Schutzstromdichten um 10 mA m$^{-2}$ mit einem Gesamtschutzstrom von 80 A wieder ausreichenden kathodischen Schutz. Die Ursache für den hohen Schutzstrombedarf ist eine mangelhaft isolierende Abdeckung der Tankgründung.

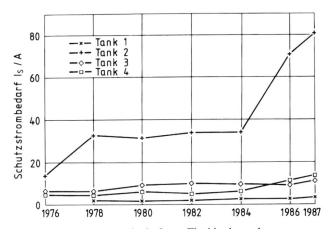

**Abb. 12-8.** Schutzstrombedarf von Flachbodentanks.

Bei Tankbehältern ist die Ermittlung der Tank/Boden-Potentiale nur am äußeren Tankrand möglich. Für die Überwachung des Lokalen kathodischen Schutzes sollte der Abstand zwischen zwei Meßpunkten 2 m nicht überschreiten [3]. Die Messung des Tank/Boden-Potentials mit der Ausschaltmethode ist wegen der kleineren Ausgleichsströme weniger fehlerhaft als bei den Anlagen der Abschn. 12.2 bis 12.4.

Abb. 12-9 zeigt Ein- und Ausschaltpotentiale, die am Umfang eines Flachbodentanks mit einem Durchmesser von 100 m gemessen wurden. Diese dort ermittelten Werte geben aber keinen Aufschluß über die Tank/Boden-Potentiale in der Behältermitte an den vom Tankrand entfernten Stellen. Daher werden bei neuen Tankkonstruktionen Dauerbezugselektroden im Bereich der Tankmitte eingebaut, da dort das positivste Potential auftritt [17].

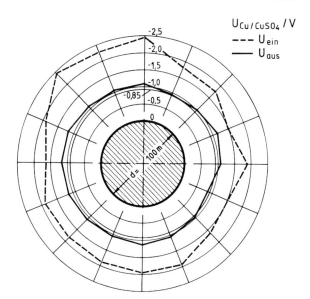

**Abb. 12-9.** Tank/Boden-Potential am Umfang eines Flachbodentanks mit $J_s = 1$ mA m$^{-2}$.

## 12.7  Literatur

[1] M. E. Parker, Rohrkorrosion und kathodischer Schutz, Vulkan-Verlag, Essen 1963.

[2] AfK-Empfehlung Nr. 9, WVGW-Verlag, Bonn 1979.

[3] TRbF 522, Carl Heymanns Verlag, Köln 1987.

[4] W. Schwenk, gwf gas/erdgas *127*, 304 (1986).

[5] H. Hildebrand und W. Schwenk, Werkstoffe und Korrosion *37*, 163 (1986).

[6] H. Hildebrand, C.-L. Kruse und W. Schwenk, Werkstoffe und Korrosion *38*, 696 (1987).

[7] R. A. King, H. Nabuzaueh u. T. K. Ross, Corr. Prev. Contr. *24*, H 4, 11 (1977).

[8] H. Hildebrand, M. Schulze und W. Schwenk, Werkstoffe und Korrosion *34*, 281 (1983).

[9] W. Prinz, 3R intern. *17*, 466 (1978).

[10] DIN VDE 0151, Beuth-Verlag, Berlin 1986.

[11] W. Prinz, M. Tscheschlok u. D. Weßling, 3R intern. *32*, 250 (1993).

[12] C. Behringer, Mitteilung des Fachverbandes Kathodischer Korrosionsschutz Nr. 24, Esslingen Juli 1997.

[13] W. v. Baeckmann u. K. Klein, Industrie-Anzeiger *99*, 419 (1976).

[14] W. v. Baeckmann, 3R intern. *26*, 310 (1987).

[15] TRbF 521, Carl Heymanns Verlag, Köln 1983.

[16] W. Behringer, HDT Essen, Vortrag vom 26.10.1987.

[17] K. C. Garrity u. M. J. Urbas, NACE-Conference, San Francisco 1987, paper 320.

# 13 Fernmeldekabel

C. GEY und T. HOFFMANN

## 13.1 Allgemeines

Fernmeldekabel [1] erfordern wegen ihrer besonderen Bauformen und Betriebsbedingungen einige vom Korrosionsschutz von Rohrleitungen abweichende Maßnahmen. Alle Fernmeldekabel haben über der Kabelseele entweder einen vollkommenen dichten Metallmantel oder bei Vollkunststoff-Kabeln ein Metallband als elektrischen Schirm. Bei den früher verwendeten Kabeln mit Schutzhülle aus Jute und zähflüssiger Masse über dem Kabelmantel ist der Ableitungsbelag $G'$ sehr viel größer als bei Kabeln mit einer Schutzhülle aus Kunststoff. Die Kabelmäntel oder die Schirme sind in den Vermittlungs- oder Verstärkerstellen mit dem Betriebserder verbunden, um die Schirmwirkung der Kabelmäntel oder der Schirme zu verbessern.

Früher wurden überwiegend Kabel mit einem Metallmantel eingesetzt. Diese Kabel sollten bei Korrosionsgefahr, siehe Kap. 4, kathodisch geschützt werden. Die heute eingesetzten Kabel (wie Schichtenmantel-Kabel oder Glasfaser-Kabel) haben eine Schutzhülle aus Kunststoff. Hier ist ein kathodischer Korrosionsschutz im allgemeinen nicht erforderlich. In Ausnahmefällen kann bei Schichtenmantel-Kabeln ein kathodischer Korrosionsschutz erforderlich werden, wenn an den Spleißstellen erdfühlige metallische Muffen verwendet werden. Durch den vermehrten Einsatz von Kabeln mit einer Schutzhülle aus Kunststoff verbleiben im wesentlichen nur noch Korrosionsprobleme bei Blitzschutzkabeln, die eine äußere Bewehrung haben, Fernmeldekabel werden entweder direkt in den Boden verlegt oder in Kabelkanalrohre aus Kunststoff eingezogen. Für diese Kabelkanalrohre wurden früher Kabelkanal-Formsteine verwendet. Solche Kabelkanäle bilden gegenüber dem Erdboden keine elektrische Isolierung. Sie sind an den Stoßstellen nicht wasserdicht, so daß mit dem eindringenden Wasser Bodenbestandteile in die Kanalzüge gelangen. Bei der Verlegung von Kabelkanalrohre können sich Tiefpunkte bilden, in denen sich kondensiertes oder an den Rohrenden eingedrungenes Wasser ansammelt. Diese Wassermengen konnten an Bleimantel-Kabeln zu Korrosionsschäden führen.

## 13.2 Passiver Korrosionsschutz

Ein passiver Korrosionsschutz wird durch Umhüllen des metallischen Kabelmantels erreicht, vgl. Kap. 5. Früher wurde als Kabelmantel hauptsächlich Blei eingesetzt. Heute werden unlegierter Stahl, Kupfer und Aluminium als Mantelwerkstoff oder Schirm verwendet. Aus Tabelle 2-1 ist ersichtlich, daß bei gleicher anodischer Stromdichte die Abtragungsgeschwindigkeit für Blei 2,5mal größer als bei Eisen ist. Berücksichtigt man ferner, daß Fernmeldekabel gegenüber Rohrleitungen eine erheblich geringere Wanddicke haben, so folgt daraus, daß *Bleimantel-Kabel* stärker gefährdet sein können als Rohrleitungen. Bleimantel-Kabel werden seit Jahren nicht mehr neu verlegt, sie sind jedoch noch in Betrieb. Der passive Korrosionsschutz eines Erdkabels besteht heute aus einer Kunststoff-Ummantelung.

Bei *Stahlwellmantel-Kabeln* werden die Kabeladern von einem Band aus unlegiertem Stahl mit überlappungsfreier geschweißter Längsnaht umschlossen. Das so hergestellte Mantelrohr wird quergewellt, um es biegsamer zu machen. Die Wellen werden mit einer plastischen Masse, die auf Metall und Kunststoff haftet, ausgefüllt und mit einem Kunststoffband umwickelt. Über diese Schicht wird dann ein Kunststoffmantel aus PE extrudiert. Dieser Kunststoffmantel ist nahezu porenfrei und bildet somit einen guten Korrosionsschutz. Nur Muffen und mechanische Beschädigungen sind dem Erdboden ausgesetzt.

Kabel mit einem *Kupfermantel* werden nur selten eingesetzt. Die Schutzhülle ist die gleiche wie bei einem Stahlwellmantel-Kabel. Wird ein Kupfermantel-Kabel mit einem Bleimantel-Kabel (A-PMbc) zusammengeschaltet, wirkt der Kupfermantel als Kathode in einem Kontaktelement und wird somit kathodisch geschützt. Da Kupfermantel-Kabel mit einem Kunststoffmantel umhüllt sind, ist das Flächenverhältnis Kathode/Anode ($S_k/S_a$) sehr klein, so daß durch die metallenleitende Verbindung der Kabelmäntel für das Bleimantel-Kabel nach Gl. (2-44) keine erhöhte Korrosionsgefahr besteht.

*Aluminiummantel-Kabel* sollen nach Möglichkeit nicht mit anderen Kabeln metallenleitend verbunden werden, da Aluminium das negativste Ruhepotential aller gebräuchlichen Kabelmantel-Werkstoffe hat. Jede Fehlstelle in der Schutzhülle wird somit anodisch gefährdet, vgl. Abb. 2-5. Das sehr große Flächenverhältnis $S_k/S_a$ führt nach Gl. (2-44) zu einer schnellen Zerstörung des Aluminiummantels. Aluminium kann auch kathodisch korrodiert werden, vgl. Abb. 2-11. Der kathodische Korrosionsschutz von Aluminium ist deshalb problematisch. Es muß darauf geachtet werden, daß das Schutzkriterium Gl. (2-48) mit den Angaben in Abschn. 2.4 erfüllt wird, siehe auch Tabelle 13-1.

**Tabelle 13-1.** Ruhe- und Schutzpotentiale für Fernmeldekabel im Erdboden (Zahlenwert $U_{Cu/CuSO_4}$ in V).

| Kabeltyp [2] | Bauform, Werkstoff | Ruhepotentiale | Schutzpotentiale $U_s$ | | $U_s'$ |
|---|---|---|---|---|---|
| | | | aerob | anaerob | |
| A-PM | Bleimantel, nicht umhüllt | –0,48 bis –0,53 | –0,65 | –0,65 | –1,7 |
| A-PM2Y | Bleimantel, PE-umhüllt | –0,50 bis –0,52 | –0,65 | –0,65 | –1,7 |
| A-PMbc | Bleimantel, Stahlbandbewehrung | –0,40 bis –0,52 | –0,85 | –0,95 | –1,7 |
| A-Mbc | Bleimantel, Stahldrahtbewehrung, verzinkt | –0,45 bis –0,65 | –0,85 | –0,95 | –1,7 |
| A-PWE2Y | Stahlwellmantel, PE-Schutzhülle | –0,65 bis –0,75 | –0,85 | –0,95 | – |
| A-PLDE2Y | Aluminiummantel, PE-Schutzhülle | –0,90 bis –1,20 | –0,62 | –0,62 | –1,3 |
| | PE-Kabel mit Kupferschirm | +0,10 bis –0,10 | –0,16 | –0,20 | – |
| | verzinktes Stahlrohr, nicht umhüllt | –0,90 bis –1,10 | –1,28 | –1,28 | –1,7 |

Aluminiummantel-Kabel werden nur in Ausnahmefällen eingesetzt. In Streustromgebieten und in salzreichen Böden sollen sie nicht verlegt werden.

*Schichtenmantel-Kabel* besitzen kunststoffisolierte Adern. Als Kunststoff wird Voll-PE oder Zell-PE verwendet. Zell-PE ist ein aufgeschäumtes Polyethylen-Produkt, das andere elektrische Eigenschaften aufweist als Voll-PE. Die Verseilräume werden unter Umständen mit einer Petrolmasse ausgefüllt, um eine Feuchtigkeitssperre und Längswasserdichtigkeit zu erreichen. Darüber werden Kunststoffbänder und ein Metallband als Schirm gewickelt. Das Metallband besteht aus Aluminium oder Kupfer und ist mit Kunststoff beschichtet. Über dem Metallschirm wird zusätzlich ein Mantel und eine Schutzhülle aus PE extrudiert.

## 13.3 Kathodischer Korrosionsschutz

### 13.3.1 Allgemeine Angaben

Der kathodische Korrosionsschutz wird nur noch für Blitzschutzkabel oder Kabel mit Jute umhüllte Bleimantel-Kabel angewendet. Kabel mit anderen Metallmänteln können in den kathodischen Korrosionsschutz einbezogen werden. Es sind dabei jedoch besondere Vorkehrungen zu treffen. Blitzschutzkabel und deren Blitzschutzanlagen lassen sich wie Rohrleitungen gegen Korrosion schützen. Je nach Kabelart und Kabelaufbau werden jedoch unterschiedliche Schutzbereichlängen erzielt. Der Wirkungsbereich einer kathodischen Korrosionsschutzanlage ist bei gut umhüllten Kabeln mit Kunststoff-Mänteln wesentlich größer als bei Kabeln mit Bitumen-Jute-Umhüllung. Für die Berechnung der Schutzbereichlänge gilt Gl. (24-75), sie ist um so größer,

- je kleiner der Ableitungsbelag $G'$, d.h. je kleiner der Umhüllungswiderstand $r_u$ oder die Schutzstromdichte $J_s$ sind;
- je kleiner der Widerstandsbelag $R'$ ist.

Im Gegensatz zu den Rohrleitungen haben Blitzschutzkabel und ihre Blitzschutzanlagen meistens nur eine schlechte oder gar keine Umhüllung und damit einen größeren Ableitungsbelag sowie einen wesentlich größeren Widerstandsbelag, so daß bei Anwendung des kathodischen Korrosionsschutzes die Schutzbereichlänge klein wird. Zwangsläufig sind hierdurch dem kathodischen Korrosionsschutz Grenzen gesetzt. Trotz dieser Nachteile läßt sich der kathodische Korrosionsschutz für Fernmeldekabel bei richtiger Bemessung und sorgfältiger Planung wirtschaftlich einsetzen.

Während der kathodische Korrosionsschutz – von einzelnen Ausnahmen abgesehen – außerhalb bebauter Gebiete relativ leicht einzurichten ist, ergeben sich in Stadtgebieten wegen zahlreicher metallischer unterirdischer Anlagen Schwierigkeiten. Infolge relativ großer Schutzströme ist mit Beeinflussung benachbarter Anlagen zu rechnen, vgl. Abschn. 9.2.

Für die Durchführung des kathodischen Schutzes gelten die gleichen Hinweise wie die für Rohrleitungen in Kap. 10. Angaben zur Potentialmessung sind in Abschn. 3.3 zusammengestellt. Eine besondere Problematik der Messung von Blei/Boden-Potentialen wird mit Abb. 3-4 und dem zugehörigen Text beschrieben, die letztlich verständlich macht, daß üblicher Weise bei Blei die Einschaltpotentiale zur Beurteilung der

Schutzwirkung herangezogen werden. Die früher [3] angeführten Richtlinien des Bundesministeriums für das Post- und Fernmeldewesen, sind inzwischen durch Handbücher der Deutschen Telekom ersetzt und werden hier nicht mehr aufgeführt. Praktische Hinweise sind in [4] zusammengestellt.

### 13.3.2 Streustrom-Schutz

In Stadtgebieten werden Fernmeldekabel in Kabelkanalrohre eingezogen. Dabei läßt es sich nicht vermeiden, daß Kabelkanäle parallel zu vorhandenen Straßenbahngleisen verlaufen. Die hier eingezogenen Kabel sind dann verstärkt dem Streustrom der Straßenbahnen ausgesetzt. Die Gefährdung durch Streuströme und mögliche Schutzmaßnahmen entsprechen denen von Rohrleitungen und sind im Kap. 15 beschrieben.

Durch eine Mantelstrom-Messung kann der im Kabelmantel fließende Streustrom in Größe und Richtung bestimmt werden [5, 6], vgl. auch Abschn. 3.4. Der zur Berechnung des Mantelstromes aus dem Spannungsabfall an einer definierten Kabellänge ohne eingelötete Muffe erforderliche Kabelmantel-Widerstandsbelag ist aus Abb. 13-1 ersichtlich.

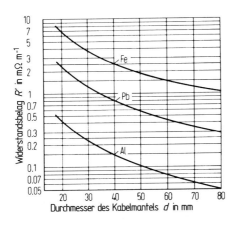

**Abb. 13-1.** Widerstandsbelag $R'$ von Kabelmänteln in Abhängigkeit vom Kabeldurchmesser $d$ und dem Mantelwerkstoff.

### 13.3.3 Kathodischer Schutz mit Fremdstrom-Anoden

Der kathodische Schutz mit Fremdstrom-Anoden wird überwiegend bei Kabeln oder Mantelrohr-Leitungen aus Stahl, in die die Kabel eingezogen werden, außerhalb gebauter Gebiete angewandt, da es hier möglich ist, große Anodenanlagen ohne schädliche Beeinflussung anderer Leitungen einzubauen. In dicht besiedelten Gebieten ist ein Schutz mit Fremdstrom-Anoden oft nur mit Tiefen-Anoden, mit Oberflächen-Anoden nur in begrenztem Maße oder örtlich nur an einzelnen Schwerpunkten (*hot-spot*-Schutz, vgl. Kap. 12) möglich.

Anoden von kleinen Fremdstrom-Schutzanlagen können in unmittelbarer Nähe der Kabel oder der Kabelkanäle installiert werden. Hierdurch wird die Beeinflussung anderer Leitungen verringert. Den Potentialverlauf von drei mit einem Anodenseil kathodisch geschützten Fernmeldekabeln zeigt Abb. 13-2.

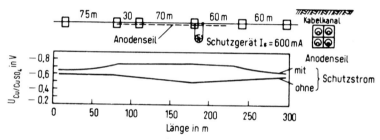

**Abb. 13-2.** Potentialverlauf an Fernmeldekabeln in einem nassen Kabelkanal aus Kabelkanal-Formsteinen (ohne Streuströme).

Bleimantel-Kabel neben kathodisch geschützten Rohrleitungen müssen an den kathodischen Schutz der Rohrleitung mit angeschlossen werden, da sie sonst durch den Schutzstrom beeinflußt werden, siehe Abschn. 9.2. Den Strombedarf für 10 m und die Potentialverteilung an derartigen Kabeln zeigt Abb. 13-3.

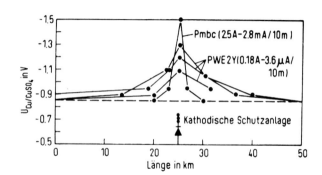

**Abb. 13-3.** Potentialverlauf an einem Fernmeldekabel neben einer kathodisch geschützten Rohrleitung.

Desgleichen müssen auch bei Kreuzungen mit kathodisch geschützten Rohrleitungen Schutzmaßnahmen gegen Beeinflussung vorgenommen werden, vgl. Abschn. 9.2. Eine unzulässige Beeinflussung durch den Schutzstrom der Rohrleitung läßt sich fast immer vermindern, wenn:

- das Kabel im Bereich des Spannungstrichters der Anodenanlage (etwa 100 m Radius um die Anodenanlage) mit PE umhüllt ist,
- das Kabel an der Kreuzungsstelle mit der Rohrleitung nach beiden Seiten mindestens 3 m mit PE fehlerfrei umhüllt ist.

Fernmeldekabel, die zu Fernmeldetürmen führen, sind stark blitzgefährdet. Um Blitzschäden an diesen Kabeln zu vermeiden, werden sie in Blitzschutzausführung verlegt. Diese Kabel haben über dem Kunststoffmantel eine verzinkte Stahldraht-Bewehrung ohne zusätzliche Umhüllung, um den Ableitungsbelag $G'$ des Kabelmantels zu verbessern. Diese äußere Blitzschutz-Bewehrung besteht aus Flachdrähten, die durch Korrosion im Erdboden gefährdet sind. Daher muß geprüft werden, ob ein kathodischer Korrosionsschutz notwendig ist.

Die Schutzstromdichte für unbeschichtete verzinkte Mantelrohre aus Stahl und für die verzinkte Flachdraht-Bewehrung ist relativ hoch. Sie liegt zwischen 20 und 30 mA m$^{-2}$. Wegen der hohen spezifischen Bodenwiderstände im Gebirge ist es oft schwierig, eine entsprechend niederohmige Anodenanlage zu bauen. Überschreitet die Gleichrichter-Ausgangsspannung des Schutzgerätes 70 V, löschen die bei einem Blitzschlag ansprechenden Überspannungsableiter im Schutzgerät nicht mehr, was zum Ausfall des Gerätes führt. Diese Schwierigkeiten können durch den Einsatz neuartiger flexibler Kunststoffkabel-Anoden, vgl. Abschn. 7.2.4, überwunden werden. Mit dieser Kunststoffkabel-Anode können auch in sehr hochohmigen Böden niederohmige Anodenanlagen erstellt werden. Diese Kunststoffkabel-Anode kann im Abstand >1 m parallel zum Schutzobjekt verlegt werden. Durch große Länge des Anodenkabels ergibt sich ein wesentlich kleinerer Ausbreitungswiderstand der Anodenanlage als er mit Anlagen herkömmlicher Bauart möglich ist. Diese Bauart ist zwar verhältnismäßig teuer, sie bringt aber die folgenden Vorteile:

− kleine Ausgangsspannung und damit eine geringere Leistung des Schutzstromgerätes,
− gleichmäßigere Potentialabsenkung entlang des Schutzobjektes,
− geringe Beeinflussung fremder Anlagen.

Abb. 13-4 zeigt den Potentialverlauf an einem mit einer flexiblen Kunststoffkabelanode geschützten verzinkten Mantelrohr-Kanal aus Stahl, der zu einer Sendeanlage führt. Dieser Rohrkanal ist 1000 m lang. Der spezifische Bodenwiderstand entlang der Rohrtrasse liegt zwischen 800 Ω m und 1600 Ω m. Die flexible Kunststoffkabel-Anode ist in einem seitlichen Abstand von 1 m zum Rohr in sehr feinem Koks verlegt. Der Aus-

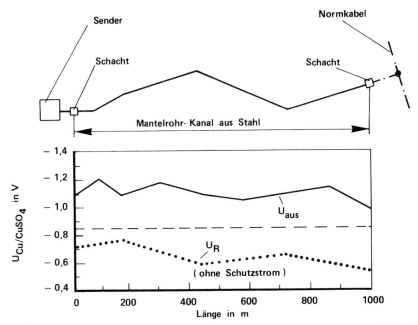

**Abb. 13-4.** Potentialverlauf an einem verzinkten Mantelrohr-Kanal aus Stahl, der mit einer flexiblen Kunststoffkabel-Anode kathodisch geschützt wird.

breitungswiderstand der Anodenanlage beträgt 1,2 $\Omega$. Für den Schutzstrom von 3,5 A ist eine Gleichrichter-Ausgangsspannung von 11,5 V erforderlich, die elektrische Leistung für den Schutz beträgt 40 W.

Mantelrohre aus Stahl und die Blitzschutz-Bewehrung eines Kabels dürfen nur über Trennfunkenstrecken an den Betriebserder angeschlossen werden. Bei sehr hohen Spannungen, z.B. bei einem Blitzschlag, spricht die Trennfunkenstrecke an und schaltet die Anlagen metallenleitend zusammen, um gefährliche Berührungsspannungen und Schäden an den Fernmeldeeinrichtungen zu vermeiden. Sobald die Spannung abgesunken ist, sind die Anlagen wieder elektrisch getrennt. Durch diese Trennung wird erreicht:

– daß das Korrosionselement „Stahl-Beton (Fundamenterder)/Stahlrohr oder Blitzbewehrung" unterbrochen ist,
– daß der Schutzstrombedarf für das Schutzobjekt klein gehalten wird,
– daß der Schutzbereich begrenzt wird.

Damit die Funktion der Trennfunkenstrecken nicht aufgehoben wird, müssen bei Kabeln in Blitzschutzausführung zusätzlich zu den Trennfunkenstrecken am Anfang und am Ende der Blitzschutzstrecke Isoliermuffen eingebaut werden, damit der metallische Kabelmantel oder der Schirm, die in den Lötstellen mit der Blitzbewehrung metallenleitend verbunden sind, ebenfalls von dem Betriebserder des Gebäudes (Fundamenterder) und von der Erde am fernen Ende getrennt sind.

Isoliermuffen und Trennfunkenstrecken bilden, wenn sie unmittelbar im Erdboden liegen, eine Gefahrenstelle. Ströme können davor aus- und danach wieder eintreten. Diese Gefahr wird verringert, wenn sie in einem trockenen Schacht eingebaut und die ersten Meter der Kabel nach beiden Seiten isoliert geführt werden.

Abb. 13-5 zeigt einen Potentialplan für den kathodischen Schutz eines Kabels in Blitzschutzausführung, das zu einer Antennenanlage führt und eine nicht umhüllte, verzinkte Stahlarmierung besitzt. Ein niederohmiger Standort für die Anodenanlage war wegen des felsigen Untergrundes erst in 1,6 km Entfernung zu finden. Das Schutzstromgerät ist mit Überspannungsableitern gegen Blitzschlag gesichert. Der Betrieb der Schutzanlage wird über eine Kabelader fernüberwacht und bei Gewitterwarnung über eine Fernbedienung abgeschaltet.

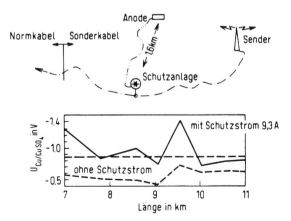

**Abb. 13-5.** Potential eines kathodisch geschützten Kabels mit verzinkter Stahlbewehrung (Zinküberzug bereits korrodiert).

## 13.4  Literatur

[1] DIN VDE 0816-1 bis 3, Beuth-Verlag, Berlin 1988.

[2] E. Retzlaff: Lexikon der Kurzzeichen für Kabel und isolierte Leitungen nach VDE, CENELEC und IEC, 4. Auflage, VDE-Verlag, Berlin-Offenbach 1993.

[3] dieses Handbuch, Kap. 13, 3. Auflage, VCH-Verlag; Weinheim 1989.

[4] Chr. Gey, Unterrichtsblätter der Deutschen Bundespost, Ausgabe B, S. 171, 40. Jahrgang, Nr. 10, 10. 10. 1987, Oberpostdirektion Hamburg.

[5] A. Reinhard, VDI-Forschungsheft 482, Ausgabe B, S. 26, Düsseldorf 1960.

[6] Chr. Gey, Unterrichtsblätter der Deutschen Bundespost, Ausgabe B, S. 20, 40. Jahrgang, Nr. 1, 10. 1. 1987, Oberpostdirektion Hamburg.

# 14 Starkstromkabel

H.-U. Paul und Ch. Dörnemann

## 14.1 Eigenschaften erdverlegter Starkstromkabel

Für die öffentliche und industrielle Stromversorgung werden Kabel für Niederspannung 230/400 V, Mittelspannung 1 bis 30 kV und Hochspannung, vorzugsweise 110 kV, im Erdboden verlegt. Für Niederspannungs- und Mittelspannungsnetze werden heute im allgemeinen Vollkunststoff-Kabel, z.B. für Niederspannung die Typen NYY und NAYY, benutzt, die keinen Korrosionsschutz benötigen. Auch Kabel mit Kupferschirm und Kunststoff-Umhüllung, z.B. die Typen NYCY und NYCWY, sind ausreichend korrosionsbeständig. Eine Korrosionsgefahr besteht bei Kabeln mit Bleimantel und Stahlbewehrung, die nur mit einer Lage bitumengetränkter Jute umwickelt sind, sowie bei Aluminiummantel- und Stahlwellmantel-Kabeln mit Kunststoff-Umhüllung, wenn diese beschädigt ist. Dies gilt auch für 110 kV-Kabel, die in Stahlrohren mit Bitumen- oder Kunststoffumhüllung verlegt werden.

Zur Verhütung unzulässig hoher Berührungsspannungen [1, 2] sind Metallmäntel von Starkstromkabeln in den Umspann- oder Schaltstationen und im Verteilungsnetz mit Erdungsanlagen verbunden, die kleine Ausbreitungswiderstände besitzen. Dadurch wird die Korrosionsgefahr erhöht und der Korrosionsschutz erschwert:

a) Korrosionsgefährdung durch Elementbildung mit Fremdkathoden, z.B. Stahl-Beton-Fundamente oder Erdungsanlagen [3].
b) Korrosionsgefährdung durch Streuströme, z.B. aus Anlagen für Gleichstrombahnen. Hierbei kann auch über die Erdungen Streustrom aufgenommen werden.
c) Nichtanwendbarkeit des normalen kathodischen Korrosionsschutzes, da die Erdungen gegen die Voraussetzung b in Abschn. 10.1 verstoßen.

Die Korrosionsgefährdung a und b kann nach den Angaben in den Abschn. 4.3 und 5.1 nicht durch eine bessere Umhüllung vermindert werden, soweit eine absolute Fehlstellenfreiheit nicht sichergestellt ist. Bei Stahlrohren von Hochspannungskabeln sind Fehlstellen in der Umhüllung erfahrungsgemäß auch bei sorgfältiger Verlegung nicht zu vermeiden. Eine Aufhebung der Korrosionsgefährdung ist hier nur durch den kathodischen Korrosionschutz und Streustromschutz möglich. Für Bleimäntel ist nach Abb. 2-12 bzw. Abschn. 2.4 eine Begrenzung zu negativen Potentialen zu beachten. Da Aluminium sowohl anodisch als auch kathodisch abgetragen wird, ist eine entsprechende Begrenzung wegen des kleinen zulässigen Potentialbereichs (vgl. Abschn. 2.4), vor allem bei Streustrombeeinflussung, technisch kaum möglich. Die Kunststoff-Umhüllung von Aluminiummänteln muß vollständig fehlstellenfrei sein [4, 5].

Die Bestimmung der Fehlstellenfreiheit geschieht durch $r_u$-Messung mit Gleichspannung nach Gl. (5-1). Fehlstellen lassen sich nur dann ermitteln, wenn der spezifische Umhüllungswiderstand $r_u^0$ oder $r_u^*$ (vgl. Abschn. 5.2.1.2 und Tabellen 4-4 und 5-1) deutlich größer ist als der nach Gl. (5-1) erhaltene Meßwert. Weitere Details zur Größenabschätzung und zur Lokalisierung von Fehlstellen werden in Abschn. 3.6.3 beschrieben. In Anlehnung an Gl. (4-10) ergibt sich der Widerstand einer Fehlstelle $i$ aus dem Ausbreitungs- und Porenwiderstand zu:

$$R_i = \frac{\rho}{2\,d} \left( 1 + \frac{8\,l}{\pi\,d} \right) \tag{14-1}$$

Aus dieser Gleichung folgt z.B. für eine sehr kleine Fehlstelle mit dem Durchmesser $d = 0{,}1$ mm bei einer $l = 2$ mm dicken Beschichtung und $\rho = 100\ \Omega$ m : $R_i = 2{,}6 \cdot 10^7\ \Omega$. Für eine Kunststoff-Umhüllung mit $r_u^0 = 10^{10}\ \Omega$ m$^2$ wird dieser Widerstand bei einer Oberfläche $S = 385$ m$^2$ erreicht. Somit können nur Fehlstellen mit $d > 0{,}1$ mm gefunden werden. Zur Messung des sehr hohen Fehlstellen-Widerstandes bei $10^7\ \Omega$ müssen Meßspannungen um 0,1 bis 1 kV verwendet werden [4, 5]. Dabei sind Fehlmessungen durch elektrolytische Gasbildung zu erwarten. Solche $r_u$-Messungen sind nur bei neuverlegten und nicht angeschlossenen Kabelmänteln möglich. Ein späteres Auftreten von Verletzungen oder Poren entzieht sich der Kontrolle.

Die unter c genannte Schwierigkeit kann durch Anwenden des Lokalen kathodischen Korrosionsschutzes nach Kap. 12 behoben werden. Dies ist z.B. in Industrieanlagen, nicht jedoch im Stadtgebiet möglich. Eine örtliche kathodische Schutzwirkung kann durch gezielt angeordnete Anoden, vgl. Abschn. 12.2, und mit begrenztem Schutzbereich bei Schutzobjekten mit hohem Längswiderstand erreicht werden. Dies ist bei Bleimantel-Kabeln der Fall, vgl. Abb. 13-1. Ein konventioneller kathodischer Korrosionsschutz ist möglich, wenn das Schutzobjekt von den Erdungsanlagen durch *Abgrenzeinheiten* getrennt wird. Dies wird für Stahlrohre von Hochspannungskabeln durchgeführt.

## 14.2 Kathodischer Korrosionsschutz für Stahlrohre von Hochspannungskabeln

Gasdruck-Kabel im Stahlrohr (Gasaußendruck- und Gasinnendruck-Kabel) wurden in den zurückliegenden 40 Jahren mit sehr guten Betriebserfahrungen in 110-KV-Hochspannungsnetzen eingesetzt. Heute erfolgt allmählich ein Übergang zu VPE-Kunststoff-Kabeln. Die Stahlrohre von Gasdruck-Kabeln sind betriebsmäßig mit Stickstoff und einem Gasdruck von 15 bis 16 bar gefüllt. Abb. 14-1 zeigt schematisch den Querschnitt eines solchen Gasaußendruck-Kabels.

Für den kathodischen Korrosionsschutz dieses Stahlrohres gelten die gleichen Voraussetzungen wie für Rohrleitungen, vgl. Abschn. 10.1. Die elektrische Trennung von allen anderen metallischen, mit Erde in Berührung stehenden Bauwerken erfolgt bei Stahlrohren von Hochspannungskabeln dadurch, daß die Endverschlüsse gegen die Erdungsanlage des Stahlrohres isoliert aufgestellt werden. Um unzulässige Berührungsspannungen bei Fehlern im elektrischen Netz auszuschließen, müssen sie über Abgrenzeinheiten mit der Stationserde verbunden werden, vgl. Abb. 14-2 [6].

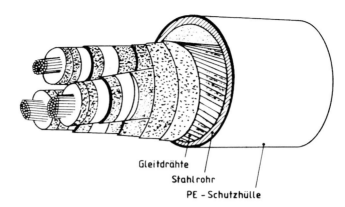

**Abb. 14-1.** Aufbau eines Gasaußendruckkabels.

Gleitdrähte
Stahlrohr
PE - Schutzhülle

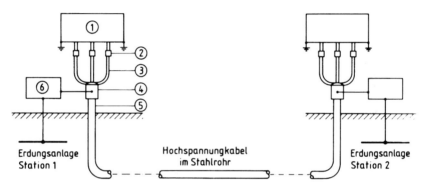

**Abb. 14-2.** Hochspannungskabel mit Erdung über Abgrenzeinheiten. (1) Hochspannungsanlage, (2) Isolierflansch, (3) Kabelverzweigung, (4) Kabelendverschluß, (5) Stahlrohr, (6) Abgrenzeinheit.

### 14.2.1 Anforderungen an Abgrenzeinheiten

Folgende Anforderungen sind von Abgrenzeinheiten im Normalbetrieb und bei Netzfehlern zu erfüllen:

– Es dürfen keine unzulässigen Gefährdungsspannungen auftreten.
– Sie müssen den auftretenden Strömen thermisch und mechanisch standhalten.
– Sie müssen für die zu erwartenden transienten Überspannungen ausgelegt werden.
– Die Aufrechterhaltung des kathodischen Korrosionsschutzes muß gewährleistet sein.
– Sie sollen möglichst niederohmig sein, damit auch die Reduktionswirkung des Rohres im Kurzschlußfall erhalten bleibt.

Transiente Überspannungen werden durch Schaltvorgänge in Hochspannungsanlagen hervorgerufen. Hierdurch können z. B. in Erdungsleitungen kurzzeitig hohe Spannungen und Ströme entstehen. Bei den transienten Überspannungen handelt es sich meist um mehrfach wiederkehrende Schwingungen mit Frequenzen zwischen einigen kHz und mehreren MHz. In gasisolierten SF6-Anlagen treten in bezug auf Frequenz und Amplitude höhere transiente Überspannungen auf als in Freiluftanlagen.

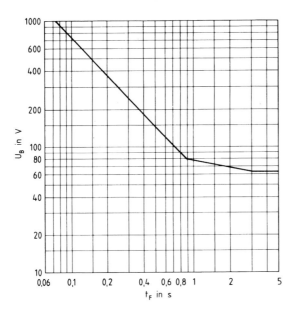

**Abb. 14-3.** Zulässige Berührungs-spannungen $U_B$ in Abhängigkeit von der Dauer $t_F$ des Fehlerstromes.

Im Hinblick auf die Einhaltung der zulässigen Berührungsspannungen und der Berücksichtigung der mechanischen und thermischen Beanspruchungen ist [2] zu beachten. Die zulässigen Berührungsspannungen in Abhängigkeit von der Fehlerstromdauer sind in Abb. 14-3 dargestellt.

Zur Verringerung der Überschlagswahrscheinlichkeit an den Isolierstellen des Kabelendverschlusses aufgrund transienter Überspannungen sollen die Verbindungsleitungen vom Stahlrohr und der Erdungsanlage zur Abgrenzeinheit möglichst kurz und induktivitätsarm ausgeführt werden.

### 14.2.2 Bauformen von Abgrenzeinheiten

#### 14.2.2.1 Niederohmige Widerstände

Abb. 14-4 zeigt die Schaltung einer Abgrenzeinheit mit niederohmigen Widerständen um 0,01 Ω. Bei dieser Abgrenzeinheit entsteht auch bei hohen Fehlerströmen keine unzulässige Berührungsspannung. Bei einer Fehlerstromdauer bis 0,5 s liegen für Erdkurzschlußströme bis 15 kA die auftretenden Berührungsspannungen von 150 V unter dem zulässigen Grenzwert.

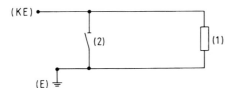

**Abb. 14-4.** Schaltung einer Abgrenzeinheit mit niederohmigem Widerstand. (KE) Isoliert angeordneter Kabelendverschluß, (E) Erdungsanlage, (1) Widerstand ($\sim 10$ mΩ), (2) Erdungslasche oder kurzschlußfester Erdungsschalter.

Die für den kathodischen Korrosionsschutz notwendige gleichspannungsmäßige Abtrennung des Stahlrohres von der Erdungsanlage wird durch einen mittels einer Gleichspannungsquelle erzwungenen Spannungsabfall von ca. 1 V an dem Widerstand bzw. der Widerstandskombination erreicht, vgl. Abschn. 14.2.3 [6].

### 14.2.2.2 Höherohmige Widerstände

Als höherohmig werden in diesem Zusammenhang Widerstände von etwa 100 mΩ verstanden. Diese Widerstände sind nicht so hoch belastbar wie die 10 mΩ-Widerstände. Um diese Widerstände vor Überlastungen zu schützen, wird ihnen eine Durchschlagsicherung (Spannungssicherung) parallel geschaltet. Die Durchschlagsicherung verschweißt stromfest, sobald der Spannungsabfall an den Widerständen die Ansprechspannung der Durchschlagsicherung erreicht. Abb. 14-5 zeigt die Schaltung einer solchen Abgrenzeinheit.

In Netzen mit Erdschluß-Kompensation können im Fehlerfalle für einige Stunden der Erdschluß- bzw. der Spulenstrom oder Anteile derselben über den Widerstand fließen. Je nach Größe des Netzes kann der Spulenstrom bis zu 400 A betragen. Fehlerströme und -spannungen an kathodisch geschützten Rohren werden in [8] ausführlich beschrieben.

Ein unnötiges Ansprechen der Durchschlagsicherung durch transiente Überspannungen kann durch die Beschaltung mit einem π-Glied, das aus einer Längsdrossel und Querkondensatoren besteht, vermieden werden. Für die Längsdrossel werden zweckmäßigerweise sogenannte Kerndrosseln verwendet, wie sie auch in der Leistungselektronik üblich sind. Bewährt hat sich ein Bedämpfungsglied mit je einem Kondensator 67 μF am Eingang und Ausgang des π-Gliedes.

**Abb. 14-5.** Schaltung einer Abgrenzeinheit mit einem höherohmigem Widerstand. (KE) Isoliert angeordneter Kabelendverschluß, (E) Erdungsanlage, (1) Widerstand (~ 100 mΩ), (2) Erdungslasche oder kurzschlußfester Erdungsschalter, (3) Durchschlagssicherung, (4) Kondensatoren (ca. 60 μF), (5) Drossel.

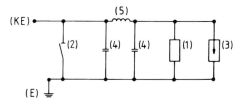

### 14.2.2.3 Abgrenzeinheit mit Nickel-Cadmium-Zelle

Nickel-Cadmium-Zellen haben einen sehr kleinen Wechselstrom-Widerstand um 1 mΩ. Der Ladezustand der Zellen ist hierbei von untergeordneter Bedeutung. Nickel-Cadmium-Zellen müssen eine ausreichende Strom-Kapazität besitzen und stromfest sein. Sie können unmittelbar als Abgrenzeinheit verwendet werden, Abb. 14-6 [6].

Für den normalen Betrieb ist die Durchschlagsicherung nicht eingeschaltet, weil bei Ansprechen der Sicherung die Zelle kurzgeschlossen würde, was dann zu ihrer Zerstörung führen kann. Bei Arbeiten am Kabel und bei Außerbetriebnahme der kathodischen Korrosionsschutzanlage wird durch Einlegen des Schalters die Sicherung eingeschaltet. Die Zelle (2) kann durch Entfernen der Verbindung (4) abgetrennt werden.

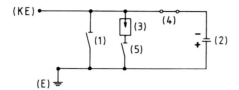

**Abb. 14-6.** Schaltung einer Abgrenzeinheit mit Nickel-Cadmium-Zelle. (KE) Isoliert angeordneter Kabelendverschluß, (E) Erdungsanlage, (1) Erdungslasche, (2) Ni-Cd-Zelle, 1,2 V, (3) Durchschlagssicherung, (4, 5) Trennlaschen.

Anschließend kann durch Schließen der Verbindung (1) die direkte Erdung hergestellt werden. Beim Einbau der Zelle ist in umgekehrter Reihenfolge vorzugehen.

Der Ladezustand der Zellen im Betrieb ist aufrechtzuerhalten, wobei eine Zellenspannung von 0,9 bis 1,2 V angestrebt wird [6]. Eine Überladung der Zellen ist wegen der elektrolytischen Wasserzersetzung bzw. Gasentwicklung zu vermeiden. Eine Zellenspannung von etwa 1,4 V darf deshalb nicht überschritten werden. Fremdstrom-Schutzanlagen sind so einzustellen, daß die Zellenspannung im gewünschten Bereich liegt.

### 14.2.2.4 Polarisationszelle

Die Polarisationszelle ist ein elektrochemisches Bauelement, bei der die Elektroden aus Nickel oder nichtrostendem Stahl in eine 50%ige KOH-Lösung eintauchen [9]. Aufgrund der guten Leitfähigkeit dieser Elektrolytlösung und der kleinen Polarisationsimpedanz passiver Werkstoffe mit elektronenleitenden Passivschichten stellt die Polarisationszelle für den Wechselstrom nur einen Widerstand in der Größenordnung einiger mΩ dar. Der verhältnismäßig hohe Gleichstromwiderstand in der Größenordnung von einigen 10 Ω entspricht dem hohen Polarisationswiderstand passiver Systeme in Redoxsystem-freien Medien. Dieser Widerstand bricht zusammen, wenn Redoxreaktionen nach Gl. (2-9) ablaufen können oder wenn die Spannung der Polarisationszelle die Wasserzersetzung-Spannung von 1,23 V nach Abb. 2-2 überschreitet, weil dann die elektrochemischen Reaktionen nach den Gl. (2-17) und (2-18) ablaufen.

Aufgrund unvermeidbarer Spuren von Redoxmitteln, z.B. Luftsauerstoff, können im Betrieb geringe Diffusionsströme bis zu 1 mA fließen. Bei einer Belastung durch Wechselstrom wird im wesentlichen die Elektrodenkapazität umgeladen. Bei ausreichend hohen Spannungsamplituden fließt aber auch ein Faradayscher Strom aufgrund der Wasser-Elektrolyse. Um diesen ausreichend klein zu halten, soll der Dauerwechselstrom nicht größer als 0,1% des maximal zulässigen Kurzschlußstromes sein. Anderenfalls bricht die Polarisationsimpedanz zusammen und der Gleichstrom wird nicht mehr gesperrt. Abb. 14-7 zeigt die Schaltung der Abgrenzeinheit.

Die Polarisationszelle muß in regelmäßigen Abständen, z.B. halbjährlich, auf ihren Wasserverlust kontrolliert werden, der durch die Elektrolyse hervorgerufen wird. Bei

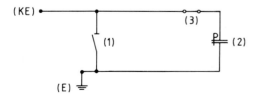

**Abb. 14-7.** Schaltung einer Abgrenzeinheit mit Polarisationszelle. (KE) Isoliert angeordneter Kabelendverschluß, (E) Erdungsanlage, (1) Erdungslasche, (2) Polarisationszelle, (3) Trennlasche.

Bedarf muß durch vollentsalztes Wasser der korrekte Füllstand eingestellt werden. Weiterhin sollte die Elektrolytlösung alle vier Jahre erneuert werden. Es empfiehlt sich, die Abgrenzeinheiten so auszulegen, daß der maximal zu erwartende Fehlerstrom durch die kleinstmögliche Polarisationszelle geführt werden kann, da hierbei der kathodische Schutz am wenigsten belastet wird.

### 14.2.2.5 Abgrenzeinheiten mit Siliciumdioden

Siliciumdioden besitzen auch bei Beanspruchung in Durchlaßrichtung bis zu ihrer Schleusenspannung von etwa 0,7 V einen sehr hohen Innenwiderstand. Wird die Schleusenspannung überschritten, nimmt der Innenwiderstand ab. Bei einer unsymmetrischen Antiparallelschaltung entsprechend Abb. 14-8 kann die Spannung über der Abgrenzeinheit während einer Periode Werte zwischen etwa −2,8 V (4mal Schleusenspannung) und etwa +0,7 V (1mal Schleusenspannung) annehmen.

Für den kathodischen Schutz des Stahlrohres ist es erforderlich, daß das Stahlrohr etwa 1 V negativer als die Erdungsanlage ist. Die Dioden stellen eine hochohmige Verbindung dar, wenn die Schleusenspannung der Dioden nicht überschritten wird. Durch in das Stahlrohr induzierte Spannungen aufgrund unsymmetrischer Belastungen des Kabels, durch Unsymmetrien des Kabelaufbaus oder bei Fehlern im Netz kann die Schleusenspannung überschritten werden. Die unsymmetrische Diodenanordnung bewirkt dann, daß unter beliebig hoher Wechselspannungsbeeinflussung das Stahlrohr etwa 1 V negativer als die Erdungsanlage bleibt. Es handelt sich hierbei um einen Gleichspannungsmittelwert, der sich dadurch ergibt, daß während der positiven Halbwelle der Wechselspannung die Abgrenzeinheit über einen Zweig niederohmig wird. Die Spannung zwischen dem Stahlrohr und der Erdungsanlage beträgt dann etwa +0,7 V. Während der negativen Halbwelle der Wechselspannung ergibt sich eine Spannung von etwa −2,8 V. Der arithmetische Spannungsmittelwert ergibt sich demnach zu −1,05 V, vgl. Abb. 14-9 [10]. Zur Erzielung anderer Spannungswerte bleibt der Zweig mit nur einer Diode immer unverändert, die Anzahl der Dioden im anderen Zweig kann entsprechend variiert werden, vgl. Gl. (23-45).

Eine Abgrenzeinheit mit einer symmetrischen Antiparallelschaltung der Dioden ist nicht sinnvoll, da im allgemeinen zwischen dem Stahlrohr und der Erdungsanlage eine 50 Hz-Wechselspannung anliegt. Bei einer symmetrischen Diodenschaltung müßten dann in jedem Zweig so viele Dioden in Serie geschaltet werden, daß die Wechselspannung zwischen Stahlrohr und Erdungsanlage unter der Summe der Schleusenspannun-

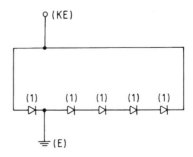

**Abb. 14-8.** Schaltung einer Abgrenzeinheit mit Siliciumdioden. (KE) Isoliert angeordneter Kabelendverschluß, (E) Erdungsanlage, (1) Silicium-Leistungsdiode.

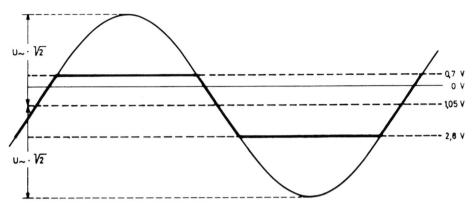

**Abb. 14-9.** Spannung über einer Abgrenzeinheit mit einer Unsymmetrie von 4 : 1 (nach Abb. 14-8).

gen der in Serie geschalteten Dioden liegt, da sonst der Spannungsmittelwert null ist. Ein kathodischer Korrosionsschutz ist für das Stahlrohr dann nicht mehr möglich.

Eine gänzlich andere Beanspruchung als bei einer Belastung durch betriebsfrequente Ströme – Betriebsströme oder Erdfehlerströme – tritt bei Schalthandlungen in Hochspannungsanlagen auf [11]. Besonders beim Schalten des Gasdruck-Kabels selbst werden die Dioden der Abgrenzeinheit in Sperrichtung mit transienten (hochfrequenten) Spannungen beaufschlagt. Diese transienten Spannungen können bei ungeeigneter Dimensionierung zum Verlust der Halbleitereigenschaft (Durchlegieren) der Diode im Pluszweig und somit zum Ausfall der kathodischen Schutzanlage führen.

Beim Einschalten des Kabels durch einen Leistungsschalter entsteht ein Wanderwellen-Vorgang in dem Hauptleiter des Kabels, der aufgrund der unterschiedlichen Schaltgeschwindigkeiten der Schalterpole zuerst an Spannung gelegt wird. Die Ausbreitungsgeschwindigkeit dieser Wanderwelle beträgt etwa die halbe Lichtgeschwindigkeit, d. h. etwa 150 m/μs).

Transiente Potentialdifferenzen über der Abgrenzeinheit mit hohen Steilheiten d$U$/d$t$ haben zur Folge, daß in der Diodenabgrenzeinheit ein schneller Wechsel zwischen Stromführung im Plus- und Minuszweig stattfinden muß. Obwohl stationär aufgrund der Antiparallelschaltung der Dioden nie nennenswerte Sperrspannungen auftreten können, sind während dieser Übergangszustände Sperrspannungen im kV-Bereich möglich, die sich wie folgt erklären lassen:

Die Wanderwellen haben für ihren Weg durch die Abgrenzeinheit aufgrund der Wellengeschwindigkeit eine endliche Laufzeit. Durch die Reihenschaltung der vier Dioden im Minuszweig und die dafür erforderlichen Verbindungsleitungen ergeben sich zwangsläufig im Minuszweig aufgrund der Leitungslängen sehr viel längere Laufzeiten als im Pluszweig. Eine Wanderwelle, die über den Minuszweig fließt, führt für die Dauer der Laufzeit im Minuszweig zu einer transienten Spannung über der Abgrenzeinheit. Diese Spannung tritt an der nicht leitenden Pluszweigdiode als Sperrspannung auf. Eine solche Sperrspannung ist für die Pluszweigdiode dann kritisch, wenn unmittelbar davor hohe transiente Ströme in Durchlaßrichtung geflossen sind. In diesem Fall ist die Diode nicht in der Lage, schnell genug vom leitenden in den sperrenden Zustand überzugehen. Sie wird dann bei hoher Spannung nennenswerte Ströme in Sperrichtung führen. Durch die an der Halbleiterschicht auftretende transiente Leistung wird die Diode punktuell thermisch zerstört. Sie wird dadurch zu einer in beiden Richtungen niederohmigen und hochbelastbaren Verbindung.

Die Höhe dieser transienten Sperrspannung hängt im wesentlichen von der Laufzeit im Minuszweig ab. Eine im Hinblick auf transiente Vorgänge gut geeignete Abgrenzeinheit sollte deshalb einen kurzen Leitungsweg im Minuszweig aufweisen und eine Pluszweigdiode mit möglichst hoher zulässiger Spitzensperrspannung aufweisen.

### 14.2.3 Errichtung von kathodischen Korrosionsschutzanlagen

Werden für den kathodischen Korrosionsschutz der Stahlrohre nur kleine Schutzströme bis etwa 10 mA benötigt, kann der Pluspol des Schutzstrom-Gerätes an die Stationserdung angeschlossen werden, wenn eine merkbare anodische Gefährdung der Erder und der mit diesen verbundenen Anlagen nicht zu befürchten ist. Dies ist der Fall, wenn das Potential der Erdungsanlage bei Einschalten der Schutzanlage sich nicht mehr als 10 mV zu positiven Werten verändert [6]. Bei größerem Schutzstrombedarf können in den Stationen zusätzlich Schutzstrom-Geräte mit Fremdstrom-Anoden vorgesehen werden, durch die die anodische Belastung der Stationserder aufgehoben wird. Die Fremdstrom-Anoden können zweckmäßig als Tiefenanoden ausgeführt werden, vgl. Abschn. 9.1.3 und 12.3.

Bei der Abgrenzeinheit mit niederohmigen Widerständen ist der benötigte Strom immer groß. Für eine direkte Einspeisung über den Widerstand in der Station wird ein Gleichrichter mit kleiner Ausgangsspannung und großem Strom benötigt. Bei Abgrenzeinheiten mit niederohmigen Widerstand mit NiCd-Zellen oder mit Siliciumdioden können die Korrosionsschutzanlagen im Verlauf der Trasse angeordnet werden. Während bei der Abgrenzeinheit mit NiCd-Zellen auch bei kleinem Schutzstrombedarf zur Aufrechterhaltung der Zellenspannung Gleichrichter eingesetzt werden, kommen bei den Abgrenzeinheiten mit Polarisationszellen oder mit Siliciumdioden für den kathodischen Schutz auch galvanische Anoden in Betracht.

Zur Einstellung und Überwachung des kathodischen Korrosionsschutzes werden entlang der Trasse Meßstellen benötigt, vgl. Abschn. 10.4.1.1.2. Es ist zweckmäßig, diese Meßstellen an den Kabelmuffen einzurichten. Damit ergeben sich Meßstellenabstände von etwa 0,5 km. Zur Ortung von Zufallskontakten ist auch die Einrichtung von Rohrstrom-Meßstellen zweckmäßig.

### 14.2.4 Kontrolle des kathodischen Schutzes

Zur Kontrolle des kathodischen Schutzes können keine Ausschaltpotentiale herangezogen werden. Eine solche Messung ist nur richtig, wenn die Abgrenzeinheiten von der Erdungsanlage abgetrennt werden. Dies ist aber bei Anlagen im Betriebszustand nicht zulässig. Bei nicht abgetrennten Abgrenzeinheiten werden die Ausschaltpotentiale durch Ausgleichsströme, elektrochemische kapazitive Ströme oder wegen gleichgerichteter Wechselströme verfälscht, vgl. Abschn. 23.5.4.2. Für die Messung der *IR*-freien Potentiale im Betriebszustand kommt nur das Meßverfahren mit externen Meßproben nach

Abschn. 3.3.4 in Betracht. Diese sollten daher sofort nach Errichtung einer Anlage eingebaut werden.

Ausschaltpotentiale können vor Inbetriebnahme und bei zeitlicher Außerbetriebnahme von Gasaußendruckkabeln gemessen werden. Sonst durchgeführte $U_{aus}$- und $U_{ein}$-Messungen geben eine vergleichende Information über den Zustand des kathodischen Schutzes. Abweichungen von diesen Referenzwerten sind im wesentlichen auf Fremdkontakte zurückzuführen. Dabei kommen in Frage: fremde Leitungen an Kreuzungen, Mantelrohre, Fehler an den Abgrenzeinheiten.

Für eine Beurteilung des kathodischen Korrosionsschutzes – mit Ausnahme sehr hochohmiger Böden – kann als Erfahrungswert auch ein Einschaltpotential von $U_{Cu/CuSO_4}$ $= -1,5$ V im Mittel zugrunde gelegt werden. Bei diesem Wert dürfte auch bei Streustrom-Beeinflussung keine Gefährdung mehr bestehen [6].

## 14.3 Streustrom-Schutz

In Stadtgebieten mit Gleichstrom-Bahnen sind Starkstromkabel im allgemeinen durch Streuströme stark gefährdet, vgl. Kap. 15. Die Metallmäntel von Nieder- und Mittelspannungskabeln sollten in Nähe der Gleichrichter-Stationen in Streustrom-Schutzanlagen einbezogen werden. Bei Dreileiterkabeln in Mittelspannungsnetzen kann durch zusätzliche Streuströme in den Metallmänteln die thermische Belastbarkeit der Kabel überschritten werden. Dies kann eine Begrenzung der Streustrom-Ableitung durch Widerstände erforderlich machen.

Streustrom-Schutzmaßnahmen für Kabel entsprechen denen für Rohrleitungen und werden in Abschn. 15.5 beschrieben. Trotz der niederohmigen Erdung der Kabelmäntel kann durch Streustrom-Absaugung bereits in weiten Bereichen der Trasse kathodischer Korrosionsschutz erreicht werden, vgl. Abb. 14-10. Bei Neuverlegung von Hochspannungskabeln im Stahlrohr und Anschluß an niederohmige Erdungsanlagen können die Streustromverhältnisse wesentlich verändert werden, was eine Überprüfung fremder Schutzanlagen notwendig macht.

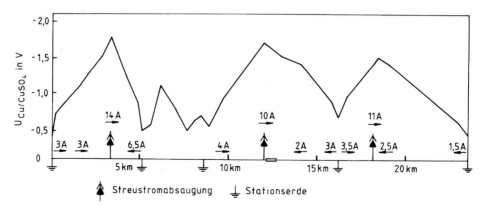

**Abb. 14-10.** Streustrom-Absaugung und teilweiser kathodischer Schutz eines 110-kV-Druckrohrkabels bei niederohmiger Verbindung mit den Stationserdern.

# 14.4 Literatur

[1] DIN VDE 0100-410, Beuth-Verlag, Berlin 1997.
[2] DIN VDE 0141, Beuth-Verlag, Berlin 1989.
[3] DIN VDE 0151, Beuth-Verlag, Berlin 1986.
[4] H. Sondermann u. J. Baur, ÖZE *31*, 161 (1978).
[5] E. Jäckle ETZ-A *99*, 356 (1978).
[6] AfK-Empfehlung Nr. 8, WVGW-Verlag, Bonn 1983.
[7] W. v. Baeckmann u. J. Matuszczak, ETZ-A *96*, 335 (1975).
[8] A. Kohlmeyer, ETZ-A *96*, 328 (1975).
[9] J. B. Prime, jr., Mat. Protection. *16*, H. 9, 33 (1977).
[10] J. Pestka, 3R intern. *22*, 228 (1983).
[11] R. Hoffmann, Elektrizitätswirtschaft, *89*, 366 (1990).

# 15 Streustrom-Beeinflussung und Streustrom-Schutz

W. v. BAECKMANN, U. BETTE und W. VESPER

## 15.1 Ursachen der Streustrombeeinflussung

Nach der Definition in [1] ist Streustrom ein in Elektrolytlösungen (Boden, Wässer) fließender Strom, der von in diesen Medien liegenden metallischen Leitern stammt und von elektrischen Anlagen geliefert wird. Es kann sich hierbei um Gleichstrom oder um Wechselstrom, vorwiegend mit einer Frequenz von 16 2/3 Hz (Bahn-Versorgung) handeln. Bei seinem Verlauf im Erdboden kann ein Bruchteil des Streustromes auch durch metallische Objekte wie Rohrleitungen, Kabelmäntel etc. fließen. Für eine verallgemeinerte Betrachtung kann der Streustrom als Folge eines fremden elektrischen Feldes angesehen werden, das durch die o. gen. elektrischen Anlagen geschaffen wird, aber auch andere Ursachen haben kann. Im Hinblick auf den Verursacher lassen sich folgende Streustromarten unterscheiden:

– Streuströme aus fremden Gleichstromanlagen, siehe Kap. 9 und Abschn. 15.1.1.
– Streuströme aus fremden Wechselstromanlagen, vgl. Abschn. 10.7.
– Weiträumige fremde Felder, die tellurische Ströme erzeugen, vgl. Abschn. 15.4.

Das letztlich den Streustrom verursachende elektrische Feld wird wesentlich durch seinen Verursacher und nahezu nicht durch das beeinflußte Objekt bestimmt. Streuströme verursachen beim Austritt vom Objekt in den Erdboden anodische Korrosion, vgl. Abschn. 4.3 mit Gl. (4-12). In einem geringeren Ausmaß wirkt auch Wechselstrom korrosionsfördernd, vgl. Abschn. 4.4 mit Gl. (4-13). Hierbei ist zu beachten, daß das Ausmaß einer Wechselstromkorrosion von der Art des Werkstoffs abhängig ist, wobei Stahl, Blei und Aluminium sich unterschiedlich verhalten.

### 15.1.1 Gleichstrom erzeugende Anlagen

Eine elektrische Anlage kann nur dann Streustrom erzeugen, wenn ein zum Betriebsstromkreis gehörender Leiter oder Anlagenteil an mehr als einer Stelle geerdet ist. Solche Anlagen sind:

a) mit Gleichstrom betriebene Bahnen, welche die Fahrschienen zum Leiten des Stromes benutzen;
b) Oberleitung-Omnibus-Anlagen, bei denen mehr als eine leitende Verbindung eines Poles der Stromversorgung mit Erde oder mit dem Rückleiter einer Schienenbahn besteht;
c) Hochspannung-Gleichstrom-Übertragung (HGÜ); vgl. Abschn. 15.3;

d) Elektrolyseanlagen;

e) Gleichstrom-Betriebe in See- und Binnenhäfen, Gleichstrom-Schweißanlagen, insbesondere in Werften, vgl. Abschn. 15.6;

f) Gleichstrom-Fernmeldenetze und Verkehrssignal-Anlagen [2];

g) kathodische Korrosionsschutz-Anlagen (Fremdstrom-Anlagen, Streustrom-Ableitungen und -Absaugungen), vgl. Kap. 9.

Auch Anlagen mit nur einer Betriebserdung, z.B. Schweißanlagen, Elektrolyseerder und Gleichstromkräne können Streuströme erzeugen, wenn eine zusätzliche Erdung an anderer Stelle – z.B. durch einen Erdschluß – auftritt. Bei nicht geerdeten Anlagen können Streuströme nur auftreten, wenn gleichzeitig zwei Erdschlüsse an verschiedenen Stellen vorhanden sind.

### 15.1.2 Allgemeine Maßnahmen an Gleichstrom-Anlagen

Maßnahmen zur Vermeidung oder Verringerung von Streuströmen sind in [1] angegeben. Die Erde darf betriebsmäßig nicht zum Stromführen benutzt werden. Ausgenommen sind kleine und kurzzeitig fließende Ströme von Fernmelde-Anlagen, Ströme von Gleichstrom-Bahnen, HGÜ-Anlagen und kathodischen Schutzanlagen. Für diese Anlagen sind besondere Anforderungen festgelegt. Alle Strom führenden Leiter und zum Betriebsstromkreis gehörenden Anlageteile sind zu isolieren. In ausgedehnten und nicht geerdeten Gleichstrom-Anlagen mit großen Betriebsströmen ist eine Erdschluß-Überwachung zweckmäßig. Mit ihrer Hilfe kann ein Erdschluß sofort erkannt und der Fehler im allgemeinen beseitigt werden, bevor ein zweiter Erdschluß auftritt. Mehrere gleichzeitige Erdschlüsse müssen mit Sicherheit auf eine kurze Zeitspanne beschränkt werden. Wenn die Erdung eines zum Betriebsstromkreis gehörenden Leiters oder Anlageteils aus betrieblichen Gründen oder zur Verhütung von zu hohen Berührungsspannungen erforderlich ist, darf die Anlage nur an einer Stelle geerdet werden. Damit sind Gleichstromnetze mit PEN-Leiter als Schutzmaßnahme nicht erlaubt [3]. Schweißanlagen, Kranbahnen und andere Gleichstrom-Anlagen mit großen Betriebsströmen sollen möglichst kurze Zuleitungen haben. Geerdete Metallteile, wie Werkbahnschienen, Kranbahnen, Rohrbrücken, Rohrleitungen usw., dürfen nicht zum Stromführen benutzt werden. Gleichrichter mit großer Leistung zur Versorgung mehrerer Verbraucher sind zu vermeiden. Anzustreben ist eine Versorgung mit Wechselstrom und die Erzeugung des Gleichstromes jeweils am Verbrauchsort mit kleinen Gleichrichtern (z.B. beim Schweißen auf Werften).

## 15.2 Streuströme von Gleichstrombahnen

### 15.2.1 Ursachen der Streustromkorrosion

Fast alle gleichstrombetriebene Bahnen benutzen die Fahrschienen zur Rückleitung des Betriebsstromes. In der Regel ist der Pluspol der speisenden Unterwerke mit der Fahrleitung oder der Stromschiene und der Minuspol mit den Fahrschienen verbunden. In Deutschland gibt es jedoch auch einige Städte, in denen Stadt- bzw. Straßenbahnen mit umgekehrter Polarität betrieben werden.

Betrachtet man als Beispiel eine oberirdische Straßenbahnstrecke, die nur aus einem einzelnen Rückleitungsabschnitt besteht, so erzeugt der in den Fahrschienen zurückfließende Strom an diesen einen Längsspannungsabfall. Der Schienen-Längsspannungsabfall steht über die Gleisbettung auch am Erdreich an, so daß ein Teil des Rückstromes in den umgebenden Erdboden entweichen kann. Diesen Teil des Stromes bezeichnet man als Streustrom. Er kann auf seinem Weg durch den Erdboden in andere Installationen aus Metall wie z. B. Stahlbewehrungen, Rohrleitungen und Kabelmäntel übertreten. In den Bereichen, in denen sich das Schienen/Boden-Potential aufgrund des Fahrbetriebes in Richtung negativerer Werte verändert, tritt der Streustrom aus diesen Installationen wieder aus, um zu den Fahrschienen zurückzufließen. An den Stromaustrittsstellen erfolgt verstärkt anodische Korrosion. Abb. 15-1 zeigt diese Zusammenhänge. Bei Verbindung des negativen Poles der Fahrstromversorgung mit den Fahrschienen kann Korrosion an Stahlbewehrungen, Rohrleitungen und Kabelmänteln im Bereich der speisenden Unterwerke und bei Verbindung des positiven Poles im Bereich der Stromscheiden, also in der Mitte zwischen zwei benachbarten Unterwerken auftreten.

Das Ausmaß der Korrosion hängt ab von der Größe des austretenden Stromes, dessen Einwirkungsdauer und dem elektrochemischen Äquivalent des Metalles. Beispielsweise beträgt nach Tabelle 2-1 das Äquivalent von Stahl $f_b = 10,4$ g m$^{-2}$ h$^{-1}$/ (mA cm$^{-2}$) $= 9,13$ kg A$^{-1}$ a$^{-1}$, d.h., daß ein Streustrom von 1 A, der aus einer Stahloberfläche in den Erdboden austritt, einen Materialabtrag von 9,13 kg innerhalb eines Jahres zur Folge hat. Ist der Stromaustritt auf eine kleine Fläche begrenzt, also die Stromdichte sehr hoch, so erfolgt der Materialabtrag zur Tiefe hin, und der Korrosionsschaden tritt in relativ kurzer Zeit auf.

Aber nicht nur an im Erdboden verlegten Installationen wie z. B. Rohrleitungen tritt Korrosion auf, sondern auch an den Fahrschienen. Aufgrund dieser Gegebenheiten müssen Anlagen mit Gleichstrombahnbetrieb und Stromrückleitung über die Fahrschienen so gebaut sein, daß nachteilige Wirkungen der Streustromkorrosion gering sind. Die wesentlichsten Voraussetzungen hierfür sind:

– eine gute elektrische Isolierung der Fahrschienen gegenüber dem Erdboden,
– ein kleiner Widerstandsbelag der Fahrschienen,
– kleine Schienen-Längsspannungsabfälle.

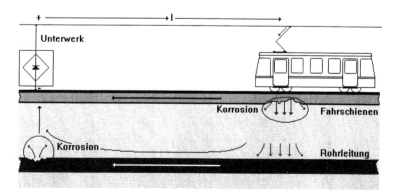

**Abb. 15-1.** Streustromkorrosion bei Gleichstrombahnen.

Während diese mehr allgemeinen Anforderungen schon seit Mitte der 70er Jahre gelten, werden in der europäischen Norm DIN EN 50122-2 (DIN VDE 0115 Teil 4) [4] bestimmte zu treffende Maßnahmen gefordert.

## 15.2.2 Bestimmungen für Gleichstrombahnen

### 15.2.2.1 Allgemeine Anforderungen

Um das Ausmaß der möglichen Streustrombeeinflussungen feststellen zu können, muß laut [4] bei neu zu errichtenden Strecken eine Abschätzung in Zusammenarbeit mit allen Betroffenen durchgeführt werden. Alle Maßnahmen, die als Ergebnis dieser Abschätzung zur Verringerung der Streuströme angewendet werden, müssen entsprechend der vorgenannten Norm geprüft werden. Wenn keine nachteiligen Auswirkungen erkannt und keine Gegenmaßnahmen festgelegt werden, müssen gegebenenfalls wiederkehrende Prüfungen vorgenommen werden.

In Bereichen, in denen mit Streustromkorrosion zu rechnen ist, müssen die Fahrschienen neuer Strecken so verlegt werden, daß der Ableitungsbelag Fahrschienen/Erdboden bzw. Fahrschienen/Tunnel die in Tabelle 15-1 angegebenen Richtwerte nicht überschreitet. Der Ableitungsbelag der Fahrschienen ist der Kehrwert des Bettungswiderstandes bezogen auf ein 1 Kilometer langes Gleis.

An Bahnübergängen mit Fahrschienen in geschlossener Bettung muß dafür gesorgt werden, daß der Ableitungsbelag nicht wesentlich über dem der angrenzenden Gleise liegt.

Weiterhin darf die gesamte Rückleitung keine direkt leitende Verbindung zu Anlagen, Bauteilen oder Bauwerken haben, die nicht gegen Erde isoliert sind. Ausgenommen hiervon sind Betriebshöfe. In diesem Fall sind die Fahrschienen des Betriebshofes von den Fahrschienen der Strecke durch Isolierstöße zu trennen und die Fahrstromversorgung des Betriebshofes muß durch getrennte Gleichrichtereinheiten oder andere Betriebsmittel erfolgen. Anlagen und Geräte, die mit der Rückleitung verbunden sind, dürfen außerdem nicht direkt aus dem öffentlichen Niederspannungsnetz (TN-System) versorgt werden.

Im allgemeinen dürfen die Gleise von Gleichstrombahnen keine unmittelbar leitende Verbindung zu Gleisabschnitten anderer Bahnsysteme haben. In bestimmten Fällen, in denen die Gleise auch zur Rückleitung des Betriebsstromes von Wechselstrombahnen genutzt werden, sind an den gemeinsamen Gleisen zusätzliche Maßnahmen zur Verringerung der Streuströme durchzuführen.

**Tabelle 15-1.** Richtwerte für den Ableitungsbelag $G'$ eingleisiger Strecken.

| Bahnsystem | Oberirdisch $G'$ in S km$^{-1}$ | Tunnel $G'$ in S km$^{-1}$ |
|---|---|---|
| Eisenbahnen | 0,5 | 0,5 |
| Nahverkehrsbahnen in offener Bettung | 0,5 | 0,1 |
| Nahverkehrsbahnen in geschlossener Bettung | 2,5 | – |

Darüber hinaus wird gefordert, daß der Widerstand der gesamten Rückleitung (Fahrschienen und alle zur Betriebsstromrückführung gehörenden Leiter) niedrig ist. Deshalb müssen die Fahrschienen an den Stößen verschweißt oder durch Schienenlängsverbinder so niederohmig überbrückt werden, daß sich der Längswiderstand um nicht mehr als 5% erhöht.

Bei Näherungen von Gleichstrombahnanlagen und Rohrleitungen oder Kabeln muß ein möglichst großer Abstand eingehalten werden. Er sollte mindestens 1 m betragen.

Von den zuvor beschriebenen Anforderungen zur Verringerung der Streuströme ist die wesentlichste die Sicherstellung eines ausreichend niedrigen Ableitungsbelages. Messungen an bestehenden Strecken ergaben, daß der Ableitungsbelag von Fahrschienen in offener Bettung (Verlegung der Schienen auf Holz- bzw. Betonschwellen im Schotterbett) normalerweise zwischen 0,1 bis 0,5 S km$^{-1}$ je Gleis liegt. In einigen Fällen, in denen das Schotterbett stark verschmutzt und nicht ausreichend entwässert war, wurden aber auch Werte von 1 S km$^{-1}$ je Gleis gemessen. In trockenen Tunnelstrecken liegen die Ableitungsbeläge Fahrschienen/Tunnel erfahrungsgemäß zwischen 0,005 und 0,05 S km$^{-1}$ je Gleis. Die Ableitungsbeläge der zuvor genannten Oberbauformen sind also in der Regel kleiner als die in Tabelle 15-1 für neu zu errichtende Strecken angegebenen Richtwerte. Dagegen wurden an Strecken, deren Fahrschienen in der Straßendecke eingebettet sind (geschlossene Bettung), zum Teil wesentlich größere Ableitungsbeläge als 2,5 S km$^{-1}$ je Gleis ermittelt. Der Ableitungsbelag eingleisiger Strecken in geschlossener Bettung beträgt normalerweise 2 bis 5 S km$^{-1}$. Sind jedoch metallenleitende Verbindungen mit der Bewehrung von Betontragplatten vorhanden, liegen die Ableitungsbeläge dieser Gleisabschnitte in der Größenordnung von 10 bis 15 S km$^{-1}$.

### 15.2.2.2 Spezielle Anforderungen an Tunneln von Gleichstrombahnen

In Tunneln von U- und Stadtbahnen treibt der Schienen-Längsspannungsabfall einen Streustrom in die Betonbewehrung und in metallische Bauteile. Zur Verringerung der Streustromkorrosion wird in [4] und in VDV 501/1 [5] gefordert, den durch Streuströme verursachten Längsspannungsabfall am Tunnel auf 0,1 V zu begrenzen. Dieser Wert orientiert sich an die in [1] genannte maximal zulässige Potentialänderung von 0,1 V in positiver Richtung.

Dadurch wird gewährleistet, daß die aus dem Bauwerk entweichenden Streuströme und die daraus folgende Beeinflussung anderer erdverlegter Anlagen aus Metall auf ausreichend kleine Werte begrenzt werden.

Damit der Längsspannungsabfall am Tunnel den geforderten Grenzwert nicht überschreitet, sind besondere Maßnahmen erforderlich, die bereits bei der Planung berücksichtigt werden müssen. Literatur [4] und [5] enthalten hierzu nähere Einzelheiten. Sie gelten nicht nur für Tunnel und Rampen von Gleichstrombahnen sondern auch für andere Bauwerke mit metallischer oder metallarmierter Sohle wie z. B. Brücken und Betonbalken von Rasengleisen. Demnach muß die Bewehrung in Längsrichtung durchverbunden werden. Parallel dazu sind auf beiden Seiten Erdungsleitungen zu verlegen, an die die an den Fugen herausgeführte Bewehrung und die metallischen Bauteile angeschlossen werden. Vor der Errichtung der Bauwerke ist rechnerisch nachzuweisen, daß die metallenleitende Durchverbindung von Bewehrung und Erdungsleitungen ausreichend niederohmig ist und der maximal zulässige Längsspannungsabfall am Bauwerk nicht überschritten wird.

Metallenleitende Verbindungen zwischen den Fahrschienen und der Bewehrung der Bauwerke sind durch eine geeignete Konstruktion und Bauausführung, d. h. durch eine hochohmige Gleisverlegung, auszuschließen.

Bei Tunneln ist weiterhin zu beachten, daß Rohrleitungen aus Metall, Stromversorgungs- und Fernmeldekabel isolierend eingeführt werden. Rohrleitungen sind zusätzlich durch Isolierstücke von den außenliegenden Rohrnetzen zu trennen. Es ist zweckmäßig, die Isolierstücke im Tunnel direkt hinter der Gebäudeeinführung anzuordnen. Durch diese Maßnahmen wird sichergestellt, daß eine Korrosion durch die Elementbildung zwischen Stahl in Beton (Bewehrung) und Stahl in Erdboden (Rohrleitungen) vermieden wird.

Die in älteren Bestimmungen und Richtlinien empfohlene elektrische Trennung zwischen der Bewehrung des Tunnels und der Bewehrung fremder Bauwerke bzw. das Herausklammern der miteinander verbundenen Bauwerke (Gemeinschaftsbauwerk) von den angrenzenden Tunnelstrecken wird heute nicht mehr gefordert. Durch die elektrische Trennung sollte eine eventuelle Streustromverschleppung verhindert werden. Da durch die zuvor beschriebenen Maßnahmen der Längsspannungsabfall am Tunnel zwischen zwei beliebigen Orten im zeitlichen Mittel auf 0,1 V begrenzt wird, liegt die maximal mögliche Tunnel/Boden-Potentialverschiebung unter 0,1 V. Die Beeinflussung eines mit dem Tunnel metallenleitend verbundenen Bauwerkes ist daher ebenfalls kleiner als 0,1 V, so daß gemäß [1] mit einer unzulässigen Beeinflussung nicht gerechnet werden muß. Dieses gilt allerdings nur, solange zwischen den Fahrschienen und dem Tunnel keine metallenleitenden Verbindungen vorhanden sind. Daher soll bei Gemeinschaftsbauwerken die elektrische Trennung zwischen den Fahrschienen und dem Tunnel kontinuierlich überwacht werden. Darüber hinaus wird empfohlen, die in das Gemeinschaftsbauwerk verlaufenden Rohrleitungen und Kabel ebenfalls isolierend einzuführen, um eine Korrosion durch die Elementbildung Stahl in Beton/Stahl in Erdboden zu verhindern.

Nach Fertigstellung des Tunnels bzw. einzelner Tunnelstrecken und nach wesentlichen Änderungen ist die elektrische Trennung Fahrschienen/Tunnel und die metallenleitende Durchverbindung der Bewehrung meßtechnisch zu kontrollieren. Darüber hinaus enthält [5] weitere Angaben für wiederkehrende Messungen. Die entsprechenden Meßverfahren sind in [4] und in der VDV-Schrift 501/2 beschrieben.

Hinsichtlich des durch Streuströme verursachten Längsspannungsabfalles an der metallenleitenden Durchverbindung des Tunnels sind sowohl die vorhandenen als auch die zukünftigen Streckenabschnitte zu berücksichtigen, so daß umfangreiche Berechnungen erforderlich werden. Die VDV-Schrift 501/3 beinhaltet ein Rechenmodell auf Diskette, mit dessen Hilfe der Längsspannungsabfall an den einzelnen Streckenabschnitten exakt berechnet werden kann. Für eine Abschätzung, ob die geplanten Maßnahmen ausreichen oder exaktere Berechnungen mit dem Rechenmodell erforderlich werden, wird in Literatur [4] und [5] eine Näherungsgleichung für einzelne Streckenabschnitte angegeben. Unter der Voraussetzung, daß

- die Schienen-Längsspannungsabfälle in den einzelnen Rückleitungsabschnitten in etwa gleich groß sind,
- die Kenngrößen der angrenzenden Streckenabschnitte in der gleichen Größenordnung wie die des betrachteten Streckenabschnittes liegen und
- die an den betrachteten Streckenabschnitt angrenzenden Abschnitte sehr lang sind,

errechnet sich der infolge des Fahrbetriebes in dem Rückleitungsabschnitt erzeugte, größte Längsspannungsabfall an der metallenleitenden Durchverbindung $U_T$ dieses Streckenabschnittes nach folgender Gleichung [4, 5]:

$$U_T = 0,5\, I\, \frac{R'_S\, R'_T}{R'_S + R'_T}\, L \left( 1 - \frac{L_c}{L} \left( 1 - \exp\left( -\frac{L}{L_c} \right) \right) \right) \tag{15-1}$$

Hierin bedeuten:

$U_T$   Längsspannungsabfall an der metallenleitenden Durchverbindung des Bauwerkes,
$I$   Betriebsstrom (Stundenmittelwert) innerhalb des betrachteten Rückleitungsabschnittes bei der dichtesten geplanten Zugfolge,
$R'_S$   Widerstandsbelag der Fahrschienen,
$R'_T$   Widerstandsbelag der metallenleitenden Durchverbindung des Bauwerkes,
$L$   Länge des betrachteten Streckenabschnittes,
$L_c$   charakteristische Länge des Systems Fahrschienen/Bauwerk.

Die charakteristische Länge $L_c$ entspricht der Kennlänge $l_k$ nach Abschn. 23.3.2 und 24.4.2 und darf nicht verwechselt werden mit der charakteristischen Länge einer Fehlstelle $L$ nach Gl. (3-29). Die charakteristische Länge des Systems Fahrschienen/Bauwerk $L_c$ errechnet sich zu:

$$L_c = \frac{1}{\sqrt{(R'_S + R'_T)\, G'_{ST}}} \tag{15-2}$$

mit

$G'_{ST}$   Ableitungsbelag Fahrschienen/Bauwerk.

Für jeden Streckenabschnitt ist der Längsspannungsabfall an der metallenleitenden Durchverbindung zu berechnen. Die Längsspannungsabfälle der einzelnen Streckenabschnitte sind vorzeichenrichtig aufzuaddieren. Die Teilsummen und die Gesamtsumme dieser Längsspannungsabfälle dürfen nicht größer sein als 0,1 V. Gl. (15-1) gilt auch für Stahlbetonbalken von Rasengleisen, Brücken und andere Bauwerke mit metallarmierter Sohle. Zu bemerken ist, daß exakte Berechnungen mit dem Rechenmodell der VDV-Schrift 501/3 wesentlich kleinere Längsspannungsabfälle ergeben, da hierbei die gegenseitige Beeinflussung der Streckenabschnitte berücksichtigt wird. Dies gilt im besonderen, wenn die Länge des gesamten Bauwerkes kleiner ist als $4\, L_c$.

## 15.3 Streuströme aus Hochspannung-Gleichstrom-Übertragungsanlagen

Die Hochspannung-Gleichstrom-Übertragung (HGÜ) ist für Entfernungen über 1000 km wirtschaftlich und kann als rückwirkungsfreie Kopplung zwischen unterschiedlichen Wechselspannung-Netzen bezüglich Frequenz und Phasenlage betrieben werden. Vielfach ist HGÜ auch in Betrieb, weil die zu überbrückende Entfernung mittels eines Hochspannung-Drehstromkabels die physikalisch begrenzte maximale Übertragungsentfernung überschreiten würde oder eine Direktverbindung zwischen zwei Drehstromnetzen zu Stabilitätsproblemen führen würde.

An den Enden einer HGÜ-Leitung mit zwei Systemen ist je ein Umformer angeordnet. Der Gleichstrom fließt im Normalfall über zwei Leiter. Der Mittelpunkt ist zwar geerdet, aber da die Systeme symmetrisch zur Erde arbeiten, fließt über diesen kein Strom. Die Betriebsspannung kann etwa 600 kV, die Ströme können bis zu 1,5 kA betragen. Bei Ausfall eines Systems kann für wenige Stunden ein Strom über Erde fließen, damit das zweite System in Betrieb bleiben kann. Dem gegenüber gibt es in Dänemark, Deutschland, Polen, Schweden und in den USA HGÜ-Anlagen mit ständiger Stromrückleitung über Erde.

Abb. 15-2a zeigt die Streustrom-Beeinflussung durch eine bipolare Hochspannung-Gleichstrom Übertragungsanlage [6]. Bei Ausfall eines Systems treten weit reichende Spannungstrichter im Boden an den Erdungsanlagen auf. Nach wenigen Kilometern ist die Stromdichte im Boden relativ gering. Die Prinzipschaltung für ein bipolares Sy-

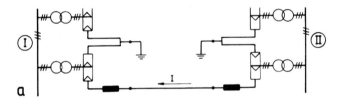

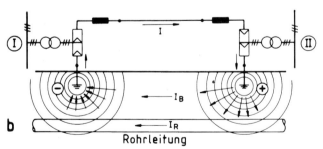

Rohrleitung

12 pulsige Stromrichter-Gruppe

Glättungsdrossel

**Abb. 15-2.** Streustrom-Beeinflussung durch Hochspannung-Gleichstrom-Übertragungsanlagen: (**a**) bipolares System, (**b**) monopolares System.

stem, ist in Abb. 15-2a und der Streustromverlauf im Fehlerfall bzw. bei einem mono-polaren System ist in Abb. 15-2b dargestellt. I und II sind die jeweiligen Wechselstrom-Systeme.

In einem mittleren Bereich zwischen den beiden Erdungsanlagen mit dem gegen-seitigem Abstand $2 L$ kann die Stromdichte $J$ im Erdboden wie folgt hergeleitet wer-den. Aus Gl. (24-39) ergibt sich mit $r = L + x$ und $R = L - x$

$$\varphi(x) = \frac{I\rho}{2\pi}\left(\frac{1}{L+x} - \frac{1}{L-x}\right), \tag{15-3}$$

$$-\frac{\mathrm{d}\varphi}{\mathrm{d}x} = \frac{I\rho}{2\pi}\frac{(L+x)^2 + (L-x)^2}{(L+x)^2(L-x)^2}. \tag{15-4}$$

Mit Hilfe der Gl. (24-1) und (24-2) folgt schießlich aus Gl. (15-4) für $x = 0$

$$J = \frac{I}{\pi L^2}. \tag{15-5}$$

Für $I = 1000$ A und $L = 100$ km beträgt die Stromdichte $J = 3 \cdot 10^{-8}$ A m$^{-2}$. Daraus er-gibt sich die Feldstärke $E$ im Boden bei einem spezifischen Widerstand von $\rho = 100\ \Omega$ m zu $E = 3$ mV km$^{-1}$.

Diese Feldstärke ist kleiner als bei tellurischen Strömen. Bei unterschiedlichen Be-triebsströmen sind die über Erde fließenden Ausgleichströme noch wesentlich kleiner. Eine schädliche Beeinflussung wird hierdurch nicht hervorgerufen. Nur in der Nähe der Erdungsanlagen ist eine schädliche Beeinflussung von Rohrleitungen oder Kabeln zu erwarten.

Bei HGÜ-Versuchen über eine Entfernung von 6 km Luftlinie im Raum Mannheim/ Schwetzingen wurde bei einer Einspeisung von 100 A an einem Masterder eine Span-nung von 150 V erzeugt. Das Rohr/Boden-Potential einer in 150 m Abstand von dem Mastererder vorbeiführenden Ferngasleitung wurde um 1 V geändert. Unter der An-nahme eines homogenen Bodens war rechnerisch eine Änderung von 5 V erwartet wor-den. Die Ursache der viel kleineren Beeinflussung war, daß mit zunehmender Tiefe der Boden niederohmiger wurde. Die Einflüsse von Gleichstrom-Bahnen in 10 km Entfer-nung waren stärker als die Auswirkungen des Teststromes. Schädliche Beeinflussun-gen können durch den Bau von kathodischen Schutzanlagen aufgehoben werden.

Die von Deutschland aus betriebenen monopolaren HGÜ-Anlagen sind so aufge-baut, daß unabhängig von der Energieflußrichtung die Erderelektrode auf deutscher Seite stets die Kathode ist. Die Elektroden befinden sich dabei in der Ostsee (KON-TEK-Kabel bei Graal-Müritz, Baltic Cable in der Trave). Das An- und Abfahren der maximal zu übertragenden Leistung geschieht rampenförmig mit Verweildauern je Ram-penstufe im Bereich einer Minute. Etwa vorhandene Beeinflussungen durch HGÜ kön-nen daran erkannt werden, daß sich insbesondere Rohrströme mit gleichem Zeitver-halten ändern.

Bei der Durchführung von Intensivmessungen, vgl. Abschn. 3.3.3 muß in den be-troffenen Gebieten darauf geachtet werden, daß der fremde Spannungstrichter (vgl. die Größen $a_L$ und $a_R$ in den Gl. (3-35) bis (3-38)) zeitlich nicht konstant ist und sich eben-falls rampenförmig ändert.

## 15.4 Weiträumige Streustrombeeinflussung durch stationäre fremde Felder und tellurische Ströme

In diesem Abschnitt wird der Sonderfall behandelt, daß weiträumig im Bereich der Rohrtrasse eine konstante elektrische Feldstärke $E$ vorliegt. Dieses Feld erzeugt im Erdboden eine elektrische Stromdichte $J_E$, die nach Gl. (24-1) vom spezifischen elektrischen Bodenwiderstand $\rho$ abhängig ist. Für die längs der Rohrleitung einwirkende Feldstärkekomponente $E_R$ gilt

$$E_R = E \cos \alpha, \tag{15-6}$$

wobei $\alpha$ den Winkel zwischen der Rohrleitungsachse und der Richtung der Feldstärke $E$ wiedergibt. Die Feldstärke $E_R$ erzeugt einen Rohrstrom $I_R$, für den mit Gl. (15-6) näherungsweise folgende Proportionalität angenommen werden kann:

$$I_R = k E_R = k E \cos \alpha. \tag{15-7}$$

Hierbei enthält die Konstante $k$ Daten des Ableitungsbelages bzw. der Polarisationswiderstände an Stellen des Stromüberganges Rohr/Erdboden. (Für den Grenzfall $G \to \infty$ folgt $k = 1/S'$.) Ein Stromübergang ist nach Gl. (15-7) nur dann möglich, wenn Änderungen von $I_R$ auftreten, d.h. bei Richtungsänderungen der Rohrleitungstrasse. Aus den Gl. (24-1) und (15-7) läßt sich noch herleiten:

$$\frac{I_R}{J_E} = \rho \, k \cos \alpha. \tag{15-8}$$

Diese Gleichung besagt, daß das Verhältnis von Rohrstrom zu Erdbodenstromdichte auch vom spezifischen Bodenwiderstand abhängt. Diese Information ändert aber nicht die Aussage der Gl. (15-7), soweit die elektrische Feldstärke $E$ im Trassenbereich konstant ist.

Ein Beispiel für eine weiträumige Streustrombeeinflussung durch fremde, jedoch zeitlich nicht konstante Felder sind tellurische Ströme. Das Magnetfeld der Erde wird durch den Sonnenwind, d.h., durch von der Sonne abgestrahlte Protonen und Elektronen, beeinflußt. Je nach Stärke des aus den Sonneneruptionen herrührenden Sonnenwindes wird das Magnetfeld der Erde verformt, was eine zeitliche Änderung der magnetischen Feldstärke und der Richtung des Magnetfeldes zur Folge hat. Diese Magnetfeldänderungen (magnetische Variationen) werden von den geophysikalischen Observatorien aufgezeichnet. Sie verursachen im Erdboden eine elektrische Feldstärke, die sich entsprechend der magnetischen Variation zeitlich ändert. Aus Gl. (15-7) folgt, daß sich dann der Rohrstrom ebenfalls ändert. Bei kathodisch geschützten Rohrleitungen überlagert sich dieser Rohrstrom dem kathodischen Schutzstrom, wobei er ihn einerseits verstärken andererseits aber auch verringern kann [7]. Durch die Rohrstromänderungen treten entsprechende Rohr/Boden-Potentialschwankungen auf.

Eine Abschätzung der anodischen Korrosionsgefährdung einer Rohrleitung durch magnetische Variationen kann mit Hilfe der planetarischen erdmagnetischen Kennziffern $K_p$ hergestellt werden. Diese Kennziffern geben den Grad der maximalen Feldstärken-Änderung für einen Zeitraum von jeweils 3 Stunden aus den Beobachtungen der geophysikalischen Observatorien an. Die $K_p$-Ziffern werden in Tabellen und Diagrammen monatlich veröffentlicht.

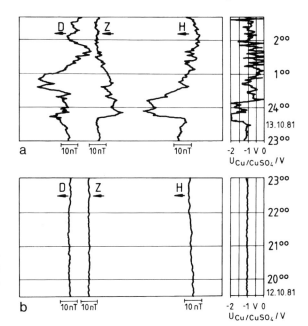

**Abb. 15-3.** Rohr/Boden-Potentiale einer Rohrleitung mit (**a**) und ohne (**b**) Beeinflussung durch magnetische Variationen.

Aus Abb. 15-3 ist ein Zusammenhang zwischen der Änderung des erdmagnetischen Feldes unter der Rohr/Boden-Potentialschwankung $U_{Cu/CuSO_4}$ zu ersehen. H, D und Z sind die Änderungen der erdmagnetischen Nord-Süd-, Ost-West- und Vertikalkomponenten.

Ausführliche Untersuchungen [8, 9] zeigen, daß im Jahre 1981 das Rohr/Boden-Potential nur 20 h positiver als das Schutzpotential war. Damit dürfte keine Korrosionsgefahr durch magnetische Variation zu erwarten sein. Da nicht voraussehbar ist, wann mit unterschiedlicher Intensität die erdmagnetischen Felder sich ändern und somit zu Änderungen des Rohr/Boden-Potentials führen, treten erhebliche Erschwernisse für die Überwachung des kathodischen Schutzes hinsichtlich der Messung der *IR*-freien Rohr/Boden-Potentiale auf. Nur während Zeiträumen ohne magnetische Variation können *IR*-freie Potentiale mit Hilfe der Ausschalttechnik ermittelt werden. Im Prinzip bleibt sonst für die *IR*-freie Potentialmessung nur die Anwendung von fest installierten Meßproben möglich, vgl. Abschn. 3.3.

## 15.5 Schutzmaßnahmen an durch Gleichstrombahnen beeinflußten Anlagen

### 15.5.1 Meßtechnische Ermittlung der Streustrombeeinflussung

Im Einflußbereich von U- und Stadtbahntunneln, bei denen die im Abschn. 15.2.2.2 beschriebenen Maßnahmen getroffen wurden, sind die Streustrombeeinflussungen an anderen im Erdboden verlegten Installationen im allgemeinen vernachlässigbar klein, so daß zusätzliche Maßnahmen nicht erforderlich sind.

Bei oberirdischen Strecken von Gleichstrombahnen reichen die auf Seiten des Bahnbetreibers getroffenen Maßnahmen zur Begrenzung der Streuströme oft nicht aus, so daß an anderen erdverlegten Installationen weitere Schutzmaßnahmen wie z. B. Streustromableitungen zweckmäßig sind. Um die richtige Schutzmaßnahme planen zu können, sollten alle Betroffenen (Bahnbetreiber und andere Anlagenbetreiber) gemäß der AfK-Empfehlung Nr. 4 [10] gemeinsame Untersuchungen durchführen. Hierbei sind Objekt/Boden-Potentialregistrierungen und parallel dazu Schienen-Spannungstrichtersowie Schienen/Boden-Potential- bzw. Spannungsmessungen zwischen den Fahrschienen und den beeinflußten Objekten im gesamten Einflußbereich vorzunehmen. Der Einflußbereich erstreckt sich über mehrere Kilometer und beinhaltet bei Stadt- und Straßenbahnen häufig das gesamte Stadtgebiet.

Aus Abb. 15-1 kann abgeleitet werden, daß folgende Kenngrößen die Höhe des Streustromes, der z. B. in eine Stahlrohrleitung übertritt, bestimmen:

– Widerstandsbelag der Fahrschienen,
– Länge des Rückleitungsabschnittes,
– mittlerer Betriebsstrom in den Fahrschienen,
– Ableitungsbelag Fahrschienen/Rohrleitung,
– Widerstandsbelag der Rohrleitung.

Aus dem Widerstandsbelag der Fahrschienen, der Länge des Rückleitungsabschnittes und dem mittleren Betriebsstrom ergibt sich der Schienen-Längsspannungsabfall, der um so größer ist, je größer diese Kenngrößen sind. Der Schienen-Längsspannungsabfall steht über die Schienenbettung und damit über dem Ableitungsbelag der Fahrschienen auch am Erdboden an. Es entstehen Schienen/Boden-Potentialänderungen, die wiederum die treibenden Spannungen für die aus den Fahrschienen entweichenden Streuströme sind. In Abhängigkeit von der geometrischen Lage der Rohrleitung zu den Fahrschienen und deren spezifischem Umhüllungswiderstand tritt ein Teil des Streustromes in die Rohrleitung über. Faßt man den Ableitungsbelag der Fahrschienen, die geometrische Lage der Rohrleitung zu den Fahrschienen und den spezifischen Umhüllungswiderstand der Rohrleitung zu der bereits oben erwähnten Kenngröße „Ableitungsbelag Fahrschienen/Rohrleitung" zusammen, so folgt, daß der Streustromübertritt in die Rohrleitung um so größer ist, je größer der Ableitungsbelag Fahrschienen/Rohrleitung wird. Die Höhe des gesamten in der Rohrleitung fließenden Streustromes wird durch den Längswiderstand der Rohrleitung begrenzt, d.h., daß der Gesamtstreustrom um so größer wird je kleiner der Widerstandsbelag der Rohrleitung ist.

Verläuft eine Rohrleitung über mehrere Kilometer parallel zu einer Gleichstrombahn, so kann der Einflußbereich eines einzelnen Rückleitungsabschnittes aus der charakteristischen Länge des Systems Fahrschienen/Erdboden abgeschätzt werden. Die charakteristische Länge dieses Systems wird ähnlich Gl. (15-2) wie folgt berechnet:

$$L_c = \frac{1}{\sqrt{R'_S \, G'_S}} \qquad\qquad (15\text{-}9)$$

mit

$L_c$    charakteristische Länge des Systems Fahrschienen/Erdboden,
$R'_S$    Widerstandsbelag der Fahrschienen,
$G'_S$    Ableitungsbelag Fahrschienen/Erdboden.

Praktische Erfahrungen zeigen, daß sich der Einflußbereich in Längsrichtung der Bahntrasse aus der dreifachen charakteristischen Länge ergibt. In dieser Entfernung hat sich die den Streustrom verursachende Schienen/Boden-Potentialänderung auf 5% des Ausgangswertes verringert. Betrachtet man z. B. eine zweigleisige Straßenbahnstrecke mit $R'_S = 7$ mΩ km$^{-1}$, deren Fahrschienen in der Straßendecke verlegt sind (geschlossene Bettung) und einen Ableitungsbelag Fahrschienen/Erdboden von $G'_S = 5$ S km$^{-1}$ aufweisen, so errechnet sich die charakteristische Länge zu 5,35 km und der Einflußbereich in Längsrichtung der Bahntrasse zu 16 km. Hinsichtlich der Stromversorgung von Stadt- und Straßenbahnstrecken ist anzumerken, daß die Unterwerksabstände in der Regel kleiner sind als 4 km, so daß die Länge der Rückleitungsabschnitte unterhalb von 2 km liegen. Da der Einflußbereich eines einzelnen Rückleitungsabschnittes aber wesentlich größer ist, folgt hieraus, daß der Fahrbetrieb in den angrenzenden Rückleitungsabschnitten ebenfalls einen Einfluß auf die Streustromsituation hat und somit das gesamte Stadt- bzw. Straßenbahnnetz zu betrachten ist.

Wie bereits oben erwähnt, sind parallel zu den Objekt/Boden-Potentialmessungen der Schienen-Spannungstrichter und das Schienen/Boden-Potential bzw. die Spannung zwischen den Fahrschienen und dem jeweiligen Objekt aufzuzeichnen. Das Schienen/Boden-Potential oder die Spannung zwischen den Fahrschienen und beispielsweise einer Rohrleitung erlauben allerdings keine Aussage über eine mögliche Streustrombeeinflussung. Wird z. B. eine Strecke mit einem hohen Ableitungsbelag betrachtet, so entweicht ein großer Teil des Betriebsstromes in den Erdboden. Der Schienen-Längsspannungsabfall wird aufgrund des „parallelgeschalteten" Erdbodens kleiner, so daß auch die Schienen/Boden-Potentialänderungen entsprechend kleiner werden, obwohl der in den Erdboden übertretende Streustrom groß ist. Bei einer gleich langen Strecke mit gleicher Streckenbelastung aber einer hochohmigen Gleisverlegung ist die Stromentweichung in den Erdboden und damit die mögliche Streustrombeeinflussung wesentlich kleiner. Da der durch den Erdboden fließende Teil des Betriebsstromes geringer ist, hat dieses einen höheren Schienen-Längsspannungsabfall und somit eine höhere Schienen/Boden-Potentialänderung zur Folge. Das Schienen/Boden-Potential sowie die Spannung zwischen den Fahrschienen und dem betrachteten Objekt dienen lediglich dazu, nachzuweisen, daß die Objekt/Boden-Potentialänderungen durch den Bahnbetrieb verursacht werden, wobei mittels Korrelationsrechnung eine Aussage über die Langzeitbeeinflussung getroffen werden kann.

Dagegen ist der Schienen-Spannungstrichter, gemessen zwischen einer in einem Abstand von 1 m von den Fahrschienen auf den Erdboden aufgesetzten und einer entfernten Bezugselektrode, direkt proportional zur möglichen Streustrombeeinflussung anderer erdverlegter Installationen. Die an verschiedenen Stadt- und Straßenbahnstrecken vorgenommenen Messungen zeigen, daß der durch den Fahrbetrieb verursachte Schienen-Spannungstrichter in einem Abstand von > 20 m querab von den Fahrschienen in der Regel so niedrig ist, daß er unter normalen Betriebsverhältnissen vernachlässigt werden kann. Installationen, die also in einem größeren Abstand als 20 m parallel zu den Fahrschienen verlaufen, werden dann nicht nachteilig beeinflußt. In vielen Fällen werden jedoch von einzelnen Betreibern erdverlegter Anlagen Streustromableitungen installiert ohne die anderen Anlagenbetreiber in diese Schutzmaßnahme einzubeziehen. Dadurch wird das Schienen/Boden-Potential in den gemeinsamen Rohrgraben verschleppt, so daß die nicht geschützten Anlagen erst recht gefährdet werden. In solchen Fällen sind auch in einem größeren Abstand als 20 m querab von den Fahr-schienen nachteilige Beeinflussungen möglich. Dies ist auch der Grund dafür, daß Streu-stromuntersuchungen von allen Beteiligten gemeinsam durchgeführt werden sollten. Bei gleichstrombetriebenen Fernbahnen sind die betriebsmäßig erzeugten Schienen/Bo-den-Potentialänderungen aufgrund der längeren Unterwerksabstände wesentlich größer als bei Stadt- und Straßenbahnen. Dadurch sind die Schienen-Spannungstrichter eben-falls größer, so daß nachteilige Beeinflussungen an anderen erdverlegten Installationen auch in Abständen von > 20 m querab von den Fahrschienen auftreten können.

Die Objekt/Boden-Potential- und Schienen-Spannungstrichtermessungen sind an mehreren Stellen zeitgleich vorzunehmen, so daß Aussagen über Stromein- und Strom-austrittsgebiete getroffen werden können. Da diese Größen starken zeitlichen Schwan-kungen unterliegen, ist die Beurteilung ohne den Einsatz moderner Meßtechnik wie z. B. von Datenloggern kaum möglich. Bei der Beurteilung der Streustrombeeinflus-sung an den im Erdboden verlegten Installationen wird laut [1] die Abweichung des zeitlichen Mittelwertes des Objekt/Boden-Potentials zum Potential in der streustrom-freien Zeit zugrundegelegt, d. h., daß die Messungen über einen Zeitraum von 24 Stun-den vorgenommen werden müssen. Bei nicht kathodisch geschützten Anlagen ist mit einer nachteiligen Beeinflussung zu rechnen, wenn die Potentialänderung im zeitlichen Mittel positiver als 100 mV ist. Bei kathodisch geschützten Anlagen ist dies der Fall, wenn der zeitliche Mittelwert des Objekt/Boden-Potentials positiver als das Schutzpo-tential ist. Da die Registrierung des Objekt/Boden-Potentials über 24 Stunden aufgrund der örtlichen Gegebenheiten oft nicht möglich ist, kann eine Beurteilung der Streu-strombeeinflussung auch anhand der Streustromaktivität erfolgen. Hierbei wird der Ef-fektivwert der Änderung der Rohr/Boden-Potentiale über einen Zeitraum, der dem Viel-fachen des Fahrplantaktes entspricht, bewertet. Die Streustromaktivität ist gleich der Standardabweichung aller Meßwerte und entspricht der maximal möglichen Beein-flussung, vorausgesetzt, daß die Meßrate $\geqq$ 1 Messung je Sekunde beträgt und sich die Polarität des Schienen/Boden-Potentials bzw. der Spannung zwischen den Fahrschie-nen und dem betrachteten Objekt während der Meßzeit mehrfach ändert. Bei Stadt- und Straßenbahnstrecken ist normalerweise ein Zeitraum von 30 Minuten für diese Beur-teilung ausreichend. Ist die Streustromaktivität kleiner als 100 mV, so liegt eine un-zulässige Streustrombeeinflussung nicht vor. Ergibt die Streustromaktivität dagegen ei-nen Wert von > 100 mV, so können nachteilige Beeinflussungen nicht mit Sicherheit ausgeschlossen werden, so daß dann die Messungen entsprechend [1] über 24 Stunden durchgeführt werden müssen. Sollte dies aufgrund der örtlichen Gegebenheiten nicht möglich sein, so kann statt dessen die Spannung zwischen den Fahrschienen und dem Objekt oder das Schienen/Boden-Potential über 24 Stunden aufgezeichnet werden, wenn zuvor durch Prüfung auf Korrelation der mathematische Zusammenhang zwischen dem Objekt/Boden-Potential und z. B. der Spannung Fahrschienen/Objekt ermittelt wurde. Abb. 15-4 zeigt als Beispiel die zeitlichen Verläufe des Rohr/Boden-Potentials einer Gasleitung und der Spannung Fahrschienen/Rohrleitung, die über einen Zeitraum von 30 Minuten synchron aufgezeichnet wurden. Nach Abb. 15-5 gibt es einen eindeutigen Zusammenhang zwischen dem Rohr/Boden-Potential und der Spannung Fahrschie-nen/Rohrleitung. Die Steigung der Regressionsgeraden beträgt in dem hier betrachte-ten Beispiel −0,047, d. h., daß sich das Rohr/Boden-Potential um 47 mV in anodischer Richtung verschiebt, wenn die Spannung Fahrschienen/Rohrleitung um 1 V negativer

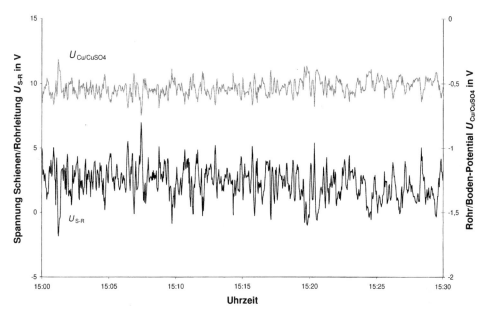

**Abb. 15-4.** Potentialverlauf (oben) und Spannungsverlauf (unten) bei Streustrombeeinflussung durch Gleichstrombahnen.

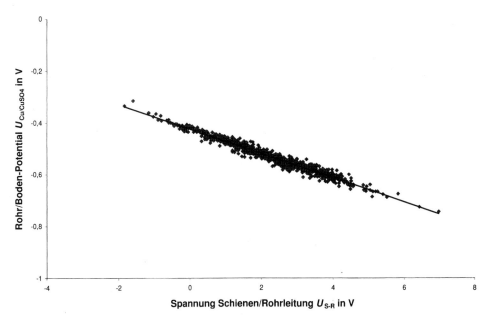

**Abb. 15-5.** Zusammenhang zwischen dem Rohr/Boden-Potential und der Spannung Fahrschienen/Rohrleitung (Regressionsgerade: $U_{Cu/CuSO_4} = -0{,}047 U_{S-R} - 0{,}42$ V).

wird. Eine Korrelation dieser Art kann bereits nach kurzer Registrierzeit (z. B. 5 min) erkannt werden.

Aus dem zeitlichen Verlauf der Spannung Fahrschienen/Rohrleitung und dem mathematischen Zusammenhang können das Rohr/Boden-Potential in der streustromarmen Zeit, der Tagesmittelwert und die Streustromaktivität berechnet werden. Kann das Rohr/Boden-Potential direkt aufgezeichnet werden, so lassen sich diese Werte auch aus der entsprechenden Registrierung ermitteln. Aus diesen Werten wird die streustrombedingte Potentialverschiebung in anodischer Richtung bestimmt:

$$U_v = 0{,}5 \, (-U_r + U_m + U_s) \, . \tag{15-10}$$

Hierin bedeuten:

$U_v$    streustrombedingte Potentialverschiebung in anodischer Richtung,
$U_r$    Rohr/Boden-Potential ohne Streustrombeeinflussung,
$U_m$    Tagesmittelwert des Rohr/Boden-Potentials,
$U_s$    Streustromaktivität (Standardabweichung der Rohr/Boden-Potentiale).

Bei der Berechnung nach Gl. (15-10) ist darauf zu achten, daß $U_s \gtreqqless (-U_r + U_m)$ ist. Sollte dies nicht der Fall sein, so muß zusätzlich mit einer Streustrombeeinflussung gerechnet werden, deren Ursache nicht der Bahnbetrieb ist. Ergibt die Berechnung von $U_v$ einen Wert von kleiner als 100 mV, liegt keine unzulässige Beeinflussung vor, obwohl einzelne Extremwerte wesentlich positiver sein können als $U_r$. Ist $U_v$ dagegen größer als 100 mV, sind weitere Maßnahmen zur Verringerung der Streustromkorrosion zu treffen.

Besonders zu erwähnen ist, daß auch während der Betriebsruhe konstante Streuströme auftreten können. Dieses ist unter Umständen in der Nähe von Betriebshöfen während der kalten Jahreszeit der Fall, wenn die Fahrzeuge mit eingeschalteter Heizung abgestellt werden. Hier besteht aber die Möglichkeit, das betreffende Unterwerk für kurze Zeit abzuschalten.

Bei Verbindung des negativen Poles mit den Fahrschienen treten nachteilige Beeinflussungen an erdverlegten Installationen in der Nähe der Unterwerke auf. Bei Stadt- und Straßenbahnen sollten daher im Umkreis von 300 bis 500 m von den Rückleiteranschlußpunkten Objekt/Boden-Potentialmessungen durchgeführt werden. Sind die Fahrschienen auf einem eigenen Bahnkörper im Schotterbett verlegt, sollten die Potentialmessungen auch an den Straßenkreuzungen vorgenommen werden, da dort die Fahrschienen in der Straßendecke verlegt sind und oft einen entsprechend höheren Ableitungsbelag haben. Ist der positive Pol der Fahrstromversorgung an die Fahrschienen angeschlossen, sind Potentialmessungen insbesondere in der Mitte zwischen zwei Unterwerken durchzuführen. Ergeben die meßtechnischen Untersuchungen unzulässig hohe Potentialverschiebungen in anodischer Richtung ($U_v > 100$ mV), ist zunächst die Ursache hierfür zu klären. Neben ungewollten Verbindungen zwischen den Fahrschienen und Bauwerken wie Brücken oder Betonbalken von Rasengleisen, können auch defekte Spannungssicherungen der Grund für eine erhöhte Streustrombeeinflussung sein. Ist die Ursache ein hoher Ableitungsbelag Fahrschienen/Erdboden sind für die betroffenen Installationen entsprechende Schutzanlagen erforderlich.

## 15.5.2 Arbeitsweise von Streustrom-Schutzmaßnahmen

Als Voraussetzung für eine Streustrom-Schutzmaßnahme gelten die gleichen Bedingungen wie für den kathodischen Schutz, vgl. Abschn. 10.1. Die zu schützenden Installationen müssen in Längsrichtung metallenleitend durchverbunden sein. Einzelne isolierende Muffen, z. B. Bleistemm- oder Gummi-Schraub-Muffen müssen überbrückt werden. Die zu schützenden Anlagen dürfen keine metallenleitende Verbindung zu den Fahrschienen haben, wie dies an Brücken möglich sein kann. Tabelle 15-2 gibt eine Übersicht über die verschiedenen Streustrom-Schutzmaßnahmen.

Durch eine Streustromableitung (*Drainage*) soll ein Austritt des Streustromes aus der beeinflußten Installation in den Erdboden verhindert bzw. soweit verringert werden, daß die Potentialverschiebung unterhalb der in [1] genannten Grenzen liegt. Unmittelbare bzw. direkte Streustromableitungen sind Kabelverbindungen zu ständig negativen Bereichen der streustromerzeugenden Anlage. Falls erforderlich, wird zur Strombegrenzung in die Kabelverbindung ein Widerstand geschaltet. Da bei Stadt- und Straßenbahnen der Fahrbetrieb in den benachbarten Rückleitungsabschnitten ebenfalls

**Tabelle 15-2.** Arten von Streustrom-Schutzmaßnahmen.

| Bezeichnung | Maßnahme | Anwendungsbereich |
|---|---|---|
| Unmittelbare bzw. direkte Streustromableitung | Direkte Kabelverbindung zwischen Schutzobjekt und Fahrschienen oder Verbindung über Widerstand | Nur bei Schienen/Boden-Potentialänderungen in negativer Richtung |
| Gerichtete Streustrom-ableitung | Anschluß des Schutzobjektes über Diode oder gesteuertes Relais an die Fahrschienen | Bei Schienen/Boden-Potentialänderungen wechselnder Polarität |
| Streustromabsaugung | Anschluß des Schutzobjektes über eine Gleichspannungs-quelle an die Fahrschienen | Bei Schienen/Boden-Potentialänderungen wechselnder Polarität und sehr hohem Ableitungsbelag der Fahrschienen, wenn gleichzeitig kathodischer Schutz erforderlich ist |
| Potentialregelnde Streustromabsaugung | Anschluß des Schutzobjektes über eine potentialregelnde Schutzanlage an die Fahr-schienen | Bei starken Schienen/-Boden-Potentialänderungen und sehr hohem Ableitungsbelag der Fahr-schienen, wenn gleichzeitig kathodischer Schutz erfor-derlich ist |
| Fremdstromschutzanlage oder potentialregelnde Schutzanlage | Schutzstromeinspeisung über eine separate Anodenanlage | Bei Schienenverlegung in offener Bettung bzw. isolierender Verlegung in der der Straßendecke, wenn gleichzeitig kathodischer Schutz erforderlich ist |

einen Einfluß auf die Schienen/Boden-Potentialänderungen hat, treten im gesamten Schienennetz Schienen/Boden-Potentiale beider Polaritäten auf. Bei Schienen/Boden-Potentialänderungen in positiver Richtung wird über die direkte Kabelverbindung ein Strom in die betreffenden Installationen eingeleitet, so daß dann an anderen Orten nachteilige Streustrombeeinflussungen möglich sind. Daher sollten unmittelbare Streustromableitungen nicht mehr eingesetzt werden.

Bei gerichteten Streustromableitungen wird in die Kabelverbindung eine Diode oder ein gesteuertes Relais geschaltet, so daß eine Stromumkehr vermieden wird. Bei relativ kleinen Schienen/Boden-Potentialänderungen und einem hohen Ableitungsbelag der Fahrschienen kann aufgrund der Schleusenspannung von Dioden nicht in allen Fällen eine ausreichende Verringerung der nachteiligen Streustrombeeinflussung erzielt werden. Tritt die größte nachteilige Beeinflussung im Bereich der Rückleiteranschlußpunkte auf, so kann die gerichtete Streustromableitung zur Minussammelschiene des Unterwerkes erfolgen. Das Potential der Minussammelschiene ist um den Betrag des Spannungsabfalles an den Rückleiterkabeln negativer als das der Fahrschienen. Ein vollständiger kathodischer Korrosionsschutz kann jedoch durch eine gerichtete Streustromableitung nicht erzielt werden.

Durch Zwischenschalten einer Gleichspannungsquelle in die Verbindung von der zu schützenden Installation zu den Fahrschienen wird auch im Bereich der größten Beeinflussung ein Stromeintritt erzielt und der Streustrom abgesaugt. Eine Streustromabsaugung (*Soutirage*) ist zweckmäßig, wenn die Fahrschienen über längere Strecken einen sehr hohen Ableitungsbelag aufweisen und die beeinflußte Installation kathodisch geschützt werden soll. Bei sehr starken Schienen/Boden-Potentialänderungen treten allerdings entsprechend große Objekt/Boden-Potentialschwankungen auf. Durch Einsatz einer potentialregelnden Streustromabsaugung (vgl. Abb. 8-5 mit Plus-Pol an Schiene) werden das Potential am Standort der Dauerbezugselektrode konstant gehalten und die Potentialschwankungen in den benachbarten Abschnitten verringert.

Sind die Fahrschienen über längere Strecken in offener Bettung oder isolierend in der Straßendecke verlegt und weisen somit einen relativ niedrigen Ableitungsbelag auf, sind Streustromabsaugungen unzweckmäßig. Der kathodische Außenkorrosionsschutz kann dann ohne weiteres durch eine Fremdstromschutzanlage bzw. durch eine potentialregelnde Schutzanlage (vgl. Abb. 8-5 mit Plus-Pol an der Anode) erzielt werden. Der erforderlich Schutzstrom wird hierbei über eine Anodenanlage oder Tiefenanoden in den Erdboden eingespeist.

Kapitel 8 enthält weitere Angaben zu den Ausführungen von Schutzstromgeräten und ihre Anwendungsbereiche.

### 15.5.3 Auswahl und Auslegung von Streustrom-Schutzanlagen

Aus technischer Sicht ist der sinnvollste Standort einer Streustrom-Schutzanlage dort, wo die Potentialverschiebung in anodischer Richtung am größten ist. Dieses kann z. B. bei Anschluß des negativen Poles der Fahrstromversorgung an die Fahrschienen eine Straßenkreuzung sein, die 200 m von dem speisenden Unterwerk entfernt ist, weil die Fahrschienen im Kreuzungsbereich einen höheren Ableitungsbelag aufweisen. Auch wenn die betroffenen Installationen direkt an dem speisenden Unterwerk vorbeiführen, ist die Straßenkreuzung der bessere Standort.

Die Entscheidung, welche Art von Schutzanlage erforderlich ist, hängt von der beeinflußten Installation und der Höhe der Beeinflussung ab. Handelt es sich um eine einzelne Rohrleitung, die kathodisch geschützt wird, so sollte an dem Ort der größten Beeinflussung eine Fremdstromschutzanlage installiert werden, wobei die Anodenanlage gegebenenfalls als Tiefenanode (vgl. Abschn. 9.1.3) ausgeführt werden muß. Die Schutzstromabgabe sollte so einreguliert werden, daß die Differenz zwischen dem Aus- und dem Einschaltpotential um den Betrag der Streustromaktivität, vgl. Abschn. 15.5.1, größer ist als ohne Streustrombeeinflussung. Bei der Dimensionierung des Schutzstromgerätes und der Anodenanlage ist dieses zu beachten. Ist unter Berücksichtigung der Streustromaktivität die erforderliche Schutzstromabgabe so groß, daß andere Installationen nachteilig beeinflußt werden, sollte die Stromeinspeisung durch eine potentialregelnde Schutzanlage erfolgen. Daher ist es sinnvoll, die erforderliche Schutzanlage aus den Ergebnissen eines Einspeiseversuches zu dimensionieren.

Die Verwendung der Fahrschienen als Anode, d.h., die Installation einer Streustromabsaugung, ist nur dann zweckmäßig, wenn die Fahrschienen über längere Strecken einen sehr hohen Ableitungsbelag aufweisen. Sind dagegen die Fahrschienen mit wechselnden Oberbauformen oder isolierend verlegt worden, so fließt der eingespeiste Schutzstrom über längere Schienenstrecken bis er in den Erdboden übertreten kann. Der in den Fahrschienen fließende Betriebsstrom verursacht sich ständig ändernde Schienen-Längsspannungsabfälle, die sich als Gegenspannung in den Schutzstromkreis einkoppeln. Dadurch ändert sich die Stromabgabe der Streustromabsaugung, wodurch die Potentialschwankungen bei eingeschalteter Schutzanlage noch größer werden können als bei ausgeschalteter Anlage. Das gleiche kann auch dann auftreten, wenn eine Streustrom-Schutzmaßnahme nicht am Ort der größten Beeinflussung getroffen wird.

Werden mehrere Installationen wie Rohrleitungen und Kabel nachteilig beeinflußt und verlaufen diese in einem gemeinsamen Rohrgraben oder liegen im gegenseitigen Spannungstrichter, ist es zweckmäßig, die Streuströme von diesen Installationen über gerichtete Streustromableitungen zu den Fahrschienen zurückzuführen. Zu diesem Zweck sollte, wenn der Minuspol der Fahrstromversorgung mit den Fahrschienen verbunden ist, in Unterwerksnähe und, wenn der Pluspol an die Fahrschienen angeschlossen wurde, im Bereich der Stromscheide ein Drainageschrank errichtet werden, in dem von allen beeinflußten Installationen Anschlußkabel ausreichenden Querschnitts, z.B. $4 \times 16$ mm$^2$ Cu NYY-0, eingeführt und auf Reihentrennklemmen mit 4-mm-Meßbuchse geschaltet werden. Eine Ader sollte als Potentialmeßader und die anderen für die Streustromableitung verwendet werden. Weiterhin ist von den Fahrschienen bzw. von der Minussammelschiene des Unterwerkes ein Kabel in den Drainageschrank einzuführen und auf eine separate Sammelschiene zu schalten. Der Querschnitt dieses Kabels richtet sich nach dessen Länge und beträgt in der Praxis 120 mm$^2$ Cu bzw. 240 mm$^2$ Cu. Die einzelnen Installationen werden jeweils über eine Diode oder ein gesteuertes Relais und einen Shunt an die mit den Fahrschienen verbundene Sammelschiene angeschlossen, siehe Abb. 15-6.

Durch den Anschluß der einzelnen Installationen über getrennte Dioden wird ein Ausgleichsstrom zwischen den Installationen verhindert. Um die von den einzelnen Installationen abgeleiteten Streuströme zu begrenzen, können in die Anschlußkabel Widerstände geschaltet werden. Bei Verwendung von vieradrigen Kabeln, wie oben beschrieben, kann eine gewisse Regulierung des Stromes aber auch durch das Parallel-

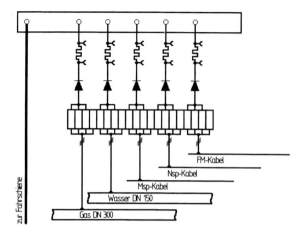

**Abb. 15-6.** Gerichtete Streustromableitung im Stadtgebiet.

schalten mehrerer Adern eines Anschlußkabels erfolgen. Die zu den Fahrschienen abgeleiteten Streuströme sind in etwa so einzustellen, daß die Potentialverschiebungen in positiver Richtung kleiner werden als die in [1] genannten Grenzwerte. Die Ableitung größerer Streuströme ist nicht sinnvoll, da jede Streustromableitung den aus den Fahrschienen in den Erdboden übertretenden Strom vergrößert und dadurch die Korrosionswahrscheinlichkeit an den Fahrschienen und bahneigenen Anlagen zunimmt.

Die beschriebenen Schutzmaßnahmen sind zunächst an dem Ort, an dem die größte Beeinflussung nachgewiesen wurde, einzurichten. Danach ist durch weitere Messungen zu prüfen, inwieweit sich die Streustrombeeinflussungen an den anderen Orten innerhalb des Stadtgebietes verändert haben und ob dort ebenfalls Schutzmaßnahmen getroffen werden müssen.

## 15.6 Streustrom-Schutzmaßnahmen in Hafenanlagen und auf Werften

In Hafenanlagen werden gelegentlich noch zentrale Gleichstrom-Versorgungseinrichtungen genutzt, wie z.B. fahrbare Gleichstrom-Kräne, Gleichstrom-Versorgungsanlagen für Bordnetze von liegenden Schiffen. In [1] werden Vorschläge zur Vermeidung von Streuströmen angeführt, wobei im wesentlichen getrennte Gleichstrom-Versorgungseinrichtungen genannt werden. An Wechselstrom-Verteilungsnetzen, bei denen das nachgeschaltete Gleichstromnetz nur an einer Stelle geerdet ist, besteht nicht die Möglichkeit, daß Gleichströme als Streuströme auftreten.

Erhebliche Streuströme können allerdings mit Gleichstrom betriebene Krananlagen verursachen, die zum Be- und Entladen von Schiffen dienen und die Schienen zur Rückleitung des Gleichstromes benutzen. Die Schienen verlaufen parallel zu Hafenbecken, Kaimauern aus stahlarmiertem Beton oder Spundwänden aus Metall. Diese können einen großen Teil des Streustromes aufnehmen und wegen ihres geringen Längswiderstandes weiterleiten. Eine merkbare Streustrom-Beeinflussung von Schiffen dürfte allerdings nur in Ausnahmefällen zu erwarten sein. Dagegen sind oft Rohrleitungen und Kabel auf der Landseite stark korrosionsgefährdet. Hier sollten zum Schutz der gefährdeten Anlagen Streustrom-Ableitungen oder Streustrom-Absaugungen eingerichtet werden.

Schweißanlagen für das Schweißen an im Wasser liegenden Schiffen müssen an Bord des Schiffes installiert werden. Sind die Anlagen auf der Kaimauer aufgebaut, müssen die Ströme über ein Kabel zurückgeführt werden. Nahezu unabhängig vom Querschnitt dieses Kabels wird immer ein Teil des Stromes durch das Wasser fließen und Korrosion an der Außenhaut des Schiffes fördern. Abhilfemaßnahmen durch das Aushängen von Zinkplatten oder Fremdstrom-Schutzanlagen sind nur sehr eingeschränkt wirksam.

## 15.7 Literatur

[1] DIN VDE 0150, Beuth-Verlag, Berlin 1983.
[2] AfK-Empfehlung Nr. 7, WVGW-Verlag, Bonn 1974.
[3] DIN VDE 0100-410, Beuth-Verlag, Berlin 1997.
[4] EN 50122-2 (DIN VDE 0115-4), Beuth-Verlag, Berlin 1999.
[5] VDV-Schriften 501/1 bis 501/3, Verband Deutscher Verkehrsunternehmen, Köln 1993 und 1995.
[6] W. J. Mitchel, NACE conference, paper Nr. 31, Toronto 1981.
[7] A. L. Smart, IEEE Transactions on Industry Applications. Vol. *IA-18*, Nr. 5, 557 (1982).
[8] W. v. Baeckmann, gwf gas/erdgas *123*, 530 (1982).
[9] H. Brasse u. A. Junge, gwf gas/erdgas *125*, 194 (1984).
[10] AfK-Empfehlung Nr. 4, WVGW-Verlag, Bonn 1996.

# 16 Seebauwerke und Offshore-Rohrleitungen

B. RICHTER und D. ENGEL

Der kathodische Schutz von Seebauwerken – das sind *Bohr-* und *Produktionsplatt-formen, Spundwände, Schleusen* und sonstige *Hafenanlagen* – wird heute zunehmend angewendet und ist bei seeverlegten Rohrleitungen immer vorgeschrieben. Im Unterwasserbereich haben Beschichtungen, siehe Abschn. 5.1.1, nur eine begrenzte Lebensdauer; allgemein können Beschichtungen bei den genannten feststehenden Anlagen nicht ausgebessert werden. Daher wird vielfach – im Offshorebereich fast ausschließlich – auf eine Beschichtung verzichtet. Für die Auslegung des kathodischen Korrosionsschutzes gibt es inzwischen ein Regelwerk, das auf umfangreiche Untersuchungen aufbaut [1–3].

In der Wasserwechsel- und Spritzwasserzone – im folgenden *Splash-Zone* genannt – wirkt der kathodische Schutz nicht oder nur sehr eingeschränkt. Dort sind daher wirksame Dickbeschichtungen oder Verkleidungen mit beständigen Werkstoffen z. B. auf NiCu-Basis erforderlich, die eine erhöhte Korrosionsgefahr in diesem Bereich verhindern [4]. Die Beschichtungen werden mechanisch stark beansprucht und müssen so beschaffen sein, daß eine Ausbesserung auch bei Spritzwasserbelastung möglich ist. Ihre Beständigkeit gegen kathodische Polarisation (vgl. Abschn. 5.2.1, 17.2), Bewuchs, UV-Strahlen und Meerwasser muß gegeben sein [4, 5].

Im Gegensatz zu den Rohrleitungen und Hafenanlagen werden Plattformen dynamisch beansprucht. Daher muß bei der Auswahl der Stähle neben der Festigkeit und den Verarbeitungsmöglichkeiten auf die Gefahr der Schwingungsrißkorrosion und dehnungsinduzierten Spannungsrißkorrosion in Verbindung mit dem kathodischen Schutz geachtet werden, vgl. Abschn. 2.3.3 bis 2.3.6.

## 16.1 Kathodische Korrosionsschutzverfahren

Für die hier betrachteten Bauwerke werden der Schutz mit Fremdstrom, mit galvanischen Anoden und die Kombination beider Verfahren verwendet. Die Eigenschaften sowie Vor- und Nachteile sind in der Tabelle 16-1 zusammengefaßt. Für jedes Bauwerk müssen im Einzelfall die Schutzmaßnahmen optimiert werden. Beim Fremdstromschutz von Plattformen z. B. wird der sehr schwierigen Wartungs- und Reparaturmöglichkeit die größte Bedeutung beigemessen, während an Hafenanlagen diese Probleme gelöst werden können. Der kathodische Schutz erfordert immer eine genaue Kenntnis der Eigenschaft des Korrosionsmediums.

**Tabelle 16-1.** Vergleich der kathodischen Schutzsysteme für Seebauwerke.

| Beurteilte Eigenschaft | Galvanische Anoden | Fremdstrom |
|---|---|---|
| Wartung | praktisch nicht | ja |
| Installationsaufwand | mittel | hoch |
| Anodenmasse | hoch | gering |
| Anodenanzahl | groß | klein |
| Lebensdauer | begrenzt | hoch |
| Stromabgabe | begrenzt, selbstregulierend | regelbar (manuell oder automatisch) |
| Stromverteilung | wegen vieler Anoden gut | bei wenigen Anoden weniger gut |
| Beeinträchtigung geeigneter Beschichtung in Anodennähe | im allgemeinen keine | ja, besondere Schutz- maßnahme erforderlich |
| Kosten | günstig bei kleinen Objekten | günstig bei großen Objekten |
| übliche Schutzdauer | über 10 Jahre | >20 Jahre |

### 16.1.1 Auslegungskriterien

Bei der Auswahl des Korrosionsschutzsystems und der Auslegung des Schutzstromes gehen viele Parameter ein, die an anderer Stelle beschrieben sind, vgl. Kap. 6 und 17. Insbesondere von neuen Standorten für feststehende Produktionsplattformen ist die Kenntnis von z. B. Wassertemperatur, Sauerstoffgehalt, Leitfähigkeit, Strömungsgeschwindigkeit, chemischer Zusammensetzung, biologischer Aktivität und Sandschliff nützlich. Messungen in den betreffenden Seegebieten müßten sich über einen längeren Zeitraum erstrecken, so daß häufig darauf verzichtet und mit einem erhöhten Sicherheitszuschlag gerechnet wird.

Die Schutzpotentiale für Meerwasser sind in Abschn. 2.4 beschrieben. Für unbeschichtete oder für mit Dickbeschichtungen über 1 mm versehene unlegierte Stähle mit Streckgrenzen bis zu 800 N mm$^{-2}$ gelten für Rohrleitungen und Hafenanlagen keine negativen Grenzpotentiale $U'_s$. Bei dynamisch hochbeanspruchten Seebauwerken sollte der in Tabelle 16-2 aufgeführte Schutzpotentialbereich nach den Regelwerken [1–3] aufgrund der Gefahr der wasserstoffinduzierten Spannungsrißkorrosion eingehalten werden, s. Abschn. 2.3.4.

Das Bezugspotential der Ag/AgCl-Elektrode muß in Brackwasser in Abhängigkeit vom Chloridionen-Gehalt korrigiert werden, d. h. bei Änderungen der Chloridionen-Konzentration um den Faktor 10 verschiebt sich das Bezugspotential um ca. 60 mV in positiver Richtung [6], vgl. Tabelle 3-1. Beim kathodischen Schutz von hochfesten Stählen mit Streckgrenzen von über 800 N mm$^{-2}$ ist das Grenzpotential $U'_s$ um mindestens 0,1 V positiver anzunehmen, eine Betrachtung im Einzelfall wird dadurch nicht ersetzt, vgl. Abschn. 2.3.4. Auch im Unterwasserbereich von Seebauwerken befinden sich maschinenbauliche Komponenten aus nichtrostenden Stählen und Nichteisenmetallen. Diese Bauteile sind in geeigneter Form in den Schutz einzubeziehen, wobei die Schutzpotentialbereiche zu beachten sind, vgl. Abschn. 2.4. Bei einer Mischbauweise

**Tabelle 16-2.** Schutzpotentialbereiche für un- und niedriglegierte Stähle (Streckgrenze bis zu 800 N mm$^{-2}$) für Seebauwerke.

| Bezugselektroden Seebauwerke | $U_{Cu/CuSO_4}$ in V | $U_{Ag/AgCl}$ in Meerwasser in V | $U_{Zn}$ in V |
|---|---|---|---|
| *Meerwasser* | | | |
| Schutzpotential $U_s$ | $-0,85$ | $-0,80$ | $+0,23$ |
| Grenzpotential $U_s'$ | $-1,10$ | $-1,05$ | $0,00$ |
| *Anaerobe Bedingungen* | | | |
| Schutzpotential $U_s$ | $-0,95$ | $-0,90$ | $+0,15$ |
| Grenzpotential $U_s'$ | $-1,10$ | $-1,05$ | $0,00$ |

kann dies durch eine entsprechende Anordnung von galvanischen Anoden berücksichtigt werden.

Bei der Festlegung des erforderlichen Schutzstromes sind die Oberflächen des Schutzobjektes im Wasser und im Meeresboden sowie die von Fremdkonstruktionen, die eine metallenleitende Verbindung mit dem Schutzobjekt haben, getrennt zu berücksichtigen. Die Schutzstromdichten sind anhand von Erfahrungswerten und Messungen für verschiedene Seegebiete in Tabelle 16-3 angegeben. In Ausnahmefällen müssen Messungen am vorgesehenen Aufstellungsort durchgeführt werden. Derartige Untersuchungen geben aber kaum Hinweise auf die langzeitige Entwicklung des Schutzstroms. Bei Verwendung einer geeigneten Beschichtung [4] beträgt die Schutzstromdichte in den ersten Jahren etwa 10% des Wertes nach Tabelle 16-3. Bei einer geplanten Nutzungsdauer von 30 Jahren ist aber etwa 50% dieses Wertes notwendig.

Stahlkonstruktionen und Rohrleitungen müssen mit der Bewehrung von Betonbauwerken metallenleitend verbunden werden oder sind zu isolieren. Für die außenliegende Bewehrung ist im Falle der Verbindung eine Stromdichte von etwa 5 mA m$^{-2}$ anzusetzen, wobei als Fläche die Betonoberfläche anzunehmen ist.

**Tabelle 16-3.** Schutzstromdichte in mA m$^{-2}$ für den kathodischen Schutz von unbeschichtetem Stahl [1–3].

| | Anfangswert | Mittelwert | Endwert |
|---|---|---|---|
| Nordsee (südlich) | 150 | 110 | 120 |
| Nordsee (nördlich) | 180 | 130 | 140 |
| Golf von Mexiko | | 65 | |
| US – West-Küste | | 87 | |
| Cook Inlet | | 440 | |
| Persischer Golf | | 108 | |
| Indonesien | | 65 | |
| Meeresboden | 20 | 20 | 20 |
| Seewasser stark strömend | | 150–200 | |
| Stahl in Beton | | 3–5 | |

Für Bauwerke in Brack-, Hafen- und Süßwasser sind die Bedingungen im Einzelfall zu betrachten und auf Erfahrungswerte anderer Anlagen zurückzugreifen. Da Hafenanlagen normalerweise gut zugängig sind, können notfalls Erweiterungen der kathodischen Schutzanlage vorgenommen werden.

Für den Korrosionsschutz von Seebauwerken wird häufig davon ausgegangen, daß mit zunehmender Wassertiefe die Korrosionsgeschwindigkeit stark abnimmt und der Schutz mit zunehmender Tiefe vernachlässigt werden kann. Untersuchungen im Pazifischen Ozean [7] werden oft für diese Annahme herangezogen. In der Nordsee und in anderen Seegebieten mit Öl- und Gasförderung treffen diese Annahmen nicht zu. Dazu zeigt Abb. 16-1 als Beispiel Messungen in der Nordsee, die erkennen lassen, daß die Strömungsgeschwindigkeit für die Sauerstoffzufuhr und damit für die Höhe der Schutzstromdichte maßgebend ist. Die Strömungsgeschwindigkeit erhöht den Transport des Sauerstoffes an die unbeschichtete Stahloberfläche und bestimmt somit die Korrosionsgeschwindigkeit, vgl. Abschn. 4.1. Den Zusammenhang zwischen Wellenhöhe – als indirekte Funktion der Strömungsgeschwindigkeit – und von Potentialen an der Forschungsplattform *Nordsee*, 80 km nordwestlich von Helgoland, zeigt die Abb. 16-2. Während der relativ kurzen Sturmperiode wurde eine deutliche Verschiebung der Potentiale zu positiveren Werten beobachtet. Die unterschiedlich bewachsenen Plattformbeine konnten getrennt vermessen und der Zusammenhang zwischen dem damit sich verändernden Sauerstoffzutritt und den Potentialen ermittelt werden [9].

Über die geplante Nutzungsdauer derartiger Anlagen von 30 und mehr Jahren spielt der mögliche Einfluß des Bewuchses und von sulfatreduzierenden Bakterien eine bisher nicht ausreichend erforschte Rolle. Der Bewuchs ändert sich im Laufe der Zeit erheblich und kann andere unter Umständen für den Korrosionsschutz auch günstige Bedingungen schaffen. Es bilden sich festhaftende kalkhaltige Schichten, die nicht auf die kathodische Polarisation zurückzuführen sind, sondern Ausscheidungen von tierischem Bewuchs darstellen. Teilweise muß dieser Bewuchs insbesondere an Knotenbereichen für Inspektionszwecke, oder wenn er zu dick wird, entfernt werden. Auf die Gesamt-

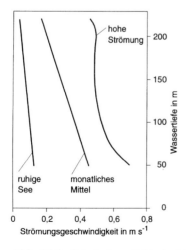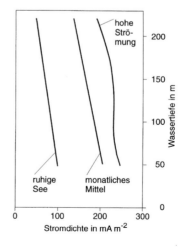

**Abb. 16-1.** Schutzstromdichte in Abhängigkeit von Tiefe und Strömung in der Nordsee [8].

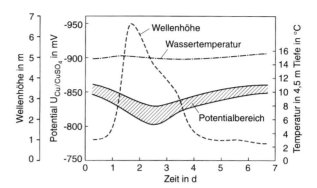

**Abb. 16-2.** Potentialänderung in Abhängigkeit von der Wellenhöhe [9].

fläche bezogen handelt es sich aber nur um kleine Bereiche. Über das Zusammenwirken von Bewuchs, sulfatreduzierenden Bakterien und kathodischem Schutz liegen bisher nur nicht übereinstimmende Annahmen vor. Es ist vor allem unbekannt, ob eine durch sulfatreduzierende Bakterien geförderte Korrosion unter hartem Bewuchs durch kathodischen Schutz hinreichend unterbunden werden kann. An den Außenflächen der Plattformen können die Verhältnisse durch Stichprobenuntersuchungen überprüft werden. In unzugängigen Teilen von Plattformen – z. B. im Innern von Plattformbeinen mit stagnierendem Wasser oder zwischen Rammpfählen und Plattformbeinen – sind Besichtigungen kaum möglich. Bei derart gefährdeten Bereichen ist gegebenenfalls ein aktiver Korrosionsschutz erforderlich.

### 16.1.2 Schutz mit galvanischen Anoden

Zusammensetzung und Treibspannung von galvanischen Anoden sowie Material, Größe und Anwendung werden in Kap. 6 behandelt und sind in den Vorschriften für Offshore-Bauwerke festgelegt [1–3]. Galvanische Anoden werden immer mit den aus der Anode herausragenden Flacheisen angeschweißt oder bei Rohrleitungen über Kabel verbunden. Schraubverbindungen sind auch bei Reparaturen unzulässig. In Meerwasser werden aufgrund der hohen Eigenkorrosion keine Magnesiumanoden, wohl aber Aluminium- und Zinkanoden eingesetzt.

Von allen Anoden für den Offshore- und Hafenbereich sind chemische Analysen und Prüfungen des Strominhaltes in A h kg$^{-1}$ und der Stromabgabe in A vorzunehmen [2, 3]. Von diesen Parametern wird die geometrische Form und die Anzahl der Anoden bestimmt. Aufwendige Berechnungen mit Hilfe von Ausbreitungswiderständen werden nur in Ausnahmefällen durchgeführt, da in der Praxis zu viele Unsicherheiten vorhanden sind und die Anodenanzahl bzw. -masse mit einem entsprechenden Sicherheitszuschlag versehen wird.

### 16.1.3 Schutz mit Fremdstrom

Werkstoffe, Materialabbau und Lebensdauer von Fremdstrom-Anoden werden in Kap. 7 beschrieben. Dieses und Kap. 17 enthalten Angaben über Schutzstrom-Geräte für

Schiffe, die sinngemäß auch für Plattformen gelten. Die Anwendung von Fremdstrom-Anlagen für die hier behandelten Bauwerke erfordert bereits bei der Planung größte Sorgfalt, da spätere Reparaturen häufig nur mit einem unverhältnismäßig hohen Aufwand durchgeführt werden können. Insbesondere die Kabelanbringung im Unterwasserbereich muß so erfolgen, daß mechanische Beschädigungen durch See- und Eisgang und den Schiffsverkehr (Anlegeschäden) weitgehend ausgeschlossen sind. Die Schutzstrom-Geräte sollen möglichst in der Nähe der Anoden angebracht werden; dort sind aber nur selten Aufstellmöglichkeiten. Aus diesen Gründen hat sich der Schutz von Plattformen mit Fremdstrom bisher nicht durchsetzen können.

## 16.2 Plattformen

Produktionsplattformen zur Gewinnung von Erdöl und Gas werden für Standzeiten von mehreren Jahrzehnten konzipiert. Diese Bauwerke – es gibt davon weltweit etwa 6500 – können nur vor Ort mit Hilfe von Tauchern oder mit Tauchhilfsgeräten inspiziert und gewartet werden. Dagegen sind Halbtaucher und Bohreinheiten – davon sind weltweit etwa 650 im Einsatz – ähnlich wie Schiffe zu behandeln (vgl. Kap. 17), da sie beweglich sind und im Dock gewartet und repariert werden können. Die Dockintervalle dieser Anlagen betragen normalerweise etwa 5 Jahre, was bei der Auslegung berücksichtigt werden muß. Von den galvanischen Anoden kommen aus Gewichtsgründen fast ausschließlich Aluminiumanoden in Frage; für Fremdstrom-Anlagen werden Mischoxide und Titan- oder Niobanoden mit Platinauflage eingesetzt, vgl. Abschn. 7.2.2. Bei der Auslegung muß besonders das negative Grenzpotential $U_s'$ für den vorliegenden Stahl beachtet werden, da für Hubbeine oder Schwimmkörper in zunehmendem Maße höherfeste Stähle mit Streckgrenzen über 800 N mm$^{-2}$ verwendet werden, vgl. Abschn. 16.1.1.

### 16.2.1  Stahlbauwerke

Produktionsplattformen werden nur in Ausnahmefällen oder für Versuchszwecke beschichtet, da die Einsatzdauer die Lebensdauer der Beschichtung übersteigt. Bei der Auslegung des kathodischen Schutzes braucht daher nur das Schutzpotential $U_s$ für den Stahl berücksichtigt werden. Für diese Bauwerke kommen Stähle mit einer Zugfestigkeit bis zu 350 N mm$^{-2}$ zum Einsatz, die auch bei größeren Dicken noch gut schweißbar sind und bei denen die Maximalhärte in der Schweißnaht von 350 HV noch eingehalten werden kann, vgl. Abschn. 2.3.4 [2, 10]. Bei gleicher Schutzwirkung und Lebensdauer haben Aluminiumanoden eine wesentlich geringere Masse als Zinkanoden. Dies wirkt sich bei den hier zu schützenden unbeschichteten Flächen gravierend aus. An Plattformen für größere Wassertiefen sind teilweise mehrere 1000 t Aluminiumanoden angebracht, was sich bei der Konstruktion und dem Transport zum Aufstellungsort erheblich auswirken kann.

Die Anodenhalterungen werden auf der Werft auf Dopplungen aufgeschweißt. Die Anoden sind mit einem Mindestabstand von 30 cm vom Bauwerk zu installieren [1–3], um eine möglichst gleichmäßige Stromverteilung zu erreichen. Auch bei diesem Abstand tritt noch eine ungleichmäßige Potentialverteilung auf.

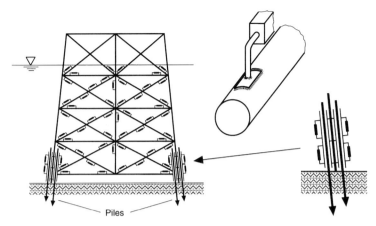

**Abb. 16-3.** Anordnung von galvanischen Anoden an Plattformen.

Die Knotenbereiche der Plattformen bedürfen einer besonderen Beachtung des Korrosionsschutzes, daher werden die galvanischen Anoden auch immer in deren Nähe angebracht, wie es in Abb. 16-3 dargestellt ist. Der Abstand muß allerdings so groß sein, daß sich die Schweißnähte der Knoten nicht im Bereich der Dopplungen befinden. Der Berechnungsaufwand für die optimale Verteilung bei geringster Anodenmasse ist erheblich und hat dazu geführt, daß Software-Programme eingesetzt werden, mit denen die Anodenmasse berechnet und die Anodenverteilung optimiert werden kann.

Die Produktionsplattformen verfügen über eine größere Anzahl von Förderrohren bzw. Anschlüssen von Fernleitungen, den *Risern*. Der Korrosionsschutz dieser Anlagen ist besonders sicher auszuführen, da bei einem Schaden Gas bzw. Öl austreten und zu erheblicher Gefährdung von Mensch und Umwelt führen kann. Diese Rohre sind im allgemeinen mit hochwertigen Dickbeschichtungen versehen; in der Splash-Zone beträgt die Gesamtschichtdicke über 10 mm. Diese Beschichtungen müssen gegenüber der kathodischen Polarisation beständig sein, vgl. Abschn. 5.2.1 und 17.3. Bei der Auswahl der galvanischen Anoden ist auf die Temperatur des Fördergutes zu achten. Die Riser müssen teilweise nach nationalen Vorschriften von den Bauwerken elektrisch isoliert werden, wenn unterschiedliche Korrosionsschutzsysteme verwendet werden, z. B. Plattform mit Fremdstromschutz und Riser mit galvanischen Anoden. Der kathodische Schutz mit Fremdstrom ist bisher für feststehende Plattformen nur für wenige Bauwerke eingesetzt worden. Die Probleme betreffen Wartung und Reparatur. Im Unterwasserbereich ist eine Neuverkabelung fest installierter Anoden fast unmöglich, zumal die Verlegung durch die mechanisch hochbeanspruchte Splash-Zone erfolgen muß. Die Schwierigkeiten derartiger Arbeiten an der Forschungsplattform *Nordsee* sind in [9] beschrieben. Die Plattform *Murchison* erhielt eine Kombination aus Fremdstrom-Schutz und galvanischen Anoden, da für den Transport eine bestimmte Masse nicht überschritten werden durfte [11]. Die Anoden wurden auf der Werft fest installiert und verkabelt. Um bei Ausfällen keine Reparaturen vornehmen zu müssen, wurden alle Anoden mehrfach installiert. Die Plattform-Unterteile bis zur Splash-Zone werden im allgemeinen mindestens 1 Jahr vor der Installation des Deckskörpers am vorgesehenen Ort aufgestellt, so daß der Fremdstrom-Schutz zunächst nicht in Betrieb genommen werden kann. Daraus resultiert die Forderung, daß für diesen Zeitraum ein kathodischer Schutz mit galvanischen Anoden vorzusehen ist. Auch daraus ergibt sich, daß der Fremdstrom-Schutz höhere Investitionen als der für galvanische Anoden erfordert.

Um die Wartungs- und Reparaturmöglichkeiten zu verbessern, werden neue Anodentypen entwickelt und erprobt, die mit einem Schiff gehoben und repariert werden können. Auch die Verbindungskabel sind austauschbar. In flachem Wasser muß die Verankerung genauestens berechnet werden, da erhebliche dynamische Beanspruchungen infolge des Seegangs auftreten. Der Meeresboden muß für die dauerhafte Verankerung geeignet sein. Es dürfen in dem Gebiet um die Plattform keine Versorger ankern. Allein diese Forderung verhindert oft den Einsatz von Fremdstrom-Anoden, da sich die Betreiber nicht einschränken wollen oder können.

Bei fest installierten Fremdstrom-Anoden spielt der Abstand zum Bauwerk eine erhebliche Rolle. Die Anzahl der Anoden soll klein sein, damit werden relativ große Anoden benötigt, die ohne hinreichenden Abstand ein zu negatives Potential verursachen würden. Ein Mindestabstand von 1,5 m wird zwar vorgeschrieben [1–3], erfordert aufgrund der Seegangseinflüsse aber einen erheblichen konstruktiven Aufwand. Neben den sogenannten Einschränkungen für Fremdstrom-Anlagen kommt noch hinzu, daß für Taucherarbeiten der kathodische Korrosionsschutz abzuschalten ist [12]. Diese Vorschrift ist allerdings nicht begründbar. An Produktionsplattformen finden – soweit es das Wetter zuläßt – ständig Arbeiten im Unterwasserbereich statt, so daß dann der Fremdstrom-Schutz nur bedingt wirksam sein kann.

Die Schutzstrom-Geräte müssen an Deck aufgebaut werden, und somit sind große Kabellängen mit entsprechendem Querschnitt erforderlich. Genauso wie für Schiffe sollten nur potentialregelnde Schutzstrom-Geräte eingesetzt werden, da sich die notwendigen Stromdichten aufgrund des wechselnden Seegangs laufend ändern, vgl. Abb. 16-2.

### 16.2.2 Betonbauwerke

In der Nord- und der Ostsee wurden eine Reihe von Plattformen aus Stahlbeton installiert. Die Betondeckung im Unterwasserbereich von 60 mm für schlaffe Bewehrung und 75 mm für Spannbeton sowie 75 mm und 100 mm in der Splash-Zone [13] soll die Korrosion des Bewehrungsstahls verhindern. Die Angaben zur Betondeckung sind Richtwerte, die abhängig von der Zusammensetzung des Beton leicht schwanken können. An diesen Bauwerken ist immer eine Vielzahl von Stahleinbauten und -anbauten vorhanden. Der passive Bewehrungsstahl wirkt gegenüber diesen Anbauten als Fremdkathode; daher müssen sie kathodisch geschützt werden. Bei der Auslegung des Schutzes mit galvanischen Anoden sind die Schutzstromdichte für die Stahlbauwerke nach Tabelle 16-3 und zusätzlich die Oberfläche der sich in der Nähe befindlichen metallenleitend verbundenen Bewehrung mit ca. 5 mA m$^{-2}$ Betonoberfläche zu berücksichtigen. In Abb. 16-4 sind die Anschlußstutzen für Rohrleitungen zu erkennen, die mit galvanischen Anoden kathodisch geschützt werden. Die große waagerecht angebrachte Anode dient dem Schutz der Spundwand, die bei der Absenkung in den Meeresboden eindringt. Die Verbindung der Anode mit der Spundwand ist über Flacheisen hergestellt worden.

**Abb. 16-4.** Galvanische Anoden an Betonbauwerken.

## 16.3 Hafenanlagen

Zur Planung des kathodischen Korrosionsschutzes sind der spezifische elektrische Widerstand des Wassers, die Größe der zu schützenden Fläche und die erforderliche Schutzstromdichte zu ermitteln. Die Schutzstromdichte hängt wesentlich von der Art und Güte einer Beschichtung ab. Besonders günstig sind Reaktionsharze, z. B. Epoxidharz-Beschichtungen, die heute meist bei Küstenbauten verwendet werden. Der Einsatz von teerhaltigen Beschichtungen (Teer-Epoxid), die früher üblicherweise verwendet wurden, ist heute aus gesundheitlichen Gründen in verschiedenen Ländern nur noch eingeschränkt erlaubt. Epoxidharz-Beschichtungen sind in Wässern chemisch beständig und werden auch durch Bewuchs nicht zerstört. Bei einer Dicke von 0,4 bis 0,6 mm haben sie einen großen elektrischen Beschichtungswiderstand, eine hohe Beständigkeit gegen kathodische Unterwanderung und Blasenbildung, vgl. Abschn. 5.2.1, sowie eine sehr gute Verschleißfestigkeit. Soll eine Beschichtung in Kombination mit dem kathodischen Schutz eingesetzt werden, ist in jedem Fall die Verträglichkeit des Beschichtungssystems mit dem kathodischen Schutz nach den in Abschn. 5.2.1 genannten Gesichtspunkten zu prüfen und vom Hersteller zu bestätigen.

Bei küstennahen Bauwerken kann man davon ausgehen, daß die Schutzstromdichte einer nicht beschichteten Oberfläche im Wasserbereich 60 bis 100 mA m$^{-2}$ und 20% hiervon für den in den Boden gerammten Teil beträgt. Rückwärtige Landseiten von Spundwänden nehmen so wenig Strom auf, daß sie bei der Berechnung nicht berücksichtigt werden müssen. Bei beschichteten Objekten liegt die Schutzstromdichte je nach Güte der Beschichtung meist zwischen 5 und 20 mA m$^{-2}$. Hier muß für den im Boden befindlichen Teil aber etwa der halbe Wert wie für den Wasserbereich angesetzt werden, da hier die Beschichtung fehlt oder durch das Rammen beschädigt ist.

### 16.3.1 Fremdstrom-Anlagen

Fremdstrom-Anlagen sollten immer mit großer Reserve ausgelegt werden [14]. Die Kosten für den Mehraufwand sind meist im Verhältnis zum Gesamtobjekt unerheblich, zumal die Lebensdauer der Anoden verlängert wird, wenn die Reserve nicht in Anspruch genommen wird. Eine größere Schutzanlage gibt die Möglichkeit, bei unbeschichteten Objekten eine Vorpolarisation durchzuführen. Bei beschichteten Oberflächen können Beschädigungen oder Alterungen der Schutzschicht ausgeglichen werden. Die Anodenwerkstoffe sind in Kap. 7 aufgeführt.

Die Anoden können entweder auf Grund gelegt, zwischen Pfeiler eingehängt oder am Schutzobjekt angebracht werden. In jedem Fall sollten sie leicht austauschbar montiert sein. Grundanoden sind oberhalb von Betonreitern oder Betonplatten anzubringen, damit sie nicht im Schlick versinken oder versanden. Im Sand verringert sich wegen des höheren spezifischen Widerstandes die Stromabgabe beträchtlich. In Häfen muß auf die Verlegung von Grundanoden verzichtet werden, weil dort liegende Schiffe beeinflußt oder die Anoden durch Baggerarbeiten beschädigt werden können. Die Befestigung von Fremdstrom-Anoden direkt an Spundwänden, Dalben, Schleusentoren usw. muß konstruktiv gut vorbereitet sein. Sie ergibt zwar gegenüber entfernt angebrachten Anoden nur eine begrenzte Reichweite (5 bis 8 m) und führt in unmittelbarer Nähe der Anoden auch zu einem erheblichen Überschutz, ist aber bei Hafenanlagen häufig nicht zu vermeiden.

Durch anodische Chlorentwicklung, vgl. Abschn. 7.1, können Anodenhalterungen, Kabelisolierungen und auch die Beschichtung des Schutzobjektes zerstört werden. Es sollten daher nur chlorbeständige Materialien verwendet werden. Anoden an Spundwänden oder zwischen Pfahlgründungen können in perforierten oder aufgeschnittenen Kunststoffrohren (Halbschale) eingebracht werden (vgl. Abb. 16-5). Allerdings müssen sehr viele Löcher vorhanden sein, um einen ungleichmäßigen Anodenabtrag zu verhindern. Bewährt haben sich Filterrohre aus einer chlorfesten Sondereinstellung von Polyolefinen oder PVC, in denen der Anodenabtrag praktisch gleichmäßig ist.

Bei Spundwänden wird die Anode lose in ein perforiertes oder im Anodenbereich aufgeschnittenes Kunststoffrohr gesteckt und am Anodenkopf gehalten. Die Halterung

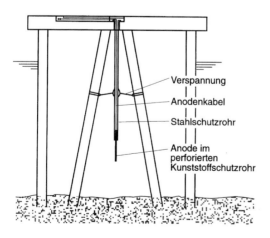

Verspannung

Anodenkabel

Stahlschutzrohr

Anode im perforierten Kunststoffschutzrohr

**Abb. 16-5.** Fremdstromanoden für den Schutz von Rohrpfählen einer Ladebrücke.

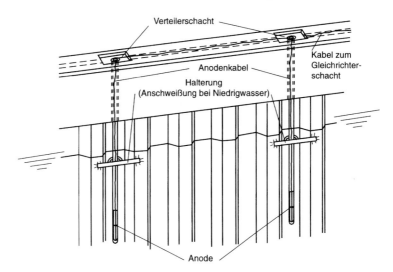

**Abb. 16-6.** Kathodischer Schutz einer Spundwand mit Fremdstrom.

kann austauschbar konstruiert sein, die Anoden können über Schutzrohre auch bei über-bauten Spundwänden angebracht werden (vgl. Abb. 16-6). Befestigungsmöglichkeiten sind möglichst bereits vor dem Rammen vorzusehen, sonst werden teuere Unterwas-serschweißungen erforderlich. Der Vorteil ist eine technisch einfache Montage mit ge-ringen Reparaturkosten und der Möglichkeit, alle Anodentypen zu verwenden. Als Nach-teil sind die relativ hohen Investitionskosten und ein etwas ungleicher Anodenabtrag anzusehen.

### 16.3.2 Schutz mit galvanischen Anoden

Die Anodenwerkstoffe werden in Kap. 6 erläutert. Für Hafenanlagen an der Küste wer-den Zink- und Aluminiumanoden eingesetzt. Aufgrund des verhältnismäßig negativen Potentials im Seewasser stellen Magnesiumanoden für Dünnbeschichtungen eine Ge-fahr dar. Für Hafenanlagen mit Brack- oder Süßwasser kommen dagegen nur Magne-siumanoden in Betracht. Galvanische Anoden werden vorzugsweise für bewegliche Ha-fenbauwerke wie Schleusen, Sperrwerke u. a. kleinere Spundwandflächen, beschichtete Spundwände und in unzugänglichen Bereichen benutzt. Auch Kombinationen mit Fremd-strom-Anlagen werden gebaut, wie es der Schutz der Bremerhavener *Columbus-Kaje* zeigt [15]. Daneben gibt es Hafen- oder Kaianlagen, bei denen eine Verlegung von Ka-beln und die Installation von Fremdstrom-Schutzgeräten nicht sinnvoll erscheint.

## 16.4 Spundwände

Bei Spundwänden muß jedes Schloß durch eine Schweißstelle oder mit einer ange-schweißten Lasche metallenleitend überbrückt werden, um einen Ohmschen Spannungsabfall bei Rückleitung des Schutzstromes zu vermeiden, da Schlösser selbst bei scheinbar bester Verklammerung keine sichere widerstandsarme Verbindung ergeben. Bei Durchprüfen mehrerer Spundwandschlösser ergaben sich Werte wenig über 0,1 mΩ. Da die Bohlenköpfe meist mit Beton oder mit einer ins Wasser reichenden Betonschürze abgedeckt sind, ist ein nachträgliches Verbinden der Bohlen sehr unwirtschaftlich. Die elektrische Durchverbindung der Spundwand muß daher rechtzeitig vor Fertigstellung der Spundwand ausgeführt werden [16]. Tabelle 16-4 enthält Daten von kathodischen Schutzsystemen für Küsten-Bauten.

Vielfach befinden sich auch Spundwände in Verbindung mit Stahl-Beton-Bauwerken bei Hafenanlagen oder Schleusen. Wenn auch grundsätzlich ein kathodischer Schutz von Stahl-Beton-Bauwerken nicht erforderlich ist, so läßt sich wegen der Verbindung mit den zu schützenden Stahlflächen im allgemeinen ein Eintreten der Schutzströme nicht verhindern. Die Betonoberfläche ist zumindest teilweise bei der Auslegung zu berücksichtigen. Ein Beispiel ist der Boden des Fährhafens *Puttgarden*, der aus Stahlbeton besteht und metallenleitend mit der unbeschichteten Stahlspundwand verbunden ist.

## 16.5 Pfahlgründungen

Verladebrücken und Piers sind meist Pfahlgründungen mit Stahl-Beton-Überbau. Sie bestehen aus einer Zufahrtsbrücke mit dem vorgelagerten eigentlichen Pier als Anlagestelle für mehrere Schiffe. Wartungsfrei und unabhängig von der Stromzufuhr sowie Bedienungsmängeln arbeiten Zinkanoden, wie sie z. B. zum Schutz der Erzverladepier in *Monrovia*, Liberia, verwendet wurden. Zwischen den Pfeilern befinden sich 186 plattenförmige Zinkanoden von je 100 kg, die zu 82 Ketten zusammengestellt sind. Die Ketten sind mit der Stahlbewehrung und über diese mit den Pfeilern und den Jochen mit einem ca. 1 m langen Kabel 16 mm² Cu verbunden, das zur Messung der Stromabgabe der Anoden benutzt werden kann. Das Potential der Brückenpfähle liegt um $U_{Cu/CuSO_4} = -1,0$ V, die mittlere Schutzstromdichte lag zu Beginn bei 25 mA m$^{-2}$, nach 2 Jahren bei 11 mA m$^{-2}$ und nach 15 Jahren bei 6,5 mA m$^{-2}$. Die relativ geringe Stromdichte ergibt sich daraus, daß diese Anlagen auch im Unterwasserbereich beschichtet sind. Der pro Anode abgegebene Strom schwankte anfänglich zwischen 0,9 und 1,2 A und ging im Laufe der Jahre auf 0,2 A zurück. Für 85%igen Abtrag beträgt nach neueren Messungen die Lebenserwartung der Anoden 25 Jahre. Tabelle 16-4 enthält weitere Angaben über Verladepiers [17].

Heute werden Verladepiers meist mit Fremdstrom kathodisch geschützt. Kathodische Schutzgleichrichter auf Löschbrücken für Tanker sollen möglichst außerhalb des Ex-Bereiches installiert werden. Anderenfalls müssen sie in ex-geschützter Bauart ausgeführt sein.

Abb. 16-7 zeigt eine Übersicht über ein Brückenbauwerk zur Versorgung des Stahlwerkes *Krakatau*, Indonesien [18]. Die Rohrpfähle sind etwa 25 bis 30 m lang. Für die Auslegung des kathodischen Schutzes wurde eine Oberfläche von $4 \cdot 10^4$ m² errechnet. Die Pfähle sind mit 300 µm dickem Teer-Epoxidharz beschichtet, wobei von einer Schutzstromdichte um 10 mA m$^{-2}$ ausgegangen wurde. Allerdings wurde wegen der später zu erwartenden Beschädigungen die Anlage für 1200 A ausgelegt, die von 4 Gleich-

**Tabelle 16-4.** Kathodische Schutzsysteme für Küsten und Hafenbauten.

| Anlage | Beschichtung | Oberfläche Wasserzone m² | Strom-dichte mA m⁻² | Anoden-art | Anoden-anzahl | Anoden-masse t | Gleichrich-ter-Ausleg. A | Betriebs-dauer a |
|---|---|---|---|---|---|---|---|---|
| Verladepier *Liberia* | Teerpech | 5 400 | 25 → 6,5 | Zn | 190 | 14 | – | 25 |
| Verladepier *San Salvador* | Teerpech | 27 000 | 70 | C | 120 | – | 7 × 300 | 15 |
| Tankerpier *Nordsee* | Teerpech | 39 000 | 30 | FeSiMo | 210 | – | 65 × 20 | 15 |
| Erzpier *Malaysia* | Teerpech-Epoxid | 35 000 | 15 → 5 | PtTi | 30 | – | 4 × 100 | > 10 |
| Umschlag-Brücke *Wilhelmshaven* | Teerpech-Epoxid | 22 000 | 10 | FeSiMo | 160 | 8 | 18 × 150 | > 25 |
| Massengutkai *Lomé-Togo* | Teerpech-Epoxid | 70 000 | 18 | PtTi | 71 | – | 2 × 250 / 2 × 150 | > 25 |
| Fährhafen *Puttgarden* | keine | 8 500 und ca. 5 500 Stahlbeton | 150 | PtTi | 360 | – | 20 × 100 | > 10 |
| Tonasa 11 Indonesien | keine | 11 250 und 5 140 Boden | 70 → 30 | PtTi | 45 | – | 1 × 600 / 2 × 120 | > 20 |
| Wehr Landesbergen, innen (2× je), Weser | Epoxid | 900 | nicht gemessen | Zn | 170; 14 | 4 | – | > 20 |
| Schachtschleuse Minden | keine | 1 000 | nicht gemessen | Mg | 192 | 2 | – | > 20 |
| Wehr Wahnhausen, Fulda | keine | 2 200 | nicht gemessen | Mg | 162; 222 | 1 | – | > 20 |

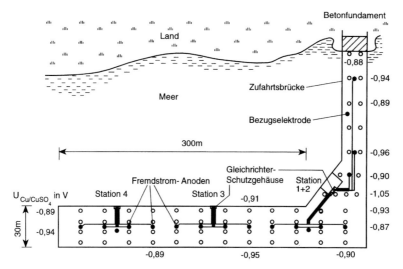

**Abb. 16-7.** Kathodischer Schutz einer Erzverladebrücke.

richtern mit einer Ausgangsleistung von 10 V/300 A geliefert werden können. Die Geräte sind über Stell-Transformatoren stufenlos regelbar, die Gleichrichter befinden sich in Ölkühlung. Aufgrund der großen Leistung und der für die Anoden geforderten Rest-welligkeit von 5% wählte man eine dreiphasige Netzversorgung mit Doppelweg-Gleich-richtung. Als Anoden wurden 32 Pt-Ti-Anoden von 2,7 m Länge und 10 mm Dicke ver-legt. Die Anoden sind in Löcher in der Betonhalterung eingesteckt, mit Epoxidharz ver-gossen und auf den Meeresboden abgesenkt. Bei einer Gleichrichter-Ausgangsspan-nung von 6 V lag die Strombelastung der einzelnen Anoden zwischen 10 und 15 A.

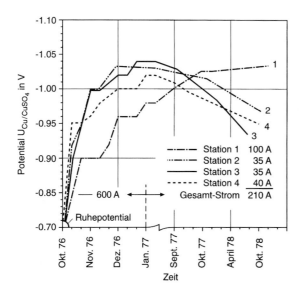

**Abb. 16-8.** Zeitabhängigkeit der kathodischen Polarisation.

Mit einem Schutzstrom von insgesamt 600 A wurde das Potential von $U_{Cu/CuSO_4}$ = −0,7 V bei freier Korrosion auf −0,9 V abgesenkt. Abb. 16-8 zeigt, daß nach einer Polarisationsdauer von 4 Monaten im Mittel −1,0 V erreicht wurde. Der Schutzstrom wurde daraufhin auf 210 A verringert. Dies entspricht einer mittleren Schutzstromdichte von 5,3 mA m$^{-2}$. Zur Potentialkontrolle wurden Zink-Dauerbezugselektroden eingebaut, deren Meßwerte über Konstantspannungsquellen auf die Cu/CuSO$_4$-Skala umgesetzt werden. Im Sommer 1978 wurde die Pier nach der anderen Seite um 300 m verlängert, wofür weitere zwei kathodische Schutzanlagen mit einer Gesamtstromabgabe von 200 A errichtet wurden. Die mittlere Schutzstromdichte beträgt hier bei dickerer Beschichtung nur 3 mA m$^{-2}$. Einrichtung, Einstellung und Nachmessung des kathodischen Schutzes dauerte etwa 3 Monate.

## 16.6 Offshore-Rohrleitungen

In den Offshore-Gebieten der Welt werden jedes Jahr einige tausend Kilometer Rohrleitungen im Meer verlegt. Insgesamt sind es derzeit rund 45.000 km. Während die ersten Offshore-Rohrleitungen auf geringe Wassertiefe und kurze Leitungen mit kleinem Durchmesser beschränkt waren, werden heute Rohrleitungen von einigen 100 km Länge bis zu DN 1000 verlegt. Bei kurzen Rohrleitungen ist auch ein kathodischer Fremdstromschutz möglich, wird aber nur relativ selten angewandt [19], z. B. für die über 10 km langen Rohrleitungen der deutschen Plattformen *Schwedeneck* in der Ostsee und *Emshörn Z1A* in der Nordsee. Der mögliche Schutzbereich für eine Rohrleitung DN 300 mit $s$ = 16 mm könnte nach Gl. (24-75) unter Verwendung einer sehr gut isolierenden Umhüllung etwa 100 km betragen. Bei Offshore-Verlegung können nicht so gute Umhüllungswiderstände $r_u$ erhalten werden, wie dies bei der Onshore-Verlegung der Fall ist, vgl. Abschn. 5.2.1.2. Aus diesem Grunde sind die Schutzstromdichten $J_s$ stark erhöht, vgl. Gl. (5-2), und die Schutzbereichslängen nach Gl. (24-75) verhältnismäßig kurz. Eine Erweiterung der Schutzbereichslänge durch Erhöhen der Anodenspannung ist praktisch unwirksam. Dadurch wird der Gültigkeitsbereich der Gl. (24-75) verlassen. Nach Angaben in Absch. 24.4.4 ist in Anodennähe lediglich mit Wasserstoff-Entwicklung bei kathodischem Überschutz zu rechnen, wobei die Schutzbereichlänge nur unwesentlich um einige 10% erweitert werden kann. Aus diesem Grunde kommen für den kathodischen Schutz längerer Offshore-Leitungen nur galvanische Anoden in Betracht. Dabei ist der Einsatz von Zinkanoden üblich [1–3, 20–24].

Rohrleitungen im Meerwasser erhalten im allgemeinen eine dicke Beschichtung. Zur Beschwerung und als mechanischer Schutz wird ein etwa 5 cm dicker Betonmantel aufgebracht, der mit einem 2 bis 3 mm dicken verzinkten Maschendraht armiert ist. Dieser Maschendraht darf weder mit dem Rohr noch mit der Anode eine metall-leitende Verbindung haben. Die Rohre werden teilweise in den Meeresboden eingespült, um sie vor Bewegung und Beschädigung durch Grundschleppnetze oder Anker zu schützen. Beim Einspülen wird das vorhandene Bodenmaterial verwendet oder der Rohrgraben wird mit Schüttgut verfüllt. Bei steinigem oder felsigem Meeresgrund sind die Rohrleitungen zu verankern. Zinkanoden für Offshore-Rohrleitungen können aus zwei Halbschalen bestehen. In diese sind Flacheisen eingegossen, die an den Enden herausragen, miteinander verschweißt und über ein Kupferkabel mit der Rohrleitung verbun-

**Tabelle 16-5.** Schutz von Rohrleitungen in der Nordsee mit galvanischen Anoden.

| Rohrleitung | Baujahr | Nennweite | Produkt | Länge in km | Anodenmasse in t |
|---|---|---|---|---|---|
| Ekofisk-Emden | 1974–1977 | 900 | Gas | 415 | 1600 (Zn) |
| Europipe I | 1995 | 1016 | Gas | 620 | 5200 (Al) |
| NorFra | 1996 | 1067 | Gas | 840 | 7223 (Al) |
| Europipe II | 1999 | 1067 | Gas | 660 | 5600 (Al) |

den werden. Es gibt auch aus einzelnen Anodenblöcken bestehende *Bracelets*, die um die Rohrleitungen herum auf Flacheisen aufgeschweißt werden (vgl. Abschn. 6.5.4).

In Tabelle 16-5 sind einige mit galvanischen Anoden geschützte Rohrleitungen in der Nordsee aufgeführt. Hierbei erreicht man noch bei etwa 5% freier Rohroberfläche an Beschädigungen der Beschichtung einen vollständigen kathodischen Schutz [25–28]. Die Fläche der zu erwartenden Beschädigungen, der spezifische elektrische Widerstand der Umgebung und der Längenanteil der nicht eingespülten Rohrleitungen sind unbekannt, so daß eine Betrachtung der Stromabgabe der Anoden nicht möglich ist. Bei der *Ekofisk*-Leitung wurden alle 134 m Zinkanoden mit einer Masse von 450 kg angebracht. Bei einer maximalen Stromabgabe im Meerwasser von 2 A und im Meeresboden von ca. 0,2 A folgt daraus eine Lebensdauer von über 20 Jahren [21]. Bei 2% mittlerer Fehlstellenfläche errechnet sich eine Schutzstromdichte von etwa 2 mA m$^{-2}$.

## 16.7  Kontrolle des kathodischen Schutzes

Zur Kontrolle der Wirksamkeit des kathodischen Schutzes wird in bestimmten, vom Bauwerk abhängenden Abständen, das Potential des Schutzobjektes im Medium gemessen und eine Besichtigung der Anoden und ggf. Meßelektroden mit Hilfe einer Fernsehkamera vorgenommen. In Meerwasser ist es nicht erforderlich, den kathodischen Schutzstrom zur Messung des Ausschaltpotentials zu unterbrechen. Wegen der guten Leitfähigkeit des Meerwassers ist der Ohmsche Spannungsabfall vernachlässigbar, so daß die Einschaltpotentiale für den Vergleich mit dem Schutzpotential allein betrachtet werden dürfen, vgl. Gl. (2-34). Zur Messung wird in Meerwasser die Silber/Silberchlorid-KCl-Bezugselektrode verwendet [6]. Die für den Erdbodenschutz sonst übliche Cu/CuSO$_4$-Bezugselektrode ist im Meerwasser empfindlich gegen eindiffundierende Chlorid-Ionen und reagiert darauf mit Änderungen des Bezugspotentials.

Steht nur eine Cu/CuSO$_4$-Elektrode zur Verfügung, soll das Gehäuse stets blasenfrei mit gesättigter Kupfersulfatlösung gefüllt sein und muß vor erneutem Gebrauch entleert, der Kupferstab bis auf das blanke Metall gereinigt und die Füllung erneuert werden.

### 16.7.1  Produktionsplattformen

Bei Plattformen mit galvanischen Anoden werden in angemessener Zeit nach Indienststellung der Bauwerke Potentialmessungen durchgeführt. Ist ein Fremdstromschutz installiert, werden während der Inbetriebnahme neben Anodenstrom und -spannung auch die Potentiale von fest eingebauten Meßelektroden gemessen.

Es bestehen prinzipiell zwei Möglichkeiten, eine Potentialüberwachung an Produktionsplattformen mit Taucherhilfe durchzuführen [29]. Im ersten Fall hält der Taucher die Bezugselektrode so nah wie möglich an das Bauwerk und gibt die Position über Sprechfunk an Bord, wo der Meßwert registriert wird. Für beschichtete Bauwerke ist nur dieses Verfahren geeignet. Im zweiten Fall ist ein vom Taucher geführtes Gerät notwendig, daß eine Bezugselektrode enthält und mit einer digitalen Anzeige ausgerüstet ist. Über einen Kontaktstift wird die elektrische Verbindung zum Bauwerk herstellt. Der Taucher gibt sowohl Position als auch Potentialwert über Sprechfunk durch. Der elektrische Kontakt ist jedoch oft nicht sicher herzustellen, da diese Bauwerke bewachsen sind und der Bewuchs nur mit erheblichem Aufwand und nur unvollständig entfernt werden kann [30].

Der Meßtechniker an Bord ist ohne weitere Hilfsmittel allein auf die Aussagen der Taucher angewiesen, die nicht immer sicher und reproduzierbar sind. Daher werden derartige Messungen mit zusätzlicher Hilfe einer Fernsehkamera durchgeführt, so daß der Meßtechniker an Bord Position und Meßwert auf Videoband festhalten kann. Vorteilhafter ist daher die erste Methode, da in diesem Fall die Bezugselektrode mit der Fernsehkamera gekoppelt werden kann. Mit den Potentialmessungen kann gleichzeitig der Zustand der Anoden hinsichtlich möglicher Passivierung und erhöhter Abtragung untersucht und der Bewuchs entfernt werden, wenn er die Anoden zu überwachsen droht. Plattformen werden einmal jährlich einer visuellen Besichtigung unterzogen. In diesem Rahmen werden auch die Potentialmessungen durchgeführt. Fremdstrom-Anlagen unterliegen der laufenden Überwachung, so daß Fehler frühzeitig erkannt und Reparaturmaßnahmen eingeleitet werden können.

### 16.7.2 Hafenbauwerke

Hafenanlagen sind gut zugängig und können ohne Beeinflussung durch Seegang untersucht werden. Bei einer Stahlspundwand ist der Massekontakt leicht herzustellen, und die Arbeiten können von der Kaimauer aus erfolgen (s. linken Teil der Abb. 16-9). Bei Stahl-Beton-Anlagen muß vom Boot aus gemessen werden, wenn kein sicherer Kontakt schon bei der Konstruktion vorgesehen wurde (s. rechten Teil der Abb. 16-9).

Bei Schutz mit Fremdstrom-Anlagen hängt es von der Leitfähigkeit des Hafenwassers ab, ob die Ausschaltpotentiale gemessen werden müssen, also der *IR*-Anteil zu berücksichtigen ist, oder nicht. Nur sehr wenige Häfen im Binnenland erfordern einen derartigen Aufwand; üblicherweise ist die Leitfähigkeit hinreichend groß, vgl. Gl. (2-34).

### 16.7.3 Seeverlegte Rohrleitungen

Die Nachmessung des kathodischen Schutzes von längeren Rohrleitungen ist sehr aufwendig, da der Schutz mit galvanischen Anoden vorgenommen wird. Die wenigen kurzen Leitungen mit Fremdstromschutz sollen hier nicht betrachtet werden, da eingebaute Meßelektroden vorhanden und somit bei der Überwachung keine Probleme zu erwarten sind.

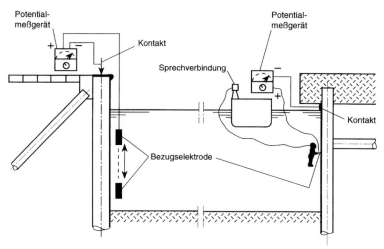

**Abb. 16-9.** Potenialmessungen an Hafenbauwerken.


Für seeverlegte Rohrleitungen gibt es vier Möglichkeiten, die Wirkung des kathodischen Schutzes zu überwachen [29, 31–34]. In der Abb. 16-10 sind diese Verfahren schematisch dargestellt.

a) *Kabelverbindung Schiff/Rohrleitung.* Das Schiff ist über ein Kabel an der Plattform mit der Rohrleitung verbunden und führt die Bezugselektrode mit einem ferngesteuerten Fahrzeug, das als RCV (Remote Controlled Vehicle) bezeichnet wird, oder – bei geringen Wassertiefen – direkt vom Schiff aus über die Rohrleitung. Dies kann bei längeren Rohrleitungen über 20 km erhebliche Schwierigkeiten mit der Kabelführung bereiten.

b) *Potentialdifferenzmessung zwischen Bezugselektroden.* Bei diesem Verfahren wird eine Bezugselektrode am Versorgungskabel für das RCV angebracht. Zwei weitere Bezugselektroden befinden sich am RCV. Beim Fahren entlang der Rohrleitung lassen sich aus den Potentialdifferenzen zwischen den Bezugselektroden Informationen über die Wirksamkeit der galvanischen Anoden, über den Ort und die Stromaufnahme an den Fehlstellen und über die Potentiale ermitteln. Hinweise über die Auswertung der Potentialdifferenzen geben die Ausführungen im Abschn. 3.6.3. Bei bekanntem Potential an der Ausgangsstelle (Plattform) lassen sich auch die Potentiale nach dem in Abschn. 3.3.3 beschriebenen Verfahren ermitteln, wobei Ohmsche Spannungsabfälle in der Rohrleitung hier außer der Betrachtung bleiben können.

Alle Meßdaten werden auf Band aufgezeichnet – mit Plausibilitätskontrolle während der Messung – und später mit Hilfe eines Rechners ausgewertet. Das Verfahren ist praktisch erprobt und hinreichend genau.

c) *Magnetinduktive Methode.* Eine Sonde wird über die Rohrleitung geschleppt, mit der mit magnetinduktiven Methoden der fließende Schutzstrom bestimmt und damit die Wirksamkeit der jeweiligen Anoden und Fehlstellen nachgewiesen werden können. An Fehlstellen wird dabei, wie an den in bestimmten Abständen angebrachten

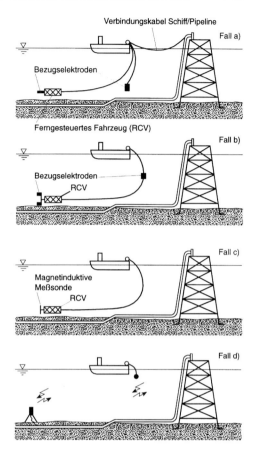

**Abb. 16-10.** Überwachung des kathodischen Schutzes von seeverlegten Rohrleitungen.

Anoden, ein erhöhter Stromfluß zu verzeichnen sein. Diese Methode wird derzeit häufig angewendet, vor allem in Kombination mit Beispiel b).

d) *Elektroden mit Datenfernübertragung.* Es sind Potentialsonden entwickelt worden, die in der Nähe der Rohrleitung verankert sind, Auftriebskörper besitzen und mit der Rohrleitung leitend verbunden sind. Diese Sonden werden durch codierte Signale vom Schiff aus eingeschaltet, erfassen den Potentialwert und senden ihn mit akustischen Verfahren zum Schiff. Die Batterien der Sonden müssen in gewissen Zeitabständen ausgewechselt werden. Außerdem ist eine sehr große Anzahl von Sonden erforderlich, bei denen zudem noch die Gefahr der mechanischen Beschädigungen durch Schleppnetze besteht.

## 16.8 Literatur

[1] NACE, Standard RP0176-94, Houston Texas 1976.
[2] Germanischer Lloyd, Rules for Offshore Installations, Hamburg.
[3] Det Norske Veritas, RP B401 Cathodic Protection Design.
[4] Schiffbautechnische Gesellschaft, Richtlinien Nr. 2215 u. Nr. 2220, Hamburg 1987 und 1988.
[5] B. Richter, Schiff u. Hafen *33*, H. 8,78 (1981).
[6] VG 81259-1 bis -3, Kathodischer Korrosionsschutz von Schiffen, Beuth-Verlag, Köln 1994.
[7] F. J. Kievits und H. Hebos, Werkstoffe u. Korrosion *23*, 1975 (1972).
[8] Fischer, Bue, Battes, und Steensland, OTC Houston 1980, Paper No. 3889.
[9] B. Richter, Schiff u. Hafen *32*, H. 10, 102 u. H. 11, 81 (1980).
[10] DIN 50929-3, Beuth-Verlag, Berlin 1985.
[11] R. Vennelt, R. Saeger u. M. Warne, Mat. Protection *22*, H.2, 22 (1983).
[12] Hauptverband der gewerblichen Berufsgenossenschaften, Taucherarbeiten, VBG 39, Köln
[13] Recommendations for the design and construction of concrete sea structures, Federation Internationale de la Precontrainte, Paris.
[14] Hafenbautechnische Gesellschaft, Kathodischer Korrosionsschutz im Wasserbau, Hamburg 1994.
[15] H.-P. Karger, Korrosion und Korrosionsschutz im Stahlwasserbau, T. A. Wuppertal 1978.
[16] H. Determann u. E. Hargarter, Schiff u. Hafen *20*, 533 (1968).
[17] G. Hoppmann, 3 R-intern, *16*, 306 (1977).
[18] K. Klein, 3 R-intern, *16*, 421 (1977).
[19] K. Klein, 3 R-intern, *15*, 716 (1976).
[20] NACE Standard, RP0675-88, Houston, Texas.
[21] W. v. Baeckmann, Erdöl/Erdgas *93*, 34 (1977).
[22] B. S. Wyatt, Anti-Corrosion H. 6, 4 u. H. 7, 8 u. H. 8, 7 (1985).
[23] H. Hinrichsen u. H. G. Payer, Hansa *119*, 661 (1982).
[24] C. Schmidt, Erdöl – Erdgas *100*, 404 (1984).
[25] M. Reuter u. J. Knieß, 3 R-intern, *15*, 674 (1976).
[26] T. Michinshita u. a., 2nd Int. Conf. Int. Ext. Prot. Pipes, Paper C2, Canterbury 1977.
[27] F. Q. Jensen, A. Rigg u. O. Saetre, NACE Int. Corr. Forum Pap. 217, Houston (Texas) 1978.
[28] A. Cozens, Offshore Technology Conf., Houston 1977.
[29] B. Richter, Schiff u. Hafen *34*, H. 3, 24 (1982).
[30] B. Richter, Meerestechnik *14*, 105 (1982).
[31] T. Sydberger, Mat. Protection *22*, H. 5, 56 (1983).
[32] C. Weldon, A. Schultz u. M. Ling, Mat. Protection *22*, H. 8, 43 (1983).
[33] G. H. Backhouse, NACE Corrosion, Paper 108, Toronto 1981.
[34] R. Strømmen u. A. Rødland, NACE Corrosion, Paper 111, Toronto 1981.

# 17 Kathodischer Schutz von Schiffen

B. RICHTER und D. ENGEL

Der kathodische Korrosionsschutz von Schiffen erstreckt sich auf den Außenschutz des Unterwasserschiffes einschließlich aller Anhänge und Öffnungen (z. B. *Propeller, Ruder, Wellenböcke, Seekästen, Scoops, Strahlruder*) und auf den Innenschutz verschiedener *Tanks* (Ballast- und Trinkwasser, Treibstoff, Lagerung), *Rohrleitungen* (Kondensatoren und Wärmetauscher) und *Bilgen*. Hinweise über Bemessung und Verteilung der Anoden werden in Richtlinien gegeben [1 – 6]. Schiffe zeichnen sich von allen anderen Schutzobjekten dadurch aus, daß sie im Laufe ihres Betriebes sehr unterschiedlich zusammengesetzten Wässern ausgesetzt sind. Hierbei sind vor allem der Salzwassergehalt und die Leitfähigkeit wichtig, weil sie die Wirkung von Korrosionselementen (vgl. Abschn. 4.1) und die Stromverteilung (vgl. Abschn. 2.2.5 und 24.5) wesentlich beeinflussen. Weiterhin ist bei Schiffen mit Problemen durch unterschiedliche Metalle zu rechnen. Schutzmaßnahmen gegen Streuströme werden in Abschn. 15.6 behandelt.

## 17.1 Wasserseitige Einflußgrößen

### 17.1.1 Gelöste Salze und Feststoffe

Wässer, auf denen Schiffe fahren, unterscheiden sich im wesentlichen durch ihren Salzgehalt. Hierfür gelten folgende Richtwerte (in Mass. – %): Meerwasser 3,0 bis 4,0; Küsten-Brackwasser 1,0 bis 3,0; Fluß-Brackwasser 0,5 bis 1,8, salzreiches Flußwasser 0,05 bis 0,5, Flußwasser < 0,05. Meerwasser enthält im wesentlichen NaCl. Näherungsweise beträgt der Salzgehalt das 1,8fache des Gehaltes an Chlorid-Ionen. Der Salzgehalt der Weltmeere ist nahezu gleich. Abweichende Gehalte können in abgeschnürten Nebenmeeren auftreten, z. B. *Adria* (3,9), *Rotes Meer* (4,1) und *Ostsee* (1,0).

Der Salzgehalt bestimmt im wesentlichen den spezifischen elektrischen Widerstand der Wässer (vgl. Abschn. 2.2.2). In Küstennähe schwanken diese Werte in Abhängigkeit von Tide und Jahreszeit. Folgende Mittelwerte in $\Omega$ cm dienen zur Orientierung: *Narvik-Reede* 33 [7]; *Nordsee* 30; *Elbe/Cuxhaven* 100 [7]; *Elbe/Brunsmüttelkoog* 580; *Elbe/Altona* 1200; *Lübeck-Werft* 75; *Antwerpen* (Kai 271) 120; *Rotterdam-Botlek* 240; *Tokio-Golf* 25 [8].

Aus diesen Zahlen ist zu erkennen, daß sich die Leitfähigkeit des Wassers z. B. beim Einlaufen eines Schiffes in den Hamburger Hafen um den Faktor 40 verringern kann.

Entsprechend vermindert sich die Reichweite des Schutzstromes, vgl. Gl. (24-111). Außerdem wird die Bildung kathodischer Deckschichten (vgl. Abschn. 4.1) wegen des geringeren Gehaltes an $Ca^{2+}$-Ionen erschwert. Dies führt nach mechanischem Abrieb zu kleineren Deckschichtwiderständen bzw. erhöhtem Schutzstrombedarf und somit nach Gl. (2-45) zu einer Verminderung der Schutzreichweite. Somit wird verständlich, daß im Hafen die Korrosionsgefahr steigt, zumal beim ruhenden Schiff die Wirkung von Korrosionselementen größer ist als bei Fahrt (vgl. Abschn. 4.1); es ist mit Lochkorrosion zu rechnen.

Küstennahe und vor allem stagnierende Wässer können durch Abwässer verunreinigt sein, die teils Inhibitoren bzw. passivierende Stoffe, z. B. Phosphate, und teils reduzierende Bestandteile, z. B. Sulfide und organische Stoffe, enthalten. Solche Medien bewirken unvollständige Inhibition [9] und anaerobe Korrosion. In beiden Fällen entsteht ohne Beschichtung und kathodischen Schutz Lochfraß. Abwässer enthalten meist auch Ammonium-Salze und Amine, die Kupferwerkstoffe angreifen können. Mit örtlicher Korrosion durch Elementbildung ist vor allem auch bei Rohrleitungen in länger liegenden Schiffen zu rechnen, wenn nicht sauberes Seewasser oder Frischwasser eingefüllt wird.

Von den festen Bestandteilen im Wasser, die Beschichtungen und Deckschichten empfindlich zerstören können, sind Sand, Schlamm und Eis zu nennen. Entsprechend ist die Schutzstrom-Abgabe bei Schiffen, die solchen Beanspruchungen ausgesetzt sind, stärker auszulegen. Demgegenüber hat der Bewuchs für die Korrosion und den kathodischen Schutz eine indifferente Bedeutung. Einerseits erhöht er den Diffusionswiderstand für den Sauerstoffzutritt, andererseits kann er Beschichtungen zerstören, die nicht den Richtlinien entsprechen [10, 11].

### 17.1.2 Belüftung und Sauerstoffgehalt

Die Sauerstofflöslichkeit der Wässer ist bei Salzgehalten bis etwa 1 mol $L^{-1}$ im wesentlichen nur von der Temperatur abhängig. Im Gleichgewicht mit Luft betragen die $O_2$-Konzentrationen (in mg $L^{-1}$): 0 °C 14; 10 °C 9; 30 °C 7. Auch die Wassertiefe hat für Schiffe keinen Einfluß. Im Hamburger Hafen wurden im Sommer bis zu 7 m Tiefe um 7,3 mg $L^{-1}$ gemessen. In verschmutzten Häfen kann der Wert wesentlich niedriger liegen und bis auf null absinken [8]. In der offenen See werden bis zu 20 m Tiefe gleichbleibende Werte gefunden. Mit zunehmender Tiefe fällt der $O_2$-Gehalt in Ozeanen mit geringerer Strömungsgeschwindigkeit ab [12], verändert sich aber in der Nordsee mit der Tiefe kaum, vgl. Abschn. 16.1.1 [13].

Sauerstoff ist als Partner für die kathodische Teilreaktion der Korrosion wesentlich, wobei im Falle einer unterschiedlichen Belüftung heterogene Deckschichtausbildung und örtliche Korrosion auftreten, vgl. Abschn. 4.1. Ebenso wie bei Spundwänden und Pfählen im Bereich der Wasserwechselzone [9] wird bei Schiffen örtliche Korrosion durch unterschiedliche Belüftung, insbesondere an Schweißverbindungen, beobachtet [14]. Bei nichtbeschichtetem Stahl erfolgt die Korrosion im wesentlichen muldenartig. Geschwindigkeitsbestimmend ist der Sauerstoffzutritt nach Gl. (4-5). Hierbei ist die Größe $K_w$ abhängig von der Strömungsgeschwindigkeit. Im Laufe einiger Jahre kann $K_w$ auch durch Deckschichtbildung etwas zunehmen. Für Sauerstoffkorrosion kann nach Abb. 2-5 eine Äquivalenz von Schutzstromdichte $J_s$ und der Geschwindigkeit der freien Korrosion $J_A$ angenommen werden. Den beobachteten Abtragungsgeschwindigkeiten zwischen 0,1 bis 1,0 mm $a^{-1}$ entsprechen Schutzstromdichten von 0,1 bis 1 A $m^{-2}$. Durch die kathodische Deckschichtbildung nimmt mit der Zeit die Schutzstromdichte merkbar ab so daß eine nahezu konstante Schutzstromdichte in ruhendem Meerwasser von etwa 50 mA m$^{-2}$ angenommen werden kann.

In Ballastwassertanks wurden auf horizontalen Flächen, insbesondere im Bodenbereich, örtliche Abtragungsgeschwindigkeiten von 3 mm a$^{-1}$ beobachtet, die eine entsprechend ausgelegte kathodische Schutzstromdichte von 3 A m$^{-2}$ erfordern.

Mit zunehmender Temperatur nimmt die Sauerstofflöslichkeit nahezu linear ab, die Diffusionskonstante aber exponentiell zu. Dies führt zu einer schwachen Erhöhung der Korrosionsgeschwindigkeit mit steigender Temperatur, wobei in Gl. (4-5) der Faktor größer anzunehmen ist. Aus diesem Grunde ist in tropischen Gewässern mit etwa der 1,5fachen Korrosionsgeschwindigkeit als der im Nordatlantik zu rechnen.

### 17.1.3 Strömungsgeschwindigkeit beim fahrenden Schiff

Die Strömungsgeschwindigkeit erhöht nicht nur die Geschwindigkeit des Sauerstofftransportes durch Verminderung der $K_w$-Werte in Gl. (2-5), sondern beeinträchtigt auch die Deckschichtbildung. Hierzu zeigt Abb. 17-1 die Abhängigkeit der Schutzstromdichte von der Fahrgeschwindigkeit. Der Faktor $F_1$ behandelt den Fall der ungestörten Deckschichtausbildung. Hier ist der Strömungseinfluß nicht sehr groß. Der Faktor $F_2$ behandelt den realen Fall, daß bei Fahrt die Deckschichten durch Abrieb beeinträchtigt werden [15]. Die Schutzstromdichte kann an unbeschichteten Stellen bis auf etwa 0,4 A m$^{-2}$ in sauberem Meerwasser ansteigen.

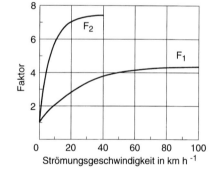

**Abb. 17-1.** Abhängigkeit der Schutzstromdichte von unbeschichtetem Stahl in strömendem Meerwasser. $F_1$ mit ungestörter Deckschichtbildung. $F_2$ mit gestörter Deckschichtbildung durch Erosion.

### 17.1.4 Temperatur- und Konzentrationsdifferenzen

Temperatur- und Konzentrationsdifferenzen können im Prinzip zur Ausbildung von Korrosionselementen führen, haben aber beim Unterwasserschiff praktisch keine Bedeutung. Demgegenüber verdienen sie bei der Innenkorrosion von Behältern und Tanks in Abhängigkeit vom Betriebszustand Beachtung (vgl. Abschn. 2.2.4.2). Allgemein kann durch kathodischen Schutz die Wirkung der Korrosionselemente wirksam verringert oder aufgehoben werden.

Bei starker Sonneneinstrahlung kann in beschädigten Beschichtungen und Deckschichten Wasser verdampfen und dadurch zu Anreicherung und Auskristallisation von

Salzen führen, z. B. im Bereich der Boottop-Zone. Dadurch können Deckschichten empfindlich beeinträchtigt werden, so daß Lokalanoden entstehen. Das ist der Fall, wenn das Schiff beim Löschen langsam aus dem Wasser aufsteigt und später beim Laden wieder eintaucht [7].

## 17.2 Werkstoffseitige Einflußgrößen und Beschichtungen

In Meerwasser sind nahezu alle Gebrauchsmetalle und Baustähle korrosionsanfällig. Für eine sachgerechte Werkstoffwahl sind Richtlinien zu beachten [16]. Weiterhin besteht eine erhöhte Korrosionsgefahr bei Mischbauweise mit unterschiedlichen Metallen wegen der guten Leitfähigkeit des Meerwassers. Für eine Beurteilung der Kontaktkorrosion gelten die Hinweise in Abschn. 2.2.4.2. In [16] werden Prüfverfahren und ihre Einflußgrößen angegeben. Von diesen sind die Flächenregel nach Gl. (2-44) sowie die geometrische Anordnung des Bauteils am wichtigsten. Aber auch die Polarisationswiderstände haben einen großen Einfluß. Als Einflußgröße am meisten bekannt ist jedoch unter dem Begriff der *praktischen Spannungsreihe* [17a] die Reihenfolge der Ruhepotentiale der verschiedenen Werkstoffe in Meerwasser. Neuere Untersuchungsergebnisse sind in [17b] zusammengestellt.

Zu Kontaktelementen können auch unterschiedliche Gefügebereiche eines Werkstoffes bei nahezu gleicher Zusammensetzung führen, z. B. im Bereich von Schweißnähten. Grundsätzlich können Kontaktelemente durch kathodischen Schutz erfolgreich bekämpft werden. In der Praxis ist aber zur Vermeidung einer elektrischen Abschirmung durch große stromverbrauchende Kathodenflächen darauf zu achten, daß deren Flächenanteil möglichst klein ist. Allgemein ist bei Mischinstallation unterschiedlicher Metalle darauf zu achten, daß auch die Schutzpotentiale bzw. die Schutzbereiche werkstoffabhängig sind, vgl. Abschn. 2.4. Dies kann die Anwendung des kathodischen Schutzes einschränken oder eine besondere Potentialregelung erforderlich machen.

Der Korrosionsschutz von Aluminiumschiffen erfordert eine besondere Beachtung, da Kontakte mit Anhängen aus Stahl und Kupferwerkstoffen nur sehr selten zu vermeiden sind und eine Reihe von Aluminiumwerkstoffen nicht für den kathodischen Schutz geeignet sind, vgl. Abschn. 2.4 und Abb. 2-11. Schon bei der Konstruktion sind daher die späteren Schutzmaßnahmen zu berücksichtigen, da auch gute Beschichtungen in Verbindung mit einem kathodischen Schutz häufig nicht in der Lage sind, auftretende Spalte oder Öffnungen hinreichend zu schützen.

Beschichtungen übernehmen bei Schiffen die Funktion des passiven Schutzes und sind als Träger für die *Antifoulingbeschichtungen* unerläßlich. Bei der Kombination mit dem kathodischen Schutz ist es deren Aufgabe, den Schutzstrombedarf entscheidend zu verringern und die Schutzreichweite durch Erhöhung des Polarisationsparameters wesentlich zu vergrößern, vgl. Abschn. 5.1. Abgesehen von der chemischen und mechanischen Haltbarkeit sind elektrischer Durchgangswiderstand und Poren- bzw. Verletzungsgrad bestimmend für die Beschichtungsgüte. Die Beschichtungswiderstände porenfreier Proben können bei guten Reaktionsharz-Beschichtungen über $10^5 \ \Omega \ \text{m}^2$ liegen. Nach Quellen im Wasser kann der Widerstand im allgemeinen um viele Zehnerpotenzen abfallen und sogar auf $30 \ \Omega \ \text{m}^2$ absinken [18, 19]. Dies entspricht nach Gl. (5-2) einer Schutzstromdichte von $J_s = 10 \ \text{mA} \ \text{m}^{-2}$. Auf den Beschichtungswiderstand haben vor allem Schichtdicke, Art der Beschichtung und Güte der Untergrund-vorbereitung einen Einfluß. Für den praktischen Schutzstrombedarf ist zusätzlich die Stromaufnahme an unbeschichteten Flächen und Verletzungen zu berücksichtigen, vgl. Abschn. 5.2.1.2.

Im Gegensatz zu dickschichtigen Umhüllungen können dünnere Beschichtungen für Schiffe nicht ohne Risiken mit kathodischem Schutz kombiniert werden. Als Folge elektroosmotischer Vorgänge und Ionen-Migration ist je nach Alkaliionen-Konzentration, Potential, Temperatur und Eigenschaften des Beschichtungssystems mit der Bildung von *Blasen* zu rechnen, die mit hochalkalischen Flüssigkeiten gefüllt sind, vgl. Abschn. 5.2.1.4. Zur Vermeidung von Blasenbildung soll der kathodische Schutz zu negativen Potentialen hin begrenzt werden, z. B. $U'_{Hs} = -0,65$ V. Bei Schiffen sind auch geschlossene Blasen unerwünscht, weil sie den Fahrtwiderstand heraufsetzen. Es ist aber gerade mit eine Aufgabe des Korrosionsschutzes bei Schiffen, den Fahrtwiderstand durch Vermeiden von Rostpusteln klein zu halten. Im allgemeinen besteht dieser aus 70% Reibungs- und 30% Form- und Wellenwiderstand. Letzter ist für ein gegebenes Schiff konstant, der Reibungswiderstand kann aber durch Korrosion bis zu 20% erhöht werden. Er wird weiterhin entscheidend verringert durch möglichst glatte Flächen des Schiffsrumpfes, die nicht durch örtliche Korrosionsprodukte geschädigt sind. Ein weiterer widerstandserhöhender Anteil ist der Bewuchs, dem durch entsprechende Maßnahmen – Antifouling-Beschichtung – begegnet werden kann. Der durch die Rauhigkeit bedingte Fahrtverlust kann einem Mehrverbrauch bis zu 12% Brennstoff entsprechen. Der durch Bewuchs bedingte Fahrtverlust kann dreimal größer sein.

Beschichtungen für den Einsatz am Unterwasserschiff und in Tanks müssen für die Kombination mit dem kathodischen Schutz geeignet sein. Dabei ist die Art des Schutzes – Fremdstrom oder galvanische Anoden – nicht von Bedeutung, da allein das Potential wichtig ist. Bei ständiger Einwirkung einer Elektrolytlösung und elektrochemischer Polarisation sind die allgemeinen Anforderungen in DIN 50928 [20], vgl. Abschn. 5.2.1, zu beachten. Die *Schiffbautechnische Gesellschaft* (STG) hat eine Richtlinie [11] entwickelt, in der die Prüfung und Bewertung von Beschichtungen für den Unterwassereinsatz festgelegt worden ist. Als Prüfpotential wird $U_H = -0,73$ V vorgeschrieben bei einer Versuchsdauer von mindestens 9 Monaten im Labor bzw. über eine Bewuchsperiode bei Naturversuchen. Beurteilt werden die Blasenbildung, Ausblühungen und die Haftfestigkeit sowohl an geschädigten als auch ungeschädigten Flächen. Die Richtlinie ist aufgrund umfangreicher Untersuchungen [19, 21] erstellt und international abgestimmt worden.

Der wirtschaftliche Einsatz von Schiffen erfordert eine Verlängerung der Trockenstellungsintervalle und eine Reduzierung der Instandhaltungskosten. Daher werden zunehmend hochwertigere, neu entwickelte Beschichtungsstoffe verwendet, die bei der Applikation einen wesentlich größeren Aufwand erfordern. Die STG hat die für den Schiffbau und die Offshoretechnik gängigen Beschichtungsstoffe einschließlich der Verarbeitung und Wartung in eine Richtlinie [10] gefaßt, die die DIN 55928, Teil 5 [22] bzw. die vergleichbaren neueren ISO Normen der Serie DIN EN ISO 12944 berücksichtigt. Für diese hochwertigen Beschichtungsstoffe werden heute im allgemeinen höhere Anforderungen an die Oberflächenvorbereitung gestellt, für die Außenhaut liegt der Wert bei dem Normreinheitsgrad Sa 2½ [10], während für Spezialbeschichtungen in Tanks auch Sa 3 verlangt werden. Andere Vorbereitungsverfahren, z. B. Flammstrahlreinigung, sind zurückgegangen. Das Hochdruckwaschen hat insbesondere für die Vorbereitung bereits beschichteter Oberflächen im Reparaturfall (z. B. Ballastwassertanks auf Schiffen) an Bedeutung gewonnen. Die STG hat eine Richtlinie [24] erarbeitet, die eine Definition von Oberflächenstandards für hochdruckgewaschene Stahlflächen ermöglicht.

Einen besonderen Schwachpunkt stellen die Schweißnähte dar. Die Bleche selbst werden im Herstellerwerk oder auf der Werft maschinell gestrahlt und mit einem *Shopprimer* versehen. Die Montageschweißnähte können dagegen häufig nur mechanisch entrostet werden, und die Beschichtungen sind daher bei der Kombination mit dem kathodischen Schutz besonders anfällig für Blasenbildung und Haftungsverlust.

Neben der sorgfältigen Oberflächenvorbereitung wird bei hochwertigen Beschichtungen die Einhaltung der klimatischen Bedingungen – Feuchte, Temperatur – sowie der Überstreichintervalle und der Einzelschichtdicken gefordert. Im offenen Dock sind alle diese Randbedingungen auch in klimatisch günstigeren Zonen als Mitteleuropa nur mit großem Aufwand einzuhalten. Die durch ungünstige Applikationsbedingungen verursachten Schäden werden häufig dem kathodischen Schutz angelastet, obwohl er bei der richtigen Wahl des Beschichtungsstoffes in diesen Fällen nicht verantwortlich gemacht werden kann.

Die Neigung zur Blasenbildung wird neben der Oberflächenvorbereitung, den Applikationsbedingungen und den Beschichtungsstoffen von der Gesamtschichtdicke beeinflußt. Gefordert wird eine Mindesttrockenschichtdicke über 250 μm, wobei im Unterwasserschiffbereich der Antifoulinganteil nicht berücksichtigt wird [10].

## 17.3 Kathodischer Korrosionsschutz des Unterwasserschiffes

Kathodischer Korrosionsschutz eines unbeschichteten Schiffes ist aus Gründen des Schutzstrombedarfs und der Stromverteilung praktisch nicht möglich oder unwirtschaftlich. Hinzu kommt, daß eine elektrisch isolierende Schicht zwischen Stahlwand und Antifouling-Beschichtung liegen muß, um die elektrochemische Reduktion toxischer Metall-Verbindungen zu unterbinden. Kathodische Elektrolyseprodukte selbst können den Bewuchs nicht verhindern. Im Gegenteil kann bei freier Korrosion gegen Bewuchs inertes Kupfer bei kathodischem Schutz bewachsen werden [23].

Je nach Umfang des Schutzbereiches unterscheidet man einen Voll- oder Teilschutz des Unterwasserschiffes. Beim Teilschutz wird nur das Heck geschützt, das durch die starke Anströmung und Belüftung sowie durch Elementbildung mit Anhängen, Propeller und Ruder, besonders gefährdet ist. Weiterhin kann sich ein Teilschutz auf den stark angeströmten Bug ausdehnen. Der Vollschutz der Schiffe mit galvanischen Anoden oder Fremdstrom gewinnt zunehmend an Bedeutung, da sich durch mechanische Beschädigungen verursachte Fehlstellen in der Beschichtung an Bug und Mittelschiff häufen. Außerdem ist die Anbringung von galvanischen Anoden am Schlingerkiel unproblematisch. Inwieweit die Anhänge sowie Propeller und Ruder in den Schutz einbezogen werden oder einen eigenen kathodischen Schutz erhalten, hängt von der Bauart des Schiffes und dem Schutzverfahren ab.

Bereiche oder ganze Rümpfe aus Aluminium bzw. nichtrostendem Stahl sind immer mit einem kathodischen Schutz zu versehen. Das gilt auch für hochlegierte Stähle mit Gehalten von Chrom über 20% und von Molybdän über 3%, da sich Spaltkorrosion unter den Beschichtungen nicht vermeiden läßt. Die Auslegung des kathodischen Schutzes muß diese besonderen Bedingungen berücksichtigen und soll hier nicht näher behandelt werden.

### 17.3.1 Berechnung des Schutzstrombedarfs

Wenn die Fläche den Konstruktionsunterlagen nicht entnommen werden kann, läßt sich die Unterwasserfläche $S_0$ aus folgender Beziehung errechnen [1]:

$$\frac{S_0}{m^2} = \frac{L_{KWL}}{m} \left( \frac{B_{KWL}}{m} + 2 \frac{T_{KWL}}{m} \right) \delta \, . \tag{17-1}$$

Hierbei bedeuten: $L_{KWL}$ = Länge in der Konstruktionswasserlinie, $B_{KWL}$ = Breite in der Konstruktionswasserlinie auf Mallkante Spant (bei 0,5 $L_{KWL}$), $T_{KWL}$ = Konstruktionstiefe auf 0,5 $L_{KWL}$ (bezogen auf Basis), $\delta$ = Völligkeitsgrad der Verdrängung. Zusätzlich müssen die Flächen aller Anhänge und Öffnungen nach Zeichnungsunterlagen gesondert ermittelt werden. Die Summe ergibt die Gesamtfläche $S_1$. Als Anhänge gelten Ruder und Propeller sowie Wellenböcke und -hosen bei Mehrschraubenschiffen. Ferner sind Spezialantriebe (Kortdüsen oder Voith-Schneider-Propeller) gesondert zu berücksichtigen. Unter Öffnungen und Seekästen, die zuweilen unbeschichtete Bronze-Gitter haben, sowie Scoop-Öffnungen und Bugstrahlruder zu verstehen [1]. Die Anhänge und Öffnungen benötigen wesentlich größere Stromdichten, so daß mit Hilfe der aufsummierten Fläche allein der Schutzstrombedarf nicht ermittelt werden kann. Aus der Schutzstromdichte $J_{si}$ der einzelnen Flächen $S_i$ errechnet sich der Gesamtschutzstrombedarf $I_s$ zu:

$$I_s = \sum_i J_{si} \, S_i \, . \tag{17-2}$$

Die Schutzstromdichte für Stahlschiffe $J_{si}$ ist abhängig von der Güte der Beschichtung, den Strömverhältnissen und der Art der Schutzkomponente, vgl. Abschn. 17.1 und 17.2. So müssen z. B. für Propeller, die über ein Schleifring-System einbezogen werden, Schutzstromdichten bis zu 0,5 A m$^{-2}$ berücksichtigt werden. Für beschichtete Flächen ist man im wesentlichen auf Erfahrungswerte angewiesen, wobei auch die Betriebsverhältnisse, z. B. zu erwartende Beeinträchtigung durch Eisgang oder Sandabrieb, zu berücksichtigen sind. Für übliche Schiffsbeschichtungen liegt die Schutzstromdichte bei wenigen mA m$^{-2}$. Sie steigt mit der Zeit etwas an. Nach einem Jahr können Mittelwerte zwischen 15 und 20 mA m$^{-2}$ angenommen werden. Es ist üblich, für die Auslegung mit galvanischen Anoden 15 mA m$^{-2}$ einschließlich einer Massenreserve von 20% anzusetzen. Fremdstrom-Anlagen werden für Handelsschiffe aus Stahl mit 30 mA m$^{-2}$ ausgelegt, damit sie bei eventuell stärkeren Beschichtungsschäden entsprechend mehr Strom abgeben können. Für Eisbrecher und eisgehende Schiffe muß dieser Wert je nach Einsatzort und -zeit wesentlich erhöht werden, z. B. bei der Antarktisfahrt auf mindestens 60 mA m$^{-2}$. Der zusätzliche Aufwand ist bei diesem System im Gegensatz zu galvanischen Anoden zu vernachlässigen.

Für Schiffe aus Aluminium ergibt sich ein wesentlich niedrigerer Schutzstrombedarf, da sich dichte festhaftende Oxidschichten bilden. Mit der Annahme von 10% des für Stahl geltenden Wertes sind gute Erfahrungen gemacht worden. Bei Aluminium ist nur ein sehr eng begrenzter Potentialbereich zugelassen [25], vgl. Abschn. 2.4, so daß aufgrund der Anodenspannungstrichter der Fremdstromschutz nicht angewendet werden kann und nur ausgewählte Anodenwerkstoffe auf Zink und Aluminiumbasis in Frage kommen. Magnesiumanoden sind zum Schutz von Aluminiumschiffen nicht geeignet.

### 17.3.2 Schutz durch galvanische Anoden

#### 17.3.2.1 Größe und Anzahl der Anoden

Die erforderliche Anodenmasse folgt aus Gl. (6-7) (vgl. auch die Angaben in [1]). Mit $J_s = 15$ mA m$^{-2}$, Gesamtfläche $S$ und 2,5 Jahren Schutzdauer ergeben sich die Anodenmassen zu:

$$\frac{m_{Zn}}{kg} = 0,421 \frac{S}{m^2} \, , \tag{17-3a}$$

$$\frac{m_{Al}}{kg} = 0,15 \frac{S}{m^2} \, . \tag{17-3b}$$

Da die auf das Volumen bezogenen Strominhalte der galvanischen Anoden annähernd gleich sind, können für beide Anodenarten gleiche Abmessungen angenommen werden. Für den Schutz von Unterwasserschiffen werden nahezu ausschließlich flache und langgestreckte Anoden bzw. Anodengruppen verwendet, die um Halterungen aus Schiffbaustahl, Aluminium oder nichtrostenden Stahl gegossen sind. Zweckmäßig werden die Halterungen am Schlingerkiel oder an sogenannte Dopplungen der Schiffswand geschweißt, die den Abmessungen der Halterungen angepaßt sind. Dadurch wird die Schiffswand beim Anodenwechsel nicht beeinträchtigt. Diese Befestigung ist bei der *Bundesmarine* vorgeschrieben [1]. Heute wird Magnesium wegen der hohen Treibspannung, des geringen Strominhaltes und der hohen Eigenkorrosion nur noch für Binnenschiffe eingesetzt. Aluminiumanoden haben sich auch im Schiffbau durchgesetzt, da die früher befürchtete Passivierung bei geeigneten Legierungen nicht mehr zu erwarten ist. Eine befürchtete Erhöhung des Fahrtwiderstandes konnte weder experimentell noch im Betrieb bei Geschwindigkeiten bis 18 kn nachgewiesen werden. Auch bei Schnellbooten waren Anoden mit 20 mm Dicke nicht nachteilig.

Kathodischer Voll- bzw. Teilschutz (Heck und Bug) wird durch eine entsprechende Anordnung der Anoden erzielt, so daß die erwünschte Stromverteilung in dem betreffenden Bereich aufrecht erhalten wird. Galvanische Anoden geben in Abhängigkeit von ihren Abmessungen und ihrer Treibspannung einen bestimmten Maximalstrom ab, der im wesentlichen von der Leitfähigkeit abhängt. Der aus Treibspannung und Ausbreitungswiderstand errechnete Maximalstrom nach Gl. (6-12) wird in der Praxis durch Deckschicht- und Polarisationswiderstände auf arbeitenden Anoden verringert, die vom Anodenmaterial, vom Medium und von der Zeit bzw. den Betriebsbedingungen abhängig sind. So ist verständlich, daß die von Herstellern angegebenen Maximalströme für ein bestimmtes Medium in der Praxis Veränderungen unterworfen sein können. Bei der Auslegung ist zu berücksichtigen, daß sowohl der Gesamtstrom als auch die erforderliche Stromdichte bzw. Schutzreichweite eingestellt werden. Zu Beginn haben die Beschichtungen noch einen hohen Widerstand und einen geringen Verletzungsgrad. Die Reichweite ist dann nach Gl. (24-111) groß, und der Schutzstrombedarf ist gering. Im Laufe des Betriebes sinkt der Beschichtungswiderstand, wobei nicht nur der Strombedarf ansteigt, sondern auch die Reichweite abnimmt. Insbesondere ist auch zu beachten, daß bei Verringerung der Leitfähigkeit, z. B. im Hafen, die Reichweite nach Gl. (2-45) zurückgeht. Wenn nun vorübergehend das Schutzpotential nicht überall erreicht wird, muß dennoch keine große Korrosionsgefahr bestehen, da im allgemeinen der kathodische Schutz die Wirkung von Korrosionselementen unterbindet. Über die Potentialabhängigkeit der Abtragungsgeschwindigkeit informiert Abb. 2-9.

Aus dem Strombedarf nach Gl. (17-2) errechnet sich mit Hilfe der maximalen Stromabgabe $I_{max}$ der Anoden die erforderliche Anodenanzahl $n$ nach Gl. (17-4). Die Anordnung der Anoden wird im Abschn. 17.3.2.2 behandelt. Im allgemeinen werden galvanische Schutzsysteme für 2,5 bzw. 5 Jahre, d. h. einen Klassenlauf, Schutzdauer ausgelegt. Nach dieser Zeit sollten die Anoden maximal bis auf etwa 20% verbraucht sein.

$$n_i \, I_{max} = J_{si} \, S_i \quad \text{und} \quad n = \sum_i \frac{J_{si} \, S_i}{I_{max}} . \tag{17-4}$$

Hierbei ist $n_i$ die Anodenanzahl für den i-ten Flächenbereich.

Die Bestückung eines Stahlschiffes mit einer Unterwasserfläche von 4500 m$^2$ soll als Beispiel behandelt werden. Mit $J_s = 15$ mA m$^{-2}$ ergeben sich ein Strombedarf von 67,5 A und für 2,5 Jahre Betriebsdauer nach Gl. (17-3a) 1895 kg Zink. Somit werden 121 Stück Anoden mit je 15,7 kg Zink (16,8 kg brutto) benötigt. Solche Anoden haben eine Stromabgabe von 0,92 A. Die Gesamtstromstärke beträgt somit 111 A. Es kann die geforderte Schutzstromdichte aufgebracht werden. Demgegenüber würde bei Wahl einer größeren Anoden-Type mit 25,9 kg Zink und mit einer Stromabgabe von 1,2 A die ausreichende Anodenmasse mit 73 Stück den erforderlichen Schutzstrombedarf eben erreichen. Bei einer Betriebsdauer von 5 Jahren verdoppelt sich der Zinkbedarf auf 3790 kg. Hierzu bieten sich Anodengruppen an, z. B. 105 Stück Zweiergruppen von je 18 kg Zink pro Anode. Bei einer Stromabgabe von 1,3 A je Gruppe ergibt sich eine Gesamtstromabgabe von 137 A. Bei dieser ausreichenden Stromversorgung kann aus praktischen Gründen auch auf 70 Stück Dreiergruppen zurückgegriffen werden.

Bei einer Bestückung mit Aluminiumanoden errechnen sich wieder für 2,5 Jahre nach Gl. (17-3b) 675 kg. Für eine Bestückung mit 121 Anoden gleicher Größe wie bei Zink mit 6,2 kg Aluminium bzw. 7,3 kg brutto folgt mit 750 kg eine Überbestückung. Die Stromabgabe der Anoden ist praktisch die gleiche wie bei Zink. Für Aluminium ergibt sich somit eine höhere Reserve. Für eine Betriebsdauer von 5 Jahren werden 1350 kg benötigt. 105 Stück Zweiergruppen von je 7,3 kg Aluminium pro Anode ergeben insgesamt 1533 kg. Da die Gesamtstromabgabe mit 137 A auch überbestückt ist, können in diesem Falle auch bei Dreiergruppen Anoden eingespart werden.

Bei Aluminiumschiffen ist mit jeweils 10% der Anodenmasse zu rechnen. Die Anodenhalterungen müssen ebenfalls aus Aluminium sein, um das Anschweißen zu ermöglichen und Kontaktkorrosion zu vermeiden.

### 17.3.2.2 Anordnung der Anoden

Zur Erzielung einer guten Stromverteilung sind die Anoden gleichmäßig an der Unterwasserfläche zu verteilen [1]. Ferner sind folgende Grundsätze zu beachten: Etwa 25% der Gesamtanodenmasse werden zum Heckschutz verwendet. Die restlichen Anoden werden auf das Mittel- und Vorschiff verteilt. Sie sind in der Kimmwölbung anzuordnen, damit sie vor dem Abreißen beim Anlegen geschützt sind. Im Bereich des Schlingerkiels sind sie abwechselnd auf dessen Ober- und Unterseite zu befestigen. Der Abstand der in der Kimm des Mittelschiffes angebrachten Anoden sollte 6 bis 8 m lichte Weite nicht überschreiten, um eine Überlagerung der Schutzweiten zu sichern. In Wässern mit höheren Schutzstromdichten, z. B. Tropen, und mit geringerer Leitfähigkeit, z. B. Ostsee, ist die Reichweite geringer. Bei solchen Schiffen wird ein Abstand von 5 m gewählt. Er verringert sich weiter bei Schiffen, die hohen mechanischen Beeinträchtigungen ausgesetzt sind, z. B. Eisgang in arktischen Gewässern.

Die vorderen Anoden im Bugbereich sind wegen des Strömungsverlaufes schräg anzustellen. Dabei ist darauf zu achten, daß sie nicht durch die Ankerkette beschädigt werden können. Wegen der hohen Beanspruchungen müssen die Anoden hier nicht nur in der Kimm, sondern auch in Nähe des Mittelkiels angeordnet werden. Am Heck werden die Anoden insbesondere im Bereich des Stevenrohr-Austritts, der Stevensohle, des Schraubenbrunnens und evtl. der Hacke angebracht. Bei der Verteilung der Anoden ist darauf zu achten, daß der Propeller nicht durch an den Anoden gebildete Wirbelzöpfe beaufschlagt wird. Deshalb sollten im Bereich 0,4 bis 1,1 D (D = Durchmesser des Propellers) keine Anoden angebracht werden: *verbotener Bereich*. In neuerer Zeit wird zuweilen auch gefordert, die Anoden im Bereich des Stevenrohr-Austrittes mindestens D vor dem Propeller anzubringen. Soweit Anoden über dem Schraubenbrunnen angebracht werden, die bei Ballastfahrt vielfach nicht eintauchen, sollten sie der Heckform entsprechend schräg angestellt werden. Dies gilt auch für Anoden ober- und unterhalb des verbotenen Bereiches, vgl. Abb. 17-2 [1].

Das Ruder wird beidseitig mit Anoden bestückt, die man entweder in Höhe der Propellernabe oder möglichst weit oben und unten auf dem Ruderblatt anbringt. Es gibt hierzu speziell geformte Ruderanoden, die an der Rudervorkante angeschweißt werden. Seekästen und Scoop-Öffnungen werden wegen ihres erhöhten Strombedarfs gesondert berechnet und bestückt.

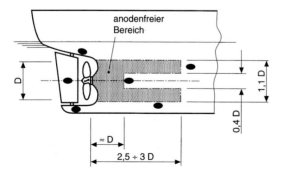

**Abb. 17-2.** Anordnung galvanischer Anoden am Heck nach VG 81256.

Für den Teilschutz des Hecks werden anstelle der üblichen 25% der Anoden für den Vollschutz gelegentlich auch 33% des Vollschutzes eingesetzt. Dabei dienen dann 25% dem eigentlichen Heckschutz und 8% der Abschirmung des Heck-Bereiches gegen den übrigen stromaufnehmenden Schiffskörper. Die letzten Anoden heißen auch Fanganoden und werden vor den Heckschutz-Anoden angebracht.

Wellenböcke bei Mehrpropellerschiffen müssen besonders geschützt werden. Bei kleinen Schiffen werden beidseitig der Basis des Wellenbocks Anoden angebracht. Bei großen Schiffen werden die Anoden auf die Wellenböcke aufgeschweißt. Welle und Schraube sollten auch bei Schutz mit galvanischen Anoden mit Wellenschleifringen in den Korrosionsschutz einbezogen werden. Die Übergangsspannungen sollen unter 40 mV liegen, vgl. Abschn. 17.3.3.3. Auch Sonderantriebe erfordern eine gesonderte Berechnung und Verteilung der Anoden. Bei Kort-Düsenrudern wird die gesamte Fläche des Ruderkörpers berechnet und eine Schutzstromdichte von 25 mA m$^{-2}$ zugrundegelegt. Die Anoden werden auf der Außenseite angebracht. Innen werden sie auf den Versteifungskreuzen befestigt. Bei Voith-Schneider-Propellern werden die Anoden rund um die Begrenzung der Propellerbasis angeordnet.

Schiffe mit nichtmetallischen Rümpfen haben häufig metallische Anhänge, die kathodisch geschützt werden können. Hierbei werden die Anoden auf dem Holz- oder Kunststoffrumpf aufgeschraubt und über das Schiffsinnere mit den Schutzobjekten niederohmig verbunden. Dazu dienen das metallische Fundament für den Antrieb und Kupferbänder.

### 17.3.2.3 *Kontrolle des kathodischen Schutzes*

Zur Potentialmessung werden Bezugselektroden möglichst nahe an der Schiffswand an einer reißfesten Leine herabgelassen, die zweckmäßig mit 20 kg Blei beschwert ist. Wegen der guten Leitfähigkeit des Meerwassers sind *IR*-Fehler nach Gl. (2-34) zu vernachlässigen. Im Gegensatz zu Süßwasser ist für die Potentialmessung in Meerwasser die Ausschalttechnik, vgl. Abschn. 3.3.1, nicht erforderlich.

Als Bezugselektroden werden im allgemeinen Ag/AgCl-Elektroden gewählt, vgl. Abschn. 16.7 und Tabelle 3-1. Beim Masseanschluß am Schiff ist darauf zu achten, daß die Verbindung genügend niederohmig und trocken ist. Im allgemeinen werden Klemmzangen an der Reeling verwendet. Für das Schutzpotential gelten die Angaben in Abschn. 2.4.

## 17.3.3 Schutz durch Fremdstrom

Wegen der begrenzten Stromabgabe und Reichweite galvanischer Anoden ist die Anzahl der Anoden annähernd proportional der zu schützenden Flächen. Bei großen Anodenanzahlen ist der galvanische Schutz dem Fremdstromschutz wirtschaftlich unterlegen, weil Material- und Montagekosten bei galvanischen Anoden der Stückzahl proportional sind, beim Fremdstromschutz aber unterproportional mit der Fläche ansteigen. Die Grenze liegt bei Schiffen ab etwa 100 m Länge. Weitere Vorteile des Fremdstrom-Schutzes sind regelbare Stromabgabe und Verwendung von langlebigen Anoden nach Tabelle 17-1.

**Tabelle 17-1.** Anoden für Fremdstromanlagen.

| Anoden | Schicht | Anodenstromdichte A m$^{-2}$ | | Anodenverbrauch µg A$^{-1}$ h$^{-1}$ |
|---|---|---|---|---|
| Platin auf Titan oder Niob | 10 bis 40 g Edelmetall pro m$^2$ | Seewasser max. Brackwasser Frischwasser | 1000 300 100 | 1 bis 3 10 bis 15 5 |
| Mischoxid auf Titan | | Seewasser Brackwasser Frischwasser | 700 300 100 | 0,2 bis 0,5 0,5 bis 1,0 0,2 bis 0,5 |

Im Vergleich zum Schutz mit galvanischen Anoden werden bei Fremdstrom höhere Treibspannungen und weniger Anoden eingesetzt. Bei im Durchschnitt größerer Potentialabsenkung wird eine erhöhte Schutzstromdichte von 30 mA m$^{-2}$ für beschichtete Flächen angesetzt, jedoch darf das Potential $U_H = -0,65$ mV nicht unterschreiten, um Beschichtungsschäden zu vermeiden. Für das in Abschn. 17.3.2.1 genannte Beispiel mit 4500 m$^2$ ergibt sich dann ein Strombedarf von 135 A, der leicht von einem zentralen Versorgungsgerät geliefert werden kann. Zum Einspeisen dienen zwei oder vier Anoden mit einer Stromabgabe von je 35 A.

### 17.3.3.1 Stromversorgung und Schutzgleichrichter

Im Gegensatz zu standortgebundenen Objekten müssen bei Schiffen potentialregelnde Anlagen verwendet werden, weil der Schutzstrombedarf je nach Umgebung und Betriebszustand schwankt. Nähere Angaben über Schutzgleichrichter enthält Kap. 8. Bei Schiffen müssen die Schutzstrom-Geräte besonders robust und fest gegenüber Erschütterungen sein [3]. Die Regelung erfolgt über Phasenanschnitt-Steuerung mit Thyristoren. Im Gegensatz zu Geräten für den Rohrleitungsschutz bei Streustromeinfluß kann die Regel-Zeitkonstante sehr groß sein, da der Schutzstrombedarf sich nur sehr langsam ändert. Die Versorgungsanlagen enthalten ferner Strom- und Potential-Meßgeräte für die einzelnen Fremdstrom-Anoden und Meßelektroden. Bei größeren Anlagen werden die wichtigsten Daten auch registriert.

Wegen der verhältnismäßig hohen Leistung werden vorzugsweise Silicium-Gleichrichter eingesetzt. Zum Schutz gegen Überlastung bei niederohmigen Kontakten zu gut geerdeten Anlagen, z. B. im Hafen, muß eine automatische Strombegrenzung vorgesehen sein. Ein Störungsfall muß durch optische oder akustische Warnsignale angezeigt werden. Entsprechend kann auch eine Spannungsbegrenzung vorgesehen werden, wenn die Fremdstrom-Anoden dies erfordern, vgl. Abschn. 7.2.2. Abb. 17-3 zeigt als Beispiel das Schaltschema und die Komponenten einer Schutzanlage für Schiffe.

Bei mittelgroßen Schiffen erfolgt die Stromversorgung über ein Gerät, das im Leitstand oder im Maschinenraum angebracht ist. Bei großen Schiffen sollte der Gleichrichter in der Nähe der Anoden aufgestellt werden, um nur geringe Kabelquerschnitte verlegen zu müssen. In solchen Fällen wurden früher im Maschinenraum und im Vorschiff zwei voneinander unabhängige Geräte eingesetzt. Inzwischen werden auch bei

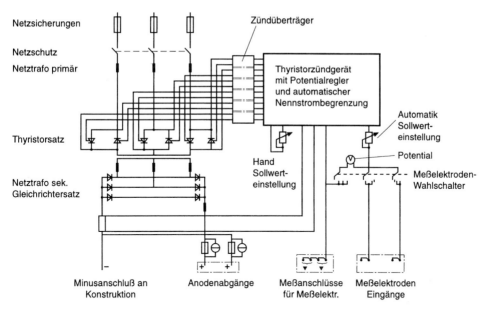

**Abb. 17-3.** Schaltung einer Fremdstrom-Schutzanlage.

großen Tankschiffen alle Anoden im hinteren Viertel des Schiffes angeordnet und die schlechtere Stromverteilung in Kauf genommen.

Eine weitere Möglichkeit besteht darin, die Gleichstrom-Versorgung zu dezentralisieren. Hierbei erfolgt die Wechselstrom-Versorgung der einzelnen Schutzgleichrichter von einem potentialregelnden Zentralgerät, das im Maschinenleitstand untergebracht ist. Die Schutzgleichrichter können dann mittschiffs mit relativ kurzen Gleichstromkabeln zu den Anoden angeordnet werden. Die Gleichstromkabel sollten so bemessen sein, daß der Spannungsabfall kleiner als 2 V bleibt.

### 17.3.3.2 Fremdstrom-Anoden und Meßelektroden

Bei Fremdstrom-Anoden für Schiffe werden im wesentlichen zwei Anodenformen eingesetzt: auf die Bordwand gesetzte Anoden und *Recessanoden*, die bündig mit der Bordwand abschließen. Übliche Recessanoden liegen auf der Bordwand flach auf (vgl. Abb. 17-4) oder werden sogar eingelassen und schließen dann mit der Schiffswand glatt (*recessed*) ab, vgl. Abb. 17-5. Der eigentliche Anodenkörper ist als flache Platte in den Grundkörper aus Kunststoff eingebettet, der seinerseits wieder von einem seitlichen Metallrahmen begrenzt wird. Mit diesem Metallrahmen wird die Anode auf der Schiffswand festgeschweißt. Solche Anoden haben aktive Anodenflächen aus Mischoxiden oder aus platiniertem Titan und Breiten bis zu 100 mm und Längen bis zu 2000 mm. Die Recessanoden werden vorzugsweise bei hoch beanspruchten Schiffen wie Eisbrechern und im Bugbereich eingesetzt. Teilweise werden in diesen Fällen noch zusätzliche Abweiser zum mechanischen Schutz angebracht. Ausführliche Angaben zu Anodenwerkstoffen und Meßelektroden bei Schiffen sind in der VG 81 259 zusammengestellt [3].

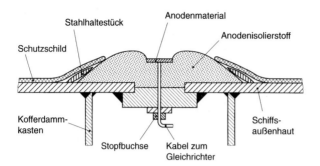

**Abb. 17-4.** Aufgesetzte Fremd-strom-Anode.

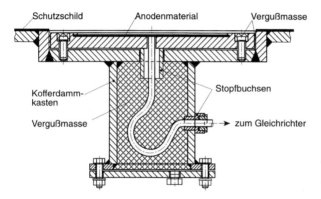

**Abb. 17-5.** *Recess*anode mit Kofferdammkasten und Stopf-buchsen (schematisch).

Neben Preis und Haltbarkeit richtet sich die Auswahl der Anoden vor allem nach den zu erwartenden Belastungen. Die Stromabgabe der Anoden ist bei gegebener Spannung umgekehrt proportional dem Ausbreitungswiderstand. Dieser ist proportional der Leitfähigkeit der Wässer (vgl. Tabelle 24-1 und Abschn. 24.1) und kann um den Faktor 100 schwanken (vgl. Abschn. 17.1.1). Zur Erzielung der erforderlichen Schutz-stromdichten müssen in schlecht leitfähigen Wässern die Anodenspannungen entsprechend erhöht werden. Dabei können durchaus die Spannungsbegrenzung der Schutz-anlagen und die zulässigen Treibspannungen für die jeweiligen Anodenarten überschritten werden. Bei Kenntnis der für das jeweilige Schiff in Frage kommenden Wässer ist der Schutz entsprechend auszulegen. Hierbei können kurze Verweilzeiten in Häfen unberücksichtigt bleiben. Durch die Spannungsbegrenzung besteht aber in hochohmigen Wässern dann ein Unterschutz.

Um jede flach anliegende Fremdstrom-Anode muß die Umgebung gegen die Wirkung des anodisch erzeugten Sauerstoffs und vor allem des Chlors und seiner Umsetzungsprodukte HCI und HOCI, vgl. Gl. (7-1) und (7-2a, b), sowie gegen die durch die starke Potentialabsenkung auftretende Alkalisierung und kathodische Beanspruchung (vgl. Abschn. 5.2.1) geschützt werden. Dazu werden Schutzschilder angebracht. Hierzu werden auf dem gestrahlten Untergrund (Normreinheitsgrad Sa 2½) eine Spezialbeschichtung, GFK-Teile oder Spachtelmassen von mind. 1 mm Dicke bis zu 3 m Entfernung von der Anode aufgebracht, die nicht verspröden dürfen, eine ausreichende Duktilität aufweisen und sich auch bei längerer Dockliegezeit nicht verändern. Wenn eine besonders intensive Beanspruchung, z. B. durch Anströmen exponierter Stellen zu erwarten ist, kommen auch Schichtdicken bis zu 2,5 mm in Betracht. Die Größe des Schutzschildes ist von dem Schutzstrom, der Spannung und der Form der Anode abhängig [3].

Meßelektroden für den Fremdstromschutz bei Schiffen sind robuste Bezugselektroden (vgl. Abschn. 3.2 und Tabelle 3-1), die ständig dem Meerwasser ausgesetzt sind und bei Entnahme geringer Regelströme unpolarisierbar bleiben. Die sonst üblichen Silber/Silberchlorid- und Kalomel-Bezugselektroden werden nur für Kontrollmessungen eingesetzt, vgl. Abschn. 16.7. Alle Bezugselektroden mit Elektrolytlösung und Diaphragma sind als Dauer-Meßelektroden für potentialregelnde Gleichrichter ungeeignet. Als Meßelektroden kommen nur Metall/Medium-Elektroden in Betracht, die ein genügend stabiles Potential haben. Die Silber-Silberchlorid-Elektrode hat ein Potential, das von der Chloridionen-Konzentration des Wassers abhängt (vgl. Tabelle 3-1). Diese Potentialverschiebung kann aber im allgemeinen toleriert werden [3]. Am besten bewährt haben sich Elektroden aus Reinzink [3]. Sie haben ein konstantes Ruhepotential, sind wenig polarisierbar und gegebenenfalls bei Deckschichtbildung durch einen anodischen Stromstoß regenerierbar. Ihre Lebensdauer beträgt mindestens 5 Jahre.

Die Kabel für Anoden und Meßelektroden werden in Rohren bzw. auf Kabelbänken verlegt. Die Anoden-Kabel müssen genügend niederohmig sein, vgl. Abschn. 7.4. Zuweilen wird für Anoden-Kabel auch längswasserdichte Qualität gefordert. Früher erfolgte die Stromzuführung meist mit einer kurzen Kabel- und Bolzendurchführung unter der Anode, seltener mit einer seitlichen Zuführung. Heute wird die Kabeldurchführung zu den unter der Wasserlinie liegenden Anoden mit Hilfe von Kofferdammkästen (vgl. Abb. 17-4 und 17-5) und Stoffbuchsen [5] bevorzugt. Dabei muß die Wanddicke dieser Kästen der der Schiffswand entsprechen [4-6]. Das Anoden-Kabel führt durch den Kofferdammkasten zur Stromversorgung, wenn nicht die Verbindung mit dem Stromversorgungskabel im Kofferdammkasten über einen Anschlußbolzen erfolgt. Anoden-Kabel und Anschlußbolzen werden durch eine wasserdichte Schottstopfbuchse eingeführt. Das Versorgungskabel zum Gleichrichter wird durch die zwei Stopfbuchsen geleitet. Die Kofferdammkästen können zusätzlich noch durch Einfüllen dickflüssiger Isolierstoffe abgedichtet werden (Abb. 17-5).

### 17.3.3.3 Anordnung der Anoden und Meßelektroden

Für Fremdstrom-Anoden gelten die gleichen Grundsätze wie für galvanische Anoden hinsichtlich der verbotenen Zonen und ihrer sicheren Anordnung gegenüber mechanischen Beschädigungen, vgl. Abschn. 17.3.2.2. Ein wesentlicher Unterschied besteht in der geringeren Anodenanzahl und in den mit der Stromzuführung verbundenen Schwierigkeiten. So ist bei Tankschiffen auch die Stromzuführung in Panzerrohren im Bereich der Ladetanks verboten. Die Stromzuführung kann nur außen erfolgen und erfordert eine entsprechende Abdeckung. Ein Verzicht auf Anoden in diesem Bereich geht zu Lasten der Stromverteilung. In Abb. 17-6 ist die übliche durch die Schiffskonstruktion bedingte Anordnung von Meßelektroden und Anoden dargestellt. Die Anoden und Bezugselektroden sind in gleicher Anordung an Back- und Steuerbord vorzusehen. Eine andere Verteilung ist in Sonderfällen erforderlich, wenn die Stromverteilung das entscheidende Kriterium bei der Auslegung ist. Dies gilt z. B. für Eisbrecher und eisge-

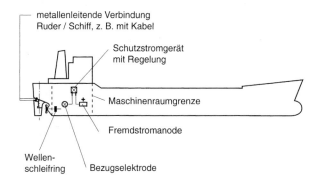

metallenleitende Verbindung
Ruder / Schiff, z. B. mit Kabel

Schutzstromgerät
mit Regelung

Maschinenraumgrenze

Fremdstromanode

Wellen-
schleifring        Bezugselektrode

**Abb. 17-6.**  Beispiel für die Anordnung von Anoden und Meßelektroden.

hende Schiffe, bei denen gerade im Bugbereich große Flächen ohne Beschichtung entstehen können. Ansonsten wird aus wirtschaftlichen Gründen und der Zugänglichkeit der Anoden die Anordnung im Maschinenraumbereich bevorzugt.

Die Ruder werden nicht mit Fremdstrom-Anoden bestückt, sondern über ein Kupferband zwischen Ruderwelle und Schiffswand in den Schutz einbezogen. Die Propeller sind über einen Schleifring auf der Welle in den Schutz einzubeziehen. Zur Erzielung einer niederohmigen Verbindung hat der geteilte Kupfer- oder Bronzering noch eine eingewalzte Silberlage, auf der die Bürsten aus Metallgraphit laufen. Die Übergangsspannungen sollen unter 40 mV liegen.

Im Gegensatz zu galvanischen Anoden gibt es bei Fremdstrom-Anoden keine festen Regeln über Anodenabstände, weil die Stromabgabe und die Reichweite sich regulieren lassen. Bei großen Schiffen von mindestens 150 m Länge sollen die Heckanoden vom Propeller einen Mindestabstand von 15 m haben. Bei kleinen Schiffen kann dieser Abstand bis auf 5 m verringert werden. Die Meßelektroden sollen dort angebracht sein, wo die geringste Potentialabsenkung zu erwarten ist – also in Anodenferne. Ihr Abstand von den Anoden beträgt bei großen Schiffen mindestens 15 bis 20 m; er ist bei kleinen Schiffen entsprechend geringer. Bugstrahlruder, Scoops und Seekästen werden gesondert mit galvanischen Anoden bestückt.

Fremdstrom-Anoden und Meßelektroden müssen sehr sorgfältig montiert werden. Isolationsschäden, die z. B. beim Schweißen entstehen können, müssen sofort ausgebessert werden. Anoden- und Elektrodenflächen sollten nach der Montage und bei Trockenstellungen mittels wasserlöslichen Klebern und Papier zum Schutz gegen Beschichtungsstoffe und Schmutz abgedeckt werden. Falls nach der Montage passiver Korrosionsschutz und Strahlreinigung vorgesehen sind, muß die Abdeckung entsprechend widerstandsfähig sein.

## 17.4  Kathodischer Innenschutz von Tanks und Behältern

Für den kathodischen Innenschutz können die allgemeinen Hinweise der DIN 50927 herangezogen werden [27]. Der Innenschutz von Tanks geschieht mit galvanischen Anoden. Fremdstrom-Schutz ist wegen der Zündgefahr bei Funkenbildung und Kurzschluß nicht zugelassen. Schutzobjekte sind: Ballast-, Lade- und unter Umständen Frischwassertanks.

Ballastwassertanks auf Schiffen stellen hinsichtlich der Korrosion kritische Bereiche dar. Dies gilt für alle Arten von Ballastwassertanks, wie z. B. Doppelboden- und Seitentanks, auf den heute üblicherweise gebauten Doppelhüllentankern, Bulk Carriern und Containerschiffen. Die Korrosionsbelastung durch Ballastwasser unterliegt starken Schwankungen und kann in den seltensten Fällen genau bestimmt werden. Das Einsatzgebiet, die Häufigkeit des Flüssigkeitswechsels, das Korrosionsschutzsystem und sein Zustand, Konstruktionsmerkmale der Tanks und insbesondere die Zusammensetzung des Ballastwassers haben einen entscheidenden Einfluß auf das Korrosionsverhalten.

Für den Korrosionsschutz von Ballastwassertanks können Beschichtungen, Beschichtungen mit kathodischem Schutz und in Sonderfällen kathodischer Schutz ohne Beschichtungen eingesetzt werden. Für Ballastwassertanks gilt, daß der beste Korrosionsschutz eine Kombination von Beschichtung und kathodischem Schutz mit galvanischen Anoden ist. Fremdstromanoden sind in Ballastwassertanks nicht zulässig.

Es bestehen seitens der Klassifikationsgesellschaften Bestimmungen zum Schutz dieser Tanks. So müssen z. B. nach den Vorschriften des Germanischen Lloyd Beschichtungssysteme für den Einsatz in Ballastwassertanks zugelassen sein. Zusätzlich sind die einzelnen Arbeitsschritte wie z. B. Oberflächenvorbereitung, Applikation einschließlich der Umgebungsbedingungen bei der Applikation kontinuierlich in einem Protokoll zu dokumentieren. Eine Mindestschichtdicke von 250 µm ist einzuhalten. Die Beschichtungen müssen nach Angaben des Herstellers für den Einsatz in Ballastwassertanks geeignet sein. Die Verwendung von Beschichtungsstoffen mit heller Farbe ist aufgrund der besseren Kontrollmöglichkeiten beim Beschichten und im Betrieb anzustreben. Für den Korrosionsschutz mit Beschichtungen werden heute in den Ballastwassertanks von Neubauten überwiegend duromere Reaktionsharze (Hartbeschichtungen) auf Basis Epoxid und Polyurethan eingesetzt. Oberflächenvorbereitung und Applikationsbedingungen sind gemäß den Angaben des Herstellers einzuhalten. Nach Abschluß der Beschichtungsarbeiten ist eine Besichtigung der Tanks vorzusehen. Schichtdickenmessungen sind dabei stichprobenartig vorzusehen. Einen Überblick über die wichtigsten Anforderungen gibt Abb. 17-7.

Weitere Angaben zur Auslegung von Korrosionsschutzsystemen für Schiffe (Neubau und Reparatur) können z. B. den Vorschriften des Germanischen Lloyd [5] sowie den STG Richtlinien Nr. 2215 [10] und 2221 [26] entnommen werden. Der kathodische Korrosionsschutz ist in den Normen VG 81255 [1] und VG81258 [2] beschrieben.

Magnesiumanoden dürfen in Tanks nicht verwendet werden. Aluminiumanoden dürfen nach den Vereinbarungen der *International Association of Classification Societies*, die in den einzelnen Regelwerken berücksichtigt wurden [5, 6], in allen Tanks eingesetzt werden – in Tanks für schwarze Ladung aber nur derart, daß beim Herunterfallen die Fallenergie 275 J nicht überschreitet, d. h. eine 10-kg-Anode darf nicht höher als 2,8 m über dem Tankboden befestigt sein. Zinkanoden sind ohne Einschränkung zugelassen. Die Einschränkungen für Aluminiumanoden werden durch mögliche Funkenbildung beim Herabfallen begründet.

Beschichtete Flächen in Ballaswassertanks und Rohöltanks sind mit 20 mA m$^{-2}$ zu schützen. Unbeschichtete Flächen in Ballastwasser sind mit 120 mA m$^{-2}$ (nur in Sonderfällen zulässig), Rohöltanks mit 150 mA m$^{-2}$ zu schützen. Die Lebensdauer der Anoden ist auf 5 Jahre auszulegen. Die zu schützende Fläche soll die Gesamtfläche einschließlich Einbauten, Spanten und Rohre berücksichtigen. Die oberen 1,5 m der

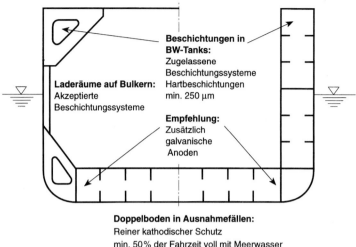

**Abb. 17-7.** Anforderungen an den Korrosionsschutz.

Seitenwände und die Decken sind mit einer Beschichtung anerkannter Güte [10] zum Schutz gegen Korrosion zu versehen.

Die horizontalen Flächen in Rohöl-Tanks sollten beschichtet werden, da Wasser-Öl-Gemische einen starken Korrosionsangriff verursachen können. Im Bodenbereich bis etwa 1,5 m Höhe ist eine Kombination von Beschichtung und kathodischem Schutz mit speziellen Bodenanoden zu wählen. Grundsätzlich könnten auch in diesem Bereich die Anoden den alleinigen Schutz übernehmen, doch bei leeren Rohöltanks mit schwefelhaltigen aggressiven Wasser-Öl-Gemischen kann damit die Korrosion nicht verhindert werden.

Für die verschiedenen Tankarten und -konstruktionen sind die entsprechenden Anodenformen entwickelt worden. So gibt es z. B. lange Flachanoden, die auf dem Tankboden installiert den Schutz gegen Restwassermengen übernehmen können. Alle Anoden müssen auch so angeordnet sein, daß sie von Tank-Reinigungsgeräten erfaßt und gereinigt werden können.

Die Beschichtungen für Tanks sind so auszuwählen, daß sie den vorgesehenen Belastungen widerstehen [10]. Die hochwertigen modernen Beschichtungssysteme verlangen eine sehr gute Oberflächenvorbereitung von Sa 2½, die in Tanks aufgrund der Spantkonstruktionen und Enge oft nicht verwirklicht werden kann. Mit entsprechend höherer Fehlstellenhäufigkeit ist daher zu rechnen.

## 17.5 Kathodischer Schutz von Wärmetauschern, Kondensatoren und Rohrleitungen

Für den Schutz dieser Anlagenteile werden galvanische oder Fremdstromanoden eingesetzt. Das Anodenmaterial richtet sich nach den Medien: Zink und Aluminium für Meerwasser-, Magnesium für Süßwasser-Kreisläufe. Für dem Fremdstrom-Schutz wird als Anodenmaterial platiniertes Titan eingesetzt. Für die Ein- und Ausläufe von Wärmetauschern sollten aufgrund der unterschiedlichen Temperaturverhältnisse unabhängig voneinander arbeitende potentialregelnde Anlagen eingesetzt werden. Die Schutzstromdichten sind werkstoff- und mediumabhängig.

Der kathodische Innenschutz von Rohren ist wegen der Reichweite-Begrenzung nur bei Rohren ab einer Nennweite größer als DIN 400 wirtschaftlich einsetzbar. In Einzelfällen kann ein Innenschutz durch Einziehen örtlich platinierter Titandraht-Anoden erreicht werden, vgl. Abschn. 7.5.4 und Kapitel 21.

## 17.6 Literatur

[1] VG 81255, Beuth-Verlag, Berlin 1995.
   VG 81256-1 bis -3, Beuth-Verlag, Berlin 1995.
   VG 81257-1 bis -3, Beuth-Verlag, Berlin 1995.
[2] VG 81 58, Beuth-Verlag, Berlin 1995.
[3] VG 81259-1 bis 3, Beuth-Verlag, Berlin 1994.
[4] Brit. Stand. Inst., Code of Practice for Cathodic Protection, London.
[5] Germanischer Lloyd, Klassifikations- und Bauvorschriften, Teil 1 Seeschiffe, Hamburg.
[6] Det Norske Veritas, Rules for Classification of Steel Ships, Oslo.
[7] H. Determann u. E. Hargarter, Schiff u. Hafen 20, 533 (1968).
[8] R. Tanaka, Sumitomo Light Met, Techn. Rep. 3, 225 (1962).
[9] P. Drodten, G. Lennartz u. W. Schwenk, Schiff u. Hafen 30, 643 (1978).
[10] STG-Richtlinie Nr. 2215, Hamburg 1987.
[11] STG-Richtlinie Nr. 2220, Hamburg 1988.
[12] H. Kubota u. a., Nippon Kokan techn. Rep. Overs. 10, 27 (1970).
[13] Fischer, Bue, Brattes, Steensland, OTC, Houston 1980, Paper No. 388.
[14] B. Richter, Schiff u. Hafen, Sonderheft Meerwasser-Korrosion, Februar 1983, S. 88.
[15] A. Bäumel, Werkstoffe u. Korrosion 20, 391 (1969).
[16] VG 81249-3, Beuth-Verlag Berlin 1995; DIN 50919, Beuth-Verlag Berlin 1984; W. Schwenk, Metalloberfläche 35, 158 (1981).
[17a] J. Elze u. G. Oelsner, Metalloberfläche 12, 129 (1960); siehe auch dieses Handbuch, 2. u. 3. Auflage, Tabelle 2-4.
[17b] H. Gräfen u. A. Rahmel, Korrosion verstehen – Korrosionsschäden vermeiden, Band 1, Abschnitt 6.3, dort zitierte Literatur [4, 5], Verlag I. Kuron, Bonn 1990.
[18] K. Meyer u. W. Schwenk, Schiff u. Hafen 26, 1062 (1974).
[19] H. Hildebrand u. W. Schwenk, Werkstoffe u. Korrosion 30, 542 (1979) und 33, 653 (1982).
[20] DIN 50928, Beuth-Verlag, Berlin 1985.
[21] H. Determann, E. Hargarter, H. Sass, Schiff u. Hafen 32, 89 (1980);
   H. Determann, E. Hargarter, H. Sass, Schiff u. Hafen 28, 729 (1976);
   W. Bahlmann, E. Hargarter, H. Sass, D. Schwarz, Schiff u. Hafen 33, H. 7, 50 (1981);
   W. Bahlmann, E. Hargarter, Schiff u. Hafen, Sonderheft Meerwasser-Korrosion, Februar 1983, S. 98.
[22a] DIN 55928, Beuth-Verlag, Berlin 1991.
[22b] E DIN ISO 12944-5, Beuth-Verlag, Berlin 1997.
[23] H. Pircher, B. Ruhland u. G. Sussek, Thyssen Technische Berichte 18, H. 1, 69 (1986).
[24] STG-Richtlinie Nr. 2222 Hamburg 1992.
[25] V. Brücken, H. Dahmen u. a., Int. Leichtmetalltagung, Leoben-Wien, 22.–26. 06. 1987.
[26] STG-Richtlinie Nr. 2221 Hamburg 1992.
[27] DIN 50 927, Beuth-Verlag, Berlin 1985.

# 18 Kathodischer Schutz von Bohrloch-Verrohrungen

B. LEUTNER

## 18.1 Beschreibung des Schutzobjektes

In Erdöl- und Erdgasfeldern bzw. Speichern werden die Bohrlöcher zur Stabilisierung der Bohrungen verrohrt. Je nach Teufe und Betriebsbedingungen werden in oberflächennahen Bereichen mehrere Rohre ineinander eingebaut (Teleskopverrohrung), siehe Abb. 18-1.

Der Ringraum zwischen dem äußeren Rohr und dem umgebenden Gebirge wird bei neueren Bohrungen über die gesamte Teufe bis überflur mit Zement ausgefüllt. Die Aufgabe der Zementation besteht darin, die Lagerstätte nach oben abzudichten bzw. Süß- und Salzwasserhorizonte gegeneinander abzuschotten. Zusätzlich dient sie zum Schutz gegen Drücke aus dem Gebirge und als Korrosionsschutz, der jedoch nur wirksam ist, solange keine Stromaustritte durch großflächige Elemente oder Fremdbeeinflussung besteht. Die Zementation der Bohrloch-Verrohrung (Casing) ist im allgemeinen nicht immer gleichmäßig auf der Rohroberfläche verteilt. Es muß damit gerechnet werden, daß Abschnitte nicht oder nur sehr mangelhaft mit Zement bedeckt sind.

Bei älteren Bohrloch-Verrohrungen sind oft nur die öl- bzw. gasführenden Teufen der Lagestätte und die oberen Bereiche zementiert. In den nicht zementierten Teufen befinden sich die Spülreste vom Bohren bzw. unmittelbar das Gebirge. Bei der Spülung handelt es sich um eine beim Bohren erforderliche Suspension von $BaSO_4$ und Wasser mit hoher Dichte, die im allgemeinen auch salzhaltig ist. Hierdurch wird die Wirkung von Korrosionselementen unterstützt.

## 18.2 Ursachen der Korrosionsgefährdung

### 18.2.1 Ausbildung von Korrosionselementen

Durch die bei älteren Bohrungen übliche Verfahrensweise, die Außenverrohrung nur teilweise zu zementieren, kann es an den Übergangsbereichen zu den unbeschichteten Abschnitten zur *Elementbildung* (Stahl im Zement/Stahl im Boden) kommen, siehe Abschn. 4.2 und 4.3. Infolge der metallenleitenden Verbindung der Bohrung mit der Feldleitung fließen wegen der unterschiedlichen Freien Korrosionspotentiale der Bohrungen Ausgleichsströme, so daß die Bohrungen als Anode oder Kathode wirken können. Die Ströme können bis zu einigen A betragen, wodurch erhebliche Korrosionsschäden entstehen. Die Wirkung dieses Elementes kann durch den Einbau von Isolierstücken zwischen Bohrung und Feldleitung beseitigt werden.

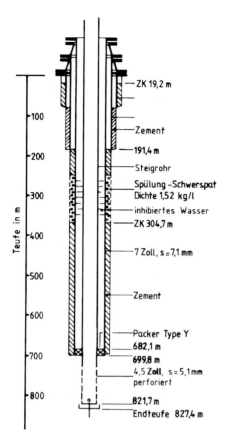

**Abb. 18-1.** Profil einer Teleskop-Verrohrung.

Die Bestimmung der korrosionsgefährdeten Abschnitte einer Bohrloch-Verrohrung kann mit Hilfe der in Abschn. 18.3.2 beschriebenen Profilmessung durchgeführt werden. Die Profilmessung ist eine Momentaufnahme zum Zeitpunkt der Messung und kann somit nur eingeschränkt eine Auskunft über Hauptursachen der Korrosionsschäden geben. Auch örtlich begrenzte Elemente (Störungen in der Zementation), können im allgemeinen durch die Profilmessung nicht festgestellt werden.

### 18.2.2  Freie Korrosion durch korrosive Erdschichten

Die Bohrloch-Verrohrung durchläuft bis zur Endteufe mehrere geologische Strukturen, die aus Schichten mit salzreichen Wässern bis hin zu inertem Zechstein bestehen könnten. Zusätzlich treten je nach Art des Feldes korrosive Gase ($CO_2$, $H_2S$) und Temperaturdifferenzen bis zu $90\,°C$ auf. Diese Faktoren führen zu einer erhöhten Gefärdung durch freie Korrosion in tieferen Erdschichten, wobei durch Salze gestörte Deckschichtbildung und z. T. auch Konzentrationselemente auftreten können, vgl. Abb. 4-2b bis 4-2c.

### 18.2.3 Bedingungen für Spannungsrißkorrosion

Da Bohrloch-Verrohrungen mit zunehmender Tiefe erhöhten Temperaturen ausgesetzt sind und da ferner mechanische Zugspannungen einwirken, sind Fragen nach einer möglichen Gefährdung durch Spannungsrißkorrosion zu verfolgen. Nach den Angaben in Abschn. 2.3.3 besteht im Falle kathodisch geschützter Casings eine mögliche Gefährdung für interkristalline Spannungsrißkorrosion durch die Bedingungen e, g und h, wobei nach den Gl. (2-17) und (2-19) NaOH entsteht und die übrigen Komponenten durch Reaktion der NaOH mit $CO_2$ aus dem Boden gebildet werden. Die kritischen Potentiale bzw. Schutzpotentialbereiche sind in Abschn. 2.4 zusammengestellt. Unter den vorliegenden praktischen Bedingungen ist anzunehmen, daß die Spannungsrißkorrosion durch $NaHCO_3$ wegen ausreichender kathodischer Polarisation und die durch $Na_2CO_3$ und NaOH wegen zu geringer Konzentration nicht stattfinden. Ferner haben die C-reichen, höherfesten Bohrloch-Verrohrung-Stähle eine erhöhte Beständigkeit gegen diese Arten der Spannungsrißkorrosion [1], zumal die erforderliche kritische Belastungsart auch nicht zu erwarten ist. Nach den bisher vorliegenden Erfahrungen wurden an kathodisch geschützten Bohrloch-Verrohrungen auch keine Schäden durch Spannungsrißkorrosion beobachtet.

### 18.2.4 Korrosion durch Fremdbeeinflussung

In Ölfeldern mit hohen Paraffin-Anteilen müssen die Steigrohre von den Paraffin-Ablagerungen durch zum Teil wöchentliches Aufheizen gereinigt werden. Das Aufheizen der Rohre erfolgt, indem ein Gleichstrom in der Größenordnung von etwa 1,2 kA vom Bohrlochkopf in das Steigrohr eingespeist wird. Mit Hilfe von Kontakten zwischen Steigrohr und Verrohrung im unteren Teil des Bohrloches wird der Strom über die Verrohrung zur Gleichstromanlage zurückgeleitet. Ein Teil des zurückfließenden Stromes in der Bohrloch-Verrohrung fließt im Nebenschluß über das Gebirge zum Bohrlochkopf zurück. Das hat zur Folge, daß die Bohrloch-Verrohrung während der Aufheizzeit im unteren Teil anodisch belastet wird. Hierdurch können auch Bohrungen im Umkreis bis 1000 m und unterirdische Anlagenteile wie Rohrleitungen, Tanks und Erdungsanlagen beeinflußt werden.

Da in Feldern oder Speichern die Bohrloch-Verrohrungen häufig nahe beieinander installiert sind, können sie durch die Spannungstrichter der Anodenanlage und den kathodischen Spannungstrichter von Bohrloch-Verrohrungen beeinflußt werden. Zur Vermeidung dieser Beeinflussungen hat es sich als zweckmäßig erwiesen, alle Bohrloch-Verrohrungen in einem Erdgasfeld, Erdölfeld oder Untertagespeicher kathodisch zu schützen.

## 18.3 Messungen zur Beurteilung der Korrosion und des Korrosionsschutzes von Bohrloch-Verrohrungen

Bei erdverlegten Rohrleitungen kann der Grad der Korrosionsgefährdung durch Elementbildung und der Wirksamkeit des kathodischen Schutzes durch Rohr/Boden-Potentialmessung entlang der Rohrleitung nachgewiesen werden, vgl. Abschn. 3.3.3. Das ist bei Bohrloch-Verrohrungen nicht möglich, da nur eine Meßstelle am Bohrlochkopf für die Rohr/Boden-Potential-Messungen zur Verfügung steht. Zum Nachweis der Korrosionsgefährdung und des Korrosionsschutzes sind daher andere Meßverfahren erforderlich.

## 18.3.1 Untersuchungen auf Korrosionsschäden

Zur Untersuchung des Ist-Zustandes bei alten Bohrlochverrohrungen, ob Außen- oder Innen-Korrosionsschäden vorliegen, werden verschiedene elektromagnetische und mechanische Meßverfahren eingesetzt.

Die einzelnen Verfahren geben Auskunft über

a) die genauen Teufen der Schraubmuffen-Verbindungen,
b) Wanddickenminderung bzw. Durchbrüche mit Unterscheidung, ob Angriffstellen durch Außen- oder Innenkorrosion vorliegen,
c) Angriff durch Innenkorrosion und Durchbrüche.

Die Verfahren a und b sind elektromagnetische bzw. Wirbelstrommessungen. Das Meßverfahren c ist ein mechanisches System ähnlich dem Kaliber-Molch, bei dem Fühler die Rohrinnenwand auf Korrosionsnarben, Mulden und Durchbrüche abtasten.

## 18.3.2 Messung von $\Delta U$-Profilen

Bei der $\Delta U$-Profilmessung werden von innen die Spannungsabfälle entlang der Verrohrung gemessen [2]. Die Spannungsabfälle werden durch Elementströme nach Abschn. 18.2.1 oder durch kathodische Schutzströme verursacht. Mit Hilfe dieses $\Delta U$-Profils können die anodischen und kathodischen Abschnitte der Bohrloch-Verrohrung bzw. die Eindringtiefe des kathodischen Schutzes nachgewiesen werden.

Die $\Delta U$-Profilmessung wird mit einer Meßsonde, die in das Bohrloch eingefahren wird, durchgeführt. Als Meßsonde dienen zwei übereinander angeordnete Meßkontakte, siehe Abb. 18-2, die mit großem Druck an die Wand der Bohrloch-Verrohrung gepreßt werden. Die Kontakte, die in einem Abstand von etwa 8 m angeordnet sind, müssen sehr gut gegeneinander isoliert werden. Zur Vermeidung von Meßfehlern muß die Innenseite der Verrohrung praktisch frei von Verunreinigungen sein (z.B. Zementreste, Paraffin, Ölablagerungen und Korrosionsprodukte). Eventuell ist eine Reinigung mit einem Reinigungsmolch erforderlich. Zusätzlich muß die Verrohrung mit einem nicht oder nur schlecht leitendem Medium (z.B. Dieselöl oder vollentsalztes Wasser) gefüllt sein, da sonst galvanische Spannungen an den Kontakten entstehen können, die den Meßwert verfälschen.

Über dem Abstand der Meßkontakte in der Verrohrung wird der Spannungsabfall $\Delta U$ gemessen. Bedingt durch die kleinen Spannungsabfälle im µV-Bereich ist eine kontinuierliche Messung während des Ein- und Ausfahrens der Meßsonde nicht möglich [3]. Die an den Kontaktflächen entstehenden Thermospannungen sind in der Größenordnung der tatsächlichen Spannungsabfälle zwischen den Meßköpfen und führen zu

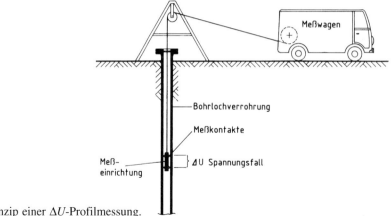

**Abb. 18-2.** Prinzip einer $\Delta U$-Profilmessung.

Meßwertverfälschungen. Die Messung darf somit nur bei Stillstand der Meßsonde durchgeführt werden. Der endgültige Meßwert muß nach drei- bis viermaligem Anfahren der Meßteufe reproduzierbar sein. Ist kein reproduzierbarer Meßwert zu erzielen, muß die Ursache (z. B. Kontakt bzw. Isolationsprobleme) gesucht und behoben werden. Die Meßabstände richten sich nach den einzelnen Rohrlängen, d. h. es wird auf jedem einzelnen Rohrstrang, nicht aber über eine Muffenverbindung gemessen. Die Teufen der Muffen und die einzelnen Rohrlängen werden mit Hilfe einer elektromagnetischen Messung, z. B. *Casing Collar Locator* (CCL) bestimmt. Diese Meßwerte werden über ein stahlarmiertes Meßkabel, das gleichzeitig als Förderseil dient, zum Meßwagen übertragen.

Bei den Profilmessungen wird das Vorzeichen der $\Delta U$-Werte auf die unteren Messerkontakte bezogen. Ein positives $\Delta U$ entspricht dem Ohmschen Spannungsabfall eines zum Bohrlochkopf fließenden Stromes. Im Bereich abnehmender $\Delta U$-Werte, die auch negativ werden können, tritt Strom aus der Bohrloch-Verrohrung in das Gebirge aus. Hier liegen die Lokalanoden bzw. die korrosionsgefährdeten Stellen. Im Bereich zunehmender $\Delta U$-Werte tritt Strom in die Bohrlochverrohrung ein. Hier liegen die kathodischen Bereiche der Bohrloch-Verrohrungen.

Vor einer Schutzstromeinspeisung wird das *Nullprofil* gemessen. Dabei wird die Summe der Korrosionsströme erfaßt, die je nach Zu- oder Abnahme des $\Delta U$-Wertes die kathodischen bzw. anodischen Bereiche anzeigen, siehe Abb. 18-3.

Nach der Messung des Nullprofils werden $\Delta U$-Messungen bei Einspeisen eines kathodischen Schutzstromes durchgeführt. Der Abstand zwischen den einzelnen Messungen beträgt gegenüber der Null-Profilmessung 25 m bis 50 m. Lediglich in Teufen mit ungewöhnlichen $\Delta U$-Profilen sollten die Meßabstände kürzer gewählt werden. Dabei sollten mindestens drei verschiedene Stromstärken eingespeist werden. Zur Bestimmung des maximal zu erwartenden erforderlichen Schutzstromes wird ein Erfahrungswert für die Schutzstromdichte von etwa 12 mA m$^{-2}$ zugrundegelegt. Wie die Meßwerte in Abb. 18-3 zeigen, werden die $\Delta U$-Profile mit steigendem Schutzstrom größer. Die Wirkung der Lokalelemente ist dann aufgehoben, wenn die $\Delta U$-Werte in Richtung zum Bohrlochkopf nicht mehr abnehmen. Dies ist in Abb. 18-3 bei einem Schutzstrom $I = 4$ A der Fall.

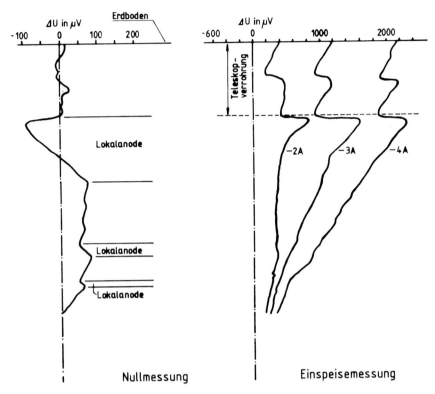

**Abb. 18-3.** $\Delta U$-Profile ohne und mit Schutzstromeinspeisung.

Im Bereich der Doppelverrohrung tritt ein Teil des zurückfließenden Stromes entsprechend der Widerstandsbeläge der Rohre von der inneren zu äußeren Rohrtour über. Dies zeigt sich durch eine starke Abnahme der $\Delta U$-Werte. Der Stromübergang erfolgt über undefinierte metallenleitende Verbindungen zwischen den Rohrtouren. Aus diesem Grund ist eine Auswertung der Profilmessungen im *Bereich der Doppel- oder Mehrfachverrohrung nicht sinnvoll.* Wegen des Stromübertrittes über die metallenleitende Verbindung läuft auch keine elektrolytische Korrosion im Ringraum ab.

### 18.3.3 Messung des Tafel-Potentials

Das *Tafel-Potential* wird durch einen Knick in der $U_{aus}(\log I)$-Kurve angegeben. Nach Kriterium Nr. 3 in Abschn. 3.3.6 wird beim Tafel-Potential der Schutzstrombedarf ermittelt. So kann mit geringem Aufwand der mittlere Schutzstrombedarf einzelner Bohrungen in einem Feld bestimmt werden. Im Gegensatz zu den Profilmessungen sind dabei Messungen innerhalb der Bohrloch-Verrohrung nicht notwendig. Diese Messungen geben keine Aussage über die Eindringtiefe des Schutzstromes bzw. die Polarisationsverhältnisse in großen Tiefen.

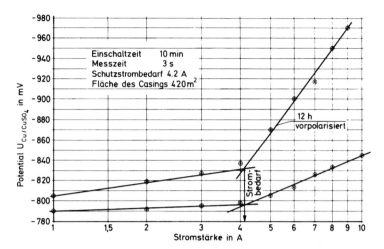

**Abb. 18-4.** $U_{aus}(\log I)$-Kurven zur Bestimmung des Tafel-Potentials.

Zur Bestimmung des Tafel-Potentials wird die Bohrloch-Verrohrung über feste Zeit-abstände von etwa 10 Minuten mit steigenden Stromstärken polarisiert. Die Meßwerte in Abb. 18-4 zeigen, wie das Tafel-Potential aus dem Schnittpunkt von zwei Geraden im einfach-logarithmischen System ermittelt wird [4].

Bohrloch-Verrohrung-Potentiale können auch theoretisch aus den elektrostationären Feldern und den Ohmschen Spannungsabfällen in den Bohrloch-Verrohrungen errech-net werden [5]. Hierbei werden homogene Leitfähigkeit und Polarisation vorausgesetzt.

## 18.4 Planung und Bau von kathodischen Schutzanlagen

Die für den kathodischen Schutz einer Bohrloch-Verrohrung wichtigsten Werte sind die Eindringtiefe des Schutzstromes und dessen Größe. Diese sind von der gegebenen geo-logischen Formation bzw. von dem spezifischen elektrischen Widerstand der einzelnen Schichten abhängig. Nachteilig sind isolierende Schichten, die den Schutzbereich begrenzen. Zur Beurteilung reichen geologische Bohrloch-Profile nicht aus [6]. Es empfiehlt sich, je Feld oder Speicher, an einer Bohrloch-Verrohrung Messungen ent-sprechend Abschn. 18.3.2 durchzuführen. Die Ergebnisse können dann auf die anderen Bohrloch-Verrohrungen übertragen werden [7]. Bei Bohrloch-Verrohrungen für Öl- und Gaskavernen in Salzstöcken ist nach den bisher vorliegenden Erfahrungen die Aussage der Messung des Tafel-Potentials für die Planung des kathodischen Schutzes von Bohr-loch-Verrohrungen ausreichend. Der Schutzstrombedarf der Feldleitungen wird durch eine Probeeinspeisung oder durch Erfahrungswerte bestimmt, siehe Abschn. 10.4.1.1.3.

Zur Planung des kathodischen Schutzes von Erdöl- und Erdgasfeldern oder Spei-chern sind – entsprechend den Unterlagen für die Rohrleitungen nach Abschn. 10.4.1.1.1 – die technischen Daten der Bohrloch-Verrohrung, wie Durchmesser, Wanddicke, Teufe, Zementation und deren geologische Daten im Bereich der Bohrloch-Verrohrung erfor-derlich. Weiterhin sind Betriebsdaten, wie Lagerstätten-Temperatur, Bohrkopf-Temperatur, elektrische Aufheizung der Ölbohrung bei Ölfeldern und die Leitfähigkeit der transportierten Medien zu beachten. Während die Rohrleitungen für Gas und bei Öl-speichern keine elektrolytisch-leitende Medien transportieren, sind die Medien in Rohr-leitungen von Ölfeldern – bedingt durch den hohen Salzwasseranteil des geförderten Öls – außerordentlich leitfähig. Hierdurch ist mit einer *anodischen Gefährdung an dem Isolierstück* zu rechnen, vgl. Abschn. 10.3 und 24.4.6.

Daraus ergibt sich, daß in Ölfeldern die Bohrloch-Verrohrung und die Feldleitung nicht durch Isolierstücke voneinander getrennt werden sollen. Der Kathodenanschluß erfolgt hier immer an der zu schützenden Bohrung. Die abgehenden Rohrleitungen wer-den alle mit einer Rohrstrom-Meßstelle ausgerüstet, um die Stromaufnahme der ein-zelnen Bohrloch-Verrohrung errechnen zu können. Der über den Elektro-Antrieb für die Tiefpumpe zum Erdungssystem abfließende Strom ist für die Strombilanz des Ca-sings, wie die Erfahrungen gezeigt haben, nicht von Bedeutung und kann in den aller-meisten Fällen vernachlässigt werden. Werden an den Endpunkten der Feldleitungen Isolierstücke eingebaut, müssen diese zur Vermeidung der Innenkorrosion mit einer ent-sprechend langen Isolierstrecke (Innenbeschichtung) ausgestattet werden, vgl. Abschn. 10.3 und 24.4.6. In Ölfeldern kann auch die Einrichtung eines *Lokalen kathodischen Schutzes* nach Kap. 12 vorteilhaft sein, da hier keine Beeinflussungen von erdverleg-ten Anlagen infolge der Spannungstrichter der Anodenanlagen oder des Spannungs-trichters der Bohrloch-Verrohrungen auftreten können. Wegen der sehr unterschiedli-chen Polarisation der Bohrloch-Verrohrungen und der Feldleitungen ist die Messung von *IR*-freien Potentialen mit der Ausschaltmethode nicht möglich. Die vergleichsweise Messung und Kontrolle der Polarisationspotentiale der Fernleitungen kann mit *Meßpro-ben* nach Abschn. 3.3.4 durchgeführt werden.

Bei Rohrleitungen, die keine leitfähigen Medien transportieren, können die Bohr-loch-Verrohrungen und Feldleitungen durch Isolierstücke voneinander elektrisch ge-trennt werden. Bei Feldleitungen mit hohem Schutzstrombedarf ist im allgemeinen der Bau von gesonderten Anodenanlagen für Bohrloch-Verrohrungen und Feldleitungen günstig. Bei Feldleitungen mit geringem Schutzstrombedarf können diese an das Schutz-stromgerät für die Bohrloch-Verrohrung über Dioden und Abgleichwiderstände (siehe Abschn. 10.5) oder über eine Potentialverbindung an den Isolierstück an den kathodi-schen Schutz der Bohrloch-Verrohrung angeschaltet werden. In beiden Fällen kann die Ausschaltmethode zur Bestimmung der *IR*-freien Rohr/Boden-Potentiale der Feldlei-tungen eingesetzt werden. Bei der Potentialverbindung ist dann die Überbrückung des Isolierstückes zu takten.

Der Einbau der Anodenanlagen richtet sich nach den Gegebenheiten des Feldes oder Speichers. Die Anodenanlagen sollten, um eine günstige Potentialverteilung an der Bohr-loch-Verrohrung zu erhalten, einen Abstand > 100 m besitzen. Der Abstand von katho-disch nicht geschützten Bohrloch-Verrohrungen sollte, wenn möglich, größer sein, um schädliche *Beeinflussungen* zu vermeiden, vgl. Abschn. 9.2.

Bei Beeinflussung durch den Spannungstrichter der Anoden tritt der Beeinflus-sungsstrom in der Anodennähe, d.h. in den oberen Bodenschichten, in die Bohrloch-Verrohrung ein und verläßt sie in tieferen Bodenschichten, vor allem vor Ende oder Eintritt der Verrohrung in nicht leitende Salzstöcke, in denen der Ableitungsbelag der Rohre gegen null geht, siehe Abb. 18-5. In [8] sind weitere Hinweise über Beeinflus-sungsfragen und $\Delta U$-Profile angegeben.

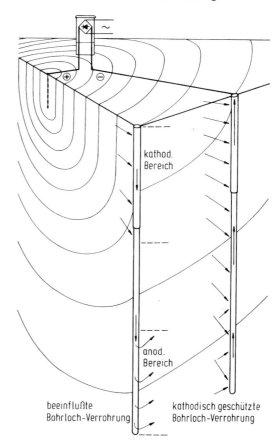

**Abb. 18-5.** Stromverlauf bei Beeinflussung einer Bohrloch-Verrohrung durch einen anodischen Spannungstrichter.

kathod.
Bereich

anod.
Bereich

beeinflußte
Bohrloch-Verrohrung

kathodisch geschützte
Bohrloch-Verrohrung

Aus Platzgründen werden heute überwiegend Vertikalanodenfelder, die je nach Strombedarf der Bohrloch-Verrohrung 20 bis 100 m tief sind, gebaut. Als Anodenmaterial werden überwiegend Titananoden mit einer Mischoxidbeschichtung eingesetzt. In Sonderfällen kommen auch Magnetitanoden zum Einsatz. Bei der Verwendung von FeSi-Anoden mit Cr empfiehlt es sich, vor Beginn mit der zuständigen Wasserwirtschaftsbehörde Kontakt aufzunehmen, da diese Anoden aus Gründen des Umweltschutzes nur noch selten zugelassen werden.

Bei geeignetem Untergrund haben sich Tiefenanoden-Anlagen mit auswechselbaren Anodenketten in offener Bohrung sehr gut bewährt, vgl. Abb. 18.6 [9].

## 18.5 Inbetriebnahme und Überwachung

Bei Inbetriebnahme der kathodischen Korrosionsschutzanlagen werden die Schutzstrom-Einspeisungen für die Bohrloch-Verrohrungen etwa 10% über den durch Messungen nach Abschn. 18.3 ermittelten Stromwerten eingestellt. Bei getrennten Schutzstrom-Einspeisungen sollte für die Feldleitungen das Rohr/Boden-Potential auf einen

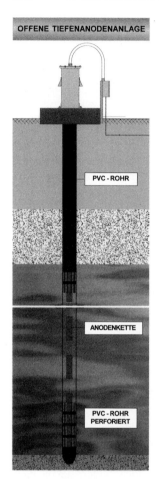

**Abb. 18-6.** Tiefenanode mit auswechselbarer Anodenkette.

$U_{ein}$-Wert von $U_{Cu/CuSO_4} = -1{,}5$ V eingestellt werden. Nach ausreichenden Polarisationszeiten, die für die Bohrloch-Verrohrungen etwa ein Jahr, für die Feldleitungen mit hohem Schutzstrombedarf etwa 0,5 Jahre und für Feldleitungen mit guten Umhüllungen etwa einen Monat betragen, kann der kathodische Schutz für die Feldleitungen entsprechend Abschn. 10.5 nachgemessen werden. Ist der kathodische Schutz nach dem Lokalen kathodischen Schutz-System eingerichtet worden, ist eine Nachmessung ebenfalls erst nach einem Jahr zweckmäßig.

Von großer Wichtigkeit ist die Durchführung von Beeinflussungsmessungen. Sie können entsprechend Abschn. 9.2 durchgeführt werden. Im allgemeinen wird eine Potentialanhebung außer der Beeinflussung durch den kathodischen Spannungstrichter einer Bohrloch-Verrohrung nicht meßbar sein, da diese im oberflächenfernen Bereich auftritt. Hier ist die bei anodischer Beeinflussung angegebene 0,5 V-Grenze zu beachten, siehe Abschn. 9.2.1. Eine Aufhebung einer schädlichen Beeinflussung kann durch eine *Potentialverbindung* zum kathodisch geschützten Objekt erreicht werden.

Die Schutzanlagen müssen sorgfältig überwacht werden (siehe Abschn. 10.6). Die Funktion der Gleichrichter sollte in monatlichen Abständen kontrolliert werden. Die Rohr/Boden-Potentiale der Leitungen sind mindestens einmal jährlich zu messen. Insbesondere bei der Installation neuer Feldleitungen und Anschluß an das Schutzsystem sind die *IR*-freien Potentiale soweit möglich mit der Ausschaltmethode zu ermitteln.

## 18.6 Literatur

[1] G. Herbsleb, R. Pöpperling und W. Schwenk, 3R internat. *13,* 259 (1974).
[2] H. Kampermann u. W. Harms, Erdöl, Erdgas *101,* H. 2, S. 45 (1985).
[3] R. Graf u. B. Leutner, 3R internat. *13,* 247 (1971).
[4] E. W. Haycock, 13. NACE-Jahrestagung, April 1957, S. 769 t.
[5] F. W. Schremp u. L. E. Newton, NACE-Jahrestagung, März 1979, Paper 63.
[6] W. F. Gast, Oil and Gas Journal 23.4.1973, S. 79.
[7] E. P. Doremus u. F. B. Thorn, Oil and Gas Journal 4. 8. 1969, S. 127.
[8] dieses Handbuch, 3. Aufl., S. 408–409.
[9] W. Lüke, W. Schwenk, G. Zimmermann, 3R intern *34,* 158 (1995).

# 19 Kathodischer Korrosionsschutz von Bewehrungsstahl in Betonbauten

B. ISECKE

## 19.1 Das Korrosionssystem Stahl/Beton

In Stahlbeton- und Spannbeton-Bauten wird der Korrosionsschutz des Bewehrungsstahls durch die Alkalität des Beton-Porenwassers bewirkt, da unter diesen Bedingungen der Stahl passiviert [1–5], vgl. auch Abschn. 5.3. Dieser Korrosionsschutz besteht langfristig, wenn Bauwerke nach dem Stand der Technik [6, 7] ausgeführt werden und wenn während der Nutzung keine, die Passivität beeinträchtigenden Veränderungen auftreten. Mängel in der Bauausführung im Hinblick auf Dicke und Dichte der Betondeckung als auch die Einwirkung $Cl^-$-haltiger Elektrolytlösungen (Tausalze, Meerwasser, PVC-Brände, Müllverbrennungsanlagen) können zu einer Depassivierung führen [8–12], die zusätzliche Korrosionsschutzmaßnahmen erfordert. Diese Maßnahmen müssen entweder dem Beton eine höhere Widerstandsfähigkeit gegen eine korrosive Umgebung verleihen oder, falls nach einem verstärkten Angriff des Betons bereits Depassivierung des Stahls eintreten kann, eine zusätzliche direkte Schutzwirkung übernehmen. Dazu dienen Beschichtungen des Betons, die das Eindringen von Chlorid-Ionen behindern [10], oder Beschichtungen des Bewehrungsstahls mit Epoxidharz [13–18] oder Feuerverzinkung [18–20].

Der kathodische Korrosionsschutz von Bewehrungsstahl durch Fremdstrom wurde bereits Ende der 50er Jahre versuchungsweise angewandt [21, 22], als Sanierungsmaßnahme für korrosionsgeschädigte Stahlbeton-Konstruktionen aber nicht weiter verfolgt, da geeignete Anodenmaterialien fehlten, so daß Treibspannungen von 15 bis 200 V angewandt werden mußten. Da weiterhin nach älteren Erfahrungen [23–26] auch ein Verlust des Verbundes Stahl/Beton wegen der kathodischen Alkalisierung, vgl. Gl. (2-17) und (2-19), befürchtet wurde, unterblieb zunächst eine technische Weiterentwicklung.

Wegen zunehmender Schäden an Verkehrsbauwerken durch $Cl^-$-induzierte Korrosion des Bewehrungsstahls, die sehr hohe Kosten für eine Sanierung verursachten [18], wurde das kathodische Schutzverfahren in den USA als Sanierungsmaßnahme 1974 wieder aufgegriffen [27]. Diese Entwicklung wurde durch viele negative Erfahrungen mit anderen Sanierungsmaßnahmen gefördert. Heute werden kathodische Schutzanlagen mit Fremdstrom zum Schutz des Bewehrungsstahls an Brückenfahrbahnen, Stützwänden, Meerwasser-Bauten, Parkhäusern, Salzlägern und Müllverbrennungsanlagen eingesetzt [28–37].

Bei Spannbeton-Bauten mit elektrisch isolierenden Hüllrohren kann kathodischer Schutz nicht wirksam werden. Bei direktem Verbund ohne Hüllrohre liegen positive Erfahrungen mit Schutz durch Zinkanoden für erdverlegte vorgespannte Betonrohr-Leitungen vor [38]. Bei höherfesten Spannstählen und Einsatz von Fremdstrom ist nach [39] das Grenzpotential $U'_{Hs} = -0,660$ V zu beachten, das zu negativeren Werten nicht unterschritten werden darf, vgl. Abschn. 2.3.4.

## 19.2 Ursache der Korrosion von Stahl in Beton

Die passivierende Wirkung des Beton-Porenwassers kann durch verschiedene Ursachen aufgehoben werden, vgl. Abschn. 5.3.2. Beim Eindringen von Chlorid-Ionen bis zum Bewehrungsstahl wird die Passivschicht zerstört, wenn eine *kritische Konzentration der Chlorid-Ionen* vorliegt. In feuchtem Beton kann dann auch bei noch vorhandener Alkalität des Porenwassers örtliche Korrosion auftreten, vgl. Abschn. 2.3.2. Für Stahlbeton-Bauwerke sind die Cl⁻-Gehalte auf 0,4% der Zement-Masse begrenzt [6], in Spannbeton-Bauten liegt die Grenze bei 0,2% [7].

Eine weitere Ursache einer Depassivierung ist nach Abb. 2-2 auf eine Verminderung der Alkalität des Betons, d.h. eine Abnahme des pH-Wertes des Porenwassers zurückzuführen. Dies tritt bei einer *Carbonatisierung* des Betons durch Reaktion mit $CO_2$ aus der Atmosphäre auf. Eine Carbonatisierung ist bei Bauwerken, die eine ausreichende Überdeckung der Stahleinlagen mit Beton haben und insbesondere aus einem dichten, wenig porösen Beton guter Qualität hergestellt wurden, nahezu ohne Bedeutung. Bei geringer Betonqualität und/oder bei zu geringer Betondeckung dringt die Carbonatisierung bis zum Bereich der Stahlbewehrung vor, die dann ihre Passivität verliert. Bei einer Depassivierung durch Chlorid-Ionen oder durch Carbonatisierung liegt eine Korrosionsgefährdung im feuchten Beton nur bei Zutritt von Sauerstoff vor. In allseitig durchnäßtem Beton ist dessen Zutritt aber stark behindert, so daß die kathodische Teilreaktion nach Gl. (2-17) an keiner Stelle des Bewehrungsstahls ablaufen kann, vgl. Abschn. 5.3.2. Dann findet nach Gl. (2-8) aber auch keine anodischen Teilreaktion statt, d.h. der depassivierte Stahl korrodiert nicht.

Werden aber Teilbereiche des Bewehrungsstahls belüftet, liegt eine *Elementbildung* nach Abschn. 2.2.4.2 vor. Bei hohen Flächenverhältnissen $S_k/S_a$ und bei gut belüfteten Kathoden können an anodischen Bereichen sehr hohe Abtragungsgeschwindigkeiten auftreten.

## 19.3 Elektrolytische Eigenschaften des Betons

Der spezifische Widerstand des Betons kann nach den in Abschn. 3.5 beschriebenen Verfahren gemessen werden. Seine Höhe richtet sich nach dem Wasser/Zement-Wert, der Zementart (HOZ, PZ), dem Zementgehalt, Betonzusätzen (Flugasche und Polymere), der Feuchtigkeit, dem Anteil an Salzen (Chloride), der Temperatur und dem Alter. Vergleichswerte sind nur für den wassergesättigten Zustand sinnvoll. In nassem PZ-Beton können spezifische Widerstände zwischen 2 und 6 kΩ cm liegen [5, 40, 41], bei HOZ-Beton und für trockene Betone sind Werte zwischen 10 und 200 kΩ cm [5, 31, 41] ermittelt worden. Allgemein zeigen die Widerstände starke Schwankungen in Abhängigkeit von der Temperatur und der Feuchte [42, 43].

## 19.4 Kriterien für den kathodischen Korrosionsschutz

Für die Schutzkriterien gelten die Ausführungen in den Abschn. 2.2, 2.4 und 3.3. Untersuchungen [44] mit Stahlbeton-Probekörpern haben gezeigt, daß auch bei ungünstigen Bedingungen mit belüfteten großflächigen Kathoden und kleinflächigen feuchten Anoden in Cl$^-$-reicher alkalischer Umgebung oder in entalkalisierter (neutraler) Umgebung ohne Cl$^-$-Zusatz bei Prüfpotentialen um $U_{Cu/CuSO_4} = -0,75$ und $-0,85$ V eine Elementbildung unterdrückt wird. Nach einer Versuchsdauer von 6 Monaten zeigten die ausgebauten Proben keinen erkennbaren Korrosionsangriff.

Abb. 19.1 zeigt den Versuchsaufbau mit der Lage der Stahlproben und der Anoden. Hierzu dienten Metalloxid-beschichtete Titandrähte und Kunststoff-Kabelanoden, vgl. Abschn. 7.2.3 und 7.2.4. Die Versuchsparameter sind in der Tabelle 19-1 zusammengestellt. Die Versuche wurden galvanostatisch durchgeführt, wobei zur Potentialmessung einmal täglich die Bezugselektroden aufgesetzt wurden. So konnte eine Kontaminierung des Betons durch die Elektrolytlösung der Bezugselektroden ausgeschlossen werden. Die Potentiale der geschützten Stahlproben sind in der Tabelle 19-1 aufgeführt. Die Potentiale der Anoden lagen um $U_{Cu/CuSO_4} = 1,15$ bis $1,35$ V.

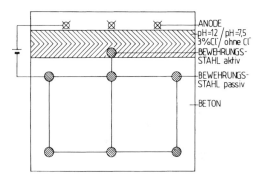

**Abb. 19-1.** Versuchsaufbau zum kathodischen Schutz eines Elementes aktiver Stahl/Beton/passiver Stahl.

**Tabelle 19-1.** Schutzstromdichten und Potentiale der kathodisch geschützten Stahlproben nach Abb. 19-1.

| Prüfpotential $U_{Cu/CuSO_4}$ in V | Medium an der Anode | Schutzstromdichte in mA m$^{-2}$ | |
|---|---|---|---|
| | | Anode 1 | Anode 2 |
| $-0,75$ bis $-0,80$ | entalkalisiert ohne Cl$^-$-Zugabe | 38 | 36 |
| $-0,80$ bis $-0,95$ | | 39 | 50 |
| $-0,75$ bis $-0,80$ | alkalisch, pH 12, | 51 | 44 |
| $-0,80$ bis $-0,95$ | 3 Masse-% Cl$^-$/Zement | 61 | 58 |

Anode 1 = Kunststoffkabel-Anode; Anode 2 = Metalloxid/Titan.

Die zu Versuchsbeginn gemessenen Freien Korrosionspotentiale der Stahlbewehrung lagen bei der Cl$^-$-reichen Umgebung bei $U_{Cu/CuSO_4} = -0{,}58$ bis $-0{,}63$ V, bei neutraler Umgebung bei $-0{,}46$ bis $-0{,}55$ V und im unbeeinflußten Beton bei $-0{,}16$ V. Die ausgebauten Proben nach Versuchsende sind in der Abb. 19-2 wiedergegeben. Nach 6 Monaten ist bei den kathodisch geschützten Proben kein Korrosionsangriff erkennbar. Bei der nicht geschützten Vergleichsprobe lagen die Abtragungsgeschwindigkeiten bei 4 mm a$^{-1}$.

In der Praxis des kathodischen Schutzes in Beton-Bauwerken liegen im allgemeinen die Schutzstromdichten kleiner, als die in Tabelle 19-1 aufgeführten Werte. Dies ist darauf zurückzuführen, daß weniger gut belüftete Kathodenflächen und trockenere Anodenbereiche vorliegen. Praktische Erfahrungen und Untersuchungen [44] geben Hinweise darauf, daß auch bei positiveren Potentialen als in Tabelle 19-1 angegeben mit $U_H = -0{,}35$ V bereits merkbare Schutzwirkungen erzielt werden.

Für die Begrenzung des Schutzpotentialbereiches gelten die Hinweise in Abschn. 5.3.2 [41, 45]. Demnach ist bei praktisch eingesetzten Betonarten nicht mit einer kathodischen Korrosionsgefährdung zu rechnen. Desgleichen können auch Schäden durch kathodisch entwickelten Wasserstoff wegen der Porenstruktur üblicher Betonarten ausgeschlossen werden. Auch die befürchtete Minderung des Stahl/Beton-Verbundes konnte nicht bestätigt werden. Hierzu hatten Untersuchungen [46] gezeigt, daß bei nicht IR-freien Potentialen $U_{Cu/CuSO_4} = -1{,}62$ V nach 2,5 a das Verbundverhalten unbeeinflußt

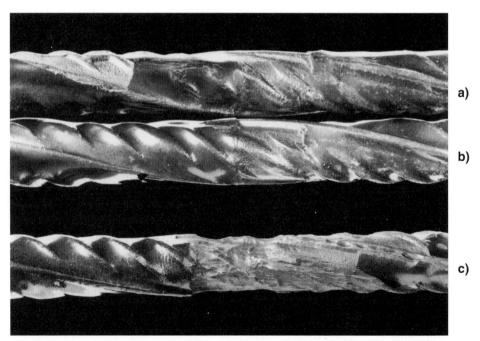

**Abb. 19-2.** Aussehen der aktiven Proben im 6-Monate-Versuch nach Abb. 19-1 und Tabelle 19-1. (**a**) $U_{Cu/CuSO_4} = -0{,}80$ bis $-0{,}95$ V, (**b**) $U_{Cu/CuSO_4} = -0{,}75$ bis $-0{,}80$ V, (**c**) ohne kathodischen Schutz, Elementbildung mit passivem Stahl.

blieb. Bei $U_{Cu/CuSO_4} = -1,43$ V nahm der Verbund sogar zu. Bei dieser Polarisation wurde auch eine erhebliche Verminderung der Migration von Chlorid-Ionen zur Kathode beobachtet [35], was mit Gl. (2-23) im Einklang steht.

Da in den USA der kathodische Korrosionsschutz von Beton-Bauwerken bereits sehr verbreitet ist, wurden hierzu auch Schutzkriterien entwickelt [47]. Von den in Abschn. 3.3.6 angeführten pragmatischen Kriterien hat sich das Kriterium Nr. 2 durchgesetzt. Somit wird als hinreichender Schutzeffekt angenommen, wenn nach dem Ausschalten des Schutzstromes innerhalb von 4 h das Potential um mehr als 0,1 V positiver wird. Die Messungen werden in Teilbereichen des Schutzobjektes mit eingebauten Bezugselektroden auf Basis Ag/AgCl oder mit beliebigen Bezugselektroden auf den Außenflächen durchgeführt. Nach dem europäischen Normenentwurf [39] müssen für einen Nachweis der Schutzwirkung alle repräsentativen Bereiche des Bauwerks eines der folgenden Kriterien erfüllen:

a) Das Ausschaltpotential liegt negativer als $U_H = -0,5$ V.
b) Das Potential für maximal 24 h nach dem Ausschalten ist mindestens 0,1 V positiver als $U_{aus}$.
c) Das Potential für einen längeren Zeitabschnitt (länger als 1 d) nach dem Ausschalten ist mindestens 0,15 V positiver als $U_{aus}$.

Einspeiseversuche und erstmalige Messungen sollen nicht vor 28 d nach Einbetten der Anoden in ein Beton-Ersatzsystem erfolgen, um die Hydratation des Betons und ein Feuchtigkeitsausgleich abzuwarten, die die Potentiale beeinflussen können. Die Schutzstromdichte wird auf 20 mA m$^{-2}$ (bezogen auf die Stahloberfläche) begrenzt, um eine mögliche Minderung des Stahl-/Beton-Verbundes zu vermeiden. Übliche Stromdichten liegen zwischen 1 und 15 mA m$^{-2}$ [29–33].

## 19.5 Anwenden des kathodischen Korrosionsschutzes bei Stahlbeton-Konstruktionen

### 19.5.1 Planung und Ausführung

Die Entscheidung, korrosionsgefährdete Stahlbeton-Konstruktionen kathodisch zu schützen, hängt von technischen und wirtschaftlichen Erwägungen ab. Bei kleinflächigen durch Korrosion des Bewehrungsstahls bedingten Betonabplatzungen, die auf ungenügende Überdeckungen zurückzuführen sind, ist kathodischer Schutz kein wirtschaftliches Verfahren. Demgegenüber sind als wesentliches Anwendungsgebiet solche Stahlbeton-Bauten anzusehen, bei denen hohe Gehalte an Chlorid-Ionen auch in größerer Tiefe im Beton vorliegen. Für eine Sanierung kann aus technischen Gründen der Cl$^-$-kontaminierte Altbeton im allgemeinen nur bis zur obersten Bewegungslage entfernt werden. Verbleiben dann in tieferen Lagen höhere Cl$^-$-Gehalte im Beton, schreitet dort die Korrosion fort. *Da die sanierte obere Lage neue Kathodenflächen darstellt, wird die Elementwirkung verstärkt und die Korrosion der tieferen Lagen sogar gefördert.* Negative Erfahrungen mit Sanierungen dieser Art sind leider recht umfangreich [48].

### 19.5.2 Ermittlung des Korrosionszustandes der Bewehrung

Wie allgemein bei Baumaßnahmen soll auch vor Beginn einer Sanierung eine Diagnose möglicher Schäden erfolgen [49, 50]. Dabei werden anhand einer Checkliste [49] die für die Korrosion wesentlichen Parameter ermittelt und die zu erwartenden Korrosionserscheinungsformen beurteilt. Von besonderer Bedeutung sind Untersuchungen über die Betonqualität (Festigkeit, Zementart, Wasser/Zement-Wert, Zementanteil), die Tiefe der Carbonatisierung, Konzentrationsprofile der Chlorid-Ionen, Verteilung der Feuchtigkeit, Darstellung von Rissen im Beton und Abplatzungen. Das Ausmaß des Korrosionsangriffs wird nach dem Augenschein beurteilt. Weiterhin kann mit Hilfe der ermittelten Daten auch eine Korrosionswahrscheinlichkeit abgeschätzt werden.

Das Ausmaß der Korrosionserscheinung zeigt sich z.B. durch Risse und Betonabplatzungen, die durch wachsende feste Korrosionsprodukte (Rost) entstehen. Eine wenig aufwendige Methode ist das Abklopfen der Betonoberfläche mit einem Hammer, wobei Hohlstellen und Risse sich akustisch deutlich von ungeschädigten Bereichen unterscheiden lassen. Mit diesen einfachen Methoden kann aber nicht die Frage beantwortet werden, ob der Bewehrungsstahl bereits depassiviert ist oder nicht. Korrosionsschäden im Beton sind auf feste Korrosionsprodukte zurückzuführen, die durch Oxidation der an der Anode nach Gl. (2-21) auftretende $Fe^{2+}$-Ionen mit Sauerstoff entstehen. Da das Porengefüge des Betons $Fe^{2+}$-Ionen aufnehmen kann, ist der Ort dieser Oxidation keineswegs notwendigerweise die Oberfläche der Anode. Der Reaktionsort richtet sich vielmehr nach den Diffusionsströmen der Reaktionspartner $Fe^{2+}$-Ion und $O_2$ im Beton, vgl. hierzu auch die Ausführungen in Abschn. 4.1. Wenn die Oxidation in größerer Entfernung von den Anoden stattfindet, kann die korrodierende Anode unentdeckt bleiben. Zu einem späteren Zeitpunkt können dann Rostflecken auf der Betonoberfläche erscheinen. Erfolgt dagegen die Oxidation in der Umgebung der Anode, wo auch die höchste Konzentration an Korrosionsprodukten vorliegt, entstehen durch die wachsenden festen Korrosionsprodukte des Eisen(III)oxidhydrates (Rost) innere Spannungen mit der Folge von Rissen, Hohlräumen und schließlich Abplatzungen.

Zur Beurteilung des Korrosionszustandes der Bewehrung dienen zweidimensionale Potentialmessungen auf der Betonoberfläche. Dieses Verfahren ist für eindimensionale Systeme (Rohrleitung) erprobt, vgl. die Ausführungen zu Abb. 3-27 in Abschn. 3.6.3.1 zur Ermittlung anodischer Bereiche.

In den USA sind zu Beginn der 70er Jahre Messungen dieser Art an durch Chlorid-Ionen geschädigten Brücken-Fahrbahnen durchgeführt worden [51]. Statistische Auswertungen führten schließlich zu einer Richtlinie [52], die Beurteilungszahlen zur Ermittlung der Korrosionswahrscheinlichkeit des Bewehrungsstahls angibt, vgl. Tabelle 19-2. Diese Zahlen wurden an verschiedenen Stellen überprüft [53–55].

Da das Ruhepotential von Stahl in Beton von vielen Einflußgrößen abhängt [5, 42, 43], können die in Tabelle 19-2 angegebenen Daten für eine Beurteilung nur eine grobe Näherung geben. Von wesentlichen Einfluß sind Art des Zementes (HOZ oder PZ), Belüftung (Betondeckung und Feuchtegehalt) und Alter (Deckschichtbildung). Es können wesentlich negativere Potentiale als $U_{Cu/CuSO_4} = -0{,}4$ V gemessen werden, ohne daß eine Korrosionsgefährdung vorliegt. Andererseits können auch anodische gefährdete Bereiche durch Polarisation mit Kathoden in der Umgebung ein verhältnismäßig positives Potential aufweisen, das nach Tabelle 19-2 als unbedenklich einzustufen wäre.

**Tabelle 19-2.** Beurteilen der Korrosionswahrscheinlichkeit nach [51].

| Korrosionswahrscheinlichkeit (Depassivierung) | Stahl/Beton-Potential $U_{Cu/CuSO_4}$ in V |
|---|---|
| 10%: Passivität ist wahrscheinlich | $> -0{,}25$ |
| Aussagen sind nicht möglich | $-0{,}25$ bis $-0{,}35$ |
| 90%: Depassivierung ist wahrscheinlich | $< -0{,}35$ |

Offensichtlich wird das Ruhepotential ganz wesentlich durch den jeweiligen Belüftungszustand bestimmt [42–44].

Werden aber die Auswertungen der gemessenen Potentiale für Bereiche mit möglichst einheitlicher Überdeckung und Belüftung bzw. Feuchte zur Beurteilung von Potentialgradienten entsprechend den Ausführungen zu Abb. 3-27 ausgeweitet, folgen Möglichkeiten einer Klassifizierung des Korrosionszustandes [53–55]. Dabei kann weiterhin nach den Ausführungen zu Abb. 2-7 die Empfindlichkeit der Beurteilung durch anodische Polarisation erhöht werden, weil der depassivierte Stahl weniger als der passive Stahl im Beton polarisierbar ist [44].

### 19.5.3 Metallenleitende Durchverbindung

Der kathodische Schutz des Bewehrungsstahls und Streustrom-Schutzmaßnahmen setzen eine metallenleitende Durchverbindung der Bewehrung voraus. Diese ist zwar im allgemeinen bei verrödelten Stahlbeton-Konstruktionen gegeben, sie muß aber durch Widerstandsmessungen des Bewehrungskorbes geprüft werden. Dazu wird an verschiedenen, räumlich weit voneinander entfernten Stellen der Deckbeton entfernt und Meßkabel an die Bewehrung angeschlossen. Zur Vermeidung von Übergangswiderständen muß die Bewehrung an den Kontaktstellen vollständig entrostet werden. Meßwerte $> 1\ \Omega$ weisen auf mangelnde Durchverbindung hin. Die Bewehrung ist dann mit der Restbewehrung, die ausreichend durchverbunden ist, kurzzuschließen.

### 19.5.4 Bautechnische Ausführungen und Anodensysteme

Vor Installation der Fremdstrom-Anodensysteme muß der lockere Altbeton entfernt werden. Dies kann durch eine Wasserstrahl-Behandlung mit hohem Druck oder durch Sandstrahlen erfolgen. Dabei wird auch eine notwendige Aufrauhung der Flächen außerhalb der aufzubringenden Anoden erzeugt, die für eine gute Haftung des Spritzbetons erwünscht sind. Risse im Beton müssen bis zum Grund aufgestemmt werden. Je nach dem Schädigungsgrad des Deckbetons können die Anoden nach zwei verschiedenen Arten angebracht werden:

Bei großflächigen Schädigungen des Altbetons wird der Beton bis zur obersten Bewehrungslage entfernt. Dann wird eine erste Spritzbeton-Schicht aufgetragen, vgl. Abb. 19-3a. Auf dieser Schicht wird die Anode flächig befestigt, gefolgt von einer zweiten Lage Spritzbeton. Bei großflächig noch festem Altbeton können die Anoden auf diesem befestigt und anschließend mit Spritzbeton eingebettet werden, vgl. Abb. 19-3b.

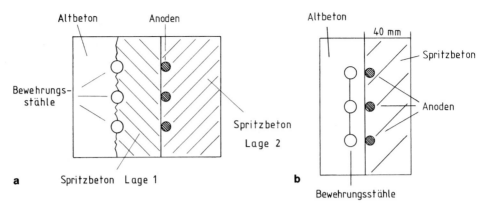

**Abb. 19-3.** Arten der Installation von Anoden: (**a**) loser Altbeton, zwei Spritzbeton-Lagen, (**b**) fester Altbeton, eine Spritzbeton-Lage.

Die Anodensysteme müssen den erforderlichen Schutzstrom gewährleisten und bautechnisch robust sein. Sowohl nach dem Aufbringen des Spritzbetons als auch im Betrieb darf der Verbund Altbeton/Spritzbeton nicht beeinträchtigt werden.

Bei den heute verwendeten Anodensystemen handelt es sich um engmaschig verlegte Metalloxid-beschichtete Titannetze [56, 57], vgl. Abschn. 7.2.3, um leitfähige Beschichtungen, oder um thermisch gespritzte Zinküberzüge, die auch als galvanische Anode betrieben werden [58–60].

Metalloxid-beschichtete Titan-Anoden können für kürzere Zeitabschnitte bei Anoden-Stromdichten bis zu 400 mA m$^{-2}$ betrieben werden, eine Beschränkung ergibt sich durch den Säureangriff auf den umgebenden Beton [39]. Im allgemeinen ist die Anoden-Stromdichte langzeitig auf maximal 110 mA m$^{-2}$ begrenzt. Für kürzere Zeitabschnitte von einigen Monaten sind Stromdichten bis zu 220 mA m$^{-2}$ zulässig. In Abhängigkeit von der Metalloxid-Schichtdicke liegt die Lebensdauer der Anode zwischen 25 und 100 Jahren.

Leitende Beschichtungen können bei einer Anoden-Stromdichte bis zu 20 mA m$^{-2}$ eingesetzt werden. Bis zu etwa 6 Wochen kann die Stromdichte bis zu 30 mA m$^{-2}$ betragen, ohne daß Schäden an der Beschichtung oder an der Grenzfläche zum Beton zu erwarten sind. Die Betriebsdauer liegt zwischen 5 bis 15 Jahren. Ein Betrieb unter andauernd feuchter Umgebung (z.B. Meeresnähe oder ständige Kondensation) ist nicht zulässig.

Für thermisch gespritzte Zinküberzüge mit einer Schichtdicke von 0,2 mm ergibt sich aus den Daten der Tabellen 2-1 sowie 6-1 bei einer Anoden-Stromdichte von 20 mA m$^{-2}$ eine Betriebsdauer von 6 Jahren. Vollständiger Ersatz und teilweise Nachbeschichtung sind sowohl bei leitenden Beschichtungen als auch bei Zinküberzügen möglich. Nach den bisherigen Untersuchungen und Erfahrungen ist die Spritzverzinkung mindestens 1 bis 2 Jahre als galvanische Anode wirksam. Bei feuchter Umgebung – z.B. im Spritzwasserbereich – verlängert sich diese Wirksamkeit bis zur o.gen. theoretischen Lebensdauer von 6 Jahren. In trockener Umgebung tritt innerhalb eines Jahres eine Passivierung des Zinks auf. Die Schutzeffekte sind dann eher in einer Behinderung des Zutritts von Feuchtigkeit und Sauerstoff zum Bewehrungsstahl zu sehen.

Untersuchungen [61] über das Langzeitverhalten der Anoden und über die nach Gl. (5-17) und (5-18) zu erwartende Ansäuerung haben durch Analyse von Bohrkernen gezeigt, daß auch nach Betriebszeiten von mehr als 10 Jahren kein meßbares Absinken des pH-Wertes erfolgt. Im Anodenraum trat eine Anreicherung der Chlorid-Ionen durch Migration nach Gl. (2-23) ein, die aber bedingt durch die niedrigen Stromdichten auch nach mehrjähriger Betriebsdauer nur geringes Ausmaß erreichte.

### 19.5.5 Betonersatz-System bei kathodischem Schutz

Zur Sanierung von Stahlbeton-Konstruktionen werden unterschiedliche Betonersatz-Systeme angeboten, wobei zwischen Spritzbeton ohne Polymerzusätze und polymerhaltigen Systemen (PCC-Mörtel) unterschieden wird. Da bei den letzten der Alkalitätsgehalt geringer ist, bei Bewitterung eine schnellere Carbonatisierung auftritt [62] und mit erhöhten spezifischen elektrischen Widerständen zu rechnen ist, sollte für den kathodischen Schutz nur Spritzbeton als Reparaturmörtel eingesetzt werden.

### 19.5.6 Inbetriebnahme und Kontrolle

Für die Auslegung des kathodischen Schutzes ist es zweckmäßig, die zu schützende Fläche in Teilbereiche aufzugliedern, die sowohl die örtliche Größe der Stahloberfläche pro Beton-Volumen als auch eine heterogene Verteilung der Feuchte berücksichtigen. Abb. 19-4 zeigt schematisch die Aufteilung einer zu schützenden Stahlbeton-Stützwand in vier Bereiche. Das Schutzobjekt hatte eine Betonoberfläche von 200 m$^2$, die Teilflächen waren 20 bis 90 m$^2$ groß. Der Bewehrungsindex (Stahlfläche/Betonfläche) lag bei 1 und muß im Einzelfall bekannt sein, um die Schutzstromdichte zu ermitteln. Als Anodensystem wurden heute nicht mehr eingesetzte Kunststoffkabel-Anoden verwendet, die schlaufenförmig, in Bereichen mit geringerem Bewehrungsindex auch geradlinig auf der Betonoberfläche aufgedübelt wurden. Zur Kontrolle dienen Ag/AgCl-Bezugselektroden, die in etwa 2 cm Entfernung von Bewehrungsstahl eingebaut werden und gegen mechanische Einflüsse geschützt sein müssen. Für das betrachtete Objekt nach Abb. 19-4 wurden acht Bezugselektroden und für jeden Teilbereich unabhängige Anodenanschlüsse verwendet.

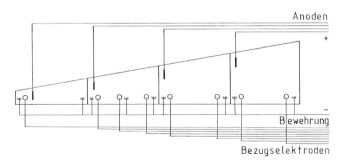

**Abb. 19.4.** Sanierung einer Stützwand mit kathodischem Schutz, Aufteilung in Teilbereiche.

Zur Kontrolle des kathodischen Schutzes werden Potentialmessungen mit dem eingebauten Bezugselektroden und mit außen aufgelegten mobilen Bezugselektroden durchgeführt. Trotz der noch wenig bekannten Langzeitstabilität der eingebauten Bezugselektroden kann auf diese nicht verzichtet werden, da bei diesen aufgrund des geringen Abstandes zum Bewehrungsstahl der $IR$-Fehler nach Gl. (2-34) gering ist. Dauerhafte Bezugselektroden auf der Basis von $MnO_2$ sind in den letzten Jahren speziell für den Einsatz in Stahlbetonbauwerken entwickelt worden [62]. Die mobilen Bezugselektroden haben den Vorteil, Potentialkontrollen an beliebigen Stellen durchführen zu können. Wegen des großen Abstandes vom Bewehrungsstahl ist insbesondere in Anodennähe mit wesentlichen $IR$-Fehlern zu rechnen.

Da das Schutzobjekt meist ein Element aus aktivem und passivem Stahl darstellt, vgl. Abb. 19-1, ist bei einer Messung der Ausschaltpotentiale mit erheblichen $IR$-Fehlern des Elementstromes zu rechnen. Hierzu gelten die Überlegungen in Abschn. 3.3.3.1 zu den Gl. (3-47) und (3-48). Da nach dem Ausschalten des Schutzstromes $I_s$ die benachbarten Kathoden zu einer anodischen Polarisation eines korrosionsgefährdeten Bereiches führen, haben der Elementstrom $I_e$ und $I_s$ unterschiedliche Vorzeichen. Dann folgt aus den Gl. (3-47) und (3-48), daß das $IR$-freie Potential negativer sein muß als das Ausschaltpotential. Somit besteht für das Potentialkriterium Gl. (2-40) eine erhöhte Sicherheit.

Für die Inbetriebnahme ist zu bedenken, daß nach Aufbringen des Spritzbetons Hydratationsprozesse und mit dem Altbeton ein Feuchtigkeitsaustausch ablaufen. Beide Vorgänge können die Potentiale beeinflussen, so daß der Schutzstrom erst vier Wochen nach dem Aufbringen der letzten Spritzbeton-Schale eingeschaltet werden soll. Abb. 19-5 zeigt mit fest eingebauten Bezugselektroden gemessene Ruhepotentiale vor dem Einschalten des Schutzstromes und die nach dem Einschalten im Laufe der Zeit gemessenen Stahl/Beton-Potentiale. Der nach 20 d vermerkte Potentialanstieg ist auf eine fehlerhafte Unterbrechung des Schutzstromes zurückzuführen. Das Potential-Kriterium nach Gl. (2-40) mit $U_{Hs} = -0{,}4$ V ist noch nicht erfüllt.

Abb. 19-6 zeigt als Beispiel Ausschaltpotential-Messungen, bei denen sowohl das 100-mV-Kriterium, Nr. 2 in Abschn. 3.3.6, als auch das Potentialkriterium mit $U_{aus} < U_s$

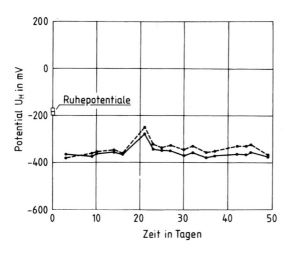

**Abb. 19.5.** Stahl/Beton-Potentiale vor und nach dem Einschalten des Schutzstromes.

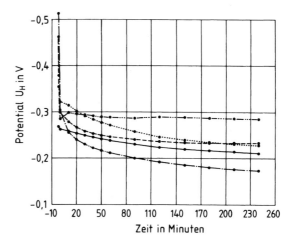

**Abb. 19.6.** Potential-Zeit-Verlauf an 5 Meßstellen bei einer Ausschaltpotential-Messung.

erfüllt sind. Bei Ausschaltpotential-Messungen ist aber zu bedenken, daß entsprechend den Angaben in Abb. 3-10 mit zunehmendem Alter die Depolarisation langsamer abläuft, so daß das 100-mV-Kriterium für eine Meßdauer von 4 h zu Fehlaussagen führen muß. Ausschaltpotential-Messungen sollten nach der Inbetriebnahme nach 1, 2, 6 und 12 Monaten und dann in jährlichen Abständen durchgeführt werden.

Bei Anwenden des 100-mV-Kriteriums sollten dann Depolarisationszeiten über 48 h vorgesehen werden. Ein Vergleich der gemessenen Potentiale ist nur bei ähnlichen Bedingungen hinsichtlich Temperatur und Feuchte zweckmäßig. So zeigt Abb. 19-7 eine Abhängigkeit von der Jahreszeit bzw. der Temperatur, was letztlich wohl auf unterschiedliche Belüftung zurückzuführen ist. Zur Verminderung der *IR*-Fehler bei Aus-

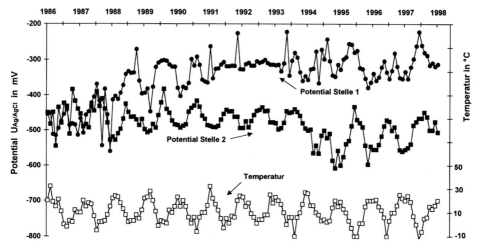

**Abb. 19.7.** Stahl/Beton-Potentiale (zwei Meßwerte) und Temperatur in Abhängigkeit von der Jahreszeit. (Die Schutzanlage wurde Juni 1986 eingeschaltet.)

schaltpotential-Messungen, die auf Ausgleichströme zurückzuführen sind, sollten bei der Sanierung an verschiedenen Stellen des Objektes Potentialsonden vorgesehen werden.

## 19.6 Streustromgefährdung und Schutzmaßnahmen

Eine Streustromgefährdung ist im Hinblick auf die möglichen Verursacher nicht bei Stahl-Beton-Bauten, wohl aber bei Fahrbahnen und Brücken möglich, über die Gleichstrom-Bahnen fahren. In der Bundesrepublik werden die Bahnen vorzugsweise mit Wechselstrom betrieben. Im allgemeinen sind die Fahrschienen nicht geerdet und durch eine hochohmige Schotter-Bettung gut isoliert. Sollte dennoch Streustrom entweichen, kommen Schutzmaßnahmen nach Kap. 15 in Betracht, wobei aber alle anderen Leitungen, die parallel zum Bewehrungsstahl und den Schienen laufen, in den Schutz mit einbezogen werden müssen.

## 19.7 Literatur

[1] A. Bäumel, Zement, Kalk, Gips *12,* 284 (1959).
[2] H. Kaesche, Zement, Kalk, Gips *12,* 289 (1959).
[3] A. Bäumel u. H. J. Engell, Arch. Eisenhüttenwes. *30,* 417 (1959).
[4] H. Kaesche, Arch. Eisenhüttenwes. *36,* 911 (1965).
[5] W. Schwenk, Betonwerk + Fertigteil-Technik, *51,* 216 (1985).
[6] DIN 1045, Beuth-Verlag, Berlin 1988.
[7] DIN 4227, Beuth-Verlag, Berlin 1988.
[8] B. Isecke, Werkst. Korros. *37,* 322 (1986).
[9] G. Ruffert, Schäden an Betonbauwerken, Verlagsgesellschaft Rudolf Müller, Köln-Braunsfeld 1982.
[10] D. Jungwirth, E. Beyer, P. Grübl, Dauerhafte Betonbauwerke, Beton-Verlag, Düsseldorf 1986.
[11] H. J. Laase u. W. Stichel, Die Bautechnik *60,* 124 (1983).
[12] D. Weber, Amts- und Mitteilungsblatt BAM *12,* 107 (1982).
[13] P. Schießl, Bautenschutz u. Bausanierung *10,* 62 (1987).
[14] B. D. Mayer, Bautenschutz u. Bausanierung *10,* 66 (1987).
[15] B. Isecke, Bautenschutz u. Bausanierung *10,* 72 (1987).
[16] G. Rehm u. E. Fielker, Bautenschutz und Bausanierung *10,* 79 (1987).
[17] G. Thielen, Bautenschutz und Bausanierung *10,* 87 (1987).
[18] J. E. Slater, Corrosion of Metals in Association with Concrete, ASTM STP 818, Philadelphia 1983.
[19] U. Nürnberger, Werkst. Korros. *37,* 302 (1986).
[20] D. E. Tonini u. W. W. Dean (ed.), Chloride Corrosion of Steel in Concrete, ASTM STP 629, Philadelphia 1977.
[21] R. F. Stratfull, Corrosion *13,* 174t (1957).
[22] R. F. Stratfull, Corrosion *15,* 331t (1957).
[23] A. E. Archambault, Corrosion *3,* 57 (1947).
[24] E. B. Rasa, B. McCollom, O. S. Peters, Electrolysis in Concrete, U.S. Bureau of Standards, Technological Paper No. 18, Washington 1913.
[25] O. L. Eltingle, Engineering News *63,* 327 (1910).
[26] G. Mole, Engineering *166,* H. 11, 5 (1948).

[27] R. F. Stratfull, Mat. Protection *13*, H. 4, 24 (1974).
[28] Proc. "Corrosion in Concrete – Practical Aspects of Control by Cathodic Protection", Seminar London, publ. by Global Corrosion Consultants, Telford, England, 1987.
[29] Proc. 2nd International Conference on the deterioration and repair of reinforced concrete in the Arabian Gulf, Bahrain 1987.
[30] Cathodic Protection of Reinforced Concrete Decks, NACE, 20 papers, 1985.
[31] D. Whiting u. D. Stark, Cathodic Protection for Reinforced Concrete Bridge Decks – Field Evaluation, Final Report, Construction Technology Laboratories, Portland Cement Association, Skokie, Illinois, NCHRP 12-13 A (1981).
[32] Prox. NACE Corrosion 87, San Francisco, papers 122 bis 147, 1987.
[33] B. Heuzé, Mat. Protection *19*, H. 5, 24 (1980).
[34] O. Saetre u. F. Jensen, Mat. Protection *21*, H. 5, 30 (1982).
[35] O. E. Gjorv u. Ø. Vennesland, Mat. Protection *19*, H. 5, 49 (1980).
[36] B. Isecke, beton, *37*, 277 (1987).
[37] K. B. Pithouse, Corrosion Preven. & Control, *15*, H. 10, 113 (1986).
[38] J. T. Gourley u. F. E. Moresco, Proc. NACE Corrosion 87, San Francisco 1987, paper 318.
[39] E DIN EN 12696-1, Beuth-Verlag, Berlin 1997.
[40] B. P. Hughes, A. K. O. Soleit u. R. W. Brierly, Magazine of Concrete Research *37*, 243 (1985).
[41] H. Hildebrand, M. Schulze u. W. Schwenk, Werkst. Korrosion *34*, 281 (1983).
[42] H. Hildebrand u. W. Schwenk, Werkst. Korrosion *37*, 163 (1986).
[43] H. Hildebrand, C.-L. Kruse u. W. Schwenk, Werkst. Korrosion *38*,. 696 (1987).
[44] J. Mietz u. B. Isecke, Bautenschutz u. Bausanierung *16*, 403 (1993).
[45] DIN 30676, Beuth-Verlag, Berlin 1985.
[46] J. A. Shaw, Civil Engineering (ASCE), H. 6, 39 (1965).
[47] Cathodic Protection of Reinforcing Steel in Concrete Structures. Proposed NACE-Standard, Committee T-3K-2 NACE, Houston 1985.
[48] P. Vassie, Corrosion Preven. & Contr. *14*, H. 6, 43 (1985).
[49] H. U. Aeschlimann, Schweizer Ingenieur und Architekt *15*, 867 (1985).
[50] V. Herrmann, Beton- und Stahlbetonbau *82*, 334 (1987).
[51] J. R. van Daveer, ACI Journal *72*, 697 (1975).
[52] ASTM C 876, Philadelphia 1980.
[53] J. Tritthardt u. H. Geymayer, beton *31*, 237 (1981).
[54] B. Elsener u. H. Böhni, Schweizer Ingenieur und Architekt *14*, 264 (1984).
[55] R. Müller, Proc. „Werkstoffwissenschaften und Bausanierung", TA Esslingen, 689 (1987).
[56] J. E. Bennett, Beitrag in [28] und [29].
[57] S. Kotowski, B. Busse u. R. Bedel, METALL *42*, 133 (1988).
[58] R. Brousseau, M. Arnott, B. Baldock, Corrosion *51*, 639 (1995).
[59] R. Brousseau, M. Arnott, B. Baldock, Mat. Protection *33*, H 1, 40 (1994).
[60] R. Brousseau, M. Arnott, B. Baldock, Corrosion Preven. & Contr. *25*, H. 10, 119 (1996).
[61] B. Isecke, J. Fischer, J. Mietz, Proc. EUROCORR 92, Helsinki, 411 (1992).
[62] H. Arup, O. Klinghoffer, J. Mietz, Proc. NACE-Conf. Corrosion 97, paper Nr. 243, New Orleans (1997).

# 20 Kathodischer Innenschutz von Wasserbehältern

G. Franke und U. Heinzelmann

Der kathodische Innenschutz von Wasserbehältern ist am wirtschaftlichsten, wenn er bereits in der Planung berücksichtigt wird. Er kann aber auch zu einem späteren Zeitpunkt zur Sanierung installiert werden, um den Korrosionsfortgang aufzuhalten. Wasserbehälter in Schiffen werden im Abschn. 17.4 beschrieben. Weitere Innenschutz-Anwendungen behandelt Kap. 21.

## 20.1 Beschreibung und Funktion der Schutzobjekte

Wasserbehälter dienen der Lagerung und Speicherung von kalten und warmen Trinkwässern, Gebrauchswässern Kühlwässern, Kondensaten und Abwässern. Darüber hinaus werden Filterbehälter in Wasseraufbereitungsanlagen zur Reinigung von Wässern und Reaktionsbehälter für chemische und physikalische Umsetzungen, z.B. Ozon-Entfernung, eingesetzt. Die Behälter werden sowohl offen z.T. mit schwankendem Wasserstand, als auch gefüllt als Druckbehälter oder teilgefüllt als Druckerhöhungsbehälter sowie als Vakuumbehälter genutzt. Sie können Einbauten, wie Heiz- oder Kühlflächen, Trennbleche, Fühler, eingezogene Rohrleitungen und Wasserverteil-Rohre enthalten.

Alle Einbauten können in den kathodischen Korrosionsschutz einbezogen werden, wenn bestimmte konstruktive Merkmale berücksichtigt, z.B. Heizrohrbündel mit quadratischer Teilung (vgl. Abb. 20-1), und die Schutzelektroden so angeordnet werden, daß die gesamten Flächen ausreichend Schutzstrom erhalten.

In emaillierten Behältern mit Schutzelektroden geringer Stromabgabe sind Einbauten, z.B. Heizflächen (Fremdkathoden), vom Behälter und der Erdung elektrisch zu trennen. Abb. 20-2 zeigt eine solche Durchführung. Kleinere Fremdkathoden, die nur einen vernachlässigbaren Schutzstrom aufnehmen, z.B. Temperaturfühler, müssen nicht elektrisch getrennt werden.

Bei kathodisch geschützten unbeschichteten Wasserbehältern müssen Einbauten metallenleitende Verbindung zum Behälter haben, um Schäden durch eine anodische Beeinflussung im kathodischen Spannungstrichter der Schutzobjektflächen zu vermeiden. Diese Vorgänge sind auch bei erdverlegten Rohrleitungen bekannt und in Abschn. 24.3.4 beschrieben. Beim Behälter-Innenschutz ist diese anodische Gefährdung als *Stromaustritt-Korrosion* bekannt und wird näher in Abschn. 20.1.4 beschrieben.

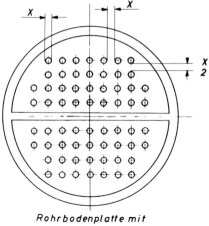

Rohrbodenplatte mit
quadratischer Teilung

**Abb. 20-1.** Heizrohrbündel mit quadratischer Teilung.

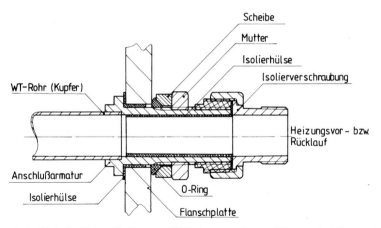

**Abb. 20-2.** Isolierter Einbau von Heizeinsätzen in emaillierten Behältern mit elektrischer Trennung von Behälter und Erdung.

### 20.1.1 Werkstoffe für die Schutzobjekte und Installationskomponenten

Für die metallischen Behälter- und Installationswerkstoffe werden eingesetzt: unlegierter Stahl, feuerverzinkter Stahl, nichtrostender Stahl (z. B. Werkst.-Nr. 1.4571), Kupfer und dessen Legierungen. Die Korrosionsbeständigkeit dieser Werkstoffe in Wässern ist sehr unterschiedlich und kann nach [1] beurteilt werden. Weiterhin unterscheiden sich sehr stark die Ruhepotentiale und die Schutzpotentiale, vgl. Abschn. 2.4. Unlegierter Stahl ist ohne Beschichtung nicht korrosionsbeständig. Nichtrostender Stahl kann $Cl^-$-induzierte örtliche Korrosion erleiden, vgl. Abschn. 2.3.2. Die übrigen Werkstoffe sind bei Ausbildung von Schutzschichten korrosionsbeständig, können aber bei Störung derselben örtlich angegriffen werden. In allen Fällen ist kathodischer Korrosionsschutz anwendbar.

### 20.1.2 Arten der Auskleidungen und Beschichtungen

Für einen passiven Korrosionsschutz der Behälter werden unterschiedliche Auskleidungen und Beschichtungen eingesetzt, die nach den Angaben in Abschn. 5.1 einen wirtschaftlichen kathodischen Innenschutz meist erst ermöglichen. Die Eigenschaften dieser Stoffe werden ausführlich in Kap. 5 beschrieben.

Als organische Beschichtungen kommen in Frage: Phenolformaldehyd-, Epoxid-, Polyacryl- und Polyacrylsäureharze, Polyamide, Polyolefine, Bitumen und Gummierungen. Heute werden zunehmend auch Zementmörtel-Auskleidungen mit Kunststoff-Zusätzen eingesetzt, siehe Abschn. 5.1.2 und 5.3. Anforderungen an die Eigenschaften organischer Beschichtungen zur Vermeidung von Enthaftungen, insbesonere bei Kombination mit kathodischem Schutz werden in Abschn. 5.2.1, siehe auch [2, 3], beschrieben. In den Norman zum kathodischen Innenschutz [4, 5] wird auf diese Anforderungen hingewiesen, wobei es erforderlich sein kann, zur Vermeidung kathodischer Blasen nach [3] zu prüfen und gegebenenfalls den Schutzbereich bei $U'_{Hs}=-0,8$ V zu begrenzen, siehe auch Abschn. 17.2.

Die beste Beständigkeit gegenüber kathodischer Einwirkung hat eine Emailauskleidung, vgl. Abschn. 5.4.

### 20.1.3 Voraussetzungen für den kathodischen Innenschutz

Die Voraussetzungen für den kathodischen Innenschutz sind in [4, 5] zusammengestellt und allgemein in Abschn. 21.1 erörtert. Für Wasserbehälter gelten folgende Hinweise:

Für die Werkstoffe der Innenflächen (Behälter und Einbauten) muß ein *Schutzpotentialbereich* existieren, vgl. Abschn. 2.4. Die elektrolytische Leitfähigkeit des Wassers soll bei unbeschichteten Behältern > 100 μS cm$^{-1}$ liegen. Bei kleineren Leitfähigkeiten muß zur Aufrechterhaltung einer genügenden Stromverteilung eine Beschichtung mit ausreichend hohem Beschichtungswiderstand $r_u$ nach Gl. (5.1) eingesetzt werden, um den Polarisationsparameter $k$ nach Gl. (2-45) zu erhöhen. Hierbei sind der spezifische Polarisationswiderstand $r_p$ und der spezifische Beschichtungswiderstand $r_u$ gleichzusetzen.

Allgemein ist eine ausreichende Stromverteilung durch die konstruktive Gestaltung, vgl. Abb. 20-1, sowie durch Anordnung und Anzahl der Anoden sicherzustellen.

Bei Wässern mit pH < 5 ist zu prüfen, ob galvanische Anoden eine zu hohe Eigenkorrosion haben, vgl. Abschn. 6.1.1 mit den Angaben zu Gl. (6-4) sowie für Magnesiumanoden die Daten und Prüfhinweise in Abschn. 6.2.4. Bei Fremdstrom-Schutz kann es zu verstärkter Wasserstoffentwicklung kommen, vgl. hierzu die Schutzmaßnahmen in Abschn. 20.1.5.

### 20.1.4 Maßnahmen zur Vermeidung einer anodischen Beeinflussung

Die auf anodische Beeinflussung im kathodischen Spannungstrichter der Schutzobjektflächen und an Isolierstücken auftretende Stromaustritt-Korrosion ist aus Abb. 20-3 zu

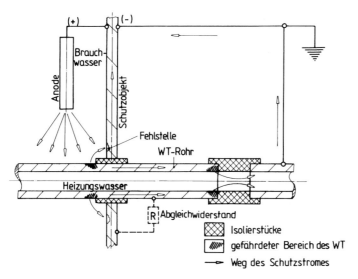

**Abb. 20-3.** Elektrisch isoliert eingebauter Heizeinsatz (WT) mit Isolierstück vor der Erdung in einem hochohmig beschichteten Wasserbehälter und mit erforderlichem Abgleichwiderstand R (gestrichelt).

erkennen. Das Schutzobjekt ist ein innenbeschichteter Wasserbehälter mit einem unbeschichteten Heizeinsatz (z.B. Kupferrohr), das vom Schutzobjekt mit einem Isolierstück gemäß Abb. 20-2 elektrisch getrennt ist. Zur Vermeidung einer metallenleitenden Überbrückung durch die Erdung muß außerhalb des Behälters im Rohr ein weiteres Isolierstück eingebaut werden. In der Beschichtung des Behälters liegen Fehlstellen in der Nähe des Isolierstückes vor, die einen kathodischen Spannungstrichter erzeugen. Die Pfeile zeigen den Weg des Schutzstromes; die schraffierten Bereiche geben Orte der Stromaustritt-Korrosion wieder.

Die anodische Gefährdung im Innern des Heizeinsatzes am Isolierstück wird im Abschn. 24.4.6 theoretisch behandelt. Bei Annahme hoher Polarisationswiderstände im System Rohrwerkstoff/Heizungswasser erfolgt eine Stromdichte-Verteilung im Rohrinnern nach Gl. (24-91) mit den Konstanten nach den Gl. (24-101) und (24-102). Dabei interessiert im wesentlichen nur die maximale Stromdichte $J_0$ nach Gl. (24-102). Eine quantitative Anwendung dieser Beziehung ist wegen der idealisierten Annahmen und der unbekannten Einflußgrößen nicht möglich. Jedoch folgen Trendaussagen für eine verminderte Korrosionsgefährdung. Diese nimmt ab mit der Länge des Isolierstückes $L$ und mit der Wurzel des Polarisationsparameters $\sqrt{r_\mathrm{p}/\kappa}$; sie nimmt aber zu mit der Wurzel der Rohrnennweite $\sqrt{d}$, siehe auch [6].

Zur Beurteilung der anodischen Gefährdung im Bereich des kathodischen Spannungstrichters wird eine kreisförmige Verletzung der Beschichtung mit dem Durchmesser $d$ angenommen. Mit der Stromdichte $J_s$ ergibt sich die Kathodenspannung $U_0$ aus dem Ausbreitungswiderstand nach Gl. (24-17) zu:

$$U_0 = \frac{\pi}{8} J_s \, d \, \rho \, . \tag{20-1}$$

Das elektrische Feld wird durch die Beziehungen in Tabelle 24-1, Zeile 2, beschrieben. $U_r$ bzw. $U_t$ geben die Spannungsverteilung in radialer bzw. in Tiefenrichtung wieder, wobei $2 r_0 = d$ ist. Für kleine Argumente der arcsin- bzw. arctan-Funktionen, d.h. $r_0 \ll r$ und $r_0 \ll t$ folgt für einen Abstand $x = r$ oder $x = t$ von der Fehlstelle:

$$U_x = \frac{2}{\pi} U_0 \frac{r_0}{x} = \frac{U_0 \, d}{\pi \, x}. \tag{20-2}$$

Aus den Gl. (20-1) und (20-2) folgt schließlich:

$$U_x = \frac{1}{8} J_s \, d^2 \, \rho \, \frac{1}{x}. \tag{20-3}$$

Liegt das beeinflußte Objekt (Heizeinsatz) im Bereich $x_1$ bis $x_2$, so wirkt aufgrund des Spannungstrichters nach Gl. (20-3) die Spannung

$$\Delta U_x = \frac{1}{8} J_s \, d^2 \, \rho \, \frac{\Delta x}{x_1 \, x_2} \tag{20-4}$$

ein. Die Größe der Fehlstellen in der Beschichtung hat demnach einen wesentlichen Einfluß.

Es soll noch ausdrücklich darauf hingewiesen werden, daß bei einer anodischen Beeinflussung gemäß den Angaben zu Abb. 2-6 in Abschn. 2.2.4.1 *die Korrosivität des Mediums für den betreffenden Werkstoff keinen Einfluß auf die Stromaustritt-Korrosion hat.* Demgegenüber hat nach den Gl. (24-102) und (20-4) wohl die *Leitfähigkeit* des Mediums einen Einfluß.

Weiteren Einfluß haben chemische Parameter, die eine Ausbildung von Deckschichten bzw. die Polarisationswiderstände bestimmen, vgl. Gl. (4-10).

Zur Vermeidung der beschriebenen Gefährdung durch Stromaustritt-Korrosion sind die Heizeinsätze über einen Abgleichwiderstand mit dem Schutzobjekt metallenleitend zu verbinden. Hierzu zeigt Abb. 20-3 (gestrichelt) einen richtig eingebauten Abgleichwiderstand R.

Bei richtig bemessenem Abgleichwiderstand wird der Wärmetauscher in den kathodischen Schutz mit einbezogen, wobei die anodische Gefährdung nach Gl. (20-4) aufgehoben wird. Weiterhin wird die Spannung am Isolierstück $\Delta U$ in Gl. (24-102) merkbar verringert. Am Isolierstück kann aber auch eine Verlängerung der Isolierlänge $L$ hilfreich sein.

### 20.1.5 Maßnahmen zur Vermeidung einer Gefährdung durch Wasserstoff

Beim kathodischen Innenschutz mit Fremdstrom kann durch den Schutzstrom und beim Schutz mit galvanischen Anoden auch durch Eigenkorrosion Wasserstoff entstehen, der mit Sauerstoff aus dem Wasser, der Luft oder aus Reaktion der Anoden *zündfähige Gasgemische* bildet. Dabei haben Konstruktion und Betriebsweise der Schutzanlage Einfluß. Bei kathodisch geschützten Behältern ist jedoch diese Möglichkeit immer gegeben. Da Schutzelektroden aus Edelmetallen oder Ventilmetallen mit Edelmetallbeschichtungen die *Zündung wasserstoff- und sauerstoffhaltiger Gasgemische katalysie-*

*ren können*, sind diese zum Innenschutz von unbeschichteten Wasserbehältern aus Sicherheitsgründen ungeeignet. Zündfähige Gasgemische müssen am höchsten Punkt der Behälter mit automatischen Entgasern ausreichender Nennweite (mindestens DN 15) entfernt werden. Die Entgasungsleitungen sind geringfügig (etwa 50 mm) in den Behältern einzuziehen, um das Mitführen von Gasblasen in die Entnahmeleitung auszuschließen. Die an den Entgasern angebrachten Tropfleitungen müssen über T-Stücke überlaufendes Wasser nach unten und die Gase nach oben abführen, siehe Abb. 20-4a. Bei Wasserbehältern in nicht ausreichend belüfteten Räumen muß die Entgasungsleitung stetig steigend ins Freie geführt werden. Vor dem Entleeren kathodisch geschützter unbeschichteter Behälter muß die Schutzanlage ausgeschaltet und der Behälter vollständig mit Wasser gefüllt werden.

In Filterbehältern ist unter den Entgasern zusätzlich eine Rohrleitung (mindestens DN 15) bis über den Fußboden zu führen und mit einem Prüfventil zu versehen, über welches täglich Wasser bis zur Freiheit von Gasblasen entnommen werden muß, siehe Abb. 20-4b. Die teilgefüllten kathodisch geschützten Druckerhöhungsbehälter können nicht mit automatischen Entgasern versehen werden. Deshalb müssen am höchsten Punkt der Behälter Stutzen (mindestens DN 15) mit Handventilen angebracht werden. Einige Tage vor dem Entleeren ist das Schutzgerät abzuschalten und der Behälter bis zum Austritt von Wasser am Handventil zu füllen.

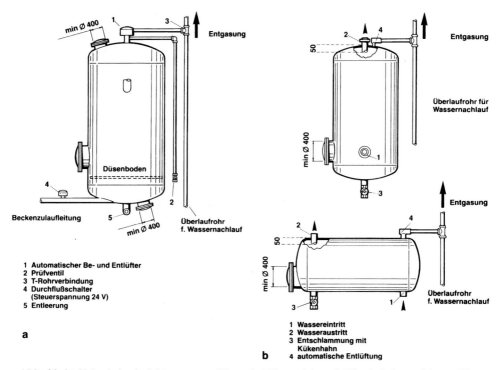

**Abb. 20-4.** Sicherheitseinrichtungen an Wasserbehältern (**a**) und Filterbehältern (**b**) zur Vermeidung einer Explosionsgefährdung durch Wasserstoff.

Emaillierte und andere mit hochohmigen Beschichtungen ausgerüstete Behälter bis 4 m$^3$ Inhalt benötigen keine automatischen Entgaser, wenn sie mit galvanischen Anoden, deren Oberfläche 5 dm$^2$ pro m$^2$ der zu schützenden Flächen nicht überschreiten oder mit geregelten Fremdstrom-Anoden geringer Stromabgabe $\leqq 150$ mA ausgerüstet sind.

## 20.2 Schutz mit galvanischen Anoden

Für den kathodischen Korrosionsschutz von Wasserbehältern kommen praktisch nur Magnesiumanoden in Frage, weil deren Treibspannung ausreichend groß ist, vgl. Abschn. 6.2.4. Zink- und Aluminiumanoden sind in Brauchwässern ungeeignet, weil ihre Treibspannung zu klein und ihre Passivierbarkeit zu groß sind. Hg-haltige Aluminiumanoden, die ausreichend negative Ruhepotentiale und geringe Polarisierbarkeit aufweisen, dürfen im Trinkwasser nicht eingesetzt werden, vgl. Abschn. 20.5.

Anwendungsgebiete für Magnesiumanoden sind der Innenschutz von Wassererwärmern, Speisewasserbehältern, Filterbehältern, Kühlern, Röhren-Wärmetauschern und Kondensatoren. Sie werden hauptsächlich in Kombination mit Beschichtungen eingesetzt und dort, wo eine Fremdstromanlage zu aufwendig ist oder nicht installiert werden kann.

In unbeschichteten Objekten ist der Anodenverzehr groß. Es ist deshalb darauf zu achten, daß der Mg(OH)$_2$-Schlamm die Funktion der Anlagen nicht beeinträchtigt. Notfalls sind regelmäßige Entschlammungen vorzunehmen.

Häufig werden Magnesiumanoden auch zum nachträglichen Schutz von Behältern aus nichtrostendem Stahl eingesetzt. Um hier einen zu hohen, für den kathodischen Schutz des Behälters nicht erforderlichen Schutzstrom und einen gleichzeitig zu starken Anodenverzehr zu vermeiden, können die Anoden über einen Widerstand von 5 bis 10 $\Omega$ mit dem Behälter verbunden werden. Fremdstromschutz ist jedoch sinnvoller.

In großem Umfang werden Magnesiumanoden in Verbindung mit Email-Auskleidung angewendet. Dieser Korrosionsschutz ist in kleinen und mittleren Warmwasserbehältern besonders wirtschaftlich und konfektioniert anzuwenden. Die Anode hat dabei nur den Schutz kleiner Email-Fehlstellen zu übernehmen, die bei der Emaillierung von Serienprodukten unvermeidbar und in [7] begrenzt sind. Die Lebensdauer von Magnesiumanoden beträgt bei einer Auslegung von 0,2 kg m$^{-2}$ emaillierter Fläche mindestens 2 Jahre und im Durchschnitt über 5 Jahre.

## 20.3 Schutz mit Fremdstrom

Das Fremdstrom-Schutzverfahren wird vor allem für den Innenschutz von größeren Objekten verwendet und dort, wo hohe Anfangsstromdichten erreicht werden müssen, z.B. in Aktivkohle-Filterkesseln und bei unbeschichteten Stahlbehältern. Grundsätzlich sind zwei Anlagenarten zu unterscheiden:

a) Anlagen mit Potentialregelung,
b) Anlagen mit Stromregelung.

## 20.3.1 Anlagen mit Potentialregelung

Potentialregelnde Schutzstrom-Geräte sind in Abschn. 8.6, siehe Abb. 8-5 und 8-6, beschrieben; Hinweise für den potentiostatischen Innenschutz befinden sich im Abschn. 21.4.2. Bei diesen Anlagen befindet sich die Bezugselektrode an der ungünstigsten Stelle des Schutzobjektes. Wenn dort das Schutzkriterium nach G. (2-40) erreicht wird, kann auch für die übrigen Flächenbereiche des Schutzobjektes kathodischer Schutz angenommen werden.

Da im allgemeinen die Bezugselektrode nicht mit einer Kapillarsonde, vgl. Abb. 2-3, bestückt ist, verbleibt bei der Potentialmessung ein Fehler $\eta_\Omega$, der durch Gl. (2-34) angegeben wird, vgl. hierzu auch die Angaben in Abschn. 3.3.1 zur $IR$-freien Potentialmessung. Die dort beschriebene Ausschalt-Technik kann in einer modifizierten Weise auch bei potentialregelnden Schutzstrom-Geräten herangezogen werden. Dazu dienen *Unterbrecherpotentiostaten,* die den Schutzstrom periodisch mit kurzzeitigen Intervallen ausschalten [8]. Die Dauer der Ausschalt-Phase liegt bei einigen 10 µs und die der Einschalt-Phase bei einigen 100 µs.

Während der Ausschalt-Phase wird das $IR$-frei gemessene Potential dem Schutzstrom-Gerät als Ist-Spannung zugeführt und mit der Soll-Spannung verglichen. Der vom Gerät gelieferte Schutzstrom wird dann so bemessen, daß das $IR$-freie Potential dem Sollwert entspricht. In vereinfachender Weise kann auch die Fremdstrom-Anode in der Ausschalt-Phase als Bezugselektrode herangezogen werden, falls diese in dieser Phase ein konstantes Potential aufweist. Dies trifft bei Edelmetallbeschichtungen auf Ventilmetallen, z.B. Ti/Pt zu, da in der Einschalt-Phase nach Gl. (7-1) $O_2$ entwickelt wird und ein definiertes Redoxsystem entsteht. Abb. 20-5 zeigt Potential-Zeit-Kurven für Einschalt- und Ausschalt-Phasen einer Ti/Pt-Elektrode in Leitungswasser. Unmittelbar nach dem Ausschalten und nach dem Einschalten liegt ein Ohmscher Spannungsabfall vor, der Gl. (2-34) entspricht und im Bild gestrichelt wiedergegeben ist. Während der ersten 50 µs nach dem Ausschalten erkennt man noch eine merkbare Depolarisation der Elektrode. In den folgenden weiteren 50 µs ist jedoch das Potential konstant. In dieser Zeitphase kann die Elektrode als Bezugselektrode herangezogen werden [10]. Nach den Angaben in Abschn. 3.3.1 ist für das Schutzobjekt (System Stahl/Wässer) jedoch während 100 µs nach dem Ausschalten nicht mit einer unzulässig hohen Depolarisation zu rechnen. Somit ist das Zeitprogramm für die Funktion des Unterbrecherpotentiostaten nach Abb. 20-5 für den kathodischen Innenschutz geeignet [9].

Bei Verwendung nur einer Bezugselektrode im Schutzobjekt kann nur der Nahbereich dieser Elektrode, nicht aber die Potentialverteilung an entfernten Bereichen des Schutzobjektes erfaßt werden. Zur Verbesserung der Strom- und Potentialverteilung müssen Anzahl und Ort der Anoden den Maßen bzw. der Geometrie des Schutzobjektes angepaßt werden. Dabei sind notfalls zur Kontrolle der Potentiale zumindest zeitweise mehrere Bezugselektroden erforderlich [4]. Auf diese Weise können unter Berücksichtigung ferner $IR$-Fehler die optimalen Soll-Potentiale für die Potentialregelung gefunden werden.

Eine ungleichmäßige Strom- und Potentialverteilung ist im wesentlichen bei unbeschichteten Schutzobjekten zu erwarten. Durch Beschichten kann die Verteilung wesentlich verbessert werden, vgl. Abschn. 20.1.3. So ist in emaillierten Behältern die Reichweite des kathodischen Schutzes sehr gut. Bei zentraler Anordnung der Anode

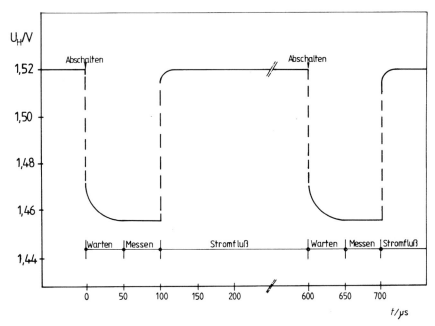

**Abb. 20-5.** Potential-Zeit-Kurven einer Ti/Pt-Anode in der Ausschalt- und Einschalt-Phase (schematisch) nach Messungen in [9].

können die durch Ausgleichströme verursachten *IR*-Fehler in der Ausschaltphase vernachlässigt werden. Das Anodenpotential in der Ausschalt-Phase kann entsprechend den Angaben zu Abb. 20-5 für die Potentialregelung verwertet werden, wobei die gesamte Fläche des Schutzobjektes ausreichend geschützt wird. Erst bei größeren Behältern mit einem Inhalt über 2 m$^3$ ist eine angepaßte Anordnung mehrerer Anoden erforderlich.

Die Potentialregelung ermöglicht ganz allgemein eine genaue und zeitlich konstante Potentialeinstellung des Schutzobjektes. Änderungen des Schutzstrombedarfs, z.B. durch Ausbildungen von Deckschichten oder durch Vergrößern von Fehlstellen in Beschichtungen, werden automatisch nachgeregelt. Somit ist eine erhöhte Wasserstoffentwicklung nach Gl. (2-19) bei Überschutz nicht möglich. Dies ist bei Innenschutz von besonderer Bedeutung, vgl. Abschn. 20.1.5.

### 20.3.2 Anlagen mit Stromregelung nach dem Wasserdurchsatz

In einigen Fällen kann es zweckmäßig sein, den Schutzstrom nach dem Wasserdurchsatz zu regeln. Dies betrifft vor allem Behälter, denen wenig und in unregelmäßigen Zeitabständen Frischwasser zugeführt wird, z.B. Voratsbehälter für Feuerlöschanlagen. Bei sonst zeitlich konstanten Schutzströmen findet in der Stillstandphase nach der kathodischen Sauerstoffreduktion eine Wasserstoff-Entwicklung nach Gl. (2-19) statt. In diesem Falle ist eine Stromstärkeregelung über einen Kontakt-Wasserzähler als Impulsgeber sinnvoll, um die Wasserstoff-Entwicklung zu begrenzen, siehe Abschn. 20.4.2.

## 20.4 Beschreibung von Schutzobjekten

### 20.4.1 Wassererwärmer mit Emailauskleidung

Der kathodische Korrosionsschutz von emaillierten Behältern mit Mg-Anoden ist seit langem, der mit potentialregelnden Anlagen seit einigen Jahren Stand der Technik [11]. Die hochohmige Beschichtung mit nach [7] begrenzten Fehlstellen ermöglicht eine gleichmäßige Stromverteilung im gesamten Behälter.

Eine Korrosionsgefährdung im Bereich von Email-Fehlstellen besteht bei *Element-bildung* mit Fremdkathoden, d.h. Einsätze mit positiverem Freien Korrosionspotential. Dazu zählen im wesentlichen Heizeinsätze, die auch eine wesentlich größere Fläche als die Email-Fehlstellen haben. Bei nicht isolierten Einsätzen nehmen diese Schutzstrom auf, wobei im Spannungstrichter dieser Einsätze liegende Fehlstellen nicht nur keinen Schutzstrom erhalten, sondern u.U. sogar anodisch gefährdet werden. Aus diesem Grunde müssen die Heizeinsätze isoliert eingebaut werden, vgl. Abb. 20-2 und 20-3. Um einen Kurzschluß der Heizeinsätze mit dem Schutzobjekt auszuschließen, dürfen die Einsätze nicht geerdet werden. Dabei sind Sicherheitsbestimmungen [12] zu beachten. Sie setzen voraus, daß der Stahlbehälter einen Schutzleiter-Anschluß hat und daß außenliegende, nichtgeerdete Bauteile des Heizeinsatzes berührungssicher abgedeckt sind.

Ähnlich ist auch bei Kältemittel-führenden Wärmetauschern in Brauchwasser-Wärmepumpenspeichern zu verfahren [13]. Hier wird auf einen Einbau teurer Isolierverschraubungen im Kältemittel-Kreislauf entsprechend Abb. 20-3 verzichtet, das gesamte Wärmepumpen-Aggregat nicht geerdet und berührungssicher abgedeckt. Nur bei Heizwasser-Wärmetauschern wird eine Trennung nach Abb. 20-3 vorgenommen.

*Magnesiumanoden* werden im allgemeinen über Muffen oder Bohrungen isoliert in die Schutzobjekte eingebaut (vgl. Abb. 20-6) und mit diesem über Kabel verbunden. Sie müssen für eine Funktionskontrolle gut zugänglich und leicht austauschbar sein [7]. Durch Hinweis in der Gebrauchsanleitung ist auf eine erforderliche Kontrolle nach einer Betriebsdauer von zwei Jahren aufmerksam zu machen. Eine Funktionskontrolle während des Betriebs kann durch elektrische Messungen (Strom, Widerstand) erfolgen. Weiterhin gibt es zur Feststellung des Verbrauchs akustische und optische Meßhilfen [7]. Die Lebensdauer der Anoden liegt im allgemeinen über 5 Jahre, vgl. Abschn. 6.6.

*Fremdstrom-Anoden* werden ebenfalls entsprechend Abb. 20-6 über Muffen oder Bohrungen isoliert in die Schutzobjekte eingebaut. Bei beschichteten Ventilmetallen bleibt ein Bereich von etwa 200 mm nach der Durchführung unbeschichtet. Bei Einsatz von Unterbrecherpotentiostaten kann deren Funktion durch stromabhängig geschaltete Leuchtdioden-Anzeige optisch angezeigt werden. Für die *Überwachung* kathodisch geschützter Anlagen werden in [4] folgende Zeiträume genannt:

– Anlagen mit galvanischen Anoden: 2 Jahre,
– Anlagen mit nicht regelnden Schutzstrom-Geräten: 1 Jahr,
– Anlagen mit regelnden Schutzstrom-Geräten: 0,5 Jahre.

Hierbei sind die Funktion des Schutzstrom-Gerätes und Schutzströme zu kontrollieren, notfalls auch Potentialmessungen durchzuführen. Zusätzlich werden von den Erstellern anlagenspezifische Überwachungszeitabstände und Kontrollprogramme angegeben.

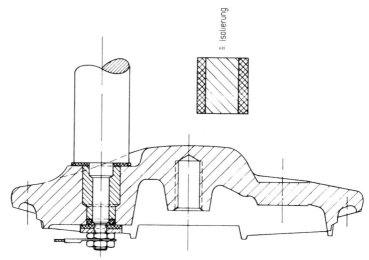

**Abb. 20-6.** Elektrisch isolierte Durchführung einer Magnesium-Anode.

Als Beispiel zeigt Abb. 20-7 Potentiale und Schutzströme von zwei parallel-geschalteten 750-L-Behältern in Abhängigkeit von der Betriebsdauer. Die Schutzanlage bestand aus einem potentialregelnden Schutzstrom-Gerät, einer im vorderen Mannloch-Deckel eingebauten 0,4 m langen Fremdstrom-Anode und einer an der gleichen Durch-

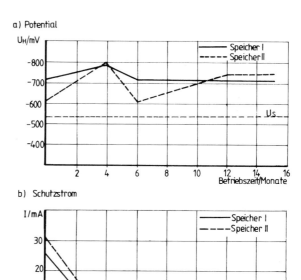

**Abb. 20-7.** Potential- und Schutz-strom-Messungen an zwei 750-L-Behälter; $\kappa(20\,°C) = 730\ \mu S\ cm^{-1}$, Betriebstemperatur $70\,°C$.

führung eingebrachten Ag/AgCl-Bezugselektrode [14, 15]. Zur Kontrolle des Behälter-
potentials diente eine zweite Bezugselektrode, die separat auf der gegenüberliegenden
Behälterwand angebracht war. Aufgrund der Potentialmessung ist während der gesamten Kontrolldauer kathodischer Korrosionsschutz sicher gegeben. Die starke Abnahme des Schutzstromes in den ersten Monaten ist auf Kalk-Deckschichten zurückzuführen.

Als Beispiel für die Potentialverteilung zeigt Abb. 20-8 den Potentialverlauf in
Höhenrichtung bei einem 300-L-Elektrostandspeicher. Das Wasser hatte eine extrem
niedrige Leitfähigkeit von $\kappa(20\,°C) = 30\,\mu S\,cm^{-1}$. Für den kathodischen Schutz diente
eine Mg-Stabanode, die bis kurz über den isoliert eingebauten Heizkörper reichte, um
eine gleichmäßige Stromverteilung zu erreichen. Dies wurde durch die Messungen bestätigt.

Die negative Wirkung nichtisolierter Heizeinsätze auf den kathodischen Schutz zeigt
Abb. 20-9. Bei dem 250-L-Behälter waren im oberen Drittel ein Elektro-Einschraub-
Rohrheizkörper (RHK) mit 0,05 m² Fläche ohne Isolation und im unteren Drittel ein
verzinnter Kupferrohr-Wärmetauscher (Cu-WT) mit 0,61 m² Fläche isoliert eingebaut.
Für die Messungen wurde der Cu-WT wahlweise mit dem Behälter kurzgeschlossen.
für den kathodischen Schutz diente eine potentialregelnde Schutzanlage mit einer Fremdstrom-Anode zwischen den beiden Heizeinsätzen. Die Messungen wurden mit zwei verschiedenen Wässern unterschiedlicher Leitfähigkeit durchgeführt.

Wie die Meßergebnisse zeigen, stört der nichtisolierte kleine Elektro-RHK nicht.
Beim nichtisoliert eingebauten Cu-WT wird kein kathodischer Schutz erreicht. Erwartungsgemäß nimmt die Polarisation mit ansteigender Leitfähigkeit des Wassers zu. Es
soll noch darauf hingewiesen werden, daß der Cu-WT verzinnt war und daß einer Ver-
zinnung zuweilen eine geringere Wirksamkeit als Fremdkathode zugeschrieben wird.
Abgesehen von der nicht gegebenen Langzeitbeständigkeit derartiger Metallüberzüge
reicht aber offensichtlich die Erhöhung des kathodischen Polarisationswiderstandes

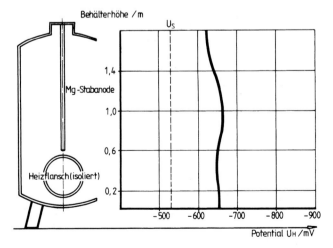

**Abb. 20-8.** Vertikaler Potentialverlauf in einem 300-L-Elektrostandspeicher mit Mg-Stabanode;
$I_s = 0,4\,mA$; $\kappa(20\,°C) = 30\,\mu S\,cm^{-1}$.

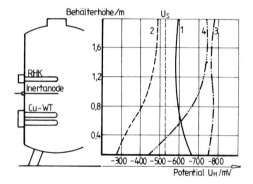

**Abb. 20-9.** Vertikaler Potentialverlauf in einem 250-L-Brauchwasser-Wärmepumpenspeicher.

| Kurve | Cu-WT | $\kappa(20\,°C)/\mu S\ cm^{-1}$ | $I_s/mA$ |
|---|---|---|---|
| 1 | isoliert | 130 | 16,2 |
| 2 | nicht isoliert | 130 | 30,2 |
| 3 | isoliert | 1040 | 36,8 |
| 4 | nicht isoliert | 1040 | 107 |

durch Verzinnen nicht aus, um bei derartig großen Einsatzteilen einen kathodischen Schutz zu ermöglichen. Dies gilt auch für andere Beschichtungsmetalle, z. B. Nickel.

Die im Abschn. 20.1.4 beschriebene *anodische Beeinflussung* isoliert eingebauter Einsätze durch kathodische Spannungstrichter wird durch die Meßwerte in Abb. 20-10 verdeutlicht. Das Meßobjekt ist ein Elektro-Einschraub-Rohrheizkörper aus Kupfer mit einer isolierten Durchführung in einer Messing-Verschraubung. Das Messing-Einschraubteil stellt eine relativ große Fehlstelle dar und erzeugt einen Spannungstrichter unmittelbar am Einbauteil. Die Kurven 1 bzw. 2 in der Abbildung zeigen Potential-Zeit-Kurven am Kupfer-Einsatz innerhalb bzw. außerhalb des kathodischen Spannungstrichters. Dabei sind die Potentialunterschiede erwartungsgemäß vom Schutzstrom abhängig. Aus Gründen der unterschiedlichen Flächen ist die kathodische Polarisation bei Strom-Eintritt (Kurve 2) geringer als die anodische Polarisation bei Strom-Austritt (Kurve 1). Nach Einbau eines Abgleichwiderstandes zwischen Kupfereinsatz und Behälter von 600 Ω wird der Einsatz in den kathodischen Schutz einbezogen, was durch die Potentialveränderung sofort merkbar wird [16].

Die Größe des Abgleichwiderstandes muß im allgemeinen empirisch ermittelt werden. Bei Heizeinsätzen bis zu 2,5 m$^2$ ist im allgemeinen ein Widerstand um 500 Ω ausreichend. Bei größeren Flächen muß er bis zu 1000 Ω erhöht werden, weil sonst der kathodische Schutz der Fehlstellen im Email gefährdet ist.

Die Wirkung verschiedener Abgleichwiderstände ist aus Abb. 20-11 zu erkennen. Der emaillierte Warmwasserbereiter hatte einen isolierten Heizeinsatz aus nichtrostendem Stahl von 2,5 m$^2$ Fläche. Bei $R = 600$ Ω kann der Behälter nicht mehr kathodisch geschützt werden, bei $R = 800$ Ω dagegen wohl [17]. Das Potential des nichtrostenden Stahls (Werkst.-Nr. 1.4435) liegt deutlich negativer als das für diesen Werkstoff zu erwartende Lochfraßpotential [18].

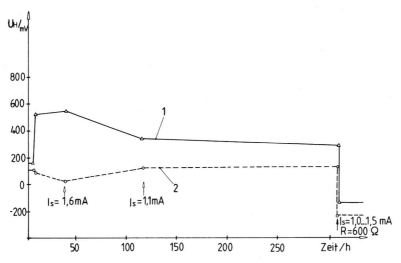

**Abb. 20-10.** Potential-Zeit-Verlauf an einem Kupfer-Rohrheizkörper in einem emaillierten Behälter mit Messing-Schraube.
Kurve 1: Potential im Spannungstrichter der Messingschraube.
Kurve 2: Potential außerhalb des Spannungstrichters.
Leitungswasser mit $\kappa(20\,^\circ\mathrm{C}) = 100\ \mu\mathrm{S\ cm^{-1}}$; $50\,^\circ\mathrm{C}$.

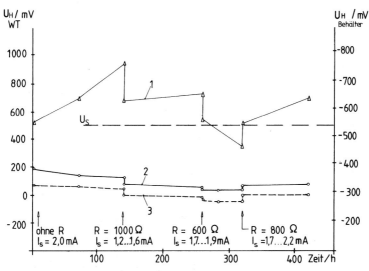

**Abb. 20-11.** Potential-Zeit-Verlauf eines emaillierten Behälters mit eingebautem Wärmetauscher aus nichtrostendem Stahl in Abhängigkeit vom Abgleichwiderstand R.
Kurve 1: Behälter-Potential in Nähe des Wärmetauschers.
Kurve 2: Wärmetauscher-Potential im Spannungstrichter von Fehlstellen der Behälteremaillierung.
Kurve 3: Wärmetauscher-Potential außerhalb des Spannungstrichters von Fehlstellen.

### 20.4.2 Wassererwärmer mit elektrolytischer Wasserbehandlung

Das *Elektrolyse-Schutzverfahren* mit Fremdstrom-gespeisten Aluminiumanoden ermöglicht den Schutz vor Korrosionsschäden an unbeschichteten und feuerverzinkten Eisenwerkstoffen der Hausinstallation [19, 20]. Werden Fremdstrom-gespeiste Aluminium-Anoden in Wasserbehältern installiert, schützen deren Reaktionsprodukte ohne Beeinträchtigung der Gebrauchseigenschaft des Wassers auch die nachgeschalteten Rohrnetze durch Deckschichtbildung Dabei wird in Hausinstallationen aus verzinkten Stahlrohren eine ausgeprägte Hemmung der kathodischen Teilreaktion bewirkt [21]. Neben dem kathodischen Innenschutz der Behälter und deren Einbauten, z.B. Heizflächen, erfolgt durch die elektrolytische Wasserbehandlung auch eine Veränderung der Wasserparameter. Der Rohrleitungsschutz beruht auf kolloidchemischen Vorgängen und ist nicht nur für neue, sondern auch für ältere, bereits durch Korrosion vorgeschädigte Bauteile gegeben.

Bei Einsatz des Elektrolyse-Schutzverfahrens dürfen Kupfer-Installationsteile in Warmwassererwärmern feuerverzinkten Rohren ohne Gefahr für $Cu^{2+}$-induzierte Lochkorrosion vorgeschaltet werden. Durch das Elektrolyse-Schutzverfahren wird der Anwendungsbereich feuerverzinkter Leitungsrohre sowohl hinsichtlich der Wasserparameter und Temperatur als auch hinsichtlich der Werkstoffqualität im Vergleich zu den Anwendungsgrenzen in technischen Regeln [1, 22] erweitert.

Abb. 20-12 zeigt schematisch die Anordnung der Aluminiumanoden in stehenden und liegenden Warmwassererwärmern mit Heizrohrregistern. Zur Ausbildung der Schutzschichten in den Rohrleitungen müssen mehr als 33% der Aluminiumanoden dem oberen Drittel der Behälter zugeordnet werden [23]. Zum Rohrleitungsschutz können

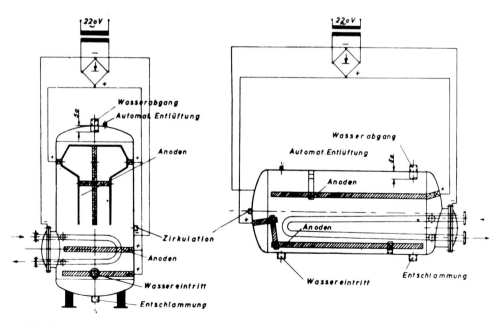

**Abb. 20-12.** Wassererwärmer mit Elektrolyse-Schutzverfahren (schematische Darstellung).

kathodische Schutzströme erforderlich werden, die bis zum Faktor 3 größer als der Schutzstrombedarf sind [24].

Das behandelte Wasser enthält ausreichende Konzentrationen an Deckschichtbildnern, wenn kaltes Wasser etwa 12 min und warmes Wasser mindestens 20 min in den Behältern verweilt [24]. Plötzliche Temperaturschwankungen über 10°C sind auszuschließen, da hiergegen die wirksamen Formen des Al(OH)$_3$ empfindlich sind [25]. Können Kaltwasserbeimischungen oder Nacherwärmungen nicht vermieden werden, muß eine kurzzeitige elektrolytische Nachbehandlung in kleinen Reaktionsbehältern erfolgen. Die Ausbildung ungestörter Schutzschichten in den Rohrleitungen setzt ständige Wasserströmung mit einer Zwangszirkulation durch Pumpen voraus [25].

Der Hauptteil des Anodenschlamms, der je nach Wasserhärte CaCO$_3$ enthalten kann, ist korrosionschemisch inert und setzt sich auf den Behälterböden ab. Ein- bis zweimal wöchentlich muß über Entschlammungsstutzen mit Kükenhähnen entschlammt werden, was durch kurzes mehrmaliges Öffnen und Schließen der Hähne unter vollem Wasserdruck erfolgt. Die Entschlammungsstutzen liegender Behälter sind entgegengesetzt dem Wassereintritt anzubringen.

Kennzeichnend für die Zusammensetzung der Schutzschichten in den Rohrleitungen ist ein höherer Gehalt an Al$_2$O$_3$ und SiO$_2$, falls das Wasser Silicate oder Kieselsäure enthält. Die Schutzschichten haben eine maximale Dicke von 1,5 mm und können nicht weiter wachsen. Auch in Kupferrohrnetzen mit Lochfraß Typ I [1] kann über vorgeschaltete, mit Fremdstrom gespeisten Aluminiumanoden ausgerüstete Reaktionsbehälter der Korrosionsfortgang unter Deckschichtbildung zum Stillstand gebracht werden.

Für die Anwendung des Elektrolyse-Schutzverfahrens sind einige bauliche Merkmale an den Behältern zu beachten.

a) Auf den Behältern müssen automatische Entlüftungen zur Abführung der Reaktionsgase (Wasserstoff) angebracht werden [4, 26] siehe Abschn. 20.1.5.

b) Die Wasserabgänge müssen etwa 50 mm in die Behälter eingezogen werden, um wirksame Entlüftung zu gewährleisten [4, 26].

c) An den Behälterböden müssen Stutzen mit Kükenhähnen zum Ablassen des Schlamms vorhanden sein.

d) Heizrohrbündel sind in quadratischer Rohrteilung unter Berücksichtigung bestimmter Mindestrohrabstände vorzusehen, siehe Abschn. 20.1.

e) Die Dichtungsmaterialien für Stromdurchführungen und Anodenbefestigungen müssen für Trinkwasser geeignet sein.

Die Stromausbeute von Aluminium richtet sich nach der Wasserzusammensetzung und den Betriebsbedingungen und liegt bei $\alpha = 0,8$ bis 0,9, vgl. Abschn. 6.2.3. Die Eigenkorrosion erfolgt wie bei Mg unter Wasserstoffentwicklung.

Beim Elektrolyse-Schutzverfahren werden Reinaluminiumanoden verwendet, die sich in Gegenwart von Chlorid- und Sulfat-Ionen anodisch nicht passivieren. In sehr salzarmen Wässern mit einer Leitfähigkeit von $\kappa < 40\ \mu S\ cm^{-1}$ kann die Polarisation sehr stark zunehmen und somit die erforderliche Schutzstromdichte nicht mehr eingestellt werden. Weitere Anwendungsgrenzen bestehen bei pH-Werten $< 6,0$ und $> 8,5$, weil dann die Löslichkeit des Al(OH)$_3$ zu groß wird und dessen deckschichtbildende Wirkung verlorengeht [24]. Die Aluminiumanoden werden für eine Betriebsdauer von

2 bis 3 Jahren ausgelegt. Danach ist eine Erneuerung erforderlich. Die Schutzströme werden mit Hilfe eines Ampèremeters und/oder einer stromflußabhängig geschalteten Leuchtdiode angezeigt. Neben einer Überwachung durch das Bedienungspersonal werden durch eine Fachfirma einmal jährlich die Gleichrichteranlage und die einregulierten Schutzströme überprüft.

In Sulfat-haltigen Wässern kann bei Einsatz des Elektrolyse-Schutzverfahrens und bei geringem Wasserverbrauch zuweilen Geruchsbelästigung durch kleine Mengen $H_2S$ bemerkt werden. Die Sulfatreduktion erfolgt durch Bakterien in anaeroben Bereichen, z.B. in der Schlammzone der Behälter.

Es gibt thermophile *sulfatreduzierende Bakterien* mit hoher Aktivität um 70 °C [27]. Eine elektrochemische Sulfatreduktion ist dagegen nicht festgestellt worden [28]. Um eine mikrobiologische Sulfatreduktion und die Bildung überschüssiger Aluminiumverbindungen zu vermeiden, werden die Elektrolyseströme an den jeweiligen Wasserverbrauch angepaßt. In die Zuflußleitungen installierte Strömungs- oder Differenzdruckschalter ermöglichen Wasserverbrauch-abhängige Regulierungen des Stromes. Die Elektrolyseströme können auch dem intermittierenden Wasserverbrauch durch Einsatz eines Kontaktwasserzählers in die Zuflußleitungen angepaßt werden. Der Kontaktwasserzähler steuert elektronisch die Schutzstrom-Anlage und regelt die Stromstärken gleitend. Bei regelmäßig unterschiedlichem Wasserverbrauch kann die Anpassung an die Wasserverbräuche mit einer Zeitschaltuhr erfolgen. Mit zusätzlichen Metalloxid-beschichteten Titan-Anoden im Schlammraum, an denen anodisch Sauerstoff entwickelt wird, kann die Tätigkeit anaerober Bakterien vermieden werden [29].

### 20.4.3 Wasserspeicher

Der Schutzstrombedarf eines Wasserspeichers richtet sich in erster Linie nach dem Vorhandensein und der Güte einer Innenbeschichtung. Der Schutzstrombedarf nimmt mit ansteigender Temperatur, ansteigendem Salzgehalt und sinkendem pH-Wert des Wassers zu. Für solche Fälle wird eine experimentelle Bestimmung des Schutzstrombedarfs empfohlen. Auch bei organischen Beschichtungen können Probeeinspeisungen erforderlich werden, da das Ausmaß von Fehlstellen oder mechanischen Schäden unbekannt ist. Bei anorganischen Beschichtungen (Emaillierungen) ist wegen der nach [7] begrenzten Fehlstellen-Anzahl und -Größe sowie wegen der allgemein höheren Beständigkeit dieser Beschichtungen eine Probeeinspeisung nicht erforderlich.

Zur Erzielung einer ausreichenden Stromverteilung und zur Vermeidung einer kathodischen Beeinträchtigung der Auskleidung, vgl. Abschn. 5.2.1, sollen die Abstände zwischen Anoden und Schutzobjekt nicht zu klein sowie die Treibspannung nicht zu groß gehalten werden. In Anodennähe sollte eine Potentialbegrenzung bei $U_H = -0,8$ bis $-0,9$ V eingehalten werden. In unbeschichteten Stahlbehältern muß für eine ausreichende Schutzstrom-Verteilung eine größere Anzahl von Anoden eingesetzt werden, die in Abhängigkeit von der spezifischen Leitfähigkeit Mindestabstände vom Schutzobjekt aufweisen müssen [30].

Ein Festdach-Tank aus unlegiertem Stahl zur Speicherung von 60 °C warmem, teilentsalztem Kessel-Speisewasser mit Teerpech-Epoxidharzbeschichtung zeigte nach 10 Betriebsjahren ohne kathodischen Schutz bis zu 2,5 mm tiefe Lochfraßstellen. Da aus betrieblichen Gründen der Wasserstand im Behälter schwankt, wurden zwei voneinander getrennt arbeitende Schutzsysteme eingebaut. Im Bereich des Bodens wurde eine auf Kunststoff-Haltestäben befestigte Ringanode installiert, die an einem potentialregelnden Schutzgleichrichter angeschlossen war. Die Seitenwände werden von drei vertikal im Behälter angeordneten Anoden mit festeinstellbaren Schutzstrom-Geräten geschützt.

Da Verunreinigungen des Speisewassers mit Anodenabbauprodukten vermieden werden müssen, wurde als Fremdstrom-Anode partiell platiniertes Titan gewählt. Zur Kontrolle und Regelung des Potentials wurden im Behälter verteilt vier Reinzink-Bezugselektroden installiert. Die Haltestäbe für die Anodenbefestigung bestanden aus Polypropylen, das kurzzeitig bis zu 100 °C einsetzbar ist – im Gegensatz zu den für Kaltwasser sonst üblichen PVC-Halterungen.

Die gemessenen Ausbreitungswiderstände der Anoden lagen mit 6,5 $\Omega$ für die 24 m lange Ringanode und 8 $\Omega$ für die drei je 7 m langen Vertikalanoden im Rahmen der errechneten Planungswerte. Bei allmählicher Einstellung der $U_{aus}$-Werte auf das Schutzpotential betrug die Anfangsstromdichte etwa 450 µA m$^{-2}$.

Als problematisch erwies sich die Potentialregelung mit den Zink-Bezugselektroden, weil im heißen Wasser Ablagerungen durch Korrosionsprodukte des Zinks auftreten. Dadurch ändert sich unzulässig das Potential der Elektrode. Andere Bezugselektroden, z.B. Kalomel- und Ag/AgCl-Bezugselektroden, lagen für diesen Anwendungsbereich noch nicht vor. Inzwischen wurden Ag/AgCl-Bezugselektroden für Temperaturen bis zu 100 °C entwickelt, die sich im Betrieb bewährt haben. Im vorliegenden Fall verblieb als Ausweg die Einstellung eines festen Stromwertes nach dem Erreichen eines stationären Betriebszustandes [31].

Ein 1500 m$^3$ fassender Trinkwasser-Hochbehälter, der dem Ringraum zwischen zwei koaxialen Zylindern entsprach, zeigte nach 10 Jahren Betriebsdauer an Fehlstellen in der Chlorkautschuk-Beschichtung bis zu 3 mm tiefen Lochfraß. Nach einer gründlichen Überholung und Neubeschichtung mit Zweikomponenten-Zinkstaub-Grundbeschichtung und zwei Deckbeschichtungen aus Chlorkautschuk wurde kathodischer Fremdstrom-Schutz installiert [31]. Unter Berücksichtigung eines Schutzstrombedarfs von 150 mA m$^{-2}$ für unbeschichteten Stahl an Poren mit einem Flächenanteil von 1% wurde ein Schutzstrom-Gerät von 4 A eingesetzt. Um dem vom Wasserstand abhängigen veränderlichen Schutzstrombedarf Rechnung zu tragen, wurden zwei Schutzstrom-Kreise vorgesehen. Einer dient zur Versorgung der Bodenanode und ist fest einstellbar. Der zweite versorgt die Wandelektroden und ist potentialregelnd. Als Anodenmaterial wurde partiell platinierter Titandraht mit Kupfer-Beileiter eingesetzt. Die Boden-Ringanode hat eine Länge von 45 m. Die Wandanoden sind in 1,8 m Höhe angebracht und an der inneren Wand 30 m bzw. an der äußeren Wand 57 m lang. Zur Potentialregelung dienen Bezugselektroden aus Feinzink, die in Trinkwasser ein verhältnismäßig stabiles Ruhepotential haben. Die Haltebolzen für die Anoden und Bezugselektroden bestanden aus Kunststoff.

Nach Inbetriebnahme der Schutzanlage wurde ein Einschaltpotential von $U_H = -0,82$ V eingestellt. Im Laufe weniger Betriebsjahre stieg der Schutzstrom von 100 auf 130 mA an. Die mittleren $U_{ein}$-Werte lagen bei $U_H = -0,63$ V, die $U_{aus}$-Werte bei $U_H = -0,5$ V. Eine nach 5 Jahren durchgeführte Besichtigung zeigte, daß im Behälter verteilt kathodische Blasen in der Beschichtung aufgetreten waren, deren Inhalte alkalisch reagierten. Die Stahloberfläche war an diesen Stellen rostfrei und nicht angegriffen. Unbeschichteter Stahl an Poren war als Folge der kathodischen Polarisation durch $CaCO_3$-haltige Ablagerungen bedeckt.

Abb. 20-13 zeigt die Strom- und Potential-Zeit-Kurven in einem 500-L-Behälter aus nichtrostendem Stahl bei kathodischem Korrosionsschutz mit Fremdstrom und Unterbrecherpotentiostat. Nach Einschalten des Schutzstromes erfolgt sofort die Verschiebung der Potentiale bis in den Schutzbereich $U < U_{Hs} = 0,0$ V [4], vgl. Gruppe I in Abschn. 2.4. Der zu Beginn hohe Schutzstrombedarf von etwa 120 mA nimmt im Laufe der Betriebsdauer auf unter 50 mA ab. Erfolgt der Schutz potentiostatisch, besteht praktisch keine Gefährdung durch Wasserstoff, weil die zur Entwicklung von Wasserstoff nach Gl. (2-19) erforderlichen negativen Potentiale nicht erreicht werden [32].

Es wurde beobachtet, daß Behälter aus nichtrostendem Stahl nach Ausfall des kathodischen Schutzstromes eine erhöhte Lochfraßanfälligkeit aufweisen. Dieser Befund kann zwei verschiedene Ursachen haben:

1. Das Lochfraßpotential wird durch kathodische Vorpolarisation zu negativeren Werten verschoben.
2. Das Ruhepotential in sauerstoffhaltigen Wässern wird durch eine kathodische Vorpolarisation zu positiveren Werten verschoben als Folge einer Verminderung des kathodischen Polarisationswiderstandes.

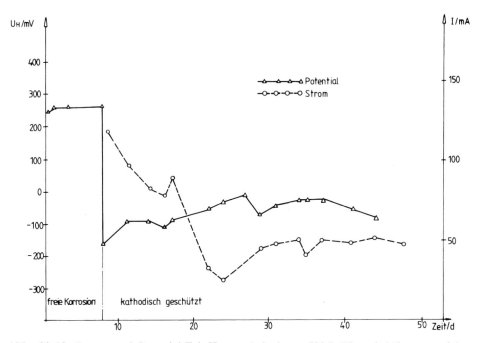

**Abb. 20-13.** Strom- und Potential-Zeit-Kurven bei einem 500-L-Wasserbehälter aus nichtrostendem Stahl; Fremdstrom-Schutz mit Unterbrecherpotentiostat $\kappa(20\,°C) = 2250\ \mu S\ cm^{-1}$; $c\ (Cl^-) = 0,02\ mol\ L^{-1}$; 60 °C.

Nach einem Vergleich älterer Untersuchungsergebnisse in [33, 34] scheidet Punkt 1 aus. Punkt 2 dagegen wurde in der Praxis beobachtet. Dieser Effekt kann auch durch Biofilme bewirkt werden [35–37], die somit Lochfraß begünstigen. Offensichtlich wirken auch bisher nicht näher definierte organische Adsorbate in gleicher Weise. So wurde eine Potentialerhöhung bei Wässern nach einer Passage durch Aktivkohle beobachtet, die durch eine oxidative Behandlung wieder rückgängig gemacht werden kann [38].

### 20.4.4 Filterbehälter

Die Anodenanordnung und -verteilung in Kies- und Aktivkohle-Filtern der Wasseraufbereitungsanlagen ist unterschiedlich. Der kathodische Schutz von Aktivkohle-Filtern ist grundsätzlich durchführbar, erfordert jedoch eine große Anzahl von Elektroden und hohe Schutzstromdichten, die bis zu dem 2fachen des Strombedarfs für Kiesbett-Filter liegen, damit eine elektrisch isolierende Schicht auf der Stahlwand abgeschieden werden kann.

Abb. 20-14 zeigt den Schutz eines Kiesfilters zur Aufbereitung von Rohwasser. Die Innenfläche von 200 m$^2$ war mit etwa 300 µm Teerpech-Epoxidharz beschichtet. Langzeitversuche hatten ergeben, daß bei $U_H = -0,83$ V keine, bei negativeren Potentialen dagegen kathodische Blasen entstehen, vgl. Abschn. 5.2.1.4. Es wurden 400 bzw. 1100 mm lange Ti/Pt-Anoden mit 12 mm Durchmesser und einer aktiven Oberfläche von 0,11 m$^2$ eingesetzt [37]. Da die Gefahr besteht, daß eventuell entwickelter Wasserstoff durch Platin katalytisch entzündet wird, werden heute für Fremdstrom-Anoden keine Edelmetall-beschichtete, sondern Mischoxid-beschichtete Ventilmetalle eingesetzt, siehe Kap. 7.

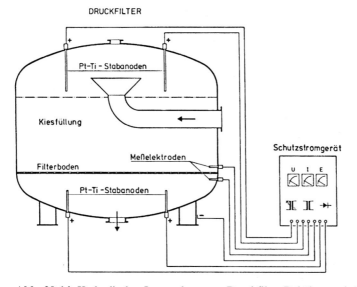

**Abb. 20-14.** Kathodischer Innenschutz von Druckfilter-Behältern mit Fremdstrom-Anoden.

Nach mehrjähriger Betriebsdauer wurden an mehreren Filterbehältern Schutzstromdichten zwischen 50 und 450 µA m$^{-2}$ gemessen. Filterkammern und Reinwasserkammern wurden über getrennte Stromkreise mit Schutzstrom versorgt.

Die Überwachung des kathodischen Schutzes in Filterbehältern erstreckt sich auf die Kontrolle der Schutzstromstärken mit Hilfe von Ampèremetern und/oder stromflußabhängig geschaltete Leuchtdioden. Moderne Anlagen werden heute potentiostatisch geregelt und vollautomatisch betrieben. Potential und Schutzströme werden überwacht und gegebenenfalls Störmeldungen ausgegeben.

Zementmörtel-Auskleidungen mit Acrylharz-Zusätzen für die Auskleidung von Filterbehältern erleichtern erheblich die Auslegung, den Bau und den Betrieb des kathodischen Schutzes, vgl. hierzu auch die Angaben in Abschn. 5.3 sowie Kap. 19.

## 20.5 Anforderung bei Trinkwasser

Für den Innenschutz von Trinkwasser-Aufbereitungsanlagen dürfen nur Anoden eingesetzt werden, deren Reaktionsprodukte im Wasser nach Art und Konzentration gesundheitlich unbedenklich sind. Deshalb scheiden für diesen Anwendungsbereich galvanische Anoden aus, die toxische Elemente enthalten, z.B. mit Hg aktivierte Aluminiumanoden oder Pb-Ag-Anoden. Für den Trinkwasserbereich kommen als galvanische Anoden nur Magnesium und Fremdstrom-gespeistes Aluminium in Frage, weil deren Reaktionsprodukte gesundheitlich unbedenklich sind. Mit Metalloxiden beschichtete Titananoden oder Magnetitanoden können in jedem Fall ohne Bedenken im Trinkwasser eingesetzt werden, da sie keine Reaktionsprodukte an das Wasser abgeben. Im Sinne des § 11 LMBG [40] sind die Reaktionsprodukte des Korrosionsschutzes mit Aluminiumanoden in Trinkwasserbehältern, die der Erwärmung oder Speicherung dienen, Zusatzstoffe und damit technisch unvermeidbar. Sie sind zulässig, wenn sie bei Abgabe an den Verbraucher sowie gesundheitlich, geschmacklich und geruchlich unbedenklich sind, was für Al(OH)$_3$ zutrifft [41].

Der kathodische Korrosionsschutz mit Fremdstrom-, Aluminium- oder Magnesium-Anoden führt zu keiner Verkeimung des Wassers. Es findet auch keine vermutete Vermehrung von Bakterien und Pilzen im Anodenschlamm statt [42, 43].

Eine hygienische Beeinträchtigung des Wassers liegt aber dann vor, wenn unter Schlammablagerungen anaerobe Bedingungen entstehen, bei denen eine bakterielle Sulfatreduktion erfolgt. Dabei sind bereits analytisch und geschmacklich nicht nachweisbare Mengen H$_2$S geruchlich wahrnehmbar. Abhilfemaßnahmen sind im Abschn. 20.4.2 behandelt.

## 20.6 Literatur

[1]  DIN 50930-1 bis -5, Beuth-Verlag, Berlin 1980.
[2]  W. Schwenk, Metalloberfläche *34*, 153 (1980).
[3]  DIN 50928, Beuth-Verlag, Berlin 1985.
[4]  DIN 50927, Beuth-Verlag, Berlin 1985.
[5]  DIN EN 12499 (Entw.), Beuth-Verlag Berlin 1996.
[6]  W. Schwenk, Werkst. u. Korrosion *48*, 569 (1997).

[7] DIN 4753-3 und -6, Beuth-Verlag, Berlin 1987 u. 1986.

[8] Patentschrift DE 2928998, 1982.

[9] H. Rickert, G. Holzäpfel u. Ch. Fianda, Werkst. u. Korrosion *38*, 691 (1987).

[10] Patentschrift DE 3707791, 1988.

[11] G. Franke u. W. Schwenk, IKZ-Haustechnik 1997, H. 3, 20; H. 4, 35 u. H. 8, 60.

[12] DIN VDE 0720-2 Eb, Beuth-Verlag, Berlin 1978.

[13] G. Hitzblech, Heizungsjournal, 2. Themenheft NT-Heizung, 1981.

[14] G. Franke, Der Elektromeister und Deutsches Elektrohandwerk *13*, 942 (1980).

[15] C.-L. Kruse u. G. Hitzblech, IKZ-Haustechnik 1980, H. 10, 42.

[16] G. Franke, in: „Korrosion in Kalt- u. Warmwasser-Systemen der Hausinstallation", S. 127 – 144, Deutsche Ges. Metallkd., Oberursel 1984.

[17] G. Franke, SHT *52*, 205 (1987).

[18] G. Herbsleb u. W. Schwenk, Werkstoffe u. Korrosion *18*, 653 (1967); *24*, 763 (1973).

[19] C.-L. Kruse, Kh. G. Schmitt-Thomas u. H. Gräfen, Werkst. u. Korrosion *34*, 539 (1983).

[20] J. Ehreke, Werkst. u. Korrosion *48*, 388 (1997).

[21] C.-L. Kruse, Werkst. u. Korrosion *34,* 539 (1983).

[22] Merkblatt 405 der Stahlberatungsstelle „Das Stahlrohr in der Hausinstallation – Vermeidung von Korrosionsschäden", Düsseldorf 1981.

[23] Deutsches Bundespatent 2144514.

[24] U. Heinzelmann, in: „Korrosion in Kalt- und Warmwassersystemen der Hausinstallation", S. 46 – 55, Deutsche Ges. Metallkd., Oberursel 1974.

[25] G. Burgmann, W. Friehe u. K. Welbers, Heizung-Lüftung-Haustechnik *23*, Nr.3, 85 (1972).

[26] DIN 4733-10, Beuth-Verlag, Berlin 1989.

[27] Hygiene-Inst. d. Ruhrgebietes, Gelsenkirchen, Tgb. Nr. 5984/72 v. 5. 10. 1972, unveröffentl. Untersuchung.

[28] W. Schwenk, unveröffentl. Untersuchungen 1972 – 1975.

[29] Deutsches Bundespatent 2445903.

[30] Deutsches Bundespatent 2946901.

[31] A. Baltes, HdT Vortragsveröffentlichungen 402, 15 (1978).

[32] P. Forchhammer u. H.-J. Engell, Werkst. u. Korrosion *20*, 1 (1969).

[33] E. Brauns u. W. Schwenk, Werkst. u. Korrosion *12*, 73 (1961).

[34] G. Herbsleb, Werkst. u. Korrosion *16*, 844 (1965).

[35] V. Scotto, Di Cintio u. G. Marcenaro, Corrosion Sci. *25*, 185 (1985).

[36] V. Scotto u. M. E. Lai, Corrosion Sci. 40, 1007 (1998).

[37] S. Dexter u. S. H. Lin, Mechanism of corrosion potential enoblement by marine biofilms, proc. 7th intern. congr. marine corrosion and fouling, Valencia 1988.

[38] W. Nissing u. H. Schlerkmann, unveröffentlichte Untersuchungen 1998.

[39] F. Paulekat, HdT Veröffentlichungen 402, 8 (1978).

[40] Lebensmittel- u. Bedarfsgegenständegesetz v. 15. 8. 1974, Bundesgesetzblatt I, S. 1945 – 1966.

[41] K. Redeker, Bonn, unveröffentliches Rechtsgutachten v. 8. 11. 1978.

[42] R. Schweisfurth u. U. Heinzelmann, Forum Städte-Hygiene *36*, 162 (1988).

[43] R. Schweisfurth, Homburg/Saar, unveröffentlichtes Gutachten, 1987.

# 21 Elektrochemischer Korrosionsschutz für die Innenflächen von Apparaten, Behältern und Rohren

H. Gräfen, U. Heinzelmann und F. Paulekat

Für den elektrochemischen Innenschutz kommen die Maßnahmen a und c nach Abschn. 2.2 in Betracht. Im vorliegenden Kapitel werden Anwendungsfälle nicht nur für den kathodischen Schutz, sondern auch für den anodischen Schutz behandelt, vgl. hierzu die grundlegenden Ausführungen in den Abschn. 2.2 und 2.3, vor allem 2.3.1.2.

Neben der *anodischen Polarisation mit Fremdstrom* werden zur Erzielung des Passivzustandes auch die *Erhöhung der kathodischen Teilstromdichte* durch spezielle Legierungselemente, sowie die Anwendung von oxidierenden und/oder die Ausbildung der Passivschicht unterstützenden Inhibitoren (*Passivatoren*) den anodischen Schutzverfahren zugerechnet [1–3].

Der elektrochemische Korrosionsschutz für die Innenflächen von Apparaten, Behältern, Rohren und Fördereinrichtungen der Chemie, Energiewirtschaft und der Mineralöl-Industrie wird gewöhnlich bei Vorliegen stark korrosiver Medien ausgeführt. Die Skala reicht von Süßwasser über mehr oder weniger verunreinigte Fluß-, Brack- und Meerwässer, die häufig zur Kühlung verwendet werden, sowie Reaktionslösungen, so z.B. Alkalilaugen, Säuren und Salzsolen.

## 21.1 Besondere Maßnahmen für den elektrochemischen Innenschutz

Im Vergleich zum kathodischen Außenschutz von Rohrleitungen, Behältern usw. bestehen für den elektrochemischen Innenschutz Einschränkungen [4], die z.T. schon in Abschn. 20.1 angedeutet wurden und hier vollständig aufgelistet werden:

a) Wegen der *Vielfalt der Werkstoffe* und der Medien sind für jedes Schutzsystem die Freien Korrosionspotentiale und Schutzpotentialbereiche für alle Betriebsphasen zu ermitteln. Eine Zusammenstellung wichtiger Schutzpotentiale oder -bereiche gibt Abschn. 2.4 wieder.

b) Das *Verhältnis Medium-Volumen zur Schutzobjekt-Fläche* ist wesentlich kleiner als beim Außenschutz. Aus diesem Grunde ist die Stromverteilung, insbesondere bei unbeschichteten Flächen eingeschränkt. Besondere Schwierigkeiten sind bei geometrisch komplizierten Schutzobjekten mit Einbauteilen (Rührwerke, Heizregister usw.) zu erwarten. Eine gleichmäßige Stromverteilung ist dann nur durch Anzahl und Einbauorte mehrerer Schutzelektroden zu erreichen.

c) Beim elektrochemischen Innenschutz müssen die *elektrochemischen Reaktionen und Folgereaktionen* am Schutzobjekt und an den Fremdstrom-Elektroden beachtet werden. Abhängig vom Medium und den Anforderungen an dessen Qualität, müssen die

Art des elektrochemischen Schutzes und die Werkstoffe der Fremdstrom-Elektroden ausgewählt werden. Es ist zu prüfen, welche elektrolytischen Reaktionen ablaufen und in welchem Ausmaß diese Reaktionen zu Störungen führen können, z.B. Verunreinigungen des Mediums durch Reaktionsprodukte der Elektrodenwerkstoffe oder elektrochemische Reaktionen von Inhaltsstoffen des Mediums.

d) Bei vorhandenen oder geplanten *Innenbeschichtungen* ist zu prüfen, ob die erforderliche Beständigkeit bei elektrochemischer Beeinflussung durch den Schutzstrom gegeben ist, vgl. Abschn. 5.2.1 [5].

e) Durch die Wirkung des Schutzstromes und durch Eigenkorrosion galvanischer Anoden kann *Wasserstoff* entstehen und *zündfähige Gasgemische* bilden. Hierbei sind die in Abschn. 20.1.5 beschriebenen Schutzmaßnahmen anzuwenden [4]. Katalytisch wirksame Edelmetallanoden und edelmetallbeschichtete Anoden dürfen nicht eingesetzt werden, wenn sie während des Betriebes in den Gasraum hineinragen. Aus Sicherheitsgründen ist auf den Einsatz katalytisch wirksamer Edelmetalle zu verzichten und der Schutzpotentialbereich bei $U'_{Hs} = -0.9$ V zu begrenzen.

f) Bei elektrisch vom Schutzobjekt *isolierten Einbauteilen,* die nicht in den elektrochemischen Schutz einbezogen sind, ist zu prüfen, ob der Schutzstrom zu einer schädlichen *Beeinflussung* führt und welche Schutzmaßnahmen hierbei zu treffen sind [4], vgl. Abschn. 20.1.4.

g) Es ist zu prüfen, ob Sondermaßnahmen bei *instationärem Betrieb,* z.B. bei gestörtem oder bei unterbrochenem Durchsatz sowie bei Temperatur- und Konzentrationsänderungen des Mediums zu ergreifen sind.

h) Zur *Messung des Objekt/Medium-Potentials* sind je nach den Anforderungen des Schutzsystems Meßstellen vorzusehen. Dabei kommen solche Orte in Frage, an denen die geringste Schutzwirkung aufgrund der Schutzstromverteilung zu erwarten ist.

Je nach Betriebseigenschaften des Schutzsystems sind an den Meßstellen Bezugselektroden nur zeitweise, z.B. für eine Überwachungsmessung oder ständig für die Steuerung potentialregelnder Schutzstrom-Geräte notwendig. Bei veränderlichen Betriebsparametern sind immer potentiostatisch regelnde den galvanostatischen Systemen vorzuziehen.

Als Bezugselektroden dienen Halbzellen und einfache Metallelektroden mit weitgehend konstantem Ruhepotential, vgl. Tabelle 3-1 und Tabelle 2 in [4]. Es ist zu prüfen, ob eine ausreichende Potentialkonstanz und Beständigkeit unter den gegebenen Betriebsbedingungen (Temperatur, Druck und Meßstromkreis-Belastung) gewährleistet ist.

Für die Planung elektrochemischer Innenschutzeinrichtungen sind folgende Angaben notwendig:

- Konstruktionspläne mit genauen Angaben der verwendeten Werkstoffe und Schweißzusatzwerkstoffe.
- Chemische Zusammensetzung des Mediums mit Angaben möglicher Schwankungen.
- Angaben zu den Betriebsbedingungen wie: Füllhöhe, Temperatur, Druck, Strömungsgeschwindigkeit sowie Schwankungsbreiten dieser Daten.

Hieraus geht hervor, daß der elektrochemische Innenschutz hinsichtlich der Auswahl der Schutzverfahren und Schutzkriterien immer *Maßarbeit* ist. Zur Verringerung des Schutzstrombedarfs sowie zur Verbesserung der Schutzstromverteilung werden auch bei kathodischen Innenschutzsystemen im allgemeinen Beschichtungen eingesetzt, weil sie den Polarisationsparameter erhöhen, vgl. Abschn. 2.2.5 und 5.1. Liegt der Polarisationsparameter im Abmessungsbereich des Schutzobjektes, ist die Stromverteilung ausreichend gut.

## 21.2 Kathodischer Schutz mit galvanischen Anoden

Galvanische Anoden (vgl. Kap. 6) werden für kleinere Schutzobjekte, z. B. Wassererwärmer (vgl. Kap. 20), Speisewasserbehälter, Kühler und Röhren-Wärmetauscher, eingesetzt. Größere Schutzobjekte (Kraftwerk-Kondensatoren, Einlauf-Bauwerke, Düker, Schleusenkammern, Wasserturbinen und Großpumpen) werden aus wirtschaftlichen Gründen vornehmlich mit Fremdstrom geschützt. Galvanische Anoden werden aber auch eingesetzt, wenn auf Explosionsschutz und Eigensicherheit Rücksicht zu nehmen ist, z. B. auch auf Elektrolyseprodukte. Anwendungsbereiche sind Ballast-, Lade-, Treibstoff-, Wasser- und Wechseltanks von Schiffen (vgl. Abschn. 17.4) sowie Rohöltanks.

Zum kathodischen Innenschutz von Rohöl-Großtanks, die durch salzreiche korrosive Lagerstätten-Wässer gefährdet sind, werden Aluminiumanoden eingesetzt. In einem früheren Beispiel [6] wurden 71 Anoden gleichmäßig verteilt im Bodenbereich angeordnet. Der Bodenbereich bis zu 1 m Höhe im Bereich der Wasser/Öl-Wechselzone hatte mit allen Einbauteilen eine Fläche von 2120 m$^2$ und wurde mit 17 A geschützt. Die Schutzstromdichte betrug 8 mA m$^{-2}$. Mit einer Anodenmasse von insgesamt 1370 kg errechnet sich mit $Q'_{pr} = 2600$ A h kg$^{-1}$ eine Lebensdauer von 24 Jahren.

Der verwendete Anodentyp bestand aus zwei Teilen von je 1 m Länge, die an besonders vorbereiteten Blechen festgeschweißt wurden. Zur Kontrolle des Schutzes wurden Potentialmessungen durchgeführt. Dazu dienten schwimmfähige Bezugselektroden, die auf dem Wassersumpf aufgebracht wurden.

Heute werden für diese Schutzobjekte die Aluminiumanoden meist elektrisch isoliert angebracht und über Kabel außerhalb der Behälter mit diesen verbunden. Auf diese Weise ist es möglich, die Anoden mit Hilfe anodischer Stromstöße aus einer fremden Spannungsquelle zu reinigen bzw. zu aktivieren. Eine solche Maßnahme ist im Laufe des Betriebes erforderlich, da die Anodenoberflächen leicht durch Ölfilme passivieren [7].

## 21.3 Kathodischer Schutz mit Fremdstrom

Der kathodische Schutz mittels Fremdstrom ist wegen der längeren Standzeit der Anoden und der größeren Anzahl der Anoden-Werkstoffe und -Formen sehr anpassungsreich und wirtschaftlich. Hierzu werden einige Beispiele beschrieben. Der kathodische Innenschutz von Heizölbehältern wurde bereits im Abschn. 11.7 behandelt. Der Innenschutz von Wasserbehältern ist ausführlich in Kap. 20 beschrieben.

### 21.3.1 Kathodischer Innenschutz von Naßöltanks

Unter Naßöl versteht man die Produktion aus Erdölfeldern nach Sekundär- und Tertiärverfahren [7]. Es besteht aus Formationswässern, Rohöl und Erdgasen, die hohe Anteile an $CO_2$ enthalten und u. U. auch geringe Anteile an $H_2S$ enthalten können. Weiterhin können Naßöle auch noch feste Partikel aus der Formation enthalten.

Naßöl wird in großen Stahltanks von $10^2$ bis $10^4$ m$^3$ Größe je nach Funktion gesammelt und aufbereitet. Die wäßrige Phase wird in den Prozeß zurückgeleitet. Die Korrosivität der wäßrigen Phase wird durch einen hohen Salzgehalt um 1 mol L$^{-1}$, einen hohen $CO_2$-Gehalt entsprechend dem Partialdruck um 1 bar und bei $CaCO_3$-Pufferung einem pH um 6 sowie durch geringe Mengen $H_2S$ und Spuren $O_2$ bestimmt [7]. Untersuchungen haben gezeigt, daß unter diesen Bedingungen und bei Betriebstemperaturen bis zu 70 °C als Schutzpotential $U_{Cu/CuSO_4} = -0,95$ V angewendet werden muß. Für ungepufferte Medien liegt der pH-Wert um 4; in diesem Fall müßte das Schutzpotential noch weiter um 0,1 V gesenkt werden. Weiterhin ist wegen der steilen Summenstromdichte-Potential-Kurve mit einem verhältnismäßig hohen Schutzstrombedarf zu rechnen. Die Mindestschutzstromdichten liegen bis zu 10 A m$^{-2}$. Sie könne aber durch Belagsbildung merklich kleiner sein [7].

Der Korrosionsschutz durch Beschichtungen allein setzt eine Poren- und Verletzungsfreiheit auch im Betrieb voraus. Da dies nur schwerlich garantiert werden kann und u. a. auch die Gefahr einer Elementbildung besteht, vgl. Abschn. 5.1, ist eine Kombination mit kathodischem Korrosionsschutz zweckmäßig. Hierbei müssen aber die angewendeten Beschichtungen mit dem kathodischen Korrosionsschutz unter Betriebsbedingungen verträglich sein, vgl. Abschn. 5.2.1.4. Als Beurteilungsbasis gilt hierbei [5]. In Unkenntnis der Gefahr einer kathodischen Beeinträchtigung von Beschichtungen traten früher nennenswerte Beschichtungsschäden auf, was sich an erheblichen Zunahmen der Schutzstromdichten zeigte. Erst bei Einsatz ausreichend hochohmiger Reaktionsharzlacke und bei Einhalten der erforderlichen Schichtdicken >800 μm ist eine Kombination mit kathodischem Innenschutz ohne Beschichtungsschäden möglich. Die Beständigkeit gegen kathodische Blasenbildung ist in einem Langzeittest gemäß [5] unter betrieblichen Bedingungen nachzuweisen.

Für den Innenschutz wird im allgemeinen das Fremdstrom-Verfahren mit Metalloxid-beschichteten Niobanoden, vgl. Abschn. 7.2.3, angewendet. In kleineren Behältern können aber auch galvanische Anoden aus Zink verwendet werden. Zur Vermeidung unzulässig negativer Potentiale sollte eine Potentialregelung vorgesehen werden. Als Steuerelektrode und als Kontrollelektroden an exponierten Stellen der Behälter dienen Reinzink-Elektroden, die im Laufe des Betriebes anodisch gereinigt werden müssen. Zur Überprüfung dieser Bezugselektroden dienen Ag/AgCl-Elektroden.

Wegen der guten Leitfähigkeit des Mediums ist zwar mit einer guten Stromverteilung zu rechnen. Jedoch ist bei großflächigen Beschädigungen der Beschichtung wegen der kleinen Polarisationswiderstände ein örtlicher Unterschutz nicht sicher auszuschließen. Aus diesem Grunde ist eine Kontrolle mit mehreren Bezugselektroden zweckmäßig.

### 21.3.2 Kathodischer Innenschutz eines Naßgasometers

Abb. 21-1 zeigt das Schutzobjekt und die Anordnung von Fremdstrom-Anoden und Bezugselektroden. Eine Zentralanode und zwei Ringanoden aus platiniertem Titandraht von 3 mm Durchmesser mit Kupferdraht-Beileiter sind hier installiert. Bemerkenswert ist die Befestigung der Zentralanode an einem Schwimmer, während die Ringanoden an Kunststoff-Stutzen montiert sind. Auch die Zink-Bezugselektroden vor der Glockeninnenseite befinden sich an Schwimmern, während 17 Bezugselektroden an KunststoffStäben auf dem Boden der Tasse und im Ringraum zwischen Tasse und Glocke befestigt sind. Die drei Anoden werden von separaten Schutzstrom-Geräten gespeist. Die Stromabgabe der beiden Ringanoden ist potentialregelnd, damit der Schutzstrom sich den ändernden Oberflächen anpassen kann [8].

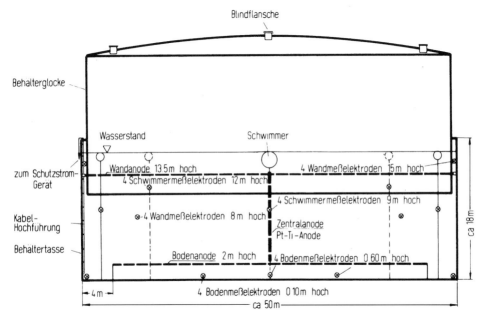

**Abb. 21-1.** Kathodischer Innenschutz eines Naßgasometers.

### 21.3.3 Kathodischer Innenschutz meerwassergekühlter Kraftwerkskondensatoren

Der kathodische Innenschutz für meerwassergekühlte Kraftwerk-Kondensatoren mit Fremdstrom ist seit mehr als 10 Jahren Stand der Technik. Nachfolgend wird ein Anwendungsbeispiel für den Innenschutz für Großkondensatoren mit Rohren aus Kupfer und Aluminiumlegierungen beschrieben. Es handelt sich um ungeteilte, einwegige Rohrbündel-Wärmetauscher mit Wasserkammern. Für jeden Kraftwerksblock sind im allgemeinen zwei solcher Hauptkondensatoren notwendig. Die beschichteten Wasserkammern aus Stahl weisen jeweils eine zu schützende Fläche von 65 m$^2$ auf. Die Rohrböden und die Ein-/Auslaufbereiche der Rohre bilden Flächen von je 20 m$^2$. Das Kühlwasser durchfließt die Kondensatoren mit etwa $2 \, \text{m s}^{-1}$ bei Wassertemperaturen von 30 bis 40 °C.

Der kathodische Korrosionsschutz wurde nicht nur zum Innenschutz für die beschichteten stählernen Wasserkammern benötigt, sondern auch zur Bekämpfung der Kontaktkorrosion Stahl/Rohrwerkstoff.

Weiterhin bestehen bei hohem Feststoff-Anteil des Kühlwassers und bei hoher *Strömungsgeschwindigkeit* stark korrosive Bedingungen, die Deckschichten ständig zerstören. Kathodischer Korrosionsschutz allein ist hierbei nicht ausreichend. Es müssen *zusätzliche Maßnahmen* zur Förderung der *Deckschichtbildung* ergriffen werden. Dies ist bei Verwendung von Eisen-Anoden möglich, da die anodisch produzierten *Eisen-Oxidhydrate* die *Deckschichtbildung auf Kupfer* fördern.

Für den Korrosionsschutz je eines Kondensators und einer Einlaufkammer werden 6 Eisenanoden von je 13 kg benötigt. Jede Auslaufkammer enthält 14 Titan-Stabanoden mit einer Platin-Auflage von 5 µm entsprechend $0,73 \, \text{g/70 cm}^2$. Die Abtragungsgeschwindigkeiten der Anoden betragen für Fe $10 \, \text{kg A}^{-1} \, \text{a}^{-1}$, vgl. Tabelle 7-1, und für Pt $10 \, \text{mg A}^{-1} \, \text{a}^{-1}$, vgl. Tabelle 7-3. Für die beschichteten Kondensatorflächen wird eine Schutzstromdichte von $0,1 \, \text{A m}^{-2}$ und für die Rohre aus Cu-Legierung $1 \, \text{A m}^{-2}$ angenommen. Dies entspricht einem Schutzstrom von 27 A. Für jeweils zwei Hauptkondensatoren je Kraftwerksblock ist ein potentialregelndes Schutzstrom-Gerät mit 125 A/10 V eingesetzt. Die Potentialregelung und -überwachung erfolgt mit Hilfe fest installierter Zink-Bezugselektroden. Abb. 21-2 zeigt die Anordnung der Anoden einer Eintrittskammer [9].

**Abb. 21-2.** Anordnung der Anoden bei einer Eintrittskammer eines Kraftwerk-Kondensators.

### 21.3.4 Kathodischer Innenschutz von Wasserkraft-Turbinen

In Europa wurden 1965 die ersten kathodischen Innenschutzanlagen für 24 Wasserkraft-Rohrturbinen mit einem Propellerdurchmesser von 7,6 m im Gezeitenkraftwerk *La Rance,* Frankreich, in Betrieb genommen. Das Schutzobjekt besteht aus unlegierten und hochlegierten nichtrostenden Stählen. Jede der Turbinen wurde im Bereich der Leit- und Laufräder sowie des Saugschlauches mit 36 platinierten Niobanoden mit einer Auflage von 50 µm Pt geschützt. Je drei Turbinen wurden mit einer ungeregelten Schutzstrom-Anlage mit einer Auslegung von 120 A/24 V verbunden, wobei über Abgleichwiderstände zu den einzelnen Anoden ein notwendiger Potentialausgleich erreicht wird. Zur Kontrolle dienen 100 fest eingebaute Ag/AgCl-Bezugselektroden [10, 11].

An der *Werra* wurden 1987 für zwei Wasserkraftwerke vier *Kaplan*-Turbinen mit einem Durchmesser von 2,65 m kathodisch geschützt. Die Turbinen bestehen aus einer Mischkonstruktion mit hochlegierten CrNi-Stählen und unlegierten Eisenwerkstoffen mit Teer-EP-Beschichtung. Vor Errichtung des kathodischen Korrosionsschutzes traten erhebliche Korrosionsschäden auf, die wesentlich auf Kontaktkorrosion bei dem hohen Salzgehalt der Werra mit $c(Cl^-) = 0,4$ bis $20 \text{ g L}^{-1}$ zurückzuführen waren.

Zum Korrosionsschutz wurden Telleranoden eingesetzt, um Schäden durch *Erosion und Kavitation* auszuschließen. Diese bestehen aus einem emaillierten Stahlkörper, in dem eine mit Metalloxid beschichtete Titananode von 1 $dm^2$ Fläche eingelassen ist. Dabei dient die Emailschicht gleichzeitig als Isolation zwischen Anode und Schutzobjekt. Die Strombelastung dieser Anoden beträgt 50 A für eine Nutzungsdauer von 6 Jahren in dem $Cl^-$-reichen Wasser. Zur Potentialregelung und -überwachung wurden fest eingebaute Ag/AgCl-Bezugselektroden verwendet. Eine Potentialregelung war erforderlich, weil sich der Schutzstrombedarf in Abhängigkeit vom Betriebszustand der Turbine und den Leitfähigkeitsschwankungen des Wassers zeitlich stark ändert. In neuerer Zeit werden statt der Anodenkörper aus Email solche aus Kunststoff (PE oder PP) mit dem Vorteil eingesetzt, notwendige Tellergrößen und Formen dem Innenradius der Turbinen entsprechend anpassen zu können.

Abb. 21.3 ist eine schematische Darstellung der Turbine, wobei die dunklen Flächen CrNi-Stahl darstellen. Die Telleranoden befinden sich im Bereich des Saugkrümmers (A1 bis A3), in Dreieckanordnung im Laufradring (A4 bis A6) und im Umfang verteilt am segmentartig geteilten Wasserführungsring (A7 bis A10), vgl. Abb. 21-4. Diese vier Anoden wurden mit Hilfe chlorbeständiger Kabel drucksicher einzeln an das Schutzstrom-Gerät angeschlossen.

Zum Schutz der Wasserkammern, Anströmhaube und Einlaufgehäuse sowie dem Ölkühler aus CrNi-Stahl wurden vier Magnetit-Stabanoden (A11 bis A14) von je 9 kg in perforierten Schutzrohren aus Polypropylen eingebaut. Die Schutzrohre sollen Schwemmgut und Feststoffe des Flußwassers abhalten. Der Ölkühler wurde über eine eigene Kathodenleitung an das Schutzgerät angeschlossen.

Jedem Schutzbereich wurde eine Bezugselektrode zugeordnet, die an geometrisch ungünstigen Orten für die Schutzstromverteilung angebracht war und zur Potentialregelung dient. Die Ag/AgCl-Bezugselektroden im Turbinenteil (E1 bis E4) haben eine bis 60 bar zugelassene Druckverschraubung. Die Elektrode E5 in der Wasserkammer besteht aus Reinzink.

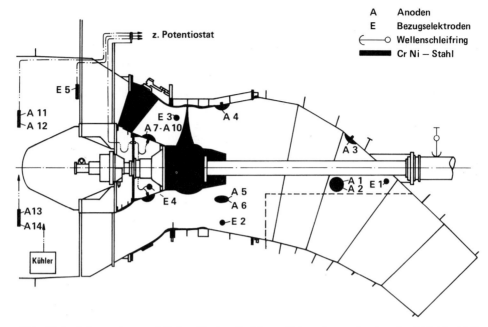

**Abb. 21-3.** Schema der geschützten *Kaplan*-Turbine mit Anordnung der Anoden (A1 bis A14) und Bezugselektroden (E1 bis E5).

**Abb. 21-4.** Montierte Telleranode (siehe Text) auf dem Wasserführungsring aus CrNi-Stahl zwischen Leit- und Laufrad.

Der Schutzstrombedarf wird im wesentlichen von den unbeschichteten Flächen des nichtrostenden Stahls bestimmt, dessen Schutzpotential zur Vermeidung von Lochfraß einige 0,1 V positiver als das für unlegierten Stahl ist, vgl. Abschn. 2.4. Für den Turbinenteil ergab sich ein Schutzstrombedarf von etwa 10 A, so daß die Telleranoden mit etwa nur 1 A belastet werden.

Bei den Schutzstrom-Geräten handelt es sich um langsam potentialregelnde Anlagen in Drehstrom-Brückenschaltung. Als Stellglied dient ein Säulen-Stelltransformator mit Motorantrieb. Zur Steuerung dieses Transformators dient ein mV-Grenzwertgeber mit Min/Max-Begrenzung. Die 10 bzw. 4 Anodenabgänge je Schutzbereich sind mit 3 A-Sicherungsautomaten und mit einer Sicherungsüberwachung versehen. Die Signale dieser Überwachung, des thermischen Überlastschutzes und der Potential-Überwachung sind als Sammelalarm für jeden Gleichrichter separat als Störmeldung geschaltet. Zur stetigen Überwachung der Potentiale dienen Kreisblattschreiber. Weiterhin sind Überwachungsgeräte eingebaut, die bei Betrieb oder Stillstand der Turbine ein frühzeitiges Absinken des Wasserstandes in der Turbine erkennen lassen. Tabelle 21-1 zeigt die gemessenen Potentiale vor und nach Einschalten der Schutzanlage. Nach diesen Werten ist die Polarisation für den kathodischen Schutz ausreichend.

Im Rahmen von Einspeisemessungen wurde festgestellt, daß zwischen der Turbinen-Welle und dem Gehäuse eine Potentialdifferenz von 0,45 V vorlag. Für den notwendigen Potentialausgleich diente ein *Wellen-Schleifring-System,* vgl. Abb. 21-5. Nach Einbau dieses Systems lag die Potentialdifferenz nur noch bei <5 mV. Je nach den Betriebsverhältnissen der Turbine fließt über dieses System ein Strom bis zu 1,5 A.

Der kathodische Korrosionsschutz von Wasserkraftturbinen ist durch einen sehr stark schwankenden Schutzstrombedarf gekennzeichnet. Dies ist auf die Betriebsbedingungen (Strömungsgeschwindigkeit, Wasserstand) und im Falle der Werra auf den Salzgehalt zurückzuführen. Dieser konnte in den letzten Jahren zwar drastisch gesenkt werden, trotzdem ist der kathodische Innenschutz weiterhin erforderlich. Wegen der Anpassung des Schutzstromes an die Betriebsbedingungen müssen potentialregelnde Gleichrichter angewendet werden. Dies ist auch erforderlich, um einen Überschutz und damit Beeinträchtigungen der Beschichtung zu vermeiden, vgl. Abschn. 5.2.1.4 und 5.2.1.5

**Tabelle 21-1.** Objekt/Wasser-Potentiale in einer *Kaplan*-Turbine nach Abb. 21-3 vor und nach dem Einschalten der kathodischen Schutzanlagen.

| Ort der Bezugselektrode | E1 | E2 | E3 | E4 | E5 |
|---|---|---|---|---|---|
| Werkstoff des Schutzobjektes (A oder B)[a] | A | B | B | B | A |
| Freies Korrosionspotential $U_{Cu/CuSO_4}$ in V | −0,33 | −0,30 | −0,50 | −0,49 | −0,31 |
| Einschaltpotential $U_{Cu/CuSO_4}$ in V | −0,95 | −0,50 | −0,70 | −0,68 | −0,95 |
| Schutzpotential $U_s$ nach Abschn. 2.4, $U_{Cu/CuSO_4}$ in V | −0,85 | −0,30 | −0,30 | −0,30 | −0,85 |

[a] Werkstoff A: mit Teer-EP beschichteter unlegierter Stahl; Werkstoff B: CrNi-Stahl.

**Abb. 21-5.** Wellen-Schleifring-System mit Silber-Graphit-Bürsten für den Potentialausgleich.

sowie [4, 5]. Aus den in Abschn. 20.1.5 genannten Gründen müssen Sicherheitsmaßnahmen ergriffen werden. An der Turbinen und an den äußeren Einstiegen zu den Wasserkammern wurden Hinweisschilder angebracht, die auf Explosionsgefahr durch Wasserstoff und Unfallverhütungsvorschriften aufmerksam machen, vgl. [4]. Der kathodische Innenschutz wird heute nicht nur für Kaplanturbinen, sondern auch für Francis-, Pelton-, Straflo-, Propeller- und Kegelrad-Rohrturbinen mit Erfolg angewandt [12].

### 21.3.5 Kathodischer Innenschutz von Rohren

Bereits 1959 wurde in Deutschland kathodischer Innenschutz eines Rheindükers nahe Düsseldorf mit galvanischen Anoden installiert. Ein erstes Beispiel für den kathodischen Innenschutz mit Fremdstrom bei Großrohren ist der 1973 verlegte Doppeldüker am Rhein-Herne-Kanal. Hier mußte eine alte Dükeranlage von 1914 wegen erheblicher Undichtigkeiten infolge Innen- und Außenkorrosion außer Betrieb gesetzt werden. Durchbrüche der 16 mm dicken Rohrwand waren durch Korrosion an den Randzonen zwischen den abgesetzten Feststoffen des Abwasserdükers und dem darüber fließenden Abwasser aufgetreten. Das Abwasser besteht im wesentlichen aus Haushaltsabwässern. Je nach Wasserführung werden die Dükerrohre mit einer Geschwindigkeit von 1,5 bis 36 m³ s⁻¹ durchflossen. Das Abwasser ist stark mit Geröll und Unrat belastet.

Der alte Düker wurde durch einen neuen Doppeldüker von je 90 m Länge, bestehend aus zwei Rohren DN 1500 und 2000 ersetzt. Für den passiven Innenschutz wurde eine Beschichtung mit etwa 500 μm Teer-Epoxidharz aufgebracht. Zur Erzielung einer möglichst gleichmäßigen Schutzstromverteilung wurde eine 90 m lange Titandrahtanode in den Rohren verlegt, vgl. Abb. 21-6. Der 3 mm dicke Titandraht war in Abstän-

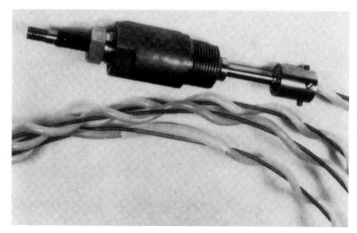

**Abb. 21-6.** Titandrahtanode mit Durchführung.

den von 1 m je 3 cm lang mit einer Schichtdicke von 2,5 μm platiniert. Um die eigentliche Drahtanode befand sich ein umwendeltes Stromzuführungskabel mit einem Querschnitt von 10 mm². Etwa alle 20 m Anodendrahtlänge bestand zwischen dem Anodendraht und dem Beikabel ein elektrischer Kontakt. Da der Titandraht einen hohen elektrischen Längswiderstand besitzt, diente das Kupferbeikabel als niederohmiger Leiter für eine optimale Stromverteilung. Die Dükerrohre sind stets mit Abwasser gefüllt. Die Drahtanode wurde zum Schutz gegen Unrat und Feststoffe seitlich an der Rohrwand etwa 40 cm über der Rohrsohle außerhalb der Schlammzone montiert. Die Drahtanoden mußten gegen mechanische Beschädigungen weitgehend geschützt werden. Hierzu wurden Filterrohre aus Hart-PVC benutzt, vgl. Abb. 21-7.

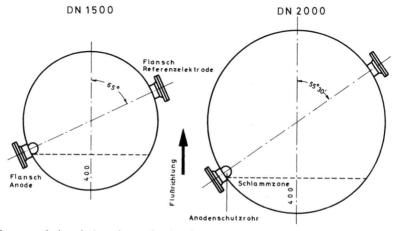

**Abb. 21-7.** Dükerquerschnitt mit Anordnung der Anoden.

Um eine Steuerung und Potentialüberwachung des kathodischen Innenschutzes zu ermöglichen, wurden drei druckfeste Zink-Bezugselektroden je Dükerrohr eingebaut. Die Druckdurchführungen waren für einen Druck von 130 bar geeignet. Die Meß- und Steuerelektroden lagen der Anode radial entgegengesetzt, vgl. Abb. 21-7. Hierdurch wurde eine Potentialmessung der zur Anode ungünstigsten Flächen erreicht. Alle Kabel führten zu einer Dükerseite, dem Standort der Schutzanlage. Die Anodenschutzrohre (Filterrohre) weisen umlaufend Schlitzreihen mit einer Schlitzgröße von 4,8 mm auf. Die Schlitzfläche der Rohre entspricht bei der verwendeten Rohrnennweite DN 50 einer Stromaustrittsfläche von 31 cm$^2$ je laufende Meter.

Bei einem Schutzstrombedarf von 150 mA und einer Gleichrichter-Ausgangsspannung von 2,5 V konnte ein mittleres Potential von $U_{Cu/CuSO_4} = -1,1$ V an allen inneren Meßpunkten beider Düker erreicht werden. Bei einer zu schützenden Rohrinnenfläche von 1000 m$^2$ entspricht dies einer für den damaligen Neuzustand der Beschichtung geringen erforderlichen Schutzstromdichte von 0,15 mA m$^{-2}$. Den jeweils 90 m langen Drahtanoden mit 3 cm$^2$ aktiver Oberfläche je laufender Meter Anodendraht hätte einen Strom von 120 mA je Meter entnommen werden können, was einem Gesamtstrom von 21,6 A für beide Düker entspricht. Nach kurzer Polarisationsphase konnten bei Ruhepotentialen von $U_{Cu/CuSO_4} = -0,7$ bis -0,8 V ein mittleres Ausschaltpotential von –1,0 V erreicht werden. Zur Vermeidung von Blasenbildung und Haftungsverlust der Rohrwandbeschichtung wurde die Absenkung des Potentials nach Abschluß der Polarisationsdauer auf –0,9 V begrenzt, vgl. Abb. 21-8 [13]. In neuerer Zeit werden für Düker oder Großrohre dieser Art Zementmörtel-Auskleidungen als Innenbeschichtungen eingesetzt oder aber Großrohre aus Spannbeton gewählt.

Heute werden auch Rohre der Abmessung >DN 200 aus austenitischen nichtrostenden Stählen in Klärwerken kathodisch geschützt. Bei diesen Werkstoffen tritt vielfach unter örtlich wechselnden aeroben und anaeroben Bedingungen chloridinduzierte Lochkorrosion auf, die nicht nur zu Angriffen an den Schweißnähten, sondern auch am Rohrwerkstoff führen. Die Anwendung des kathodischen Korrosionsschutzes verhindert eine Überschreitung des Lochfraßpotentials, das im anaeroben Bereich durch Sulfide zu negativen Potentialen hin verschoben wird.

Zur Durchführung des kathodischen Korrosionsschutzes werden Mischoxid-beschichtete Titananoden mit einem Durchmesser von 4 mm mittig im Rohr angeordnet. Die Schutzstromeinspeisung erfolgt über eigens hierfür angebrachte Blindflansche mit Druckdurchführungen, an denen sich ein unbeschichteter Titanstab befindet. Daran wird der beschichtete Titandraht mit Titanschrauben befestigt. Auf diese Weise wird eine Stromabsaugung im Flanschenbereich vermieden.

Da der Titandraht einen hohen elektrischen Längsleitwiderstand besitzt, muß auf gerader Strecke mindestens alle 50 m eine neue Stromeinspeisung über eine Druckdurchführung vorgenommen werden.

Um die mittige Anordnung des beschichteten Titandrahtes zu gewährleisten, ist in einem Abstand von etwa 5 m eine Kunststoffspinne „S" (aus PE oder PP) vorzusehen. Dies verdeutlicht die Abb. 21-9. In einem Abstand von 30 bis 50 m ist ein festplazierter Anodenabstandshalter „Y" anzubringen, der aus einem angeschweißten austenitischen Flacheisen mit einem Endzylinder aus PE besteht. Den durchlochten elektrisch isolierenden Endzylinder durchläuft der Anodendraht, den eine um 90° versetzte Titanschraube fixiert.

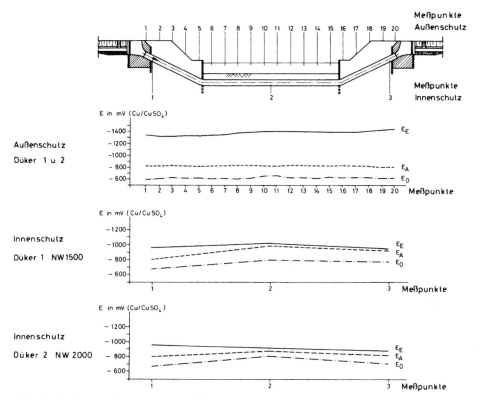

**Abb. 21-8.** Potentialdiagramm eines Dükers.

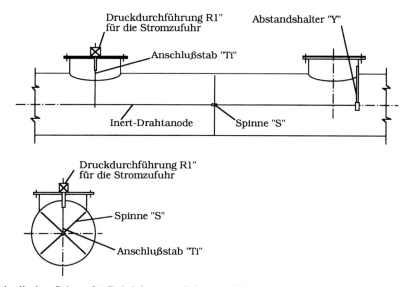

**Abb. 21-9.** Kathodischer Schutz für Rohrleitungen, Schemazeichnung.

Nach Rohrbögen und Absperrorganen muß die Stromeinspeisung mit Druckdurchführungen erneut erfolgen, d. h. es sind dort zusätzliche Blindflansche erforderlich.

Die in der Praxis verwendete Konzeption ergibt sich aus Abb. 21-10. Der erforderliche Schutzstrom wird entweder potentiostatisch mit Hilfe von über kleine Stutzen eingebrachte Bezugselektroden (z. B. Ag/AgCl-Elektroden) oder galvanostatisch nach Erfahrungswerten eingestellt und geregelt.

Ein Beispiel besonderer Art ist der kathodische Schutz für nichtrostende austenitische Stähle gegen chloridinduzierte Lochkorrosion für den weltgrößten Springbrunnen in Jeddah, Saudi-Arabien, der 1987 installiert wurde. Zum Betrieb des Springbrunnens wird Meerwasser des Roten Meeres von 29 bis 30°C entnommen und über eine Pumpstation einer mehrere 100 m langen Druckleitung DN 800 zugeführt. Das Meerwasser durchfließt die Leitung aus CrNiMo-Stahl (Werkst.-Nr. 1.4435) mit einer Strömungsgeschwindigkeit von 6 m s$^{-1}$. Der Springbrunnen erreicht eine maximale Höhe von 300 m. Hierzu ist ein Betriebsdruck von 45 bar erforderlich. An der Brunnendüse liegt eine Strömungsgeschwindigkeit von 97 m s$^{-1}$ vor. Bedingt durch den hohen Chloridgehalt des Wassers von etwa 20 g L$^{-1}$ und der erhöhten Wassertemperatur kam es nach 6 Monaten zu heftigem Korrosionsangriff in Form von Lochfraß mit Rohrwanddurchbrüchen. Lochfraß trat nicht nur an Schweißnähten, sondern auch an den Rohrflächen und an Armaturen auf.

Für das Rohrleitungssystem, die Rohrleitungen der Pumpstation und für die Druckleitung zum Springbrunnen wurde kathodischer Schutz eingesetzt. Aufgrund begrenzter Potentialverteilung mußte das Rohrleitungssystem in 17 eigenständige Schutzbereiche aufgeteilt werden. Für die 445 m$^2$ Rohrinnenfläche einschließlich Armaturen wurden 47 Stabanoden eingesetzt. Diese waren für den Betriebsdruck und für die Strömungsgeschwindigkeit entsprechend ausgelegt. Bei den Anoden handelt es sich um

**Abb. 21-10.** Foto einer Rohrleitung mit kathodischem Innenschutz.

Mischoxid-beschichtete Titanstäbe mit einer aktiven Anodenstablänge von 20 mm, vgl. Abb. 21-11. Bei der aktiven Oberfläche von 0,3 dm$^2$ kann ein maximaler Anodenstrom von 15 A erreicht werden.

Jedem der 17 Schutzbereiche wurde die notwendige Anzahl Stabanoden zugeordnet. Die Anoden waren so verteilt, daß Schutzbereiche von etwa 3 bis 4 Rohrdurchmesser entstanden. Vor bzw. hinter Leitungsarmaturen mußten zusätzliche Stabanoden angeordnet werden. Für jeden Schutzbereich waren eine oder mehrere Bezugselektroden vorgesehen. Dazu wurden Ag/AgCl-Elektroden eingesetzt. Bedingt durch längere Überwachungswege mußten Meßwertübertrager mit eingeprägtem Strom eingesetzt werden. 17 kleine Schutzstromgeräte, in Modulbauweise elektronisch geregelt, versorgen die einzelnen Schutzbereiche und speisen die Anoden. Die Geräte können sowohl potentiostatisch als auch galvanostatisch betrieben werden. Die Ausgangsleistung beträgt 2 W bei 2,5 A.

Zusätzlich wurden zur Überwachung der Potentiale Leuchtbandanzeiger ausgerüstet mit Grenzwertkontakten „min.–max."-Potential eingesetzt. Hierdurch wird nicht nur die Früherkennung auftretender Fehler ermöglicht sondern auch eine gegebene Gefahr gemindert, vgl. DIN 50927. Der aus der mittleren Potentialabsenkung von 0,3 V resultierende Schutzstrom beträgt im Mittel 530 mA je Schutzbereich. Die Schutzstromdichte beträgt etwa 20 mA m$^{-2}$. Nach Betriebserfahrungen von nun mehr als 10 Jahren hat sich gezeigt, daß eine Potentialabsenkung zur Vermeidung von Lochfraß selbst in hydraulisch schwierigen Systemen, wie dem beschriebenen, ohne große Probleme sicher erreicht werden kann. Nur zu Beginn traten Schwierigkeiten bei den Stabanoden unmittelbar vor dem Brunnenaustritt auf, da hydraulische Druckstöße dort zu mechanischen Beschädigungen einzelner Stabanoden führten [14].

Kathodische Innenschutzsysteme gegen Lochkorrosion sind seit 1993 in einigen Trinkwasser-Gewinnungs- und Aufbereitungsanlagen auch in Rohrleitungen bis DN 1200 mit Erfolg im Einsatz.

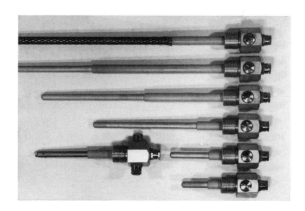

**Abb. 21-11.** Stabanoden unterschiedlicher Einbaulängen.

## 21.4 Anodischer Korrosionsschutz von Anlagen in der chemischen Industrie

### 21.4.1 Besondere Merkmale des anodischen Schutzes

Die Grundlagen für dieses Schutzverfahren sind im Abschn. 2.3 behandelt und lassen sich an Hand der Abb. 2-15 erläutern. Für den *stabil-passiven* Zustand erübrigt sich ein Korrosionsschutz, weil der Werkstoff bei freier Korrosion genügend korrosionsbeständig ist. Falls eine Aktivierung durch eine vorübergehende Störung eintritt, kehrt der Werkstoff sofort wieder in den stabil-passiven Zustand zurück. Für den *metastabil-passiven* Zustand gilt dies nicht. Hier ist ein anodischer Schutz notwendig, der die Rückkehr in den passiven Zustand erzwingt. Beim *instabil-passiven* Zustand des Werkstoffes ist ein anodischer Schutz ebenfalls wirksam, er muß hierbei aber im Gegensatz zum metastabil-passiven Zustand ständig eingeschaltet sein.

Beim anodischen Schutz sind im allgemeinen die Schutzpotentialbereiche begrenzt: Gruppe IV in den Abschn. 2.3 und 2.4. *Aus diesem Grunde müssen potentialregelnde Schutzstromgeräte eingesetzt werden.* Der Schutzpotentialbereich kann durch besondere Korrosionsvorgänge, z.B. Chlorid-induzierte Lochkorrosion bei nichtrostenden Stählen, zusätzlich stark eingeengt werden. Vielfach ist unter diesen Umständen der anodische Korrosionsschutz nicht mehr einsetzbar. Liegen solche Fälle vor, ist wie an praktischen Beispielen zwischenzeitlich erprobt, ein kathodischer Teilschutz (zur Vermeidung der Lochkorrosion) durch geringfügige Potentialabsenkung unterhalb des Lochfraßpotentials möglich. Auch eine werkstoffbedingte örtliche Korrosionsanfälligkeit kann den anodischen Schutz unwirksam machen. Hierzu zählt z.B. die Anfälligkeit für interkristalline Korrosion von nichtrostenden chromreichen Stählen und Nickelbasis-Legierungen.

Man unterscheidet drei Möglichkeiten des anodischen Schutzes: Anwenden des anodischen Schutzes *mittels Fremdstrom,* Ausbilden von *Lokalkathoden* durch Legierungselemente, vgl. die Angaben zu Abb. 2-15, und Einsatz *passivierender Inhibitoren.* Beim Fremdstromverfahren müssen Schutzpotential-Bereiche durch Untersuchung der Potentialabhängigkeit von Korrosionsgrößen ermittelt werden, vgl. hierzu die Angaben in den Abschn. 2.3 und 2.4. Das anodische Fremdstrom-Schutzverfahren ist vielseitig anwendbar. Es versagt bei behindertem Stromzutritt, z.B. in benetzten Gasräumen, bei fehlender Elektrolytlösung und/oder am Übergang Elektrolytlösung/Gasphase. Daher ist angeraten, in einem zu schützenden Behälter den Füllstand wechselndem Niveau zu unterziehen, um so für sonst kaum benetzte aber gefährdete Übergangsflächen dennoch einen elektrochemischen Schutz zu erzielen. Probleme durch Störungen der Stromverteilung, wie beim kathodischen Korrosionsschutz, bestehen beim anodischen Schutz wegen der großen Polarisationswiderstände nach Gl. (2-45) nicht.

### 21.4.2 Anodischer Schutz mit Fremdstrom

#### 21.4.2.1 *Vorbereitende Untersuchungen*

Die praktische Ausführung setzt Laboratoriumsuntersuchungen über den *Schutzpotentialbereich,* die *Passivierungsstromdichte* und den *Schutzstrombedarf im Passivbereich* voraus. Hierbei sind die betrieblich interessierenden Parameter, wie z.B. Temperatur, Strömungsgeschwindigkeit und Konzentration korrosiver Stoffe im Medium zu beachten [15–17]. Dazu dienen im allgemeinen potentiostatische Untersuchungen nach DIN 50918. Ferner sollten auch die Reaktionen an der in Frage kommenden Fremdstrom-Kathode beachtet werden.

Die Aufnahme und Auswertung von potentiodynamischen Stromdichte-Potential-Kurven kann nur zur *ersten Abschätzung* des Korrosionsverhaltens herangezogen werden. Der Schutzstrombedarf und die Grenzwerte für die Potentialregelung können endgültig nur durch *potentiostatische Halteversuche nach DIN 50918* ermittelt werden. Bei Systemen, die nach Abschaltung des Schutzstromes oder durch Veränderung der Betriebsparameter mit *spontaner* Aktivierung reagieren, müssen *schnell regelnde* Schutzstrom-Geräte eingesetzt werden, vgl. Abschn. 8.6 und Abb. 8-6.

Der zeitliche Verlauf elektrochemischer Passivierungs- und Aktivierungs-Vorgänge erlaubt aber in den meisten Fällen die Verwendung *langsam regelnder Schutzstrom-Geräte* (vgl. Abb. 8-7), wenn eine Aktivierung bei Ausfall des Schutzstromes erst *nach längerer* Zeit erfolgt. Zur Überwachung der vorgegebenen Potential-Grenzwerte wird gewöhnlich ein Zeigermeßinstrument als Zweipunktregler benutzt. Das von der Bezugselektrode kommende Gleichstrom-Eingangssignal wird stetig angezeigt. Die eingestellten Grenzwertkontakte bewirken bei Unter- oder Überschreitung des vorgegebenen Potential-Grenzwertes den Regelvorgang des Schutzstrom-Gerätes und/oder optische und akustische Signalabgabe für zu große Regelabweichung.

Als Bezugselektroden können Halbzellen auf der Basis Ag/AgCl, Hg/HgO, $Hg/Hg_2SO_4$ und sonstige Systeme eingesetzt werden, vgl. Tabelle 3-1 [4]. Es wurden Elektroden entwickelt, die bis 100 bar und 250°C einsetzbar sind, siehe Abb. 21-12, und die erforderliche Potentialkonstanz aufweisen. Feststoffelektroden der Art Metall/Metalloxid haben sich für den Einsatz bei hohen Temperaturen am besten bewährt.

Als Fremdstrom-Kathoden kommen solche Werkstoffe in Frage, die bei der zu erwartenden kathodischen Polarisation korrosionsbeständig sind. Für starke Säuren werden austenitische CrNi-Stähle verwendet. Bei der Sulfonierung von Alkanen und der Neutralisation der Sulfonsäuren werden die Schwefelsäure-Behälter anodisch geschützt, wobei platiniertes Messing als Kathoden eingesetzt wird [18]. Zum Schutz von Titan-Wärmetauschern in *Reyon*-Spinnbädern werden Kathoden aus Blei benutzt [19].

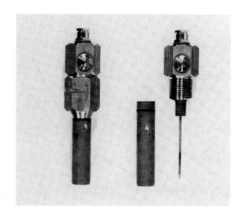

**Abb. 21-12.** Bezugselektrode für höhere Drücke und Temperaturen (max. 250°C und 100 bar).

Ein besonderes Problem beim anodischen Schutz von Behältern stellen die *Gasräume* dar, weil hier der anodische Schutz unwirksam bleibt und Gefahr durch aktive Korrosion besteht. Es ist deshalb erforderlich, schon bei der Planung von Chemieanlagen solche Gefahrenpunkte zu berücksichtigen. Wenn Gasräume konstruktiv nicht vermieden werden können, müssen sie mit korrosionsbeständigen Werkstoffen ausgekleidet werden. Bei Tanks und Lagerbehältern sollte möglichst vollständige Füllung erfolgen oder auf kurze Zeiträume zwischen Leeren und Füllen geachtet werden, falls die Aktivierung nicht spontan erfolgt.

### 21.4.2.2 Schutz gegen Säuren

Der anodische Schutz gegen Säuren wurde bereits bei einer Reihe von Verfahren der chemischen Industrie sowie beim Lagern und Transport angewendet. Er ist auch in geometrisch komplizierten Behältern und Leitungen erfolgreich [15]. Unlegierter Stahl kann in Salpetersäure und in Schwefelsäure geschützt werden. Im letzten Falle setzen aber Temperatur und Konzentration Anwendungsgrenzen [20]. Bei Temperaturen bis 120 °C kann nur bei Konzentrationen oberhalb 90% ein wirksamer Schutz erreicht werden [21]. Bei Konzentrationen zwischen 67 und 90% können bei Temperaturen bis etwa 140 °C CrNi-Stähle mit anodischem Schutz eingesetzt werden [22].

Im Rahmen der Schwefelsäure-Produktion einschließlich der Wärmerückgewinnung und der Aufarbeitung von Abfallschwefelsäuren sind Säuren unterschiedlicher Konzentrationen bei höheren Temperaturen zu handhaben. Es wurden Korrosionsschäden, beispielsweise in Schwefelsäurekühlern beobachtet, welche die Verfügbarkeit derartiger Anlagen erheblich beeinträchtigen. Durch die Anwendung des anodischen Korrosionsschutzes können solche Schäden verhindert werden.

Bekannt ist, daß die gebräuchlichen nichtrostenden austenitischen Stähle in Schwefelsäure niedriger Konzentrationen (<20%) und hoher Konzentrationen (>70%) unterhalb einer kritischen Temperatur eine ausreichende Korrosionsbeständigkeit aufweisen. Wird bei hoher Schwefelsäurekonzentration (>90%) die Temperatur von etwa 70 °C überschritten, treten in Abhängigkeit von der Zusammensetzung der nichtrostenden austenitischen Stähle mehr oder minder ausgeprägte Korrosionserscheinungen auf, wobei die Stähle zeitlich wechselnd im aktiven und im passiven Zustand vorliegen können [22].

Der anodische Korrosionsschutz ermöglicht die Verwendung von Werkstoffen unter ungünstigen Bedingungen, falls sie auch in Schwefelsäure passivierbar sind. Bei der Handhabung von Schwefelsäure mit 93 bis 99% können wirtschaftlich CrNi-Stähle (Werkst.-Nr 1.4541 und 1.4571) bei Temperaturen bis zu 160 °C eingesetzt werden. Damit wird ein Temperaturbereich (120 bis 160 °C) erreicht, der sich sehr gut zur *Wärmerückgewinnung* eignet [23].

Anodischer Korrosionsschutz ermöglicht heute einen sicheren und wirtschaftlichen Schutz von Luftkühlern und mantellosen Rohrbündeln in Schwefelsäureanlagen. 1966 wurden in der Bundesrepublik die Luftkühler einer Schwefelsäure-Produktionsanlage anodisch geschützt. Seither wurden weltweit mehr als 10 000 m$^2$ Kühlerflächen in luft- und wassergekühlten Schwefelsäureanlagen geschützt. Die installierte elektrische Gleichstrom-Ausgangsleistung der Potentiostaten beträgt >25 kW, entsprechend einem Energiebedarf von 2,5 W pro m$^2$ Schutzobjekt-Oberfläche. Als Beispiel zeigt Abb. 21-13

**Abb. 21-13.** Rohrbündel-Wärmetauscher für Schwefelsäure mit Einsteck-Kathoden.

zwei parallel geschaltete Schwefelsäure-Glattrohrtauscher einer Produktionsanlage in Spanien.

Zwei Wärmetauscher mit je 1,2 m Durchmesser und 9 m Länge mit jeweils 1500 Wärmetauscherrohren aus nichtrostendem CrNiMo-Stahl (Werkst.-Nr. 1.4571) werden mit 98- bis 99%iger $H_2SO_4$ beaufschlagt. Dabei umströmt die Schwefelsäure die Rohre mit etwa 1 m s$^{-1}$, während die Kühlung der Säure durch Wasser in den Rohren erfolgt. Die Eintrittstemperatur der Säure beträgt 140 °C, die Austrittstemperatur etwa 90 °C. Das austretende 90 °C warme Wasser eignet sich zur Wärmerückgewinnung. Der Schutzstrom für die zu schützenden säureumspülten Rohre und zylindrischen Flächen der Glattrohrtauscher von 1775 m$^2$ wird von einer potentiostatisch regelnden Schutzanlage der Auslegung 300 A/6 V aufgebracht. Entsprechend einer mittleren Schutzstromdichte von 0,16 A m$^{-2}$ wird eine elektrische Leistung von 1 W m$^{-2}$ notwendig. Die auswechselbaren Einsteck-Kathoden wurden aus artgleichem Werkstoff hergestellt und isoliert an vier Stellen ausgebauter Kühlerrohre angeordnet. Die im Rohrbündel zentrisch oder konzentrisch angeordneten Kathoden bieten den Vorteil der homogenen Stromverteilung bei geringfügigem Spannungsabfall. Für die potentiostatische Regelung der Anlage und deren Überwachung befinden sich Hg/Hg$_2$SO$_4$-Bezugselektroden als Einschraub-Elektroden im Außenmantel der Glattrohrtauscher, im heißen Ein- und im kalten Austrittsteil. Betrieb und Überwachung der Schutzanlage erfolgen automatisch von der Meßwarte aus. Die an eingebauten anodisch geschützten Proben kontrollierten Abtragungsgeschwindigkeiten liegen <0,1 mm a$^{-1}$.

Durch die Weiterentwicklung des anodischen Korrosionsschutzes auch für höhere Temperaturen konnte eine ökonomische Wärmerückgewinnung bereits in einigen Fällen erreicht werden. Die höheren Temperaturen erlauben nämlich die Erzeugung von Dampf und führen damit zu einer wesentlichen Erhöhung der Wirtschaftlichkeit [24].

Der anodische Korrosionsschutz eignet sich besonders gut für nichtrostende Stähle in Säuren. Schutzpotentialbereiche sind in Abschn. 2.4 angegeben. Außer Schwefelsäure kommen als Medien auch Phosphorsäure in Betracht [16, 25–28]. In Salpetersäure sind diese Werkstoffe im allgemeinen stabil-passiv. In Salzsäure dagegen sind sie nicht passivierbar. Wegen seiner guten Passivierbarkeit kommt auch Titan für den anodischen Schutz in Frage.

### 21.4.2.3 *Schutz gegen Medien unterschiedlicher Zusammensetzung*

Abb. 21-14 zeigt das Schaltschema einer Sulfonierungsanlage [29]. Im Oleum-Behälter gefüllt mit rauchender Schwefelsäure und im Zwischentank wird unlegierter Stahl anodisch geschützt. Im Neutralisator wird CrNi-Stahl je nach Betriebsphase durch NaOH oder $RSO_3H$ (Sulfonsäure) beaufschlagt. Hier muß der anodische Schutz so beschaffen sein, daß in *beiden Medien* Passivität gegeben ist. Die Schutzpotentialbereiche überlappen sich in einem engen Bereich von 0,25 V Breite. Die Grenzpotentiale für den Schutz wurden auf $U_H = 0,34$ und 0,38 V festgelegt. Wegen der hohen Polarisationswiderstände im Passivbereich und der guten Leitfähigkeit sind die Polarisationsparameter nach Gl. (2-45) extrem groß, so daß die Schutzreichweite auch für den Schutz der Rohrleitungen ausreicht.

Unlegierte Stähle lassen sich auch in bestimmten Salzlösungen anodisch schützen. Dazu zählen vor allem Produkte der Düngemittel-Industrie, die $NH_3$, $NH_4NO_3$ und Harnstoff enthalten. Anodischer Schutz ist hier bis zu 90°C wirksam [30]. Eine Korrosion im Gasraum wird durch die Kontrolle des pH-Wertes und Aufrechterhaltung eines Überschusses an $NH_3$ unterdrückt.

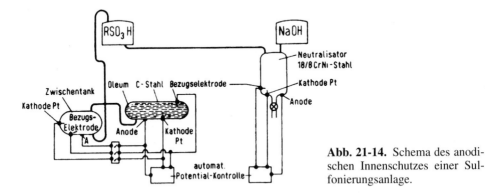

**Abb. 21-14.** Schema des anodischen Innenschutzes einer Sulfonierungsanlage.

### 21.4.2.4 *Schutz gegen Alkalilaugen*

Nach den Stromdichte-Potential-Kurven in Abb. 2-18 sind unlegierte Stähle in Natronlauge passivierbar [31–36]. Im aktiven Bereich der Kurve erfolgt Korrosion unter Bildung von $FeO_2^{2-}$-Ionen (vgl. Feld IV in Abb. 2-2). In Abhängigkeit von der Temperatur, der NaOH-Konzentration und dem Vorhandensein von Oxidationsmitteln, z.B. $O_2$, kann der Stahl stabil- oder metastabil-passiv sein. Ein bekanntes Anwendungsbeispiel ist der Schutz einiger weniger Zellstoff-Kocher in Kanada, die mit alkalischer Aufschlußlösung betrieben werden [36]. Bei NaOH-Konzentrationen über 50% muß bei erhöhten Temperaturen die Passivierbarkeit überprüft werden.

Trotz der in Zusammenhang mit Gl. (2-56) erörterten möglichen kathodischen Korrosion hat sich nach praktischen Erfahrungen unlegierter Stahl als geeignetes Material für Fremdstrom-Kathoden erwiesen. Wegen der starken kathodischen Polarisation ist nach Abb. 2-18 auch nicht mit Spannungsrißkorrosion am Kathodenmaterial zu rechnen.

Heiße Alkalilaugen verursachen bei unlegierten und niedriglegierten Stählen Spannungsrißkorrosion, wenn bezüglich Temperatur, Konzentration und Potential kritische Bedingungen vorliegen, vgl. Abschn. 2.3.3. Der kritische Potentialbereich zur Auslösung von Spannungsrißkorrosion ist in Abb. 2-18 eingetragen. Daraus erfolgt, daß dieser Potentialbereich dem Übergang aktiv/passiv entspricht. Theoretisch wäre sowohl kathodischer als auch anodischer Schutz möglich, vgl. Abschn. 2.4, jedoch tritt im Aktivzustand eine nicht vernachlässigbare Auflösung des Stahles unter Bildung von $FeO_2^{2-}$-Ionen auf. Deshalb wurde zum Schutz gegen Spannungsrißkorrosion in einer mit Kalilauge betriebenen Wasser-Elektrolyseanlage das anodische Schutzverfahren gewählt [34]. Der Schutzstrom konnte hierbei den jeweiligen Elektrolyse-Blocks der Anlage entnommen werden.

Um 1965 wurden in der Bundesrepublik sechs Natronlauge-Verdampfer in der Aluminium-Industrie gegen Spannungsrißkorrosion anodisch geschützt [31]. Die Verdampfer hatten eine zu schützende Innenfläche von je 2400 m$^2$. Das Schutzstrom-Gerät hatte eine Auslegung 300 A/5 V und war für viele Jahre in intermittierender Betriebsart geschaltet. Nur im Bedarfsfall, bei Abfall des Potentials in den kritischen Potentialbereich, erfolgte eine automatische Zuschaltung des Schutzstromes. Apparativ und vom Installationsaufwand her war diese Betriebsweise wirtschaftlich. Wegen der hiermit verbundenen zahlreichen Neupassivierungsvorgänge, die stets mit einem erhöhten Flächenabtrag verbunden sind, der auf Dauer die Betriebssicherheit gefährdet hätte, wurde die Anlage umgebaut. Zum erstmaligen Anfahren (Passivieren) der Verdampfer ist jetzt ein Anfahr-Gleichrichter vorhanden (500 A/12 V), durch den in kurzer Zeit die gewünschte Passivierung des jeweiligen Verdampfers erreicht werden kann. Danach werden diese manuell oder automatisch über ein Schienen-Verteilersystem auf den jeweiligen Erhaltungsgleichrichter (150 A/10 V), der den zur Erhaltung der Passivität notwendigen Dauerstrom liefert, geschaltet. Die Schutzstrom-Geräte sind in großen, korrosionsbeständigen Kunststoff-Gehäusen untergebracht und werden durch Kühlaggregate klimatisiert.

Die außenliegenden Heizkammern der Natronlauge-Verdampfer mit Zwangsumwälzung müssen separat anodisch geschützt werden. Zur Einspeisung des Schutzstromes werden Gegenelektroden aus unlegiertem Stahl in Ringform isoliert auf Haltekonsolen montiert, siehe Abb. 21-15.

Für den Innenschutz mehrerer 30 m hoher Laugen-Ausrührbehälter mit einem Inhalt von je 3100 m$^3$ wurden Kathoden aus Stahlrohr-Ringen mit einem Durchmesser von 10 m eingesetzt. Die Kathoden wurden auf Haltekonsolen isoliert angebracht. Die Stromzuführung erfolgt über stählerne parallelgeschaltete Drahtkabel. Für die Stromdurchführung in der Behälterwandung dienten 1-Zoll-Bolzen, wie sie in Abb. 21-16 für eine Einspeisung von 500 A wiedergegeben sind.

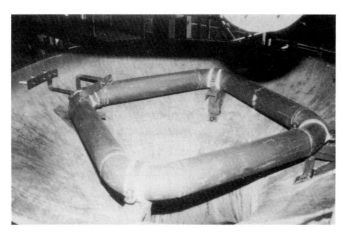

**Abb. 21-15.** Ringförmige Kathode aus Stahl in der Heizkammer eines Laugeverdampfers.

**Abb. 21-16.** Stromdurchführung-Bolzen (1 Zoll) für 500 A Schutzstrom.

Bei der Bemessung der Kathoden ist darauf zu achten, daß diese einen ausreichenden kathodischen Schutzstrom erhalten. Dafür muß das Flächenverhältnis von Schutzobjekt und Kathode >100 : 1 sein. Dies kann erreicht werden durch mehrere kleinflächige Kathoden oder durch eine lange Zentralkathode kleinen Durchmessers.

Bei der Aufbereitung von Aluminatlaugen bei hoher Temperatur (nach dem Bayer-Verfahren), traten schon immer große Korrosionsprobleme auf.

Neuere Untersuchungen – durchgeführt in mehreren Betriebsanlagen – belegen, daß der Einsatz des anodischen Schutzes auch hinsichtlich hoher Betriebstemperaturen bis zu 240 °C möglich ist, z. B. in Rohrbündel-Wärmetauschern. Hierbei hat der anodische Schutz vor allem die Aufgabe, die interkristalline Spannungsrißkorrosion zu vermeiden oder zu vermindern.

Die Eindringtiefe des anodischen Schutzes in mit Lauge beaufschlagte Wärmetauscherrohre ist bei großem Polarisationswiderstand im Passivbereich und gleichzeitig guter elektrolytischer Leitfähigkeit der Lauge nach den Angaben zu Gl. (2-45) in den Abschn. 2.2.5 und 24.5 sehr gut. Im turbulenten Einlaufbereich der Rohre (3 bis 4 Rohrdurchmesser) kann eine spontane Passivierung beobachtet werden. Die Rohre können zusätzlich am Rohreinlauf mit Teflon-Hülsen unterschiedlicher Ausführung gegen erhöhte Einlauferosion geschützt werden. Die Eindringtiefe des anodischen Schutzes in die Wärmetauscherrohre ist abhängig von Rohrdurchmesser, Laugentemperatur, Anfangs- und Erhaltungsstromdichte sowie von der mechanischen Belastung der Rohrinnenoberflächen wie Erosion, Abrasion und Kavitation und letztlich auch von der Schwingungsbeanspruchung der Rohre. Die Passivierung in den Rohren schreitet langsam vor und erreicht das ferne Rohrende mit entsprechendem Spannungsabfall. Es ist daher angeraten, die Wärmetauscherrohre von zwei Seiten mit Passivierungsstrom zu versorgen, um in der Rohrmitte den Schutzpotentialbereich sicher zu erreichen.

Grenzen für die Anwendung des anodischen Korrosionsschutzes derartiger Systeme sind dann gegeben, wenn bei feststoffbelasteten Medien die Erosion und/oder Kavitation eine Ausbildung der anodisch erzeugten Passivschicht unmöglich machen. Die zur Passivierung notwendige anodische Schutzstromdichte ist für eine Laugentemperatur von 240°C um das 3 bis 4fache höher als für 120°C, so daß ein erhöhter Energiebedarf für das anodische Schutzsystem erforderlich ist. Die Eindringtiefe des anodischen Schutzes in die mit Lauge beaufschlagten Wärmetauscherrohre ist abgesehen von den zuvor beschriebenen Parametern [23] auch von der aufgebrachten Schutzstromdichte abhängig.

### 21.4.2.5 Schutzkombination von Fremdstrom und Inhibitoren

In ähnlicher Weise, wie Korrosionsstimulatoren und bei Spannungsrißkorrosion anliegende Zugspannungen den Schutzbereich einengen oder sogar elektrochemischen Schutz unmöglich machen (vgl. Abschn. 2.3 und 2.4), können Inhibitoren den Schutzbereich erweitern oder sogar erst schaffen. Kennzeichnende Beispiele liegen bei nichtrostenden Stählen in Lochkorrosion erzeugenden Medien mit Chlorid-Ionen und inhibierenden Sulfat- oder Nitrat-Ionen vor. Dabei werden in bemerkenswerter Weise die kritischen Potentiale verschoben oder wie im Fall des Nitrat-Ions neu geschaffen (vgl. Abb. 2-16). In diesem Falle wird der kritische Lochkorrosionsbereich durch ein zweites Lochfraßpotential zu positiveren Potentialen hin begrenzt. Dieses kritische obere Grenzpotential heißt auch Inhibitionspotential und kann bei einem anodischen Schutz verwertet werden [37]. Auch Perchlorat-Ionen können Lochkorrosion inhibieren [38].

### 21.4.3 Schutzwirkung von Lokalkathoden

Die Wirkung dieses Verfahrens wurde durch eine Reihe von Untersuchungen an nichtrostenden Stählen [39–41], Titan [42–44], Blei [45, 46] und Tantal [47] nachgewiesen.

Neben der Möglichkeit zur Verminderung der Überspannung der kathodischen Wasserstoff-Entwicklung können auch, z.B. durch Cu in Bleilegierungen, Hemmungen der $O_2$-Reduktion vermindert werden. Da hierbei positivere Potentiale erreicht werden, können solche Legierungselemente sehr wirksam sein. In dieser Hinsicht wirkt z.B. Pt, etwas weniger ausgeprägt Pd, Au dagegen praktisch nicht [40].

Im Apparatebau wird vor allem Titan mit 0,2% Pd verwendet, das in nichtoxidierenden sauren Medien vorteilhaft eingesetzt werden kann und wegen günstigerer Lochfraßpotentiale auch eine erhöhte Beständigkeit gegen Loch- und Spaltkorrosion hat [44].

Das Zulegieren von kathodisch wirksamen Elementen zu Feinblei war häufig Gegenstand bei Untersuchungen zur Verbesserung der Korrosionsbeständigkeit gegen $H_2SO_4$ [46, 48]. In dieser Hinsicht bekannt ist das Kupferfeinblei mit 0,04 bis 0,08% Cu. Durch Kombination verschiedener Legierungselemente gelang es, Blei-Legierungen herzustellen, die neben wesentlich verbesserter Korrosionsbeständigkeit auch eine erhöhte Warmfestigkeit besitzen. Als Beispiel sei eine Blei-Legierung mit 0,1% Sn, 0,1% Cu und 0,1% Pd genannt [49].

Ein interessantes Anwendungsgebiet ist auch der Schutz von Tantal vor Wasserstoff-Versprödung durch metallenleitende Verbindung mit Platin-Metallen. Die Verminderung der Wasserstoffüberspannung bzw. die Verschiebung des Freien Korrosionspotentials zu positiveren Werten führt offenbar zu einem verminderten Bedeckungsgrad an adsorbiertem Wasserstoff und damit zu einer verringerten Absorption [47], vgl. Abschn. 2.1 und 2.3.4.

### 21.4.4 Schutzwirkung von Inhibitoren

Inhibitoren sind Stoffe, die eine oder beide Teilreaktionen der Korrosion nach Abb. 2-5 vermindern. Dabei inhibieren anodisch bzw. kathodisch wirkende Inhibitoren die anodische bzw. kathodische Teilreaktion, wobei das Ruhepotential zu positiveren bzw. negativeren Potentialen verschoben werden kann. Die meisten Inhibitoren inhibieren jedoch die anodische Teilreaktion. Dies ist darauf zurückzuführen, daß sich der Übergang von Metall-Ionen leichter hemmen läßt als der Übergang von Elektronen.

Anodisch wirkende Inhibitoren sind in der Lage, bei passivierbaren Systemen die Passivierung zu erleichtern, indem sie durch eine weitgehende Abdeckung der Oberfläche die Passivierungsstromdichte herabsetzen. Bei nichtpassivierbaren Systemen erfolgt Korrosionsschutz nur bei vollständiger Bedeckung. *Bei unvollständiger bzw. gestörter Bedeckung besteht die Gefahr eines lokalen Angriffs.*

Die Inhibitionswirkung ist an der starken Zunahme des Polarisationswiderstandes zu erkennen. Durch die Messung der Stromdichte-Potential-Kurven kann die Inhibitorwirkung erkannt werden, was für die Prüfung auch mit Erfolg genutzt wird [50, 51]. Zur Passivierung ist nicht nur eine Verminderung der Passivierungsstromdichte, sondern auch eine Erhöhung der kathodischen Teilstromdichte günstig. Aus diesem Grunde zählen Oxidationsmittel zu den anodisch wirkenden Inhibitoren, auch *Passivatoren* genannt. So läßt sich z.B. Nickel in 0,5 M $H_2SO_4$ durch Zugabe von $Fe_2(SO_4)_3$, $H_2O_2$, $KMnO_4$, $Ce(SO_4)_2$ und $K_2Cr_2O_7$ passivieren [52].

Zur Verhinderung der Korrosion in $O_2$- und salzhaltigen Wässern werden alkalisierende und deckschichtbildende Inhibitoren eingesetzt. Hierzu zählen: $Na_2CO_3$, NaOH, $Na_3PO_4$, $Na_2SiO_3$, $NaNO_2$, $Na_2CrO_4$. Die Anzahl der organischen Verbindungen, die in verschiedenen Medien die Metallkorrosion wirkungsvoll inhibieren, ist klein. Typische Stoffe mit Inhibitorwirkung sind organische Schwefel- und Stickstoffverbindungen, höhere Alkohole und Fettsäuren. Wegen Art und Wirkung dieser Stoffe wird auf die zusammenfassende Literatur verwiesen [53–55].

## 21.5 Trend in der Anwendung des elektrochemischen Innenschutzes

Die Anwendung des elektrochemischen Schutzes vor allem in der chemischen Industrie geschah vor etwa 30 Jahren zunächst zögernd wie auch die Anwendung des kathodischen Schutzes für erdverlegte Rohrleitungen vor etwa 50 Jahren. Hemmung für einen verstärkten Einsatz war vor allem der Tatbestand, daß der Innenschutz mehr Maßarbeit ist, als der Außenschutz erdverlegter Objekte. Das zunehmende Bedürfnis nach erhöhter Sicherheit der Betriebsanlagen, größere Anforderungen an die Korrosionsbeständigkeit und größere Anlagenteile haben das Interesse an dem elektrochemischen Innenschutz aufkommen lassen. Wenn auch Fragen der Wirtschaftlichkeit nicht allgemein beantwortet werden können (vgl. Abschn. 22.5) [56], so sind die Kosten für den elektrochemischen Schutz im allgemeinen geringer als die für gleichwertige und sichere Auskleidungen oder korrosionsbeständige Werkstoffe.

Sicherheit, Verfügbarkeit und Leistungsfähigkeit der Produktionsanlagen werden durch die Qualität der Werkstoffauswahl und die Maßnahmen zum Korrosionsschutz, beides Bestandteile der konstruktiven Planung, in wesentlichen Bereichen vorherbestimmt. Moderne Möglichkeiten der betrieblichen kontinuierlichen Korrosionsüberwachung (Corrosion Monitoring) ermöglichen heute im Prinzip eine Früherkennung der Korrosion im Betrieb. Trotzdem werden aber auch heute noch Schäden an Apparaten, Behältern und Rohrleitungen oft als unvermeidbar hingenommen und die schadhaften Bauteile routinemäßig erneuert. Mit der Durchführung einer Schadensanalyse, welche die Wege zur Nutzung aller zur Verhütung von Schäden führenden Kenntnisse aufzeigt, könnten Verfügbarkeit und Lebensdauer von Anlagen erheblich gesteigert werden. Dieses gilt auch für die Anwendung des anodischen Schutzes.

Es hat sich gezeigt, daß der anodische Schutz für Chemieanlage aus unlegierten und schwach legierten Stählen bei Beanspruchung durch Alkalilaugen sowie aus nichtrostenden austenitischen Stählen bei Beanspruchung durch oxidierende Säuren technisch realisierbar ist und ohne Störung des Betriebsablaufes angewendet werden kann [57]. Der anodische Schutz verringert die abtragende Korrosion und vermeidet Spannungsrißkorrosion. Die Schutzanlage kann ausfallen, ohne daß eine spontane Aktivierung der zu schützenden Flächen erfolgt. Durch die homogen aufwachsende Passivschicht und die damit verbundene Erhöhung des Polarisationswiderstandes tritt mit zunehmendem Bedeckungsgrad der Oberfläche auch eine Vergrößerung der Reichweite des Schutzstromes ein. Speziell bei Aluminatlaugen sollte noch darauf hingewiesen werden, daß die Bildung von Natriumaluminiumsilicat aus Kaolinit bzw. das sehr lästige Entfernen dieser Verkrustungen, insbesondere an den Heizregistern der Verdampfer, durch die glattere anodisch geschützte Oberfläche vermindert wird. In dieser Betrachtung sollte nicht unerwähnt bleiben, *daß ein sicherer Betrieb erst durch anodischen Innenschutz möglich wurde,* weil eine ausreichende Spannungsarmglühung spannungsrißgefährdeter Apparate, vor allem bei Großbehältern, praktisch nicht durchführbar ist und Konstruktions- oder Betriebsspannungen *nicht vermeidbar* sind. Auch bei Anwendung sehr teurer, hochkorrosionsbeständiger Werkstoffe wird in manchen Fällen die gewünschte – und bei den Kosten auch sicher erwartete (!) – Betriebssicherheit eben *nicht sicher* zu erreichen sein. Dies gilt in besonderem Maße für Chemieanlagen.

Der Trend der letzten Jahre, hochlegierte nichtrostende austenitische Sonderwerkstoffe mit ausgeprägter Korrosionsbeständigkeit im Passivzustand, vornehmlich für den

Einsatz in hochkonzentrierter Schwefelsäure einzusetzen, hat die erwünschten Erwartungen nicht vollständig erfüllt. Neuere praktische Erfahrungen zeigen, daß die Betriebssicherheit unter kritischen Betriebsbedingungen ohne anodischen Schutz nicht immer gegeben ist.

Seit 30 Jahren ist eine Anzahl von Schutzanlagen in Betrieb genommen worden, insbesondere dort, wo es galt, neue Anlagen zu erhalten, ältere und bereits geschädigte Anlagen zu retten und Anlagen- sowie Betriebskosten zu senken. Weltweit sind seitdem Apparate, Behälter, Rohrleitungen und Verdampfer der chemischen Industrie mit einem Fassungsvermögen von 60 000 m$^3$ und einer zu schützenden Oberfläche von 70 000 m$^2$ anodisch geschützt. Für den elektrochemischen Schutz wurden Anlagen mit einer elektrischen Gesamtleistung von 130 kW bei 22 kA installiert.

Trotz dieses beachtlichen Fortschrittes in den 30 Jahren sind bisher lediglich etwa 20% der gefährdeten und dringend schutzbedürftigen Apparate und Behälter der deutschen Industrie anodisch gegen Loch- und Spannungsrißkorrosion geschützt; weltweit haben z. B. die Aluminiumoxid-Hersteller nur 1,5% ihrer Anlagen gegen Korrosion geschützt. Die 30jährige Erfahrung mit Alkalilaugen hat gezeigt, daß 40 bis 50% der laugenbenetzten Flächen Angriffsstellen durch Korrosion aufweisen und in fast allen Anlagen elektrochemische und mechanische Bedingungen für schwerste Schäden gegeben sind. Bezogen auf die weltweite Jahresproduktion allein an Aluminiumoxid von 25 000 t/a werden nur etwa 20% in anodisch geschützten Anlagen produziert. Für die vielfältigen Einsatzmöglichkeiten ist der elektrochemische Innenschutz auch in Zukunft unverzichtbar. Die im Jahre 1985 herausgegebene DIN 50927 [4] soll eine wichtige Vorraussetzung für diese Entwicklung geben.

## 21.6 Literatur

[1] H. Gräfen, Z. Werkstofftechnik 2, 406 (1971).
[2] H. Gräfen u. a., Die Praxis des Korrosionsschutzes, Band 64,
    S. 301–311, Expert Verlag, Grafenau 1981.
[3] M. J. Pryor u. M. Cohen, J. Electrochem. Soc. 100, 203 (1953).
[4] DIN 50927, Beuth-Verlag, Berlin 1985.
[5] DIN 50928, Beuth-Verlag, Berlin 1985.
[6] F. Paulekat, HdT Vortragsveröffentlichung 402, 8 (1978).
[7] B. Leutner, BEB Erdgas u. Erdöl GmbH, persönliche Mitteilung 1987.
[8] W. v. Baeckmann, A. Baltes u. G. Löken, Blech Rohr Profile 22, 409 (1975).
[9] F. Paulekat, Werkstoffe u. Korrosion 38, 439 (1987).
[10] M. Faral, La Houille Blanche, Nr. 2/3. S. 247–250 (1973).
[11] J. Weber, 23rd Ann. Conf. Metallurg., Quebec 19.–22. 8. 1984, Advance in Met. Techn.
    S. 1–30.
[12] F. Paulekat, 3R intern. 27, 356 (1988).
[13] F. Paulekat, H. Schapp, Die Bautechnik, Sept. 1975, S. 305.
[14] F. Paulekat, HdT-Vortragsveröffentlichungen Sept u. Dez. 1992.
[15] J. D. Sudbury, O. L. Riggs jr. u. D. A. Shock, Corrosion 16, 47t (1960).
[16] D. A. Shock, O. I. Riggs u. J. D. Sudbury, Corrosion 16, 55t (1960).
[17] W. A. Mueller, Corrosion 18, 359t (1962).
[18] C. E. Locke, M. Hutchinson u. N. L. Conger, Chem. Engng. Progr. 56, 50 (1960).
[19] B. H. Hansen, Titanium Progress Nr. 8, Hrsg. Imperial Metal Industries (Kynoch) Ltd.,
    Birmingham 1969.

[20] W. P. Banks u. J. D. Sudbury, Corrosion *19*, 300t (1963).

[21] J. E. Stammen, Mat. Protection *7*, H. 12, 33 (1968).

[22] D. Kuron, F, Paulekat, H. Gräfen. E. M. Horn, Werkstoffe u. Korrosion *36*, 489 (1985).

[23] F. Paulekat, „Elektrochem. Korrosionsschutz, Kap. 5/4.2, WEKA-Verlag, März 1995.

[24] H. Gräfen, in: DECHEMA-Monografie Bd. 93 „Elektrochemie der Metalle, Gewinnung, Verarbeitung und Korrosion", S. 253–265, VCH-Verlag, Weinheim 1983.

[25] O. L. Riggs, M. Hutchinson u. N. L. Conger, Corrosion *16*, 58t (1960).

[26] C. E. Locke, Mat. Protection *4*, H. 3, 59 (1965).

[27] Z. A. Foroulis, Ind. Engng. Chem. Process Design *4*, H. 12, 23 (1965).

[28] W. P. Banks u. E. C. French, Mat. Protection *6*, H. 6, 48 (1967).

[29] W. P. Banks u. M. Hutchinson, Mat. Protection *8*, H. 2, 31 (1969).

[30] J. D. Sudbury, W. P. Banks u. C. E. Locke, Mat. Protection *4*, H. 6, 81 (1965).

[31] H. Gräfen, G. Herbsleb. F. Paulekat u. W. Schwenk, Werkstoffe u. Korrosion *22*, 16 (1971).

[32] K. Bohnenkamp. Arch. Eisenhüttenwes. *39*, 361 (1968).

[33] M. H. Humphries u. R. N. Parkins, Corr. Science *7*, 747 (1967).

[34] H. Gräfen u. D. Kuron, Arch. Eisenhüttenwes. *36*, 285 (1965).

[35] W. Schwarz u. W. Simons, Ber. Bunsenges. Phys. Chem. *67*, 108 (1963).

[36] T. R. B. Watson, Pulp Paper Mag. Canada *63*, T-247 (1962).

[37] G. Herbsleb, Werkstoffe u. Korrosion *16*, 929 (1965).

[38] I. G. Trabanelli u. F. Zucchi, Corrosion Anticorrosion 14, 255 (1966).

[39] N. D. u. G. P. Tschernowa, Verl. d. Akad. d. Wiss. UdSSR, *135* (1956).

[40] G. Bianchi, A. Barosi u. S. Trasatti, Electrochim Acta *10*, 83 (1965).

[41] N. D. Tomaschow. Corr. Science *3*, 315 (1963).

[42] H. Nishimura u. T. Hiramatsu, Nippon Konzeku Gakkai-Si 21, 465 (1957).

[43] M. Stern u. H. Wissenberg, J. Elektrochem. Soc. *106*, 759 (1959).

[44] W. R. Fischer, Techn. Mitt. Krupp *27*, 19 (1969).

[45] M. Werner, Z. Metallkunde *24,* 85 (1932).

[46] E. Pelzel, Metall *20*, 846 (1966); *21*, 23 (1967).

[47] C. R. Bishop u. M. Stern, Corrosion *17*, 379t (1961).

[48] H. Weißbach, Werkstoffe u. Korrosion *15,* 555 (1964).

[49] H. Gräfen u. D. Kuron, Werkstoffe u. Korrosion *20*, 749 (1969).

[50] K. Risch, Werkstoffe u. Korrosion *18*, 1023 (1967).

[51] F. Hovemann u. H. Gräfen, Werkstoffe u. Korrosion *20*, 221 (1969).

[52] J. M. Kolotyrkin, 1st Intern. Congr. on Met. Cor. Butterworths, London 1962, S. 10.

[53] J. I. Bregman, Corrosion Inhibitors, The Macmillan Comp., N. Y. Collier – Macmillian Limit., London 1963.

[54] C. C. Nathan, Corrosion Inhibitors, NACE, Houston 1973.

[55] H. Fischer, Werkstoffe u. Korrosion *23*, 445 u. 453 (1973); *25*, 706 (1974).

[56] H. Gräfen, D. Kuron, F. Paulekat, Werkstoffe u. Korrosion *42*, 643 (1991).

[57] F. Paulekat, H. Gräfen, D. Kuron, Werkstoffe u. Korrosion *33*, 254 (1982).

# 22 Sicherheit und Wirtschaftlichkeit

W. v. Baeckmann und J. Geiser

Der Korrosionsschutz dient nicht nur zur Werterhaltung von Anlagen und Bauteilen, sondern auch zur Sicherheit des Betriebszustandes bzw. der Verfügbarkeit dieser Objekte und zur Vermeidung von Betriebsschäden, die die Sicherheit von Menschen und Umwelt gefährden können. In diesem Sinne zählt der Korrosionsschutz technischer Anlagen auch zu den wichtigsten Umweltschutz-Maßnahmen.

Der Einsatz korrosionsbeständiger Werkstoffe und die Anwendung von Korrosionsschutz-Maßnahmen sind in vielen Fällen eine Voraussetzung dafür, daß Anlagen und Bauteile mit den zugedachten Funktionseigenschaften überhaupt errichtet werden können. Dies betrifft ganz besonders die Rohrleitungstechnik. Ohne den kathodischen Korrosionsschutz und ohne geeignete Umhüllungen als Voraussetzung für die Wirksamkeit des kathodischen Schutzes wäre ein sicherer Ferntransport von Mineralölen und Gasen unter hohen Drücken nicht möglich. Andererseits hat auch der anodische Korrosionsschutz erst einen sicheren Betrieb großer Alkalilauge-Verdampfer möglich gemacht, vgl. Abschn. 21.5

In allen Anwendungsfällen ist auch zu bedenken, daß die geforderte Sicherheit durch den Korrosionsschutz von dessen Wirksamkeit anhängt, die nicht nur bei der Inbetriebnahme richtig eingestellt, sondern auch während des Betriebes kontinuierlich oder in Zeitabständen überwacht werden muß [1]. In diesem Sinne können die Verfahren der Meßtechnik in der Überwachung (vgl. Kap. 3) nicht hoch genug bewertet werden.

## 22.1 Sicherheit und Schadensstatistik

Die größtmögliche Sicherheit gegen Korrosionsschäden wird durch einen passiven Schutz mit Umhüllungen in Kombination mit dem kathodischen Korrosionsschutz erreicht. Daher sind Umhüllungen und kathodischer Schutz für Rohrleitungen mit erhöhtem Sicherheitsbedürfnis zum Schutz von Menschen und Umwelt vorgeschrieben [2–5].

Die Tabelle 22-1 informiert über einen Vergleich von Gesamt- und Korrosionsschäden aus der Schadensstatistik des DVGW [6], die im Laufe eines Jahres an Stahlrohren auftraten. Beim Vergleich der Daten ist zu berücksichtigen, daß Leitungen bis 4 bar nicht kathodisch geschützt werden müssen und daß der kathodische Schutz für Hochdruckleitungen zwischen 4 bis 16 bar erst ab 1976 [5] vorgeschrieben war, wobei nicht alle vor 1976 gebauten Leitungen nachträglich mit kathodischem Schutz ausgerüstet wurden. Im Mittel liegen die Korrosionsschäden um 40% aller Schäden, die also größtenteils auf mechanische Einwirkungen zurückzuführen sind. Es fällt auf, daß Versorgungs- und Anschlußleitungen am meisten geschädigt werden. Die nach Gesamt-

**Tabelle 22-1.** Jährliche Gesamtschäden und Korrosionsschäden von Rohrleitungen aus Stahl nach der Schadensstatistik 1990 [6].

| Leitungsart | Nenn-druck bar | Länge km | Gesamtschäden | | Korrrosionschäden | | |
|---|---|---|---|---|---|---|---|
| | | | Anzahl | pro 100 km | Anzahl | pro 100 km | in % |
| Versorgungs-leitungen | bis 4 | 78 105 | 9 207 | 11,8 | 4808 | 6,2 | 52,2 |
| Anschluß-leitungen | bis 4 | 32 358 | 9 019 | 27,9 | 3016 | 9,3 | 33,4 |
| Hochdruck-leitungen | 4 bis 16 | 15 599 | 810 | 5,2 | 305 | 2,0 | 37,7 |
| Hochdruck-leitungen | über 16 | 15 895 | 155 | 0,98 | 8 | 0,05 | 5,2 |
| Alle Leitungen | | 141 957 | 19 191 | 13,5 | 8137 | 5,7 | 42,4 |

schäden und dem %-Satz der Korrosionsschäden am wenigsten gefährdeten Gashochdruckleitungen über 16 bar beweisen die gute Wirksamkeit des kathodischen Korrosionsschutzes.

In den USA müssen alle Stahlrohrleitungen für Gastransport und Gasverteilung kathodisch geschützt sein. Aus der Schadensstatistik für Pipeline-Sicherheit 1983 ist zu erkennen, daß die Schadenswahrscheinlichkeit für alle Stahlrohrleitungen etwa 0,1 Korrosionsschaden pro 100 km Rohrleitung und Jahr beträgt [7]. Die Tendenz der deutschen Schadensstatistik im Vergleich zu der amerikanischen zeigt, daß durch den kathodischen Schutz die Sicherheit der Gasleitungen wesentlich erhöht wird. Bei dem Vergleich USA und Deutschland ist noch zu ergänzen, daß Schäden durch Spannungsrißkorrosion der Art, wie sie in Abschn. 2.3.6 beschrieben sind, in den USA, in Canada und in den GUS-Staaten aber bisher nicht in Deutschland aufgetreten sind.

Die Schadensstatistik informiert bei kathodisch geschützten Rohrleitungen nicht über die Ursachen von Korrosionsschäden, deren Auftreten ja unverständlich ist, wenn das Schutzpotential-Kriterium berücksichtigt war. Das hieße aber, daß das Kriterium an allen Verletzungen der Umhüllung, wo der Stahl dem Boden ausgesetzt ist, auch geprüft sein muß. Dieser Nachweis kann aber unmöglich durch eine gezielte Messung erbracht werden, was in [8, 9] berücksichtigt ist. Dennoch muß davon ausgegangen werden, daß gelegentlich auftretende Schäden an kathodisch geschützten Leitungen nur auf lokale Abweichungen vom Schutzpotential-Kriterium zurückzuführen sind, was mit praktischen Erfahrungen übereinstimmt und aus welchem Grunde auch die neuen Meßtechniken nach [9, 10], vgl. Abschn. 3.3.2 bis 3.3.5, eingeführt wurden.

Durch Intensivmessungen an etwa 2500 km von nach 1970 verlegten Rohrleitungen wurden 84 Stellen mit insgesamt 5 km Länge entdeckt, an denen das Schutzkriterium nicht erreicht war. Bei insgesamt 21 Kontrollaufgrabungen wurden 7 Stellen mit Lochfraß und Eindringtiefen $l_{max} > 1$ mm gefunden. An 3 Stellen mußten die Rohre ausgewechselt bzw. durch Überschieber gesichert werden. Bei etwa 2500 km Rohrleitungen aus den Jahren 1928 bis 1970 wurde an 765 Stellen mit einer Länge von insgesamt

95 km festgestellt, daß das Schutzkriterium nicht erreicht war. 32 Lochfraßstellen mit $l_{max} > 1$ mm wurden bei 118 Aufgrabungen entdeckt. In 8 Fällen mußten die Rohrleitungen ausgewechselt oder durch Überschieber gesichert werden [11]. Hieraus ist deutlich zu ersehen, daß mit Hilfe von Intensivmessungen Schwachstellen im kathodischen Schutzsystem aufgefunden und beseitigt werden können, wodurch die Sicherheit des Korrosionsschutzes von Rohrleitungen erhöht wird. Eine Auswirkung auf die Schadensstatistik kann mangels langzeitiger Erfahrungen und bei Berücksichtigung der ohnehin sehr kleinen Schadensanzahl noch nicht erwartet werden.

## 22.2 Allgemeines zur Wirtschaftlichkeit

Die Kosten und die Wirtschaftlichkeit des kathodischen Korrosionsschutzes hängen von sehr verschiedenen Einflußgrößen ab, so daß allgemeingültige Aussagen über Kosten kaum möglich sind. Insbesondere der Schutzstrombedarf und der spezifische elektrische Widerstand des Mediums in der Umgebung des Schutzobjektes und der Anoden können stark unterschiedlich sein und so die Kosten beeinflussen. Im allgemeinen ist der elektrochemische Schutz dann besonders wirtschaftlich, wenn die Anlagen langfristig erhalten und verfügbar gehalten werden sollen und die Reparaturen hohe Kosten verursachen. Als grobe Anhaltswerte kann man für die Einrichtungskosten des kathodischen Schutzes unbeschichteter Metallkonstruktionen etwa 1 bis 2% und bei beschichteten Oberflächen etwa 0,1 bis 0,2% der Baukosten der zu schützenden Anlage annehmen.

In manchen Fällen lassen sich durch elektrochemischen Schutz ältere Anlagen erhalten, die sonst wegen örtlicher Korrosionsschäden (Mulden- und Lochfraß, Korrosionsrisse usw.) erneuert werden müßten. *In Einzelfällen ist durch den elektrochemischen Schutz bei Einsatz wirtschaftlicher Werkstoffe der Betrieb bestimmter Anlagen technisch erst möglich geworden.*

Die Vorteile des elektrochemischen Schutzes werden heute allgemein anerkannt. Seine Anwendung hat sich ständig auf neue Bereiche ausgedehnt [12]. Besonders große Vorteile bestehen auf folgenden Gebieten:

1. An Stahlkonstruktionen im Meerwasser und im Erdboden tritt häufig Mulden- oder Lochkorrosion auf. Mulden- und Lochkorrosion führen besonders leicht bei Behältern, Rohrleitungen, Wassererwärmern, Schiffen, Bojen und Pontons zu Schäden, weil diese bei Wanddurchbruch ihre Funktionstüchtigkeit verlieren.
2. Zur Erhaltung der geplanten Nutzungsdauer werden häufig Wanddickenzuschläge verlangt, die einen merkbaren Mehrverbrauch an Material bedingen. Sie erhöhen nicht nur die Kosten der Anlage und für den Transport, sondern auch ihr Gewicht, wodurch die Verlegung erschwert wird.
3. Manche Behälter können aus niedriglegierten Stählen höherer Festigkeit konstruiert werden, wenn sie durch elektrochemischen Schutz eine ausreichende Korrosionsbeständigkeit erhalten. Ohne elektrochemischen Schutz müßten korrosionsbeständige, hochlegierte Stähle oder Legierungen eingesetzt werden, die häufig weniger günstige mechanische Eigenschaften aufweisen und wesentlich teurer sind. Anwendungsgebiete sind: Wärmetauscher, Kühlwasserleitungen für Meerwasser, Turbinen, Reaktionsgefäße, Lagerbehälter für Chemieprodukte, vgl. Kap. 21.

4. Der kathodische Schutz kann als Reparaturmaßnahme für Stahl/Beton-Bauten eingesetzt werden, siehe Kap. 19. Obwohl die Materialkosten und insbesondere die Vorbereitungs-, Montage- und Spritzbeschichtungskosten recht hoch sind, stehen sie in keinem Verhältnis zu den Kosten eines Abrisses oder einer Teilerneuerung.

## 22.3 Wirtschaftlichkeit des kathodischen Schutzes für erdverlegte Rohrleitungen

Der kathodische Schutz unbeschichteter Objekte im Erdboden ist zwar technisch möglich, der hohe Schutzstrombedarf sowie Maßnahmen für die erforderliche gleichmäßige Stromverteilung und für eine *IR*-freie Potentialmessung verursachen jedoch hohe Kosten. Bei der Ermittlung der Kosten für den kathodischen Schutz von Rohrleitungen ist zu berücksichtigen, daß diese mit der Zunahme folgender Einflußgrößen anwachsen:

– Erforderlicher Schutzstrombedarf.
– Spezifischer elektrischer Bodenwiderstand am Einbauort der Anoden.
– Entfernung des nächsten Stromanschlusses bei Fremdstrom-Anodenanlagen.

Der Schutzstrombedarf hängt im wesentlichen vom Ableitungsbelag, Gl. (24-71), und von der Größe der zu schützenden Oberfläche ab [13]. Maßnahmen zur Verringerung des Ableitungsbelages sind in Abschn. 10.1.3 beschrieben. Die Höhe der Stromabgabe von galvanischen Anoden bzw. der Ausbreitungswiderstand von Fremdstrom-Anoden – und damit die zur Einleitung des Schutzstromes erforderliche Gleichrichter-Ausgangsspannung – hängen wesentlich von dem spezifischen Bodenwiderstand ab.

Je höher die Kosten für den Stromanschluß einer Fremdstrom-Anodenanlage werden, um so mehr verschiebt sich die Wirtschaftlichkeit zugunsten galvanischer Anoden. Im allgemeinen wird aber die Entscheidung zugunsten des einen oder anderen Schutzverfahrens nicht nur nach wirtschaftlichen, sondern auch nach technischen Gesichtspunkten fallen. Hier sollen nur die wirtschaftlichen Gesichtspunkte behandelt werden.

### 22.3.1 Galvanische Anoden

Galvanische Anoden (Kap. 6) für den Erdboden-Einbau bestehen vorwiegend aus Magnesium. Bei spezifischen Bodenwiderständen $\rho < 20\ \Omega$ m können allerdings wegen der längeren Lebensdauer auch Zinkanoden wirtschaftlich sein. Die folgende Wirtschaftlichkeitsbetrachtung gilt speziell für den kathodischen Schutz von Rohrleitungen. Die Gesamtkosten für den Schutz mit galvanischen Anoden $K_{\Sigma A}$ sollten kleiner sein als die Kosten einer Fremdstrom-Anlage $K_{Fr}$:

$$K_{\Sigma A} = n\,K_A \lesseqgtr K_{Fr}\,. \tag{22-1}$$

Hierbei bedeuten: $n$ = Anzahl der Anoden mit einem Preis von je $K_A$.

Die erforderliche Anzahl $n$ der Anoden ergibt sich aus dem Schutzstrombedarf des Objektes $I_s$ und der Stromabgabe der einzelnen Magnesiumanoden $I_{max}$:

$$n = \frac{I_s}{I_{max}} \lesseqgtr \frac{K_{Fr}}{K_A}\,. \tag{22-2}$$

Unter Berücksichtigung der Gl. (6-12) und der Größe $F$ nach Gl. (3-28) für die Anodenform aus Tab. 24-1 folgt aus Gl. (22-2) [14]:

$$I_s\,\rho \gtreqless F_K = \frac{U_s - U_R}{F}\,\frac{K_{Fr}}{K_A} \quad \text{Fremdstromschutz ist } \frac{\text{wirtschaftlich}}{\text{unwirtschaftlich}}. \tag{22-3}$$

Die Entscheidung, ob der kathodische Schutz mit Fremdstrom oder mit Magnesiumanoden wirtschaftlicher ist, hängt demnach im wesentlichen vom Schutzstrombedarf und vom spezifischen Bodenwiderstand ab. Die vorgegebene Abschätzung sollte nur den grundsätzlichen Einfluß der verschiedenen Variablen zeigen. Im Einzelfall können besonders die Einrichtungskosten außerordentlich stark variieren, so daß für jedes Projekt eine gesonderte Kostenkalkulation zweckmäßig ist.

### 22.3.2 Fremdstrom-Anoden

Die effektiven Kosten einer kathodischen Fremdstrom-Schutzanlage hängen stark von den örtlichen Gegebenheiten ab, insbesondere von den Kosten für den Stromanschluß und von dem Umfang der Anodenanlage.

Um die jährlichen Kosten des kathodischen Schutzes zu errechnen, müssen zunächst die Kapitalkosten und die Betriebskosten ermittelt werden. In Abb. 22-1 ist die Annuität für die Nutzungsdauer bis zu 50 Jahren bei 8% Zinsen einschließlich Gewerbeertragssteuer und vermögensabhängiger Steuern angegeben. Die Kurve verläuft ab 50 Jahren sehr flach, weil sich die Annuität nur noch wenig ändert. Im allgemeinen kann man für eine kathodische Schutzanlage wohl eine Lebensdauer von 30 Jahren ansetzen. Für diese Überlegungen wurde aber bewußt die Nutzungsdauer auf 20 Jahre begrenzt, um die in dieser Zeit fällig werdenden Reparatur- und Umbaukosten vernachlässigen zu können. Bei 20 Jahren beträgt die Annuität 11%. Zum Vergleich sind in [15] Beispiele für Anlagekosten für das Ende der 80er Jahre angegeben.

Der größte Teil der Leistung kathodischer Schutz-Gleichrichter wird benötigt, um den Schutzstrom über die Anodenanlage in den Erdboden einzuleiten. Baut man nur wenig Einzelanoden oder eine kurze durchgehende Horizontalanode ein, so sind zwar die Baukosten niedrig, die jährlichen Stromkosten aber sehr hoch. Werden dagegen sehr viele Anoden einzeln oder in einer langen, durchgehenden Koksbettung eingebaut, so sind die jährlichen Stromkosten niedrig, die Baukosten aber entsprechend hoch. Für eine optimierte Auslegung der Anodenanlage bei vorgegebenem Schutzstrom und Bodenwiderstand müssen die jährlichen Gesamtkosten ermittelt werden [16].

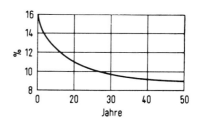

**Abb. 22-1.** Annuität als Funktion des Zeitraumes für die Abschreibung bei 8% Verzinsung.

Für eine Anodenanlage, die entweder aus $n$ horizontal oder vertikal eingebauten Einzelanoden oder aus Anoden mit einem horizontalen oder vertikalen, durchgehendem Koksbett der Länge $L \approx n\,s$ erstellt ist, ergibt sich der Ausbreitungswiderstand nach Gl. (9-5) und die Gesamtkostenfunktion $K$ nach [16] zu:

$$K = n\,a\,K_A + F\,\frac{R_0}{n}\,\frac{\rho}{\rho_0}\,I_s^2\,\frac{k}{w}\,t\,, \qquad (22\text{-}4)$$

hierbei bedeuten: $n$ = Anzahl der Einzelanoden mit dem Ausbreitungswiderstand $R_0$ (errechnet aus Tab. 24-1 mit $\rho_0$); $a$ = Annuität in %/100 nach Abb. 22-1; $K_A$ = Preis einer Fremdstrom-Anode; $F$ = Beeinflussungsfaktor nach Abb. 9-8 und Gl. (24-35); $\rho_0$ = 10 $\Omega$ m = Bezugsgröße für den Ausbreitungswiderstand (es ist $R_0/\rho_0 = F_0$ nach Gl. (3-28)); $\rho$ = spezifischer Bodenwiderstand: $I_s$ = Schutzstrom; $k$ = Stromkosten je W h; $t$ = 8750 h = jährliche Betriebsdauer; $w$ = 0,5 = Wirkungsgrad des Gleichrichters.

Durch Differenzieren nach $n$ ergibt sich aus Gl. (22-4) das gesuchte Kostenminimum für die wirtschaftliche Anodenanzahl $n_w$ zu:

$$\frac{n_w}{I_s} = \sqrt{\frac{F\,R_0\,k\,t}{a\,K_A\,w\,\rho_0}\,\rho}\,. \qquad (22\text{-}5)$$

Mit den Mittelwerten $R_0 = 3{,}1\ \Omega$ und $F = 1{,}45$, mit den festen Daten $\rho_0 = 10\ \Omega$ m, $a = 0{,}11$, $w = 0{,}5$ und $t = 8750$ h sowie mit den früheren Kosten [15] $k = 2{,}1 \cdot 10^{-4}$ DM je W h und $K_A = 975$ DM folgt aus Gl. (22-5):

$$n_w = 0{,}12 \left( \frac{I_s}{A} \right) \sqrt{\frac{\rho}{\Omega\,m}}\,. \qquad (22\text{-}5')$$

In Abb. 22-2 ist die wirtschaftliche Anodenanzahl $n_w$ nach Gl. (22-5') wiedergegeben. Es ist deutlich zu erkennen, daß für Anodenanlagen Gebiete mit niedrigen spezifischen Bodenwiderständen auszuwählen sind.

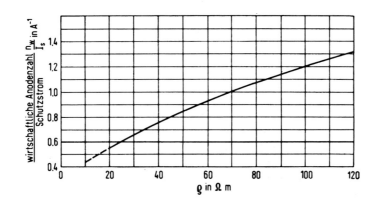

**Abb. 22-2.** Wirtschaftliche Anodenanzahl $n_w$ für Fremdstrom-Anodenanlagen.

Bei längeren Anodenkabeln und insbesondere bei großen Schutzströmen sind die Leistungsverluste in den Anoden-Anschlußkabeln und im Schutzgleichrichter nicht mehr vernachlässigbar [17]. Die Gleichrichter-Verluste können im allgemeinen durch eine etwas großzügige Auslegung klein gehalten werden, da der günstigste Gleichrichter-Wirkungsgrad etwa bei 70 bis 80% liegt, Die geringsten Verluste im Anodenkabel sind ähnlich wie bei den Fremdstrom-Anoden durch eine Wirtschaftlichkeitsbetrachtung zu errechnen [18]. Die sich daraus ergebende Auslegung des Anodenkabels liegt wesentlich über dem thermisch zulässigen Mindestquerschnitt. Sie ist in Abb. 22-3 für verschiedene Betriebszeiten der kathodischen Schutzanlage dargestellt.

Bei der Auslegung einer Anodenanlage wird der Strombedarf des Schutzobjektes zugrunde gelegt. Beträgt er z. B. für eine Rohrleitung 10 A und sollen die Anoden horizontal in einen Boden mit $\rho = 45 \ \Omega$ m eingebaut werden, so werden nach Abb. 22-2 acht Anoden benötigt. Der Ausbreitungswiderstand einer Anode beträgt $R_0 = 14 \ \Omega$. Nach Abb. 9-8 folgt mit dem Beeinflussungsfaktor $F = 1,34$ für 8 Anoden mit 5 m Abstand der Ausbreitungswiderstand der Anodenanlage zu $R_g = 2,34 \ \Omega$.

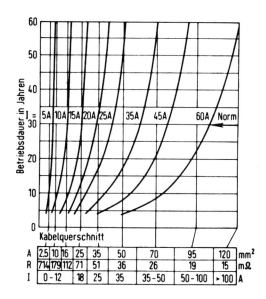

**Abb. 22-3.** Wirtschaftliche Kabelquerschnitte für Anodenkabel.

### 22.3.3 Verlängerung der Nutzungsdauer der Rohrleitung

Um den Kostenvergleich des kathodischen Schutzes mit der Verlängerung der Nutzungsdauer von Rohrleitungen bei kathodischem Schutz durchführen zu können, müssen die Verlege- und Materialkosten der Rohrleitung bekannt sein. Die nachfolgenden Kostenangaben beziehen sich auf den Stand in [15]. Falls keine besonderen Schwierigkeiten, wie z.B. Verlegung in dicht bebautem Gebiet, Flußkreuzungen, Felsböden usw., auftreten, dürften die Verlegekosten z.B. für Hochdruckleitungen DN 600 bei etwa $10^6$ DM km$^{-1}$ liegen. Nimmt man vereinfacht an, daß eine Rohrleitung ohne kathodischen Schutz eine Nutzungsdauer von 25 Jahren, mit kathodischem Schutz hingegen eine solche von mindestens 50 Jahren hat, so ist die Wirtschaftlichkeit des kathodischen Schutzes ganz offensichtlich. Nach Abb. 22-1 ergibt die verlängerte Lebensdauer eine jährliche Einsparung der Kapitalkosten von $10,71\% - 8,98\% = 1,19\%$ von $10^6$ DM km$^{-1}$. Das sind $11\,900$ DM km$^{-1}$ pro Jahr. Demgegenüber betragen die jährlichen Kosten des kathodischen Schutzes nur etwa $400$ DM km$^{-1}$.

Bei sehr häufigem Auftreten von Lochkorrosion reichen schließlich Einzelreparaturen nicht mehr aus. Entweder müssen größere Bereiche ausgebessert und nachisoliert werden, oder ganze Rohrleitungsabschnitte sind zu erneuern. Reparaturkosten mehrerer Rohrlängen liegen oft höher als die Kosten einer neuen Rohrverlegung. Nimmt man an, daß nach 25 Jahren ohne kathodischen Schutz 10% einer Rohrleitung in korrosiven Böden erneuert werden müssen, so betragen die zusätzlichen Kosten 10% von 1,19% von $10^6$ DM km$^{-1}$. Das sind $1190$ DM km$^{-1}$. Diese Kosten können durch den kathodischen Schutz von rund $400$ DM km$^{-1}$ eingespart werden. Unter dieser Voraussetzung ist also ebenfalls eine sehr gute Wirtschaftlichkeit des kathodischen Schutzes gegeben.

Für Wasserleitungen, die für eine sehr lange Nutzungsdauer benötigt werden, sind die vorstehenden Überlegungen immer zutreffend. Bei Erdgas-, Erdöl- oder Produktenleitungen rechnet man im allgemeinen mit kürzeren Zeiträumen für die Abschreibung. Abgesehen davon, daß der kathodische Schutz hier aus Gründen der Sicherheit und des Umweltschutzes vorgeschrieben ist, können aber auch bei diesen die Reparaturkosten zur Beseitigung von Wanddurchbrüchen nach längerer Betriebsdauer die Kosten für den kathodischen Schutz übersteigen.

Leider gibt es nur wenige auswertbare Unterlagen über die Häufigkeit von Wanddurchbrüchen durch Korrosion, in denen meist noch ergänzende Angaben, wie Wanddicke, Rohrumhüllung, Bodenart usw., fehlen. Die Summe der Durchbruch-Stellen wird meist logarithmisch gegen das Alter der Rohrleitung aufgetragen, vgl. Abb. 22-4. Es sind auch Fälle bekannt, bei denen bei linearem Auftrag sich eine Gerade ergibt. Die Kurve (1) in Abb. 22-4 zeigt die auf einen km bezogene Summe der Durchbrüche einer 180 km langen Ferngasleitung DN 500 mit einer Wanddicke von 9 mm, die 1928 in einem korrosiven Keuper-Tonmergel-Boden verlegt wurde. Eine Beeinflussung durch Streuströme lag nicht vor.

Da Streustrom-Korrosionsschäden bereits nach wenigen Jahren auftreten können, steht die Wirtschaftlichkeit von Streustrom-Schutzmaßnahmen völlig außer Frage [13]. In Abb. 22-4 ist eine entsprechende Abhängigkeit bei Einfluß von Streuströmen in Kurve (2) dargestellt [19]. Ohne daß gesicherte Unterlagen vorliegen, kann man davon ausgehen, daß der Kurvenverlauf von Korrosionsschäden durch Stahl/Beton-Fundamente (siehe Abschn. 10.4.1.2 und 4.3) dem der Streustromkorrosion ähnlich ist [20].

Zur Erklärung für die zeitliche Zunahme der Durchbrüche bei Lochkorrosion kann man von zwei Vorgängen ausgehen, die sich in der Praxis überlagern.

1. Korrosion setzt sehr schnell an vielen Stellen gleichzeitig ein. Die Eindringgeschwindigkeit ist jedoch in Abhängigkeit von der Bodenart oder dem Vorhandensein von Fremdkathoden unterschiedlich [21, 22].
2. Die Anzahl der Korrosionsstellen nimmt mit der Zeit zu, die maximale Eindringgeschwindigkeit bleibt jedoch örtlich und zeitlich in etwa konstant. Die Eindringgeschwindigkeit entspricht einer Gaußschen Verteilungskurve [23].

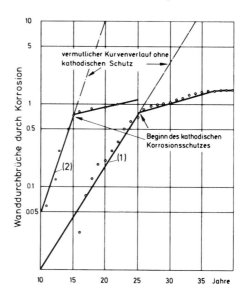

**Abb. 22-4.** (1) Anzahl der Summe der Wanddurchbrüche durch Korrosion je km einer Rohrleitung DN 500 in Abhängigkeit von der Betriebsdauer. (2) Anzahl der Summe der Wanddurchbrüche je km einer Rohrleitung mit starkem Streustromaustritt.

Beide Fälle sind nur durch ein mit der Zeit zunehmendes Anwachsen von Umhüllungsschäden zu verstehen und führen näherungsweise zu dem in Abb. 22-4 wiedergegebenen Exponentialgesetz. Zu einer gleichen Zeitabhängigkeit führt auch die Annahme, daß die Beschichtung mit der Zeit mehr Sauerstoff durchläßt und die beschichtete Fläche als Kathode wirkt, vgl. Abschn. 5.2.1.3. Wenn nach Inbetriebnahme des kathodischen Schutzes entsprechend dem Kurvenverlauf in Abb. 22-4 noch weitere einzelne Wanddurchbrüche auftreten, ist dies wahrscheinlich auf Schwierigkeiten zurückzuführen, an alten Korrosionsstellen das Schutzkriterium zu erfüllen. Nach Angaben zu Gl. (3-32) ist dies dann zu erwarten, wenn ungenügende Potentialabsenkungen mit zu großem Widerstand der Lokalanoden gepaart sind [24].

Die Kosten zur Beseitigung von Korrosionsschäden für Gashochdruckleitungen liegen bei großen Nennweiten um 150 000 DM, bei kleinen Nennweiten um 50 000 DM. Nach Abb. 22-5 steigen die Summenkurven (1) und (2) der jährlichen Kosten zur Beseitigung der Wanddurchbrüche mit der Betriebsdauer exponentiell an. Dabei sind die Häufigkeitskurven der Wanddurchbrüche von Abb. 22-4 zugrunde gelegt. Die proportional zur Betriebsdauer ansteigenden Kosten für den kathodischen Schutz ergeben im Bild die Kurve (3) bzw. (4). Wie aus dem Schnittpunkt der beiden Kurven mit den Geraden (1) und (2) zu erkennen ist, ergeben sich hierbei Kostenvorteile durch den kathodischen Schutz erst relativ spät. Bei alten Rohrleitungen wurde berücksichtigt, daß der kathodische Schutz erst nachträglich, Kurve (5), eingerichtet wird.

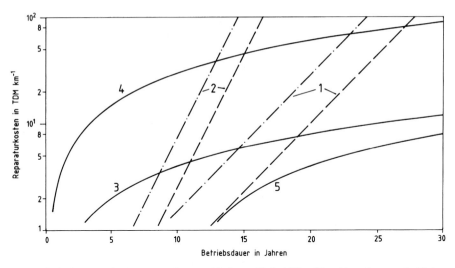

**Abb. 22-5.** Summe der Reparaturkosten (1) bzw. (2) bei Wanddurchbrüchen nach (1) bzw. (2) in Abb. 22-3 und Vergleich mit der Summe der jährlichen Kosten für den kathodischen Schutz mit 400 DM km$^{-1}$ (3), bei 3000 DM km$^{-1}$ (4) und bei nachträglicher Einrichtung (400 DM km$^{-1}$) nach 10 Jahren (5).
−·−· DN 800, ND 64, DM 150 000/Schadensfall
——— DN 300, ND 40, DM   30 000/Schadensfall

## 22.4  Korrosionsschutz in Meerwasser

Die Schiffahrt ist das älteste Anwendungsgebiet des kathodischen Korrosionsschutzes, vgl. Abschn. 1.1. Für Offshoreanlagen, im Schiffbau und für Hafenanlagen werden je nach Größe, Einsatz, Anwendungsbedingungen und Anforderungen Fremdstromanlagen und galvanische Anoden verwendet, vgl. Kap. 16 und 17. Die Größenordnung der Baukosten für den kathodischen Schutz von Schiffen, Offshore- und Hafenanlagen liegt bei 0,5 bis 1,5% der Baukosten der betreffenden Objekte. Dabei bleiben aber teure Installationen auf den Plattformen unberücksichtigt.

## 22.5  Kosten des Innenschutzes

Preisangaben über den kathodischen und anodischen Innenschutz von Behältern streuen sehr stark, da nicht nur die Materialkosten, sondern auch speziell die Einbaukosten wesentlich von der jeweiligen inneren geometrischen Gestaltung der Behälter und Rohrleitungen abhängen.

### 22.5.1  Kathodischer Innenschutz

Die Wirtschaftlichkeit des kathodischen Innenschutzes ist naturgemäß dort am größten, wo eine Gefahr durch Loch- und Muldenkorrosion besteht. Im Inneren kleinerer Behälter werden im allgemeinen keine Potentiale gemessen, sondern der Schutzstrom nach Erfahrungswerten ausgelegt. Für den Schutz von 1 m$^2$ unbeschichteter Fläche werden etwa 1,5 kg Magnesium bei einer Lebensdauer von 4 bis 5 Jahren vorgesehen [25], vgl. Abschn. 20.2. Die Kosten für Befestigung und Montage können in der gleichen Größenordnung wie die Anoden-Kosten liegen. Obwohl für den Behälterschutz mit galvanischen Anoden keine Stromkosten anfallen und die Anlagen praktisch wartungsfrei laufen, besteht auch bei kleinen Behältern ein Trend zu einem wirtschaftlichen Fremdstromschutz.

### 22.5.2 Anodischer Innenschutz

Der elektrochemische Schutz für Chemieanlagen ist in besonderer Weise eine Maßarbeit und gestattet keine allgemeingültigen Kostenangaben. Da Chemieapparate und die hierbei verwendeten Werkstoffe im allgemeinen verhältnismäßig teuer sind und häufig andere Schutzverfahren keine ausreichende Betriebssicherheit bewirken, schreitet auf diesem Gebiet die Entwicklung voran (siehe Abschn. 21.5).

Trotz geringer anodischer Stromdichte für unbeschichtete Stahlflächen sind die technischen Aufwendungen für den anodischen Schutz im allgemeinen größer als beim kathodischen Schutz. Allerdings sind die Anlagekosten der zu schützenden Behälter und Reaktionsgefäße auch beträchtlich, so daß man die Kosten des anodischen Schutzes mit etwa 3% der Anlagekosten des Schutzobjektes ansetzen kann. Auf die Oberfläche umgerechnet liegen die Einrichtungskosten des anodischen Schutzes bei so unterschiedlichen Systemen wie unlegierter Stahl/Natronlauge und CrNi-Stahl/Schwefelsäure in demselben Streubereich [26]. Einen nennenswerten Einfluß hat die Größe der zu schützenden Innenfläche der Behälter. Im Vergleich zum kathodischen Schutz sind die Stromkosten vernachlässigbar gering. Einen größeren Aufwand können die beim anodischen Schutz erforderlichen Regelungen des Schutzstromes ausmachen. In dieser Hinsicht hat aber die Entwicklung in der Elektrotechnik die Sicherheit erhöht und die Wirtschaftlichkeit verbessert.

## 22.6  Literatur

[1] W. Schwenk. 3R intern. *26*, 305 (1988): Werkstoffe u. Korrosion *39*, 406 (1988).
[2] TRbF 301, Carl Heymanns Verlag, Köln 1981.
[3] TRGL 141, Carl Heymanns Verlag, Köln 1977.
[4] DVGW Arbeitsblatt GW 463, WVGW-Verlag, Bonn 1983.
[5] DVGW Arbeitsblatt GW 462-2, WVGW-Verlag, Bonn 1985.
[6] DVGW Schaden- und Unfallstatistik, Frankfurt 1990.
[7] Pipeline & Gas Journal, Dallas/Texas, August 1985.
[8] DVGW Arbeitsblatt GW 412, WVGW-Verlag, Bonn 1988.
[9] AfK-Empfehlung Nr. 10, Entwurf, Mai 1993.
[10] DVGW Arbeitsblatt GW10, WVGW-Verlag, Bonn 1984.
[11] W. Prinz, gwf gas/erdgas *129*, 508 (1988).
[12] H. J. Fromm, Mat. Protection *16*, H 11, 21 (1977).
[13] W. v. Baeckmann u. D. Funk, 3 R intern. *17*, 443 (1978).
[14] C. Zimmermann, Diplomarbeit, TU Berlin1962.

[15] Dieses Handbuch, 3. Auflage, Abschnitte 9.1.4 und 22.3, Weinheim 1989.

[16] W. v. Baeckmann, gwf gas, *99*, 153 (1958).

[17] R. G. Fischer u. M. A. Riordam, Corrosion *13*, 519 (1956).

[18] R. Reuter u. G. Schürmann, gwf gas, *97*, 637 (1956).

[19] W. Pickelmann, gwf gas/Erdgas *114*, 254 (1973).

[20] W. Schwarzbauer, gwf gas/erdgas *121*, 419 (1980).

[21] K. F. Mewes, Stahl und Eisen *59*, 1383 (1939).

[22] S. A. Bradford, Mat. Protection *9*, H 7, 3 (1970).

[23] M. Arpaia, CEOCOR, interner Bericht. Kom. 1, 1978.

[24] W. v. Baeckmann u. D. Funk, Rohre, Rohrleitungsbau, Rohrleitungstransport *10*, 11 (1971).

[25] K. Sautner, Sanitäre Technik *26*, 306 (1977).

[26] in [15], Abschn. 22.6.2, Abb. 2-6.

# 23 Beeinflussung von längsleitfähigen Rohrleitungen durch Hochspannungsanlagen

H.-U. PAUL und H. G. SCHÖNEICH

In Gebieten mit dichter Bebauung und durch die aus Trassenmangel bei der Errichtung von Hochspannung-Freileitungen und Rohrleitungen aus raumplanerischen Gründen vorgegebenen Auflagen der Behörden müssen oft gemeinsame „Energietrassen" benutzt werden. Hierdurch ergeben sich häufig Kreuzungen, Näherungen und teilweise bis zu mehreren Kilometern lange Parallelführungen, die zu Wechselstrom-Beeinflussungen führen können. Dadurch kann nicht nur eine Gefahr für das Wartungspersonal der Rohrleitung, sondern auch eine Beeinträchtigung des kathodischen Schutzes entstehen.

Unter einer Wechselstrom-Beeinflussung versteht man die Einwirkung einer Starkstromanlage auf eine Rohrleitung durch *kapazitive, ohmsche* und *induktive* Kopplung. Im Gegensatz zu den anderen Kapiteln dieses Handbuches werden in diesem Kapitel nur Wechselströme und damit zusammenhängende Größen behandelt. Die theoretischen Grundlagen entsprechen weitgehend den Angaben in Abschn. 24.4, jedoch sind analoge Größen anders bezeichnet und müssen *komplex* dargestellt werden. Der in diesem Kapitel verwendete Begriff *Potential,* z.B. das *Rohrleitungspotential*, ist die Wechselspannung zwischen der Rohrleitung und der Bezugserde (Ferne Erde). Das für den Korrosionsschutz wichtige Rohr/Boden-Potential bleibt als überlagerte Gleichstrom-Komponente hier außer Betracht.

Es können verschiedene Beeinflussungsarten definiert werden:

- *Kapazitive Beeinflussung*: Erzeugen elektrischer Potentiale in Leitern infolge influenzierender Wirkung elektrischer Wechselfelder, z.B. durch unter Spannung stehende Hochspannung-Leitungen.
- *Ohmsche Beeinflussung*: Erzeugen elektrischer Potentiale in Leitern bei metallenleitendem Kontakt, durch Lichtbogen-Überschlag oder durch örtliche Spannungstrichter, die durch Fehlerströme oder durch Streuströme, vgl. Kap. 15, im Boden verursacht sind.
- *Induktive Beeinflussung*: Erzeugen elektrischer Potentiale in Leitern infolge der induzierenden Wirkung magnetischer Wechselfelder durch Kurzschluß- oder Betriebsströme von Hochspannung-Leitungen.

Bezüglich der Einwirkdauer von Beeinflussungsvorgängen wird unterschieden zwischen *Kurzzeit-* und *Langzeit-Beeinflussung.* Die Kurzzeit-Beeinflussung ist eine seltene Einwirkung sehr kurzer Dauer im Fehlerfall einer Hochspannungsanlage (Erdkurzschluß, Blitzeinwirkung usw.) mit sehr großen beeinflussenden Strömen, z.B. im kA-Bereich. Die Fehlerstromdauer ist hierbei im Regelfall ≦ 0,5 s. Es können Beeinflussungsspannungen bis zu einigen kV auftreten. Die Langzeit-Beeinflussung ist eine andauernde

Einwirkung, die jedoch wesentlich geringere Spannungen als die Kurzzeit-Beeinflussung hervorruft. Derartige Beeinflussungen können durch Betriebsströme entstehen. Sie können aber auch in Hochspannungsnetzen mit Erdschlußkompensation während einer begrenzten Dauer im Fehlerfall auftreten. Die bei Langzeit-Beeinflussung auftretenden Spannungen können einige 10 V betragen und in seltenen Fällen, d.h. bei sehr gut umhüllten Rohrleitungen und langen Näherungsabschnitten auch über 100 V liegen [1].

Zur Vermeidung von Störungen oder Gefährdungen von Anlagen und Personen sind deshalb bereits bei der Planung von Rohrleitungen und Hochspannungsanlagen im gegenseitigen Einflußbereich Empfehlungen [2] zu beachten, die Richtlinien für die Trassenführung, Maßnahmen beim Bau und Betrieb von Rohrleitungen, Berechnungsverfahren zur Bestimmung des Rohrleitungspotentials bei Langzeit- und Kurzzeit-Beeinflussung und Sicherheitsmaßnahmen enthalten.

## 23.1 Kapazitive Beeinflussung

Die kapazitive Beeinflussung von Rohrleitungen ist von untergeordneter Bedeutung. Sie tritt nur in unmittelbarer Nähe von Hochspannung-Freileitungen oder Bahnfahrleitungen beim Bau von Rohrleitungen auf, solange die Rohre auf Unterlagen liegen, die gut gegen Erde isolieren, z.B. bei trockenem Holz. Die Rohrleitung nimmt eine Spannung gegen Erde an, deren Wert abhängig ist von der jeweiligen Spannung der beeinflussenden Leiter sowie den Kapazitäten zwischen dieser und der beeinflußten Rohrleitung.

Bei oberirdisch, gegenüber dem Erdboden isoliert gelagerten, verschweißten Rohrsträngen mit Abständen von einigen 10 m von Hochspannung-Freileitungen sind Maßnahmen gegen unzulässige kapazitive Beeinflussung erforderlich, wenn folgende *Grenzlängen* überschritten werden [2]:

− 200 m neben Drehstrom-Freileitungen mit Nennspannungen $\geqq 110$ kV,
− 1000 m neben 110-kV-Bahnstrom-Leitungen und neben Fahr- sowie Speiseleitungen von Wechselstrombahnen.

Für größere Abstände als 10 m können die Grenzlängen bei kapazitiver Beeinflussung der Abb. 23-1 entnommen werden. Für 110-kV-Bahnstrom-Leitungen mit $16\frac{2}{3}$ Hz betragen die Grenzlängen das 5fache der Werte nach Abb. 23-1. Um eine mögliche Gefährdung an Rohrsträngen, die länger als die Grenzlängen sind, zu vermeiden, wird empfohlen, diesen Rohrstrang an einem etwa 1 m langen Erder anzuschließen [2]. Durch diese Maßnahme kann jedoch durch induktive Beeinflussung bei sehr langen Rohrsträngen am anderen Ende das Rohrleitungspotential auf unzulässig hohe Werte angehoben werden, vgl. Gl. (23-29). In diesem Falle sind ausreichend niederohmige Erder an beiden Enden zu installieren.

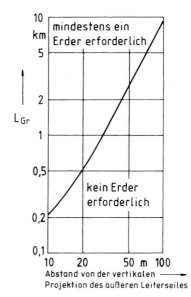

**Abb. 23-1.** Grenzlänge $L_{Gr}$ eines parallelen, isoliert gelagerten Rohrstranges bei kapazitiver Beeinflussung durch 50-Hz-Drehstrom-Freileitungen mit Nennspannungen $\geqq 110\,kV$ [2].

## 23.2 Ohmsche Beeinflussung

### 23.2.1 Berührung unter Spannung stehender Leiter

Bei Arbeiten im Bereich von Freileitungen besteht eine große Gefahr, daß Baumaschinen aus Unachtsamkeit sich zu dicht den Spannung führenden Leiterseilen nähern und hierdurch Lichtbogen-Überschläge herbeiführen oder die Leiterseile sogar direkt berühren. In beiden Fällen entstehen gefährliche Berührungsspannungen an der Baumaschine selbst und in deren Umgebung. Beim Bau von Rohrleitungen und bei Reparaturen ist mit größter Sorgfalt auf das Einhalten ausreichender Sicherheitsabstände zu achten, vgl. Abb. 23-2 [2–4].

Dies kann durch Begrenzen der Höhe und Ausladen der im Bereich von Hochspannung-Freileitungen arbeitenden Baumaschinen und durch sorgfältige Bauaufsicht erreicht werden [2]. Es wird empfohlen, bei Hochspannung-Freileitungen mit Nennspannungen $\geqq 110\,kV$ einen Abstand von 5 m und bei Hochspannung-Freileitungen mit Nennspannungen $< 110\,kV$ einschließlich Fahr- und Speiseleitungen von Wechselstrombahnen einen Abstand von 3 m nicht zu unterschreiten.

Zur Vermeidung eines direkten Stromübertrittes von einem Mast zu einer Rohrleitung bei einem Hochspannungsfehler soll der lichte Abstand zwischen Rohrleitung und Masteckstielen oder Masterdern möglichst größer als 2 m sein. Eine Verringerung auf höchstens 0,5 m ist nur im gegenseitigen Einvernehmen zwischen dem Betreiber der Hochspannung-Freileitung und dem Besitzer der Rohrleitung zulässig. Es wurde nachgewiesen, daß bei einem Abstand von 0,5 m zwischen einem Erder und einer PE-umhüllten Rohrleitung auch unter ungünstigen Umständen bei einem Fehler im Hochspannungsnetz kein Lichtbogen-Überschlag auftritt [5]. Werden Gleise von Wechsel-

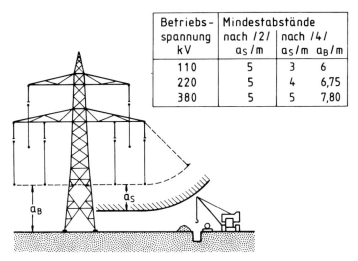

| Betriebs- spannung kV | Mindestabstände | | |
|---|---|---|---|
| | nach /2/ $a_S$/m | nach /4/ $a_S$/m | $a_B$/m |
| 110 | 5 | 3 | 6 |
| 220 | 5 | 4 | 6,75 |
| 380 | 5 | 5 | 7,80 |

**Abb. 23-2.** Sicherheitsabstände von Hochspannung-Freileitungen.

strombahnen unterirdisch gekreuzt, ist zwischen Rohrleitung und Schwellenoberkante ein lichter Abstand von 1,5 m einzuhalten.

Zwischen Rohrleitungen und Hochspannungskabeln ist bei Kreuzungen ein lichter Abstand von mindestens 0,2 m einzuhalten. Kann dieser Abstand nicht eingehalten werden, so muß eine Berührung zwischen Kabeln und Rohrleitungen, z.B. durch Zwischenlegen isolierender Schalen oder Platten, ausgeschlossen werden. Derartige Zwischenlagen können aus PVC oder PE bestehen. Beschaffenheit und Form der Zwischenlage ist im gegenseitigen Einvernehmen festzulegen [2, 6].

Bei Parallelführungen von Rohrleitungen und Hochspannungskabeln soll zur Gewährleistung eines ausreichenden Arbeitsraumes ein lichter Mindestabstand von 0,4 m eingehalten werden. Ein Abstand von 0,2 m soll auch an Engpässen nicht unterschritten werden [2].

### 23.2.2 Spannungstrichter von Masterdern

Abb. 23-3 zeigt im Prinzip den Verlauf des Potentials der Erdoberfläche in der Umgebung eines Freileitungsmastes. Bei einem Erdschluß an einem Stahlgitter-Hochspannungsmast fließt ein Anteil $I_E$ des Erdfehlerstromes $I_F$ über die Erdungsimpedanz $Z_E$ des Mastes in den Boden. Dabei nimmt der Mast die Spannung $U_E = I_E \cdot Z_E$ gegen die Bezugserde an. Eine Rohrleitung mit einer Bitumen- oder Kunststoff-Umhüllung hat das Potential der Bezugserde. Wenn sie sich im Spannungstrichter eines Mastes befindet, kann beim Berühren der Rohrleitung durch eine Person, z.B. bei Reparaturarbeiten, das Potential zwischen dem umgebenden Erdboden und der Rohrleitung als Berührungsspannung abgegriffen werden.

Überschreitet diese Berührungsspannung bei Langzeit-Beeinflussung 65 V oder bei Kurzzeit-Beeinflussung 1000 V, sind Schutzmaßnahmen für an der Rohrleitung arbei-

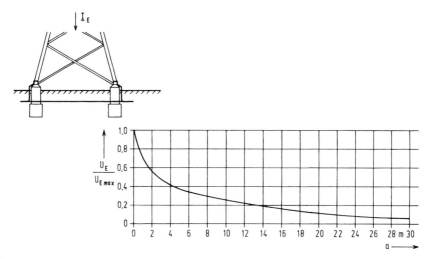

**Abb. 23-3.** Verlauf des Potentials der Erdoberfläche in der Umgebung eines Freileitungsmastes.

tende Personen notwendig, z. B. Gummistiefel, isolierende Handschuhe oder isolierende Unterlagen [2]. Eine metallenleitende Verbindung zwischen einer Rohrleitung und einem Freileitungsmast oder dessen Erder darf in keinem Fall hergestellt werden.

Im Normalbetrieb einer Drehstrom-Hochspannungsfreileitung entstehen auch durch einen Hauptleitertausch an einem Verdrillungsmast bzw. bei Änderung der Mastbelegung Masterdungsspannungen [7].

Wesentlich flacher, aber ausgedehnter als bei Freileitungsmasten verlaufen die Potentiale der Erdoberfläche bei größeren Erdungsanlagen, wie z.B. von Kraftwerken, Umspann- oder Schaltanlagen. Die im Fehlerfall maximal zu erwartende Erdungsspannung und der Verlauf der Potentiale an der Erdoberfläche können vom Betreiber erfragt werden.

Fahrschienen von Wechselstrombahnen erzeugen senkrecht zur Bahnstrecke eine Veränderung des Potentials der Erdoberfläche [8]. Die Potentialdifferenzen an der Erdoberfläche sind aber wesentlich kleiner als die Spannung zwischen der Fahrschiene und der Bezugserde, die aus Gründen des Berührungsschutzes 65 V nicht überschreiten darf.

Besondere Verhältnisse liegen vor, wenn eine Rohrleitung in den Bereich der Erdungsanlage eines Kraftwerkes oder einer Umspannanlage eingeführt wird. Erfolgt eine dauernde oder nur während eines Erdfehlers vorübergehende Verbindung mit der Erdungsanlage, wird die Erdungsspannung auf die Rohrleitung übertragen und steht dann außerhalb des Spannungstrichters als Berührungsspannung an. Je nach den Kennwerten der Rohrleitung nimmt die Berührungsspannung mit größer werdendem Abstand mehr oder weniger schnell ab. Der Verlauf ist identisch mit der Berührungsspannung $U_B$ außerhalb einer Näherung bei induktiver Beeinflussung, vgl. Abschn. 23.3. Hierbei ist für $U_{B\,max}$ die Erdungsspannung einzusetzen. Meist ist die Rohrleitung kathodisch geschützt und dann von der Erdungsanlage durch ein Isolierstück an der Werksgrenze oder in Nähe der Gebäudeeinführung elektrisch getrennt. Im ersten Fall kann die Rohrleitung auf dem Werksgelände mit der Erdungsanlage verbunden sein. Eine Fortleitung der Spannung nach außen ist wegen des Isolierstückes nicht möglich. Im zweiten Fall können zusätzliche Maßnahmen zur Verhinderung von Zufallsverbindungen mit der Erdungsanlage oder mit geerdeten Anlagenteilen und zur Vermeidung von zu hohen Berührungsspannungen innerhalb des Werksgeländes erforderlich sein.

Berührungsspannungen an Rohrleitungen dürfen innerhalb von Hochspannungsanlagen die Grenzwerte nach Abb. 14-3 [9] nicht überschreiten. Demnach muß bei Langzeit-Beeinflussung, d.h. bei einer Einwirkdauer $\geqq 3$ s, die Berührungsspannung $U_B \leqq 65$ V sein; bei Kurzzeit-Beeinflussung sind die Berührungsspannung-Grenzwerte von der Dauer des Fehlerstromes $t_F$ abhängig, z.B. $U_B \leqq 370$ V bei $t_F = 0,2$ s und $U_B \leqq 740$ V bei $t_F = 0,1$ s.

Können diese Werte nicht eingehalten werden, sind zusätzliche Maßnahmen erforderlich, z.B. Tragen von isolierendem Schuhwerk und Benutzen von isolierenden Unterlagen [2]. Erhöhte Gefahren liegen vor, wenn die Möglichkeit des gleichzeitigen Berührens der Rohrleitung und eines Erders oder geerdeter Anlagenteile besteht. Bei Abständen kleiner als 2 m sollte bei Arbeiten an der Rohrleitung der Erder oder das geerdete Anlagenteil durch elektrisch isolierende Tücher oder Platten abgedeckt sein.

## 23.3 Induktive Beeinflussung

### 23.3.1 Ursachen und Einflußgrößen

Eine induktive Beeinflussung von Rohrleitungen ist im allgemeinen nur bei längeren und engen Näherungen oder Parallelführungen mit Drehstrom-Hochspannung-Freileitungen sowie mit Fahr- und Speiseleitungen von Wechselstrombahnen zu erwarten.

Die Möglichkeit einer Beeinflussung nimmt mit ansteigenden Betriebs- und Kurzschlußströmen in den Hochspannungsanlagen und mit ansteigenden Umhüllungswiderständen der Rohrleitung zu. Durch die magnetische Kopplung zwischen den Hochspannung-Leitungen und benachbarten metallischen Leitern werden in diesen Spannungen induziert, die bei einer gut längsleitfähigen Rohrleitung Ströme in ihr und Spannungen zwischen dieser und dem umgebenden Boden zur Folge haben. Beeinflussungen durch die Betriebsströme von Hochspannung-Freileitungen spielen unabhängig von der Art der Erdung des Sternpunktes des Hochspannungsnetzes eine zunehmende Rolle.

Häufig bestehen Näherungen zwischen einer Rohrleitung und einer Hochspannung-Leitung nicht nur aus Parallelführungen, sondern auch aus schrägen Annäherungen und Kreuzungen. Bei veränderlichen Abständen sind schräge Nährungen für Berechnungen in parallele, korrespondierende Abschnitte umzuwandeln. Die in einem derartigen parallelen Abschnitt induzierte Längsfeldstärke ist nahezu konstant. Leicht gekrümmte Leitungstrassen und Trassen mit häufigen geringen Richtungswechseln können durch mittlere geradlinige Führungen ersetzt werden.

Eine vollständige Lösung für die Berechnung der induktiven Kopplung zwischen einer Hochspannung-Leitung und metallischen Leitern, z.B. Rohrleitungen, ist mit Hilfe von Reihenentwicklungen [10, 11] und Rechneranlagen möglich. Der folgende Abschnitt gibt Hinweise für Berechnungen.

### 23.3.2 Berechnung der Rohrleitungspotentiale bei Parallelführung von Hochspannung-Leitung und Rohrleitung

Für die Berechnung der Spannung zwischen der beeinflußten Rohrleitung und der Bezugserde dienen die *induzierte Feldstärke E* in Längsrichtung der Rohrleitung und als Kenngrößen der Rohrleitung der *Impedanzbelag Z'* und der *Admittanzbelag Y'*. Hierbei handelt es sich um die analogen Größen zu *R'* bzw. *G'* in Abschn. 24.4.2, vgl. Gl. (24-56) und (24-57). Mit Hilfe der auf die Rohrlänge bezogenen Kapazität (*Kapazitätsbelag C'*) bzw. Induktivität (*Induktivitätsbelag L'*) bestehen für diese komplexen Größen die Beziehungen:

$$Z' = R' + i\,\omega\,L' = |Z'|\exp(i\,\alpha) \tag{23-1}$$

mit

$$|Z'|^2 = R'^2 + (\omega\,L')^2 \quad \text{und} \quad \tan\alpha = \frac{\omega\,L'}{R'}, \tag{23-2}$$

und

$$Y' = G' + i\,\omega\,C' = |Y'|\exp(i\,\beta) \tag{23-3}$$

mit

$$|Y'|^2 = G'^2 + (\omega\,C')^2 \quad \text{und} \quad \tan\beta = \frac{\omega\,C'}{G'}. \tag{23-4}$$

Hierbei ist $\omega = 2\,\pi\,f$, $f$ ist die Frequenz; $i = \sqrt{-1}$.

Für die Berechnung mit Hilfe der Leitungstheorie [12] werden folgende Annahmen gemacht:

– Die Rohrleitung verläuft parallel zur beeinflussenden Leitung zwischen den Orten $x=0$ und $x=L$, siehe Abb. 23-4. In diesem Bereich ist die induzierende Feldstärke konstant.
– Die Rohrleitung hat im Näherungsbereich konstante Kenngrößen ($R'$, $G'$, $Z'$, $Y'$) und damit auch gleiche $r_u$-Werte.
– Der spezifische elektrische Bodenwiderstand ist im betrachteten Bereich konstant.
– Bei Kurzzeit-Beeinflussung tritt der Erdkurzschluß außerhalb des betrachteten Bereiches auf.

Das Ersatzschaltbild in Abb. 23-4 zeigt einen differentiellen Elementarabschnitt und die Abschlußimpedanzen am Ende der Näherung.

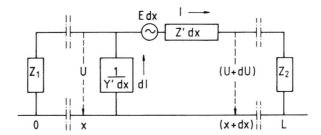

**Abb. 23-4.** Ersatzschaltbild für eine beeinflußte Rohrleitung.

Aus dem Ersatzschaltbild folgt für eine Schleife Rohr/Boden des differentiellen Elementarabschnittes:

$$E \, dx = -U + I \, (Z' \, dx) + (U + dU) = I \, Z' \, dx + dU$$

$$E - I \, Z' = \frac{dU}{dx}, \tag{23-5}$$

$$dI \left( \frac{1}{Y' \, dx} \right) = -U; \quad \frac{dI}{dx} = -Y' \, U. \tag{23-6}$$

Hierbei bedeuten: $I$ induzierter Strom, $U$ Rohrleitungspotential, $x$ Ortskoordinate. Mit örtlich konstanter Feldstärke $E$ folgt aus den Gl. (23-5) und (23-6):

$$\frac{d^2 U}{(dx)^2} = Z' \, Y' \, U = \gamma^2 \, U \tag{23-7}$$

mit

$$\gamma = \sqrt{Z' \, Y'} \, . \tag{23-8}$$

Gl. (23-7) entspricht Gl. (24-58) in Abschn. 24.4.2. Es ergeben sich für die Gl. (23-7) bis (23-11) identische Beziehungen für $I=0$, $Z'=R'$ und $Y'=G'$. Die Gl. (23-7) hat analog den Gl. (24-59) und (24-60) die Lösungen:

$$U = -Z \, [A \exp (\gamma \, x) - B \exp (-\gamma \, x)], \tag{23-9}$$

$$I = A \exp (\gamma \, x) + B \exp (-\gamma \, x) + \frac{E}{Z'}, \tag{23-10}$$

mit

$$Z = \frac{Z'}{\gamma} = \sqrt{Z'/Y'} \, . \tag{23-11}$$

Das *Übertragungsmaß* $\gamma$ und der *komplexe Wellenwiderstand* $Z$ sind wichtige Kenngrößen der Rohrleitung und bestehen im Gegensatz zu den analogen Daten in Abschn. 24.4 aus komplexen Größen. Einsetzen der $Z'$ und $Y'$ aus den Gl. (23-1) bis (23-4) führt zu:

$$\gamma = |\gamma| \exp (i \, \varphi_\gamma) \tag{23-12}$$

$$|\gamma|^4 = |Z'|^2 \, |Y'|^2 = (R'^2 + (\omega \, L')^2) \, (G'^2 + (\omega \, C')^2) \, , \tag{23-13}$$

$$\varphi_\gamma = \frac{1}{2} \, (\alpha + \beta) = \frac{1}{2} \left( \arctan \frac{\omega \, L'}{R'} + \arctan \frac{\omega \, C'}{G'} \right); \tag{23-14}$$

und

$$Z = |Z| \exp (i \, \varphi_Z) \tag{23-15}$$

$$|Z|^4 = \frac{R'^2 + (\omega L')^2}{G'^2 + (\omega C')^2} \tag{23-16}$$

$$\cdot \varphi_Z = \frac{1}{2}(\alpha - \beta) = \frac{1}{2}\left(\arctan \frac{\omega L'}{R'} - \arctan \frac{\omega C'}{G'}\right). \tag{23-17}$$

Die Konstanten $A$ und $B$ in den Gl. (23-9) und (23-10) ergeben sich aus den Abschluß-bedingungen an den Enden der Parallelführung [12]:

$$A = \frac{E}{2Z'} \frac{(1 + r_1)r_2 - (1 + r_2)\exp(\gamma L)}{\exp(2\gamma L) - r_1 r_2} \tag{23-18a}$$

$$B = \frac{E}{2Z'} \frac{(1 + r_2)r_1 - (1 + r_1)\exp(\gamma L)}{\exp(2\gamma L) - r_1 r_2} \exp(\gamma L). \tag{23-18b}$$

Die *Reflexionsfaktoren* am Anfang bzw. Ende der Parallelführung folgen aus [12]:

$$r_{1,2} = \frac{Z_{1,2} - Z}{Z_{1,2} + Z}. \tag{23-19}$$

Die $Z_{1,2}$ sind in Abb. 23-4 angegeben. Hierzu sollen einige Beispiele betrachtet werden:

*a) Die Rohrleitung setzt sich einige Kilometer über die Parallelführung hinaus fort.* Für diesen Fall gelten $Z_1 = Z_2 = Z$ und nach Gl. (23-19) $r_1 = r_2 = 0$. Nach Einsetzen in Gl. (23-18a, b) folgt aus den Gl. (23-9) und (23-10):

$$U = \frac{E}{2\gamma}[\exp(\gamma(x - L)) - \exp(-\gamma x)], \tag{23-20a}$$

$$I = \frac{E}{Z'}\left(1 - \frac{\exp(\gamma(x - L)) + \exp(-\gamma x)}{2}\right). \tag{23-20b}$$

Nach Gl. (23-20a) ist das größte Rohrleitungspotential an den Enden ($x = 0$ und $x = L$):

$$U_{\max} = \frac{E}{2\gamma}(1 - \exp(-\gamma L)). \tag{23-21}$$

In der Mitte ($x = L/2$) wird $U = 0$.

Außerhalb der Parallelführung nimmt das Rohrleitungspotential mit ansteigendem Weg $y$ nach der folgenden Beziehung [12] ab:

$$U(y) = U_{\max} \exp(-y/l_k). \tag{23-22}$$

Hierbei ist analog zu den Angaben in Abschn. 24.4.2 die Kennlänge $l_k$ der reziproke Realanteil des Übertragungsmaßes nach Gl. (23-12):

$$l_k = \frac{1}{|\gamma|\cos\varphi_\gamma}. \tag{23-23}$$

*b) Die Rohrleitung setzt sich bei $x \leqq 0$ fort und ist bei $x = L$ mit einem Isolierflansch abgeschlossen.* Für diesen Fall gelten $Z_1 = Z$, $Z_2 = \infty$ und nach Gl. (23-19) $r_1 = 0$, $r_2 = 1$. Nach Einsetzen in Gl. (23-18 a, b) folgt aus Gl. (23-9):

$$U = \frac{E}{2\gamma} [\exp(\gamma x)(2\exp(-\gamma L) - \exp(-2\gamma L)) - \exp(-\gamma x)]. \tag{23-24}$$

Nach Gl. (23-24) liegt das größte Rohrleitungspotential am Isolierflansch vor:

$$U_{max} = \frac{E}{\gamma}(1 - \exp(-\gamma L)). \tag{23-25}$$

*c) Die Rohrleitung ist an beiden Enden der Näherung ($x = 0$ und $x = L$) mit einem Isolierflansch abgeschlossen.* Für diesen Fall gelten $Z_1 = Z_2 = \infty$ und nach Gl. (23-19) $r_1 = r_2 = 1$. Nach Einsetzen in Gl. (23-18 a, b) folgt aus Gl. (23-9):

$$U = \frac{E}{\gamma} \frac{\exp(\gamma x) - \exp(\gamma(L-x))}{\exp(\gamma L) + 1}. \tag{23-26}$$

Nach Gl. (23-26) liegt das größte Rohrleitungspotential an den Enden ($x = 0$ und $x = L$):

$$U_{max} = \frac{E}{\gamma} \frac{\exp(\gamma L) - 1}{\exp(\gamma L) + 1}. \tag{23-27}$$

In der Mitte ($x = L/2$) wird $U = 0$.

*d) Die Rohrleitung ist bei $x = 0$ geerdet und setzt sich bei $x \geqq L$ fort.* Für diesen Fall gelten $Z_1 = 0$, $Z_2 = Z$, und nach Gl. (23-19) $r_1 = -1$, $r_2 = 0$. Nach Einsetzen in Gl. (23-18 a, b) folgt aus Gl. (23-9):

$$U = \frac{E}{2\gamma}[\exp(\gamma x) - \exp(-\gamma x)]\exp(-\gamma L). \tag{23-28}$$

Nach Gl. (23-28) ist an der Stelle $x = 0$, $U = 0$ und das größte Rohrleitungspotential an der Stelle $x = L$:

$$U_{max} = \frac{E}{2\gamma}(1 - \exp(-2\gamma L)). \tag{23-29}$$

Gl. (23-29) entspricht Gl. (23-21) mit der Länge $2L$ für den Fall a, da in der Mitte ($x = L$) wegen $U = 0$ Erdung angenommen werden darf. Entsprechend kann auch der Fall c für die folgende Situation herangezogen werden:

*e) Die Rohrleitung ist an der Stelle $x = 0$ geerdet und an der Stelle $x = L$ mit einem Isolierflansch abgeschlossen.* Mit Gl. (23-19) folgen $r_1 = -1$ und $r_2 = 1$. Einsetzen in Gl. (23-18 a, b) und (23-9) führt für die maximale Spannung am Isolierflansch zu Gl. (23-27) mit der Länge $2L$.

*f) Die Rohrleitung ist an beiden Enden der Näherung ($x = 0$ und $x = L$) geerdet.* Für diesen Fall folgt mit $Z_1 \approx Z_2 \ll Z$ aus Gl. (23-19) $r_1 \approx r_2 \approx -1$, aus Gl. (23-18 a, b) $A \approx B \approx 0$ und schließlich mit Gl. (23-9) $U \approx 0$.

Die für die Berechnung der Rohrleitungspotentiale erforderlichen Größen sind durch die Gl. (23-1) bis (23-4) und (23-12) bis (23-17) gegeben. Für die in den Gl. (23-21), (23-25) und (23-29) in Klammern stehende Terme interessieren noch die Absolutbeträge. Diese folgen aus den Gl. (23-12) bis (23-14) zu:

$$|1 - \exp(-\gamma L)|^2 = \left(1 - \frac{\cos b}{\exp a}\right)^2 + \left(\frac{\sin b}{\exp a}\right)^2 \qquad (23\text{-}30\,\text{a})$$

mit

$$a = |\gamma| L \cos \varphi_\gamma \quad \text{und} \quad b = |\gamma| L \sin \varphi_\gamma \,. \qquad (23\text{-}30\,\text{b})$$

### 23.3.3 Vollständige Näherung mit schrägen Abschnitten

Für die Beurteilungen einer Näherung mit schrägen Abschnitten wird ein Meßtischblatt benötigt, das die Trassen der beeinflussenden Hochspannung-Freileitung bzw. der elektrisch betriebenen Bahnstrecke und der beeinflußten Rohrleitung enthält.

Leicht gekrümmte Leitungstrassen und Trassen mit häufigen geringen Richtungswechseln können durch mittlere geradlinige Führungen ersetzt werden. Ein Umzeichnen in eine vereinfachte Darstellung mit geradlinig gestreckter Hochspannung-Freileitung bzw. Bahnstrecke kann zweckmäßig sein.

Üblicherweise werden zur Berechnung der Wechselstrom-Beeinflussung bei $f = 50$ Hz spezifische Bodenwiderstände $\rho = 50 \,\Omega\,\text{m}$ und bei $f = 16\frac{2}{3}$ Hz wegen der größeren Eindringtiefe $\rho = 30 \,\Omega\,\text{m}$ angenommen. Damit gelten folgende Abstände der Rohrleitung nach jeder Seite von der Trassenmitte der beeinflussenden Hochspannung-Freileitung, innerhalb derer die Größe der Beeinflussung zu ermitteln ist:

– 1000 m bei Beeinflussung durch Erdkurzschlußströme in Drehstrom-Freileitungen bzw. Betriebs- und Kurzschlußströme in Fahr- und Speiseleitungen,
– 400 m bei Beeinflussung durch Betriebsströme in Drehstrom-Freileitungen.

Die Rohrleitung wird auf die beeinflussende Hochspannung-Freileitung projiziert, wobei sich zunächst eine Unterteilung durch Grenzabstände, Eckpunkte der Hochspannung-Freileitung und der Rohrleitung sowie durch deren Kreuzungspunkte ergibt. Bei Änderungen des induzierenden Stromes, der Reduktionsfaktoren, der spezifischen Bodenwiderstände und der Kenngrößen der Rohrleitung (Übergang auf andere Rohrdurchmesser oder spezifische Umhüllungswiderstände) können weitergehende Untersuchungen notwendig werden. Unterteilungen sind besonders bei schrägen Näherungen in Abschnitte, für die mit ausreichender Genauigkeit eine gleichbleibende Längsfeldstärke ermittelt werden kann, erforderlich. Je feiner die Unterteilung ist, um so größer wird die Genauigkeit der Berechnung. Für den in der Rechnung benutzten mittleren Abstand $a$ gilt das geometrische Mittel $\sqrt{a_1 a_2}$ aus den Abständen $a_1$ und $a_2$ an den Enden eines Unterteilungsabschnittes, wobei $a_1/a_2 < 3$ sein muß [13].

### 23.3.4 Vereinfachte Berechnungsmethoden

#### 23.3.4.1 Beeinflussung durch Erdkurzschlußströme und durch Fahrleitungsströme

Die durch Erdkurzschlußströme in Hochspannung-Freileitungen oder durch Fahrleitungsströme induzierte Feldstärke $E$ ist für die Berechnung der Rohrleitungspotentiale grundlegend, vgl. Abschn. 23.3.2. Die Feldstärke $E$ folgt aus [2, 13]:

$$E = 2\,\pi\,f\,M'\,I\,r\,w\,,\tag{23-31}$$

dabei bedeuten: $f$ Frequenz des beeinflussenden Stromes, $M'$ auf die Länge bezogene Gegeninduktivität zwischen stromführendem und beeinflußtem Leiter, $I$ induzierender Strom, $r$ Reduktionsfaktor (allgemein), $w$ Wahrscheinlichkeitsfaktor. Die Größe $M'$ kann der Abb. 23-5 entnommen werden, siehe auch Anlage 3 in [13].

Wegen der Abhängigkeit der Gegeninduktivität vom Bodenwiderstand müssen die Werte der Abb. 23-5 im Falle abweichender Widerstandswerte korrigiert werden. Dazu dient ein äquivalenter Abstand $a'$, der anstelle des realen Abstandes $a$ zu berücksichtigen ist:

$$a' = a\,\sqrt{\frac{50}{(\rho/\Omega\,\mathrm{m})}}\quad\text{für 50 Hz;}\quad a' = a\,\sqrt{\frac{30}{(\rho/\Omega\,\mathrm{m})}}\quad\text{für }16\tfrac{2}{3}\,\mathrm{Hz}\,.\tag{23-32}$$

Das Rohrleitungspotential ist für jeden unterteilten Abschnitt mit den im Abschn. 23.3.2 angegebenen Gleichungen sowohl innerhalb als auch außerhalb der Näherung zu bestimmen. Unter Beachten der Reihenfolge der unterteilten Abschnitte müssen die komplexen Einzelpotentiale zum resultierenden Rohrleitungspotential überlagert werden.

#### 23.3.4.2 Beeinflussung im Normalbetrieb von Drehstrom-Freileitungen

Die Langzeit-Beeinflussung im Normalbetrieb entsteht dadurch, daß aufgrund der Geometrie der Hochspannungsmaste die durch Betriebsströme hervorgerufenen Magnetfelder sich am Ort eines Sekundärleiters (Kabel, Rohrleitung) nicht vollständig zu null ergänzen. Zusätzlich wirkt auf den Sekundärleiter das Erdseil der beeinflussenden Freileitung ein.

Bei der Berechnung von Langzeit-Beeinflussungsspannungen handelt es sich um ein Mehrleiterproblem, da im Gegensatz zur Kurzzeit-Beeinflussung, die im wesentlichen auf einpolige Erdkurzschlüsse zurückzuführen ist, hier die Überlagerung der magnetischen Wechselfelder aller Leiter eines oder mehrerer Drehstromsysteme sowie der Erdseile zum Tragen kommt.

Zur Bestimmung der Beträge der in einem ideal isolierten Leiter induzierten Feldstärken dienen die Gl. (23-33) bis (23-36) [14, 15]. Die positiven Terme geben die di-

**Abb. 23-5.** Gegeninduktivitätsbelag $M'$ in Abhängigkeit vom mittleren Abstand zwischen zwei Einzelleitungen. Mittlerer Abstand $a$ mit gleicher Gegeninduktivität für eine schräge Näherung mit den Abständen $a_1$ und $a_2$ an den Enden der Näherung ($a_1 < a_2$). (**a**) $f = 50$ Hz und $\rho = 50\,\Omega\,\mathrm{m}$. (**b**) $f = 16\tfrac{2}{3}$ Hz und $\rho = 30\,\Omega\,\mathrm{m}$.

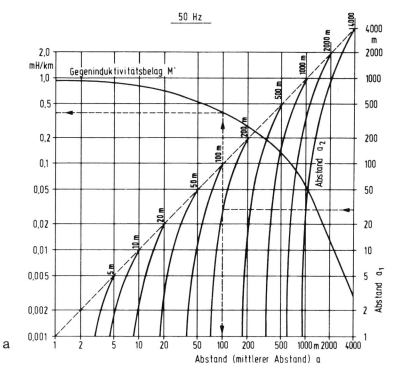

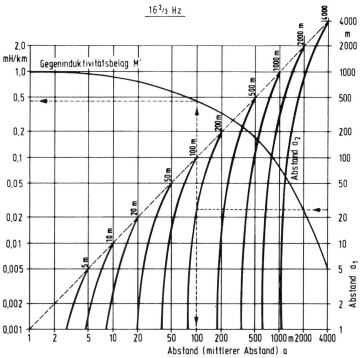

rekt von den Hauptleitern induzierten Feldstärken an, während die negativen Terme die von der Schleife Erdseil/Erdrückleitung induzierte Feldstärke darstellen. Wegen der Proportionalität nach Gl. (23-31) wird die Feldstärke $E$ auf den Hauptleiterstrom $I$ bezogen angegeben.

$$\frac{(|E|/\mathrm{V\,km^{-1}})}{(|I|/\mathrm{kA})} = C\sqrt{A^2 + B^2 - AB}\,, \tag{23-33}$$

$$A = -\ln\frac{\delta^2}{y_0^2 + a^2} \cdot \ln\frac{(y_0 - y_2)^2 + x_2^2}{(y_0 - y_1)^2 + x_1^2} + 22 \cdot \ln\frac{y_2^2 + (a - x_2)^2}{y_1^2 + (a - x_1)^2}\,, \tag{23-34}$$

$$B = -\ln\frac{\delta^2}{y_0^2 + a^2} \cdot \ln\frac{(y_0 - y_3)^2 + x_3^2}{(y_0 - y_1)^2 + x_1^2} + 22 \cdot \ln\frac{y_3^2 + (a - x_3)^2}{y_1^2 + (a - x_1)^2}\,, \tag{23-35}$$

$C = 1{,}4$ für 50 Hz,     $C = 1{,}7$ für 60 Hz.

Hierbei bedeuten mit Hinweis auf Abb. 23-6: $y_0$ bis $y_3$ mittlere Abstände der Leiter vom Erdboden; $x_1$ bis $x_3$ mittlere Abstände der Leiter von der Mastachse; $a$ ist der Abstand des beeinflußten Leiters von der Mastachse; $\delta$ ist die Eindringtiefe in den Boden nach:

$$\frac{\delta}{\mathrm{m}} = 658\sqrt{\frac{\rho/\Omega\,\mathrm{m}}{f/\mathrm{Hz}}}\,. \tag{23-36}$$

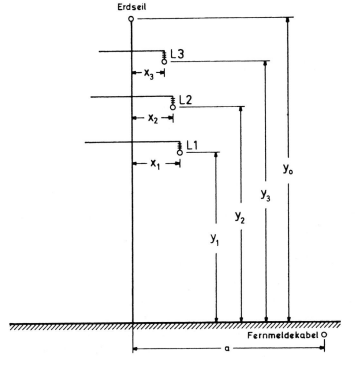

**Abb. 23-6.** Definition der Abstände an einem Hochspannungsmast.

Bei Langzeit-Beeinflussung durch mehrere Stromkreise sind die jeweiligen Teilfeldstärken entsprechend zu ermitteln. Als resultierende Längsfeldstärke ist die Wurzel aus der Summe der Quadrate der Teilfeldstärken zugrunde zu legen.

Erfolgt jedoch die Langzeit-Beeinflussung durch Stromkreise, die parallel geschaltet sind (z.B. Doppelleitungen) oder durch Stromkreise, die in der überwiegenden Zeit gleiche Lastflußrichtung (z.B. Kraftwerk-Anschlußleitungen) aufweisen, so sind die Beträge der Teilfeldstärken zu addieren.

Zur Ermittlung der Rohrleitungspotentiale werden die resultierenden induzierten Feldstärken in die Gleichungen des Abschn. 23.3.2 eingesetzt. Derartige Berechnungen können auch mit Rechnern durchgeführt werden, die eine weitgehende Unterteilung der Beeinflussungsabschnitte gestatten. Dabei wird eine hohe Genauigkeit erzielt, weil bei der Berechnung mit komplexen Größen der Phasenwinkel exakt berücksichtigt wird. Solche Rechnungen führen im allgemeinen zu kleineren Feldstärken als vereinfachte Berechnungen. Rechenprogramme liegen vor [16].

### 23.3.5 Darstellung der Rohrleitungskenngrößen

Die zur Berechnung der Rohrleitungspotentiale wichtigen Kenngrößen einer Rohrleitung wurden in Abschn. 23.3.2 behandelt. Diese Größen sind von der Frequenz $f$ des beeinflussenden Stromes und von den Werkstoffdaten der Rohrleitung abhängig. Diese sind nachfolgend zusammengestellt:

$$R' = \frac{\sqrt{\rho_{st}\,\mu_0\,\mu_r\,\omega}}{\pi\,d\,\sqrt{2}} + \frac{\mu_0\,\omega}{8}\,, \tag{23-37}$$

$$\omega\,L' = \frac{\mu_0\,\omega}{2\,\pi}\cdot\ln\left(\frac{3,7}{d}\sqrt{\frac{\rho}{\omega\cdot\mu_0}}\right) + \frac{\sqrt{\rho_{st}\,\mu_0\,\mu_r\,\omega}}{\pi\,d\,\sqrt{2}}\,, \tag{23-38}$$

$$G' = \frac{\pi\,d}{r_u}\frac{\pi\,d\,J_s}{0,3\,\text{V}}\,, \tag{23-39}$$

$$\omega\,C' = \frac{\omega\,\pi\,d\,\varepsilon_0\,\varepsilon_r}{s}\,. \tag{23-40}$$

Für die Darstellungen in den Abb. 23-7 bis 23-11 sind folgende Daten zugrunde gelegt:

a) *Variable* Größen: $d$ Rohrdurchmesser, $r_u$ spezifischer Umhüllungswiderstand (dessen Zusammenhang mit der Schutzstromdichte $J_s$ folgt aus Gl. (5-2)).

b) *Feste* Größen: $\rho = 100\ \Omega\,\text{m}$ für den Erdboden; $\rho_{st} = 1,6\cdot10^{-5}\ \Omega\,\text{cm}$ und $\mu_r = 200$ für Stahl; $\varepsilon_r = 5$ und Dicke $s = 3$ mm für die Rohrumhüllung.

Einige der als konstant angenommenen Daten ($\rho_{st}$, $\mu_r$, $\varepsilon_r$) können zwar von den angenommenen Werten mehr oder weniger abweichen, was aber die Ergebnisse nur wenig beeinflußt. Somit ist im Rahmen der sonst gegebenen Fehlerbreiten die Annahme dieser Konstanten für die nachfolgenden Darstellungen der Kenngrößen gerechtfertigt [17]. Die Abb. 23-7 bis 23-11 zeigen in Abhängigkeit vom Rohrdurchmesser und vom

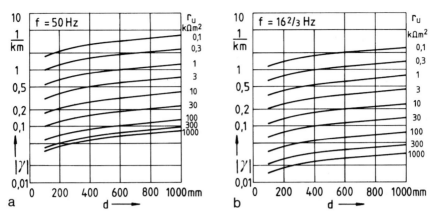

**Abb. 23-7.** Übertragungsmaß $|\gamma|$ bei $\rho = 100\ \Omega\,\mathrm{m}$, (**a**) $f = 50$ Hz; (**b**) $f = 16\frac{2}{3}$ Hz.

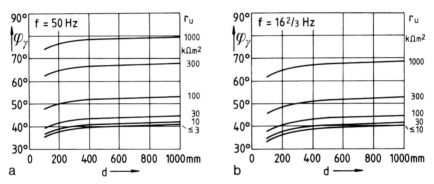

**Abb. 23-8.** Phasenwinkel $\varphi_\gamma$ des Übertragungsmaßes bei $\rho = 100\ \Omega\,\mathrm{m}$, (**a**) $f = 50$ Hz; (**b**) $f = 16\frac{2}{3}$ Hz.

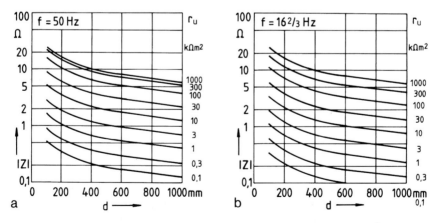

**Abb. 23-9.** Wellenwiderstand $|Z|$ bei $\rho = 100\ \Omega\,\mathrm{m}$, (**a**) $f = 50$ Hz; (**b**) $f = 16\frac{2}{3}$ Hz.

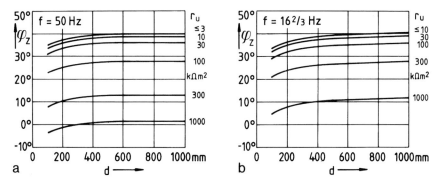

**Abb. 23-10.** Phasenwinkel $\varphi_Z$ des Wellenwiderstandes bei $\rho = 100\ \Omega\,m$, (**a**) $f = 50$ Hz; (**b**) $f = 16\frac{2}{3}$ Hz.

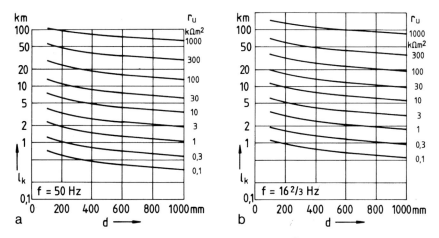

**Abb. 23-11.** Kennlänge $l_k$ bei $\rho = 100\ \Omega\,m$, (**a**) $f = 50$ Hz; (**b**) $f = 16\frac{2}{3}$ Hz.

Umhüllungswiderstand für jeweils 50 Hz (Teilbilder a) und $16\frac{2}{3}$ Hz (Teilbilder b) die Werte für $|\gamma|$, $\varphi_\gamma$, $|Z|$, $\varphi_Z$ und $l_k$ nach den Gl. (23-13), (23-14), (23-16), (23-17) und (23-23).

## 23.4 Grenzlängen und Grenzabstände

Abb. 23-12 zeigt *Grenzlängen* in Abhängigkeit vom Abstand parallel geführter Hochspannung-Freileitung und Rohrleitung [2]. Für alle Wertepaare ($L$, $a$), die oberhalb der Grenzlinie $L_{Gr}$ liegen, ist eine Prüfung der Rohrleitungspotentiale nach Abschn. 23.3 erforderlich. In folgenden Fällen kann auf eine Prüfung verzichtet werden [2]:

– Näherung mit unbegrenzter Länge zu einer Hochspannung-Freileitung mit einem Abstand größer als 1000 m bei Beeinflussung durch Erdkurzschlußströme und Ströme in Fahr- und Speiseleitungen und größer als 400 m bei Beeinflussung durch Betriebsströme.
– Kreuzung mit einer Hochspannung-Freileitung im Winkel größer als 55°.
– Abstand von Kraftwerken, Schalt- und Umspannanlagen größer als 300 m.

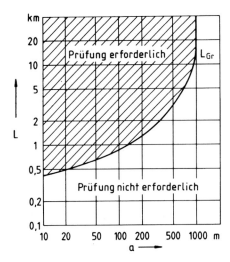

**Abb. 23-12.** Grenzlängen $L_{Gr}$ für Parallelführungen von Hochspannung-Freileitung und Rohrleitung in Abhängigkeit vom Abstand $a$.

### 23.4.1 Zulässige Berührungsspannungen

#### 23.4.1.1 Kurzzeit-Beeinflussung

Der Ableitungsbelag einer Rohrleitung mit Bitumen-Umhüllung ist stark von der Spannung Rohr/Boden abhängig [17]. Oberhalb einiger 100 V treten an Fehlstellen oder Poren Glimmentladungen auf, die den Ableitungsbelag erhöhen. Ab etwa 1 kV entstehen Glimmentladungen und schließlich Lichtbögen zwischen Rohr und Boden, wodurch der Ableitungsbelag um Größenordnungen erhöht wird. Auch PE-Umhüllungen zeigen an Fehlstellen ein ähnliches Verhalten.

Bei Bitumen-Umhüllungen liegt eine natürliche Spannungsbegrenzung vor, so daß auch unter ungünstigen Bedingungen die Rohrleitungspotentiale 1,5 kV kaum überschreiten. Bei PE-Umhüllungen ist erst bei höheren Rohrleitungspotentialen von einigen kV eine Spannungsbegrenzung zu erwarten.

Bei Kurzzeit-Beeinflussung durch Fehler in Hochspannungsnetzen sind auch bei Kunststoff-Umhüllungen keine Maßnahmen erforderlich, wenn die errechneten Rohrleitungspotentiale 1 kV nicht überschreiten. Bei der Berechnung dürfen Reduktionswirkungen von Erdseilen, Bahnschienen, anderen Rohrleitungen und Kabeln berücksichtigt werden. Ferner ist bei Freileitungen mit Betriebsspannungen > 110 kV ein Wahrscheinlichkeitsfaktor $w = 0,7$ in Gl. (23-31) zulässig [13]. Liegen die errechneten Rohrleitungspotentiale zwischen 1 und 2 kV, sind konstruktive Maßnahmen an der Leitung

und an Armaturen sowie Schutzmaßnahmen für das an der Leitung arbeitende Perso-
nal erforderlich [2]. Es können auch Erder an die Rohrleitung angeschlossen werden,
vgl. Abschn. 23.5.3, um die Berührungsspannung auf Werte < 1 kV abzusenken. Liegt
das Rohrleitungspotential über 2 kV, ist ein Anschluß von Erdern immer erforderlich.

### 23.4.1.2 Langzeit-Beeinflussung

Bei Langzeit-Beeinflussung durch Betriebsströme von Hochspannung-Leitungen oder
Fahr- und Speiseleitungen darf die Berührungsspannung 65 V nicht überschreiten [9].
Der für die Berechnung zugrunde zu legende Betriebsstrom ist von dem zuständigen
Betreiber zu nennen. Liegen die berechneten Rohrleitungspotentiale über 65 V, ist ein
Anschluß von Erdern immer erforderlich.

### 23.4.2 Ermitteln der Rohrleitungspotentiale

Ergibt sich nach Abb. 23-12 die Notwendigkeit einer Berechnung der Rohrleitungspotentiale, so sind von den Energie-Versorgungsunternehmen bzw. von den Bahngesell-
schaften, z.B. Deutsche Bahn AG, alle erforderlichen Daten zu erfragen. Hierzu zählen
u.a.: Trassenpläne, Kurzschlußstrom-Diagramme, Betriebsströme (thermische Grenzströme), Mastbilder und Erdseildaten, vgl. hierzu auch die Angaben in Abschn. 23.3.4.
Über die beeinflußte Rohrleitung müssen bekannt sein: Trassenpläne, Lage der Isolierstücke, Standorte von Objekten mit Erderwirkung und Schutzanlagen, parallellaufende
fremde Rohrleitungen und Kabel, vgl. hierzu auch die Angaben in Abschn. 23.3.5. Der
Berechnungsweg ist in Abschn. 23.3 angegeben.
    Bei Rohrleitungen, die mit nur wenigen Metern Abstand zu Fahrleitungen verlegt
sind oder die im Verlaufe einer Parallelführung mit Hochspannung-Freileitungen auch
im Spannungstrichter der Erdungsanlagen von Umspannstationen o.ä. liegen, sollte die
ohmsche Beeinflussung geprüft werden.

## 23.5 Schutzmaßnahmen gegen unzulässig hohe
## Rohrleitungspotentiale

### 23.5.1 Kurzzeit-Beeinflussung

Bei Spannungen von 1 bis 2 kV muß bei Arbeiten an der Rohrleitung eine Standort-
Isolierung oder z.B. an Armaturen und Schiebern durch Anschluß von Erdern eine Po-
tentialsteuerung [2] eingerichtet werden. In feuchten Baugruben sind Gummistiefel und
wasserabweisende Schutzkleidung zu tragen. Schaftstiefel aus Gummi nach DIN 4843
Teil 1 reichen aus. Bei sitzend oder liegend durchzuführenden Arbeiten sind zusätzlich
handelsübliche Unterlagen aus isolierendem Material von mindestens 2,5 mm Dicke
unterzulegen, z.B. Schweißer-Schutzmatten, Gummi- oder Kunststoffmatten. Allgemein
kann zur Verminderung des Rohrleitungspotentials eine Erhöhung des Ableitungsbelages durch Anschluß von Erdern erreicht werden.

## 23.5.2 Langzeit-Beeinflussung

Bei Rohrleitungspotentialen über 65 V sind der Einbau von Erdern, Standort-Isolierung oder potentialsteuernde Maßnahmen erforderlich [2]. Bei langen Näherungen zwischen Hochspannung-Freileitung und Rohrleitung ist einer kontinuierlichen Erdung in bezug auf Erderabstände und Ausbreitungswiderstände der Vorzug zu geben, um eine zulässige Spannungsverteilung bei Erdkurzschluß innerhalb der Näherung zu erreichen. Bei Beeinflussung durch Fahrleitungen ist zu berücksichtigen, daß ein Ende der Näherung immer die fahrende Lokomotive ist. Damit das zugehörige induzierte Spannungsmaximum das Berührungsschutz-Kriterium erfüllt, sollten bei der Festlegung von Schutzmaßnahmen möglichst gleichmäßig verteilte Erder vorgesehen werden.

## 23.5.3 Schutzmaßnahme durch Erden

Durch Erden wird der Ableitungsbelag $G'$ und somit nach Gl. (23-13) das Übertragungsmaß erhöht und nach Gl. (23-20a) das Rohrleitungspotential vermindert. Für eine gegebene Beeinflussung läßt sich angeben, welcher Mindestwert $G'_m$ erreicht werden muß, um das Rohrleitungspotential ausreichend niedrig zu halten. Bei gegebenem $G'$ der Rohrleitung beträgt die Ableitung $G$ für einen Leitungsabschnitt der Länge $L$ bei Anschluß der erforderlichen Erder der Anzahl $n$ und des Ausbreitungswiderstandes $R_E$:

$$G = G'_m \, L = G' \, L + \frac{n}{R_E} \, , \tag{23-41}$$

mit $n' = n/L$ (längenbezogene Anzahl der Erder) folgt aus Gl. (23-41):

$$n'/R_E = G'_m - G' \, . \tag{23-42}$$

Dem Mindestwert $G'_m$ entspricht ein Höchstwert $r_{u, m}$ des Umhüllungswiderstandes nach Gl. (23-39):

$$r_{u, m} = \frac{\pi \, d}{G'_m} \, . \tag{23-39'}$$

Als Erder kommt meist feuerverzinkter Stahl mit einer Mindestauflage von 550 g m$^{-2}$ (etwa 70 µm) Zink in Betracht. Für Oberflächenerder, die mit im Rohrgraben verlegt werden können, ist verzinkter Bandstahl mit einem Querschnitt $30 \times 3,5$ mm üblich. Tiefenerder bestehen meist aus zusammengesetzten verzinkten Rundstäben mit einem Durchmesser von mindestens 20 mm. Erder mit den genannten Querschnitten sind bezüglich ihrer Strombelastbarkeit immer ausreichend bemessen, wenn sie entlang der Beeinflussungsstrecke verteilt angeordnet sind.

Die Schutzmaßnahme durch Erdungen kann gemäß Gl. (23-42) durch eine geeignete Wahl von $n'$ und $R_E$ nach wirtschaftlichen Gesichtspunkten erfolgen.

Die folgenden Umstände sollten beachtet werden:

– Nach der Verlegung von Banderdern ist auf eine ausreichende Verdichtung des Verfüllmaterials zu achten, um die erforderlichen Ausbreitungswiderstände zu erreichen.

– Tiefenerder sind sinnvoll, wenn der spezifische Bodenwiderstand mit der Tiefe abnimmt.
– Der Ausbreitungswiderstand von Erdern kann sich durch Korrosion verändern. Es ist daher sinnvoll, den Ausbreitungswiderstand regelmäßig, d.h. in Abständen von 5 bis 10 Jahren, zu überprüfen.
– Die Anoden von Korrosionsschutzanlagen besitzen eine Erderwirkung. Bedingt durch den Einfluß des Brückengleichrichters ist etwa der zweifache Wert des Anoden-Ausbreitungswiderstandes zu berücksichtigen.

Der Anschluß von Erdern an eine Rohrleitung muß nicht nur innerhalb einer Näherung der Länge $l_R$, sondern wegen des Abschlusses der Rohrleitung durch den Wellenwiderstand $Z$, vgl. Abb. 23-4, noch zusätzlich auf beiden Seiten der Näherung über eine Länge $l_k$ erfolgen. Die Länge $l_k$ ergibt sich aus Gl. (23-23) oder Abb. 23-11, wobei die nach Anschluß der Erder gültigen $G'_m$-Werte, d.h. die nach Gl. (23-39') errechneten $r_{u,m}$-Werte einzusetzen sind. Die erforderliche Anzahl der Erder folgt dann aus:

$$n = n' \, (l_R + 2 \, l_k) \, . \tag{23-43}$$

Endet eine Rohrleitung innerhalb einer Näherungsstrecke oder ist die Rohrleitung durch ein Isolierstück in der Längsrichtung elektrisch unterbrochen, so ist an dieser Stelle ein Erder an die Rohrleitung anzuschließen, dessen Erdungswiderstand etwa dem Wellenwiderstand $Z$ nach Gl. (23-16) oder Abb. 23-9 mit $r_{u,m}$ entspricht.

Anstelle einer Ausrüstung der Rohrleitung mit verteilten Erdern auf beiden Seiten einer Näherung jeweils mit der Kennlänge $l_k$ kann auch an den Enden der Näherung je ein konzentrierter Erder angeordnet werden, deren Erdungswiderstände so zu bemessen sind, daß sich ein Abschluß mit dem Wellenwiderstand $Z$ ergibt. Dabei sind aber die im Abschn. 23.5.4 beschriebenen Hinweise zu beachten. Eine Zusammenstellung der Ausbreitungswiderstände von Erdern gibt Tabelle 24-1.

### 23.5.4 Erdungsmaßnahmen und kathodischer Schutz

Durch Erder, die unmittelbar an die Rohrleitung angeschlossen sind, wird der Schutzstrom für den kathodischen Korrosionsschutz der Rohrleitung erhöht. Wegen des verhältnismäßig negativen Potentials von verzinktem Stahl ist der zusätzliche Strombedarf für die Erder jedoch gering. Übliche Erder mit etwa 70 mm Umfang haben eine Stromaufnahme von etwa 0,5 bis 1 mA je Meter. Werden jedoch konzentrierte Erder an den Enden einer Näherung angeschlossen oder Stationserder, Betonfundamente oder Spundwände für den Schutz gegen zu hohe Beeinflussung benötigt, muß die Erdung für den Wechselstrom gleichstrommäßig von dem kathodischen Schutzobjekt abgekoppelt werden, d.h. im Bereich der Rohr/Boden-Potentiale des kathodischen Schutzes müssen bei ausreichend großen $Y'$-Werten ausreichend kleine $G'$-Werte vorliegen. Eine solche Eigenschaft haben *Abgrenzeinheiten*, die in den Abschn. 14.2.2.1 bis 14.2.2.5 beschrieben sind. Für den Einsatz stehen verschiedene Bauformen und Verfahren zur Verfügung.

### 23.5.4.1 Abgrenzeinheiten bei Kurzzeit-Beeinflussung

Hierbei handelt es sich um *Überspannungsableiter* (Gasentladungsableiter), die die Verbindung zwischen Rohrleitung und Erder erst bei Überschreiten einer bestimmten Ansprechspannung (etwa 250 V) herstellen. Dabei ist darauf zu achten, daß an den betreffenden Einbauorten im Fehlerfall die Ansprechspannung auch wirklich erreicht wird. Umgekehrt ist darauf zu achten, daß eine zu geringe Ansprechspannung von Funkenstrecken, die z.B. über Isolierflanschen in Meß- und Regelanlagen angebracht sind, nicht das Erdungskonzept einer Leitung durch verfrühtes Ansprechen stören.

### 23.5.4.2 Abgrenzeinheiten für Langzeit- und Kurzzeit-Beeinflussung

Hierzu können *Polarisationszellen* und *Dioden-Abgrenzeinheiten* eingesetzt werden.

#### 23.5.4.2.1 Polarisationszellen

Aufbau und Wirkung der Polarisationszelle sind im Abschn. 14.2.2.4 beschrieben. Bei eingeschalteten Polarisationszellen können Schwierigkeiten bei der Messung von Ausschaltpotentialen auftreten. Die Spannung der Polarisationszelle ist die Differenz

$$U_{PZ} = U_{ein} - U_E \tag{23-44}$$

aus dem Einschaltpotential und dem Erderpotential $U_E$ und lädt die Polarisationskapazitäten auf. Beim Ausschalten des Schutzstromes werden die Kapazitäten über Erder/Boden/Rohrleitung entladen, wobei der Widerstand dieses Stromkreises die Zeitkonstante bestimmt, vgl. Abschn. 3.3.1. Bei sehr großen Umhüllungswiderständen ist somit eine zu langsame Entladung zu erwarten, so daß Ausschaltpotentiale zu negativ gefunden werden. Bei Abtrennen der Polarisationszelle von der Rohrleitung können für Versuchszwecke die Ausschaltpotentiale richtig bestimmt werden. Bei niedrigen Umhüllungswiderständen und langsamer elektrochemischer Depolarisation dürften bei Messungen nach 1 s die Fehler vernachlässigbar sein.

#### 23.5.4.2.2 Dioden-Abgrenzeinheiten

Aufbau und Wirkung der Abgrenzeinheit mit Silicium-Dioden sind in Abschn. 14.2.2.5 und Abb. 14-8 beschrieben. Für den vorliegenden Anwendungsbereich können kleinere Dioden eingesetzt werden als für Starkstromkabel. Die Dioden müssen ausreichend beständig gegen die Wechselströme im Normalbetrieb und bei Kurzzeit-Beeinflussung sein. Sie sollen ferner eine ausreichende Stoßstrom-Festigkeit aufweisen, damit sie bei eventuellen Blitzströmen nicht zerstört werden.

Wie in Abschn. 14.2.2.5 näher beschrieben, stellt sich im Betrieb einer unsymmetrischen Dioden-Abgrenzeinheit eine Gleichspannung ein

$$U_{Gr} = \frac{1-n}{2} U_{Schl} \, , \tag{23-45}$$

die entsprechend Gl. (23-44) das Einschaltpotential der Rohrleitung bestimmt:

$$U_{Gr} = U_{ein} - U_E \, . \tag{23-46}$$

Dabei ist $n$ die Anzahl der Dioden im rechten Zweig in Abb. 14-8 ($n = 4$), $U_{Schl} = 0,7$ V ist die Schleusenspannung.

Nach den Angaben zu Gl. (23-44) können Ausschaltpotentiale nicht gemessen werden, wenn die Dioden-Abgrenzeinheit nicht kurzzeitig für Versuchszwecke, z.B. mit Hilfe eines Taktgerätes, von der Rohrleitung abgeschaltet wird.

Zur Messung von Ausschaltpotentialen können zwischen Rohrleitung und Abgrenzeinheit aber auch *Thyristoren* geschaltet werden, die nur bei Erreichen unzulässig hoher Rohrleitungspotentiale die Verbindung zur Abgrenzeinheit herstellen. In der übrigen Betriebszeit (Schwachlastzeit) besteht keine Erdung und damit keine Schwierigkeit der *IR*-freien Potentialmessung nach der Ausschaltmethode [18].

Die Anzahl der Dioden folgt näherungsweise aus Gl. (23-46), da wegen einer anodischen Gefährdung des Erders $U_E$ nicht zu positiv werden darf.

## 23.6 Messung der Rohrleitungspotentiale

Zur Kontrolle der Beeinflussungsrechnungen, zur Bestimmung von Umwelt-Reduktionsfaktoren und einer ohmschen Beeinflussung, vgl. Abschn. 23.2, sollten Rohrleitungspotentiale gemessen werden. Bei induktiver Beeinflussung wird hierzu als Bezugselektrode ein Erdspieß (vgl. Abschn. 3.3.7.3) im Bereich der Bezugserde, d.h. außerhalb des Spannungstrichters der Rohrleitung, von Erdern o.a. verwendet. Dies ist im allgemeinen bei einem Abstand von 20 m von der Rohrleitung der Fall. Die Meßleitung muß senkrecht zur beeinflussenden Hochspannung-Leitung liegen, um in der Meßleitung induzierte Spannungen zu vermeiden. Zur Messung von Berührungsspannungen durch ohmsche Beeinflussung wird im Bereich des Spannungstrichters von Hochspannungsanlagen die Bezugselektrode über der Rohrleitung angebracht. Je nach Art der Beeinflussung sind vom Betreiber der Hochspannungsanlagen entsprechende Vorbereitungen zu treffen und/oder Registrierungen durchzuführen.

### 23.6.1 Messung der Kurzzeit-Beeinflussung

In die freigeschaltete Hochspannung-Freileitung wird ein Meßstrom eingespeist. Wegen der nach den Gl. (23-9), (23-18a, b) und (23-31) allgemein gültigen Proportionalität zwischen Strom und Rohrleitungspotential können Rohrleitungspotentiale für Kurzschlußströme errechnet werden. Zur Vermeidung von Fehlern durch fremde Spannungen werden folgende Verfahren angewandt [9].

#### 23.6.1.1 Schwebungsmethode

Dieses Verfahren wird bei störenden Fremdspannungen mit einer konstanten Frequenz, z.B. $f = 50$ Hz, eingesetzt. Im anderen Falle müssen geeignete Filter vorgeschaltet werden. Der Meßstrom muß eine kleine Abweichung von 50 Hz haben, z.B. $f = 49,5$ Hz. Die Überlagerung der Störspannung $U_{SP}$ mit dem auf Beeinflussung zurückzuführenden Rohrleitungspotential $U$ führt zu einer Schwebung mit $f = (50$ Hz $- 49,5$ Hz$)/2 = 0,25$ Hz. Bei Kenntnis der Extremwerte der Schwebung ($U_{max}$ und $U_{min}$) und der durch periodisches Schalten des Meßstromes (25 s ein, 5 s aus) ermittelten Störspannung $U_{SP}$ folgt das Rohrleitungspotential aus den Gleichungen:

$$\text{für} \quad 2\,U_{SP} > U_{max} \quad U = \frac{U_{max} - U_{min}}{2}, \tag{23-47}$$

$$\text{für} \quad 2\,U_{SP} = U_{max} \quad U = \frac{U_{max}}{2}, \tag{23-48}$$

$$\text{für} \quad 2\,U_{SP} < U_{max} \quad U = \frac{U_{max} + U_{min}}{2}. \tag{23-49}$$

### 23.6.1.2 Umpolungsmethode

Bei diesem Verfahren wird eine netzsynchrone Spannungsquelle benutzt, deren Phasenlage nach einer stromlosen Pause um 180° gedreht wird. Aufgrund von Vektor-Beziehungen folgt das Rohrleitungspotential aus der Gleichung:

$$U = \sqrt{\frac{U_a^2 + U_b^2}{2} - U_{SP}^2}. \tag{23-50}$$

Dabei bedeuten: $U_a$ bzw. $U_b$ = Spannung bei fließendem Meßstrom vor bzw. nach dem Umpolen; $U_{SP}$ = Störspannung, gemessen während der Pause des Meßstromes. Nach diesem Verfahren können auch $16\frac{2}{3}$-Hz-Störspannungen eliminiert werden, wenn sie während der Meßdauer konstant sind. Im anderen Falle müssen sie durch ein Filter ferngehalten werden.

### 23.6.1.3 Digitales Meßverfahren

Bei diesem Verfahren [19] werden durch digitale vektorielle Messungen die Störspannungen eliminiert. Der Versuchsstrom wird lediglich ein- und ausgeschaltet; eine Umpolung oder Schwebung des Versuchsstromes ist nicht notwendig. Es sind somit

– bei Versuchsstrom „aus" die Störungsspannung $U_s$ und
– bei Versuchsstrom „ein" die Versuchsspannung $U_v$ meßbar.

Die Versuchsspannung $U_v$ ergibt sich dabei aus der vektoriellen Überlagerung der Störspannung $U_s$, und der durch den Versuchsstrom verursachten und gesuchten Spannung $U$.

Das Nutzsignal soll vom Störsignal getrennt werden und eine eindeutige Auswertung garantieren. Hierzu wird der durch das Ein- und Ausschalten des Versuchsstromes hervorgerufene Spannungssprung ausgewertet. Das Meßsystem legt ein 60 ms langes Zeitraster über die an den Meßbuchsen anstehende Spannung, welche entweder die Störspannung oder die von der Störspannung überlagerte Nutzspannung sein kann. Innerhalb des Rasters wird der Spannungsverlauf mit einem Zeitabstand von 1 ms digitalisiert. Die 60 entstandenen Werte werden in einem seriellen Speicher abgespeichert. Das System beginnt nun in einem Intervall von 1 ms den jeweils aktuellen, am Rasteranfang stehenden Wert mit dem vor 60 ms gespeicherten, am Rasterende stehenden Wert zu vergleichen. Da sich das Zeitraster über drei volle 50-Hz-Perioden erstreckt, wird bei kontinuierlich anstehender Spannung keine Auswertung vorgenommen und lediglich der neue Meßwert in den Speicher übernommen. Der vor 60 ms gespeicherte Spannungswert wird gleichzeitig gelöscht.

Um entscheiden zu können, ob ein Spannungsprung vorliegt, muß der aktuelle Spannungswert außerhalb eines Toleranzbandes um den dazugehörigen gespeicherten Spannungswert liegen. Ist das der Fall, berechnet das Meßsystem innerhalb der nächsten 20 ms die Fläche zwischen den beiden Spannungsverläufen und bildet den Effektivwert gemäß Gl. (23-51):

$$U_{\text{eff}} = \sqrt{\frac{1}{20\,\text{ms}} \int_0^{20\,\text{ms}} [U_V(t) - U_s(t)]^2 \, dt} \, . \tag{23-51}$$

Bleibt der gleitende Effektivwert der Differenzspannung innerhalb der kommenden 40 ms konstant, wird dieser auf dem Display kurz angezeigt und mit Hilfe des integrierten Druckers ausgedruckt. Treten Abweichungen in dem Intervall auf, wird die Messung abgebrochen.

Um Störungen durch Bahnfrequenzen zu vermeiden, wurde das Zeitraster über die Dauer von 60 ms gelegt, welches genau einer vollen $16\frac{2}{3}$-Hz-Periode entspricht. Häufig auftretende Oberschwingungen werden durch ein digitales Tiefpaßfilter gedämpft. Eventuell vorhandene Gleichspannungsanteile führen ebenfalls zu keiner Meßwertverfälschung, da diese durch die Differenzbildung eliminiert werden.

### 23.6.2 Messung der Langzeit-Beeinflussung

Um genaue Werte zu erhalten, müssen von den Betreibern der Hochspannungsanlagen während der Meßdauer Registrierungen der Betriebsströme und deren Phasenwinkel für alle zur Beeinflussung beitragenden Hochspannung-Leitungen durchgeführt werden. Die Rohrleitungspotentiale sollten über eine Dauer von etwa 15 min synchron zu dem beeinflussenden Betriebsstrom an jeder Meßstelle geschrieben werden. Nur auf diese Weise können Korrelationen zwischen den Rohrleitungspotentialen und den Daten der beeinflussenden Hochspannung-Leitungen erhalten werden.

Falls in einem Leitungsabschnitt keine Rohrleitung-Meßstelle, z.B. in der Umgebung eines Verdrillungsmastes, vorhanden ist, kann die Rohrleitung durch eine ausgelegte Meßleitung simuliert werden [20]. Die Meßleitung wird dabei an den beiden nächsten, beidseitig zum Verdrillungsmast benachbarten Meßstellen mit der Rohrleitung metallenleitend verbunden. Die Rohrleitungspotentiale können dann durch Anschluß an der Meßleitung mit Erdspießen längs der Rohrleitung gemessen werden.

### 23.6.3 Meßergebnisse von Rohrleitungspotentialen

Abb. 23-13a zeigt die Planskizze einer Näherung zwischen einer PE-umhüllten Gasleitung DN 600 und einer 380-kV-Hochspannung-Freileitung. Abb. 23-13b zeigt dazu gemessene und errechnete Rohrleitungspotentiale vor Anschluß von Erdern. Die Leitung ist bei km 38 mit zwei anderen Leitungen metallenleitend verbunden und bei km 0 mit 1 Ω geerdet. Der Meßstrom betrug 256 A, die dargestellten Meßwerte beziehen sich auf einen angegebenen Kurzschlußstrom von 12,2 A. Abb. 23-13c zeigt den Vergleich zwischen errechneten und gemessenen Rohrleitungspotentialen nach Anschluß der in Abb. 23-13a angegebenen Erder mit $R_E = 1$ bis 2 Ω.

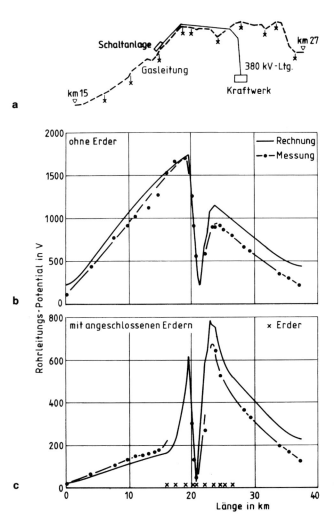

**Abb. 23-13.** Näherung zwischen einer PE-umhüllten Gasleitung DN 600 und einer 380-kV-Hochspannung-Leitung. (**a**) Planskizze, (**b**) Vergleich gemessener und berechneter Rohrleitungspotentiale ohne angeschlossene Erder, (**c**) Vergleich gemessener und errechneter Rohrleitungspotentiale bei angeschlossenen Erdern.

## 23.7 Literatur

[1] H.-U. Paul. Elektrizitätswirtschaft *85*, 98 (1986).

[2] AfK-Empfehlung Nr. 3, WVGW-Verlag, Bonn 1982; Techn. Empflg. Nr. 7, VWEW-Verlag, Frankfurt 1982.

[3] H.-U. Paul, Elektrizitätswirtschaft *86*, 389 (1987).

[4] DIN VDE 0210, Beuth-Verlag, Berlin 1985.

[5] H.-J. Sowade, Elektrizitätswirtschaft *75*, 603 (1976).

[6] AfK-Empfehlung Nr. 2, WVGW-Verlag, Bonn 1985.

[7] H. Spickmann, ETZ-A *11*, 261 (1969).

[8] DIN VDE 0115, Beuth-Verlag, Berlin 1982.

[9] DIN VDE 0141, Beuth-Verlag, Berlin 1989.

[10] J. R. Carsson, Bell System Techn. J. S. 539 (1926).

[11] F. Pollaczek, E. N. T. *3*, 339 (1926).

[12] G. Röhrl, Elektrische Bahnen *38*, 19 u. 38 (1967).

[13] Techn. Empflg. Nr. 1, VWEW-Verlag, Frankfurt 1987.

[14] W. v. Baeckmann, H.-U. Paul u. K.-H. Feist, CIGRE-Bericht Nr. 36-02, Paris 1982.

[15] DIN VDE 0228-1, Beuth-Verlag, Berlin 1987.

[16] J. Pestka u. B. Knoche, Elektrizitätswirtschaft *81*, 518 (1982).

[17] J. Pohl, CIGRE-Konf., Bericht Nr. 326, Paris 1966.

[18] H. Rosenberg, Balslev Cons. Eng. (DK), pers. Mitteilung 1987.

[19] R. Hoffmann, Elektrizitätswirtschaft *91*, 1455 (1992).

[20] H.-U. Paul, ÖZE *35*, 245 (1982).

# 24 Strom- und Spannungsverteilung im stationären elektrischen Feld

W. v. BAECKMANN und W. SCHWENK

In diesem Kapitel werden einige für den Korrosionsschutz wichtige Gleichungen abgeleitet, wie sie für stationäre elektrische Felder gelten, die in elektrolytisch leitenden Medien, wie im Erdboden oder in Wässern, vorliegen. Ausführliche mathematische Ableitungen befinden sich in der Fachliteratur über Erdungsfragen [1–5]. Die Gleichungen gelten in begrenzten Bereichen auch für niedrige Frequenzen, solange durch das elektromagnetische Feld keine merkbare Stromverdrängung hervorgerufen wird.

Das stationäre elektrische Feld wird durch folgende Gleichungen beschrieben:
1. Das vektorielle Ohmsche Gesetz

$$\vec{E} = \vec{J}\,\rho\,, \tag{24-1}$$

woraus sich wegen

$$\vec{E} = -\,\mathrm{grad}\,\varphi = -\frac{\mathrm{d}\varphi}{\mathrm{d}r} \tag{24-2}$$

das Potential $\varphi$ in Polarkoordinaten ergibt:

$$\varphi\,(r) = -\int E\,\mathrm{d}r\,. \tag{24-3}$$

2. Das Feld außerhalb einer lokalen Stromzuführung ist quellenfrei. Das bedeutet, der über einen Erder eingeleitete Strom ist gleich dem Oberflächenintegral:

$$I = \int_{S} J\,(r)\,\mathrm{d}S = J\,(r)\,4\,\pi\,r^2\,. \tag{24-4}$$

Die Gleichungen (24-3) und (24-4) entsprechen den *Kirchhoff*schen Sätzen bei elektrischen Netzwerken. Aus Gl. (24-2) ergibt sich bei bekannter Feldstärke die Spannungsverteilung für jeden Raumpunkt.

## 24.1 Der Ausbreitungswiderstand von Anoden und Erdern

Als einfachster Fall wird zunächst der Ausbreitungswiderstand einer *Kugel*anode im Vollraum abgeleitet. Der Widerstand zwischen der Kugelanode mit dem Radius $r$ und einer sehr weit entfernten, sehr großen Gegenelektrode (*Bezugserde*) wird als Ausbreitungswiderstand der Anode bezeichnet. Der größte Teil dieses Widerstandes liegt im Erdboden in unmittelbarer Nähe um die Anode. Der gesamte Erdungswiderstand der Anode, das ist der Widerstand zwischen ihrer Zuleitung und der unendlich großen und fernen Bezugserde, setzt sich aus drei Gliedern zusammen:

1. Der *Widerstand in der Zuleitung* und in der Anode selbst, der im allgemeinen so klein ist, daß er vernachlässigt werden kann. Bei ausgedehnten Kabelanschlüssen, Anoden oder Rohrleitungen muß der Spannungsabfall im Metall allerdings berücksichtigt werden.
2. Der *Übergangswiderstand* zwischen der Oberfläche des Metalls und dem Medium. Bei unbeschichteten Eisenanoden in Koksbettung ist der Übergangswiderstand im allgemeinen sehr klein. Bei Metallen im Erdboden kann er durch Schichten aus Fett, Farbe, Rost oder Ablagerungen vergrößert sein. Er enthält ferner den stromabhängigen elektrochemischen *Polarisationswiderstand*, vgl. Gl. (2-35).
3. Der *Ausbreitungswiderstand*, der sich aus Strom- und Potentialverteilung im Medium ergibt und im folgenden ausführlich betrachtet werden soll.

Bei einer kugelförmigen Anode mit dem Radius $r_0$, die sehr tief ($t \gg r_0$) in einem Medium liegt, breitet sich der Strom gleichmäßig nach allen Seiten aus. Zwischen dieser Kugelanode und der Bezugserde wird die Spannung $U$ angelegt, die einen Strom $I = U/R$ bewirkt. $R$ ist der Ausbreitungswiderstand.

Der eingeleitete Strom $I$ verläßt bei symmetrischem Feld radial die Kugelanode, d.h. die Äquipotentiallinien stellen Kugelschalen dar. Aus Gl. (24-1) folgt

$$E = \rho\, J(r) = \frac{\rho\, I}{4\, \pi\, r^2}. \tag{24-5}$$

Aus Gl. (24-3) ergibt sich das Potential $\varphi$ an der Stelle $r$, bezogen auf die Bezugserde ($r \to \infty$), zu:

$$\varphi(r) = -\int_\infty^r E\, \mathrm{d}r = -\frac{\rho\, I}{4\, \pi} \int_\infty^r r^{-2}\, \mathrm{d}r = -\frac{\rho\, I}{4\, \pi\, r}. \tag{24-6}$$

Hieraus folgt für die Spannung $U_0$ der Anode mit $r = r_0 = d/2$

$$U_0 = \varphi(r_0) = \frac{\rho\, I}{4\, \pi\, r_0} = \frac{\rho\, I}{2\, \pi\, d} \tag{24-7}$$

und somit der Ausbreitungswiderstand $R$ der Kugelanode zu:

$$R = \frac{U_0}{I} = \frac{\rho}{4\, \pi\, r_0} = \frac{\rho}{2\, \pi\, d}. \tag{24-8}$$

Analoge Formeln ergeben sich bei der Berechnung der Kapazität. So lautet z.B. die Formel für die Kapazität einer Kugel:

$$C = \frac{Q}{U} = 4\, \pi\, r_0\, \varepsilon_0\, \varepsilon. \tag{24-9}$$

Bildet man die Quotienten $R/\rho$ und $\varepsilon_0\, \varepsilon/C$, so ergeben sich identische Funktionen, die nur geometrische Größen enthalten. Diese Gesetzmäßigkeit ist unabhängig von der geometrischen Form, d.h. es folgt allgemein aus der Kapazitätsformel auch die zugehörige Formel für den Ausbreitungswiderstand [1] nach:

$$R = \frac{\varepsilon_0\, \varepsilon\, \rho}{C}. \tag{24-10}$$

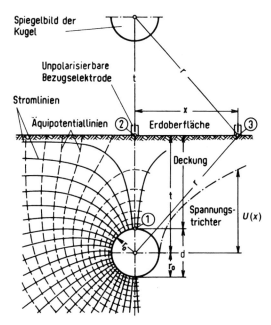

**Abb. 24-1.** Strom- und Äquipotential-linien bei einer Kugelanode mit der Deckung $t$ – vergleichbar mit einem Zy-linderfeld bei einer unbeschichteten Rohrleitung

Strom- und Spannungsverteilung an der Kugelanode bleiben völlig gleich, wenn durch den Mittelpunkt der Kugel eine Schnittebene gelegt und die obere Hälfte weggelassen wird (Halbraum). Da durch die halbe Kugelfläche auch nur der halbe Strom fließt, er-gibt sich durch Einsetzen von $I/2$ anstelle $I$ in Gl. (24-8) der Ausbreitungswiderstand der *Halbkugel* (vgl. Tabelle 24-1, Zeile 1):

$$R = \frac{2\,U_0}{I} = \frac{\rho}{2\,\pi\,r_0} = \frac{\rho}{\pi\,d}. \tag{24-11}$$

Befindet sich die Kugelanode in einer endlichen Tiefe $t$, so wird ihr Widerstand größer sein als für $t \to \infty$ und kleiner als für $t = 0$ (Halbkugel an der Medium-Oberfläche). Ihr Wert läßt sich durch Spiegeln der Anode an der Oberfläche ($t = 0$) ermitteln, wobei sich als Schnittbild eine Strom- und Äquipotentiallinien-Verteilung ergibt, wie sie in Abb. 24-1 dargestellt ist. Diese bleibt unverändert bestehen, wenn man die obere Hälfte wegläßt, d. h. nur den Halbraum betrachtet. Für die Potentiale an den Orten (1) bis (3) folgt aus Gl. (24-6) mir $2\,r_0 = d$:

$$\varphi_1 = \frac{\rho\,I}{4\,\pi}\left(\frac{1}{r_0} + \frac{1}{2\,t - r_0}\right) \approx \frac{\rho\,I}{2\,\pi}\left(\frac{1}{d} + \frac{1}{4\,t}\right), \tag{24-12a}$$

$$\varphi_2 = \frac{\rho\,I}{2\,\pi}\,\frac{1}{t}, \tag{24-12b}$$

$$\varphi_3 = \frac{\rho\,I}{2\,\pi}\,\frac{1}{\sqrt{x^2 + t^2}}. \tag{24-12c}$$

**Tabelle 24-1.** Berechnungsformeln für einfache Anoden (Anodenspannung $U_0 = IR$).

| Zeile | Anodenform | Anordnung | Ausbreitungswiderstand | Bemerkungen | Spannungstrichter |
|---|---|---|---|---|---|
| 1 | *Halbkugel* Halbmesser $r_0$ Durchmesser $d$ | | $R = \dfrac{\rho}{\pi d}$ | Kugelfeld | $U_r = U_0\,\dfrac{r_0}{r} = \dfrac{I\rho}{2\pi r}$ |
| 2 | *Kreisplatte* Durchmesser $d$ Halbmesser $r_0$ | | $R = \dfrac{\rho}{2d}$ | Oberfläche<br>Tiefe | $U_r = \dfrac{2}{\pi} U_0 \arcsin\left(\dfrac{r_0}{r}\right)$<br>$U_t = \dfrac{2}{\pi} U_0 \arctan\left(\dfrac{r_0}{t}\right)$ |
| 3 | *Stabanode* Länge $l$ Durchmesser $d$ | | $R = \dfrac{\rho}{2\pi l}\ln\dfrac{4l}{d}$ | $l \gg d$ | $U_r = \dfrac{I\rho}{2\pi l}\ln\left(\dfrac{l+\sqrt{l^2+r^2}}{r}\right)$ |
| 4 | *Horizontalanode* Länge $l$ Durchmesser $d$ | | $R = \dfrac{\rho}{\pi l}\ln\dfrac{2l}{d}$ | $l \gg d$ | $U_r = \dfrac{I\rho}{\pi l}\ln\left(\dfrac{l}{2r}+\sqrt{1+\left(\dfrac{l}{2r}\right)^2}\right) \approx \dfrac{I\rho}{2\pi r}$<br>$U_x = \dfrac{I\rho}{2\pi l}\ln\left(\dfrac{2x+l}{2x-l}\right) \approx \dfrac{I\rho}{2\pi x}$<br>Die Näherungen gelten für $(r, x) \gg l$ |
| 5 | *Kugel* Durchmesser $d$ Eingrabtiefe $t$ | | $R = \dfrac{\rho}{2\pi}\left(\dfrac{1}{d}+\dfrac{1}{4t}\right)$ | $t \gg d$ | $U_r = \dfrac{I\rho}{2\pi\sqrt{t^2+r^2}}$ |

**Tabelle 24-1.** (Fortsetzung).

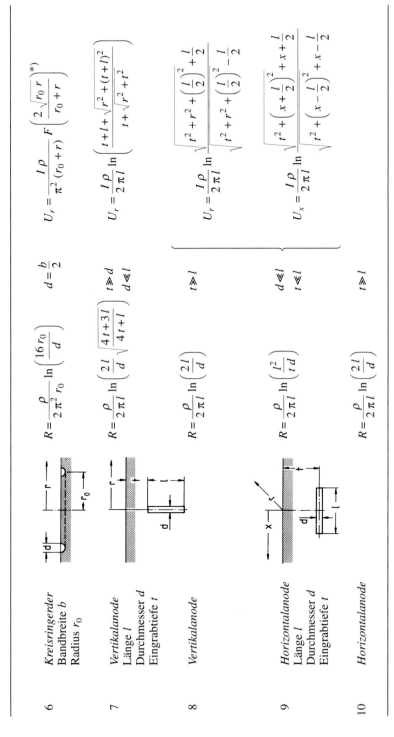

| | | | |
|---|---|---|---|
| 6 | *Kreisringerder* Bandbreite $b$ Radius $r_0$ | $R = \dfrac{\rho}{2\pi^2 r_0}\ln\left(\dfrac{16\,r_0}{d}\right)$  $d = \dfrac{b}{2}$ | $U_r = \dfrac{I\rho}{\pi^2\,(r_0+r)}\,F\left(\dfrac{2\sqrt{r_0\,r}}{r_0+r}\right)^{*)}$ |
| 7 | *Vertikalanode* Länge $l$ Durchmesser $d$ Eingrabtiefe $t$ | $R = \dfrac{\rho}{2\pi l}\ln\left(\dfrac{2l}{d}\sqrt{\dfrac{4t+3l}{4t+l}}\right)$  $\begin{matrix} t\gg d \\ d\ll l \end{matrix}$ | $U_r = \dfrac{I\rho}{2\pi l}\ln\left(\dfrac{t+l+\sqrt{r^2+(t+l)^2}}{t+\sqrt{r^2+t^2}}\right)$ |
| 8 | *Vertikalanode* | $R = \dfrac{\rho}{2\pi l}\ln\left(\dfrac{2l}{d}\right)$  $t\gg l$ | $U_r = \dfrac{I\rho}{2\pi l}\ln\dfrac{\sqrt{t^2+r^2+\left(\frac{l}{2}\right)^2}+\frac{l}{2}}{\sqrt{t^2+r^2+\left(\frac{l}{2}\right)^2}-\frac{l}{2}}$ |
| 9 | *Horizontalanode* Länge $l$ Durchmesser $d$ Eingrabtiefe $t$ | $R = \dfrac{\rho}{2\pi l}\ln\left(\dfrac{l^2}{t\,d}\right)$  $\begin{matrix} d\ll l \\ t\ll l \end{matrix}$ | $U_x = \dfrac{I\rho}{2\pi l}\ln\dfrac{\sqrt{t^2+\left(x+\frac{l}{2}\right)^2}+x+\frac{l}{2}}{\sqrt{t^2+\left(x-\frac{l}{2}\right)^2}+x-\frac{l}{2}}$ |
| 10 | *Horizontalanode* | $R = \dfrac{\rho}{2\pi l}\ln\left(\dfrac{2l}{d}\right)$  $t\gg l$ | |

*) $F$ ist ein elliptisches Integral und wird in [3] angegeben.

Nach Gl. (24-12c) ist definitionsgemäß das Potential der Bezugserde $\varphi_3 \; (x = \infty) = 0$. Weiterhin folgen der Ohmsche Spannungsabfall über der Anode $\Delta U_{IR}$, der Potentialgradient $\Delta U^\perp$ über der Anode und die Anodenspannung $U(x)$ zu:

$$\Delta U_{IR} = \varphi_1 - \varphi_2 = \frac{\rho I}{2 \pi} \left( \frac{1}{d} - \frac{3}{4 t} \right), \tag{24-13a}$$

$$\Delta U^\perp = \varphi_2 - \varphi_3 = \frac{\rho I}{2 \pi} \left( \frac{1}{t} - \frac{1}{\sqrt{x^2 + t^2}} \right), \tag{24-13b}$$

$$\Delta U (x) = \varphi_1 - \varphi_3 = \frac{\rho I}{2 \pi} \left( \frac{1}{d} + \frac{1}{4 t} - \frac{1}{\sqrt{x^2 + t^2}} \right). \tag{24-13c}$$

Aus Gl. (24-13c) ergeben sich die Spannung gegen die Bezugserde $U_0$ und der Ausbreitungwiderstand $R$ zu:

$$U_0 = \Delta U (x = \infty) = \frac{\rho I}{2 \pi} \left( \frac{1}{d} + \frac{1}{4 t} \right) \tag{24-13d}$$

und

$$R = \frac{U_0}{I} = \frac{\rho}{2 \pi} \left( \frac{1}{d} + \frac{1}{4 t} \right). \tag{24-13e}$$

Der Ausbreitungswiderstand eines Rotationsellipsoids im Vollraum lautet [4]:

$$R = \frac{\rho}{4 \pi b} \frac{\alpha + 1}{\alpha - 1} \ln \alpha \tag{24-14a}$$

mit

$$\alpha = 2 \frac{b}{a} \left( \frac{b}{a} + \sqrt{\left( \frac{b}{a} \right)^2 - 1} \right) - 1. \tag{24-14b}$$

Hierbei sind $a$ und $b$ die beiden Achsen des Ellipsoids, wobei die Rotation um die $b$-Achse erfolgt. Nach Umformen folgt mit $x = \frac{b}{a}$:

$$R = \frac{\rho}{2 \pi a} \frac{\ln (x + \sqrt{x^2 - 1})}{\sqrt{x^2 - 1}} = \frac{\rho}{2 \pi a} \frac{\arccos x}{\sqrt{1 - x^2}}. \tag{24-15}$$

Für $a = b = d$ folgt daraus der Ausbreitungswiderstand der Kugelanode nach Gl. (24-8) und für $a = d$ und $b \to 0$ die Formel für den Ausbreitungswiderstand des *Kreisplattenerders im Vollraum*:

$$R = \frac{\rho}{4 d}. \tag{24-16}$$

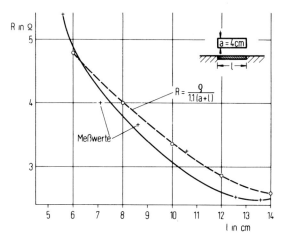

**Abb. 24-2.** Ausbreitungswiderstand $R$ einer Eisenplatte an der Wasseroberfläche ($\rho = 54\ \Omega\,\text{cm}$) in Abhängigkeit von der Plattenlänge $l$.

Die Formel für den Ausbreitungswiderstand einer *Kreisplatte im Halbraum* [2], die auch als Näherung für eine Fehlstelle in der Rohrumhüllung verwendet werden kann, ergibt dann den doppelten Widerstand

$$R = \frac{\rho}{2\,d}\,. \tag{24-17}$$

Für eine *elliptische Platte* im Halbraum mit den Achsen $a$ und $b$ kann dann näherungsweise gesetzt werden:

$$R = \frac{\rho}{a+b}\,. \tag{24-18}$$

Für eine *rechteckige Platte* mit den Seitenlängen $a$ und $b$ wird ein etwas niedrigerer Widerstand angegeben [6]:

$$R = \frac{\rho}{1,1\,(a+b)}\,. \tag{24-19}$$

Für diese Formel wurde der Ausbreitungswiderstand einer Eisenplatte an der Wasseroberfläche ($\rho = 54\ \Omega\,\text{cm}$) mit einer dünnen Platte der Kantenlängen $a$ und $l$ in Abb. 24-2 im elektrolytischen Trog gemessen und mit den nach Gl. (24-19) errechneten Werten verglichen. Die Übereinstimmung ist ausreichend gut, um den Ausbreitungswiderstand einer Plattenanode an einer isolierend beschichteten Fläche anzugeben. Im Vollraum, d. h. bei genügendem Abstand der Anode von der kathodisch zu schützenden Fläche, hätte der Widerstand nur den halben Wert.

Mit $b = l$, $a = 2\,r$ und $a \ll b$ folgt aus Gl. (24-15) der Ausbreitungswiderstand einer *Stabanode im Vollraum*:

$$R = \frac{\rho}{2\,\pi\,l}\,\ln\frac{l}{r}\,. \tag{24-20}$$

Die Ableitung für den allgemeinen Fall der *horizontalen Stabanode im Halbraum* führt mit den Bezeichnungen der Tabelle 24-1, Zeile 9, zu [7]:

$$R = \frac{\rho}{4\,\pi\,l} \left[ \ln \frac{\sqrt{d^2+l^2}+l}{\sqrt{d^2+l^2}-l} + \ln \frac{\sqrt{(4\,t-d)^2+l^2}+l}{\sqrt{(4\,t-d)^2+l^2}-l} \right]$$

$$= \frac{\rho}{2\,\pi\,l} \left[ \ln \left( \frac{l}{d} + \sqrt{1+\left(\frac{l}{d}\right)^2} \right) + \ln \left( \frac{l}{4\,t-d} + \sqrt{1+\left(\frac{l}{4\,t-d}\right)^2} \right) \right]. \tag{24-21}$$

Im allgemeinen sind $d \ll l$ und $d \ll 4\,t$, dann folgt aus Gl. (24-21):

$$R = \frac{\rho}{2\,\pi\,l} \left[ \ln \left( 2\,\frac{l}{d} \right) + \ln \left( \frac{l}{4\,t} + \sqrt{1+\left(\frac{l}{4\,t}\right)^2} \right) \right]. \tag{24-22}$$

Für ausgedehnte Anoden oder Banderder gilt $4\,t \ll l$, dann folgt aus Gl. (24-22):

$$R = \frac{\rho}{2\,\pi\,l} \ln \frac{l^2}{t\,d}. \tag{24-23}$$

Ferner ergibt sich aus Gl. (24-22) mit $t \to \infty$ für den Vollraum:

$$R = \frac{\rho}{2\,\pi\,l} \ln \frac{2\,l}{d}. \tag{24-24}$$

In der angelsächsischen Literatur [7] findet man häufig eine aus der Integration des Potentials längs der Stabanode abgeleitete Formel:

$$R = \frac{\rho}{2\,\pi\,l} \left( \ln \frac{2\,l}{r} - 1 \right), \tag{24-25}$$

die mit Gl. (24-24) für eine lange dünne Anode näherungsweise übereinstimmt. Einsetzen von $1 = \ln 2{,}72$ in Gl. (24-25) führt zu:

$$R = \frac{\rho}{2\,\pi\,l} \ln \frac{2\,l}{2{,}72\,r} = \frac{\rho}{2\,\pi\,l} \ln \frac{1{,}5\,l}{d}. \tag{24-26}$$

Aus Gl. (24-21) folgt mit $t = 0$ und $d \ll 1$ für den *Banderder im Halbraum:*

$$R = \frac{\rho}{\pi\,l} \ln \frac{2\,l}{d}. \tag{24-27}$$

Die Ausbreitungswiderstände von kurzen Stabanoden werden auch für die Ermittlung von Anoden-Ausbreitungswiderständen im Meerwasser benutzt. Hier ist aber sehr darauf zu achten, daß die Anoden genügend tief unter der Wasseroberfläche liegen und auch von unbeschichteten oder beschichteten Stahloberflächen mindestens einige Anodenlängen entfernt sind. Abb. 24-3 zeigt den Ausbreitungswiderstand einer Stabanode mit $t = 0$ bei Annäherung einer Metallplatte (Kurve 1), bei Annäherung einer Isolier-

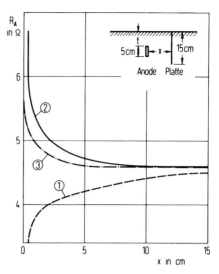

**Abb. 24-3.** Ausbreitungswiderstand $R_A$ einer Stabanode ($d = 0,43$ cm, $\rho = 46\ \Omega$ cm):
(1) bei Annäherung einer Metallplatte,
(2) bei Annäherung einer Isolierplatte,
(3) in Abhängigkeit von der Eintauchtiefe $t = x$.

platte (Kurve 2) und in Abhängigkeit von der Eintauchtiefe $t = x$ (Kurve 3). Die Kurve 3 zeigt, daß der Widerstand etwa bei einer Eintauchtiefe, die der Anodenlänge entspricht, gleich dem Ausbreitungswiderstand im Vollraum ist. Der Meßwert ist aber größer als der halbe Wert für die Eintauchtiefe bei $t = 0$.

Für eine *vertikale Stabanode* lautet die der Gl. (24-21) entsprechende allgemeine Formel:

$$R = \frac{\rho}{4\pi l}\left[\ln\left(\frac{\sqrt{d^2+l^2}+l}{\sqrt{d^2+l^2}-l}\right) + \ln\left(\frac{3l+4t+\sqrt{d^2+(3l+4t)^2}}{l+4t+\sqrt{d^2+(l+4t)^2}}\right)\right]. \qquad (24\text{-}28)$$

In erster Näherung folgt für $d \ll l$:

$$R = \frac{\rho}{4\pi l}\left[2\ln\left(\frac{2l}{d}\right) + \ln\left(\frac{3l+4t}{l+4t}\right)\right] = \frac{\rho}{2\pi l}\ln\left(\frac{2l}{d}\sqrt{\frac{4t+3l}{4t+l}}\right). \qquad (24\text{-}29)$$

Für den Vollraum ($t \to \infty$) geht Gl. (24-29) in Gl. (24-24) über, d.h. hier besteht kein Unterschied mehr zwischen Horizontal- und Vertikalanode. Für $t = -l/2$ und $d \ll l$ ergibt sich der Ausbreitungswiderstand einer *Stabanode* der Länge $l/2 = l'$ an der Erdoberfläche (Halbraum):

$$R = \frac{\rho}{4\pi l}\left[2\ln\left(\frac{2l}{d}\right) + \ln\left(\frac{l+\sqrt{d^2+l^2}}{-l+\sqrt{d^2+l^2}}\right)\right] \approx \frac{\rho}{\pi l}\ln\left(\frac{2l}{d}\right) = \frac{\rho}{2\pi l'}\ln\left(\frac{4l'}{d}\right). \qquad (24\text{-}30)$$

Eine Zusammenstellung der wichtigsten Gleichungen enthält Tabelle 24-1 [2, 3].

## 24.2 Beeinflussungsfaktor bei mehreren Anoden

Wenn Anodenanlagen für den kathodischen Schutz aus mehreren Einzelanoden der Länge $l$, dem Abstand $s$ und dem Ausbreitungswiderstand $R$ bestehen, so sind diese meist so weit voneinander entfernt ($s > l$), daß man zur Berechnung ihrer gegenseitigen Beeinflussung von der Potentialverteilung an Kugelanoden ausgehen darf. In der Praxis werden die Anoden zwar eine gewisse Deckung besitzen, da der Bodenwiderstand der oberen Erdschicht jedoch häufig größer ist und im Winter, z.B. durch Einfrieren, für die Stromleitung ausfällt, setzt man für die Berechnung von Anodenanlagen meist die Formel der Ausbreitungswiderstände an der Erdoberfläche, d.h. also im *Halbraum*, ein. Für den Gesamtwiderstand von $n$ Einzelanoden gilt:

$$R_n = \frac{R}{n}\, F\,. \tag{24-31}$$

Der *Beeinflussungsfaktor* $F$ liegt in Abhängigkeit vom Anodenabstand zwischen 1,2 und 1,4 [8, 9]. Der gesamte Ausbreitungswiderstand einer Anodengruppe ergibt sich, indem man die Widerstandsanteile von einzelnen Anoden der Entfernung $v\,s$ summiert und durch die Anzahl der Anoden dividiert [4]. Dieser mittlere Widerstandsanteil wird jedem Einzelerder zugeschlagen, was physikalisch einer gleichmäßigen Strombelastung aller Einzelanoden entspricht. Allerdings werden bei dieser Mittelwertbildung für die Außenanoden zu kleine, für die Innenanoden zu große Ströme eingesetzt. Für einen näherungsweisen Mittelwert ergibt sich:

$$R_n = \frac{1}{n}\left[ R + \frac{2}{n} \sum_{v=1}^{n-1} (n-v)\, R(v\,s) \right]. \tag{24-32}$$

Wegen $s > l$ wird $R(v\,s) = \rho/(2\,\pi\,v\,s)$ nach Gl. (24-11), so daß für den gesamten Ausbreitungswiderstand der Anodengruppe folgt:

$$R_n = \frac{1}{n}\left[ R + \frac{\rho}{\pi\,s} \sum_{v=2}^{n} \frac{1}{v} \right] = \frac{R}{n}\, F\,. \tag{24-33}$$

Zwischen der harmonischen Reihe der obigen Gleichung und der *Euler*schen Konstanten ($\gamma = 0{,}5772$) besteht für große $n$ folgender Zusammenhang:

$$\sum_{v=2}^{n} \frac{1}{v} \approx \gamma + \ln n - 1 = \ln(0{,}66\,n)\,. \tag{24-34}$$

Damit ergibt sich für den Beeinflussungsfaktor $F$

$$F \approx 1 + \frac{\rho}{\pi\,s\,R}\,\ln(0{,}66\,n)\,. \tag{24-35}$$

Der Beeinflussungsfaktor $F$ ist somit vom Abstand $s$ und von dem Quotienten $R/\rho$, der nach Tabelle 24-1 durch die Anodenabmessungen wiedergegeben wird, abhängig. Die Abb. 9-8 enthält Beispiele für verschiedene, in der Praxis gebräuchliche Fälle.

In [2] wird für Stabanoden (Zeile 3 in Tabelle 24-1) bei gleichförmiger Anordnung auf einem Kreis mit dem Radius $r$ eine genaue Berechnung aus der Potentialverteilung abgeleitet. Bei Stabanoden des Ausbreitungswiderstandes $R$ beträgt der Gesamtwiderstand:

$$R_n = \frac{1}{n} \left[ R + \frac{\rho}{4 \pi l} \sum_{v=2}^{n} \frac{\sqrt{s_v^2 + l^2} + l}{\sqrt{s_v^2 + l^2} - l} \right] \tag{24-36}$$

dabei ist $s_v = 2\,r \sin \left( \frac{\pi}{n} (v-1) \right)$ der Abstand zwischen den Anoden. Aus Gl. (24-36) ergibt sich mit Gl. (24-31) der Beeinflussungsfaktor zu:

$$F = 1 + \frac{\rho}{4 \pi l R} \sum_{v=2}^{n} \ln \frac{\sqrt{s_v^2 + l^2} + l}{\sqrt{s_v^2 + l^2} - l} . \tag{24-37}$$

## 24.3 Potentialverteilung an der Erdoberfläche

### 24.3.1 Bodenwiderstandsformel

Bei der Anordnung von vier Elektroden zur Messung des spezifischen Bodenwiderstandes nach Abschn. 3.5.1, Abb. 3-17, wird über die beiden äußeren Elektroden A und B ein Wechselstrom in den Boden geleitet, der im Boden und an der Erdoberfläche ein Dipolfeld erzeugt. Über die Elektroden C und D wird ein entsprechender Spannungsabfall $U$ abgegriffen. Um aus dem so ermittelten Widerstand $R = U/I$ den spezifischen Bodenwiderstand $\rho$ zu errechnen, muß man das von den Strömen $+I$ und $-I$ erzeugte Feld betrachten, um die Potentiale an den Stellen C und D zu berechnen. Mit Gl. (24-6) ergibt sich das Potential an einer Stelle mit dem Abstand $r$ vom Punkt A und dem Abstand $s$ vom Punkt B zu:

$$\varphi = \frac{\rho I}{2 \pi} \left( \frac{1}{r} - \frac{1}{s} \right). \tag{24-38}$$

Die Abstände betragen nach Abb. 3-17 für Punkt C: $r = b$ und $s = a + b$ sowie für Punkt D: $r = a + b$ und $s = b$. Einsetzen in Gl. (24-38) führt zu:

$$\varphi_C = \frac{\rho I}{2 \pi} \left( \frac{1}{b} - \frac{1}{a+b} \right) = \frac{\rho I}{2 \pi} \frac{a}{b\,(a+b)} , \tag{24-39a}$$

$$\varphi_D = \frac{\rho I}{2 \pi} \left( \frac{1}{a+b} - \frac{1}{b} \right) = -\frac{\rho I}{2 \pi} \frac{a}{b\,(a+b)} . \tag{24-39b}$$

Aus den Gl. (24-39 a, b) folgen der meßbare Widerstand $R$:

$$R = \frac{U}{I} = \frac{\varphi_C - \varphi_D}{I} = \frac{\rho}{\pi} \frac{a}{b\,(a+b)} \tag{24-40}$$

und nach Umformen der spezifische elektrische Bodenwiderstand

$$\rho = R \pi \frac{b}{a} (a+b) = R\,F\,(a, b). \tag{24-41}$$

Für $a = b$ gilt $F = 2 \pi a$.

### 24.3.2 Anodischer Spannungstrichter

Für die Beeinflussung von fremden Rohrleitungen oder Kabeln im Bereich des Spannungstrichters der Anoden von kathodischen Fremdstromanlagen ist die Potentialverteilung um die Anoden maßgebend. Dies ergibt sich aus der Ableitung der entsprechenden Ausbreitungswiderstände und ist für verschiedene Anodenformen in Tabelle 24-1 angegeben. Um die maßgebenden Einflußgrößen zu erkennen, sei der Fall des Halbkugelerders betrachtet. Die in der Entfernung $r$ maßgebend die Beeinflussung verursachende Spannung $U_r$ ist nach G. (24-11):

$$U_r = U_0 \frac{r_0}{r} = \frac{I\,\rho}{2\,\pi\,r}\,.$$
(24-42)

Die Spannung $U_r$ nimmt linear mit steigender Anodenspannung bzw. bei vorgegebenem Strom $I$ mit steigendem Bodenwiderstand $\rho$ zu. Soll diese Beeinflussungsspannung z. B. unter 0,5 V liegen, so ergeben sich daraus die einzuhaltenden Abstände $r$. Weitere Spannungstrichter sind in Kap. 9 beschrieben. In Abb. 9-5 und 9-6 sind die relativen Anodenspannungen $U_z/U_A = U_r/U_0$ bzw. $U_x/U_A$ für verschiedene Entfernungen und Anodenformen dargestellt.

### 24.3.3 Kathodischer Spannungstrichter im Zylinderfeld

Bei unbeschichteten Rohren, aber auch bei solchen mit sehr schlechter Umhüllung und vielen nebeneinander liegenden Fehlstellen, kann bereits in geringer Entfernung von der Rohrleitung eine gleichmäßige Stromverteilung im Erdboden angenommen werden (vgl. Abschn. 3.6.3.3). Für die Betrachtung der Potentialverteilung kann die Abb. 24-1 herangezogen werden, wobei anstelle der Kugel nunmehr der Rohrquerschnitt vorliegt. Bei einer Stromdichte $J$, die in die Rohrleitung mit dem Durchmesser $d$ eintritt, errechnet sich bei dem hier vorliegenden Zylinderfeld die Stromdichte $J(r)$ im Abstande $r$ von der Rohrachse entsprechend Gl. (24-4) zu:

$$2\,r\,J\,(r) = d\,J\,.$$
(24-43)

Aus den Gln. (24-1) und (24-43) folgt:

$$E = J\,(r)\,\rho = J\,\rho\,\frac{d}{2\,r}\,.$$
(24-44)

Nach Einsetzen in Gl. (24-3) ergibt sich:

$$\varphi\,(r) = -\int\limits_a^r E\,\mathrm{d}r = -\frac{\rho\,J\,d}{2}\int\limits_a^r r^{-1}\,\mathrm{d}r = -\frac{\rho\,J\,d}{2}\ln\frac{r}{a}\,.$$
(24-45)

Im Gegensatz zum Kugelfeld (vgl. Gl. (24-6)) gibt es für das Zylinderfeld keine Bezugserde bei $r = \infty$. Aus diesem Grunde stellt $a$ einen Bezugsort dar, der einer früher [11] verwendeten Integrationskonstante $C$ entspricht:

$$C = \frac{\rho\,J\,d}{2}\ln a\,.$$
(24-46)

In Analogie zu den Gl. (24-12 a – c) folgen aus Gl. (24-45):

$$\varphi_1 = -\frac{\rho\,J\,d}{2}\left(\ln\frac{r_0}{a}+\ln\frac{2\,t-r_0}{a}\right)\approx -\frac{\rho\,J\,d}{2}\ln\frac{d\,t}{a^2}, \tag{24-47a}$$

$$\varphi_2 = -\frac{\rho\,J\,d}{2}\ln\left(\frac{t}{a}\right)^2, \tag{24-47b}$$

$$\varphi_3 = -\frac{\rho\,J\,d}{2}\ln\frac{t^2+x^2}{a^2}. \tag{24-47c}$$

Aus den Gl. (24-47 a – c) folgen der Ohmsche Spannungsabfall über der Rohrleitung $\Delta U_{IR}$, der Potentialgradient $\Delta U^{\perp}$ senkrecht zur Rohrleitung und die Spannung $U(x)$ zwischen der Rohroberfläche und einem Bezugspunkt im Abstande $x$:

$$\Delta U_{IR} = \varphi_1 - \varphi_2 = \frac{\rho\,J\,d}{2}\ln\frac{t}{d}, \tag{24-48a}$$

$$\Delta U^{\perp} = \varphi_2 - \varphi_3 = \frac{\rho\,J\,d}{2}\ln\frac{t^2+x^2}{t^2}, \tag{24-48b}$$

$$\Delta U(x) = \varphi_1 - \varphi_3 = \frac{\rho\,J\,d}{2}\ln\frac{t^2+x^2}{d\,t}. \tag{24-48c}$$

Gl. (24-48 c) verdeutlicht durch Vergleich mit Gl. (24-13 c), daß es für die Rohrleitung den Begriff des Ausbreitungswiderstandes nicht gibt.

### 24.3.4 Beeinflussung durch den kathodischen Spannungstrichter

Eine fremde, nicht kathodisch geschützte Rohrleitung kann anodisch beeinflußt werden, wenn sie im Spannungstrichter von Fehlstellen einer kathodisch geschützten Leitung liegt [12]. Für eine Berechnung der anodischen Stromdichte $J_a$ an der beeinflußten Leitung werden folgende Daten angenommen: Der Radius der Fehlstelle der kathodisch geschützten Leitung ist $r_1$. Das Bodenpotential an dieser Stelle gegen die Bezugserde ist $U_0$. In der Entfernung $a$ befindet sich die Fehlstelle mit dem Radius $r_2$ der beeinflußten Leitung. An dieser Stelle errechnet sich das Potential des kathodischen Spannungstrichters gegen die Bezugserde nach Tabelle 24-1, Zeile 2, zu:

$$\varphi_1 = \frac{2}{\pi}\,U_0\,\arctan\left(\frac{r_1}{a}\right). \tag{24-49}$$

Andererseits erzeugt der hier austretende anodische Strom $I_a$ über den Ausbreitungswiderstand ($\rho/4\,r_2$) nach Gl. (24-17) ein Potential gegen die Bezugserde:

$$\varphi_2 = I_a\,\frac{\rho}{4\,r_2} = J_a\,\frac{\pi\,\rho}{4}\,r_2. \tag{24-50}$$

Mit $\varphi_1 = \varphi_2$ folgt:

$$J_a = \frac{8\, U_0}{\pi^2\, \rho\, r_2} \arctan\left(\frac{r_1}{a}\right),$$    (24-51)

und wegen $a \gg r_1$ nach Reihenentwicklung:

$$J_a = \frac{8\, U_0\, r_1}{\pi^2\, a\, \rho\, r_2}.$$    (24-51')

## 24.4 Berechnung der Strom- und Potentialverteilung

Im folgenden Abschnitt werden allgemeingültige Beziehungen für Zwei-Leiter-Modelle abgeleitet. Dabei wird vereinfachend für jeweils eine Leiterphase örtliche Potential-gleichheit angenommen. Für verschiedene Anwendungsbereiche werden Beziehungen über die Potential- und Stromverteilung in Abhängigkeit von angenommenen Strom-dichte-Potential-Funktionen abgeleitet.

### 24.4.1 Allgemeine Beziehungen für ein Zwei-Leiter-Modell

Die Abb. 24-4 enthält allgemeine Angaben zum Zwei-Leiter-Modell [13]. Die Leiter-phase II hat aufgrund der guten Leitfähigkeit oder der Ausdehnung ein örtlich kon-stantes Potential. An der Stelle $x$ erfolgt zwischen beiden Leitern ein Stromaustausch $\nu\, dI$, wobei der Faktor $\nu$ das Vorzeichen wiedergibt. Innerhalb der Leiterphase I liegt ein ortsabhängiges Potential $\varphi(x)$ vor. Da diese Phase sowohl Metall als auch Elek-trolytlösung sein kann, bestehen unterschiedliche Beziehungen zwischen $d\varphi$ und $dU$. $U$ ist das Metall/Medium-Potential.

Für den Strom in der Phase I gilt das Ohmsche Gesetz:

$$I(x) = -S\, \kappa\, \frac{d\varphi}{dx}.$$    (24-52)

Für den Stromübergang an der Stelle $x$ gilt die Beziehung:

$$\nu\, \frac{dI}{dx} = l\, J(x).$$    (24-53)

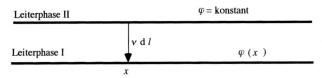

**Abb. 24-4.** Allgemeine Angaben zum Zwei-Leiter-Modell $\nu = +1$ bzw. $-1$: Strom fließt von Phase II nach Phase I bzw. umgekehrt, $d\varphi = dU$ bzw. $-dU$: Phase I ist Metall und Phase II ist Elektrolytlösung bzw. umgekehrt. $I(x) =$ Berührungslinie zwischen beiden Leiterphasen an der Stelle $x$.

Hierbei bedeuten: $S$ = Querschnittsfläche der Leiterphase I, $\kappa$ = elektrische Leitfähigkeit der Leiterphase I, $l$ = Berührungslinie zwischen den beiden Leiterphasen in einer Querschnittsebene, an der der Strom $v\,\mathrm{d}l$ übertritt, $J$ = Stromdichte zwischen beiden Leiterphasen an der Stelle $x$.

Aus den Gl. (24-52) und (24-53) folgt die *Laplace*-Gleichung:

$$\frac{\mathrm{d}^2\varphi}{(\mathrm{d}x)^2} = -\frac{v\,l}{S\,\kappa}\,J(x)\,. \tag{24-54}$$

### 24.4.2 Berechnung von Erdern mit Längswiderständen

Ein Erder mit örtlich konstanten Daten für $S$ und $l$ befindet sich im Vollraum, der als Leiterphase II angesehen wird. Somit gilt $\mathrm{d}\varphi = \mathrm{d}U$. Für den Stromübergang wird eine lineare Stromdichte-Potential-Funktion angenommen:

$$J = -v\,\frac{U}{r_p}\,, \tag{24-55}$$

hierbei ist $r_p$ der Polarisationswiderstand. Nach Abb. 24-4 ist bei anodischer bzw. kathodischer Polarisation $v = -1$ bzw. $v = +1$. Mit den Größen $S$ und $l$ ergeben sich der Widerstandsbelag $R'$ und der Ableitungsbelag $G'$ des Erders zu:

$$R' = \frac{\mathrm{d}R}{\mathrm{d}x} = \frac{1}{\kappa\,S}\,, \tag{24-56}$$

$$G' = \frac{\mathrm{d}G}{\mathrm{d}x} = \frac{l}{r_p}\,. \tag{24-57}$$

Einsetzen der Gl. (24-55) bis (24-57) in Gl. (24-54) führt zu

$$\frac{\mathrm{d}^2 U}{(\mathrm{d}x)^2} = \alpha^2\,U \quad \mathrm{mit} \quad \alpha = \sqrt{R'\,G'} \tag{24-58}$$

und nach Integration zu:

$$U = A\cosh(\alpha x) + B\sinh(\alpha x)\,. \tag{24-59}$$

Aus den Gl. (24-52), (24-56) und (24-59) folgt schließlich:

$$I = -\frac{1}{Z}(A\sinh(\alpha x) + B\cosh(\alpha x)),\quad Z = \sqrt{R'/G'}\,. \tag{24-60}$$

Die Konstanten $A$ und $B$ ergeben sich jeweils aus den Randbedingungen.

Für einen Erder der Länge $L$ gelten die Randbedingungen: $U = U_0$ und $I = I_0$ für $x = 0$ sowie $I = 0$ für $x = L$. Aus den Gl. (24-59) und (24-60) folgen dann: $A = U_0 = Z\,I_0\,\coth(\alpha L)$ sowie $B = -I_0\,Z$ und nach Einsetzen:

$$U = U_0\,\frac{\cosh(\alpha(L-x))}{\cosh(\alpha L)} \tag{24-61}$$

$$I = I_0 \, \frac{\sinh \left( \alpha \, (L-x) \right)}{\sinh \left( \alpha \, L \right)} \, . \tag{24-62}$$

Für den wirksamen Erdungwiderstand $R_{\mathrm{w}}$ gilt:

$$R_{\mathrm{w}} = \frac{U_0}{I_0} = Z \coth \left( \alpha \, L \right) . \tag{24-63}$$

Die hier auftretenden Hyperbelfunktionen sind z. B. in [11] grafisch dargestellt.

Für einen unendlich langen Erder folgen aus den Gl. (24-61) bis (24-63) für $L \rightarrow \infty$:

$$U = U_0 \exp \left( - \alpha \, x \right) , \tag{24-64}$$

$$I = I_0 \exp \left( - \alpha \, x \right) , \tag{24-65}$$

$$R_{\mathrm{w}} = \frac{U_0}{I_0} = Z = \sqrt{\frac{R'}{G'}} \, . \tag{24-66}$$

Der Wellenwiderstand $Z$ ist somit der kleinste Wert des Erdungswiderstandes. Die reziproke Wegkonstante $1/\alpha = 1/\sqrt{R'G'} = l_k$ ist die *Kennlänge* des unendlichen Erders.

### 24.4.3 Schutzbereich einer Rohrleitung bei kathodischem Korrosionsschutz und Schutzstrombedarf

Für die kathodische Polarisation wird zunächst eine lineare Funktion entsprechend Gl. (24-55) angenommen [13–15]:

$$\eta = \mathrm{r_p} \, J , \tag{24-67}$$

hierbei ist $\eta = -(U-U_{\mathrm{R}})$ die kathodische Überspannung. Für den Schutzbereich werden folgende Grenzen festgelegt:

obere Potentialgrenze:     $\eta_L = -(U_s - U_{\mathrm{R}})$ ,     (24-68 a)

untere Potentialgrenze:     $\eta_0 = -(U_{\mathrm{h}} - U_{\mathrm{R}})$ .     (24-68 b)

Gl. (24-68 a) besagt, daß am Ende der Rohrleitung ($x = L$) das Schutzpotential $U_s$ erreicht sein muß. Gl. (24-68 b) besagt, daß an der Einspeisestelle ($x = 0$) das Potential $U_h$ nicht unterschritten werden darf, weil dann wegen der einsetzenden Wasserstoffentwicklung nach Gl. (2-19) die Gl. (24-67) nicht mehr gültig ist. Nach Erfahrungswerten gelten die Näherungbeträge:

$$\eta_0 - \eta_L = \Delta U \approx \eta_L \approx 0.3 \text{ V} . \tag{24-69}$$

Für die Mindestschutzstromdichte $J_s$ folgt aus Gl. (24-67):

$$J_s = \frac{\eta_L}{r_{\mathrm{p}}} \, . \tag{24-67'}$$

Für eine Rohrleitung mit dem Radius $r$ und der Wanddicke $s$ folgen aus den Gl. (24-56), (24-57) und (24-67'):

$$R' = \frac{1}{2 \, \pi \, r \, s \, \kappa} \, , \tag{24-70}$$

$$G' = \frac{2\pi r}{r_p} = \frac{2\pi r J_s}{\eta_L} \, . \tag{24-71}$$

Einsetzen in die Gl. (24-58) bis (24-61) mit $U_0 = \eta_0$ führt zu:

$$\alpha^2 = \frac{J_s}{\kappa \, \eta_L \, s} \, , \tag{24-72}$$

$$Z = \frac{1}{2\pi r} \sqrt{\frac{\eta_L}{\kappa \, s \, J_s}} \, , \tag{24-73}$$

$$\cosh(\alpha L) - 1 = \frac{\Delta U}{\eta_L} \approx \frac{(\alpha L)^2}{2} \, . \tag{24-74}$$

Die Näherung nach Reihenentwicklung ist wegen Gl. (24-69) zulässig. Aus Gl. (24-74) folgt für die Schutzbereichlänge $2\,L$ bei Einspeisen in der Leitungsmitte:

$$(2\,L)^2 = \frac{8\,\Delta U}{\alpha^2 \, \eta_L} = \frac{4\,\Delta U}{\pi \, r \, J_s \, R'} = \frac{8\,\Delta U \, \kappa \, s}{J_s} \, . \tag{24-75}$$

Der Schutzstrombedarf $I_s = 2\,I_0$ folgt aus Gl. (24-63) mit Gl. (24-69) zu:

$$I_s = 4\pi r \sqrt{\frac{\Delta U}{\eta_L}(\Delta U + 2\,\eta_L)\,\kappa\,s\,J_s} \approx 4\pi r \sqrt{3\,\Delta U \, \kappa \, s \, J_s} \, . \tag{24-76}$$

Für eine unendlich lange Rohrleitung kann die Schutzbereichlänge $2\,L^*$ entsprechend Gl. (24-68a) mit Hilfe der Gl. (24-64) bis (24-66) für $U_0 = \eta_0$ abgeleitet werden. Im Gegensatz zur begrenzten Rohrleitungslänge wird der Rohrstrom an der Stelle $x = L^*$ aber nicht null. Aus den Gl. (24-64), (24-68a) und (24-68b) folgt:

$$2\,L^* = \frac{2}{\alpha} \ln\left(1 + \frac{\Delta U}{\eta_L}\right) . \tag{24-77}$$

Ein Vergleich mit Gl. (24-74) unter Berücksichtigung von Gl. (24-69) ergibt:

$$\frac{L^*}{L} = \sqrt{\frac{\eta_L}{2\,\Delta U}} \ln\left(1 + \frac{\Delta U}{\eta_L}\right) \approx \frac{\ln 2}{\sqrt{2}} = 0{,}49 \, . \tag{24-78}$$

Der Schutzstrombedarf $I_s^* = 2\,I_0$ folgt aus Gl. (24-66) und (24-73):

$$I_s^* = 4\pi r \,(\Delta U + \eta_L) \sqrt{\frac{J_s \, \kappa \, s}{\eta_L}} \, . \tag{24-79}$$

Ein Vergleich mit Gl. (24-76) unter Berücksichtigung von Gl. (24-69) ergibt:

$$\frac{I_s^*}{I_s} = \frac{\Delta U + \eta_L}{\sqrt{\Delta U \,(\Delta U + 2\,\eta_L)}} \approx \frac{2}{\sqrt{3}} = 1{,}16 \, . \tag{24-80}$$

Bei einer unendlich langen Leitung wird also durch Fortfall des Isolierstückes an der Stelle $x = L$ der Schutzstrombedarf um 16% erhöht und der Schutzbereich um 51% verringert.

Für Gl. (24-67) wurde angenommen, daß $r_p$ im Potentialbereich $U_h < U < U_R$ konstant ist. Hierbei handelt es sich um eine linearisierte Annahme, wie sie auch im Kapitel 3 vielfach gemacht wurde. Sie stellt eine Näherung dar, die theoretisch nicht begründet werden kann. Die lineare Polarisation kann nämlich nicht durch eine Widerstandspolarisation (z. B. in Poren der Umhüllung) gedeutet werden, weil in diesem Falle die Ausschaltpotentiale den Ruhepotentialen entsprechen müßten. Eine lineare elektrochemische Polarisation ist eigentlich für den gegebenen Potentialbereich von $U_0$ bis $U_h$ nicht vorstellbar.

Andererseits ist aber für die Sauerstoffkorrosion von Stahl in Wässern und Böden anzunehmen, daß im Schutzbereich $U_h \leqq U \leqq U_s$ eine konstante Mindestschutzstromdichte $J_s$ vorliegt, die der Grenzstromdichte für die Sauerstoffreduktion nach Gl. (4-5) entspricht, vgl. Abschn. 2.2.3.2. Dann folgt mit $v = +1$, $l = 2\pi r$, $S = 2\pi r s$ und $d\varphi = dU$ aus Gl. (24-54) anstelle Gl. (24-58):

$$\frac{\mathrm{d}^2 U}{(\mathrm{d}x)^2} = -\frac{J_s}{s\,\kappa} \, . \tag{24-81}$$

Integration in den Grenzen $U = U_s$ und $\dfrac{\mathrm{d}U}{\mathrm{d}x} = 0$ für $x = 0$ sowie $U = U_h$ bei $x = L$ führt zu Gl. (24-75), die somit ohne die Näherung nach Gl. (24-74) als zutreffend anzusehen ist, wobei $J_s$ an jeder Stelle und nicht nur bei $x = L$ aufgenommen wird.

In der Gl. (24-81) entspricht die Größe $J_s$ einem Ableitungsbelag, der orts- und potentialunabhängig ist. Die Potentialunabhängigkeit wird durch die Grenzstromdichte der Sauerstoffdiffusion bei Potentialen $U > U_h$ gedeutet. Bei negativeren Potentialen nimmt $J_s$ potentialabhängig zu, was im folgenden Abschnitt über den Überschutzbereich behandelt wird. Die Ortsunabhängigkeit liegt vor, wenn $J_s$ durch die Verletzungen der Umhüllung gedeutet wird, die als sehr zahlreich, sehr klein und völlig gleichmäßig verteilt angenommen werden. Dabei überlagern sich die Spannungstrichter zu einem Zylinderfeld, das nur einen kleinen $IR$-Anteil ausmacht oder durch Ausschaltpotentiale berücksichtigt wird. Die Reichweiteformel Gl. 24-75 ist im Bereich großer Verletzungen der Umhüllung nicht zutreffend, weil $J_s$ nicht konstant ist.

Es ist bemerkenswert, daß bei der linearisierten Annahme in Gl. (24-67) die Näherung nach Gl. (24-74) und die exakte Ableitung mittels Gl. (24-81) völlig identisch sind. Anstelle der Gl. (24-76) ergibt sich aber ein geringfügig kleinerer Schutzstrombedarf $I_s$ mit der Rohrleitungsoberfläche $(2\pi r)(2L)$ zu $(4\pi r)\sqrt{(2\,\Delta U\,\kappa\,s\,J_s)}$.

### 24.4.4 Potentialverteilung bei Überschutz

Im Schutzbereich $U_h < U < U_s$ liegt eine konstante Schutzstromdichte $J_s$ vor. Bei Potentialen $U < U_h$ findet kathodischer Überschutz statt, wobei im wesentlichen Wasserstoffentwicklung nach Gl. (2-19) abläuft. Die Stromdichte ist hier deutlich potentialabhängig, wobei im allgemeinen Durchtrittspolarisation anzunehmen ist, vgl. Abschn.

2.2.3.2. Nach Gl. (2-35) folgt näherungsweise:

$$J = J_s \exp z \quad \text{mit} \quad z = -\frac{U - U_h}{\beta}. \tag{24-82}$$

Einsetzen in Gl. (24-54) führt anstelle von Gl. (24-81) zu [13, 14]:

$$\frac{\mathrm{d}^2 z}{(\mathrm{d}x)^2} = \frac{J_s}{s\,\kappa\,\beta} \exp z. \tag{24-83}$$

Integration mit der Grenzbedingung $z = 0$ und $\left(\dfrac{\mathrm{d}z}{\mathrm{d}x}\right) = \dfrac{2\,\Delta U}{L\,\beta}$ für $x = L$ ergibt:

$$\frac{x - L}{L} = \frac{1}{2}\sqrt{\frac{\beta\,q}{\Delta U}} \ln \frac{\left(\sqrt{1 + q\,e^z} - 1\right)\left(\sqrt{1 + q} + 1\right)}{\left(\sqrt{1 + q\,e^z} + 1\right)\left(\sqrt{1 + q} - 1\right)} \quad \text{mit} \quad q = \frac{\beta}{\Delta U - \beta}. \tag{24-84}$$

$L$ entspricht Gl. (24-75); $(x - L)$ ist die Erweiterung des Schutzbereiches durch Überschutz. Für unbegrenzten Überschutz ($z \to \infty$) ergibt Gl. (24-84) einen Grenzwert:

$$\frac{L_{\max} - L}{L} = \frac{1}{2}\sqrt{\frac{\beta\,q}{\Delta U}} \ln \frac{\sqrt{1 + q} + 1}{\sqrt{1 + q} - 1}. \tag{24-85}$$

Einsetzen praxisnaher Zahlenwerte zeigt, daß eine Erweiterung des Schutzbereiches nur bei einigen 10% liegen kann.

Etwas andere Ergebnisse folgen für eine lineare $J(U)$-Funktion gemäß:

$$J = J_s\,(1 + z) \quad \text{mit} \quad z = -\frac{U - U_h}{b}, \tag{24-86}$$

Einsetzen in Gl. (24-54) führt anstelle von Gl. (24-81) zu [13, 14]:

$$\frac{\mathrm{d}^2 z}{(\mathrm{d}x)^2} = \frac{J_s\,(1 + z)}{s\,\kappa\,b}. \tag{24-87}$$

Integration mit der Grenzbedingung $z = 0$ und $\dfrac{\mathrm{d}z}{\mathrm{d}x} = \dfrac{2\,\Delta U}{L\,b}$ für $x = L$ ergibt:

$$\frac{x - L}{L} = \frac{1}{p} \ln \frac{1 + z + \sqrt{z^2 + 2\,z + p^2}}{1 + p} \quad \text{mit} \quad p = \sqrt{\frac{2\,\Delta U}{b}}. \tag{24-88}$$

Im Gegensatz zu Gl. (24-84) nimmt der Schutzbereich mit ansteigendem Überschutz zwar logarithmisch zu. Dieser Effekt ist aber gering und kann praktisch vernachlässigt werden. Durch Überschutz kann der Schutzbereich also nur ganz unwesentlich erhöht werden.

## 24.4.5 Kathodischer Schutz in engen Spalten

Bei nichthaftenden Beschichtungen, die z.B. als Folge einer Unterwanderung auftreten, vgl. Abschn. 5.2.1.5, bestehen Fragen über eine mögliche Korrosionsgefährdung.

Hierzu wurde in den Abschn. 2.2.5 und 4.5 gezeigt, daß bei Dickbeschichtungen eine kathodische Schutzwirkung im Spalt wahrscheinlich ist. Dazu liegen auch Meßergebnisse vor [16–18], vgl. Abb. 4-4. Mit Hinweis auf Abb. 24-4 ist das Schutzobjekt die Phase II und der Wasserfilm im Spalt die Phase I. Der Spalt hat die Breite $w$ und die Höhe $t$. Damit folgen bei einer kathodischen Polarisation in den Spalt die Beziehungen: $v = -1$, $d\varphi = -\Delta U$, $A = t\,w$, $l = w$ sowie $U = U_0$ und $J = J_0$ für $x = 0$ an der Spaltöffnung. Einsetzen in Gl. (24-54) führt zu [13, 18]:

$$\frac{d^2 U}{(dx)^2} = -\frac{J}{\kappa\,t}. \tag{24-89}$$

In Gl. (24-89) werden zwei verschiedene Funktionen $J(U)$ eingesetzt. Nach Integration folgen Gleichungen über die Strom- und Potentialverteilung:

a) Lineare $J(U)$-Funktion

$$U = U_R - r_p\,J, \tag{24-90}$$

$$J(x) = J_0 \exp(-x/a), \tag{24-91}$$

$$U(x) = U_R + (U_0 - U_R) \exp(-x/a), \tag{24-92}$$

mit

$$a^2 = r_p\,\kappa\,t. \tag{24-93}$$

b) Logarithmische $J(U)$-Funktion

$$U = U_R - \beta \ln(J/J_c), \tag{24-94}$$

($J_c$ is die Korrosionsstromdichte bei freier Korrosion)

$$J(x) = J_0\,(1 + x/b)^{-2}, \tag{24-95}$$

$$U(x) = U_0 + 2\,\beta \ln(1 + x/b), \tag{24-96}$$

mit

$$b^2 = \frac{2\,\kappa\,\beta\,t}{J_0}. \tag{24-97}$$

Kathodischer Schutz unter loser PE-Umhüllung gemäß Gl. (24-96) konnte beobachtet werden [17].

### 24.4.6 Strom- und Potentialverteilung im Rohrinneren an Isolierstücken

Zur Begrenzung des kathodischen Schutzes oder zur Trennung bei Mischinstallation mit verschiedenen Werkstoffen werden Isolierstücke in Rohrleitungen eingesetzt. Wenn diese eine Elektrolytlösung transportieren, findet im Rohrinneren eine anodische Beeinflussung statt, falls an dem Isolierstück der Länge $L$ eine Gleichspannung $\Delta U$ ansteht. Diese Situation ist nur dann möglich, wenn das Isolierstück durch eine Elektrolytlösung oder metallenleitend überbrückt ist. Der erste Fall liegt bei erdverlegten Leitungen vor, siehe Abschnitt 10.3. Der zweite Fall liegt bei der Hausinstallation beim Einbeziehen in den Potentialausgleich vor, siehe Abb. 20-3. Der durch die Elektrolytlösung im Innern des Isolierstückes fließende Strom $I_0$ ist wesentlich durch die nichtmetallische Länge $L$ des Isolierstückes bestimmt:

$$I_0 = -\frac{\Delta U \pi r^2 \kappa}{L}. \tag{24-98}$$

Mit Hinweis auf Abb. 24-4 ist das Metallrohr die Phase II und die Elektrolytlösung im Rohr die Phase I. Dann ergeben sich bei einer anodischen Polarisation des Rohres die Beziehungen: $v = +1$, $d\varphi = -dU$, $l = 2\pi r$, $S = \pi r^2$ sowie $I = I_0$ und $\frac{dU}{dx} = -\frac{\Delta U}{L}$ für $x = 0$ an der Grenze Rohr/Isolierstück. Einsetzen in Gl. (24-54) führt zu [13, 19]:

$$\frac{d^2 U}{(dx)^2} = -\frac{2J}{r\kappa}. \tag{24-99}$$

In Gl. (24-99) werden zwei verschiedene Funktionen $J(U)$ eingesetzt, wobei nach Integration Gleichungen für die Strom- und Potentialverteilung erhalten werden:

a)  Lineare $J(U)$-Funktion

$$U = U_R + r_p J, \tag{24-100}$$

$J(x)$ und $U(x)$ entsprechen den Gl. (24-91) und (24-92) mit

$$a^2 = \frac{r r_p \kappa}{2}, \tag{24-101}$$

$$J_0 = \frac{\Delta U}{L} \sqrt{\frac{r\kappa}{2 r_p}}. \tag{24-102}$$

b)  Logarithmische $J(U)$-Funktion

$$U = U_R + \beta \ln (J/J_c). \tag{24-103}$$

$J_c$ hat die Bedeutung wie in Gl. (24-94), $J(x)$ und $U(x)$ entsprechen den Gl. (24-95) und (24-96) mit

$$b = \frac{2 L \beta}{\Delta U} \tag{24-104}$$

$$J_0 = \left(\frac{\Delta U}{2 L}\right)^2 \frac{r\kappa}{\beta}. \tag{24-105}$$

Zur Abschätzung einer Korrosionsgefährdung, vgl. Abschn. 20.1.4, dient allein $J_0$. Bei Schutzmaßnahmen zur Verminderung von $J_0$ ist von Interesse, daß bei gleichbleibenden Quotienten von $\Delta U/L$ und $r/L^2$ keine Veränderung erfolgt. Dimensionslose Beziehungen sind recht kompliziert [13]. Bei der linearen Funktion tritt der Polarisationsparameter $k = \kappa r_p$ nur in der Wegkonstanten nach Gl. (24-101) nicht aber in Gl. (24-102) auf.

Nach Gl. (24-98) steht die Spannung $\Delta U$ innerhalb der Wassersäule im Isolierstück an. Zwischen dieser und der Leerlaufspannung $U$ besteht die Beziehung $U/\Delta U = (L+k)/L$, wobei $k$ die Summe der Polarisationsparameter beider Seiten entspricht. Diese Summe läßt sich aus den Daten für $L$, $U$ und $I_0$ nach Gl. (24-98) bestimmen und dient der Berechnung der für den Korrosionsschutz erforderlichen Isolierstücklängen $L$ in Abhängigkeit verschiedener Systemparameter [20].

## 24.5 Allgemeine Hinweise zur Stromverteilung

Die primäre Verteilung der Schutzstromdichte, vgl. auch Abschn. 2.2.5, kann bei gegebener Geometrie und Treibspannung $U_T$ wie folgt angesehen werden:

$$J(x) = \frac{U_T}{f(x)} \kappa .$$  (24-106)

Der der Anode nächste Punkt hat die Koordinate $x = 0$, hier ist $f(x)$ am kleinsten. Die sekundäre Stromverteilung kann mit Näherung durch Addition der Widerstände erhalten werden:

$$J(x) = \frac{U_T}{\dfrac{f(x)}{\kappa} + r_p} .$$  (24-107)

Hierbei ist $r_p$ der spezifische kathodische Polarisationswiderstand, der im folgenden als konstant angenommen ist. Die kathodische $J(U)$-Kurve folgt damit zu:

$$U = U_R + r_p J(x) .$$  (24-108)

Aus den Gl. (24-106), (24-107) und (2-44) folgt:

$$U = U_R + \frac{U_T}{1 + \dfrac{f(x)}{k}} .$$  (24-109)

$k = r_p \kappa$ ist der Polarisationsparameter. Mit $U_1(x=0)$ als untere Potentialgrenze und $U_2(x=a) = U_s$ folgt aus Gl. (24-107) die Schutzreichweite $a$.

$$U_1 - U_2 = \Delta U = U_T \left( C - \frac{1}{1 + \dfrac{f(a)}{k}} \right) \quad \text{mit} \quad C = \frac{1}{1 + \dfrac{f(0)}{k}} .$$  (24-110)

Die Größe $C$ ist von $k$ abhängig und kleiner als 1, wegen des hohen Wertes von $J(0)$ ist $f(0)$ klein und somit $C$ nicht sehr von 1 verschieden. Aus Gl. (24-110) folgt durch Umformen:

$$f(a) = k \frac{\Delta U + U_T (1-C)}{C U_T - \Delta U} \approx \frac{k \Delta U}{U_T - \Delta U} .$$  (24-111)

Da $f(a)$ eine monoton steigende Funktion ist, nimmt die Schutzreichweite $a$ mit dem Polarisationsparameter $k$ zu. Als Beispiel wird eine symmetrische, koplanare Elektro-

denanordnung mit gleich großen anodischen und kathodischen Polarisationswiderständen angenommen. Hierfür folgt $f(x)$ zu [21]:

$$f(x) = \pi x + k.$$  (24-112)

Hieraus ergeben sich mit Gl. (24-110) $C = 0{,}5$ und mit Gl. (24-111):

$$a = \frac{4}{\pi} \frac{k \Delta U}{U_T - 2 \Delta U}.$$  (24-113)

Die Schutzreichweite $a$ ist somit dem Polarisationsparameter proportional.

## 24.6 Literatur

[1] K. Küpfmüller, Einführung in die theoretische Elektronik, Springer-Verlag, Berlin 1955.
[2] W. Koch, Erdungen in Wechselstromanlagen über 1 kV, 4. Auflage, Springer-Verlag 1968.
[3] F. Ollendorf, Erdströme, 2. Auflage, Birkhäuser-Verlag, Basel 1971.
[4] E. D. Sunde, Earth Conduction Effects in Transmission Systems, D. van Nostrand Company, New York 1949.
[5] AfK-Empfehlung Nr. 9, WVGW-Verlag, Bonn 1979.
[6] E. R. Sheppard u. H. J. Gresser, Corrosion 6, 362 (1950).
[7] J. Pohl, in: Europäisches Symposium, Kathodischer Korrosionsschutz, Deutsche Gesellschaft für Metallkunde, Köln 1960, S. 325.
[8] J. H. Morgan, Cathodic Protection, Leonard-Hill-Books, London 1959, S. 66.
[9] L. M. Applegate, Cathodic Protection, McGraw-Hill-Book, New York 1960, S. 129.
[10] W. v. Baeckmann u. G. Heim, gwf 101, 942 u. 986 (1960).
[11] Dieses Handbuch, 1. bis 3. Auflage.
[12] F. Schwarzbauer, B. Thiem u. E. Sachsenröder, gwf gas/erdgas 120, 384 (1979).
[13] W. Schwenk, Corrosion Sci. 23, 871 (1983).
[14] W. Schwenk, 3R intern. 20, 466 (1981).
[15] W. v. Baeckmann, gwf gas/erdgas 104, 1237 (1963).
[16] W. Schwenk, gwf gas/erdgas 123, 158 (1958).
[17] W. Schwenk, 3R intern. 26, 305 (1987).
[18] R. R. Fessler, A. J. Markworth u. R. N. Parkins, Corrosion 39, 20 (1983).
[19] H. Hildebrand u. W. Schwenk, 3R intern. 21, 367 (1982).
[20] W. Schwenk, Werkstoffe u. Korrosion, 48, 69 (1997).
[21] H. Kaesche, Korrosion der Metalle, 1. Auflage, Springer-Verlag, Heidelberg, New York 1966, S. 231f.

# Register

**Seit über 40 Jahren**    planen
bauen
warten wir
weltweit

# Kathodische
# Korrosionsschutzanlagen
### für alle möglichen Anwendungsbereiche.

Unsere Leistungen umfassen:

Entwurf, Detailplanung, Materialherstellung und -beschaffung, Montage, Inbetriebnahme und Dokumentation sowie Wartung von kathodischen Korrosionsschutzanlagen.

Auch für Problemfälle sind wir ein kompetenter Partner: wir orten Fehler und führen Intensivmessungen mit Computerunterstützung durch.

Außerdem sind wir Spezialisten für Tiefenannoden, die wir mit Hilfe von EDV für verschiedene Bedingungen und Bedarfsfälle auslegen und ausführen.

**Wir bieten beste Lösungen!**
**Testen Sie uns.**

Ingenieurbüro **Fritz Spieth**
Kathodischer Korrosionsschutz GmbH & Co. KG
Jakobstraße 49, D-73734 Esslingen
Postfach 60 50, D-73717 Esslingen
Telefon (07 11) 91 99 01-0
Telefax (07 11) 91 99 01-11

DVGW-Fachfirma nach GW 11
Geprüfter Fachbetrieb nach § 19 I WHG
Gepr. Mitglied im Fachverband Kathodischer Korrosionsschutz e. V.
Alleinvertrieb von LIDA®-Anoden in Deutschland und Österreich

## *Korrosionsschutztechnik*

## *Ihr Partner für den KKS von :*

**ROHRLEITUNGEN** ■

**INDUSTRIEANLAGEN** ■

**SEEWASSERBAUWERKEN** ■

**BINNENWASSERBAUWERKEN** ■

**ÖL-UND GAS-BRUNNENROHREN** ■

**STAHLBETONBAUWERKEN** ■

**SONDERBAUWERKEN** ■

*Nutzen Sie unsere mehr als 30-jährige Erfahrung aus In-und Auslandsprojekten*

*Wenn Sie mehr über unsere Leistungsfähigkeit erfahren wollen, fordern Sie unseren KATALOG an oder besuchen Sie uns im INTERNET*

SSS Korrosionsschutztechnik

Münchener Str. 69
45145 Essen

Telefon    (+49201) 17 55-5
Telefax    (+49201) 17 55-602
Internet   http://www.sss-kt.de
E-mail     email@sss-kt.de